本书由西安电子科技大学研究生教材建设基金资助

无源定位与跟踪

Passive Location and Tracking

刘聪锋　编著

西安电子科技大学出版社

内 容 简 介

本书系统地阐述了无源定位与跟踪的基本原理、实现方法和有关该技术的最新研究成果，比较充分地反映了当前无源定位与跟踪技术的最新研究状况。

全书共七章：绪论、高精度时延估计、振幅法和相位法测向、空间谱估计高精度测向、三角定位、二次定位、单站无源定位与跟踪。

本书可作为高等院校通信与电子工程专业及相关专业的高年级本科生和研究生的教材，也可供高等院校、科研院所、电子技术公司等有关单位的科研人员和工程技术人员作为自学或研究的参考书。

图书在版编目(CIP)数据

无源定位与跟踪/刘聪锋编著. 一西安：西安电子科技大学出版社，2011.6(2015.8 重印)

ISBN 978-7-5606-2567-6

Ⅰ.① 无… Ⅱ.① 刘… Ⅲ.① 无源定位 ② 跟踪 Ⅳ.① TN971 ② TP72

中国版本图书馆 CIP 数据核字(2011)第 055454 号

策　　划　毛红兵

责任编辑　毛红兵　樊新玲

出版发行　西安电子科技大学出版社(西安市太白南路 2 号)

电　　话　(029)88242885　88201467　　邮　　编　710071

网　　址　www.xduph.com　　电子邮箱　xdupfxb001@163.com

经　　销　新华书店

印刷单位　陕西华沐印刷科技有限责任公司

版　　次　2011 年 6 月第 1 版　2015 年 8 月第 2 次印刷

开　　本　787 毫米×1092 毫米　1/16　印　张　21

字　　数　488 千字

印　　数　2001～4000 册

定　　价　43.00 元

ISBN 978-7-5606-2567-6/TN・0600

XDUP 2859001-2

＊＊＊如有印装问题可调换＊＊＊

前　言

无源定位与跟踪(passive location and tracking)，即利用被动传感器接收的威胁目标辐射信号或反射信号实现目标位置和运动状态的估计。在当今的信息战中，对威胁目标的位置和运动状态信息侦察得越精确，就越有助于对威胁目标实现精确的电子情报信息获取、电子对抗和精确打击，为最终摧毁目标提供强有力的支持和保障。

对目标的定位可以使用雷达、激光、声纳等有源设备进行，这一类技术通常称为有源定位，它具有全天候、高精度等优点。然而，有源定位系统的使用是靠发射大功率的信号来实现的，这样就很容易暴露自己，被对方发现，从而遭到对方电子干扰的软杀伤和反辐射导弹等硬杀伤武器的攻击，使定位精度受到很大的限制，甚至影响到系统自身的安全。对目标的定位，还可以利用目标的有意和无意辐射或反射信号来进行，这一类定位通常称为无源定位，即在不发射对目标照射的电磁波条件下，通过被动传感器测量目标辐射或反射的电磁波参数来确定威胁目标的位置信息和航迹。无源定位具有作用距离远、隐蔽性好等优点，对于提高系统在电子战环境下的生存能力具有重要作用。随着测量技术、信号截获和处理技术的发展，无源定位在电子战系统中占据着越来越重要的地位。

无源定位与跟踪技术，因其在战场上的重要应用，受到世界各国的重视，并且系统的复杂环境适应能力和目标定位与跟踪的精度、速度也在不断提高，它在现代军事电子系统中占有重要的位置。

本书比较系统地研究了当前无源定位与跟踪技术的基本原理、实现方法，以及有关该技术的最新研究成果，比较充分地反映了当前无源定位与跟踪技术的最新研究状况，而且具有较强的系统性。全书共七章，其主要内容可以概括如下：

第一章为绪论，简单介绍了无源定位技术的研究现状、观测量、可能体制以及误差表示方式等，其中比较详细地阐述了无源定位中的基本算法，以及定位与跟踪中的滤波算法。本章参考和引用了有关无源定位与跟踪、参数估计和滤波的文献资料，并进行了系统的研究和整理。

第二章为高精度时延估计，主要介绍高精度时延估计的基本理论与算法，其中详细讨论了最小熵时延估计算法、参数化时延估计算法、自适应时延估计算法、精确时延估计算法以及 MVDR 互谱时延估计算法等。本章参考和引用了有关时延估计的原始文献，并进行了系统的研究和整理。

第三章为振幅法和相位法测向。在振幅法测向中，主要介绍了波束搜索测向法、全向振幅脉冲测向法、多波束测向技术；在相位法测向中，主要介绍了数字相位干涉仪测向技术和线性相位多模圆阵测向技术，最后重点介绍了干涉仪测向中的相位解模糊方法，即长短基线解模糊方法和长基线解模糊方法。本章参考和引用了传统测向技术资料、其他有关干涉仪测向及其解模糊方法的文献资料，并进行了系统的研究和整理。

第四章为空间谱估计高精度测向，主要包括空间谱估计的基本概念、多重信号分类法

(MUSIC)、旋转不变技术估计信号参数法(ESPRIT)和最大似然估计法。在基本原理和概念部分，主要介绍了自适应波束形成的原理、信号子空间和噪声子空间的概念；在 MUSIC 类方法中，主要介绍了基本 MUSIC 算法、解相干 MUSIC 算法、Root-MUSIC 算法和西 Root-MUSIC 算法；在 ESPRIT 方法中，主要介绍了旋转不变子空间原理、基本 ESPRIT 算法、最小二乘 ESPRIT 算法、总体最小二乘 ESPRIT 算法和西 ESPRIT 算法；在极大似然估计方法中，主要介绍了极大似然估计算法的基本原理、交替投影算法和多项式方法。本章参考和引用了有关阵列信号处理的原始文献资料，并进行了系统的研究和整理。

第五章为三角定位，主要包括三角定位的基本概念、最小二乘误差估计、总体最小二乘估计、最小二乘距离误差估计算法、最小均方误差估计算法、广义方位角定位算法、最大似然定位算法、纯方位目标运动分析，以及三角定位中的误差分析等内容。其中不仅对各种基于最小二乘估计算法的三角定位方法进行了详细的介绍，而且进行了详细的性能分析。在最小均方误差估计算法中，不仅详细介绍了动态系统的模型和线性最小均方误差估计算法的基本原理，而且还介绍了基于线性模型的目标方位估计算法和卡尔曼滤波算法。在三角定位的误差分析中详细分析了几何精度因子、测向误差、纯方位定位中的偏差影响、背景噪声下基于 LOB 信息的融合定位以及航线误差的影响等。本章参考和引用了有关三角定位以及纯方位目标运动分析的原始文献资料，并进行了系统的研究和整理。

第六章为二次定位，主要包括 TDOA 定位技术和差分多普勒(DD)定位技术。在 TDOA 定位技术中，主要介绍了 TDOA 定位的基本概念、非线性最小二乘 TDOA 定位算法，根据相位数据估计 TDOA 算法，其中还讨论了 TDOA 的测量精度、噪声背景下的时差定位、时差定位的精度因子，以及测量偏差和运动对 TDOA 定位的影响等；在差分多普勒定位技术中，主要介绍了差分多普勒的概念、差分多普勒定位的精度、最大似然差分多普勒定位算法、互模糊函数和差分多普勒的估计方法，以及运动对差分多普勒定位的影响等；在距离差定位方法中，主要介绍了最小二乘距离差定位算法和基于可行二重向量的距离差定位方法；最后对无源定位系统的统计特性进行了详细的分析。本章参考和引用了有关二次定位的原始文献资料，并进行了系统的研究和整理。

第七章为单站无源定位与跟踪，主要包括飞越定位法，基于 DOA 和 TOA 测量的单站无源定位，基于相位差变化率、多普勒变化率的单站无源定位，以及基于电离层反射的单站无源定位。在飞越定位法中，主要介绍了飞越目标定位法和方位/俯仰定位法；在基于 DOA 和 TOA 测量的单站定位中，主要介绍了有关思路、数学模型以及相关定位跟踪算法；在基于相位差变化率的单站无源定位中，不仅详细介绍了定位原理，而且对定位误差和可观测性进行了详细的分析；在基于电离层反射的单站定位中，不仅介绍了电离层反射的定位原理，而且研究了地球曲率对定位精度的影响，以及相应 TDOA 计算方法和基于 MUSIC 倒谱的单站定位算法，最后讨论了电离层对定位结果的影响。本章参考和引用了有关单站无源定位与跟踪的原始文献资料，并进行了系统的研究和整理。

本书的题材比较新颖，内容具有较强的系统性，基本反映了近年来国内外关于无源定位与跟踪的最新、最重要的研究成果，全书注重学术性和实用性相结合，而且具有较强的可读性。作者希望本书能成为一部较为全面、实用的著作，并以此抛砖引玉，对国内高精度无源定位与跟踪技术的研究和发展起到一些促进作用。

在本书的编写过程中，得到了我的博士学位指导教师、西安电子科技大学雷达信号处理国家重点实验室副主任、电子工程学院副院长廖桂生教授的支持和指导，廖老师自从我攻读博士学位开始就指导我开展有关自适应阵列信号处理和无源定位的关键技术研究，在此表示衷心的感谢。同时感谢我的博士后指导教师、西安电子科技大学智能感知与图像理解教育部重点实验室主任、电子工程学院院长焦李成教授的支持和指导。我的成长与进步都离不开廖老师和焦老师的指导和帮助。

我自2004年由西安卫星测控中心转业到西安电子科技大学工作以来，得到了西安电子科技大学电子对抗研究所所长赵国庆教授的指导和帮助，是赵老师指导我开展有关电子战及其信息处理方面的科研工作，而本书也是在赵老师的指导和帮助下完成的，在此对赵老师表示诚挚的谢意。同时感谢我的硕士学位指导教师、解放军电子工程学院陈鹏举教授，是他最早指引我开展无线电侦察方面的学习和研究工作，陈老师对我的教导和培养使我受益终生，在此表示深深的谢意。

感谢西安电子科技大学电子对抗研究所杨绍全教授、梁百川教授、李鹏教授、冯小平教授的帮助和指导，同时感谢西安电子科技大学电子对抗研究所其他老师提供的帮助和指导，在此对他们表示深深的谢意。感谢曾经培养和帮助过我的部队领导、老师和亲密战友。最后感谢我的爱人杨洁女士和可爱的女儿，是她们无私的爱、鼓励和帮助，才使我能够全身心投入到本书的撰写中。

本书的出版得到了西安电子科技大学研究生教材建设基金的立项和资助，在此表示感谢。

西安电子科技大学出版社的毛红兵编辑和各相关部门对本书的出版提供了很大的帮助和指导，在此也深表谢意。

由于作者水平有限，书中难免有不足之处，敬请读者批评指正。

作　者

2010年9月

目　　录

第一章 绪 论

1.1 概 述

在电子对抗领域，对辐射源位置信息侦察得越精确，就越有助于对辐射源进行有效的战场情报信息获取、电子干扰以及精确的打击，为最终摧毁目标提供有力的保障。因此，对辐射源的无源定位技术在电子对抗领域占有很重要的地位。对目标的定位可以使用雷达、激光、声纳等有源设备进行，这一类技术通常称为有源定位，它具有全天候、高精度等优点。然而，有源定位系统的使用是靠发射大功率的信号来实现的，这样就很容易暴露自己，被对方发现，从而遭到对方电子干扰的软杀伤和反辐射导弹等硬杀伤武器的攻击，严重影响定位精度，甚至影响到系统自身的安全。

利用多个已知辐射源的信号可以对目标定位，这通常是指目标对自身的定位，其典型应用就是 GPS 全球卫星定位系统。GPS 具有全天候、高精度、隐蔽性强等优点，但是由于辐射源信号形式已知，接收机极容易受到电子干扰而导致定位性能降低，并且目前我国并不掌握 GPS 的主动权，因此对其使用的效果就会大打折扣。对目标的定位也可以利用第三方的辐射源信号来实现。这种方法是指通过已知参数、位置的第三方辐射信号和经过目标反射信号的相关接收与处理，对目标进行定位，因此它对于隐身目标和寂静目标具有较强的定位能力。

对目标的定位，还可以利用目标上的无意辐射和有意辐射来进行，这一类定位通常称为无源定位。在不发射对目标照射的电磁波的条件下，通过测量雷达、通信等发射机（辐射源）的电磁波参数来确定辐射源及其携载平台或目标的位置信息和航迹。无源定位具有作用距离远、隐蔽性好等优点，对于提高系统在电子战环境下的生存能力具有重要作用。随着测量技术、信号截获和处理技术的发展，无源定位技术在电子战系统中占据着越来越重要的地位。

无源定位技术，在电子对抗领域早已有之。由电子侦察系统发展起来的多站测向交叉定位、多站时差定位，直至多站时差测向混合定位等技术，国外不仅在理论原理、技术上都已发展成熟，在近期还实际生产出相应的无源探测定位系统（或称无源雷达）予以实战使用。

近二十年来，多站无源定位技术和系统的研究，在国内已取得了很大的进展。多站体制的无源定位技术适合在陆基使用，而在空基、海基条件下使用，将增加由载体运动及载体姿态变化引入的技术难度。在陆基使用中，由于多站几何配置影响到定位精度，这就给多站选址及系统装备机动带来了困难。单站无源定位可以克服多站定位的诸多缺点，使得战术应用更加机动，降低了多站定位系统中因几何配置引入的技术难度，更适合于陆基、空基和海基场景。传统的单站无源定位一般采用多次测向交叉法或只测向(或称为仅方位、唯方位)定位方法，但是这种方法由于需要长时间多次测量信号的来波方向，而且对于运动目标定位需要观测器自身按照某种形式机动(如要求飞机、舰船按"Z"形运动)，故具有收敛速度慢、容易发散等缺点，在实战环境下难以使用。

1.2 国内外发展现状

早在20世纪40年代电子对抗活动开始的初期，人们就开始用简单的测向设备，围绕被定位的辐射源进行多次测向，然后用人工作图的方式确定该目标的位置。以后人们就专门为一些电子侦察设备配置对应的地图，把侦察的结果(主要还是方位)标绘在地图上，通过交汇，确定目标的位置。随着技术的发展，人们逐渐把无源定位作为一项专门的技术提出来，并采用计算机计算定位，无源定位不再是侦察设备的一项附带功能。在专用的机载和地面固定的侦察定位站出现后，人们又开始研究如何提高定位精度和对运动目标进行快速定位。位置的精度从大约为定位站到目标距离的几分之一迅速地向百分之一的量级前进。近十年来，除了进一步研究提高定位精度和缩短定位时间以外，在工程上，对多目标的同时定位和对非主动发射源的定位正处于一个技术走向成熟、研究走向深入、设备走向实用的阶段。

我国的无源定位技术发展较晚，在20世纪80年代初才开始这方面的理论研究，采用的方法主要是方位测量三角交汇定位，近年来，开始出现研究时差定位和多普勒频差定位技术，还出现利用相位变化率的定位技术，但主要还是采用测向定位和时差定位技术。

对辐射源目标的无源定位分为单站定位和分布式多站定位。单站定位利用一个平台上的单个或多个接收机在不同时刻对信号进行测量和处理。它主要利用单站的机动性和灵活性，不需要大量的数据通信。如果装载在无人飞机上飞临目标，则可以用简单系统和低测量精度在小范围内得到高的绝对定位精度。通常，单站定位要求侦察站在一段时间内有较大的移动，以获得较好的定位效果。因此，单站定位需要较长的时间。分布式多站定位，由空间上分布配置的接收机同时对辐射源信号进行接收处理，确定多个定位曲面(如平面、双曲面、圆等)，多个曲面相交，得到目标的位置。它主要利用不同平台定位曲面之间差异较大的特点来定位和提高定位精度，具有速度快、精度高的优点，但多站系统是靠各侦察站之间的协调工作，进行大量数据传输来完成的，系统相对较复杂，且当系统侦察站需要机动时，复杂度更高。

在定位方法中，方向测量定位是研究最早、最多，应用也最广泛的定位方法，因为方向测量是电子侦察设备的基本功能之一，并且方向参数也是辐射源最可靠的参数之一，特别是在现代复杂信号环境下，方向参数几乎成了唯一可靠的参数。因此，方向测量法一直是定位方法研究的主要内容，在定位原理、定位算法、定位精度分析、最佳布站分析、跟踪滤波和虚假定位消除等方面做了大量工作，并取得了一定的成果，但是还有待于进一步的研究和改进。

无源定位中的时差定位是“反罗兰”定位系统，具有高度的隐蔽性、广泛的实用性和精确的目标识别特性。随着多平台通信技术的发展和时差测量技术的进步，时差定位已经成为现代无源定位技术中最具有发展前景的定位方法。辐射源到达两个侦察接收机的时间差构成一个双曲面(线)，多个双曲面(线)相交即可得到目标的位置。在这种定位方法中，时间差的测量精度和侦察接收机自定位的精度是影响辐射源定位精度的关键因素。时间差测量定位的方法比较多，有最大似然估计、最小二乘估计、最小加权均方估计，以及一些直接估计的方法。对于脉冲信号、连续波信号以及干扰的时间差测量已经取得了一些成就，但是还有很多工作要做，如定位方法和性能分析、脉冲信号配对、扩谱信号相关处理、宽带干扰处理等。

对无源时差定位技术的研究在20世纪60年代就已经开始了，并在各个方面取得了令人瞩目的成就。由于测时精度的关系，现有的无源时差定位要达到1%的相对定位精度，一般都采用基线距离长达数十千米的长基线系统。已知捷克的“塔玛拉(TAMARA)”系统属于按时差定位法实现的系统，新一代的“维拉(VERA)”系统是上述系统的进一步发展。以上系统都属于电子战系统，用来检测和识别机载、地面和海面电磁脉冲辐射源，确定其坐标并对目标进行跟踪。“塔玛拉”系统为二维系统，由3个天线系统、3个接收站、计算系统、信息控制和显示系统组成。要保证辐射源位置定位精度小于距离1%，主站和副站之间的基线长应为15～50 km，通过无线电中继站进行副站到主站的信息传输。新一代“维拉”系统可能综合二维和三维方案，首先每一种方案都有两种设计方式：“维拉－A”和“维拉－E”。二维方案的“维拉”系统由1个主站、2个副站和信息处理站组成，站间通信无线电中继线路为接收站集成部件。“维拉”系统适用于时短信号，其作用距离可达450 km，相对于中心站的方位视场为120°。当主站在两副站之间，且距离两副站距离相等时，将侦察站放在一条直线上是“维拉”二维系统的理想结构。为了保证对脉冲辐射源信号定位所需的精度，站间基线长为50～70 km。三维方案的系统与二维系统不同之处在于增加了一个接收站，当主站位于等边三角形中心(它由3个副站形成，分别与中心站相隔25～30 km)时，“三波束星形”为三维系统的理想结构。这种配置的系统能保证对360°范围内的脉冲辐射源进行检测和定位，作用距离可达300 km。

目前无源定位的方法主要包括：

(1) 测向交叉定位：通过机载或地面单站的移动，在不同位置多次测量同一辐射源的方向，再利用多次测量方向的交叉点实现定位；或者通过空载或地面固定多站的测角系统所测得的指向线的交点来实现定位。

(2) 时差定位：利用三个或者多个侦察站，测量出同一信号到达各侦察站的时间差进行定位。

(3) 测向测时差混合定位：通过两个或多个侦察站采集到的辐射源信号到达时间差以及辐射源信号入射线的方位角来进行定位。

(4) 时差频差定位：针对观测站与辐射源之间具有的相对运动场景，通过测量观测站接收信号之间的时差和频差进行辐射源定位。

辐射源无源定位技术，因其在战场上的重要应用，受到世界各国的重视，并且系统的复杂环境适应能力和辐射源定位的精度、速度也在不断提高，它在现代军事电子系统中占有重要的位置。我国也将无源定位技术的研究和使用作为电子战领域的一项关键技术。而在目前的无源定位技术当中，无源时差定位系统因具有定位精度高、组网工作能力强、抗打击能力强等众多优点而成为最受关注的研究技术。当观测站和辐射源具有相对运动时，时差、频差高精度定位技术是近几年研究的重点。

1.3 无源定位系统的观测量

无源定位系统是在目标辐射源有来波信号的条件下，获得含有目标空间位置、运动状态、性质特征等信息的有关观测量。无源定位系统可获得的观测量主要有来波到达方向、来波到达时间、来波到达频率以及来波到达幅度等[1-3]。

1.3.1 来波到达方向

对于来波到达方向（Direction of Arrive，DOA），几乎所有的目标空间位置的测量手段，都以测量设备所处位置为原点，在直角坐标系或球面坐标系中表示目标的空间位置。来波到达方向的表示如图 1.3－1 所示。

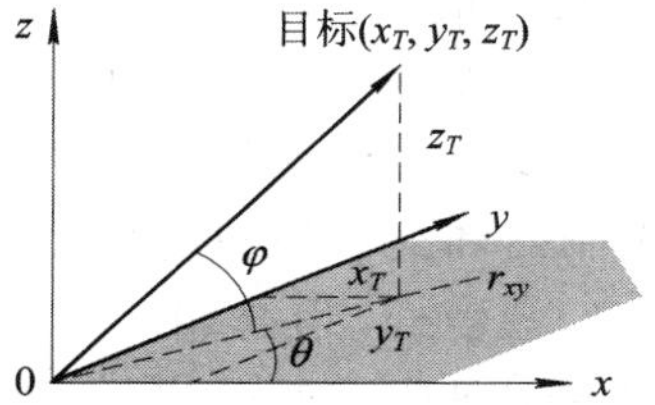

(a) 直角坐标表示

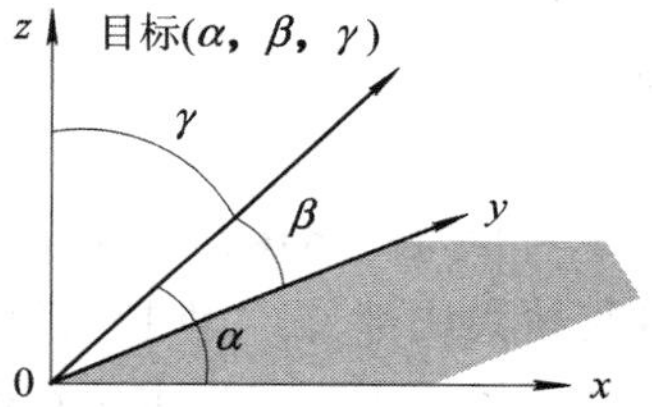

(b) 方向角表示

图 1.3－1 来波到达方向的表示

在直角坐标系中，目标的位置可以利用矢量 $\boldsymbol{x}_T$ 在 x、y、z 轴上的投影 x_T、y_T、z_T 来表示，即

$$\boldsymbol{x}_T=[x_T,\ y_T,\ z_T]^{\mathrm{T}} \tag{1.3-1}$$

测量设备大都不能直接获得 x_T、y_T、z_T，而是通过获得两自由度转台在水平面 $x-y$ 上的方位角 θ，以及垂直面 $r_{xy}-z$ 上的俯仰角 φ 来求解和表述的，这里 r_{xy} 为原点到目标的向量在 $x-y$ 平面上的投影。从图中的几何关系可得方位角 θ 及俯仰角 φ 与 x_T、y_T、z_T 之间的关系为

$$\left.\begin{aligned}\tan\theta&=\frac{x_T}{y_T}\quad\Leftrightarrow\quad\theta=\arctan\frac{x_T}{y_T}\\ \tan\varphi&=\frac{z_T}{\sqrt{x_T^2+y_T^2}}\quad\Leftrightarrow\quad\varphi=\arctan\frac{z_T}{\sqrt{x_T^2+y_T^2}}\end{aligned}\right\} \tag{1.3-2}$$

由式(1.3－2)可以看出，利用方位角 θ 构成的定位平面与俯仰角 φ 构成的定位锥面相交，可以获得目标径向矢量 $\boldsymbol{x}_T$ 的方向射线。

径向矢量也可以利用方向角 α、β、γ 来表示，即

$$\boldsymbol{x}_T=r_0\cdot[\cos\alpha,\ \cos\beta,\ \cos\gamma]^{\mathrm{T}}=[r_0\cos\alpha,\ r_0\cos\beta,\ r_0\cos\gamma]^{\mathrm{T}} \tag{1.3-3}$$

因此，径向矢量 $\boldsymbol{x}_T$ 可以利用它的幅值 $r_0=|\boldsymbol{x}_T|$ 乘以它的单位径向矢量$[\cos\alpha,\ \cos\beta,$

$\cos\gamma]^T$ 来表示，前者表示目标径向距离值，后者表示目标径向射线方向。其中 $\cos\alpha$、$\cos\beta$、$\cos\gamma$ 分别表示单位径向矢量在 x、y、z 轴上的投影分量，方向角 α、β、γ 的余弦 $\cos\alpha$、$\cos\beta$、$\cos\gamma$ 通常称为方向余弦，单位径向矢量的幅值与方向余弦的关系为

$$r_0 = |\boldsymbol{x}_T| = \cos^2\alpha + \cos^2\beta + \cos^2\gamma = 1 \tag{1.3-4}$$

从式(1.3－4)可以看出，上述三个参数只有两个是自由的，即如果其中任意两个参数确定，可以根据式(1.3－4)确定第三个参数。

目标辐射信号的来波到达方向，一般根据无源探测设备测量的方向参数来表示，因此可以有多种表达方式。若无源探测设备与目标之间有相对运动时，这些方向参数都可以用时间函数来表达。

1.3.2　来波到达时间

目标辐射源在 T_0 时刻发射一个信号，而在径向距离为 $r_0=|\boldsymbol{x}_T|$ 的无源探测设备(或称之为观测器)处可以得到一个来波信号，如图 1.3－2 所示。

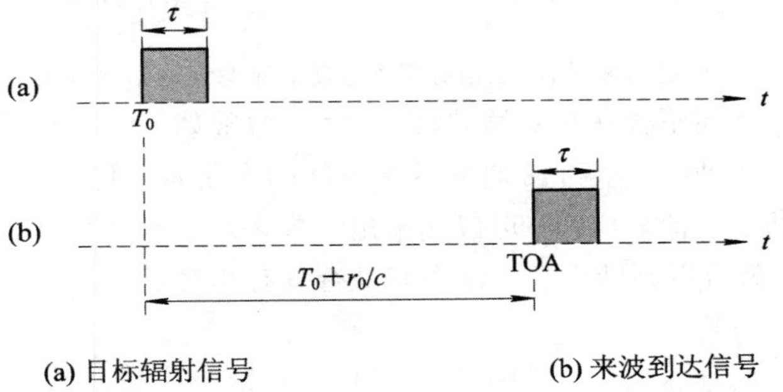

图 1.3－2　无源观测站接收的来波时序图

这里假设目标信号的发射瞬间为 T_0，而观测器接收到这个来波信号的时刻即为来波达到时间(Time of Arrive，TOA)，且有

$$\text{TOA} = T_0 + \frac{r_0}{c} = T_0 + \tau_{d_0} \tag{1.3-5}$$

式中，c 为电磁波传播速度，$\tau_{d_0}=r_0/c$ 为发射信号到达距离为 r_0 的观测站处的时间延迟。

TOA 中含有目标与观测器之间的距离信息，但对于非合作目标场景，由于无源观测器无法获得目标信号发射瞬间的时间 T_0，也就无法从测得的 TOA 中减去 T_0 而获得距离 r_0 的数值。

假设目标辐射一串等重复周期 T_r 的脉冲信号，图 1.3－3 给出了目标与观测器(Target-Observer，T－O)之间距离固定不变，及目标与观测器之间有相对运动而使距离不断变化的情况下，目标发射信号及观测器接收来波之间的时间关系。

这时，观测器接收到的来波序列到达时间 TOA_i(用下标 i 表示信号序列的到达次序)为

$$\text{TOA}_i = T_0 + iT_r + \frac{r_i}{c} = T_0 + iT_r + \tau_{d_i} \qquad i = 0, 1, 2, \cdots \tag{1.3-6}$$

式中：T_0 为起始发射信号的时刻；T_r 为重复周期；r_i 为第 i 个脉冲信号发射时 T－O 之间的距离间隔；τ_{d_i} 为相应的传播时延。

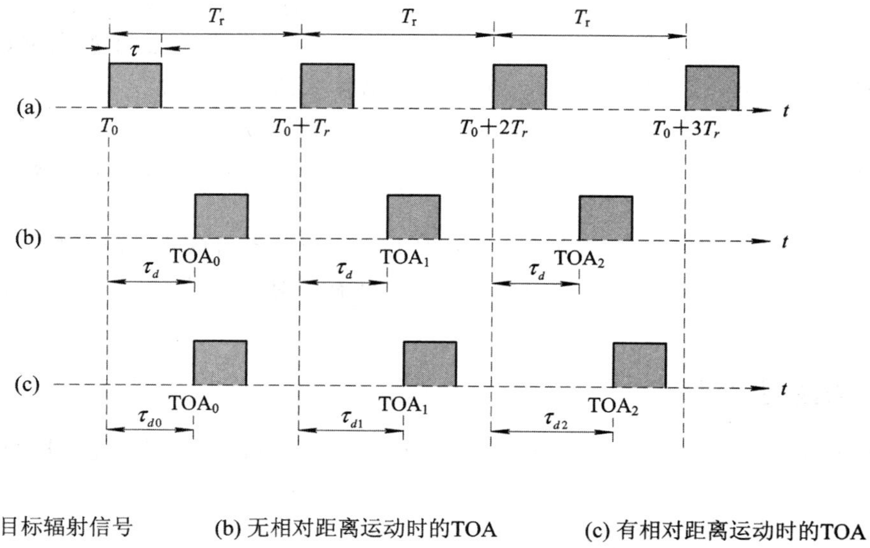

图 1.3-3　重复脉冲时有/无相对距离运动的无源观测站接收来波时序图

当目标与观测器之间不存在相对运动时，$r_i=r_0$ 为常数，$\tau_{d_i}=\tau_{d_0}$ 为常数，而当目标与观测器之间具有相对运动时，r_i 和 τ_{d_i} 将随观察时间的变化而变化。

从一串接收到的来波信号序列，可以测量出一串来波信号的 TOA 序列，对这个 TOA 序列进行一次差分，就可以判断出 T-O 之间是否具有相对运动。

无相对运动时

$$\mathrm{TOA}_{i+1}-\mathrm{TOA}_i=T_r \tag{1.3-7}$$

有相对运动时

$$\mathrm{TOA}_{i+1}-\mathrm{TOA}_i=T_r+\frac{r_{i+1}-r_i}{c}=T_r+\frac{\Delta r_{i+1,\,i}}{c}=T_r+\Delta\tau_{d_{i+1,\,i}} \tag{1.3-8}$$

在已知或估计出来波序列 T_r 的情况下，可得判定 T-O 之间的运动状态参量，即

$$\eta_{i+1,\,i}=(\mathrm{TOA}_{i+1}-\mathrm{TOA}_i)-T_r=\begin{cases}0 & \text{无相对运动}\\ \dfrac{\Delta r_{i+1,\,i}}{c}=\Delta\tau_{d_{i+1,\,i}}\neq 0 & \text{有相对运动}\end{cases} \tag{1.3-9}$$

式中：$\Delta r_{i+1,\,i}$ 为目标径向距离的一次差分，即距离变化量；$\Delta\tau_{d_{i+1,\,i}}$ 为来波传播延迟的一次差分。

可以看出，从 TOA_i 的序列中进行某种操作运算得出的参量(如 η)，可以由此判断目标的运动状态，也可由此获得目标距离的变化量。TOA 序列中含有目标距离及目标距离径向变化率的信号，这有利于对目标辐射源的定位和跟踪。每个来波信号包络 TOA_i 的测量都是在相同条件下进行的，如信号包络的前沿、中心或后沿，一般是以来波信号前沿的到达时刻来记录 TOA_i 的。

1.3.3　来波到达频率

来波到达频率(Frequency of Arrive，FOA)，即观测站接收到的来波信号频率。雷达

目标辐射信号大都是脉冲调制的射频信号，假设其载频值为 f_T，由观测器接收到无相对运动目标辐射信号及有相对运动目标的辐射信号射频序列，如图 1.3 - 4 所示。目标辐射信号是等重复周期 T_r，载频为 f_T 的脉冲调制的射频信号序列，如图 1.3 - 4(a)所示。目标与观测器(T - O)之间无相对径向运动时接收的来波信号序列，是目标辐射信号序列总体时延 τ_{d_0} 后，等重复间隔 T_r、载频与目标发射载频 f_T 值相同的脉冲调制射频信号序列，如图 1.3 - 4(b)所示。

(a) 目标辐射信号　　(b) 无相对距离运动时的接收来波信号　　(c) 有相对距离运动时的接收来波信号

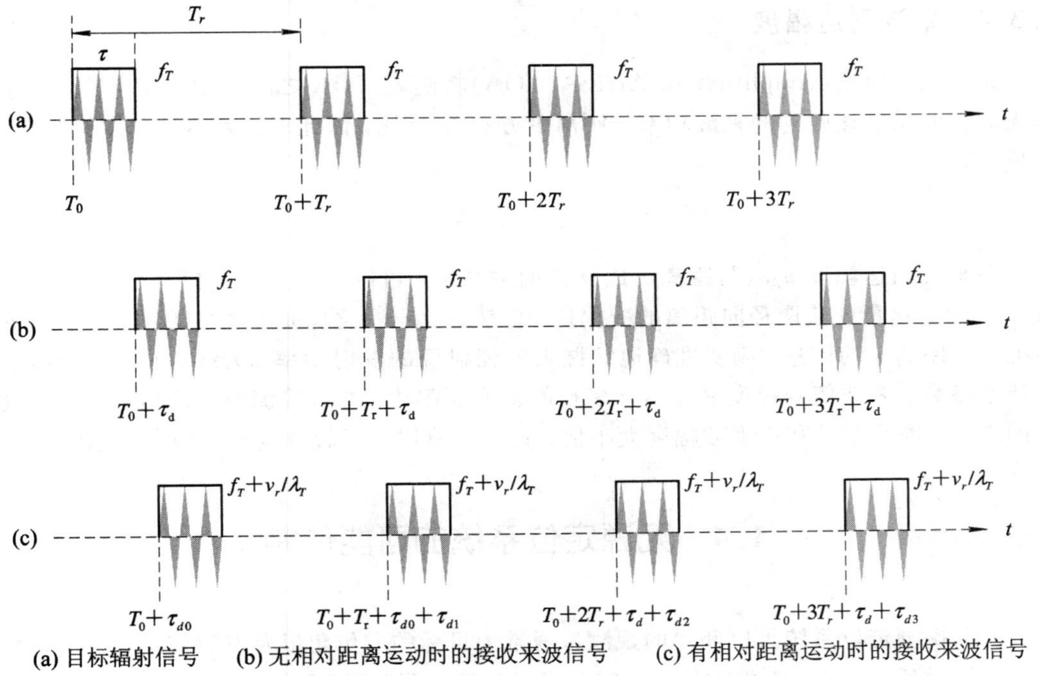

图 1.3 - 4　脉冲序列载频在有/无相对运动时的无源观测站接收来波示意图

当目标与观测器(T - O)之间有相对径向运动速度 v_r 时，观测器接收到的来波脉冲射频信号序列的载频为 f_T 加多普勒频率 v_r/λ_T，其中 λ_T 为发射信号波长，且满足 $\lambda_T f_T = c$。故可得

$$f_T + \frac{v_r}{\lambda_T} = f_T\left(1 + \frac{v_r}{c}\right) \qquad (1.3 - 10)$$

而序列中的每个脉冲的 TOA_i 值为

$$\text{TOA}_i = T_0 + iT_r + \tau_{d_0} + \tau_{d_i} \qquad i = 0, 1, 2, \cdots \qquad (1.3 - 11)$$

式中

$$\tau_{d_0} = \frac{r_0}{c} \qquad (1.3 - 12)$$

其中，r_0 为目标辐射的起始信号发射瞬间 T - O 之间的距离，即起始距离。

这是一个重复间隔不等的脉冲序列，当径向距离以等速度 v_r 运动而增大时，其重复间隔将出现线性增长，如

$$\tau_{d_i} = i\frac{v_r T_r}{c} \qquad (1.3 - 13)$$

式中，$v_r T_r$ 是一个重复周期 T_r 内径向距离的增长量，τ_{d_i} 为第 i 个来波脉冲对应的传播时延的增长量。

由以上讨论可以看出，这种来波射频信号序列中既在 TOA_i 中含有距离及距离变化率的信息，又在序列的每一个脉冲宽度内的射频中含有反映距离变化率的多普勒分量。在已知或估计出发射载频 f_T（或波长 λ_T）的条件下，可以由此获得径向相对运动速度，即径向距离变化率的信息。

1.3.4　来波到达幅度

来波到达幅度(Amplitude of Arrive，AOA)将随着 TOA 之间的距离变化而变化，因为无源探测系统接收到的来波功率与距离平方 r^2 成反比，因此来波到达的幅度将与距离 r 成反比，即

$$u_{\mathrm{AOA}} \propto \frac{1}{r} \tag{1.3-14}$$

在来波到达幅度 u_{AOA} 与距离 r 成反比的关系中，可以在 T－O 有相对运动的场景下，从 u_{AOA} 的变化量中获取径向距离的变化量。显然 u_{AOA} 与 r 之间是非线性关系。若要在 u_{AOA} 中提取出距离 r 的信息，则要准确地掌握来波辐射源的发射功率、天线方向图、天线扫描等技术参数。来波信号幅度易受信号多径的影响而起伏，并且检测微小的信号幅度变化是有困难的，因此这是利用来波幅度大小估计距离 r 难以获得较准确数值的主要原因。

1.4　无源定位系统的可能体制

有源探测定位系统可以获得的观测量通常为目标的方位角以及发射信号经目标散射返回的传播时延 $\tau_d = 2r/c$。由方位角及时延可以计算出目标距离，构成了二维或三维空间中的方向射线及距离圆和距离球，两者相交即得目标的空间位置点，如图 1.4－1 所示。

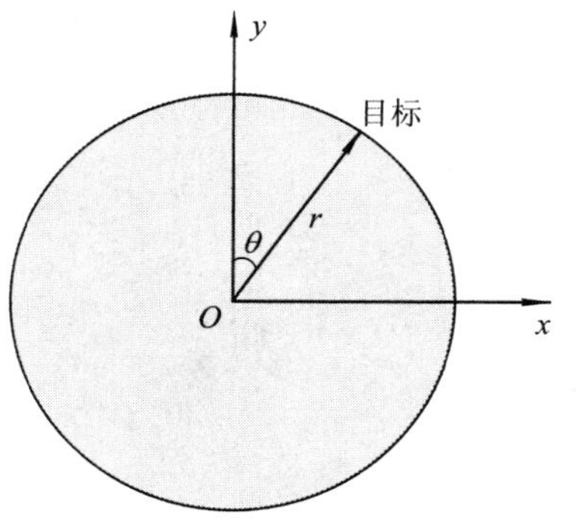

(a) 距离圆

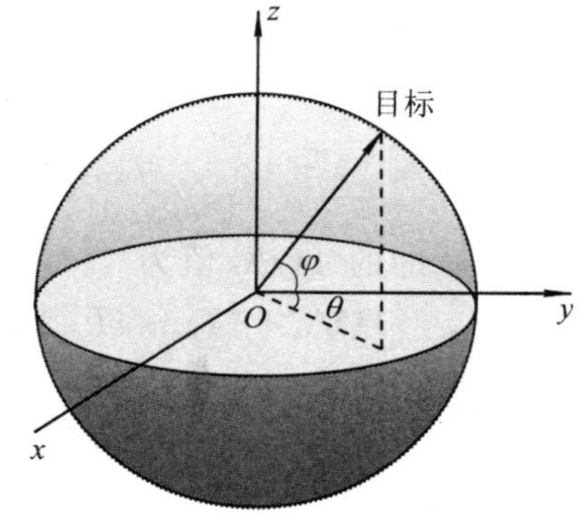

(b) 距离球

图 1.4－1　二维或三维空间中的方向射线及距离圆和距离球

无源探测定位系统可以获得方位角，但不能直接得到对应的来波传播时延 $\tau_d = r/c$。只能测得来波到达时间，即

$$\mathrm{TOA} = T_0 + \tau_d = T_0 + \frac{r}{c} \tag{1.4-1}$$

式中，T_0 为来波的发射时刻。

由于 T_0 是未知数，因此不可能从 TOA 测量中直接获得距离球面。若只测量来波达到方向及来波到达时间，只能知道目标位于来波到达方向的方向射线上，而无法确定目标在射线上的位置点。在这种情况下，可以采用几何站址分布设置的多个无源接收测量系统，来实现对目标辐射源的多站无源定位。下面介绍三种典型的多站无源定位。

1.4.1 双站测向交叉定位

假设两个无源测向系统 S_1、S_2 分别设置在已知的站址处，在二维无源定位中分别只测量方位角 $\theta_i(i=1, 2)$，在三维无源定位中分别只测量方位角和俯仰角，即 θ_i、$\varphi_i(i=1, 2)$，则由两站分别获得的目标方向射线相交，即可实现对目标辐射源 T 的测向交叉无源定位，如图 1.4-2 所示。

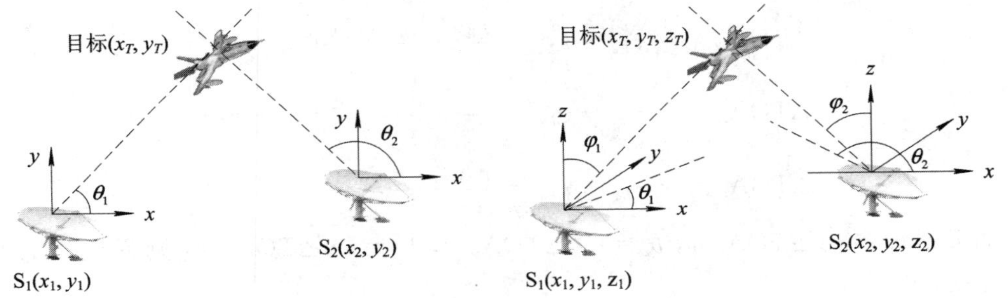

图 1.4-2 测向交叉定位法示意图

该方法为一种早已熟知的无源定位方法，利用观测站与目标之间的几何关系可以获得目标位置。

对于图 1.4-2(a)的平面测向交叉定位法，可得

$$\left.\begin{aligned} \tan\theta_1 &= \frac{y_T - y_1}{x_T - x_1} \\ \tan\theta_2 &= \frac{y_T - y_2}{x_T - x_2} \end{aligned}\right\} \tag{1.4-2}$$

故求解该方程可得目标的位置估计值$(\hat{x}_T, \hat{y}_T)$。

如果令 $\tan\theta_1 = c_1$，$\tan\theta_2 = c_2$，则式(1.4-2)可以化简为

$$\begin{cases} c_1 x_T - y_T = c_1 x_1 - y_1 \\ c_2 x_T - y_T = c_2 x_2 - y_2 \end{cases} \Leftrightarrow \begin{bmatrix} c_1 & -1 \\ c_2 & -1 \end{bmatrix}\begin{bmatrix} x_T \\ y_T \end{bmatrix} = \begin{bmatrix} c_1 x_1 - y_1 \\ c_2 x_2 - y_2 \end{bmatrix} \tag{1.4-3}$$

显然，当 $c_1 \neq c_2$ 时，式(1.4-3)的解唯一，即只要是两个不同几何位置处的观测站，即可获得目标的位置

$$\begin{bmatrix} x_T \\ y_T \end{bmatrix} = \begin{bmatrix} c_1 & -1 \\ c_2 & -1 \end{bmatrix}^{-1} \begin{bmatrix} c_1 x_1 - y_1 \\ c_2 x_2 - y_2 \end{bmatrix} \tag{1.4-4}$$

1.4.2 三站时差二维双曲线定位

按照一定的空间几何关系在三个已知站址 S_1、S_2、S_3 上分别设置三个无源测量 TOA_i

值的接收测量系统，各站分别测量目标辐射源发射的同一个来波的到达时间，即

$$\left.\begin{aligned}\mathrm{TOA}_{i1} &= T_0 + iT_r + \frac{r_{i1}}{c} = T_0 + iT_r + \tau_{di1}\\ \mathrm{TOA}_{i2} &= T_0 + iT_r + \frac{r_{i2}}{c} = T_0 + iT_r + \tau_{di2}\\ \mathrm{TOA}_{i3} &= T_0 + iT_r + \frac{r_{i3}}{c} = T_0 + iT_r + \tau_{di3}\end{aligned}\right\} \tag{1.4-5}$$

图 1.4-3 给出了各站与目标的几何关系。由定位中心得到的各站之间的到达时间差 TOA_{ij}（下标 i 为来波序列的序号，j 为站址编号），即各站的 TOA_i 经过相减处理操作可得

$$\left.\begin{aligned}\Delta\mathrm{TOA}_{i2,1} &= \mathrm{TOA}_{i2} - \mathrm{TOA}_{i1}\\ \Delta\mathrm{TOA}_{i3,2} &= \mathrm{TOA}_{i3} - \mathrm{TOA}_{i2}\\ \Delta\mathrm{TOA}_{i1,3} &= \mathrm{TOA}_{i1} - \mathrm{TOA}_{i3}\end{aligned}\right\} \tag{1.4-6}$$

由此可以得出 TOA 时间差值对应的距离差值为

$$\left.\begin{aligned}\Delta\mathrm{TOA}_{i2,1} &= \tau_{di2} - \tau_{di1} = \frac{r_{i2}}{c} - \frac{r_{i1}}{c} = \frac{1}{c}(r_{i2} - r_{i1})\\ \Delta\mathrm{TOA}_{i3,2} &= \tau_{di3} - \tau_{di2} = \frac{r_{i3}}{c} - \frac{r_{i2}}{c} = \frac{1}{c}(r_{i3} - r_{i2})\\ \Delta\mathrm{TOA}_{i1,3} &= \tau_{di1} - \tau_{di3} = \frac{r_{i1}}{c} - \frac{r_{i3}}{c} = \frac{1}{c}(r_{i1} - r_{i3})\end{aligned}\right\} \tag{1.4-7}$$

如果令 $b_{i1}=c\cdot\Delta\mathrm{TOA}_{i2,1}$，$b_{i2}=c\cdot\Delta\mathrm{TOA}_{i3,2}$，$b_{i3}=c\cdot\Delta\mathrm{TOA}_{i1,3}$，则可对式(1.4-7)进行化简，即

$$\begin{cases}r_{i2} - r_{i1} = b_{i1}\\ r_{i3} - r_{i2} = b_{i2}\\ r_{i1} - r_{i3} = b_{i3}\end{cases} \Leftrightarrow \begin{bmatrix}-1 & 1 & 0\\ 0 & -1 & 1\\ 1 & 0 & -1\end{bmatrix}\begin{bmatrix}r_{i1}\\ r_{i2}\\ r_{i3}\end{bmatrix} = \begin{bmatrix}b_{i1}\\ b_{i2}\\ b_{i3}\end{bmatrix} \tag{1.4-8}$$

显然，式(1.4-8)右边方程系数矩阵的秩为 2，即在这组方程中，三式中只有两式是独立的，取独立的两式即可得出对应两个距离差值的两条定位双曲线。它们的交点即为目标所处的位置点。例如，距离差 $r_{i2}-r_{i1}=c\Delta\mathrm{TOA}_{i2,1}$ 是对应 S_1、S_2 双站址构成连线上焦距为 $d_{i1,2}$ 的两个焦点的一条双曲线(如图 1.4-3 中所示)。注意两条双曲线相交可能有两个交点，其中一个点为模糊点(虚假定位点)，需要增加观测站或其他测量来消除模糊。

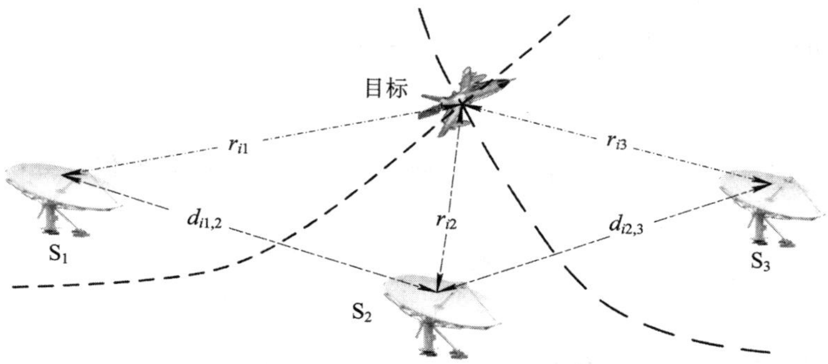

图 1.4-3　平面时差定位示意图

对于三维空间目标，至少需要用三组独立的双站构成的双曲面相交来定位，这要采用四站时差三维双曲面定位来实现。为了获得三维定位信息，四站的站址几何配置需要进行三维立体处理。

1.4.3 双站测向时差混合定位

在双站测时差系统的基础上，再增加双站中有一站具有测向的功能，这样也就构成了一条方向射线穿破一个双曲面而相交于目标位置点的混合定位体制，如图 1.4-4 所示，由 S_1、S_2 双站址分别测得的 TOA_{i1} 及 TOA_{i2} 中可以提取 ΔTOA，即

$$c\cdot\Delta TOA_{i2,1}=r_{i2}-r_{i1}=\Delta r_{i2,1} \tag{1.4-9}$$

距离差 $\Delta r_{i2,1}$ 及 S_1、S_2 双站址形成一个定位双曲面，若 S_1 或 S_2 站可以获得对目标的方向射线，则可以实现这种混合定位。

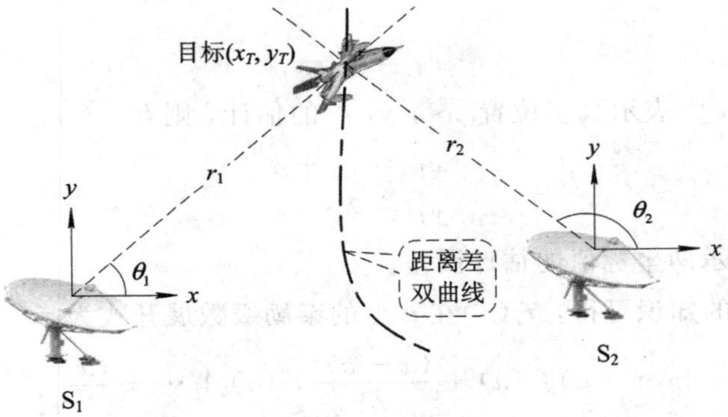

图 1.4-4 测向时差定位法示意图

1.5 无源定位中的基本算法

1.5.1 梯度下降法

Foy 提出了一种基于简单的泰勒级数展开方法(也称做高斯或者高斯牛顿插值法)的定位算法[4]，其中对目标定位坐标的求解方法进行了全面介绍，而且包含了许多解决定位估计问题的典型方法。梯度下降法是当前无源定位中运用最普遍、计算最准确的一种方法，因此在这里首先进行简单的介绍。当然还有一些其他类型的下降算法可供使用。

由于定位方程中用于描述观测站和目标之间几何关系的表达式通常都是非线性的。如果将这些非线性表达式展开为泰勒级数，并保留其中的线性部分，就可以使用 Newton-Raphson 梯度下降算法来迭代求解。其中首先假设一个初始解，然后进行迭代估计，直至求得一个满足一定准则的估计解。在每次迭代计算中，根据局部线性误差的平方和最小来加入一个修正因子。

如果令 $\boldsymbol{x}_T=[x_T, y_T]^T$ 表示目标辐射源位置的真实值，$\boldsymbol{x}_k=[x_k, y_k]^T(k=1, 2, \cdots, N)$

表示 N 个定位传感器位置的真实值。m_{ki} 表示第 k 个传感器的第 i 次测量，这里的测量值并不局限于方位线、距离和其他某一种参数，而可以是任何可用于定位的测量数据。因此

$$f_i(x_T, y_T, x_k, y_k) = u_i = m_{ki} + \varepsilon_i \qquad k = 1, 2, \cdots, N \tag{1.5-1}$$

式中，m_{ki} 表示被测量参数的真实值，ε_i 表示测量误差。

例如，若测量的是从定位传感器到辐射源的方位线(Line of Bearing，LOB)，则

$$f_i(x_T, y_T, x_k, y_k) = \arctan\left(\frac{y_T - y_k}{x_T - x_k}\right) + \varepsilon_i \tag{1.5-2}$$

定位算法的目标是在给定测量值和传感器方位的条件下确定目标方位$[x_T, y_T]^{\mathrm{T}}$。假定各测量值中的测量误差 ε_i 独立同分布，它们的均值为 0，即 $E\{\varepsilon_i\}=0$，其中 $E\{\cdot\}$表示统计期望。而误差的协方差矩阵可表示为

$$\boldsymbol{R} = [r_{ij}]_{N\times N} \tag{1.5-3}$$

其中

$$r_{ij} = E\{\varepsilon_i \varepsilon_j\} \tag{1.5-4}$$

如果用$[\hat{x}_T, \hat{y}_T]^{\mathrm{T}}$ 表示真实位置$[x_T, y_T]^{\mathrm{T}}$ 的估计，则有

$$x_T = \hat{x}_T + \delta_x \tag{1.5-5}$$

$$y_T = \hat{y}_T + \delta_y \tag{1.5-6}$$

其中 δ_x、δ_y 分别表示两坐标值的估计误差。

利用高等代数的知识可得，$f_i(x)$在 a 点的泰勒级数展开式为

$$f(x) = f(a) + (x-a)f'(a) + \frac{(x-a)^2}{2!}f''(a) + \cdots + \frac{(x-a)^n}{n!}f^{(n)}(a) + \cdots \tag{1.5-7}$$

其中，符号 $f^{(n)}(a)$表示 $f(x)$在 a 点的 n 阶导数。在二维空间中，该式变为

$$\begin{aligned} f(a+h, b+k) = f(a, b) &+ \left(h\frac{\partial}{\partial x} + k\frac{\partial}{\partial y}\right)f(x, y)\bigg|_{\substack{x=a\\y=b}} + \cdots \\ &+ \frac{1}{n!}\left(h\frac{\partial}{\partial x} + k\frac{\partial}{\partial y}\right)^n f(x, y)\bigg|_{\substack{x=a\\y=b}} + \cdots \end{aligned} \tag{1.5-8}$$

式中，竖线及后面的下标表示在微分后 x 用 a 来代替，y 用 b 来代替，而且

$$\left(h\frac{\partial}{\partial x} + k\frac{\partial}{\partial y}\right)f(x, y) = h\frac{\partial f(x, y)}{\partial x} + k\frac{\partial f(x, y)}{\partial y} \tag{1.5-9}$$

$$\left(h\frac{\partial}{\partial x} + k\frac{\partial}{\partial y}\right)^2 f(x, y) = h^2\frac{\partial^2 f(x, y)}{\partial x^2} + 2hk\frac{\partial^2 f(x, y)}{\partial x \partial y} + k^2\frac{\partial^2 f(x, y)}{\partial y^2} \tag{1.5-10}$$

对于当前的问题来说，经二维泰勒展开并去掉所有非线性分量后，可得

$$\hat{f}_i + \frac{\partial f_i(\cdot)}{\partial x}\bigg|_{\substack{x=\hat{x}_T\\y=\hat{y}_T}}\delta_x + \frac{\partial f_i(\cdot)}{\partial y}\bigg|_{\substack{x=a\\y=b}}\delta_y \approx m_{ki} + \varepsilon_i \tag{1.5-11}$$

其中

$$\hat{f}_i = f_i(\hat{x}_T, \hat{y}_T, x_k, y_k) \tag{1.5-12}$$

为了便于处理，将上述运算写成矩阵的形式，为此首先定义矩阵，即

$$\boldsymbol{A}=\begin{bmatrix}a_{11} & a_{12}\\ a_{21} & a_{22}\\ \vdots & \vdots\\ a_{N_s1} & a_{N_s2}\end{bmatrix}=\begin{bmatrix}\left.\dfrac{\partial f_1(\cdot)}{\partial x}\right|_{\substack{x=\hat{x}_T\\ y=\hat{y}_T}} & \left.\dfrac{\partial f_1(\cdot)}{\partial y}\right|_{\substack{x=\hat{x}_T\\ y=\hat{y}_T}}\\ \left.\dfrac{\partial f_2(\cdot)}{\partial x}\right|_{\substack{x=\hat{x}_T\\ y=\hat{y}_T}} & \left.\dfrac{\partial f_2(\cdot)}{\partial y}\right|_{\substack{x=\hat{x}_T\\ y=\hat{y}_T}}\\ \vdots & \vdots\\ \left.\dfrac{\partial f_{N_s}(\cdot)}{\partial x}\right|_{\substack{x=\hat{x}_T\\ y=\hat{y}_T}} & \left.\dfrac{\partial f_{N_s}(\cdot)}{\partial y}\right|_{\substack{x=\hat{x}_T\\ y=\hat{y}_T}}\end{bmatrix} \tag{1.5-13}$$

$$\boldsymbol{\delta}=\begin{bmatrix}\delta_x\\ \delta_y\end{bmatrix} \tag{1.5-14}$$

$$\boldsymbol{z}=\begin{bmatrix}m_{k1}-\hat{f}_1\\ m_{k2}-\hat{f}_2\\ \vdots\\ m_{kN_s}-\hat{f}_{1N_s}\end{bmatrix} \tag{1.5-15}$$

$$\boldsymbol{e}=\begin{bmatrix}\varepsilon_1\\ \varepsilon_2\\ \vdots\\ \varepsilon_{N_s}\end{bmatrix} \tag{1.5-16}$$

于是式(1.5-11)可写为

$$\boldsymbol{A\delta}\approx \boldsymbol{z}+\boldsymbol{e} \tag{1.5-17}$$

根据协方差矩阵进行加权处理，即加权最小二乘算法，使误差的平方和最小的 $\boldsymbol{\delta}$ 为[5]

$$\hat{\boldsymbol{\delta}}=[\boldsymbol{A}^{\mathrm{T}}\boldsymbol{R}^{-1}\boldsymbol{A}]^{-1}\boldsymbol{A}^{\mathrm{T}}\boldsymbol{R}^{-1}\boldsymbol{z} \tag{1.5-18}$$

式中，$\boldsymbol{R}$ 为考虑了一个或多个参数影响的加权矩阵，$\boldsymbol{R}$ 可以任意选取，但必须是正定满秩的，以确保 $\boldsymbol{R}^{-1}$ 存在。因此，在一次迭代中，$\hat{\boldsymbol{\delta}}$ 可根据式(1.5-18)进行计算，之后利用式(1.5-17)，根据

$$\left.\begin{aligned}\hat{x}_{\text{new}}&\leftarrow \hat{x}_{\text{old}}+\hat{\delta}_x\\ \hat{y}_{\text{new}}&\leftarrow \hat{y}_{\text{old}}+\hat{\delta}_y\end{aligned}\right\} \tag{1.5-19}$$

得到新的估计值。重复迭代直至相邻两次迭代中($\hat{x}_T$，$\hat{y}_T$)的变化达到充分小($\hat{\boldsymbol{\delta}}\approx\boldsymbol{0}$)为止。

相应位置估计的误差协方差矩阵为

$$\boldsymbol{Q}_0=[\boldsymbol{A}^{\mathrm{T}}\boldsymbol{R}^{-1}\boldsymbol{A}]^{-1} \tag{1.5-20}$$

对于噪声协方差矩阵 $\boldsymbol{R}=\sigma^2\boldsymbol{I}$ 的特殊情况，即噪声项 ε_i 相互独立，且具有相同的方差，则定位过程中的修正矢量为

$$\hat{\boldsymbol{\delta}}=[\boldsymbol{A}^{\mathrm{T}}\boldsymbol{A}]^{-1}\boldsymbol{A}^{\mathrm{T}}\boldsymbol{z} \tag{1.5-21}$$

其中矩阵$[\boldsymbol{A}^{\mathrm{T}}\boldsymbol{A}]^{-1}$对布站的几何关系比较敏感。例如当 $n=1$ 时，所有的量测都是相同类型的且出自同一观测站，故有 $\det(\boldsymbol{A}^{\mathrm{T}}\boldsymbol{A})=0$，且$[\boldsymbol{A}^{\mathrm{T}}\boldsymbol{A}]^{-1}$不存在，故无解。

然而对于所有情况，最后的协方差矩阵 $\boldsymbol{Q}_0$ 都给出了最终位置估计的统计特性。因此，可将该协方差矩阵改写为

$$\boldsymbol{Q}_0=\begin{bmatrix}\sigma_x^2 & \sigma_{xy}\\ \sigma_{xy} & \sigma_y^2\end{bmatrix} \tag{1.5-22}$$

如果假设误差服从正态分布，那么误差区域是一个椭圆，称为概率误差椭圆(Ellipse Error Probability，EEP)，该椭圆的半长轴 a 和半短轴 b 分别可由下式确定：

$$\left.\begin{aligned} a^2 &= 2\frac{\sigma_x^2\sigma_y^2-\rho_{xy}^2}{\sigma_x^2+\sigma_y^2-(\sigma_x^2-\sigma_y^2+4\rho_{xy}^2)^{1/2}}C^2 \\ b^2 &= 2\frac{\sigma_x^2\sigma_y^2-\rho_{xy}^2}{\sigma_x^2+\sigma_y^2+(\sigma_x^2-\sigma_y^2+4\rho_{xy}^2)^{1/2}}C^2 \end{aligned}\right\} \tag{1.5-23}$$

其中，$C=-2\ln(1-P_e)$，P_e 表示目标位于该误差椭圆中的置信度(例如，0.5 表示 50%，0.9 表示 90%等)[6]。半长轴相对于 x 轴的倾角 θ 为

$$\theta=\frac{1}{2}\arctan\frac{2\rho_{xy}}{\sigma_y^2-\sigma_x^2} \tag{1.5-24}$$

概率误差圆(Circular Error Probability，CEP)在概念上与 EEP 相似。它是一个以求得的目标坐标为中心的圆形区域，目标以指定的概率落在该圆内。文献[4]指出

$$\text{CEP}\approx 0.75\sqrt{a^2+b^2} \tag{1.5-25}$$

采用这种方法求得的圆半径误差在 10%以内。

为了说明梯度下降法在综合应用不同种类测量数据方面的能力，考虑如图 1.5-1 所示的两个传感器，它们分别位于(−20，20)单位和(8，12)单位处。而且可以得到三种不同的测量数据：传感器 S_1 测得的 LOB，方位角为−38°，其标准差 $\sigma_\phi=3°=0.0524$ 弧度；S_1 与目标之间的距离 $r_1=32$ 单位，其标准差 $\sigma_r=2$ 单位；两个传感器之间距离差为 $r_1-r_2=\Delta r_{12}=16$ 单位，其标准差 $\sigma_{\Delta r}=1$ 单位。

对于第 1 个观测站，真实的方位角可表示为

$$\phi_1=\arcsin\left[\frac{y_1-y_T}{\sqrt{(x_1-x_T)^2+(y_1-y_T)^2}}\right] \tag{1.5-26}$$

该式的一阶展开式为

$$\left(\frac{y_1-y_T}{r_1^2}\right)\delta_x-\left(\frac{x_1-x_T}{r_1^2}\right)\delta_y\approx\phi_1-\arctan\left(\frac{y_1-y_T}{x_1-x_T}\right)-e_{\phi_1} \tag{1.5-27}$$

其中

$$r_1=\sqrt{(x_T-x_1)^2+(y_T-y_1)^2} \tag{1.5-28}$$

为传感器 S_1 到当前估计坐标之间的距离的真值。

为了求解，对此结果进行变换，即将其乘以当前估计坐标与传感器 S_1 之间的距离 r_1，可得

$$\left(\frac{y_1-y_T}{r_1}\right)\delta_x-\left(\frac{x_1-x_T}{r_1}\right)\delta_y\approx r_1\left[\phi_1-\arctan\left(\frac{y_1-y_T}{x_1-x_T}\right)-e_{\phi_1}\right] \tag{1.5-29}$$

该式可用于求 a_{11}、a_{12} 和 z_1。

一阶泰勒级数展开式为

$$\left(\frac{x_T-x_1}{r_1}\right)\delta_x+\left(\frac{y_T-y_1}{r_1}\right)\delta_y\approx r_{\text{measured}}-r_{k1}-e_{r_1} \tag{1.5-30}$$

相应的距离差一阶泰勒级数展开式为

$$\left(\frac{x_T-x_1}{r_1}-\frac{x_T-x_2}{r_2}\right)\delta_x+\left(\frac{y_T-y_1}{r_1}-\frac{y_T-y_2}{r_2}\right)\delta_y\approx\Delta r_{12}-(r_1-r_2)-e_{\Delta r_{12}} \tag{1.5-31}$$

故利用式(1.5-30)和式(1.5-31)可以求得 a_{21}、a_{22}、z_2 以及 a_{31}、a_{32}、z_3。

当测量误差相互独立时，测量误差的协方差矩阵可表示为

$$\boldsymbol{R}=\begin{bmatrix}\sigma_{\phi}^2 & 0 & 0\\ 0 & \sigma_r^2 & 0\\ 0 & 0 & \sigma_{\Delta r}^2\end{bmatrix}=\begin{bmatrix}(0.0524)^2 r_1^2 & 0 & 0\\ 0 & 4 & 0\\ 0 & 0 & 1\end{bmatrix} \tag{1.5-32}$$

运算从初始点 $x_0=22$，$y_0=4$ 开始，如图 1.5-1 所示。由式(1.5-18)可得 $\delta_x=-23.5$，$\delta_y=-24.4$。将这些值代入式(1.5-19)可得 $x_1=-1.5$，$y_1=-20.4$。继续运算，迭代 3 次后最终的结果如图 1.5-1 所示，为 $x_3=2$，$y_3=-5.1$，随后计算出 $\delta_x=0.05$，$\delta_y=-0.05$，运算结束。在这点上

$$\mathbf{A}=\begin{bmatrix}0.752 & 0.659\\ 0.659 & -0.752\\ 0.990 & 0.192\end{bmatrix} \tag{1.5-33}$$

并且

$$\boldsymbol{Q}_0=[\mathbf{A}^{\mathrm{T}}\boldsymbol{R}^{-1}\mathbf{A}]^{-1}=\begin{bmatrix}0.899 & -0.640\\ -0.640 & 3.578\end{bmatrix} \tag{1.5-34}$$

根据式(1.5-22)～式(1.5-24)，可得误差椭圆的半长轴和半短轴分别为

$$a=1.929\ \text{单位} \qquad b=0.868\ \text{单位} \tag{1.5-35}$$

于是

$$\text{CEP}=1.587\ \text{单位} \tag{1.5-36}$$

图 1.5-1 中给出了该混合模型的定位示意图。在该例中，三次迭代就收敛了，考虑到测量方差，结果所得 EEP 是合理的。

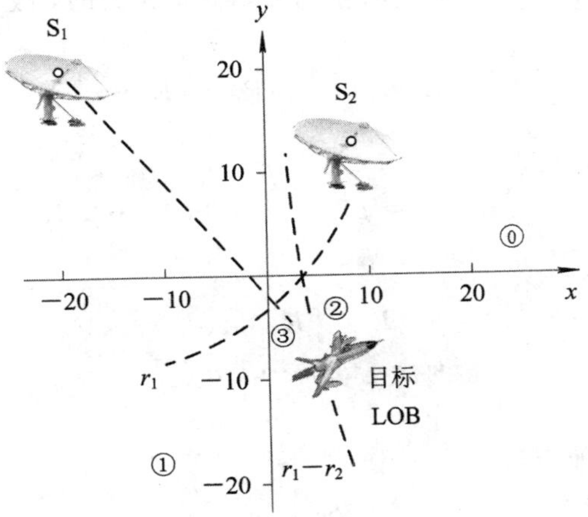

图 1.5-1 方位、距离、距离差混合定位示意图

1.5.2 线性均方估计

Bayes 估计需要已知后验分布函数，而最大似然估计需要已知似然函数[7]。但是在很多实际情况下，它们是未知的。另外，最大似然估计会导致非线性估计问题，不容易求解。因此，不需要先验知识，并且容易实现的线性估计方法就显得十分有吸引力。其中线性均

方估计和最小二乘估计就是这样两类参数估计方法[8]。

假设 θ 为随机变量 x 的参数值，通过实验获得了随机变量的各次实现(也称为样本或观察值)，现通过 N 个样本 x_1，…，x_N 来估计随机变量 x 的参数 θ。

在线性均方(Linear Mean Squares，LMS)估计中，待定的参数估计子被表示为测量数据的线性加权和，即

$$\hat{\theta}_{\mathrm{LMS}} = \sum_{i=1}^{N} w_i x_i \tag{1.5-37}$$

式中，w_1，…，w_N 为待确定的加权系数。线性均方估计的原理就是使均方误差函数 $E\{(\hat{\theta}-\theta)^2\}$最小。也就是说，权系数 w_i 通过式(1.5-38)确定：

$$\min E\{(\hat{\theta}-\theta)^2\} = \min E\left\{\left(\sum_{i=1}^{N} w_i x_i - \theta\right)^2\right\} = \min E\{e^2\} \tag{1.5-38}$$

其中 $e=\hat{\theta}-\theta$ 为估计误差。

求式(1.5-38)相对于 w_k 的偏导，并令结果等于零，可得

$$\frac{\partial E\{e^2\}}{\partial w_k} = E\left\{\frac{\partial e^2}{\partial w_k}\right\} = 2E\left\{e\frac{\partial e}{\partial w_k}\right\} = 2E\{ex_k\} = 0 \tag{1.5-39}$$

或

$$E\{ex_i\} = 0 \qquad i = 1, 2, \cdots, N \tag{1.5-40}$$

该结果称为正交性原理。正交性原理可用文字叙述如下：均方误差最小，当且仅当估计误差 e 正交于每一个给定的观测数据 x_i，其中 $i=1$，2，…，N。

为了推导确定权系数的公式，将式(1.5-40)改写为

$$E\left\{\left(\sum_{k=1}^{N} w_k x_k - \theta\right)x_i\right\} = 0 \qquad i = 1, 2, \cdots, N \tag{1.5-41}$$

此处需注意，观测数据 $x_i(i=1, 2, \cdots, N)$与参数 θ 是相关的，故 $E\{\theta x_i\}$不能写作 $\theta E\{x_i\}$。

令

$$g_i = E\{\theta x_i\}, \qquad R_{ij} = E\{x_i x_j\} \tag{1.5-42}$$

则式(1.5-41)可简化为

$$\sum_{k=1}^{N} R_{ik} w_k = g_i \qquad i = 1, 2, \cdots, N \tag{1.5-43}$$

该方程称为法方程。若记

$$\boldsymbol{R} = [R_{ij}]_{N\times N} \tag{1.5-44}$$

$$\boldsymbol{w} = [w_1 \quad \cdots \quad w_N]^{\mathrm{T}} \tag{1.5-45}$$

$$\boldsymbol{g} = [g_1 \quad \cdots \quad g_N]^{\mathrm{T}} \tag{1.5-46}$$

则式(1.5-43)可以简单地表示为

$$\boldsymbol{R}\boldsymbol{w} = \boldsymbol{g} \tag{1.5-47}$$

其解为

$$\boldsymbol{w} = \boldsymbol{R}^{-1}\boldsymbol{g} \tag{1.5-48}$$

上式成立的条件为：相关矩阵 $\boldsymbol{R}$ 为非奇异的，即要求观测样本 x_1，…，x_N 相互独立。

线性均方估计是一类重要的参数估计方法。当然，在很多情况下，相关函数 $g_i = E\{\theta x_i\}$难于知道，此时就不能使用这种方法。然而在有关滤波应用中，如希望设计一组滤波器系数 w_1，…，w_N，使用它们与随机信号 $x(n)$的延迟形式 $x(n-i)$的线性组合

$$d(n) = \sum_{i=1}^{N} w_i x(n-i) \tag{1.5-49}$$

逼近一已知的期望信号 $d(n)$。此时，线性均方估计就是可实现的，这是因为 $g_i = E\{d(n)x(n-i)\}$是可估计的。

从上面的分析可知，由于采用的是最小均方误差(MMSE)准则，故线性均方估计本质上是一种 MMSE 估计子。

1.5.3 最小二乘估计

在许多应用中，未知参数向量 $\boldsymbol{\theta}=[\theta_1, \cdots, \theta_p]^{\mathrm{T}}$ 通常可以建模成下面的矩阵方程：

$$\boldsymbol{A\theta} = \boldsymbol{b} \tag{1.5-50}$$

式中，$\boldsymbol{A}$ 和 $\boldsymbol{b}$ 分别为与观测数据有关的系数矩阵和向量，它们是已知的。该数学模型包括以下三种情况：

(1) 未知参数的个数与方程个数相等，且矩阵 $\boldsymbol{A}$ 非奇异。此时，矩阵方程(1.5-50)称为适定方程(well-determined equation)，其解为 $\boldsymbol{\theta}=\boldsymbol{A}^{-1}\boldsymbol{b}$。

(2) 矩阵 $\boldsymbol{A}$ 为一“高矩阵”(行数多于列数)，即方程个数多于未知参数个数，此时，矩阵方程(1.5-50)称为超定方程(over-determined equation)。

(3) 矩阵 $\boldsymbol{A}$ 为一“扁矩阵”(行数少于列数)，即方程个数少于未知参数个数，此时，矩阵方程(1.5-50)称为欠定方程(under-determined equation)。

在参数估计中，矩阵方程通常多为超定方程。此时，为了确定参数估计向量 $\hat{\boldsymbol{\theta}}$，选择这样一种准则，使误差的平方和

$$\sum_{i=1}^{N} e_i^2 = \boldsymbol{e}^{\mathrm{T}}\boldsymbol{e} = (\boldsymbol{A}\hat{\boldsymbol{\theta}} - \boldsymbol{b})^{\mathrm{T}}(\boldsymbol{A}\hat{\boldsymbol{\theta}} - \boldsymbol{b}) \tag{1.5-51}$$

为最小，其中误差 $\boldsymbol{e}=\boldsymbol{A}\hat{\boldsymbol{\theta}}-\boldsymbol{b}$。所求得的估计称为最小二乘估计，记作 $\hat{\boldsymbol{\theta}}_{\mathrm{LS}}$。

损失或代价函数 $J=\boldsymbol{e}^{\mathrm{T}}\boldsymbol{e}$ 可展开为

$$J = \boldsymbol{\theta}^{\mathrm{T}}\boldsymbol{A}^{\mathrm{T}}\boldsymbol{A}\hat{\boldsymbol{\theta}} + \boldsymbol{b}^{\mathrm{T}}\boldsymbol{b} - \hat{\boldsymbol{\theta}}^{\mathrm{T}}\boldsymbol{A}^{\mathrm{T}}\boldsymbol{b} - \boldsymbol{b}^{\mathrm{T}}\boldsymbol{A}\hat{\boldsymbol{\theta}} \tag{1.5-52}$$

求 J 关于 $\hat{\boldsymbol{\theta}}$ 的导数，并令结果等于零，可得

$$\frac{\mathrm{d}\boldsymbol{J}}{\mathrm{d}\hat{\boldsymbol{\theta}}} = 2\boldsymbol{A}^{\mathrm{T}}\boldsymbol{A}\hat{\boldsymbol{\theta}} - 2\boldsymbol{A}^{\mathrm{T}}\boldsymbol{b} = 0 \tag{1.5-53}$$

这表明，最小二乘估计由下式决定：

$$\boldsymbol{A}^{\mathrm{T}}\boldsymbol{A}\hat{\boldsymbol{\theta}} = \boldsymbol{A}^{\mathrm{T}}\boldsymbol{b} \tag{1.5-54}$$

这一方程有两类不同的解：

(1) 矩阵 $\boldsymbol{A}$ 满列秩时，由于 $\boldsymbol{A}^{\mathrm{T}}\boldsymbol{A}$ 非奇异，最小二乘估计由

$$\hat{\boldsymbol{\theta}}_{\mathrm{LS}} = (\boldsymbol{A}^{\mathrm{T}}\boldsymbol{A})^{-1}\boldsymbol{A}^{\mathrm{T}}\boldsymbol{b} \tag{1.5-55}$$

唯一确定，此时称参数向量 $\boldsymbol{\theta}$ 是唯一可辨识的。

(2) 矩阵 $\boldsymbol{A}$ 秩亏缺时，由不同的 $\boldsymbol{\theta}$ 值均能得到相同的 $\boldsymbol{A\theta}$ 值。因此，虽然向量 $\boldsymbol{b}$ 可以提供有关 $\boldsymbol{A\theta}$ 的某些信息，但却无法区别对应于同一 $\boldsymbol{A\theta}$ 值的各个不同的 $\boldsymbol{\theta}$ 值。在这个意义上，称参数向量 $\boldsymbol{\theta}$ 是不可辨识的。更一般地讲，如果某参数的不同值给出了在抽样空间上的相同分布，则称这一参数是不可辨识的[9]。

根据 Gauss-Markov 定理[8]，当误差向量的各个分量具有相同的方差，而且各分量不

相关时，最小二乘估计在方差最小的意义上是最优的。然而，如果误差向量各分量具有不同的方差，或者各分量之间相关时，最小二乘估计就不再具有最小的估计方差，因而不会是最优的。为了克服最小二乘的这一缺陷，可以考虑对其损失函数——误差平方和进行改造，即使用“加权误差平方和”作为新的代价函数

$$Q(\boldsymbol{\theta}) = \boldsymbol{e}^{\mathrm{T}}\boldsymbol{W}\boldsymbol{e} \tag{1.5-56}$$

并简称其为加权误差函数，式中 $\boldsymbol{W}$ 为加权矩阵。与最小二乘估计使 $J=\boldsymbol{e}^{\mathrm{T}}\boldsymbol{e}$ 最小化不同，现在考虑使加权误差函数 $Q(\boldsymbol{\theta})$ 最小化。使用这一准则的估计子称为加权最小二乘估计子，并记做 $\hat{\boldsymbol{\theta}}_{\mathrm{WLS}}$。为了确定加权最小二乘估计子，将 $Q(\boldsymbol{\theta})$ 展开为

$$Q(\boldsymbol{\theta}) = (\boldsymbol{b}-\boldsymbol{A\theta})^{\mathrm{T}}\boldsymbol{W}(\boldsymbol{b}-\boldsymbol{A\theta}) = \boldsymbol{b}^{\mathrm{T}}\boldsymbol{W}\boldsymbol{b} - \boldsymbol{\theta}^{\mathrm{T}}\boldsymbol{A}^{\mathrm{T}}\boldsymbol{W}\boldsymbol{b} - \boldsymbol{b}^{\mathrm{T}}\boldsymbol{W}\boldsymbol{A\theta} + \boldsymbol{\theta}^{\mathrm{T}}\boldsymbol{A}^{\mathrm{T}}\boldsymbol{W}\boldsymbol{A\theta} \tag{1.5-57}$$

然后求 $Q(\boldsymbol{\theta})$ 相对于 $\boldsymbol{\theta}$ 的导数，并令结果等于零，即有

$$\frac{\mathrm{d}Q(\boldsymbol{\theta})}{\mathrm{d}\boldsymbol{\theta}} = -2\boldsymbol{A}^{\mathrm{T}}\boldsymbol{W}\boldsymbol{b} + 2\boldsymbol{A}^{\mathrm{T}}\boldsymbol{W}\boldsymbol{A\theta} = 0 \tag{1.5-58}$$

由此得到加权最小二乘估计满足的条件为

$$\boldsymbol{A}^{\mathrm{T}}\boldsymbol{W}\boldsymbol{A}\hat{\boldsymbol{\theta}}_{\mathrm{WLS}} = \boldsymbol{A}^{\mathrm{T}}\boldsymbol{W}\boldsymbol{b} \tag{1.5-59}$$

假定 $\boldsymbol{A}^{\mathrm{T}}\boldsymbol{W}\boldsymbol{A}$ 非奇异，则 $\hat{\boldsymbol{\theta}}_{\mathrm{WLS}}$ 可由

$$\hat{\boldsymbol{\theta}}_{\mathrm{WLS}} = (\boldsymbol{A}^{\mathrm{T}}\boldsymbol{W}\boldsymbol{A})^{-1}\boldsymbol{A}^{\mathrm{T}}\boldsymbol{W}\boldsymbol{b} \tag{1.5-60}$$

确定。但是，如何选择加权矩阵 $\boldsymbol{W}$ 将成为实现该算法的关键。

假定误差向量的方差 $\mathrm{Var}(\boldsymbol{e})$ 具有一般的形式 $\sigma^2\boldsymbol{V}$，其中 $\boldsymbol{V}$ 是一个已知的正定矩阵，由于 $\boldsymbol{V}$ 正定，所以可将它表示为 $\boldsymbol{V}=\boldsymbol{P}\boldsymbol{P}^{\mathrm{T}}$，其中 $\boldsymbol{P}$ 非奇异。令 $\boldsymbol{\varepsilon}=\boldsymbol{P}^{-1}\boldsymbol{e}$，$\boldsymbol{x}=\boldsymbol{P}^{-1}\boldsymbol{b}$，则使用 $\boldsymbol{P}^{-1}$ 左乘原观测模型 $\boldsymbol{b}=\boldsymbol{A\theta}+\boldsymbol{e}$ 后，即有

$$\boldsymbol{x} = \boldsymbol{P}^{-1}\boldsymbol{A\theta} + \boldsymbol{\varepsilon} = \boldsymbol{B\theta} + \boldsymbol{\varepsilon} \tag{1.5-61}$$

式中 $\boldsymbol{B}=\boldsymbol{P}^{-1}\boldsymbol{A}$。因此，新的观测模型(1.5-61)的误差向量 $\boldsymbol{\varepsilon}$ 的方差矩阵为

$$\mathrm{Var}(\boldsymbol{\varepsilon}) = \mathrm{Var}(\boldsymbol{P}^{-1}\boldsymbol{e}) = \boldsymbol{P}^{-1}\mathrm{Var}(\boldsymbol{e})\boldsymbol{P}^{-\mathrm{T}} = \boldsymbol{P}^{-1}(\sigma^2\boldsymbol{P}\boldsymbol{P}^{\mathrm{T}})\boldsymbol{P}^{-\mathrm{T}} = \sigma^2\boldsymbol{I} \tag{1.5-62}$$

式中 $\boldsymbol{P}^{-\mathrm{T}}=(\boldsymbol{P}^{-1})^{\mathrm{T}}$。式(1.5-62)表明，新的误差向量 $\boldsymbol{\varepsilon}=\boldsymbol{P}^{-1}\boldsymbol{e}$ 的各分量是不相关的，并且具有相同的方差。因此，采用 $\boldsymbol{x}$、$\boldsymbol{B}$、$\boldsymbol{\varepsilon}$ 之后，观测模型 $\boldsymbol{x}=\boldsymbol{B\theta}+\boldsymbol{\varepsilon}$ 正好满足 Gauss-Markov 定理的条件。故可得在新模型下的最小二乘估计为

$$\hat{\boldsymbol{\theta}}_{\mathrm{LS}} = (\boldsymbol{B}^{\mathrm{T}}\boldsymbol{B})^{-1}\boldsymbol{B}^{\mathrm{T}}\boldsymbol{x} = (\boldsymbol{A}\boldsymbol{P}^{-\mathrm{T}}\boldsymbol{A})^{-1}\boldsymbol{A}\boldsymbol{P}^{-\mathrm{T}}\boldsymbol{P}^{-1}\boldsymbol{b} = (\boldsymbol{A}\boldsymbol{V}^{-1}\boldsymbol{A})^{-1}\boldsymbol{A}\boldsymbol{V}^{-1}\boldsymbol{b} \tag{1.5-63}$$

具有最小方差，是最优估计子。比较式(1.5-63)与式(1.5-60)可知，为了获得 $\boldsymbol{\theta}$ 的最优加权最小二乘估计，只需要选择加权矩阵 $\boldsymbol{W}$ 满足条件

$$\boldsymbol{W} = \boldsymbol{V}^{-1} \tag{1.5-64}$$

即加权矩阵应取作 $\boldsymbol{V}$ 的逆矩阵，其中 $\boldsymbol{V}$ 由误差向量的方差矩阵 $\mathrm{Var}(\boldsymbol{e})=\sigma^2\boldsymbol{V}$ 决定。

1.6 定位与跟踪中的滤波算法

1.6.1 动目标跟踪动态模型

动目标跟踪的动态模型[10]是目标运动规律的假设，有了这些假设才可以获得目标的状态方程。

目标的运动方程(状态方程)为

$$\boldsymbol{X}(k+1)=\boldsymbol{F}(k)\boldsymbol{X}(k)+\boldsymbol{G}(k)\boldsymbol{u}(k)+\boldsymbol{V}(k) \tag{1.6-1}$$

式中：$\boldsymbol{F}(k)$为状态转移矩阵；$\boldsymbol{X}(k)$为状态向量；$\boldsymbol{G}(k)$输入控制项矩阵；$\boldsymbol{u}(k)$为已知输入或控制信号；$\boldsymbol{V}(k)$为过程噪声序列，通常假定为零均值的附加高斯白噪声序列，其协方差为$\boldsymbol{Q}(k)$。如果过程噪声$\boldsymbol{V}(k)$用$\boldsymbol{\Gamma}(k)\boldsymbol{v}(k)$代替，则$\boldsymbol{Q}(k)$变为$\boldsymbol{\Gamma}(k)\sigma_v^2(k)\boldsymbol{\Gamma}^{\mathrm{T}}(k)$，$\boldsymbol{\Gamma}(k)$为过程噪声分布矩阵，而

$$E\{\boldsymbol{V}(k)\boldsymbol{V}^{\mathrm{T}}(k)\}=\boldsymbol{Q}(k)\delta_{kj} \tag{1.6-2}$$

式中，δ_{kj}为 Kronecker delta 函数，该性质说明不同时刻的过程噪声是相互独立的。

目标的量测方程为

$$\boldsymbol{z}(k)=\boldsymbol{H}(k)\boldsymbol{X}(k)+\boldsymbol{W}(k) \tag{1.6-3}$$

式中：$\boldsymbol{H}(k)$为量测矩阵；$\boldsymbol{X}(k)$为状态向量；$\boldsymbol{W}(k)$为量测噪声序列，一般假定其为零均值的附加高斯白噪声序列，其协方差为$\boldsymbol{R}(k)$，即

$$E\{\boldsymbol{W}(k)\boldsymbol{W}^{\mathrm{T}}(k)\}=\boldsymbol{R}(k)\delta_{kj} \tag{1.6-4}$$

该性质说明不同时刻的量测噪声也是相互独立的。

因此，上述离散时间线性系统可以用框图表示，即动目标跟踪的系统模型如图 1.6－1 所示。

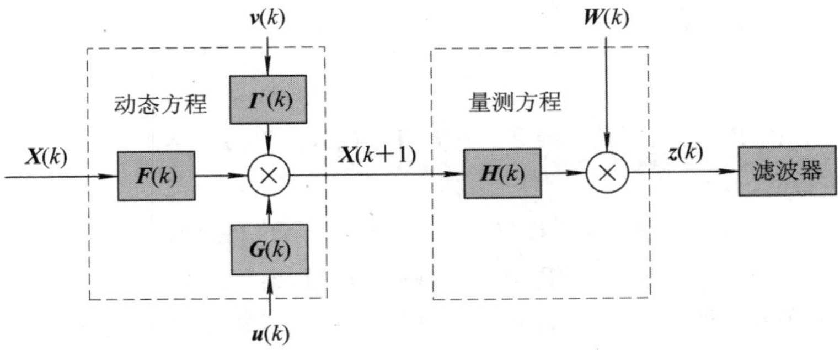

图 1.6－1 动目标跟踪的系统模型

根据已知的j时刻和j以前时刻的量测值对k时刻的状态$\boldsymbol{X}(k)$做某种估计，若将此估计记为$\hat{\boldsymbol{X}}(k|j)$，则按照状态估计所指的时刻，估计问题可归纳为下列三种：

当$k=j$时，是滤波问题，$\hat{\boldsymbol{X}}(k|j)$为$k$时刻状态$\boldsymbol{X}(k)$的滤波值；

当$k>j$时，是预测问题，$\hat{\boldsymbol{X}}(k|j)$为$k$时刻状态$\boldsymbol{X}(k)$的预测值；

当$k<j$时，是平滑问题，$\hat{\boldsymbol{X}}(k|j)$为$k$时刻状态$\boldsymbol{X}(k)$的平滑值；

1.6.2 卡尔曼滤波算法

在所有线性形式的滤波器中，线性均方估计滤波器是最优的。线性均方误差准则下的滤波器包括维纳滤波器和卡尔曼滤波器，稳态条件下二者是一致的，但卡尔曼滤波器适用于有限观测间隔的非平稳问题，它适合于计算机计算的递推算法。滤波的目的就是对目标过去和现在的状态进行平滑，同时预测目标未来时刻的运动状态，包括目标的位置、速度和加速度等参量。

1.6.2.1 最小均方误差估计

假设$\boldsymbol{x}$为待估计向量，$\boldsymbol{z}$为$\boldsymbol{x}$的观察向量，且这两个随机向量联合正态分布，即

$$\boldsymbol{y}=\begin{bmatrix}\boldsymbol{x}\\ \boldsymbol{z}\end{bmatrix}\sim N(\bar{\boldsymbol{y}},\ \boldsymbol{P}_{yy}) \tag{1.6-5}$$

其中

$$\bar{\boldsymbol{y}}=\begin{bmatrix}\bar{\boldsymbol{x}}\\ \bar{\boldsymbol{z}}\end{bmatrix},\ \boldsymbol{P}_{yy}=\begin{bmatrix}\boldsymbol{P}_{xx} & \boldsymbol{P}_{xz}\\ \boldsymbol{P}_{zx} & \boldsymbol{P}_{zz}\end{bmatrix} \tag{1.6-6}$$

式中，$\bar{\boldsymbol{x}}$、$\boldsymbol{P}_{xx}$和$\bar{\boldsymbol{z}}$、$\boldsymbol{P}_{zz}$分别为随机向量$\boldsymbol{x}$和$\boldsymbol{z}$的均值和自协方差，$\boldsymbol{P}_{xz}$为互协方差。由于

$$\begin{aligned}p(\boldsymbol{x},\ \boldsymbol{z})&=p(\boldsymbol{y})=N(\boldsymbol{y};\ \bar{\boldsymbol{y}},\ \boldsymbol{P}_{yy})\\ &=|\ 2\pi\boldsymbol{P}_{yy}\ |^{-1/2}\exp\left\{-\frac{(\boldsymbol{y}-\bar{\boldsymbol{y}})^{\mathrm{T}}\boldsymbol{P}_{yy}^{-1}(\boldsymbol{y}-\bar{\boldsymbol{y}})}{2}\right\}\end{aligned} \tag{1.6-7}$$

$$p(\boldsymbol{z})=N(\boldsymbol{z};\ \bar{\boldsymbol{z}},\ \boldsymbol{P}_{zz})=|\ 2\pi\boldsymbol{P}_{zz}\ |^{-1/2}\exp\left\{-\frac{(\boldsymbol{z}-\bar{\boldsymbol{z}})^{\mathrm{H}}\boldsymbol{P}_{zz}^{-1}(\boldsymbol{z}-\bar{\boldsymbol{z}})}{2}\right\} \tag{1.6-8}$$

所以

$$p(\boldsymbol{x}\mid\boldsymbol{z})=\frac{p(\boldsymbol{x},\ \boldsymbol{z})}{p(\boldsymbol{z})}=\frac{|\ \boldsymbol{P}_{yy}\ |^{-1/2}}{|\ \boldsymbol{P}_{zz}\ |^{-1/2}}\exp\left\{-\frac{(\boldsymbol{y}-\bar{\boldsymbol{y}})^{\mathrm{H}}\boldsymbol{P}_{yy}^{-1}(\boldsymbol{y}-\bar{\boldsymbol{y}})-(\boldsymbol{z}-\bar{\boldsymbol{z}})^{\mathrm{H}}\boldsymbol{P}_{zz}^{-1}(\boldsymbol{z}-\bar{\boldsymbol{z}})}{2}\right\} \tag{1.6-9}$$

设

$$\boldsymbol{y}-\bar{\boldsymbol{y}}=\begin{bmatrix}\boldsymbol{x}-\bar{\boldsymbol{x}}\\ \boldsymbol{z}-\bar{\boldsymbol{z}}\end{bmatrix}=\begin{bmatrix}\boldsymbol{\xi}\\ \boldsymbol{\eta}\end{bmatrix},\qquad \boldsymbol{P}_{yy}^{-1}=\begin{bmatrix}\boldsymbol{T}_{xx} & \boldsymbol{T}_{xz}\\ \boldsymbol{T}_{zx} & \boldsymbol{T}_{zz}\end{bmatrix} \tag{1.6-10}$$

则可得

$$\boldsymbol{T}_{xx}^{-1}=\boldsymbol{P}_{xx}-\boldsymbol{P}_{xz}\boldsymbol{P}_{zz}^{-1}\boldsymbol{P}_{zx},\quad \boldsymbol{P}_{zz}^{-1}=\boldsymbol{T}_{zz}-\boldsymbol{T}_{zx}\boldsymbol{T}_{xx}^{-1}\boldsymbol{T}_{xz},\quad \boldsymbol{T}_{xx}^{-1}\boldsymbol{T}_{xz}=-\boldsymbol{P}_{xz}\boldsymbol{P}_{zz}^{-1} \tag{1.6-11}$$

令

$$\begin{aligned}q&=(\boldsymbol{y}-\bar{\boldsymbol{y}})^{\mathrm{H}}\boldsymbol{P}_{yy}^{-1}(\boldsymbol{y}-\bar{\boldsymbol{y}})-(\boldsymbol{z}-\bar{\boldsymbol{z}})^{\mathrm{H}}\boldsymbol{P}_{zz}^{-1}(\boldsymbol{z}-\bar{\boldsymbol{z}})\\ &=(\boldsymbol{\xi}+\boldsymbol{T}_{xx}^{-1}\boldsymbol{T}_{xz}\boldsymbol{\eta})^{\mathrm{H}}\boldsymbol{T}_{xx}(\boldsymbol{\xi}+\boldsymbol{T}_{xx}^{-1}\boldsymbol{T}_{xz}\boldsymbol{\eta})\end{aligned} \tag{1.6-12}$$

即q是$\boldsymbol{x}$的二次函数，所以给定$\boldsymbol{z}$的$\boldsymbol{x}$的条件概率密度函数也是高斯的。又因为

$$\boldsymbol{\xi}+\boldsymbol{T}_{xx}^{-1}\boldsymbol{T}_{xz}\boldsymbol{\eta}=\boldsymbol{x}-\bar{\boldsymbol{x}}-\boldsymbol{P}_{xz}\boldsymbol{P}_{zz}^{-1}(\boldsymbol{z}-\bar{\boldsymbol{z}}) \tag{1.6-13}$$

进而，可求得依据$\boldsymbol{z}$的$\boldsymbol{x}$的最小均方误差估计为

$$\hat{\boldsymbol{x}}=E[\boldsymbol{x}\mid\boldsymbol{z}]=\bar{\boldsymbol{x}}+\boldsymbol{P}_{xz}\boldsymbol{P}_{zz}^{-1}(\boldsymbol{z}-\bar{\boldsymbol{z}}) \tag{1.6-14}$$

在高斯情况下，依据$\boldsymbol{z}$的$\boldsymbol{x}$的最小均方误差估计是给定$\boldsymbol{z}$的$\boldsymbol{x}$的条件均值。对应的条件误差协方差矩阵为

$$\boldsymbol{P}_{xx|z}=E[(\boldsymbol{x}-\hat{\boldsymbol{x}})(\boldsymbol{x}-\hat{\boldsymbol{x}})^{\mathrm{H}}\mid\boldsymbol{z}]=\boldsymbol{T}_{xx}^{-1}=\boldsymbol{P}_{xx}-\boldsymbol{P}_{xz}\boldsymbol{P}_{zz}^{-1}\boldsymbol{P}_{zx} \tag{1.6-15}$$

如果随机向量$\boldsymbol{x}$和$\boldsymbol{z}$不是联合高斯的，则一般情况下很难得到条件均值。但可以推导依据$\boldsymbol{z}$的$\boldsymbol{x}$的最佳线性估计。正交原理是线性估计称为最佳估计的充分必要条件[11]，根据正交原理[12]，最佳线性估计的估计误差$\tilde{\boldsymbol{x}}$是无偏的，并且正交于观测值$\boldsymbol{z}$。

若设

$$\hat{\boldsymbol{x}}=\boldsymbol{A}\boldsymbol{z}+\boldsymbol{b} \tag{1.6-16}$$

为非高斯情况下的最佳线性估计，由于最佳线性估计的误差$\tilde{\boldsymbol{x}}$是无偏的，所以

$$E\{\tilde{\boldsymbol{x}}\}=E\{\boldsymbol{x}-\hat{\boldsymbol{x}}\}=\bar{\boldsymbol{x}}-(\boldsymbol{A}\bar{\boldsymbol{z}}+\boldsymbol{b})=0 \tag{1.6-17}$$

由此可得

$$\boldsymbol{b}=\bar{\boldsymbol{x}}-\boldsymbol{A}\bar{\boldsymbol{z}} \tag{1.6-18}$$

此时估计误差可表示为

$$\tilde{\boldsymbol{x}} = \boldsymbol{x} - \hat{\boldsymbol{x}} = \boldsymbol{x} - \boldsymbol{A}\boldsymbol{z} - \boldsymbol{b} = \boldsymbol{x} - \bar{\boldsymbol{x}} - \boldsymbol{A}(\boldsymbol{z} - \bar{\boldsymbol{z}}) \tag{1.6-19}$$

由于最佳线性估计同时还要满足估计误差 $\tilde{\boldsymbol{x}}$ 和观测值 $\boldsymbol{z}$ 正交的条件，所以

$$\begin{aligned} E\{\tilde{\boldsymbol{x}}\boldsymbol{z}^{\mathrm{T}}\} &= E\{[(\boldsymbol{x} - \bar{\boldsymbol{x}}) - \boldsymbol{A}(\boldsymbol{z} - \bar{\boldsymbol{z}})](\boldsymbol{z} - \bar{\boldsymbol{z}} + \bar{\boldsymbol{z}})^{\mathrm{T}}\} \\ &= E\{[(\boldsymbol{x} - \bar{\boldsymbol{x}}) - \boldsymbol{A}(\boldsymbol{z} - \bar{\boldsymbol{z}})](\boldsymbol{z} - \bar{\boldsymbol{z}})^{\mathrm{T}}\} \\ &= \boldsymbol{P}_{xz} - \boldsymbol{A}\boldsymbol{P}_{zz} = 0 \end{aligned} \tag{1.6-20}$$

由该式可以得到 $\boldsymbol{A}$ 的解为

$$\boldsymbol{A} = \boldsymbol{P}_{xz}\boldsymbol{P}_{zz}^{-1} \tag{1.6-21}$$

联立式(1.6-18)和式(1.6-21)可得线性最小均方误差估计的表达式为

$$\hat{\boldsymbol{x}} = \boldsymbol{A}\boldsymbol{z} + \boldsymbol{b} = \bar{\boldsymbol{x}} + \boldsymbol{A}(\boldsymbol{z} - \bar{\boldsymbol{z}}) = \bar{\boldsymbol{x}} + \boldsymbol{P}_{xz}\boldsymbol{P}_{zz}^{-1}(\boldsymbol{z} - \bar{\boldsymbol{z}}) \tag{1.6-22}$$

该估计即为非高斯情况下使均方误差

$$J = E\{(\boldsymbol{x} - \hat{\boldsymbol{x}})^{\mathrm{T}}(\boldsymbol{x} - \hat{\boldsymbol{x}})\} \tag{1.6-23}$$

达到极小的最佳线性估计。注意，式(1.6-22)的形式与高斯情况下的 MMSE 估计式(1.6-14)相同，它仍是量测值 $\boldsymbol{z}$ 的线性函数，但它不是条件均值。

由式(1.6-19)可求得与式(1.6-22)对应的均方误差为

$$\begin{aligned} E\{\tilde{\boldsymbol{x}}\tilde{\boldsymbol{x}}^{\mathrm{T}}\} &= E\{(\boldsymbol{x} - \bar{\boldsymbol{x}} - \boldsymbol{P}_{xz}\boldsymbol{P}_{zz}^{-1}(\boldsymbol{z} - \bar{\boldsymbol{z}}))(\boldsymbol{x} - \bar{\boldsymbol{x}} - \boldsymbol{P}_{xz}\boldsymbol{P}_{zz}^{-1}(\boldsymbol{z} - \bar{\boldsymbol{z}}))^{\mathrm{T}}\} \\ &= \boldsymbol{P}_{xx} - \boldsymbol{P}_{xz}\boldsymbol{P}_{zz}^{-1}\boldsymbol{P}_{zx} = \boldsymbol{P}_{xx|z} \end{aligned} \tag{1.6-24}$$

该式具有与式(1.6-15)相同的表达式，但是因为式(1.6-22)不是条件均值，所以式(1.6-24)也不是协方差矩阵。

1.6.2.2　卡尔曼滤波算法

前面介绍了最小均方误差估计算法，在此基础上，下面介绍卡尔曼滤波算法[10, 13]。

动态(时变)情况下的最小均方误差估计可定义为

$$\hat{\boldsymbol{x}} \rightarrow \hat{\boldsymbol{X}}(k \mid k) = E[\boldsymbol{X}(k) \mid \boldsymbol{Z}^k] \tag{1.6-25}$$

其中

$$\boldsymbol{Z}^k = \{\boldsymbol{z}(j),\ j = 1,\ 2,\ \cdots,\ k\} \tag{1.6-26}$$

而且相应的状态误差协方差矩阵为

$$\begin{aligned} \boldsymbol{P}(k \mid k) &= E\{[\boldsymbol{X}(k) - \hat{\boldsymbol{X}}(k \mid k)][\boldsymbol{X}(k) - \hat{\boldsymbol{X}}(k \mid k)]^{\mathrm{H}} \mid \boldsymbol{Z}^k\} \\ &= E\{\tilde{\boldsymbol{X}}(k \mid k)\tilde{\boldsymbol{X}}^{\mathrm{H}}(k \mid k) \mid \boldsymbol{Z}^k\} \end{aligned} \tag{1.6-27}$$

如果把以 $\boldsymbol{Z}^k$ 为条件的期望算子应用到状态方程中，得到状态的一步预测为

$$\begin{aligned} \bar{\boldsymbol{x}} \rightarrow \hat{\boldsymbol{X}}(k+1 \mid k) &= E[\boldsymbol{X}(k+1) \mid \boldsymbol{Z}^k] = E[\boldsymbol{F}(k)\boldsymbol{X}(k) + \boldsymbol{G}(k)\boldsymbol{u}(k) + \boldsymbol{V}(k) \mid \boldsymbol{Z}^k] \\ &= \boldsymbol{F}(k)\hat{\boldsymbol{X}}(k \mid k) + \boldsymbol{G}(k)\boldsymbol{u}(k) \end{aligned} \tag{1.6-28}$$

预测值的误差为

$$\begin{aligned} \tilde{\boldsymbol{X}}(k+1 \mid k) &= \boldsymbol{X}(k+1) - \hat{\boldsymbol{X}}(k+1 \mid k) \\ &= \boldsymbol{F}(k)\tilde{\boldsymbol{X}}(k \mid k) + \boldsymbol{V}(k) \end{aligned} \tag{1.6-29}$$

一步预测协方差为

$$\begin{aligned} \boldsymbol{P}_{xx} \rightarrow \boldsymbol{P}(k+1 \mid k) &= E\{\tilde{\boldsymbol{X}}(k+1 \mid k)\tilde{\boldsymbol{X}}^{\mathrm{H}}(k+1 \mid k) \mid \boldsymbol{Z}^k\} \\ &= E\{(\boldsymbol{F}(k)\tilde{\boldsymbol{X}}(k \mid k) + \boldsymbol{V}(k))(\tilde{\boldsymbol{X}}^{\mathrm{H}}(k \mid k)\boldsymbol{F}^{\mathrm{H}}(k) + \boldsymbol{V}^{\mathrm{H}}(k)) \mid \boldsymbol{Z}^k\} \\ &= \boldsymbol{F}(k)\boldsymbol{P}(k \mid k)\boldsymbol{F}^{\mathrm{H}}(k) + \boldsymbol{Q}(k) \end{aligned} \tag{1.6-30}$$

一步预测协方差矩阵 $\boldsymbol{P}(k+1|k)$ 为对称矩阵，它用来衡量预测的不确定性，$\boldsymbol{P}(k+1|k)$ 越小，预测越精确。

通过对式(1.6-3)量测方程取在 $k+1$ 时刻、以 $\boldsymbol{Z}^k$ 为条件的期望值，类似地可以得到量测的预测，即

$$\begin{aligned}\bar{z} \to \hat{z}(k+1 \mid k) &= E[z(k+1) \mid \boldsymbol{Z}^k] = E[\boldsymbol{H}(k+1)\boldsymbol{X}(k+1) + \boldsymbol{W}(k+1) \mid \boldsymbol{Z}^k] \\ &= \boldsymbol{H}(k+1)\hat{\boldsymbol{X}}(k+1 \mid k)\end{aligned} \tag{1.6-31}$$

进而，可以求得量测的预测值和量测之间的差值，即

$$\tilde{z}(k+1 \mid k) = z(k+1) - \hat{z}(k+1 \mid k) = \boldsymbol{H}(k+1)\tilde{\boldsymbol{X}}(k+1 \mid k) + \boldsymbol{W}(k+1) \tag{1.6-32}$$

量测的预测协方差(或新息协方差)为

$$\begin{aligned}\boldsymbol{P}_{zz} \to \boldsymbol{S}(k+1) &= E[\tilde{z}(k+1 \mid k)\tilde{z}^{\mathrm{H}}(k+1 \mid k) \mid \boldsymbol{Z}^k] \\ &= E[(\boldsymbol{H}(k+1)\tilde{\boldsymbol{X}}(k+1 \mid k) + \boldsymbol{W}(k+1)) \\ &\quad \times (\tilde{\boldsymbol{X}}^{\mathrm{H}}(k+1 \mid k)\boldsymbol{H}^{\mathrm{H}}(k+1) + \boldsymbol{W}^{\mathrm{H}}(k+1)) \mid \boldsymbol{Z}^k] \\ &= \boldsymbol{H}(k+1)\boldsymbol{P}(k+1 \mid k)\boldsymbol{H}^{\mathrm{H}}(k+1) + \boldsymbol{R}(k+1)\end{aligned} \tag{1.6-33}$$

同样，新息协方差矩阵 $\boldsymbol{S}(k+1)$ 为对称矩阵，它用来衡量新息的不确定性，新息协方差越小，则说明量测值越精确。

状态和量测之间的协方差为

$$\begin{aligned}\boldsymbol{P}_{xz} \to E[\tilde{\boldsymbol{X}}(k+1 \mid k)\tilde{z}^{\mathrm{H}}(k+1 \mid k) \mid \boldsymbol{Z}^k] &= E[\tilde{\boldsymbol{X}}(k+1 \mid k)(\boldsymbol{H}(k+1)\tilde{\boldsymbol{X}}(k+1 \mid k) \\ &\quad + \boldsymbol{W}(k+1))^{\mathrm{H}} \mid \boldsymbol{Z}^k] \\ &= \boldsymbol{P}(k+1 \mid k)\boldsymbol{H}^{\mathrm{H}}(k+1)\end{aligned} \tag{1.6-34}$$

增益为

$$\begin{aligned}\boldsymbol{P}_{xz}\boldsymbol{P}_{zz}^{-1} \to \boldsymbol{K}(k+1) &= E[\tilde{\boldsymbol{X}}(k+1 \mid k)\tilde{z}^{\mathrm{H}}(k+1 \mid k) \mid \boldsymbol{Z}^k] \\ &= E[\tilde{\boldsymbol{X}}(k+1 \mid k)(\boldsymbol{H}(k+1)\tilde{X}(k+1 \mid k) + \boldsymbol{W}(k+1))^{\mathrm{H}} \mid \boldsymbol{Z}^k] \\ &= \boldsymbol{P}(k+1 \mid k)\boldsymbol{H}^{\mathrm{H}}(k+1)\boldsymbol{S}^{-1}(k+1)\end{aligned} \tag{1.6-35}$$

进而，可以求得 $k+1$ 时刻的估计(状态更新方程)为

$$\hat{\boldsymbol{X}}(k+1 \mid k+1) = \hat{\boldsymbol{X}}(k+1 \mid k) + \boldsymbol{K}(k+1)\boldsymbol{v}(k+1) \tag{1.6-36}$$

其中，$\boldsymbol{v}(k+1)$ 为新息或量测残差：

$$\boldsymbol{v}(k+1) = \tilde{z}(k+1 \mid k) = z(k+1) - \hat{z}(k+1 \mid k) \tag{1.6-37}$$

上式说明 $k+1$ 时刻的估计 $\hat{\boldsymbol{X}}(k+1|k+1)$ 等于该时刻的预测值 $\hat{\boldsymbol{X}}(k+1|k)$ 再加上一个修正项，而该修正项与增益 $\boldsymbol{K}(k+1)$ 和新息有关。

协方差更新方程为

$$\begin{aligned}\boldsymbol{P}(k+1 \mid k+1) &= \boldsymbol{P}(k+1 \mid k) - \boldsymbol{P}(k+1 \mid k)\boldsymbol{H}^{\mathrm{H}}(k+1)\boldsymbol{S}^{-1}(k+1)\boldsymbol{H}(k+1)\boldsymbol{P}(k+1 \mid k) \\ &= [\boldsymbol{I} - \boldsymbol{K}(k+1)\boldsymbol{H}(k+1)]\boldsymbol{P}(k+1 \mid k) \\ &= \boldsymbol{P}(k+1 \mid k) - \boldsymbol{K}(k+1)\boldsymbol{S}(k+1)\boldsymbol{K}^{\mathrm{H}}(k+1 \mid k) \\ &= [\boldsymbol{I} - \boldsymbol{K}(k+1)\boldsymbol{H}(k+1)]\boldsymbol{P}(k+1 \mid k)[\boldsymbol{I} - \boldsymbol{K}(k+1)\boldsymbol{H}(k+1)]^{\mathrm{H}} \\ &\quad - \boldsymbol{K}(k+1)\boldsymbol{R}(k+1)\boldsymbol{K}^{\mathrm{H}}(k+1)\end{aligned} \tag{1.6-38}$$

其中 $\boldsymbol{I}$ 为与协方差同维的单位阵。显然，式(1.6-38)最后的等式可以保证协方差矩阵 $\boldsymbol{P}$ 的对称性和正定性。

滤波增益的另一种表示形式为

$$
\begin{aligned}
\boldsymbol{P}(k+1|k+1)\boldsymbol{H}^{\mathrm{H}}(k+1)\boldsymbol{R}^{-1}(k+1) &= [\boldsymbol{P}(k+1|k)\boldsymbol{H}^{\mathrm{H}}(k+1)-\boldsymbol{P}(k+1|k)\\
&\quad \times\boldsymbol{H}^{\mathrm{H}}(k+1)\boldsymbol{S}^{-1}(k+1)\boldsymbol{H}(k+1)\boldsymbol{P}(k+1|k)\\
&\quad \times\boldsymbol{H}^{\mathrm{H}}(k+1)]\boldsymbol{R}^{-1}(k+1)\\
&= \boldsymbol{P}(k+1|k)\boldsymbol{H}^{\mathrm{H}}(k+1)\boldsymbol{S}^{-1}(k+1)[\boldsymbol{S}(k+1)\\
&\quad -\boldsymbol{H}(k+1)\boldsymbol{P}(k+1|k)\boldsymbol{H}^{\mathrm{H}}(k+1)]\boldsymbol{R}^{-1}(k+1)\\
&= \boldsymbol{K}(k+1)
\end{aligned}
\tag{1.6-39}
$$

1.6.2.3 卡尔曼滤波算法处理流程

图 1.6-2 给出了卡尔曼滤波算法所包含的方程和滤波流程[10]。

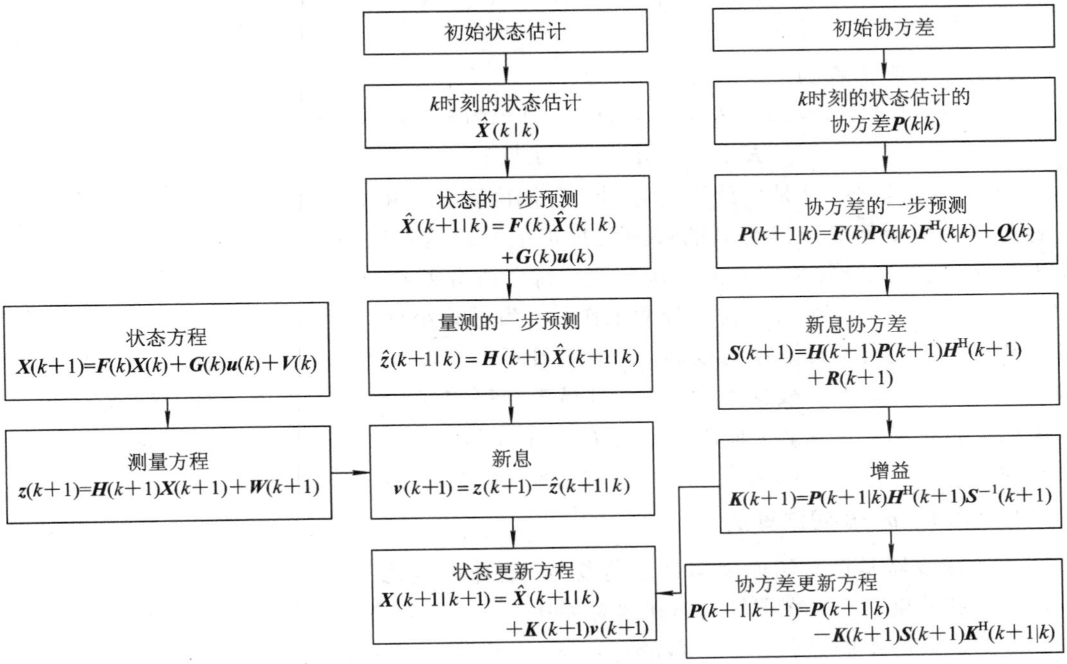

图 1.6-2 卡尔曼滤波算法流程图

卡尔曼滤波结果的好坏与过程噪声及量测噪声的统计特性(零均值和协方差 $\boldsymbol{Q}(k)$、$\boldsymbol{R}(k)$)、状态初始条件等因素有关。实际上这些量都是未知的，在滤波时对它们进行了假设。如果假设的模型与真实模型比较相符，则滤波结果就会和真实值很接近，而且随着滤波时间的增长，二者之间的差值会越来越小。但是，如果假设的模型和真实模型不相符，则会出现滤波器发散，即滤波器实际的均方误差比估计值大很多，并且其差值随着时间的增加而无限增长。一旦出现发散现象，滤波就失去了意义，因此在实际应用中，应克服这种现象的出现。

卡尔曼滤波应用中应注意的另一个问题是滤波的实时能力。尽管卡尔曼滤波具有递推形式，为实时处理提供了有利条件，但它的运算量还是比较大的。

1.6.3 $\alpha-\beta$ 与 $\alpha-\beta-\gamma$ 滤波算法

由前面的分析可知，卡尔曼滤波器主要由以下公式组成：

状态的一步预测为

$$\hat{\boldsymbol{X}}(k+1 \mid k)=\boldsymbol{F}(k)\hat{\boldsymbol{X}}(k \mid k) \tag{1.6-40}$$

协方差的一步预测为

$$\boldsymbol{P}(k+1 \mid k)=\boldsymbol{F}(k)\boldsymbol{P}(k \mid k)\boldsymbol{F}^{\mathrm{T}}(k)+\boldsymbol{Q}(k) \tag{1.6-41}$$

新息协方差为

$$\boldsymbol{S}(k+1)=\boldsymbol{H}(k+1)\boldsymbol{P}(k+1 \mid k)\boldsymbol{H}^{\mathrm{T}}(k+1)+\boldsymbol{R}(k+1) \tag{1.6-42}$$

增益为

$$\boldsymbol{K}(k+1)=\boldsymbol{P}(k+1 \mid k)\boldsymbol{H}^{\mathrm{T}}(k+1)\boldsymbol{S}^{-1}(k+1) \tag{1.6-43}$$

状态更新方程为

$$\hat{\boldsymbol{X}}(k+1 \mid k+1)=\hat{\boldsymbol{X}}(k+1 \mid k)+\boldsymbol{K}(k+1)[\boldsymbol{z}(k+1)-\boldsymbol{H}(k+1)\hat{\boldsymbol{X}}(k+1 \mid k)] \tag{1.6-44}$$

协方差更新方程为

$$\begin{aligned}\boldsymbol{P}(k+1 \mid k+1)=&[\boldsymbol{I}-\boldsymbol{K}(k+1)\boldsymbol{H}(k+1)]\boldsymbol{P}(k+1 \mid k)[\boldsymbol{I}+\boldsymbol{K}(k+1)\boldsymbol{H}(k+1)]^{\mathrm{T}}\\&-\boldsymbol{K}(k+1)\boldsymbol{R}(k+1)\boldsymbol{K}^{\mathrm{T}}(k+1)\end{aligned} \tag{1.6-45}$$

滤波的目的之一就是估计不同时刻的目标位置，而由式(1.6-44)可以看出，某个时刻目标位置的更新值等于该时刻的预测值再加上一个与增益有关的修正项，而要计算增益$\boldsymbol{K}(k+1)$，就必须计算协方差的一步预测、新息协方差和更新协方差，因而在卡尔曼滤波中增益$\boldsymbol{K}(k+1)$的计算占了大部分的工作量。为了减小计算量，就必须改变增益矩阵的计算方法，为此提出了常增益滤波器，此时增益不再与协方差有关，因而在滤波过程中可以离线计算，这样就大大减少了计算量，且易于工程实现。$\alpha-\beta$ 滤波器是针对匀速运动目标模型的一种常增益滤波器，此时增益为 $\boldsymbol{K}=[\alpha, \beta/T]^{\mathrm{T}}$。$\alpha-\beta-\gamma$ 滤波器是针对匀加速运动目标模型的一种常增益滤波器，此时增益 $\boldsymbol{K}=[\alpha, \beta/T, \gamma/T^2]^{\mathrm{T}}$。

1.6.3.1 $\alpha-\beta$ 滤波算法

$\alpha-\beta$ 滤波器是针对匀速运动目标模型的一种常增益滤波器，此时目标的状态向量中只包含位置和速度两项，亦即针对直角坐标系中某一坐标的解耦滤波。$\alpha-\beta$ 滤波器与卡尔曼滤波器的最大的不同点就在于增益的计算不同，此时增益具有如下的形式

$$\boldsymbol{K}(k+1)=\begin{bmatrix}\alpha\\ \beta/T\end{bmatrix} \tag{1.6-46}$$

系数 α 和 β 是无量纲的量，分别为目标状态的位置和速度分量的常滤波增益，这两个系数一旦确定，增益$\boldsymbol{K}(k+1)$就是一个确定的量。所以此时协方差和目标状态估计的计算不再是通过增益使它们交织在一起，它们是两个独立的分支，在单目标情况下不再需要计算协方差的一步预测、新息协方差和更新协方差。但是在多目标的情况下由于波门大小与新息协方差有关，而新息协方差又与一步预测协方差和更新协方差有关，所以此时协方差的计算不能忽略。因而，在单目标情况下 $\alpha-\beta$ 滤波器主要由以下方程组成：

状态的一步预测方程为

$$\hat{\boldsymbol{X}}(k+1 \mid k)=\boldsymbol{F}(k)\hat{\boldsymbol{X}}(k \mid k) \tag{1.6-47}$$

状态更新方程为

$$\hat{\boldsymbol{X}}(k+1 \mid k+1)=\hat{\boldsymbol{X}}(k+1 \mid k)+\boldsymbol{K}(k+1)\boldsymbol{v}(k+1) \tag{1.6-48}$$

其中，新息

$$\boldsymbol{v}(k+1)=\boldsymbol{z}(k+1)-\boldsymbol{H}(k+1)\hat{\boldsymbol{X}}(k+1 \mid k) \tag{1.6-49}$$

在多目标情况下，$\alpha-\beta$ 滤波器需要增加如下方程：

$$\boldsymbol{P}(k+1\mid k)=\boldsymbol{F}(k)\boldsymbol{P}(k\mid k)\boldsymbol{F}^{\mathrm{T}}(k)+\boldsymbol{Q}(k) \tag{1.6-50}$$

新息协方差

$$\boldsymbol{S}(k+1)=\boldsymbol{H}(k+1)\boldsymbol{P}(k+1\mid k)\boldsymbol{H}^{\mathrm{T}}(k+1)+\boldsymbol{R}(k+1) \tag{1.6-51}$$

协方差更新方程

$$\begin{aligned}\boldsymbol{P}(k+1\mid k+1)=&[\boldsymbol{I}-\boldsymbol{K}(k+1)\boldsymbol{H}(k+1)]\boldsymbol{P}(k+1\mid k)[\boldsymbol{I}+\boldsymbol{K}(k+1)\boldsymbol{H}(k+1)]^{\mathrm{T}}\\&-\boldsymbol{K}(k+1)\boldsymbol{R}(k+1)\boldsymbol{K}^{\mathrm{T}}(k+1)\end{aligned} \tag{1.6-52}$$

$\alpha-\beta$ 滤波器的关键是系数 α、β 的确定问题。由于采样间隔相对于对目标跟踪的时间来讲一般情况下是很小的，所以在每一个采样周期内过程噪声 $\boldsymbol{V}(k)$ 可近似看成是常数，如果再假设过程噪声在各采样周期之间是独立的，则该模型就是分段常数白色过程噪声模型。下面给出分段常数白色过程噪声模型下的 α 和 β 的值。为了描述问题的方便，定义机动指标 λ 为

$$\lambda=\frac{T^2\sigma_v}{\sigma_w} \tag{1.6-53}$$

其中，T 为采样间隔，σ_v 和 σ_w 分别为过程噪声和量测噪声协方差的标准差。

位置和速度分量的常滤波增益分别为[14]

$$\alpha=-\frac{\lambda^2+8\lambda-(\lambda+4)\sqrt{\lambda^2+8\lambda}}{8} \tag{1.6-54}$$

$$\beta=-\frac{\lambda^2+4\lambda-\lambda\sqrt{\lambda^2+8\lambda}}{4} \tag{1.6-55}$$

由式(1.6-54)及式(1.6-55)可以看出，位置、速度分量的增益 α 和 β 是机动指标 λ 的函数。而机动指标 λ 又与采样间隔 T、过程噪声的标准偏差 σ_v、量测噪声标准偏差 σ_w 有关，只有当过程噪声标准偏差 σ_v 和量测噪声标准偏差 σ_w 均为已知时，才能求得目标的机动指标 λ，进而求得增益 α 和 β。若机动指标 λ 已知，则 α、β 为常值。通常情况下量测噪声标准差 σ_w 是已知的，过程噪声标准偏差 σ_v 不能事先确定，那么机动指标 λ 就无法确定，增益 α 和 β 两参数也就无法确定，此时，工程上采用如下与采样时刻 k 有关的 α、β 确定方法：

$$\alpha=\frac{2(2k-1)}{k(k+1)} \tag{1.6-56}$$

$$\beta=\frac{6}{k(k+1)} \tag{1.6-57}$$

对 α 来说，k 从 1 开始计算；对 β 来说，k 从 2 开始计算。但滤波器从 $k=3$ 开始工作，而且随着 k 的增加，α、β 都是减小的。对于某些特殊的应用，可以事先规定 α、β 减小到某一值时保持不变。实际上，这时 α、β 滤波已退化成修正的最小二乘滤波[15]。

1.6.3.2　$\boldsymbol{\alpha-\beta-\gamma}$ 滤波算法

$\alpha-\beta-\gamma$ 滤波器用于对匀加速运动目标进行跟踪[14]。此时系统的状态方程和量测方程仍同前面的式(1.6-1)和式(1.6-3)一样，不过目标的状态向量中包含位置、速度和加速度三项分量。对某一坐标轴来说，若取状态向量为 $\boldsymbol{X}(k)=[\dot{x},\ddot{x},\dddot{x}]^{\mathrm{T}}$，则相应的状态转移矩阵、过程噪声分布矩阵和量测矩阵分别为

$$F(k)=\begin{bmatrix}1 & T & \frac{T^2}{2}\\ 0 & 1 & T\\ 0 & 0 & 1\end{bmatrix} \tag{1.6-58}$$

$$\boldsymbol{\Gamma}(k)=\begin{bmatrix}\frac{T^2}{2}\\ T\\ 1\end{bmatrix}^{\mathrm{T}} \tag{1.6-59}$$

$$\boldsymbol{H}=[1\quad 0\quad 0] \tag{1.6-60}$$

此时滤波增益 $\boldsymbol{K}(k+1)$ 为

$$\boldsymbol{K}(k+1)=\left[\alpha\quad \frac{\beta}{T}\quad \frac{\gamma}{T^2}\right]^{\mathrm{T}} \tag{1.6-61}$$

其中，T 为采样间隔，系数 α、β 和 γ 是无量纲的量，分别为状态的位置、速度和加速度分量的常滤波增益。α、β、γ 和机动指标 λ 之间的关系为

$$\frac{\gamma^2}{4(1-\alpha)}=\lambda^2 \tag{1.6-62}$$

$$\beta=2(2-\alpha)-4\sqrt{(1-\alpha)}\quad 或\quad \alpha=\sqrt{2\beta}-\frac{1}{2}\beta \tag{1.6-63}$$

$$\gamma=\frac{\beta^2}{\alpha} \tag{1.6-64}$$

由式(1.6－62)～式(1.6－64)即可获得增益中的分量 α、β 和 γ，$\alpha-\beta-\gamma$ 滤波器的公式形式同 $\alpha-\beta$ 滤波器，不过此时滤波的维数增加了。

与 $\alpha-\beta$ 滤波器类似，如果过程噪声标准偏差 σ_v 较难获得，那么机动指标 γ 就无法确定，因而 α、β 和 γ 就无法确定，换句话说，也就是无法获得增益。此时，工程上经常采用如下的方法来确定 α、β、γ 值，即把它们简化为采样时刻 k 的函数

$$\alpha=\frac{3(3k^2-3k+2)}{k(k+1)(k+2)} \tag{1.6-65}$$

$$\beta=\frac{8(2k-1)}{k(k+1)(k+2)} \tag{1.6-66}$$

$$\gamma=\frac{60}{k(k+1)(k+2)} \tag{1.6-67}$$

同样，对 α 来说，k 从 1 开始计算；对 β 来说，k 从 2 开始计算；对于 γ 来说，从 $k=3$ 开始取值。

1.6.4　扩展卡尔曼滤波算法

卡尔曼滤波是在线性高斯情况下利用最小均方误差准则获得目标的动态估计，但在实际系统中，许多情况下观测数据与目标动态参数间的关系是非线性的。对于非线性滤波问题，至今尚未得到完善的解法。通常的处理方法是利用线性化技巧将非线性滤波问题转化为一个近似的线性化滤波问题，套用线性滤波理论得到求解原非线性滤波问题的次优滤波算法，其中最常用的线性化方法是泰勒级数展开，所得到的滤波方法是扩展卡尔曼滤波(EKF)[16,17]。

1.6.4.1　滤波模型

非线性系统的状态方程为

$$\boldsymbol{X}(k+1)=f(k,\boldsymbol{X}(k))+\boldsymbol{V}(k) \tag{1.6-68}$$

为了简单，假定没有控制输入，并假定过程噪声是加性零均值白噪声，其方差为

$$E\{\boldsymbol{V}(k)\boldsymbol{V}^{\mathrm{T}}(j)\}=\boldsymbol{Q}(k)\delta_{kj} \tag{1.6-69}$$

量测方程为

$$\boldsymbol{z}(k+1)=h(k,\boldsymbol{X}(k))+\boldsymbol{W}(k) \tag{1.6-70}$$

其中，量测噪声也假定是加性零均值白噪声，其方差为

$$E\{\boldsymbol{W}(k)\boldsymbol{W}^{\mathrm{T}}(j)\}=\boldsymbol{R}(k)\delta_{ki} \tag{1.6-71}$$

假定过程噪声和量测噪声序列是彼此不相关的，并具有初始状态估计 $\hat{\boldsymbol{X}}(0|0)$ 和协方差矩阵 $\boldsymbol{P}(0|0)$。和线性情况一样，假定 k 时刻的估计为

$$\hat{\boldsymbol{X}}(k\mid k)\approx E[\boldsymbol{X}(k)\mid \boldsymbol{Z}^k] \tag{1.6-72}$$

它是一个近似的条件均值，其相应的协方差矩阵为 $\boldsymbol{P}(k|k)$。由于 $\hat{\boldsymbol{X}}(k|k)$ 不是精确的条件均值，所以，严格地说，$\boldsymbol{P}(k|k)$ 是近似的均方误差，而不是协方差。但习惯上还是将它当做协方差。

为了得到预测的状态 $\hat{\boldsymbol{X}}(k+1|k)$，对式(1.6-68)中的非线性函数在 $\hat{\boldsymbol{X}}(k|k)$ 附近进行泰勒级数展开，取其一阶或者二阶项，以产生一阶或者二阶 EKF，其中二阶泰勒级数的展开式为

$$\begin{aligned}\boldsymbol{X}(k+1)=&f(k,\hat{\boldsymbol{X}}(k\mid k))+f_X(k)[\boldsymbol{X}(k)-\hat{\boldsymbol{X}}(k\mid k)]\\&+\frac{1}{2}\sum_{i=1}^{n_x}\boldsymbol{e}_i[\boldsymbol{X}(k)-\hat{\boldsymbol{X}}(k\mid k)]^{\mathrm{T}}f_{XX}^i(k)[\boldsymbol{X}(k)-\hat{\boldsymbol{X}}(k\mid k)]\\&+(\text{HighOrderItem})+\boldsymbol{V}(k)\end{aligned} \tag{1.6-73}$$

式中：n_x 为状态向量 $\boldsymbol{X}(k)$ 的维数；$\boldsymbol{e}_i$ 为第 i 个笛卡尔基本向量，例如对于四维向量情况下笛卡尔基本向量有 4 个，它们分别为

$$\boldsymbol{e}_1=\begin{bmatrix}1\\0\\0\\0\end{bmatrix},\quad \boldsymbol{e}_1=\begin{bmatrix}0\\1\\0\\0\end{bmatrix},\quad \boldsymbol{e}_1=\begin{bmatrix}0\\0\\1\\0\end{bmatrix},\quad \boldsymbol{e}_1=\begin{bmatrix}0\\0\\0\\1\end{bmatrix} \tag{1.6-74}$$

并且

$$\begin{aligned}f_X(k)=&[\nabla_X f^{\mathrm{T}}(k,\boldsymbol{X})]^{\mathrm{T}}_{\boldsymbol{X}=\hat{\boldsymbol{X}}(k|k)}=\begin{bmatrix}\dfrac{\partial}{\partial x_1}\\ \vdots\\ \dfrac{\partial}{\partial x_n}\end{bmatrix}[f_1(\boldsymbol{X})\quad\cdots\quad f_1(\boldsymbol{X})]_{\boldsymbol{X}=\hat{\boldsymbol{X}}(k|k)}\\=&\begin{bmatrix}\dfrac{\partial f_1(\boldsymbol{X})}{\partial x_1}&\cdots&\dfrac{\partial f_n(\boldsymbol{X})}{\partial x_1}\\ \vdots&&\vdots\\ \dfrac{\partial f_1(\boldsymbol{X})}{\partial x_n}&\cdots&\dfrac{\partial f_n(\boldsymbol{X})}{\partial x_n}\end{bmatrix}\end{aligned} \tag{1.6-75}$$

是向量 $f(k, \boldsymbol{X}(k))$ 的雅克比矩阵，在状态的近似估计上取值，其中 x_1，x_2，…，x_{n_x} 为 n_x 维状态向量 $\boldsymbol{X}(k)$ 的元素。类似地，可求得向量 $f(k, \boldsymbol{X}(k))$ 的第 i 个分量的海赛矩阵为

$$f_{XX}^i(k) = [\nabla_X \nabla_X^{\mathrm{T}} f^i(k, \boldsymbol{X})]_{\boldsymbol{X}=\hat{\boldsymbol{X}}(k|k)} = \begin{bmatrix} \dfrac{\partial^2 f^i(\boldsymbol{X})}{\partial x_1 \partial x_1} & \cdots & \dfrac{\partial^2 f^i(\boldsymbol{X})}{\partial x_1 \partial x_n} \\ \vdots & & \vdots \\ \dfrac{\partial^2 f^i(\boldsymbol{X})}{\partial x_n \partial x_1} & \cdots & \dfrac{\partial^2 f^i(\boldsymbol{X})}{\partial x_n \partial x_n} \end{bmatrix}_{\boldsymbol{X}=\hat{\boldsymbol{X}}(k|k)} \tag{1.6-76}$$

从 k 时刻到 $k+1$ 时刻的状态预测值是通过对式(1.6-73)取以 $\boldsymbol{Z}^k$ 为条件的期望值，并略去高阶项得到的

$$\hat{\boldsymbol{X}}(k+1 \mid k) = E[\boldsymbol{X}(k+1) \mid \boldsymbol{Z}^k] = f(k, \hat{\boldsymbol{X}}(k \mid k)) + \frac{1}{2}\sum_{i=1}^{n_x} \boldsymbol{e}_i \mathrm{tr}[f_{XX}^i(k)\boldsymbol{P}(k \mid k)] \tag{1.6-77}$$

这里利用了恒等式

$$E[\boldsymbol{X}^{\mathrm{T}}\boldsymbol{A}\boldsymbol{X}] = E[\mathrm{tr}(\boldsymbol{A}\boldsymbol{X}\boldsymbol{X}^{\mathrm{T}})] = \mathrm{tr}(\boldsymbol{A}\boldsymbol{P}) \tag{1.6-78}$$

由式(1.6-77)和式(1.6-78)可获得状态预测值的估计误差，这里忽略了较高阶项，即

$$\begin{aligned} \tilde{\boldsymbol{X}}(k+1 \mid k) &= \boldsymbol{X}(k+1) - \hat{\boldsymbol{X}}(k+1 \mid k) \\ &= f_X(k)\tilde{\boldsymbol{X}}(k \mid k) \\ &\quad + \frac{1}{2}\sum_{i=1}^{n_x} \boldsymbol{e}_i [\tilde{\boldsymbol{X}}^{\mathrm{T}}(k \mid k) f_{XX}^i(k) \tilde{\boldsymbol{X}}(k \mid k) \\ &\quad - \mathrm{tr}[f_{XX}^i(k)\boldsymbol{P}(k \mid k)]]^{\mathrm{T}} + \boldsymbol{V}(k) \end{aligned} \tag{1.6-79}$$

利用上式可求得与式(1.6-77)相对应的协方差为

$$\begin{aligned} \boldsymbol{P}(k+1 \mid k) &= E[\tilde{\boldsymbol{X}}(k+1 \mid k)\tilde{\boldsymbol{X}}^{\mathrm{T}}(k+1 \mid k) \mid \boldsymbol{Z}^k] \\ &= f_X(k)\boldsymbol{P}(k \mid k) f_X^{\mathrm{T}}(k) \\ &\quad + \frac{1}{2}\sum_{i=1}^{n_x}\sum_{j=1}^{n_x} \boldsymbol{e}_i \boldsymbol{e}_j^{\mathrm{T}} \mathrm{tr}[f_{XX}^i(k)\boldsymbol{P}(k \mid k) f_{XX}^i(k)\boldsymbol{P}(k \mid k)] \\ &\quad + \boldsymbol{Q}(k) \end{aligned} \tag{1.6-80}$$

这里运用了恒等式

$$E\{[\boldsymbol{X}^{\mathrm{T}}\boldsymbol{A}\boldsymbol{X} - E(\boldsymbol{X}^{\mathrm{T}}\boldsymbol{A}\boldsymbol{X})1\boldsymbol{X}^{\mathrm{T}}\boldsymbol{B}\boldsymbol{X} - E(\boldsymbol{X}^{\mathrm{T}}\boldsymbol{B}\boldsymbol{X})]\} = 2\mathrm{tr}(\boldsymbol{A}\boldsymbol{P}\boldsymbol{B}\boldsymbol{P}) \tag{1.6-81}$$

对于二阶滤波，量测预测值为

$$\hat{\boldsymbol{Z}}(k+1 \mid k) = h(k+1, \hat{\boldsymbol{X}}(k+1 \mid k)) + \frac{1}{2}\sum_{i=1}^{n_x} \boldsymbol{e}_i \mathrm{tr}[h_{XX}^i(k+1)\boldsymbol{P}(k+1 \mid k)] \tag{1.6-82}$$

它的相应协方差(近似均方误差)为

$$\begin{aligned} \boldsymbol{S}(k+1) &= \boldsymbol{h}_X(k+1)\boldsymbol{P}(k+1 \mid k) h_X^{\mathrm{T}}(k+1) \\ &\quad + \frac{1}{2}\sum_{i=1}^{n_x}\sum_{j=1}^{n_x} \boldsymbol{e}_i \boldsymbol{e}_j^{\mathrm{T}} [h_{XX}^i(k+1)\boldsymbol{P}(k+1 \mid k) h_{XX}^i(k+1)\boldsymbol{P}(k+1 \mid k)] \\ &\quad + \boldsymbol{R}(k+1) \end{aligned} \tag{1.6-83}$$

式中，$\boldsymbol{h}_X(k+1)$是雅可比矩阵，且

$$\boldsymbol{h}_X(k+1)=[\nabla_X \boldsymbol{h}^{\mathrm{T}}(k+1,\boldsymbol{X})]^{\mathrm{T}}_{\boldsymbol{X}=\hat{\boldsymbol{X}}(k+1|k)} \tag{1.6-84}$$

$$h^i_{XX}(k+1)=[\nabla_X \nabla^{\mathrm{T}}_X \boldsymbol{h}^{\mathrm{T}}(k+1,\boldsymbol{X})]^{\mathrm{T}}_{\boldsymbol{X}=\hat{\boldsymbol{X}}(k+1|k)} \tag{1.6-85}$$

增益为

$$\boldsymbol{K}(k+1)=\boldsymbol{P}(k+1\mid k)\boldsymbol{h}^{\mathrm{T}}_X(k+1)\boldsymbol{S}^{-1}(k+1) \tag{1.6-86}$$

状态更新方程为

$$\hat{\boldsymbol{X}}(k+1\mid k+1)=\hat{\boldsymbol{X}}(k+1\mid k)+\boldsymbol{K}(k+1)[\boldsymbol{z}(k+1)-\boldsymbol{h}_X(k+1,\hat{\boldsymbol{X}}(k+1\mid k))] \tag{1.6-87}$$

协方差更新方程为

$$\boldsymbol{P}(k+1\mid k+1)=[\boldsymbol{I}-\boldsymbol{K}(k+1)\boldsymbol{h}_X(k+1)]\boldsymbol{P}(k+1\mid k)[\boldsymbol{I}+\boldsymbol{K}(k+1)\boldsymbol{h}_X(k+1)]^{\mathrm{T}} - \boldsymbol{K}(k+1)\boldsymbol{R}(k+1)\boldsymbol{K}^{\mathrm{T}}(k+1) \tag{1.6-88}$$

式中 $\boldsymbol{I}$ 为单位矩阵。

式(1.6－77)、式(1.6－80)、式(1.6－83)、式(1.6－86)～式(1.6－88)构成了二阶扩展卡尔曼滤波公式。由式(1.6－86)～式(1.6－88)可以看出，非线性情况下的增益、状态更新方程、协方差更新方程与线性情况类似，只不过此时用雅克比矩阵 $\boldsymbol{h}_X(k+1)$代替量测矩阵 $\boldsymbol{H}(k+1)$。

一阶扩展卡尔曼滤波公式的获得方法与二阶情况类似，不过此时泰勒级数的展开式只保留到一阶项，即

$$\boldsymbol{X}(k+1)=f(k,\hat{\boldsymbol{X}}(k\mid k))+f_X(k)[\boldsymbol{X}(k)-\hat{\boldsymbol{X}}(k\mid k)]+(\text{HighOrderItem})+\boldsymbol{V}(k) \tag{1.6-89}$$

因此，一阶卡尔曼滤波的公式系包括：

状态的一步预测为

$$\hat{\boldsymbol{X}}(k+1\mid k)=f(k,\hat{\boldsymbol{X}}(k\mid k)) \tag{1.6-90}$$

协方差的一步预测为

$$\boldsymbol{P}(k+1\mid k)=f_X(k)\boldsymbol{P}(k\mid k)f^{\mathrm{T}}_X(k)+\boldsymbol{Q}(k) \tag{1.6-91}$$

量测预测值为

$$\hat{\boldsymbol{Z}}(k+1\mid k)=h(k+1,\hat{\boldsymbol{X}}(k+1\mid k)) \tag{1.6-92}$$

它的相应协方差为

$$\boldsymbol{S}(k+1)=\boldsymbol{h}_X(k+1)\boldsymbol{P}(k+1\mid k)\boldsymbol{h}^{\mathrm{T}}_X(k+1)+\boldsymbol{R}(k+1) \tag{1.6-93}$$

增益为

$$\boldsymbol{K}(k+1)=\boldsymbol{P}(k+1\mid k)\boldsymbol{h}^{\mathrm{T}}_X(k+1)\boldsymbol{S}^{-1}(k+1) \tag{1.6-94}$$

状态更新方程为

$$\hat{\boldsymbol{X}}(k+1\mid k+1)=\hat{\boldsymbol{X}}(k+1\mid k)+\boldsymbol{K}(k+1)[\boldsymbol{z}(k+1)-\hat{\boldsymbol{z}}(k+1\mid k)] \tag{1.6-95}$$

协方差更新方程为

$$\boldsymbol{P}(k+1\mid k+1)=[\boldsymbol{I}-\boldsymbol{K}(k+1)\boldsymbol{h}_X(k+1)]\boldsymbol{P}(k+1\mid k)[\boldsymbol{I}+\boldsymbol{K}(k+1)\boldsymbol{h}_X(k+1)]^{\mathrm{T}} - \boldsymbol{K}(k+1)\boldsymbol{R}(k+1)\boldsymbol{K}^{\mathrm{T}}(k+1) \tag{1.6-96}$$

其中 $\boldsymbol{I}$ 为与协方差同维的单位矩阵。

一阶扩展卡尔曼滤波的协方差预测公式与线性滤波中的类似，不过这里雅可比矩阵

$f_X(k)$类似于系统转移矩阵 $\boldsymbol{F}(k)$[18]。如果泰勒级数展开式中保留到三阶项或四阶项，则可得到三阶或四阶扩展卡尔曼滤波。Phanenf R J 对不同阶数的扩展卡尔曼滤波性能进行了仿真分析。结果表明，二阶扩展卡尔曼滤波的性能远比一阶的好，而二阶以上的扩展卡尔曼滤波性能与二阶相比没有明显的提高，所以超过二阶以上的扩展卡尔曼滤波一般都不采用。二阶卡尔曼滤波的性能虽然要优于一阶的，但二阶的计算量很大，所以一般只采用一阶扩展卡尔曼滤波。

1.6.4.2 线性化 EKF 滤波的误差补偿

由于扩展卡尔曼滤波算法是由泰勒级数的一阶或二阶展开式获得的，并忽略了高阶项[19, 20]，这样在滤波过程中不可避免地要引入线性化误差，对于这些误差可采用以下补偿方法[14]：

（1）为补偿状态预测中的误差，附加“人为过程噪声”，即通过增大过程噪声协方差

$$\boldsymbol{Q}^*(k) > \boldsymbol{Q}(k) \tag{1.6-97}$$

来实现这一点，即用 $\boldsymbol{Q}^*(k)$代替 $\boldsymbol{Q}(k)$。

（2）用标量加边因子 $\phi(\phi>1)$乘以状态预测协方差矩阵，即

$$\boldsymbol{P}^*(k+1 \mid k) > \phi \cdot \boldsymbol{P}(k+1 \mid k) \tag{1.6-98}$$

然后在协方差更新方程中使用 $\boldsymbol{P}^*(k+1|k)$。

（3）利用对角矩阵 $\boldsymbol{\Phi}=\mathrm{diag}\{\sqrt{\phi_i}\}$，$\phi_i(\phi_i>1)$乘以状态预测协方差矩阵，即

$$\boldsymbol{P}^*(k+1 \mid k) > \boldsymbol{\Phi}\boldsymbol{P}(k+1 \mid k)\boldsymbol{\Phi} \tag{1.6-99}$$

（4）采用迭代滤波，即通过平滑技术改进参考估计来降低线性化误差。

1.6.4.3 扩展卡尔曼滤波中应注意的问题

扩展卡尔曼滤波是一种比较常用的非线性滤波方法，在这种滤波方法中，非线性因子的存在对滤波稳定性和状态估计精度都有很大的影响，其滤波结果的好坏与过程噪声和量测噪声的统计特性也有很大关系[14, 17, 21-23]。由于扩展卡尔曼滤波中预先估计的过程噪声协方差 $\boldsymbol{Q}(k)$和量测噪声协方差 $\boldsymbol{R}(k)$在滤波过程中一致保持不变，如果这两个噪声协方差矩阵估计得不太准确，则在滤波过程中就容易产生误差积累，导致滤波发散，而且对于维数较大的非线性系统，估计的过程噪声协方差矩阵和量测噪声协方差矩阵容易出现异常现象，即 $\boldsymbol{Q}(k)$失去半正定性，$\boldsymbol{R}(k)$失去正定性，也容易导致滤波发散。利用扩展卡尔曼滤波对目标进行跟踪，只有当系统的动态模型和观测模型都接近线性，也就是线性化模型误差较小时，扩展卡尔曼的滤波结果才有可能接近于真实值。此外，扩展卡尔曼滤波还有一个缺点就是状态的初始值不太好确定，如果假设的状态初始值和初始协方差误差较大，也容易导致滤波发散。

1.6.5 不敏卡尔曼滤波算法

最近，文献[21，24]提出了一种不敏卡尔曼滤波（Unscented Kalman Filter，UKF）。UKF 对状态向量的 PDF 进行近似化，表现为一系列选取好的 sigma 采样点。这些 sigma 采样点完全体现了高斯密度的真实均值和协方差。当这些点经过任何非线性系统的传递后，得到的后验均值和协方差都能精确到二阶（即对系统的非线性强度不敏感）。由于不需要对非线性系统进行线性化，并可以很容易地应用于非线性系统的状态估计，所以，UKF

方法在许多方面都得到了广泛的应用，例如模型参数估计[25]、人头或手的方位跟踪[26]、飞行器的状态或参数估计[27]、目标的方位跟踪[23]等。

1.6.5.1　不敏变换

不敏卡尔曼滤波是在不敏变换的基础上发展起来的。不敏变换(Unscented Transformation，UT)的基本思想是由 Juiler 等首先提出的[22]。不敏变换是用于计算经过非线性变换的随机变量统计的一种新方法。不敏变换不需要对非线性状态和量测模型进行线性化，而是对状态向量的 PDF 进行近似化。近似化后的 PDF 仍然是高斯的，但它表现为一系列选取好的 δ 采样点。

假设 $\boldsymbol{x}$ 为一个 n_x 维随机向量，$g: R^{n_x} \mapsto R^{n_y}$ 为一非线性函数，并且 $y=g(x)$。$\boldsymbol{x}$ 的均值和协方差分别为 $\bar{\boldsymbol{x}}$ 和 $\boldsymbol{P}_x$。计算 UT 变换的步骤可简单叙述如下[28, 29]。

(1) 首先计算$(2n_x+1)$个 sigma 采样点 χ_i 和相应的权值 W_i：

$$\left.\begin{aligned}\boldsymbol{\chi}_0 &= \bar{\boldsymbol{x}} & i &= 0\\ \boldsymbol{\chi}_i &= \bar{\boldsymbol{x}} + \left(\sqrt{(n_x+\lambda)\boldsymbol{P}_x}\right)_i & i &= 1, 2, \cdots, n_x\\ \boldsymbol{\chi}_{i+n_x} &= \bar{\boldsymbol{x}} - \left(\sqrt{(n_x+\lambda)\boldsymbol{P}_x}\right)_i & i &= 1, 2, \cdots, n_x\end{aligned}\right\} \tag{1.6-100}$$

$$\left.\begin{aligned}W_0^{(m)} &= \frac{\lambda}{n_x+\lambda} & i &= 0\\ W_0^{(c)} &= \frac{\lambda}{n_x+\lambda} + (1-\alpha^2+\beta) & i &= 0\\ W_i^{(m)} = W_i^{(c)} &= \frac{\lambda}{2(n_x+\lambda)} & i &= 1, 2, \cdots, 2n_x\end{aligned}\right\} \tag{1.6-101}$$

其中，参数 λ 可以通过一种确定性的方式选择，

$$\lambda = \alpha^2(n_x+\eta) - n_x \tag{1.6-102}$$

它表示一个尺度参数。α 为常数，并确定 sigma 采样点在其状态均值 $\bar{\boldsymbol{X}}$ 周围的扩展，它通常被设置为一个小的正数值。常数 η 为另一个尺度参数，它通常被设置为 0。β 通常用来体现 $\boldsymbol{X}$ 分布的先验信息(例如，对于高斯分布，$\beta=2$ 为最优值)。$\left(\sqrt{(n_x+\lambda)\boldsymbol{P}_x}\right)_i$ 为矩阵平方根的第 i 行或第 i 列，计算矩阵的平方根可以通过一种稳态数值算法来计算，如 Choleski 分解等[22, 30]。$W_i^{(m)}$ 中的上标“m”表示均值，而 $W_i^{(c)}$ 中的上标“c”表示协方差。

不敏变换是利用变换后的 sigma 采样点的加权样本均值和协方差来近似地确定系统输出 y 的均值和协方差。

(2) 每个 sigma 采样点通过非线性函数传播，得到

$$\boldsymbol{y}_i = g(\chi_i) \qquad i = 1, 2, \cdots, 2n_x \tag{1.6-103}$$

(3) $\boldsymbol{y}$ 的均值估计和协方差估计如下：

$$\bar{\boldsymbol{y}} \approx \sum_{i=0}^{2n_x} W_i^{(m)} \boldsymbol{y}_i \tag{1.6-104}$$

$$\boldsymbol{P}_{yy} \approx \sum_{i=0}^{2n_x} W_i^c [\boldsymbol{y}_i - \bar{\boldsymbol{y}}] \cdot [\boldsymbol{y}_i - \bar{\boldsymbol{y}}]^{\mathrm{T}} \tag{1.6-105}$$

$$\boldsymbol{P}_{xy} \approx \sum_{i=0}^{2n_x} W_i^c [\chi_i - \bar{\boldsymbol{x}}] \cdot [\boldsymbol{y}_i - \bar{\boldsymbol{y}}]^{\mathrm{T}} \tag{1.6-106}$$

其中$[\cdot]^{\mathrm{T}}$表示矩阵转置运算。

如果变换函数为线性的，则不敏变换(UT)的优点不是很明显。然而，变换函数通常为非线性的，因此，UT可以在不需要非线性函数的线性化条件下，能够预测均值和协方差到二阶无穷小项，而且可以很好地体现更高阶无穷小项的信息。

实际上，UT的计算量是与其所用的sigma点的个数成正比的，因此，如果减少sigma点的个数，就可以减少计算量。这样的考虑具有巨大的实际应用价值，尤其对于系统具有较高的实时性能要求，或者系统对于大量的计算需要付出较高代价的情况是比较重要的。

1.6.5.2 滤波模型

假设k时刻的状态估计向量和状态估计协方差分别为$\hat{\boldsymbol{X}}(k|k)$和$\boldsymbol{P}(k|k)$，则可以利用式(1.6-110)和式(1.6-101)计算出相应的sigma采样点$\chi_i(k|k)$和其对应的权值W_i。根据状态方程(1.6-68)，可以得到sigma采样点的一步预测为

$$\chi_i(k+1\mid k)=f(k,\chi_i(k\mid k)) \tag{1.6-107}$$

利用一步预测sigma采样点$\chi_i(k+1|k)$以及权值W_i，根据式(1.6-103)和式(1.6-104)，可以得到状态预估计和状态预测协方差：

$$\hat{\boldsymbol{X}}(k+1\mid k)=\sum_{i=0}^{2n_x}W_i\chi_i(k+1\mid k) \tag{1.6-108}$$

$$\boldsymbol{P}(k+1\mid k)=\sum_{i=0}^{2n_x}W_i\Delta\boldsymbol{X}_i(k+1\mid k)\Delta\boldsymbol{X}_i^{\mathrm{T}}(k+1\mid k)+\boldsymbol{Q}(k) \tag{1.6-109}$$

其中，$\Delta\boldsymbol{X}_i(k+1|k)=\chi_i(k+1|k)-\hat{\boldsymbol{X}}(k+1|k)$。

根据量测方程(1.6-70)，可得预测量测sigma采样点

$$\xi_i(k+1\mid k)=h(k+1,\chi_i(k+1\mid k)) \tag{1.6-110}$$

则预测量测和相应的协方差为

$$\hat{\boldsymbol{Z}}(k+1\mid k)=\sum_{i=0}^{2n_x}W_i\xi_i(k+1\mid k) \tag{1.6-111}$$

$$\boldsymbol{P}_{ZZ}=\boldsymbol{R}(k+1)+\sum_{i=0}^{2n_x}W_i\Delta\boldsymbol{Z}_i(k+1\mid k)\Delta\boldsymbol{Z}_i^{\mathrm{T}}(k+1\mid k) \tag{1.6-112}$$

其中，$\Delta\boldsymbol{Z}_i(k+1|k)=\xi_i(k+1|k)-\hat{\boldsymbol{Z}}(k+1|k)$。

同样，可以得到量测和状态向量的交互协方差

$$\boldsymbol{P}_{XZ}=\sum_{i=0}^{2n_x}W_i\Delta\boldsymbol{X}(k+1\mid k)\Delta\boldsymbol{Z}^{\mathrm{T}}(k+1\mid k) \tag{1.6-113}$$

如果$k+1$时刻传感器所提供的量测为$\boldsymbol{Z}(k+1)$，则状态更新和状态更新协方差可表示为

$$\hat{\boldsymbol{X}}(k+1)=\hat{\boldsymbol{X}}(k+1\mid k)+\boldsymbol{K}(k+1)[\boldsymbol{Z}(k+1)-\hat{\boldsymbol{Z}}(k+1\mid k)] \tag{1.6-114}$$

$$\boldsymbol{P}(k+1)=\boldsymbol{P}(k+1\mid k)-\boldsymbol{K}(k+1)\boldsymbol{P}_{ZZ}\boldsymbol{K}^{\mathrm{T}}(k+1) \tag{1.6-115}$$

$$\boldsymbol{K}(k+1)=\boldsymbol{P}_{XZ}\boldsymbol{P}_{ZZ}^{-1} \tag{1.6-116}$$

1.6.6 Bayes 滤波

考虑具有加性噪声的非线性系统

$$\boldsymbol{x}_{k+1} = f_k(\boldsymbol{x}_k) + \boldsymbol{w}_k \tag{1.6-117}$$

$$\boldsymbol{z}_k = h_k(\boldsymbol{x}_k) + \boldsymbol{v}_k \tag{1.6-118}$$

其中 $k\in N$ 是时间指标，$\boldsymbol{x}_k\in R^n$ 是 k 时刻的系统状态向量，$f_k: R^n \mapsto R^n$ 是系统状态演化映射，而 $\boldsymbol{w}_k$ 为 n 维离散时间过程噪声，$\boldsymbol{z}_k \in R^n$ 是 k 时刻对系统状态的量测向量，而 $h_k: R^n \mapsto R^m$ 是量测映射，$\boldsymbol{v}_k$ 是 m 维的量测噪声。假定

(1) 初始状态的概率密度函数已知，即有 $p(\boldsymbol{x}_0)$。

(2) 过程噪声 $\boldsymbol{w}_k$ 和量测噪声 $\boldsymbol{v}_k$ 都是独立过程，而且两者相互独立，它们与初始状态相互独立，它们的概率密度函数也已知，即有 $\rho(\boldsymbol{w}_k)$、$v(\boldsymbol{v}_k)$，$k\in N$。

(3) 所有的概率密度函数都可以计算得到。

所谓 Bayes 滤波问题，就是在每个时刻 k，利用所获得的实时信息 $\boldsymbol{Z}^k$ 求得状态 $\boldsymbol{x}_k$ 的后验概率密度函数 $p(\boldsymbol{x}_k|\boldsymbol{Z}^k)$，$k\in N$，从而得到 k 时刻的状态估计及其估计误差的协方差矩阵，即

$$\hat{\boldsymbol{x}}_{k|k} = \int_{R^n} \boldsymbol{x}_k p(\boldsymbol{x}_k \mid \boldsymbol{Z}^k)\mathrm{d}\boldsymbol{x}_k \qquad k\in N \tag{1.6-119}$$

$$\boldsymbol{P}_{k|k} = \int_{R^n} (\boldsymbol{x}_k - \hat{\boldsymbol{x}}_{k|k})(\boldsymbol{x}_k - \hat{\boldsymbol{x}}_{k|k})^{\mathrm{T}} p(\boldsymbol{x}_k \mid \boldsymbol{Z}^k)\mathrm{d}\boldsymbol{x}_k \qquad k\in N \tag{1.6-120}$$

Bayes 滤波的步骤如下[28]：

(1) 假定在 $k-1$ 时刻已经获得了 $p(\boldsymbol{x}_{k-1}|\boldsymbol{Z}^{k-1})$，那么状态一步预测的概率密度函数是

$$p(\boldsymbol{x}_k \mid \boldsymbol{Z}^{k-1}) = \int_{R^n} p(\boldsymbol{x}_k \mid \boldsymbol{x}_{k-1}) p(\boldsymbol{x}_{k-1} \mid \boldsymbol{Z}^{k-1})\mathrm{d}\boldsymbol{x}_{k-1} \tag{1.6-121}$$

其中

$$p(\boldsymbol{x}_k \mid \boldsymbol{x}_{k-1}) = \int_{R^n} \delta(\boldsymbol{x}_k - f_{k-1}(\boldsymbol{x}_{k-1}))\rho(\boldsymbol{x}_k)\mathrm{d}\boldsymbol{x}_k = \rho(\boldsymbol{x}_k - f_{k-1}(\boldsymbol{x}_{k-1})) \tag{1.6-122}$$

而 $\delta(\cdot)$为 Dirac delta 函数。

(2) 在已经获得 $p(\boldsymbol{x}_k|\boldsymbol{Z}^{k-1})$的基础上，计算得到量测一步预测的概率密度函数为

$$p(\boldsymbol{z}_k \mid \boldsymbol{Z}^{k-1}) = \int_{R^n} p(\boldsymbol{z}_k \mid \boldsymbol{x}_k) p(\boldsymbol{x}_k \mid \boldsymbol{Z}^{k-1})\mathrm{d}\boldsymbol{x}_k \tag{1.6-123}$$

其中

$$p(\boldsymbol{z}_k \mid \boldsymbol{x}_k) = \int_{R^m} \delta(\boldsymbol{z}_k - h_k(\boldsymbol{x}_k)) v(\boldsymbol{z}_k)\mathrm{d}\boldsymbol{z}_k = v(\boldsymbol{z}_k - h_k(\boldsymbol{x}_k)) \tag{1.6-124}$$

(3) 在 k 时刻，已经获得新的量测数据 $\boldsymbol{z}_k$，可以利用 Bayes 公式计算得到后验概率密度函数，即

$$\begin{aligned} p(\boldsymbol{x}_k \mid \boldsymbol{Z}^k) &= p(\boldsymbol{x}_k \mid \boldsymbol{Z}^{k-1}, \boldsymbol{z}_k) = \frac{p(\boldsymbol{x}_k, \boldsymbol{z}_k \mid \boldsymbol{Z}^{k-1})}{p(\boldsymbol{z}_k \mid \boldsymbol{Z}^{k-1})} = \frac{p(\boldsymbol{z}_k \mid \boldsymbol{x}_k, \boldsymbol{Z}^{k-1}) p(\boldsymbol{x}_k \mid \boldsymbol{Z}^{k-1})}{p(\boldsymbol{z}_k \mid \boldsymbol{Z}^{k-1})} \\ &= \frac{v(\boldsymbol{z}_k - h_k(\boldsymbol{x}_k)) p(\boldsymbol{x}_k \mid \boldsymbol{Z}^{k-1})}{p(\boldsymbol{z}_k \mid \boldsymbol{Z}^{k-1})} \\ &= \frac{v(\boldsymbol{z}_k - h_k(\boldsymbol{x}_k)) p(\boldsymbol{x}_k \mid \boldsymbol{Z}^{k-1})}{\int_{R^n} v(\boldsymbol{z}_k - h_k(\boldsymbol{x}_k)) p(\boldsymbol{x}_k \mid \boldsymbol{Z}^{k-1})\mathrm{d}\boldsymbol{x}_k} \end{aligned} \tag{1.6-125}$$

这就完成了滤波计算。但是，这一方法的最大困难就在于概率密度函数的计算，即使在噪声为 Gauss 分布的假设下，计算其他变量的分布也是非常复杂的。

1.6.7 粒子滤波

粒子滤波(Particle Filter, PF)是近年来刚刚兴起的一种非线性滤波算法，是一种基于Monte Carlo仿真的最优回归贝叶斯滤波算法[28]。这种滤波方法所关心的状态矢量表示为一组带有相关权值的随机样本，并且基于这些样本和权值可以计算出状态估值。与其他非线性滤波算法，如扩展卡尔曼滤波、不敏滤波相比，这种方法不受线性化误差或高斯噪声假定的限制，适用于任何环境下的任何状态转换和量测模型。

仍然考虑非线性方程

$$\boldsymbol{x}_{k+1} = f_k(\boldsymbol{x}_k, \boldsymbol{w}_k) \tag{1.6-126}$$

$$\boldsymbol{z}_k = h_k(\boldsymbol{x}_k, \boldsymbol{v}_k) \tag{1.6-127}$$

其中 $k\in N$ 是时间指标，$\boldsymbol{x}_k\in R^n$ 是 k 时刻的系统状态向量，$f_k: R^n\times R^n \mapsto R^n$ 是状态演化映射，$\{\boldsymbol{w}_k\}(k\in N)$是独立同分布(IID)的过程噪声序列，系统具有的初始状态 $\boldsymbol{x}_0\in R^n$ 也是一个随机向量，$h_k: R^n\times R^m \mapsto R^m$ 是量测映射，$\{\boldsymbol{v}_k\}(k\in N)$是IID量测噪声序列。

处理的目的仍然是基于量测信息 $\boldsymbol{Z}^k=[\boldsymbol{z}_1, \boldsymbol{z}_2, \cdots, \boldsymbol{z}_k]^{\mathrm{T}}$ 对状态 $\boldsymbol{x}_k$ 进行估计。

从Bayes滤波的观点来看，状态估计问题就是在 k 时刻给定量测数据集 $\boldsymbol{Z}^k$，递推地计算状态 $\boldsymbol{x}_k$ 的条件期望值。于是，构造后验概率密度函数 $p(\boldsymbol{x}_k|\boldsymbol{Z}^k)$就成为一个必要的过程。假定初始状态 $\boldsymbol{x}_0$ 的先验概率密度 $p(\boldsymbol{x}_0|\boldsymbol{Z}^0)$是已知的，此处 $\boldsymbol{Z}^0=\Phi$，原则上说，$p(\boldsymbol{x}_k|\boldsymbol{Z}^k)$可以通过预测和更新两个步骤来完成。但是，在一般情况下，这却是不可能的，因为面临的将是复杂的概率密度函数积分的问题。

1.6.7.1 序贯重要性采样法

序贯重要性采样(Sequential Importance Sampling, SIS)算法是一种Monte Carlo采用方法，它已经成为大多数序贯Monte Carlo滤波方法的基础。这是一种按Monte Carlo仿真实现递推Bayes滤波的技术，其关键思想是根据一组带有相应权值的随机样本来表示需要的后验概率密度函数，而且基于这些样本和权值来计算估计值。由于这些样本非常大，Monte Carlo描述就成为后验概率密度函数用普通函数描述的一个等价表示，因而SIS滤波近似于最优Bayes滤波。

假设概率密度函数 $p(\boldsymbol{x})\propto\pi(\boldsymbol{x})$，而 $\pi(\boldsymbol{x})$也是一个概率密度函数，难以对其进行采样，但能够对其进行计算，因为两者成比例，从而可对 $p(\boldsymbol{x})$进行计算。又设 $\hat{\boldsymbol{x}}^{(i)}\sim q(\boldsymbol{x})$，$i=1, 2, \cdots, N$ 是由一个建议的容易采样的概率密度函数 $q(\cdot)$进行采样而产生的样本，称为采样粒子(sampling particle)，而 $q(\cdot)$称为重要性密度函数(importance density function)。那么，对概率密度函数(PDF) $p(\cdot)$的加权近似可以表示为

$$p(\boldsymbol{x}) \approx \sum_{i=1}^{N}\lambda^{(i)}\delta(\boldsymbol{x}-\hat{\boldsymbol{x}}^{(i)}) \tag{1.6-128}$$

其中

$$\lambda^{(i)} \propto \frac{\pi(\hat{\boldsymbol{x}}^{(i)})}{q(\hat{\boldsymbol{x}}^{(i)})} \qquad i=1, 2, \cdots, N \tag{1.6-129}$$

是第 i 个粒子的正则权值，且满足

$$\sum_{i=1}^{N}\lambda^{(i)} = 1 \tag{1.6-130}$$

值得指出的是，在重要性采样方法中，重要性函数 q 的选择要求其支集包含概率密度函数 p 的支集，即只要 $p(\boldsymbol{x})>0$ 就有 $q(\boldsymbol{x})>0$ 成立。

现在考虑式(1.6－126)、式(1.6－127)所描述非线性动态系统的滤波问题。设

$$\left.\begin{aligned}\boldsymbol{X}^k &= \{\boldsymbol{x}_1, \boldsymbol{x}_2, \cdots, \boldsymbol{x}_k\} \\ \boldsymbol{Z}^k &= \{\boldsymbol{z}_1, \boldsymbol{z}_2, \cdots, \boldsymbol{z}_k\}\end{aligned}\quad k \in N\right\} \tag{1.6-131}$$

分别表示 k 时刻的所有状态组成的向量集合和所有量测组成的向量集合，而

$$\left.\begin{aligned}\{\boldsymbol{x}_{0:k}^{(i)}\}_{i=1}^{N} &\stackrel{\text{def}}{=} \{\boldsymbol{x}_0^{(i)}, \boldsymbol{x}_1^{(i)}, \cdots, \boldsymbol{x}_k^{(i)}\} \\ \{\lambda_k^{(i)}\}_{i=1}^{N} &\stackrel{\text{def}}{=} \{\lambda_k^{(1)}, \lambda_k^{(2)}, \cdots, \lambda_k^{(N)}\}\end{aligned}\quad i = 1, 2, \cdots, N \quad k \in N\right\} \tag{1.6-132}$$

分别表示 k 时刻对所有状态采样而容量 N 的样本，以及相应的权值，于是

$$\{\boldsymbol{x}_{0:k}^{(i)}, \lambda_k^{(i)}\}_{i=1}^{N} \quad k \in N \tag{1.6-133}$$

就是随机量，用以表示后验概率密度函数 $p(\boldsymbol{X}^k|\boldsymbol{Z}^k)$，此处权值满足正则条件。那么，$k$ 时刻的后验概率密度函数可近似为

$$p(\boldsymbol{X}^k \mid \boldsymbol{Z}^k) \approx \sum_{i=1}^{N} \lambda_k^{(i)} \delta(\boldsymbol{X}^k - \boldsymbol{X}_{(i)}^k) \tag{1.6-134}$$

其中 $\boldsymbol{X}_{(i)}^k = \{\boldsymbol{x}_0^{(i)}, \boldsymbol{x}_1^{(i)}, \cdots, \boldsymbol{x}_k^{(i)}\}$，这样就有了对真实后验概率密度函数 $p(\boldsymbol{X}^k|\boldsymbol{Z}^k)$ 的一个离散加权近似。

如果样本 $\{\hat{\boldsymbol{x}}_{0:k}^{(i)}\}_{i=0}^{N}$ 是由重要性密度函数 $q(\boldsymbol{X}^k|\boldsymbol{Z}^k)$ 的抽取而得到的，则按式(1.6－129)定义权值的方法，可得

$$\lambda_k^{(i)} \propto \frac{p(\hat{\boldsymbol{x}}_{0:k}^{(i)} \mid \boldsymbol{Z}^k)}{q(\hat{\boldsymbol{x}}_{0:k}^{(i)} \mid \boldsymbol{Z}^k)} \quad k \in N,\ i = 1, 2, \cdots, N \tag{1.6-135}$$

现在返回到状态估计问题。在每个时刻 k，假定已经有了用样本对 $p(\boldsymbol{X}^{k-1}|\boldsymbol{Z}^{k-1})$ 的近似重构，而获取新的量测 $\boldsymbol{z}_k$ 之后，进而需要用新的一组样本对 $p(\boldsymbol{X}^k|\boldsymbol{Z}^k)$ 进行近似重构。如果这个重要性函数能够进行分解，使得

$$q(\boldsymbol{X}^k \mid \boldsymbol{Z}^k) = q(\boldsymbol{x}_k \mid \boldsymbol{X}^{k-1}, \boldsymbol{Z}^k) q(\boldsymbol{X}^{k-1} \mid \boldsymbol{Z}^{k-1}) \tag{1.6-136}$$

那么，就可以利用已知的样本 $\bar{\boldsymbol{x}}_{0:k-1}^{(i)} \sim q(\boldsymbol{X}^{k-1}|\boldsymbol{Z}^{k-1})$，以及新的状态采样 $\bar{\boldsymbol{x}}_k^{(i)} \sim q(\boldsymbol{x}_k|\boldsymbol{X}^{k-1}, \boldsymbol{Z}^k)$ 而得到样本 $\hat{\boldsymbol{x}}_{0:k}^{(i)} \sim q(\boldsymbol{X}^k|\boldsymbol{Z}^k)$。

进而，如果 $q(\boldsymbol{x}_k|\boldsymbol{X}^{k-1}, \boldsymbol{Z}^k) = q(\boldsymbol{x}_k|\boldsymbol{x}_{k-1}, \boldsymbol{z}_k)$，那么重要性密度函数仅仅依赖于 $\boldsymbol{x}_{k-1}$ 和 $\boldsymbol{z}_k$，这对在每一步只要求得到滤波估计 $q(\boldsymbol{x}_k|\boldsymbol{Z}^k)$ 的一般情况特别有用，而且此处只考虑这种情况。在此情况下，只需要存储 $\hat{\boldsymbol{x}}_k^{(i)}$ 就可以了。

首先利用 Bayes 公式可得

$$\begin{aligned}p(\boldsymbol{X}^k \mid \boldsymbol{Z}^k) &= \frac{p(\boldsymbol{z}_k \mid \boldsymbol{X}^k, \boldsymbol{Z}^{k-1}) p(\boldsymbol{X}^k \mid \boldsymbol{Z}^{k-1})}{p(\boldsymbol{z}_k \mid \boldsymbol{Z}^{k-1})} \\ &= \frac{P(\boldsymbol{z}_k \mid \boldsymbol{X}^k, \boldsymbol{Z}^{k-1}) p(\boldsymbol{x}_k \mid \boldsymbol{X}^{k-1}, \boldsymbol{Z}^{k-1}) p(\boldsymbol{X}^{k-1} \mid \boldsymbol{Z}^{k-1})}{p(\boldsymbol{z}_k \mid \boldsymbol{Z}^{k-1})} \\ &= \frac{p(\boldsymbol{z}_k \mid \boldsymbol{x}_k) p(\boldsymbol{x}_k \mid \boldsymbol{x}_{k-1})}{p(\boldsymbol{z}_k \mid \boldsymbol{Z}^{k-1})} p(\boldsymbol{X}^{k-1} \mid \boldsymbol{Z}^{k-1}) \\ &\propto p(\boldsymbol{z}_k \mid \boldsymbol{x}_k) p(\boldsymbol{x}_k \mid \boldsymbol{x}_{k-1}) p(\boldsymbol{X}^{k-1} \mid \boldsymbol{Z}^{k-1})\end{aligned} \tag{1.6-137}$$

把式(1.6－136)、式(1.6－137)代入式(1.6－135)，可得

$$\lambda_k^{(i)} \propto \frac{p(\hat{\boldsymbol{x}}_{0:k}^{(i)} \mid \boldsymbol{Z}^k)}{q(\hat{\boldsymbol{x}}_{0:k}^{(i)} \mid \boldsymbol{Z}^k)} = \frac{p(\boldsymbol{z}_k \mid \hat{\boldsymbol{x}}_k^{(i)})p(\hat{\boldsymbol{x}}_k^{(i)} \mid \hat{\boldsymbol{x}}_{k-1}^{(i)})p(\hat{\boldsymbol{x}}_{(i)}^{k-1} \mid \boldsymbol{Z}^{k-1})}{q(\hat{\boldsymbol{x}}_k^{(i)} \mid \hat{\boldsymbol{x}}_{k-1}^{(i)}, \boldsymbol{z}_k)q(\hat{\boldsymbol{x}}_{0:k-1}^{(i)} \mid \boldsymbol{Z}^{k-1})} \tag{1.6-138}$$

此时修正的权值就是

$$\lambda_k^{(i)} \propto \lambda_{k-1}^{(i)} \frac{p(\boldsymbol{z}_k \mid \hat{\boldsymbol{x}}_k^{(i)})p(\hat{\boldsymbol{x}}_k^{(i)} \mid \hat{\boldsymbol{x}}_{k-1}^{(i)})}{q(\hat{\boldsymbol{x}}_k^{(i)} \mid \hat{\boldsymbol{x}}_{k-1}^{(i)}, \boldsymbol{z}_k)} \tag{1.6-139}$$

而后验滤波密度函数可近似为

$$p(\boldsymbol{x}_k \mid \boldsymbol{Z}^k) \approx \sum_{i=1}^{N} \lambda_k^{(i)} \delta(\boldsymbol{x}_k - \hat{\boldsymbol{x}}_k^{(i)}) \tag{1.6-140}$$

其中权值由式(1.6-139)定义。可以证明，当 $N \to \infty$时，式(1.6-140)逼近真的后验概率密度 $p(\boldsymbol{x}_k|\boldsymbol{Z}^k)$。SIS 算法随着量测序列的逐步前进，由采样粒子和权值的递推传播组成。

与 SIS 粒子滤波有关的一个普遍问题是退化现象，即经过几次迭代之后，差不多所有的粒子都具有负的权值。已经证明[31]，重要性权值的方差随着时间的递增而增大，因此，要消除退化现象是不可能的。这种退化就意味着大量的计算都用来更新粒子，而这些粒子对逼近 $p(\boldsymbol{X}^k|\boldsymbol{Z}^k)$的贡献几乎为零。适合于对算法退化的一个度量就是有效样本容量，定义为

$$N_{\text{eff}} = \frac{N}{1 + \text{Var}(\bar{\lambda}_k^{(i)})} \tag{1.6-141}$$

其中 $\bar{\lambda}_k^{(i)} = \dfrac{p(\hat{\boldsymbol{x}}_k^{(i)}|\boldsymbol{Z}^k)}{p(\hat{\boldsymbol{x}}_{k-1}^{(i)}, \boldsymbol{z}_k|\boldsymbol{Z}^k)}$称为“真权值”。这个有效样本容量不能严格地计算得到，但可以得到估计值如下

$$\hat{N}_{\text{eff}} = \frac{N}{\sum_{i=1}^{N} (\lambda_k^{(i)})^2} \tag{1.6-142}$$

其中 $\lambda_k^{(i)}$ 就是由式(1.6-139)定义的正则权值。

注意 $\hat{N}_{\text{eff}} \leqslant N$，很小的 $\hat{N}_{\text{eff}}$就意味着严重的退化。

最简单的粒子滤波器是用状态转移概率作为重要性函数的，这也称为 bootstrap 滤波器[32]。但是由于它没有利用对系统状态的最新量测，使得粒子严重依赖于模型，故与实际后验分布产生的样本偏差较大。特别是量测数据出现在转移概率的尾部或似然函数与转移概率相比过于集中(呈尖峰型)时，这种粒子滤波器有可能失败，这种情况在高精度的量测场合经常遇到。

显然，退化问题在粒子滤波中是不期望发生的。应对这种问题的一个简单方法就是采用非常大的样本容量 N，而在许多情况下这是不现实的。因此，在应用粒子滤波方法而需要解决退化问题时，正确的方法就是引导粒子向高似然区域移动[33]。为此，可以考虑另外两种方法：优选重要性密度函数法和重采样法。

1.6.7.2 优选重要性密度函数法

优选重要性密度函数(good choice of important density)法就是选择重要性密度函数 $q(\boldsymbol{x}_k|\hat{\boldsymbol{x}}_{k-1}^{(i)}, \boldsymbol{z}_k)$，以到达最小化 $\text{Var}(\bar{\lambda}_k^{(i)})$，或者最大化 $\hat{N}_{\text{eff}}$的目的。在以 $\hat{\boldsymbol{x}}_{k-1}^{(i)}$，$\boldsymbol{z}_k$ 为条件的前提下，能够使真权值 $\bar{\lambda}_k^{(i)}$ 的方差最小化的最优重要性密度函数，可以证明为[34]

$$q(\boldsymbol{x}_k \mid \hat{\boldsymbol{x}}_{k-1}^{(i)}, \boldsymbol{z}_k)_{\text{opt}} = q(\boldsymbol{x}_k \mid \hat{\boldsymbol{x}}_{k-1}^{(i)}, \boldsymbol{z}_k) = \frac{p(\boldsymbol{z}_k \mid \boldsymbol{x}_k, \hat{\boldsymbol{x}}_{k-1}^{(i)})p(\boldsymbol{x}_k \mid \hat{\boldsymbol{x}}_{k-1}^{(i)})}{p(\boldsymbol{z}_k \mid \hat{\boldsymbol{x}}_{k-1}^{(i)})} \tag{1.6-143}$$

把上式代入式(1.6－139)可得

$$\lambda_k^{(i)} \propto \lambda_{k-1}^{(i)} p(\boldsymbol{z}_k \mid \hat{\boldsymbol{x}}_{k-1}^{(i)}) = \lambda_{k-1}^{(i)} \int p(\boldsymbol{z}_k \mid \boldsymbol{x}_k^{\mathrm{T}}) p(\boldsymbol{x}_k^{\mathrm{T}} \mid \hat{\boldsymbol{x}}_{k-1}^{(i)}) \mathrm{d}\boldsymbol{x}_k^{\mathrm{T}} \tag{1.6－144}$$

因为对于给定的 $\hat{\boldsymbol{x}}_{k-1}^{(i)}$，无论 $q(\boldsymbol{x}_k \mid \hat{\boldsymbol{x}}_{k-1}^{(i)}, \boldsymbol{z}_k)$的采样如何，$\lambda_k^{(i)}$ 都取相同的值，所以重要性密度函数的选择就是最优的。因此，以 $\hat{\boldsymbol{x}}_{k-1}^{(i)}$ 为条件，$\mathrm{Var}(\bar{\lambda}_k^{(i)})=0$ 即为由不同样本 $\hat{\boldsymbol{x}}_k^{(i)}$ 产生不同 $\lambda_k^{(i)}$ 造成的方差。

这种最优重要性密度函数主要存在两个方面的缺陷：一是要求具有从 $p(\boldsymbol{x}_k \mid \hat{\boldsymbol{x}}_{k-1}^{(i)}, \boldsymbol{z}_k)$ 采样的能力，二是要对全部新状态求积分值。通常情况下，做到这两点都不容易，但有两种情况采用最优重要性密度函数方法是可行的。第一种情况是 $\boldsymbol{x}_k$ 为有限状态集合的元，此时积分就变成对样本求和，因而变为可行。第二种情况是积分可以解析求解。对于大多数的模型而言，解析计算是不可能的。但是，利用局部线性化方法等对最优重要性密度函数进行次优近似完全可能。

最后，常用的重要性密度函数就是先验密度函数

$$q(\boldsymbol{x}_k \mid \hat{\boldsymbol{x}}_{k-1}^{(i)}, \boldsymbol{z}_k) = p(\boldsymbol{x}_k \mid \hat{\boldsymbol{x}}_{k-1}^{(i)}) \tag{1.6－145}$$

把上式代入式(1.6－144)可得

$$\lambda_k^{(i)} \propto \lambda_{k-1}^{(i)} p(\boldsymbol{z}_k \mid \hat{\boldsymbol{x}}_{k-1}^{(i)}) \tag{1.6－146}$$

按似然函数上式右边是可以计算得到的。虽然其他可用的密度函数还有很多，但这个重要性密度函数似乎是最方便的选择，对于粒子滤波而言无疑是至关重要的。

1.6.7.3 重采样法

通过对样本进行重采样(resampling)或称为重选择，也就是限制重要性权值退化现象的一个有效办法。该方法的主要思想是，一旦退化现象明显发生(比如说 $\hat{N}_{\mathrm{eff}}$低于某个阈值)，在重要性采样的基础上，加入重采样，以淘汰权值低的粒子，而集中于权值高的粒子，从而限制退化现象。重采样的过程是，对于给定的概率密度函数的近似离散表示

$$p(\boldsymbol{x}_k \mid \boldsymbol{Z}^k) \approx \sum_{i=1}^{N} \lambda_k^{(i)} \delta(\boldsymbol{x}_k - \hat{\boldsymbol{x}}_k^{(i)}) \tag{1.6－147}$$

重采样方法对每个粒子 $\hat{\boldsymbol{x}}_k^{(i)}$ 按其权值生成 N_i 个副样本，并使得 $\sum N_i = N$，若有 $N_i = 0$，则该粒子被淘汰。通过重采样(包括重替换)，产生一个新的样本集合 $\{\hat{\boldsymbol{x}}_k^{(i)}\}_{i=1}^{N}$，于是 $p(\hat{\boldsymbol{x}}_k^{(i)} = \hat{\boldsymbol{x}}_k^{(j)}) = \lambda_k^{(j)}$。实施上，这样产生的样本是一个IID的样本集，而且每个粒子的权值置为 $\lambda_k^{(i)} = 1/N$。利用基于序统计的算法，对有序的均匀分布进行采样，按$O(N)$的运算量实现这一算法是完全可能的。注意，其他有效的重采样方法，如分层重采样和参差重采样可以作为这一算法的替换算法。

从重采样的结果中可以看出，每一个样本的消除、复制及复制个数的确定等操作都是由样本的正则化权值决定的。如前所述，在重要性采样方法中引入重采样机制，可有效抑制重要性权值退化现象的发生。但是，重采样后，粒子不再独立，那些具有较高权值的粒子被复制很多次，而且具有较低权值的粒子逐渐消失。经过若干次迭代后，所有粒子都坍塌到一个点上，使得描述后验概率密度函数的样本点集太小或不充分，这称为粒子的退化或耗尽。

增加粒子个数可以部分解决该问题，另外在重采样过程后引入 Markov Chain Monte Carlo(MCMC)可以使粒子分布更加合理。在每次采样后，实施一个所谓的 MCMC 移动步

骤，引导粒子朝着多样性方向发展[33]。

假设已经得到式(1.6-147)对后验概率密度函数的近似表示，于是，对下面形式求期望

$$E\{g_k(\boldsymbol{X}^k)\} = \int g_k(\boldsymbol{X}^k)p(\boldsymbol{X}^k \mid \boldsymbol{Z}^k)\mathrm{d}\boldsymbol{X}^k \tag{1.6-148}$$

有其近似形式存在

$$\overline{E\{g_k(\boldsymbol{X}^k)\}} = \frac{1}{N}\sum_{i=1}^{N} g_k\{\boldsymbol{x}_{0:k}^{(i)}\} \tag{1.6-149}$$

按照大数定律有

$$\overline{E\{g_k(\boldsymbol{X}^k)\}} \xrightarrow[N\to\infty]{a.s} E\{g_k(\boldsymbol{X}^k)\} \tag{1.6-150}$$

其中$\xrightarrow[N\to\infty]{a.s}$表示几乎肯定(以概率1)收敛。而且，若$g_k(\boldsymbol{X}^k)$的后验方差是有界的，即

$$\mathrm{Var}_{p(\cdot|\boldsymbol{Z}^k)}[g_k(\boldsymbol{X}^k)] < \infty \tag{1.6-151}$$

则有如下的中心极限定理

$$\sqrt{N}\,\overline{E\{g_k(\boldsymbol{X}^k)\}} - E\{g_k(\boldsymbol{X}^k)\} \underset{N\to\infty}{\Rightarrow} N\{0,\ \mathrm{Var}_{p(\cdot|\boldsymbol{Z}^k)}[g_k(\boldsymbol{X}^k)]\} \tag{1.6-152}$$

其中$\underset{N\to\infty}{\Rightarrow}$表示按分布收敛[33]。

若重要性权值λ_k有界，则对$\forall k\geqslant 0$，存在独立于N的常数c_k，使得对于任意有界可测函数f_k有

$$E\left[\frac{1}{N}\sum_{i=1}^{N} f_k(\boldsymbol{x}_{0:k}^{(i)}) - \int f_k(\boldsymbol{X}^k)p(\boldsymbol{X}^k \mid \boldsymbol{Z}^k)\mathrm{d}\boldsymbol{X}^k\right]^2 \leqslant C_k\frac{\| f_k \|^2}{N} \tag{1.6-153}$$

该结论表明[35]，在非常弱的假设下，粒子滤波器的收敛性可以得到保证，收敛率为$1/N$，且独立于状态空间的维数。

1.7　定位误差表示

受测量设备及传播环境的影响，测量的定位参数会存在误差。对带有误差的测量数据进行处理，估计的目标位置也会偏离真实位置，将估计位置与真实位置之间的距离称之为定位误差。处理数据的算法不同，定位误差的大小也不同，并且由于参量误差的随机性，定位误差也是随机的。定位误差是衡量定位系统准确性的主要指标，因此，针对定位误差也提出了许多表示方法。常用的有均方误差(MSE)与均方根误差(RMSE)、累积分布数(CDF)、误差圆半径、几何精度分布(GDOP)以及等概率误差椭圆等。另外，估计位置坐标的各个分量与真实位置坐标对应分量间误差的统计特性也是衡量定位误差的一种手段。衡量一种定位算法性能的好坏，除了定位误差指标外，还有每次对单个用户定位的时间、需要的存储量等指标。下面仅对定位误差的五种常用表示方法进行介绍。

1. 均方误差(MSE)与均方根误差(RMSE)

它们是对随机定位误差的一种标量表示方法。设目标的真实位置为(x, y)，目标的估

计位置为$(\hat{x}, \hat{y})$，则均方误差与均方根误差的定义分别为：

$$\text{MSE} = E[(x-\hat{x})^2 + (y-\hat{y})^2] \tag{1.7-1}$$

$$\text{RMSE} = \sqrt{E[(x-\hat{x})^2 + (y-\hat{y})^2]} \tag{1.7-2}$$

为了评价一种算法的性能，最常用的方法是将利用该算法得到的均方根误差与 $C-R$ 界进行比较，若二者相差越近，则该算法性能越好。

2. 累积分布函数(*CDF*)

累积分布函数是指定位误差小于某个值时的概率，一般用累积分布函数与定位误差的曲线来形象表示，它也是一种标量表示法。例如，美国通信委员会(FCC)于 1996 年公布的 E-911 定位需求，要求 2001 年 10 月 1 日前，各种无线蜂窝网对发出 E-911 紧急呼叫的移动台提供定位的精度在 125 m 内的概率不低于 67%。它采用的就是这种表示方法。

3. 平均定位误差

平均定位误差定义为 N 次定位误差的算术平均值，也是一种衡量定位精度的常用方法。其优点是简单；缺点是没有累积分布函数具体，且一次很大的定位误差可能导致平均定位误差的上升。

4. 几何精度分布(*GDOP*)

定位误差不仅与参量的误差有关，而且与基站和移动台之间的几何位置有关。衡量几何位置对定位性能影响程度的指标为几何精度分布(*GDOP*)。对于 *TOA* 定位系统来说，*GDOP* 定义为定位均方根误差与测距均方根误差的比率，它表征了移动台与基站的几何关系对测距误差的放大程度。它既可作为从大量基站中选择所需定位基站的标准之一，也可作为建立新系统时选择基站位置的参考。

5. 等概率误差椭圆

等概率误差椭圆不仅给出了定位误差的数值，而且给出了误差的分布方向。它是一种能表达定位误差取向的向量表示法，是一种完善的表示方法。其含义为：当两条位置线误差服从零均值的高斯分布时，定位点等概率密度分布的轨迹是以平均定位点为中心的一簇椭圆，椭圆的长半轴和短半轴表示误差的大小，长轴的方向表示最大误差的取向。由于确定误差椭圆需要两个主轴的方向和长度，所以解算相当复杂。

参考文献

[1] 孙仲康，郭福成，冯道旺，等. 单站无源定位跟踪技术[M]. 北京：国防工业出版社，2008.

[2] Richard A Poisel. Electronic Warfare Target Location Methods[M]. Artech House, 2005.

[3] 屈晓旭，罗勇，等，译. 电子战目标定位方法[M]. 北京：电子工业出版社，2008.

[4] Foy W H, Position-Location Solutions by Taylor-Series Estimation[J]. IEEE Transactions on Aerospace and Electronic Systems, 1976, 12(2): 187-193.

[5] Whalen A D. Detection of Signals in Noise[M]. New York: Academic Press, 1971.

[6] R A Poisel. Introduction to Communication Electronic Warfare Systems[M]. Norwood, MA: Artech House, 2002.

[7] Porat B. Digital Processing of Random Signals—Theory and Methods[M]. New Jersey: Prentice Hall Inc., 1994.

[8] 张贤达. 现代信号处理[M]. 2 版. 北京：清华大学出版社，2002.

[9] Silvey S D, Statistical Inference. Baltimore: Penguin Books, 1970.

[10] 何友，修建娟，等. 雷达数据处理及应用[M]. 北京：电子工业出版社，2006.

[11] 杨靖宇. 战场数据融合技术[M]. 北京：兵器工业出版社，1994.

[12] 龚耀寰. 自适应滤波-时域自适应滤波何智能天线[M]. 2 版. 北京：电子工业出版社，2003.

[13] W Sorensor. Kalman Filtering: Theory and Application[M]. IEEE Press, 1985.

[14] Y Bar-Shalom, T E Fortmann. Tracking and Data Association[M]. Academic Press, 1988.

[15] 何友，王国宏，陆大金，等. 多传感器信息融合及应用[M]. 北京：电子工业出版社，2000.

[16] 程咏梅，潘泉，张洪才，等. 基于推广卡尔曼滤波的多站被动式融合跟踪[J]. 系统仿真学报，2003，15(4)：548-550.

[17] T L Song, J L Speyer. A Stochastic Analysis of a Modified Gain Extended Kalman Filter with Application to Estimation with Bearing Only Measurements[J]. IEEE Transactions on Automatic Control, 1985, 30(10): 940-949.

[18] J B Pearson, E B Stear. Kalman Filter Applications in Airborne Radar Tracking [J]. IEEE Transactions on Aerospace and Electronic Systems, 1972, (10): 319-329.

[19] Guan Jian, He You, Peng Yingning. Distributed CFAR Detector Based on Local Test Statistics[J]. Signal Processing, 1999, (6)

[20] R W Sittler. An Optimal Data Association Problem in Surveillance Theory[J]. IEEE Transaction on Military Electronics, 1964, 8: 125-139.

[21] Aidala V J. Kalman Filter Behavior in Bearing-only Tracking Application[J]. IEEE Transactions on Aerospace and Electronic Systems, 1979, (15): 29-39.

[22] Julier S J, Uhlman J K. A New Extension of the Kalman Filter to Nonlinear Systems[C]// Proceedings of AeroSense, The 11th International Symposium on Aerospace/Defence Sensing, Simulation and Controls, 1997, 182-193.

[23] J Levine, R Marino. Constant-Speed Target Tracking via Bearing-only Measurements[J]. IEEE Transactions on Aerospace and Electronic Systems, 1992, 28(1): 174-181.

[24] Simon J Julier, Jeffrey K Uhlmann. A New Method for the Nonlinear Transformation of Means and Covariances in Filters and Estimators[J]. IEEE Trans. on AC, 2000, 45(3): 477-482.

[25] Merwe R, E A Wan. Efficient Derivative-free Kalman Filter for Online Learning [C]// European Symposium on Artificial Neural Networks. 2001: 205-210.

[26] J Joseph, Jr LaViola. A Comparison of Unscented and Extended Kalman Filtering for Estimating Quaternion Motion[C]// Preceedings of the 2003 American Control Conference. 2003: 2435-2440.

[27] M C VanDyke, J L Schwartz, C D Hall. Unscented Kalman Filtering for Spacecraft Attitude State and Parameter Estimation[C]// AAS/AIAA Space Flight Mechanics Conference, 2004.

[28] 韩崇昭，朱红艳，段战胜，等. 多源信息融合[M]. 北京：清华大学出版社，2006.

[29] Gordon N J, Salmond D J. Novel Approach to Nonlinear/Non-Gaussian Baysian State Estimation[J], IEEE Proceedings-Radar and Signal Processing, 1993, 140 (2): 107-113.

[30] Wan E A, Merwe R. The Unscented Kalman Filter for Nonlinear Value of Concentration Estimation[C]// Proceedings IEEE Symposium 2000 (AS-SPCC). Lake Louise, Alberta, Canada, Oct. 2000.

[31] Kong A, Liu J S, Wang W H. Sequential Inputations and Bayesian Missing Data Problem[J]. Journal of American Statistical Association, 1994, 89(425): 278-288.

[32] 张金槐，蔡洪. 飞行器试验统计学[M]. 长沙：国防科技大学出版社，1995.

[33] Austin J W, Leondes C T. Statistically Estimation of Reentry Trajectories[J]. IEEE Trans. AES, 1981, 17(1).

[34] 张金槐. 非线性滤波的迫近[J]. 飞行器测控技术，1994，13(3)：14-21.

[35] B Widrow, E Walach. 自适应逆控制[M]. 刘树棠，韩崇昭，译. 西安：西安交通大学出版社，2000.

第二章 高精度时延估计

时延估计(Time Delay Estimation, TDE)的主要目标是估计空间分离传感器测量的同一信号的相对到达时间差(Time Difference of Arrival, TDOA),该技术广泛应用于雷达、声纳的辐射源定位。如今,该技术也用于室内语音定位和跟踪,如语音增强、视频会议的自动相机跟踪以及麦克风阵列波束指向等。

2.1 最小熵时延估计

在实际应用中,最常用且有效的时延估计方法是Kanpp和Carter提出的广义互相关(Generalized Cross-Correlation, GCC)方法[1]。其中两传感器之间的时延估计是通过最大化接收信号经过滤波后的互相关来获得的,该算法在中等噪声和无回响环境(non-reverberant environment)下具有良好的估计性能,但是当噪声比较强或不是高斯型,或者回响存在时,该方法的性能将急剧恶化[2,3]。在Alpha稳态分布噪声环境下(Alpha-stable distributed noise environment),与GCC相比,部分低阶统计(Fractional Lower Order Statistics, FLOS)具有更强的TDE稳健性[4]。然而,对于Guassian或非脉冲型的噪声,FLOS-TDE方法并不比相位转化GCC算法优越。相反,当多个传感器可以利用时,在不同传感器对之间的TDOA测量将不再是独立的。因此,在这种情况下可以通过推广GCC技术使得在各种环境下利用所有的冗余信息来获得最优的TDE性能。该思想被提出并应用于多通道TDE算法,即基于多通道互相关系数(Multichannel Cross-Correlation Coefficient, MCCC)来实现[5,6],而且发现该算法随着传感器数量的增加对噪声和回响的稳健性逐渐增强。尽管基于MCCC的TDE在噪声和回响环境下具有良好的性能,但是它仅提出了多通道TDE的概念,而且MCCC是一个依赖于多个随机变量的二阶统计量(Second Order Statistics Measure, SOSM),且对于高斯信号比较理想。但是对于非高斯信号源,MCCC显得并不是很满意,而且对高阶统计量(Higher Order Statistics, HOS)具有一定的依赖性。

熵(Entropy),即为随机变量的统计量或随机变量的不确定性,是由Shannon在有关通信理论的内容中提出的[7]。Jacob Benesty等人基于最小熵提出了联合熵的多通道相关系数TDE算法[8],对于高斯信号,在实现TDOA估计的搜索过程中,最大化MCCC等价于最小化联合熵,而且当推广到非高斯信号环境时,该方法也优于MCCC的性能。

2.1.1 信息熵

如果令x为一随机变量(random variable),且具有概率密度$p(x)$,则熵定义为[9]

$$H(x)=-E\{\ln p(x)\}=-\int p(x)\ln p(x)\,\mathrm{d}x \tag{2.1-1}$$

其中，$E\{\cdot\}$表示期望运算(mathematical expectation)。显然，连续随机变量的熵是其概率密度 $p(x)$的函数。

对于 N 个随机变量

$$\boldsymbol{x}=[x_1 \quad x_2 \quad \cdots \quad x_N]^{\mathrm{T}} \tag{2.1-2}$$

且具有联合概率密度(joint probability density)$p(\boldsymbol{x})$，则相应的联合熵(joint entropy)为

$$H(\boldsymbol{x})=-\int p(\boldsymbol{x})\ln p(\boldsymbol{x})\,\mathrm{d}\boldsymbol{x} \tag{2.1-3}$$

其中$[\cdot]^{\mathrm{T}}$ 表示矢量或矩阵的转置。

如果假设 x_1，x_2，…，x_N 服从多变量正态分布(Multivariate Normal Distribution)，且具有零均值(mean)和如下的协方差矩阵(covariance matrix)

$$\boldsymbol{R}=E\{\boldsymbol{x}\boldsymbol{x}^{\mathrm{T}}\}=\begin{bmatrix} \sigma_{x_1}^2 & r_{x_1x_2} & \cdots & r_{x_1x_N} \\ r_{x_1x_2} & \sigma_{x_2}^2 & \cdots & r_{x_2x_2} \\ \vdots & \vdots & & \vdots \\ r_{x_1x_N} & r_{x_2x_2} & \cdots & \sigma_{x_N}^2 \end{bmatrix} \tag{2.1-4}$$

则 x_1，x_2，…，x_N 的概率密度函数(Probability Density Function，PDF)为

$$p(\boldsymbol{x})=\frac{1}{(\sqrt{2\pi})^N[\det(\boldsymbol{R})]^{1/2}}\exp\left\{-\frac{1}{2}\boldsymbol{x}^{\mathrm{T}}\boldsymbol{R}^{-1}\boldsymbol{x}\right\} \tag{2.1-5}$$

将上式代入式(2.1-3)，可得联合熵为

$$\begin{aligned} H(\boldsymbol{x}) &= \frac{1}{2}\int p(\boldsymbol{x})\boldsymbol{x}^{\mathrm{T}}\boldsymbol{R}^{-1}\boldsymbol{x}\,\mathrm{d}\boldsymbol{x}+\ln\{(\sqrt{2\pi})^N[\det(\boldsymbol{R})]^{1/2}\} \\ &= \frac{1}{2}E\{\boldsymbol{x}^{\mathrm{T}}\boldsymbol{R}^{-1}\boldsymbol{x}\}+\frac{1}{2}\ln\{(2\pi)^N\det(\boldsymbol{R})\} \\ &= \frac{1}{2}\mathrm{tr}\{E[\boldsymbol{R}^{-1}\boldsymbol{x}\boldsymbol{x}^{\mathrm{T}}]\}+\frac{1}{2}\ln\{(2\pi)^N\det(\boldsymbol{R})\} \\ &= \frac{N}{2}+\frac{1}{2}\ln\{(2\pi)^N\det(\boldsymbol{R})\} \\ &= \frac{1}{2}\ln\{(2\pi \mathrm{e})^N\det(\boldsymbol{R})\} \end{aligned} \tag{2.1-6}$$

因此，对于任何随机变量 $x_n(n=1, 2, \cdots, N)$，其熵均为

$$H(x_n)=\frac{1}{2}\ln\{2\pi \mathrm{e}\sigma_{x_n}^2\} \tag{2.1-7}$$

2.1.2　最小熵时延估计

2.1.2.1　信号模型

假设接收传感器是由 N 个阵元组成，且输出表示为 $x_n(k)$，其中 k 表示时间采样序号，$n=1, 2, \cdots, N$。不失一般性，选择第一个阵元为参考点，而且假设信号是从远场(far-field)辐射源发射的，并建模为

$$x_n(k)=a_n s[k-t-f_n(\tau)]+w_n(k) \tag{2.1-8}$$

其中，$a_n(n=1, 2, \cdots, N)$为由于传输影响而产生的衰减因子(attenuation factor)，t 为从未知辐射源到阵元 1 的传输时间，$w_n(k)$为第 n 个阵元处的加性噪声信号，τ 为阵元 1 和阵元 2 之间的相对延迟(relative delay)，而 $f_n(\tau)$为阵元 1 和阵元 n 之间的相对延迟(且假设 $f_1(\tau)=0$ 和$f_2(\tau)=\tau$)。这里仅考虑线性等间距阵列和远场情况，即平面波传播(plane wave propagation)，因此，函数 $f_n(\tau)$仅依赖于延迟 τ，即

$$f_n(\tau) = (n-1)\tau \tag{2.1-9}$$

对于其他场景，$f_n(\tau)$可能涉及两个或三个 TDOA，而且也依赖于阵列的几何结构。尽管 TDOA 的精确数学关系式是可以得到的，但是需要选择足够高的采样速率，以满足足够的分辨率，这样可以使得 $f_n(\tau)$的值被看做整数。

如果进一步假设 $w_n(k)$为一零均值高斯随机过程(zeros-mean Gaussian random process)，且与 $s(k)$以及其他阵元的噪声信号是不相关的，则 $s(k)$也可以适当地放松到宽带。

2.1.2.2 高斯源的最小熵

通常我们感兴趣的仅仅是利用多个传感器估计一个时间延迟 τ，显然，两个传感器足够可以用来估计 τ。然而，当两个以上的更多传感器可以利用时，冗余的信息可以用来改善估计性能，尤其对于强噪声和较强的回响存在场景。

考虑如下的数据矢量

$$\boldsymbol{x}(k, m) = [x_1(k) \quad x_2[k+f_2(m)] \quad \cdots \quad x_N[k+f_N(m)]]^{\mathrm{T}} \tag{2.1-10}$$

可以检查对于 $m=\tau$，所有信号 $x_n[k+f_n(\tau)]$，$n=1, 2, \cdots, N$ 都是按照顺序排列的。这样的排列可以有助于求解时延参数 τ。

信号 $\boldsymbol{x}(k, m)$的相应协方差矩阵为

$$\boldsymbol{R}(m) = E\{\boldsymbol{x}(k, m)\boldsymbol{x}^{\mathrm{T}}(k, m)\} \tag{2.1-11}$$

因此，高斯信号的联合熵为

$$H[\boldsymbol{x}(k, m)] = \frac{1}{2}\ln\{(2\pi e)^N \det[\boldsymbol{R}(m)]\} \tag{2.1-12}$$

现在讨论 m 的取值使得 $H[\boldsymbol{x}(k, m)]$达到最小，对于不同的 m，将对应于阵列 1 和阵列 2 之间的时延。因此，该问题的解为

$$\hat{\tau}_e = \arg\min_m H[\boldsymbol{x}(k, m)] \tag{2.1-13}$$

其中 $m\in[-\tau_{\max}, \tau_{\max}]$，而 $\tau_{\max}$是可能的最大延迟。

下面讨论为何最小熵可用于估计 TDE。为此，定义 N 个随机变量的多通道互相关系数(MCCC)的平方为

$$\rho_x^2(m) = 1 - \frac{\det[\boldsymbol{R}(m)]}{\prod_{n=1}^{N}\sigma_{x_n}^2} \tag{2.1-14}$$

文献[5, 6, 10]中指出 $0\leqslant\rho_x^2(m)\leqslant 1$。如果两个或更多的随机变量是完全相关的，则 $\rho_x^2=1$；如果所有的过程是完全不相关的，则 $\rho_x^2=0$。文献[5]和文献[6]证明了 MCCC 可以用于估计相对延迟

$$\hat{\tau}_e = \arg\min_m \rho_x^2(m) \tag{2.1-15}$$

显然，从式(2.1-10)～式(2.1-13)可以看出，对于高斯信号，最小化熵和最大化 MCCC

是等价的，因此有 $\hat{\tau}_e = \hat{\tau}_e$。

2.1.3 语音信号的时延估计

对于室内的语音环境，感兴趣的信号源为语音信号。众所周知，语音信号可以建模为 Laplace 分布[11, 12]，对于这种场景，更多地考虑熵的估计。然而，就像后面描述的，该估计并不是很明显。尽管将噪声假设为高斯的，而信号 x_n 却不能被精确地建模为 Laplace 分布。然而，我们相信该近似是比较可靠的，而且可以利用仿真结果进行证实。

具有零均值和方差 σ_x^2 的单变量 Laplace 分布为

$$p(x) = \frac{\sqrt{2}}{2\sigma_x^2} e^{-\sqrt{2}|x|/\sigma_x} \tag{2.1-16}$$

因此，可以容易地得到相应的熵[9]

$$H(x) = 1 + \ln(\sqrt{2}\sigma_x) \tag{2.1-17}$$

如果假设 x_1，x_2，…，x_N 具有均值为 $\mathbf{0}$、协方差矩阵为 $\boldsymbol{R}$ 的多变量 Laplace 分布，则 x_1，x_2，…，x_N 的概率密度函数(PDF)为[13, 14]

$$p(\boldsymbol{x}) = 2(2\pi)^{-N/2}[\det(\boldsymbol{R})]^{-1/2}\left(\frac{\boldsymbol{x}^{\mathrm{T}}\boldsymbol{R}^{-1}\boldsymbol{x}}{2}\right)^{P/2} K_P(\sqrt{2\boldsymbol{x}^{\mathrm{T}}\boldsymbol{R}^{-1}\boldsymbol{x}}) \tag{2.1-18}$$

其中 $P=\dfrac{2-N}{2}$，而 $K_P(\cdot)$为第三类修正 Bessel 函数(modified Bessel function of the third kind)，有时也称为第二类修正 Bessel 函数

$$K_P(a) = \frac{1}{2}\left(\frac{a}{2}\right)^P \int_0^{\infty} z^{-P-1} \exp\left(-z-\frac{a^2}{4z}\right) dz \qquad a > 0 \tag{2.1-19}$$

故联合熵为

$$H(\boldsymbol{x}) = \frac{1}{2}\ln\left[\frac{(2\pi)^N}{4}\det(\boldsymbol{R})\right] - \frac{P}{2}E\left\{\ln\left(\frac{\theta}{2}\right)\right\} - E\{\ln K_P(2\theta)\} \tag{2.1-20}$$

其中

$$\theta = \boldsymbol{x}^{\mathrm{T}}\boldsymbol{R}^{-1}\boldsymbol{x} \tag{2.1-21}$$

式(2.1-20)中的两个量 $E\left\{\ln\left(\dfrac{\theta}{2}\right)\right\}$和 $E\{\ln K_P(2\theta)\}$一般不具有封闭形式(closed-form)的表达式。因此通常需要寻求数值方式对其进行估计。有一种方式可用于它们的估计，即假设所有随机过程为各态历经的(ergodic)，对于这种情况，可以利用时间平均(time average)代替统计平均(ensemble average)。如果接收阵列的每一个阵元具有 K 个样本矢量 $\boldsymbol{x}(k, m)$，则可以利用如下的估计方法：

$$E\left\{\ln\left(\frac{\theta}{2}\right)\right\} = \frac{1}{K}\sum_{k'=0}^{K-1}\ln\left(\frac{\theta(k-k', m)}{2}\right) \tag{2.1-22}$$

$$E\{\ln K_P(\sqrt{2}\theta)\} \approx \frac{1}{K}\sum_{k'=0}^{K-1}\ln K_P[\sqrt{2\theta(k-k', m)}] \tag{2.1-23}$$

其中

$$\theta(k-k', m) = \boldsymbol{x}^{\mathrm{T}}(k-k', m)\boldsymbol{R}^{-1}(m)\boldsymbol{x}(k-k', m) \tag{2.1-24}$$

实际熵，首先利用 K 个观察矢量 $\boldsymbol{x}(k, m)$估计 $\boldsymbol{R}(m)$，当协方差矩阵估计后，可以利用样本

数据按照式(2.1-22)和式(2.1-23)估计 $E\left\{\ln\left(\frac{\theta}{2}\right)\right\}$ 和 $E\{\ln K_P(2\theta)\}$。进而利用式(2.1-20)计算不同 m 取值时的熵 H，最后可以通过最小化 H 来得到相对延迟 τ 的一个比较准确的估计。

2.1.4 仿真分析

本节利用仿真分析验证基于熵的多通道 TDE 算法的性能。其中与基于 MCCC 方法进行了比较。

第一个实验的环境选择为开放空间(open space)。选择长度为 512 的女性语音信号为信号源。加性噪声为高斯噪声，信噪比为 10 dB。其中，衰减因子在 0.5～1 之间进行选择，两个通道之间的真实 TDOA 为三个样本，分别对 2 阵元、3 阵元和 6 阵元的三种线性等间距阵列进行了研究。图 2.1-1 给出了处理结果，从图中可以看出，基于 MCCC 和熵的多通道 TDE 算法在中等噪声环境和不相关条件下具有良好的检测和估计性能。当利用更多的阵元时，算法对于噪声显示出了较强的稳健性，而且基于熵的曲线凹口明显比相应的 MCCC 算法的尖锐和清楚。

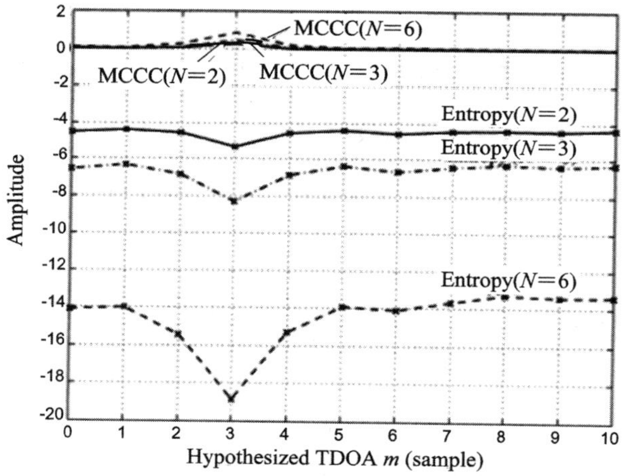

图 2.1-1　多通道 MCCC 和熵的 TDE 算法性能分析(开放空间)

第二个实验选择了真实、具有回响的环境来验证算法的性能。其中的通道脉冲响应是利用 Bell 实验室的 Vaechoic 房间进行的[15]。该房间为正方形房间，具有 368 个电子控制面板，它改变了墙壁、地板和天花板的声音吸收特性[16]。因此，可以充分利用这些控制面板的比例控制房间的反射性能。本实验中，大约 30%的控制面板是打开的，故大致产生了约 380 ms 的反射时间。原始的脉冲响应是在 8 kHz 测量的，其测量样本为 4096 个。对于该实验，样本被截断到 512 个。同样，信号源选择为女性声音，加性噪声为高斯噪声，信噪比为 10 dB。其中两阵元之间的真实 TDOA 为一个样本。图 2.1-2 给出了处理结果，从图中可以看出，当利用两个阵元时，MCCC 的峰值出现在错误的位置($m=0$)处，然而熵得到了正确的 TDOA 估计。当利用更多的阵列时，两种算法都可以获得较好的估计结果，而熵算法的性能更优良一些。

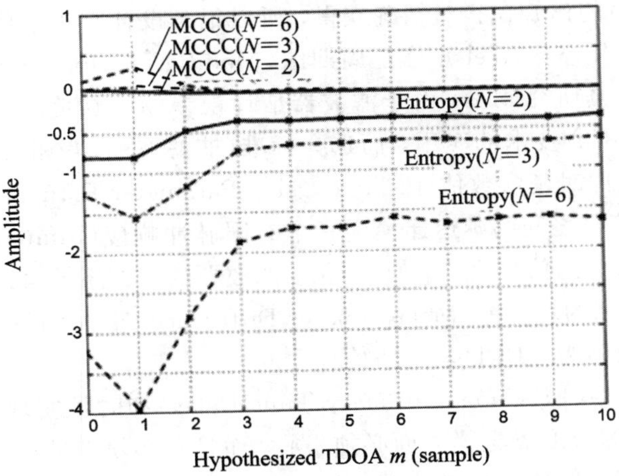

图 2.1-2　多通道 MCCC 和熵的 TDE 算法性能分析
(Bell 实验室 Varechoic 房间)

2.2　参数化时延估计

Maiza Bekara 等人提出了基于参数化模型的时延估计算法 PGCC (Parametric Generalized Cross Correlation)[17]，然而该方法也可以归类到 GCC 方法中。其中利用了一个参数化模型代替了 GCC 中的非参数模型来确定合适的预滤波器。为了不失一般性，假设两个预滤波器相同，且都建模为 FIR 滤波器。故设计一组 FIR 滤波器，在每一延迟上使得广义互相关器的输出达到最大。

2.2.1　广义互相关算法

基于两个或多个传感器的接收信号进行时延估计问题广泛应用于声纳、声学、地球物理学以及生物医学工程等领域。特别地，对于给定的两个接收信号

$$x_1(n) = s(n) + \varepsilon_1(n) \tag{2.2-1}$$

$$x_2(n) = \alpha s(n-D) + \varepsilon_2(n) \tag{2.2-2}$$

其中假设信号 $s(n)$和污染噪声 $\varepsilon_1(n)$、$\varepsilon_2(n)$是互不相关的。D 为两个接收信号之间的时间延迟(Time Delay)，α 为未知的衰减因子(Attenuation Factor)。当前的问题是在没有任何信号源先验信息的条件下基于测量$\{x_1(n),\ x_2(n)\}(n=0,\ 1,\ \cdots,\ N-1)$估计时延 D。

许多用于时延估计(Time Delay Estimation，TDE)的方法大都与广义互相关(Generalized Cross Correlation，GCC)方法有关。在广义互相关方法中，基于接收信号估计的互相关序列与一加权滤波器相卷积，则使得统计互相关图(Cross-Correlogram)达到最大值的时间延迟就是时延的估计值，其中的最优加权滤波器(Weighting Filter)包括最初由 Hanann 和 Thomson 提出的最大似然估计器(Maximum Likelihood Estimator，MLE)[18]。Knap 和 Carter 深入分析了其他估计器[1]，并推导出了相同的滤波器而且证明了其等价于利用两个

预滤波器分别对每个信号进行滤波后再进行互相关。

由于信号源和噪声的谱知识很难精确获得，所以很难设计真正最优的加权滤波器。实际上，这点通常可以利用基于 Welch 修正周期图(Modified Periodogram)的非参数化谱估计方法来实现，有关仿真研究证明，由于滤波器估计误差的存在使得 TDE 性能的下降足够地大，以致排除了 GCC 技术的应用，而选择标准(非滤波的)互相关图[19]。为了避免谱估计，另一种替换方法即时延参数估计(Time Delay Parameter Estimation，TDPE)算法被提出[20]，该方法将两信号之间的延迟建模为一个有限脉冲响应(Finite Impulse Response，FIR)滤波器，而其输入为两信号之一，如 $x_1(n)$。滤波器的加权系数自适应地调整，并使滤波器的输出与 $x_2(n)$之间的均方差(Mean-squares Difference)最小，而对应于最大绝对值的权系数的滤波器延迟数即为 TDPE 延迟估计。

TDPE 在估计非平稳时延(Non-stationary Time Delay)和时域实现方面具有较强的吸引力。然而，在滤波器的长度 p 选择方面必须小心，而且它必须满足 $p>|D|$。对于 D 较大的情况，或者当 D 的精确取值范围未知时，p 可以选择相对较大的数值。这样将增加估计 FIR 滤波器参数的方差，而且需要一个比较复杂的 LMS 收敛性检测算法，这样不仅使得时延估计的准确性下降而且实现起来更加困难。

在 GCC 方法中，具有互谱(Cross-spectra)$G_{x_1x_2}$的两个传感器输出 $x_1(n)$和 $x_2(n)$分别利用两个实因果滤波器(Real Causal Filter)$f_1(n)$和 $f_2(n)$进行预滤波(Prefiltered)，如

$$y_i(n)=\sum_{k=0}^{\infty}f_i(k)x_i(n-k)\qquad i=1,2 \tag{2.2-3}$$

则 $y_1(n)$和 $y_2(n)$的互谱可以计算如下：

$$G_{y_1y_2}=F_1(\omega)F_2^*(\omega)G_{x_1x_2}(\omega) \tag{2.2-4}$$

其中“ * ”表示复共轭(Complex Conjugate)。则 GCC 函数可以通过对式(2.2-4)进行逆傅立叶变换(Inverse Fourier Transform，IFT)来得到，即

$$r_{y_1y_2}(\tau,W)=\frac{1}{2\pi}\int_{-\pi}^{\pi}W(\omega)G_{x_1x_2}(\omega)\mathrm{e}^{\mathrm{j}\omega\tau}\mathrm{d}\omega \tag{2.2-5}$$

其中 $W(\omega)=F_1(\omega)F_2^*(\omega)$。从式(2.2-5)可以看出，GCC 方法也可以看做为在进行计算 IFT 之前对互功率谱(Cross-power Spectrum)应用了窗函数加权，使 $r_{y_1y_2}(\tau,W)$最大化的变量 τ 即为时延 D 的目标估计值。

因此，基于 GCC 方法进行时延估计的目标为设计一个近似加权滤波器 $W(\omega)$。在实际设计中，W 为实值，因此 F_1 和 F_2 具有相同的相位。当 $W(\omega)=1$ 时，GCC 退化为标准互相关(Standard Cross Correlation，SCC)方法。

2.2.2 参数化时延估计算法

2.2.2.1 算法描述

不失一般性，假设 $F_1=F_2=H_p$，其中 H_p 为一个阶数为 p 的因果 FIR 滤波器，即

$$H_p(\omega)=\sum_{n=0}^{p}h_p(n)\mathrm{e}^{-\mathrm{j}\Omega n} \tag{2.2-6}$$

定义

$$\boldsymbol{h}_p=[h_p(0)\quad h_p(1)\quad\cdots\quad h_p(p)]^{\mathrm{T}} \tag{2.2-7}$$

其中"T"表示矩阵转置运算。则延迟 τ 处的滤波器输出 $y_1(n)$ 和 $y_2(n)$ 之间的互相关为

$$
\begin{aligned}
r_{y_1y_2}(\tau, \boldsymbol{h}_p) &= E\{y_1(n)y_2(n+\tau)\} \\
&= \sum_{k=0}^{p}\sum_{m=0}^{p} h_p(k)h_p(m)E\{x_1(n-k)x_2(n+\tau-m)\} \\
&= \sum_{k=0}^{p}\sum_{m=0}^{p} h_p(k)h_p(m)r_{x_1x_2}(\tau+k-m) \\
&= \boldsymbol{h}_p^{\mathrm{T}}\boldsymbol{R}_p(\tau)\boldsymbol{h}_p
\end{aligned}
\tag{2.2-8}
$$

其中 $\boldsymbol{R}_p(\tau)$ 为 $p+1$ 维的方阵(Square Matrix)，其第 (k, m) 个元素为 $r_{x_1x_2}(\tau+k-m)$。现在的目标是寻找实值滤波器 $\boldsymbol{h}_p(\tau)$，使得 $y_1(n)$ 和 $y_2(n)$ 的互相关在延迟 τ 处达到最大。由于 $r_{y_1y_2}(\tau, \boldsymbol{h}_p)$ 可以通过给 $\boldsymbol{h}_p$ 简单地乘以一常数来任意地增加，故约束 $\boldsymbol{h}_p$ 使其具有单位模值(unit norm)，即 $\boldsymbol{h}_p^{\mathrm{T}}\boldsymbol{h}_p=1$。因此最大化问题(Maximization Problem)变为

$$
\left.\begin{aligned}
&\max \mid \boldsymbol{h}_p^{\mathrm{T}}\boldsymbol{R}_p(\tau)\boldsymbol{h}_p \mid \\
&s.t.\ \| \boldsymbol{h}_p \|^2 = 1,\ \boldsymbol{h}_p \in R^r
\end{aligned}\right\}
\tag{2.2-9}
$$

命题 1：定义矩阵 $\widetilde{\boldsymbol{R}}_p(\tau)=(\boldsymbol{R}_p(\tau)+\boldsymbol{R}_p^{\mathrm{T}}(\tau))/2$，则式(2.2-9)的解为

$$
\boldsymbol{h}_p(\tau) = \boldsymbol{v}_p^{(1)}(\lambda), \qquad r_{y_1y_2}(\tau, \boldsymbol{h}_p(\tau)) = \lambda_p^{(1)}(\tau) \tag{2.2-10}
$$

其中 $\boldsymbol{v}_p^{(1)}(\lambda)$ 为 $\widetilde{\boldsymbol{R}}_p(\tau)$ 的特征值(Eigenvalue) $\lambda_p^{(1)}(\tau)$ 所对应的特征矢量(Eigenvector)。其中 $\widetilde{\boldsymbol{R}}_p(\tau)$ 的特征值排序如下

$$
\mid \lambda_p^{(1)}(\tau) \mid \geqslant \mid \lambda_p^{(2)}(\tau) \mid \geqslant \cdots \geqslant \mid \lambda_p^{(p+1)}(\tau) \mid \tag{2.2-11}
$$

证明：首先求解如下的最优化问题

$$
\left.\begin{aligned}
&\max \mid \boldsymbol{x}^{\mathrm{T}}\boldsymbol{R}\boldsymbol{x} \mid \\
&s.t.\ \| \boldsymbol{x} \|^2 = 1,\ \boldsymbol{x} \in R^r
\end{aligned}\right\}
\tag{2.2-12}
$$

其中 $\boldsymbol{R}$ 为一 $r\times r$ 阶矩阵，对矩阵 $\boldsymbol{R}$ 进行特征值分解(Eigenvalue Decomposition)，则 $\boldsymbol{x}$ 的解对应于 $\boldsymbol{R}$ 的最大绝对值特征值的相应特征矢量[21]。矩阵 $\boldsymbol{R}$ 并不需要对称，这是因为 $\boldsymbol{x}\in R^r$。而只是要求在特征分解过程中涉及对称矩阵来获得一个可行解。由于

$$
\boldsymbol{x}^{\mathrm{T}}\boldsymbol{R}\boldsymbol{x} = \boldsymbol{x}^{\mathrm{T}}(\boldsymbol{R}\boldsymbol{x}) = (\boldsymbol{R}\boldsymbol{x})^{\mathrm{T}}\boldsymbol{x} = \boldsymbol{x}^{\mathrm{T}}\boldsymbol{R}^{\mathrm{T}}\boldsymbol{x} \tag{2.2-13}
$$

故代价函数(Cost Function)可以改写为

$$
\boldsymbol{x}^{\mathrm{T}}\widetilde{\boldsymbol{R}}\boldsymbol{x} \tag{2.2-14}
$$

其中 $\widetilde{\boldsymbol{R}}$ 为对称矩阵(Symmetric Matrix)，$\widetilde{\boldsymbol{R}}=\dfrac{\boldsymbol{R}+\boldsymbol{R}^{\mathrm{T}}}{2}$ 且具有实的特征矢量。则 $\boldsymbol{x}$ 的解对应于 $\widetilde{\boldsymbol{R}}$ 的最大绝对值特征值的相应特征矢量。

PGCC 方法确定时延估计是通过如下最大化实现的

$$
\hat{D} = \operatorname{argmax} \mid \lambda_p^{(1)}(\tau) \mid \tag{2.2-15}
$$

最优 FIR 滤波器具有一个由矢量 $\boldsymbol{h}_p(\hat{D})$ 确定的脉冲响应。PGCC 方法的唯一输出参数为滤波器阶数 p。显然，当 $p=0$ 时，PGCC 将退化为 SCC。

2.2.2.2　算法解释

下面将从理论和经验方面对 PGCC 的滤波效果进行解释。

从式(2.2-5)并利用问题的对称性，可以直接得到如下结果，即对于实信号 $x_1(n)$ 和 $x_2(n)$ 有

$$r_{y_1y_2}(\tau, W) = \frac{1}{\pi}\int_0^\pi W(\omega) \mid G_{x_1x_2}(\omega) \mid \cos[\phi(\omega) + \omega\tau]\mathrm{d}\omega \tag{2.2-16}$$

其中 $\phi(\omega)$为互谱 $G_{x_1x_2}(\omega)$的相位。为了符号表示的方便，令

$$B(\omega) = \mid G_{x_1x_2}(\omega) \mid \cos[\phi(\omega) + \omega\tau] \tag{2.2-17}$$

因此，主要工作就是设计 $W_\tau(\omega)$在$[0, \pi]$上使$|r_{y_1y_2}(\tau, W)|$最大。

命题 2：令 $\omega_\tau \in [0, \pi]$满足 $K_\tau = |B(\omega_\tau)| \geqslant |B(\omega)|$。加权函数满足：① $W(\omega) \geqslant 0$，② $\frac{1}{\pi}\int_0^\pi W(\omega)\mathrm{d}\omega = 1$，则最大化$|r_{y_1y_2}(\tau, W)|$的解为

$$W_\tau(\omega) = \pi\delta(\omega - \omega_\tau) \tag{2.2-18}$$

其中 $\delta(\cdot)$表示 Kronecker 函数。

证明：将式(2.2-18)直接代入式(2.2-16)可得

$$\mid r_{y_1y_2}(\tau, W_\tau) \mid = \pi \mid B(\omega_\tau) \mid = \pi K_\tau \tag{2.2-19}$$

利用三角不等式(Triangule Inequality)，可得

$$\begin{aligned} \mid r_{y_1y_2}(\tau, W) \mid &\leqslant \frac{1}{\pi}\int_0^\pi W(\omega)\mathrm{d}\omega\int_0^\pi \mid B(\omega) \mid \mathrm{d}\omega \\ &\leqslant \pi K_\tau = \mid r_{y_1y_2}(\tau, W_\tau) \mid \end{aligned} \tag{2.2-20}$$

式(2.2-16)在 τ 取值范围上的全局最大化为 $W_{\hat{D}}(\omega)$，其中 $\hat{D}$ 为利用广义函数组作为加权滤波器而得到的时延估计。

该滤波器对应于频率为 $\omega_{\hat{D}}$的单个余弦振荡(Cosine Oscillating)。显然，该滤波器是非因果的，并且具有一个无限脉冲响应。然而此处是通过缠绕一个阶数为 p 且具有时间翻转的因果 FIR 滤波器来构造 FIR 滤波器组，并进而选择加权滤波器 $W(\omega)$。如果令 $q_p(n)$表示因果 FIR 滤波器的阶数 p，而用 $Q_p(\omega)$表示其傅立叶变换(Fourier Transform，FT)。如果令 $U_p(\omega)$表示矩形窗函数 $u_p(n)$在 $0 \leqslant n \leqslant p$ 上的傅立叶变换。如果利用截断函数对 $q_p(n)$进行近似，则滤波器的平方 Q_p^2 最好近似式(2.2-18)定义的 W_D，而且在均方意义(Mean-Square Sense)下有[22]

$$Q_p(\omega) = \sqrt{\pi}\delta(\omega - \omega_D) \times U_p(\omega) = \sqrt{\pi}U_p(\omega - \omega_{\hat{D}}) \tag{2.2-21}$$

因此，$Q_p(\omega)$为一带通滤波器，且具有峰值频率 $\omega_{\hat{D}}$和带宽 $4\pi/p$。结合上述命题 1 和命题 2 的结论，可以指出 Q_p 近似 PGCC 方法的滤波器 H_p。为了研究这一观点，利用了后面仿真分析中的数据，在图 2.2-1 中给出了在命题 1 中定义的归一化$|H_p(\omega)|$在不同 p 值下的曲线。归一化信号源谱$|S(\omega)|$也叠加地画在图 2.2-1 中。

从图中可以看出 $H_p(\omega)$的峰值频率非常接近信源谱的峰值频率，其中较大的 p 值，也就是较窄的$|H_p(\omega)|$。

2.2.2.3　滤波器阶数的选择

对于 PGCC 方法，用户选择的唯一参数为滤波器的阶数 p。在前面章节的讨论中得到该参数的选择主要依赖于信号源的带宽。如果带宽越窄，则应选择更大的阶数。但是在实际应用中，一般没有关于信号源带宽的准确知识，因此需要用户研究参数 p 的取值问题。这方面可以利用关于 p 所对应 $\hat{D}$ 的稳健性思想对信号源带宽进行大致的估计。

如果假设 D 在$[D_{\min}, D_{\max}]$区间上具有均匀分布的先验概率(Priori Probability)，则 D 的一个后验概率分布(Posteriori Probability Distribution)正比于其似然函数[1]。利用该结

论，可以得出与该后验概率相对应的近似时延等于 τ，当利用加权函数 $\boldsymbol{h}_p(\hat{D}_p)$时，可得

$$\boldsymbol{p}(\tau, p)=\frac{1}{C(\tau, p)}\exp\{-|r_{y_1y_2}(\tau; \boldsymbol{h}_p(\hat{D}_p))|\} \tag{2.2-22}$$

其中，$C(\tau, p)$为归一化因子(Normalizing Factor)，并由式(2.2-23)给出

$$C(\tau, p)=\sum_{\tau=D_{\min}}^{D_{\max}}\exp\{-|r_{y_1y_2}(\tau; \boldsymbol{h}_p(\hat{D}_p))|\} \tag{2.2-23}$$

基于式(2.2-22)可得一图像，图 2.2-2 中利用了每一个 $p\in[0, 20]$，其中一个仿真结果等价于 2.2.3 节的一个实现，如图 2.2-2 所示。从图中可以看出，p 的取值并不影响 $\hat{D}$ 的选择，而且对于 p 的较大取值范围($p\geqslant 2$)，都等于－10。该方法提供了相对于可选择 p 的优良稳健性，尽管可以谨慎地避免选择非常大的 p 值，但还是会导致一个周期性滤波互相关图并造成峰值模糊，进而产生虚警检测(False Detection)。根据经验准则，阶数为 p 的滤波器的带宽为 $4\pi/p$。仿真中应用的信号源带宽大约为 0.5π。因此，最好的滤波器阶数 $p=4/0.5=8$。该结论可以通过图 2.2-2 进行验证，其中最大的后验概率指向滤波器阶数 $p=8$。

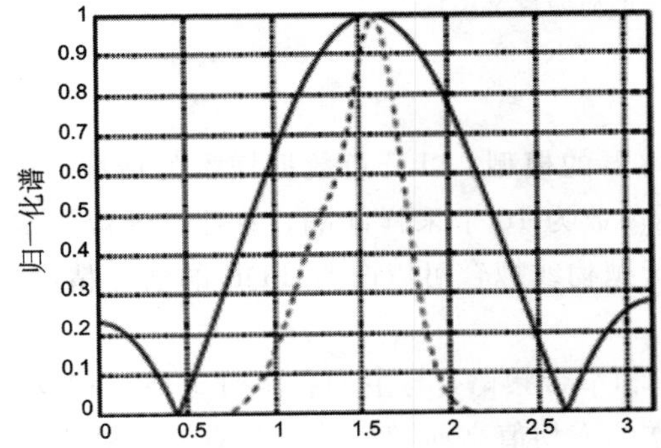

(a) $p=4$

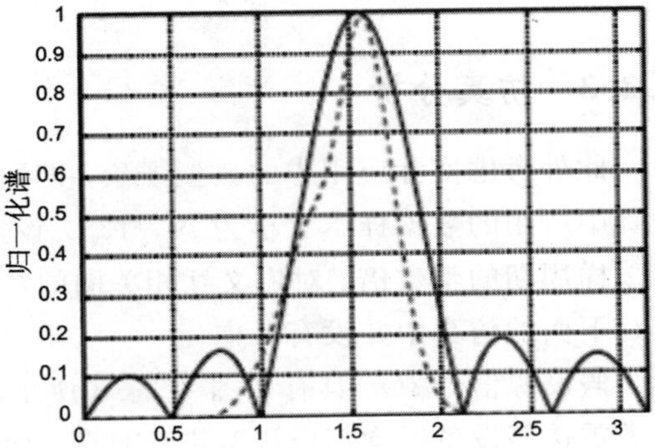

(b) $p=10$

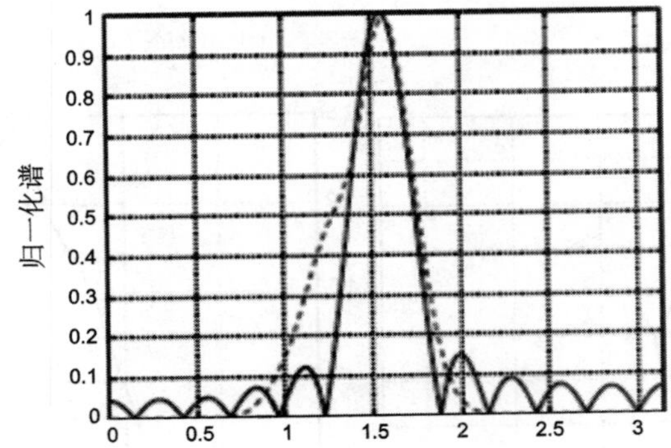

(c) $p=20$

(—)$|H_p(\omega)|$；(— —)$|S(\omega)|$

图 2.2-1　归一化谱

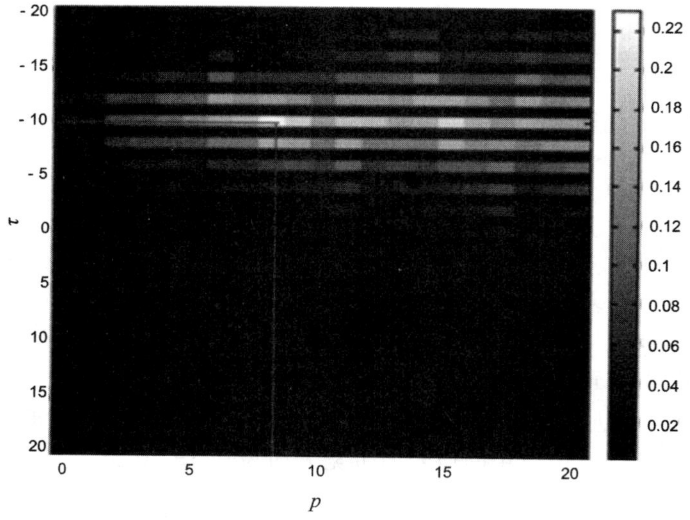

图 2.2-2　以 τ 和 p 为变量的后验概率图像

2.2.3　仿真分析

此处考虑实际应用中的典型场景，即两个传感器的模型，以及短数据样本的情况。故仿真中所用的数据样本大小为 $N=128$，设定时延参数为 10 个采样间隔，并且时延被假定为采样周期的整数倍。对广义互相关图的峰值进行抛物线拟合可以改善 TDE 的估计精度，但是下面的仿真中并没有考虑。

假设源信号 $s(n)$具有如图 2.2-3 所示的波形和窄带频谱，与主动有源时延估计相反，如类雷达等设备通常都应用宽带信号源。两个独立的零均值高斯随机序列具有相同的方差 σ_n^2，用于构造噪声信号 $\varepsilon_1(n)$和 $\varepsilon_2(n)$。噪声的方差可以根据期望的 $\mathrm{SNR}=10\ \lg10(\sigma_s^2/\sigma_n^2)$进行调整，其中 $\sigma_s^2=\dfrac{\sum_{n=0}^{N-1}s^2(n)}{N}$。

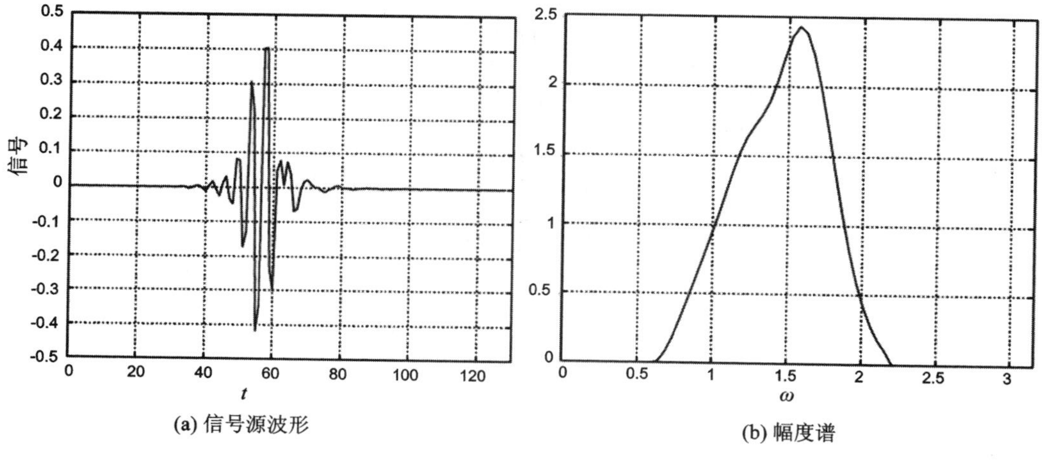

图 2.2-3　信号源波形及其幅度谱

图 2.2-4 给出了参数化时延估计算法(PGCC)与标准互相关方法(SCC)、最大似然估计器(ML)的时延估计性能[1]，即每一种方法的选择时延 $\hat{D}$ 的经验分布(直方图)，其中进行了 1000 次试验，SNR=-3 dB。对于 ML 方法，互谱和相关函数是利用将数据划分成四个 64 点的子段进行估计的，其中子段重叠度为 50%，且每一段都乘以一个 Hanning 窗来减小频率泄漏(Frequency Leakage)。对于 PGCC 方法，滤波器的阶数选择为 $p=10$。在所有的仿真中，时延 D 的搜索是在区间[-20, 20]内进行的。

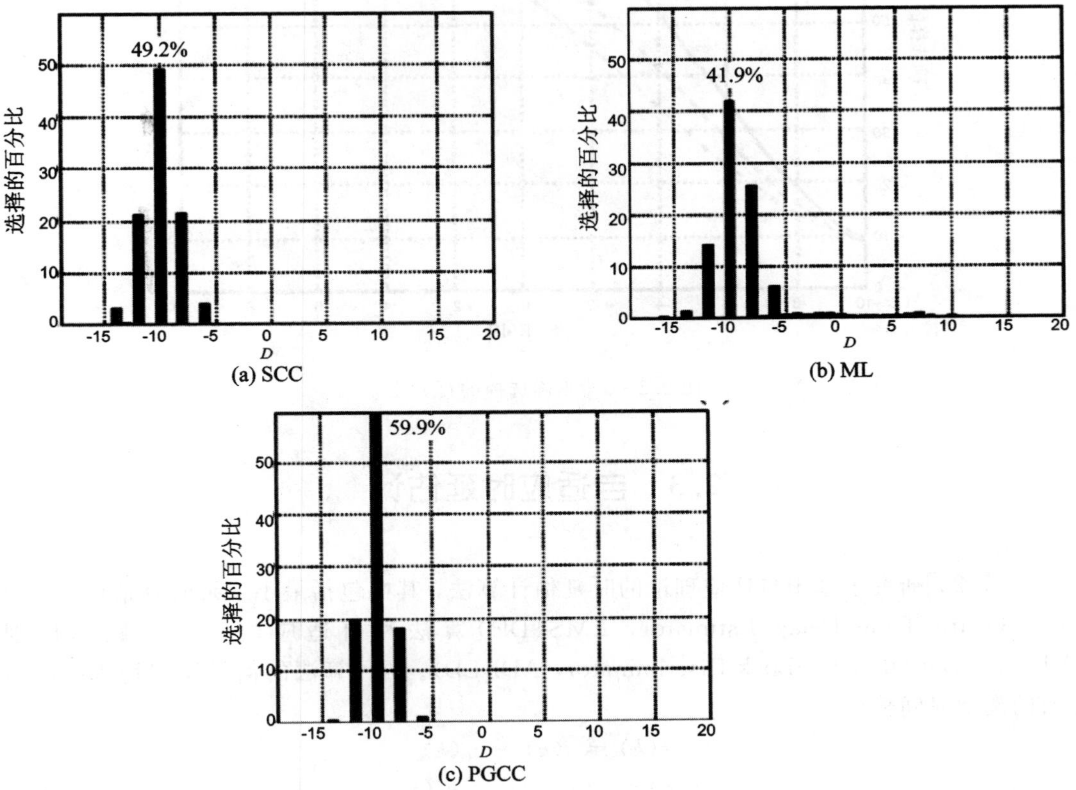

(a) SCC (b) ML (c) PGCC

图 2.2-4 估计时延的直方图

从图中可以看出，PGCC 可以获得最高的正确选择百分比，紧接着为 SCC 和 ML。$\hat{D}$ 的 PGCC 分布表明相对于其他方法，较短的拖尾，将具有较小的方差，该性能对于稳健检测非常具有吸引力。另一方面，ML 获得了最低的性能，主要是因为对于给定的 SNR 由于较短的数据长度导致了较差的谱估计结果。

为了研究噪声电平的影响，在不同的 SNR 取值下重复相同的 Monte-Carlo 仿真，三种方法的正确选择概率如图 2.2-5 所示。对于较低的 SNR，所有方法具有相同的性能。对于较高的 SNR，从 5 dB 开始，PGCC 和 SCC 具有相同的性能。而当 SNR 取更高值时，ML 才达到了前两种算法的性能。而 PGCC 在中低等 SNR 条件下性能要优于其他两种算法。

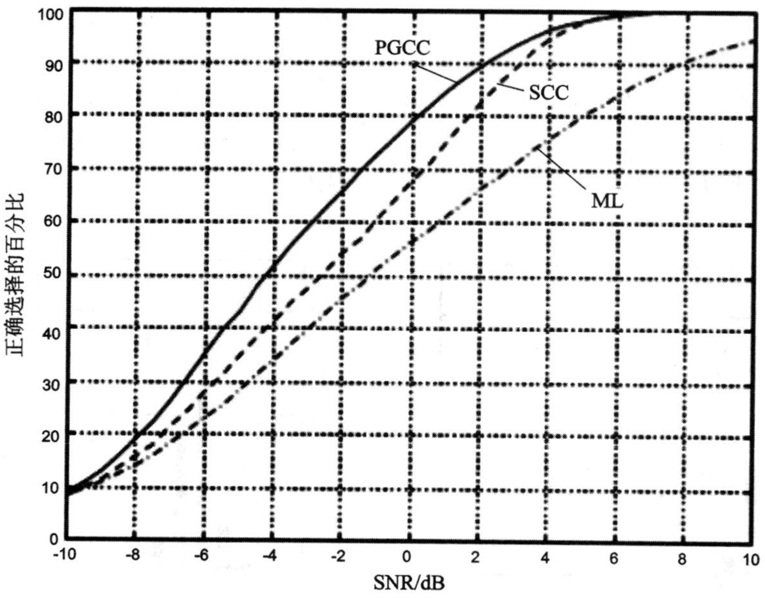

图 2.2-5　正确选择的百分比

2.3　自适应时延估计

文献[23]研究了基于自适应理论的时延估计算法，其中包括最小二乘时延估计(Least Mean Square Time Delay Estimator，LMSTDE)算法和自适应数字时延跟踪识别(Adaptive Digital Delay-Lock Discriminator，ADDLD)。两种算法的信号模型均考虑两传感器的离散时间输出

$$x(k) = s(k) + n_1(k) \tag{2.3-1}$$

$$y(k) = s(k-D) + n_2(k) \tag{2.3-2}$$

其中 $s(k)$为源信号，$n_1(k)$和 $n_2(k)$分别为两传感器的噪声，假设两者之间互不相关，且为平稳白高斯过程。不失一般性，假设采样周期 T_s 为单位值。故可以假设信号和噪声的谱带限于$-\pi$ 和 π 之间。为了方便分析，假定信号达到每个传感器的单一路径与接收机和信源处于同一平面，而目标就是根据接收信号 $x(k)$和 $y(k)$估计时间差 D。

2.3.1　最小二乘时延估计算法

2.3.1.1　算法描述

传统的最小二乘时延估计 LMSTDE 算法为一个自适应 FIR 滤波器[24, 25]，其两个输入信号分别为式(2.3-1)、式(2.3-2)描述的 $x(k)$和 $y(k)$，该滤波器对输入的信号 $x(k)$进行时间平移，其传输函数为

$$W(z) = \sum_{i=-P}^{P} w_i z^{-i} \tag{2.3-3}$$

此时该滤波器是非因果的，其阶数为 $2P$，当然可以很容易地转化为因果形式。滤波器的输出减去另一个信号 $y(k)$，并给出误差函数 $e(k)$。在无噪声条件下，如果 $e(k)$趋于零，则由自适应滤波器引入的时移就等于两信号的真实延迟。其中输出的误差信号 $e(k)$为

$$e(k) = y(k) - \sum_{i=-P}^{P} w_i(k)x(k-i) \tag{2.3-4}$$

每一个滤波器系数 $w_i(k)$自适应地根据最小均方误差(Minimum Mean Square Error)准则进行调整，根据 Widrow 的 LMS 算法[26, 27]，有

$$\begin{aligned} w_i(k+1) &= w_i(k) - \mu_w \frac{\partial e^2(k)}{\partial w_i(k)}, \qquad -P \leqslant i \leqslant P \\ &= w_i(k) + 2\mu_w e(k)x(k-i) \end{aligned} \tag{2.3-5}$$

其中参数 μ_w 为一正标量，用来控制算法的收敛速率(Convergence Rate)和稳定性(Stability)。

根据卷积理论(Convolution Theorem)，$s(k)$的延迟形式，即 $s(k-D)$可以表示为[28]

$$s(k-D) = \sum_{i=-\infty}^{\infty} \mathrm{sinc}(i-D)s(k-i) \tag{2.3-6}$$

其中

$$\mathrm{sinc}(v) = \frac{\sin(\pi v)}{\pi v} \tag{2.3-7}$$

根据式(2.3-4)和式(2.3-6)，如果 P 趋于无穷大，且滤波器系数为 sinc(·)函数的采样形式，则 LMSTDE 将对输入信号引入一正确的延迟。

假设通道输入和滤波器加权在 k 时刻是不相关的，并且用 σ_s^2 和 σ_n^2 分别表示信号功率和 $n_1(k)$、$n_2(k)$的方差。将式(2.3-1)～(2.3-4)和式(2.3-6)代入式(2.3-5)，并取期望，可得

$$\begin{aligned} &E\{w_i(k+1)\} \\ &= E\{w_i(k)\} + 2\mu_w E\Big\{\Big[s(k-D) + n_2(k) - \sum_{n=-P}^{P} w_n(k)s(k-n) - \sum_{n=-P}^{P} w_n(k)n_1(k-n)\Big] \\ &\quad \times (s(k-i) + n_1(k-i))\Big\} \\ &= E\{w_i(k)\} + 2\mu_w E\Big\{\Big[s(k-D) - \sum_{n=-P}^{P} w_n(k)s(k-n)\Big]s(k-i)\Big\} \\ &\quad - 2\mu_w E\Big\{\sum_{n=-P}^{P} w_n(k)n_1(k-n)n_1(k-i)\Big\} \\ &= E\{w_i(k)\} + 2\mu_w E\Big\{\Big[\sum_{n=-P}^{P} \mathrm{sinc}(n-D)s(k-n) - \sum_{n=-P}^{P} w_n(k)s(k-n)\Big]s(k-i)\Big\} \\ &\quad - 2\mu_w E\{w_i(k)n_1^2(k-i)\} \\ &= E\{w_i(k)\} + 2\mu_w\sigma_s^2 E\{\mathrm{sinc}(i-D) - w_i(k)\} - 2\mu_w\sigma_n^2 E\{w_i(k)\} \\ &= E\{w_i(k)\}(1 - 2\mu_w(\sigma_s^2 + \sigma_n^2)) + 2\mu_w\sigma_s^2\ \mathrm{sinc}(i-D) \end{aligned} \tag{2.3-8}$$

解之可得

$$\begin{aligned} &E\{w_i(k+1)\} \\ &= \frac{\sigma_s^2}{\sigma_s^2 + \sigma_n^2}\mathrm{sinc}(i-D)(1 - 2\mu_w(\sigma_s^2 + \sigma_n^2))^k + w_i(0)(1 - 2\mu_w(\sigma_s^2 + \sigma_n^2))^k \\ &\qquad -P \leqslant i \leqslant P \end{aligned} \tag{2.3-9}$$

根据上式，算法收敛必须满足 $0<1-2\mu_w(\sigma_s^2+\sigma_n^2)<1$，故可得如下的收敛条件：

$$0<\mu_w<\frac{1}{\sigma_s^2+\sigma_n^2} \tag{2.3-10}$$

滤波器权系数的初始值 $\{w_i(0)\}$ 可以任意选择，但是滤波器的系数将最终收敛于 Wiener 解 $\{w_i^o\}$，该解等于式(2.3-9)的稳态解(Steady State Solution)，而且具有如下形式：

$$w_i^o=\frac{\text{SNR}}{1+\text{SNR}}\text{sinc}(i-D) \qquad -P\leqslant i\leqslant P \tag{2.3-11}$$

其中 $\text{SNR}=\sigma_s^2/\sigma_n^2$ 为信噪比。在滤波器收敛的条件下，LMSTDE 的时延估计 $\hat{D}_w(k)$ 可以直接利用 $\{w_i(k)\}$ 进行差值而得到[20, 28]，即

$$\hat{D}_w(k)=\arg\max_t\{\psi(t)\} \tag{2.3-12}$$

其中

$$\psi(t)=\sum_{i=-P}^{P}w_i(k)\text{sinc}(t-i) \tag{2.3-13}$$

注意到，$\psi(t)$ 表示了 $\{w_i(k)\}$ 的连续时间形式，这是由于它是 $\{w_i(k)\}$ 和 $\text{sinc}(t)$ 的卷积，其中 $\text{sinc}(t)$ 为理想低通滤波器的脉冲响应，且带宽是 0.5。

2.3.1.2 估计方差

由于滤波器阶数为有限值，故 $\psi(t)$ 的期望值可能不会准确地出现在 $t=D$。利用式(2.3-11)和式(2.3-12)，延迟估计实际上可以通过求解下面的方程来获得

$$\frac{\mathrm{d}}{\mathrm{d}t}\sum_{i=-P}^{P}w_i^o\ \text{sinc}(t-i)=0 \quad\Rightarrow\quad \sum_{i=-P}^{P}\text{sinc}(t-i)f(t-i)=0 \tag{2.3-14}$$

其中

$$f(v)=\frac{\cos(\pi v)-\text{sinc}(v)}{v} \tag{2.3-15}$$

该延迟建模的误差在文献[28]中对不同的 D 和 P 值进行了检查，结果表明在滤波器长度足够长的条件下，关于 D 的偏差可以忽略。例如，给定 $D\in(0, 0.5)$，当 $P=5$ 时，最大可能误差大约为 8.2%，当滤波器长度增加到 21 时，该误差将下降到原来的 4%。

当滤波器达到稳态时，延迟估计的方差 $\text{Var}(\hat{D}_w)$ 可以表示为[29]

$$\begin{aligned}\text{Var}(\hat{D}_w)&\overset{\text{def}}{=}\lim_{k\to\infty}E\{(\hat{D}_w(k)-D)^2\}\\&=\left.\frac{(1+\text{SNR}^2)\sum_{i=-P}^{P}\text{Var}(w_i)\text{sinc}'^2(i-t)}{\text{SNR}^2\left(\sum_{i=-P}^{P}\text{sinc}'^2(i-D)\text{sinc}''^2(i-D)\right)^2}\right|_{t=D}\end{aligned} \tag{2.3-16}$$

其中符号 $(\cdot)'$ 和 $(\cdot)''$ 分别表示一阶和二阶导数，而 $\text{Var}(w_i)$ 为滤波器权系数 $w_i(k)$ 的方差。定义

$$\eta=\sum_{i=-P}^{P}\text{sinc}'^2(i-D)\text{sinc}''^2(i-D)\ \big|_{t=D} \tag{2.3-17}$$

利用罗必塔(L' Hospital)准则，η 可以按照式(2.3-18)进行估计

$$\eta = \sum_{i=-P}^{P} \text{sinc}(i-D)\left(\frac{2\ \text{sinc}(i-D) - 2\ \cos(\pi(i-D)) - \pi(i-D)\sin(\pi(i-D))}{(i-D)^2}\right)$$
$$= \lim_{\Delta\to 0} \frac{2\ \text{sinc}(\Delta) - 2\ \cos(\pi\Delta) - \pi\Delta\ \sin(\pi\Delta)}{\Delta^2}$$
$$= \lim_{\Delta\to 0}\left[\frac{2\ \text{sinc}(\Delta)}{\pi\Delta^3} - \frac{2\ \cos(\pi\Delta) + \pi\Delta\ \sin(\pi\Delta)}{\Delta^2}\right]$$
$$= -\frac{\pi^2}{3} \tag{2.3-18}$$

而且，根据文献[27，30]，可得

$$\sum_{i=-\infty}^{\infty} \text{sinc}'^2(i-t)\Big|_{t=D} = \sum_{i=-\infty}^{\infty} f^2(i-D) = \frac{\pi^2}{3} \tag{2.3-19}$$

当 D 为整数值时，有

$$\text{Var}(w_i) = \mu_w\sigma_n^2\left(1 + \frac{\text{SNR}}{1+\text{SNR}}\right) \tag{2.3-20}$$

因此，式(2.3-16)可以简化为

$$\text{Var}(\hat{D}_w) \approx \frac{3\mu_w\sigma_n^2(1+2\text{SNR})(1+\text{SNR})}{\pi^2\text{SNR}^2} \tag{2.3-21}$$

因此，对于高和低 SNR 的情况，可得

$$\text{Var}(\hat{D})_w = \begin{cases} \dfrac{6\mu_w\sigma_n^2}{\pi^2} & \text{SNR} \gg 1 \\[2ex] \dfrac{3\mu_w\sigma_n^2}{\pi^2\text{SNR}^2} & \text{SNR} \ll 1 \end{cases} \tag{2.3-22}$$

2.3.1.3　虚峰加权发生的概率

从式(2.3-12)可以看出，$\hat{D}_w(k)$的取值主要由滤波器权矢量具有最大幅度的位置决定。如果令 $w_L(k)$，$L\in[-P, P]$为最大的滤波器节拍，则 L 实际上已经给出了延迟估计的四舍五入整数值。然而，由于式(2.3-5)中的噪声化梯度(Noisy Gradients)影响，理想的峰值加权将不会出现在每次迭代的准确位置上。当 D 为一个整数时，虚峰(False Peak)发生的概率 $P(e)$则由下式给出[31]

$$P(e) = 1 - \frac{1}{\sqrt{2\pi\mu_w\sigma_n^2}}\int_{-\infty}^{\infty}\prod_{i\neq D} Q\left(\frac{E\{w_D(k)\} - E\{w_i(k)\} + x}{\sqrt{\mu_w\sigma_n^2}}\right)\exp\left(-\frac{x^2}{2\pi\mu_w\sigma_n^2}\right)\text{d}x \tag{2.3-23}$$

其中

$$Q(v) = \frac{1}{\sqrt{2\pi}}\int_{-\infty}^{\infty}\exp\left(-\frac{x^2}{2}\right)\text{d}x \tag{2.3-24}$$

利用式(2.3-9)并设置所有$\{w_i(0)\}$为零，则 $P(e)$将随着 I 的增加而减小[31]，其中 I 的定义如下：

$$I = \frac{\text{SNR}}{1+\text{SNR}}\,\frac{1-(1-2\mu_w\sigma_n^2(1+\text{SNR}))^k}{\sqrt{\mu_w\sigma_n^2}} \tag{2.3-25}$$

显然，当 SNR 比较小时，I 的值随着 k 和 SNR 的增加而增加，而随着 μ_w 的增加而减小。

2.3.1.4 LMSTDE 算法的改进

为了提高 LMSTDE 算法的性能，Youn 等人对式(2.3-5)进行了改进[32,33]，即利用时变收敛参数 $\mu_w(k)$ 代替了其中的 μ_w，而且具有如下形式：

$$\mu_w(k) = \frac{1-\gamma}{2\hat{\sigma}_x^2(k)} \tag{2.3-26}$$

其中 γ 为平滑因子(Smoothing Factor)，并在 0～1 之间进行取值。参数 $\hat{\sigma}_x^2(k)$ 为 $x(k)$ 方差的估计值，而且具有如下的更新方程：

$$\hat{\sigma}_x^2(k) = \gamma\hat{\sigma}_x^2(k-1) + (1-\gamma)x^2(k) \tag{2.3-27}$$

当 $x(k)$ 为平稳过程时，$\hat{\sigma}_x^2(k)$ 将接近其稳态时的理想值($\sigma_s^2+\sigma_n^2$)。利用 $\hat{\sigma}_x^2(k)$ 的最优值，将式(2.3-26)代入式(2.3-9)中，则滤波器系数的学习轨迹(Learning Trajectory)将变为

$$E\{w_i(k)\} = \frac{\sigma_s^2}{\sigma_s^2+\sigma_n^2}\mathrm{sinc}(i-D)(1-\gamma^k) + w_i(0)\gamma^k \qquad |i| \leqslant P \tag{2.3-28}$$

改进算法的一个主要优点是 $\{w_i(k)\}$ 的收敛速率将仅由预先定义的参数 γ 控制，并且不受预先很难获知的 $x(k)$ 功率影响。

从式(2.3-6)可以看出，一个带限信号的延迟形式可以利用该信号和一个 sinc(·)函数的卷积来表示。利用该特性，Ching 和 Chan 提出了一种新的约束自适应时延估计(Constrained Adaptive Time Delay Estimation，CATDE)算法[34]，它通过约束 FIR 滤波器的系数必须为 sinc(·)函数的采样来建模估计延迟。该算法大大简化了 LMSTDE 算法，这是因为此时仅仅只有 $w_L(k)$ 在每次迭代需要时根据式(2.3-3)进行自适应更新。如果将该算法的延迟估计标记为 $\hat{D}_c(k)$，则与 $w_L(k)$ 之间的关系将由下式唯一确定：

$$w_L(k) = \mathrm{sinc}(L-\hat{D}_c(k)) \tag{2.3-29}$$

而其他滤波器加权系数的取值将由 $w_i(k)=\mathrm{sinc}(i-\hat{D}_c(k))$ 给出，而且很容易利用查表方法(Table Lookup Operation)获得。因此，计算量大大降低，并且不需要滤波器权系数的内插处理，同时发现通过对权系数强加该条件，其 TDE 处理在高 SNR 环境下具有较快的收敛速度[34]。

2.3.2 自适应数字时延跟踪识别算法

对于自适应数字时延跟踪识别(ADDLD)算法[35]，其延迟单元为 $z^{-\lfloor\hat{D}_d(k)\rfloor}$，其中 $\lfloor\hat{D}_d(k)\rfloor$ 为一整数，即表示在瞬时 k 时刻时延 D 的估计值，该延迟单元的主要功能是用于对 $x(k)$ 进行时延 $\lfloor\hat{D}_d(k)\rfloor$。而系统的误差函数(Error Function) $e(k)$ 可以表示为

$$e(k) = y(k) - x(k-\lfloor\hat{D}_d(k)\rfloor) \tag{2.3-30}$$

该时延估计算法的基本思想是通过自适应调节变化的时延估计来使均方值 $E\{e^2(k)\}$ 最小。

ADDLD 的最优算法具有如下形式：

$$\hat{D}_d(k+1) = \hat{D}_d(k) - \mu_d \nabla_k \tag{2.3-31}$$

其中 $\hat{D}_d(k)$ 为一连续变量，其四舍五入后的整数值等于 $\lfloor\hat{D}_d(k)\rfloor$，而 μ_d 为相应的收敛因子。与 Widrow 提出的自适应算法相似[26,27]，∇_k 定义为 $E\{e^2(k)\}$ 相对于延迟估计 $\hat{D}_d(k)$ 的统计梯度(Stochastic Gradient)，即

$$\nabla_k = \frac{\partial e^2(k)}{\partial \hat{D}_d(k)} = -2e(k)\frac{\partial x(k-\hat{D}_d(k))}{\partial \hat{D}_d(k)} \tag{2.3-32}$$

在文献[35]中，利用了对称差分(Symmetric Difference)来近似 $x(k-\hat{D}_d(k))$ 相对于延迟估计的微分。因此，式(2.3-31)可以简化为

$$\hat{D}_d(k+1) = \hat{D}_d(k) - \mu_d e(k)[x(k-\lfloor\hat{D}_d(k)\rfloor-1) - x(k-\lfloor\hat{D}_d(k)\rfloor+1)] \tag{2.3-33}$$

当采样间隔趋近于零时，则该算法的梯度估计将是无偏的[35]。换句话说，它的期望值将等于 $E\{\nabla_k\}$。而且其中的收敛因子具有如下的稳态取值范围[35]：

$$0 < \mu_d < \frac{1}{10\sigma_s^2} \tag{2.3-34}$$

尽管 ADDLD 的计算复杂性(Computational Complexity)相比于 LMSTDE 更加简单，但是也存在如下两条限制。首先，如果 D 不是采样周期的整数倍，则该算法不能给出 D 的精确估计值；其次，$E\{e^2(k)\}$ 的性能曲面(Performance Surface)是多峰分布的。利用式(2.3-1)、式(2.3-2)和式(2.3-30)，$E\{e^2(k)\}$ 的连续性表达形式为[36]

$$E\{e^2(k)\} = 2\sigma_s^2(1-\mathrm{sinc}(\hat{D}_d - D)) + 2\sigma_n^2 \tag{2.3-35}$$

其中为了方便，将延迟估计的时间序号 k 省略了。式(2.3-35)的示意图如图 2.3-1 所示。显然，全局最小(Global Minimum)出现在 $\hat{D}_d=D$，而且具有两个局部最大值(Local Maxima)分别出现在靠近 $\hat{D}_d=D+1.45$ 和 $\hat{D}_d=D-1.45$ 的位置处。因此，为了保证 ADDLD 算法的全局收敛(Global Convergence)，$\hat{D}_d$ 应该满足

$$D-1.45 \leqslant \hat{D}_d \leqslant D+1.45 \tag{2.3-36}$$

该式表示，为了实现精确的时延估计，$\hat{D}_d$ 应该足够接近 D。为此，最好利用其他已知方法的估计结果进行时延估计的初始化，如互相关方法等[37, 38]。

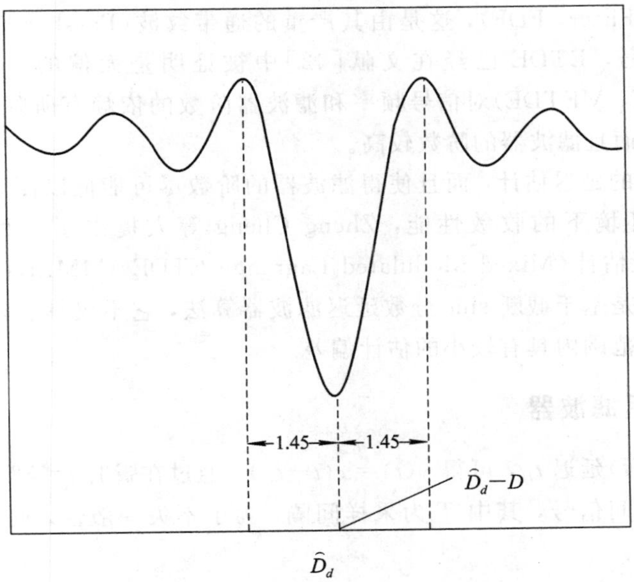

图 2.3-1　ADDLD 算法的性能曲线

2.4 精确时延估计

空间分离传感器接收信号的时延估计(Time Delay Estimation, TDE)广泛应用于通信系统的同步(Synchronization of Communication System)、目标定位和跟踪(Location and Tracking),以及雷达声纳测距(Radar and Sonar Ranging)等[39]。然而时延估计的分辨率受限于采样间隔 T,当要求较高的延迟分辨率和可能的时变(Time Varying)时,尤其对于相干解调(Coherence Demodulation),在线插值(Online Interpolation)处理是必须的。如果令 x 为感兴趣的信号,则有

$$x(k) = s(k) + \theta(k) \tag{2.4-1}$$

$$y(k) = s(k-D) + \phi(k) \tag{2.4-2}$$

其中 k 为时间序号,$s(k)=A(k)\mathrm{e}^{\mathrm{j}\omega_0 k}$ 为具有中心频率 ω_0 的原始窄带信号,D 为经过采样间隔归一化后的时延,$\theta(k)$ 和 $\phi(k)$ 为测量过程中的平稳零均值复高斯噪声。

而主要的任务就是尽可能快速地估计并跟踪 $x(k)$ 和 $y(k)$ 之间的延迟 D。这意味着算法必须具有中等的计算周期而且能够实时实现。众所周知,基于最小均方(Least Mean Square, LMS)算法的准确时延估计器(Explicit Time Delay Estimator, ETDE)是非常具有吸引力的[40],这是因为时延估计 $\hat{D}(k)$ 非常清晰地利用迭代自适应处理过程中的滤波器系数进行参数化描述。ETDE 算法非常相似于传统的自适应系统辨识算法(Adaptive System Identification Algorithms),而且延迟估计已经被证明在宽带白噪声信号条件下是无偏的[40],如同文献[39]中所述,对于窄带信号,ETDE 实际上距离最优较远,而且其性能严重依赖于信号频率和滤波器阶数。这是因为 ETDE 已经被证明是一个弱分数延迟滤波器(Fractional Delay Filter, FDF),这是由其严重的通带纹波(Passband Ripple)引起的[41]。而且对于宽带信号,ETDE 已经在文献[42]中被证明是无偏的。尽管调制的 ETDE (Modulated ETDE, METDE)对信号频率和滤波器阶数的依赖有所降低[43],但是延迟估计仍然是有偏的,而且滤波器的阶数较高。

为了实现无偏的延迟估计,而且使得滤波器的阶数尽可能低以便于工程上容易实现,同时改善非平稳环境下的收敛性能,Zheng Cheng 等人提出了一种所谓的混合调制 Lagrange 准确时延估计(Mixed Modulated Lagrange ETDE, MMLETDE)算法[44],该时延估计自适应处理是基于截断 sinc 分数延迟滤波器算法,它不仅具有较小的滤波器阶数,而且在较宽的频率范围内具有较小的估计偏差。

2.4.1 分数延迟滤波器

假设将信号 $x(t)$ 延迟 t_D,可得 $y(t)=x(t-t_D)$。通过在瞬时 $t=kT$ 进行采样将这两个信号转化为离散时间信号,其中 T 为采样间隔,为了不失一般性,此处将其假设为单位值,故可得

$$y(k) = x(k-D) = \sum_{n=-\infty}^{\infty} h_{id}(n)x(k-n) \tag{2.4-3}$$

其中 D 为正实数,并且可以被分解为一个整数部分和分数部分,即

$$D = \text{int}(D) + d = \frac{t_D}{T} \tag{2.4-4}$$

当 D 取值为非整数时，可以利用带限内插(Band-limited Interpolation)的方法来近似 $y(k)$，该近似值存在于两个样本 $x(k-I\ \text{int}(D))$ 和 $x(k-I\ \text{int}(D)-1)$ 之间。式(2.4-4)中的 d 为离散信号的分数延迟项(Fractional Delay)。式(2.4-3)的级数表示就是所谓的理想分数延迟滤波器(Fractional Delay Filter，FDF)，其滤波器系数为[41]

$$h_{\text{id}}(n) = \text{sinc}(n-D), \qquad -\infty < n < \infty \tag{2.4-5}$$

式(2.4-3)定义的理想无限长 FDF 是不可实现的，因此，必须寻找与其理想解接近的近似解。最简单的方法就是截断式(2.4-3)中的无限求和项为一个项数为($N+1$)的有限和。显然，近似误差将随着滤波器阶数的增加而增加。而且，当总的延迟 D 取在式(2.4-5)所描述的理想脉冲响应的重心位置时，截断误差将达到其最小值[41]。此时，式(2.4-3)可近似为

$$y(k) \cong \sum_{n=-M_1}^{M_2} h'_{\text{id}}(n)x(k-n) \tag{2.4-6}$$

其中

$$h'_{\text{id}}(n) = \text{sinc}(n-\widetilde{D}) \qquad -M_1 \leqslant n \leqslant M_2 \tag{2.4-7}$$

其中，当 N 为偶整数时，$M_1 = N/2$，$M_2 = M_1$，而当 $N \geqslant 1$ 为奇数时，$M_1 = (N-1)/2$，$M_2 = (N+1)/2$。$\widetilde{D} = D - \text{round}(D)$ 位于区间(−0.5, 0.5)，即为所谓的子采样(Subsample)或分数延迟(Fractional Delay)，round(·)表示取最接近的整数操作。

对于 ETDE，利用估计值 $\hat{D}(k)$ 代替式(2.4-7)中的 $\widetilde{D}(k)$，同时利用 $\text{sinc}(n-\hat{D}(k))$ 代替式(2.4-6)中的滤波器系数。其中 $\{\hat{D}(k)\}$ 可以通过瞬时平方误差 $|e(k)|^2$ 的梯度下降法来求解其全局最小来获得。因此，ETDE 的最小均方(LMS)算法可以总结如下：

$$e(k) = y(k) - \sum_{n=-M_1}^{M_2} \text{sinc}(v)x(k-n) \tag{2.4-8}$$

$$v = n - \hat{D}(k) \tag{2.4-9}$$

$$\hat{D}(k+1) = \hat{D}(k) - 2\mu e(k) \sum_{n=-M_1}^{M_2} f(v)x(k-n) \tag{2.4-10}$$

$$f(v) = \frac{\partial\ \text{sinc}(v)}{\partial \hat{D}(k)} = -\frac{\cos(\pi v) - \text{sinc}(v)}{v} \tag{2.4-11}$$

式中，函数 $f(v)$ 为滤波器系数关于时间延迟估计 $\hat{D}(k)$ 的梯度。为了后面的参考，称 $f(v)$ 为系数自适应因子(Cofficient Adaptive Factor，CAF)。在调制 ETDE(Modulated ETDE，METDE)中[43]，式(2.4-9)中的滤波器系数通过乘以 $\exp(\text{j}\omega(n-\hat{D}(k)))$ 进行了修改。

2.4.2 Lagrange 内插 FIR 滤波器

Hermanowicz 发现，截断有限脉冲响应(FIR)延迟器在 $\omega = \omega_0$ 处的最大平坦程度与 Lagrange 内插器等价[45]。N 阶 Lagrange 内插器的系数为

$$h^0_{\hat{D}(k)}(n) = \prod_{\substack{i=-M_1 \\ i \neq n}}^{M_2} \frac{\hat{D} - i}{n - i} \tag{2.4-12}$$

其中 $\hat{D}$ 位于区间(−0.5, 0.5)，而 M_1、M_2 的定义与式(2.4-7)一致。在式(2.4-11)中，$h_{\hat{D}}^{0}(n)$的上标主要用来强调最大的平坦处位于 $\omega_0=0$ 处。通过乘以一复调制信号，该最大的平坦区域可以被平移到另一频率 ω_0 处[45]。因此，调制后的系数为

$$h_{\hat{D}(k)}(n) = e^{j\omega_0(n-\hat{D}(k))} h_{\hat{D}(k)}^{0}(n) \tag{2.4-13}$$

综上所述，将调制 Lagrange 内插 FDF 结合进 ETDE 的算法[42]，简称为 MLETDE，可以总结如下[43]：

$$e(k) = y(k) - \sum_{n=-M_1}^{M_2} h_{\hat{D}(k)}(n)x(k-n) \tag{2.4-14}$$

$$\hat{D}(k+1) = \hat{D}(k) - 2\mu \mathrm{Re}\left\{e^{*}(k)\sum_{n=-M_1}^{M_2} f(n, \hat{D}(k))x(k-n)\right\} \tag{2.4-15}$$

$$f(n, \hat{D}(k)) = \frac{\partial h_{\hat{D}(k)}(n)}{\partial \hat{D}(k)} = e^{j\omega_0(n-\hat{D}(k))}\left[f^{0}(n, \hat{D}(k)) - j\omega_0 h_{\hat{D}(k)}^{0}(n)\right] \tag{2.4-16}$$

$$f^{0}(n, \hat{D}(k)) = \frac{\partial h_{\hat{D}(k)}^{0}(n)}{\partial \hat{D}(k)} \tag{2.4-17}$$

其中 $f^{0}(n, \hat{D}(k))$为 Lagrange FDF 中的 CAF。

通过仿真可以发现，文献[43]中的 MLETDE 只有当信号中心频率在一有限范围内时才可以获得精确的时延估计，而且该信号频率范围与滤波器的阶数有关。为了改善该估计器的性能，可以利用所谓的最大调制 Lagrange 准确时延估计(MMLETDE)算法实现。该算法的每一次迭代误差仍然由式(2.4-14)给出，但是 $\hat{D}(k)$的更新方程(Updating Equation)为

$$\hat{D}(k+1) = \hat{D}(k) - 2\mu \mathrm{Re}\left\{e^{*}(k)\sum_{n=-M_1}^{M_2} g(n-\hat{D}(k))x(k-n)\right\} \tag{2.4-18}$$

其中

$$g(n-\hat{D}(k)) = g(v) = e^{j\omega_0 v}\left[f(v) - j\omega_0 \operatorname{sinc}(v)\right] \tag{2.4-19}$$

式中 $f(v)$由式(2.4-11)给出。通过仿真结果发现，MMLETDE 的滤波器阶数可以低到 $N=1$。

这意味着在延迟估计自适应过程中，Lagrange FDF 的 CAF 是由式(2.4-11)定义的截断 sinc FDF 的 CAF 所替换。而且该算法可以在很宽的频率范围内获得精确的时延估计。

为了推导和分析该算法的实现，将前面定义的理想离散延迟系统重新描述如下，即

$$y(k) = x(k-D) = \sum_{n=-\infty}^{\infty} h_{\mathrm{id}}(n)x(k-n) \tag{2.4-20}$$

如果令

$$x(k) = x'(k)e^{j\omega_0 k} \quad 或 \quad x(k) = x(k)e^{-j\omega_0 k} \tag{2.4-21}$$

则有

$$x(k-D) = x'(k-D)e^{j\omega_0(k-D)} \tag{2.4-22}$$

其中

$$x'(k-D) = \sum_{n=-\infty}^{\infty} h_{\mathrm{id}}(n)x'(k-n) \tag{2.4-23}$$

将式(2.4-23)代入式(2.4-22)可得

$$x(k-D)=y(k)=\sum_{n=-\infty}^{\infty}h_{\mathrm{id}}(n)[x'(k-n)\mathrm{e}^{\mathrm{j}\omega_0(k-n)}]\mathrm{e}^{\mathrm{j}\omega_0(n-D)} \tag{2.4-24}$$

然而在式(2.4-24)中，由于 $x'(k-n)\mathrm{e}^{\mathrm{j}\omega_0(k-n)}=x(k-n)$，故可得

$$y(k)=\sum_{n=-\infty}^{\infty}h_{\mathrm{id}}(n)\mathrm{e}^{\mathrm{j}\omega_0(n-D)}x(k-n) \tag{2.4-25}$$

根据前面一节相同的理由，将上面中的所有延迟 D 置于 $h_{\mathrm{id}}(n)$的重心。故有

$$y(k)=\sum_{n=-\infty}^{\infty}\mathrm{sinc}(n-\widetilde{D})\mathrm{e}^{\mathrm{j}\omega_0(n-\widetilde{D})}x(k-n) \tag{2.4-26}$$

延迟估计更新方程为

$$\begin{aligned}\hat{D}(k+1)&=\hat{D}(k)-\mu\frac{\partial(e^*(k)e(k))}{\partial\hat{D}(k)}\\&=\hat{D}(k)-2\mu\mathrm{Re}\left\{e^*(k)\frac{\partial e(k)}{\partial\hat{D}(k)}\right\}\end{aligned} \tag{2.4-27}$$

现在考虑对$\partial e(k)/\partial\hat{D}(k)$进行近似。经过粗略的估计，延迟估计 $\hat{D}(k)$接近真实的延迟 $\widetilde{D}$，且有

$$y(k)\approx\sum_{n=-M_1}^{M_2}\mathrm{sinc}(v)\mathrm{e}^{\mathrm{j}\omega_0 v}x(k-n) \tag{2.4-28}$$

故 Lagrange FDF 中的误差为

$$e(k)\approx\sum_{n=-M_1}^{M_2}[\mathrm{sinc}(v)-h^0_{\hat{D}(k)}(n)]\mathrm{e}^{\mathrm{j}\omega_0 v}x(k-n) \tag{2.4-29}$$

现在将 $\mathrm{sinc}(v)$和 $h^0_{\hat{D}(k)}(n)$利用 $\hat{D}(k)$的多项式形式来表示。首先将 $\mathrm{sinc}(v)$利用泰勒级数在 $\sin(\pi(n-\hat{D}(k)))$处展开为

$$\begin{aligned}\mathrm{sinc}(v)&=\frac{1}{\pi v}\sin(\pi v)\\&=\frac{1}{\pi v}\left\{\pi v-\frac{(\pi v)^3}{3!}+\cdots+(-1)^{m-1}\frac{(\pi v)^{2m-1}}{(2m-1)!}+\mathrm{Re}m\right\}\end{aligned} \tag{2.4-30}$$

其中

$$\mathrm{Re}m=\frac{(\pi v)^{2m+1}}{(2m+1)!}\sin\left(\delta v\pi+\frac{2m+1}{2}\pi\right)\qquad 0<\delta<1,\qquad -\infty<v<\infty \tag{2.4-31}$$

对于任意小的 $\varepsilon>0$，存在一整数 m 满足

$$\left|\frac{\mathrm{Re}m}{\pi v}\right|<\varepsilon \tag{2.4-32}$$

因此，可以只保留式(2.4-30)中的前 $m-1$ 项。现在，通过展开 v 的幂，并整合像 $\hat{D}(k)$幂的项，可以将 $\mathrm{sinc}(n-\hat{D}(k))$表示为 $\hat{D}(k)$的多项式形式，即

$$\mathrm{sinc}(n-\hat{D}(k))=\sum_{i=0}^{2m-2}a_i\hat{D}(k)^i \tag{2.4-33}$$

当然，式(2.4-33)中的系数 a_i 可以算出，但是此处并不需要准确的 a_i 表达式。在文献[39]中给出了式(2.4-12)定义的 Lagrange 系数 $h^0_{\hat{D}(k)}(n)$基于 $\hat{D}(k)$的多项式形式，其阶数 $N=M_1+M_2$，即

$$h_{\hat{D}(k)}^{0}(n)=\sum_{i=0}^{N}b_i\hat{D}(k)^i \tag{2.4-34}$$

同样，此处也不需要该式中 b_i 的准确表达式。如果假设 $N<2m-2$，并利用 Landau 符号 O 和 $\mathrm{sinc}(n-\hat{D}(k))$的阶数表示 $h_{\hat{D}(k)}^{0}(n)$[46]，可得如下结论

$$\begin{aligned}\mathrm{sinc}(n-\hat{D}(k))-h_{\hat{D}(k)}^{0}(n)&=\sum_{i=0}^{2m-2}a_i\hat{D}(k)^i-\sum_{i=0}^{N}b_i\hat{D}(k)^i\\&=\sum_{i=0}^{2m-2}a_i\hat{D}(k)^i-\sum_{i=0}^{N}\frac{b_ia_i}{a_i}\hat{D}(k)^i\\&=\sum_{i=0}^{2m-2}O(a_i\hat{D}(k)^i)-\sum_{i=0}^{N}O(a_i\hat{D}(k)^i)\\&=O\Big(\sum_{i=0}^{2m-2}a_i\hat{D}(k)^i\Big)\\&=O(\mathrm{sinc}(n-\hat{D}(k)))\end{aligned} \tag{2.4-35}$$

因此，可以得到 $e(k)$的一个新表达式

$$\begin{aligned}e(k)&=\sum_{n=-M_1}^{M_2}O(\mathrm{sinc}(n-\hat{D}(k)))\mathrm{e}^{\mathrm{j}\omega_0(n-\hat{D}(k))}x(k-n)\\&=O\Big(\sum_{n=-M_1}^{M_2}\mathrm{sinc}(n-\hat{D}(k))\mathrm{e}^{\mathrm{j}\omega_0(n-\hat{D}(k))}x(k-n)\Big)\end{aligned} \tag{2.4-36}$$

将式(2.4-36)代入式(2.4-27)来近似$\partial e(k)/\partial\hat{D}(k)$，可得

$$\begin{aligned}\hat{D}(k+1)&=\hat{D}(k)-2\mu\mathrm{Re}\Big\{e^*(k)O\Big(\sum_{n=-M_1}^{M_2}g(n-\hat{D}(k))x(k-n)\Big)\Big\}\\&=\hat{D}(k)-2\mu O\Big(\mathrm{Re}\Big\{e^*(k)\sum_{n=-M_1}^{M_2}g(n-\hat{D}(k))x(k-n)\Big\}\Big)\end{aligned} \tag{2.4-37}$$

其中

$$g(n-\hat{D}(k))=\mathrm{e}^{\mathrm{j}\omega_0 v}(f(v)-\mathrm{j}\omega_0\,\mathrm{sinc}(v)),\qquad v=n-\hat{D}(k) \tag{2.4-38}$$

而且

$$f(v)=\frac{\partial\,\mathrm{sinc}(v)}{\partial\hat{D}(k)} \tag{2.4-39}$$

利用一个新的 μ 代替式(2.4-37)中的$+2\mu O$，即可得式(2.4-18)和式(2.4-19)。

2.4.3　算法收敛性分析

考虑一已知载频 ω_0 的窄带信号 $s(t)=A(k)\mathrm{e}^{\mathrm{j}\omega_0 k}$，将式(2.4-1)代入式(2.4-14)中，可得

$$e(k)=s(k-D)+\phi(k)-\sum_{n=-M_1}^{M_2}h_{\hat{D}(k)}(n)s(k-n)-\sum_{n=-M_1}^{M_2}h_{\hat{D}(k)}(n)\theta(k-n) \tag{2.4-40}$$

则根据式(2.4-40)的第三项可得窄带信号的调制 Lagrange 内插表达式为

$$\sum_{n=-M_1}^{M_2} h_{\hat{D}(k)}(n)A(k-n)\mathrm{e}^{\mathrm{j}\omega_0(k-n)} = \sum_{n=-M_1}^{M_2} h^0_{\hat{D}(k)}(n)\mathrm{e}^{\mathrm{j}\omega_0(n-\hat{D}(k))}\mathrm{e}^{\mathrm{j}\omega_0(k-n)}A(k-n)$$
$$= \mathrm{e}^{\mathrm{j}\omega_0(k-\hat{D}(k))}\sum_{n=-M_1}^{M_2} h^0_{\hat{D}(k)}(n)A(k-n)$$
$$\approx \mathrm{e}^{\mathrm{j}\omega_0(k-\hat{D}(k))}A(k-\hat{D}(k))$$
$$\approx s(k-\hat{D}(k)) \tag{2.4-41}$$

在式(2.4-41)的推导过程中，利用了近似式 $\sum_{n=-M_1}^{M_2} h^0_{\hat{D}(k)}(n)A(k-n) = A(k-\hat{D}(k))$。当 $A(k)$ 为常数时，该近似将不受误差的影响，这是因为 Lagrange 内插的剩余部分或截断误差为 $A(k)$ 的 $N+1$ 阶导数的函数，等于零[47]。当窄带信号的 $A(k)$ 缓慢变化时，假定该近似值几乎不受误差的影响。

但是，对于宽带噪声 $\theta(k)$，不能这样近似，所以，必须保留 Lagrange 内插来表示式(2.4-40)中的 $\theta(k)$ 延迟形式。为了简单起见，利用 ω 表示 ω_0。

在文献[44]的附录 B 中，证明了下面的收敛公式：

$$E\{\hat{D}(k+1)-D\} = E\{\hat{D}(k)-D\}(1+2\mu\sigma_s^2\omega^2) \tag{2.4-42}$$

经过 k 次迭代，利用上式可得

$$E\{\hat{D}(k)\} = D+(\hat{D}(0)-D)(1+2\mu\sigma_s^2\omega^2)^k \tag{2.4-43}$$

从式(2.4-43)可以看出，条件 $0<1+2\mu\sigma_s^2\sigma^2<1$ 满足，当 k 趋于无穷大时，$E\{\hat{D}(k)\}$将收敛到准确的时延。该结果隐含着步长应该满足下面的条件：

$$-\frac{1}{2\sigma_s^2\omega^2}<\mu<0 \tag{2.4-44}$$

下面通过计算均方延迟误差 $\varepsilon(k)$的收敛方程来讨论时延估计 $\hat{D}(k)$的方差，由于

$$\varepsilon(k) = E\{(D-\hat{D}(k))^2\} = E\{\hat{D}^2(k)\}-2DE\{\hat{D}(k)\}+D^2 \tag{2.4-45}$$

同样在文献[44]的附录 C 中，证明了 $\varepsilon(k)$的学习特性(Learning Characteristics)如下：

$$\varepsilon(k) = C^k(\hat{D}(0)-D)^2+B\frac{1-C^k}{1-C} \tag{2.4-46}$$

$$C = 1+4\mu\sigma_s^2\omega^2+2\mu^2\left(2\sigma_s^4\omega^4+\frac{\sigma_s^2\sigma_n^2\omega^2\pi^2}{3}\right) \tag{2.4-47}$$

$$B = 2\mu^2\left\{-\sigma_n^4\omega^2+\left[\sigma_n^4\left(\frac{\pi^2}{3}+\omega^2\right)+\sigma_n^2\sigma_s^2\omega^2\right](1+E(G))\right\} \tag{2.4-48}$$

其中 $G=\sum_p[h^0_{\hat{D}(k)}(p)]^2$。

故算法收敛的充分条件可以通过式(2.4-44)和式(2.4-46)中的 $0<C<1$ 来得到。则新的收敛条件为

$$\max\left\{-\frac{1}{\sigma_s^2\omega^2+\sigma_n^2\pi^2/6},\quad -\frac{1}{2\sigma_s^2\omega^2}\right\}<\mu<0 \tag{2.4-49}$$

而且，延迟估计的均方误差在稳态时等于延迟方差 $\mathrm{Var}(\hat{D})$，即

$$\mathrm{Var}(\hat{D}) = \varepsilon(k) \underset{k\to\infty}{=} \frac{B}{1-C} \tag{2.4-50}$$

将式(2.4-47)和式(2.4-48)代入式(2.4-50)，归一化信号功率 $\sigma_s^2=1$，而且假设 SNR=

$\sigma_s^2/\sigma_n^2 \gg 1$，因此，忽略式(2.4-48)中包含 σ_n^4 的所有项，可得

$$\mathrm{Var}(\hat{D}) = \frac{\mu\sigma_n^2\sigma_s^2\omega^2(1+E(G))}{-2\sigma_s^2\omega^2-\mu(2\sigma_s^4\omega^4+\sigma_n^2\sigma_s^2\omega^2\pi^2/3)} \tag{2.4-51}$$

而且，由于 μ 相比于信号功率为非常小的数值，故可得

$$\mathrm{Var}(\hat{D}) \approx \frac{\mu(1+E(G))}{-2/\sigma_n^2} \approx \frac{-\mu(1+O(1))}{2\mathrm{SNR}} \tag{2.4-52}$$

其中，有 $E(G)=O(1)$。该结果的获得是因为已知 $\hat{D}(k)$ 为一整数，$G=1$，并且只有一个系数等于 1，而其他的都等于零[48]。当 $\hat{D}(k)$ 不为整数时，不会知道 G 的精确值，但是可以猜想 G 为 1 的倍数。

2.4.4 仿真分析

下面通过仿真试验分析混合调制 Lagrange ETDE(Mixed Modulated Lagrange ETDE, MMLETDE)、准确时延估计(Explicit Time Delay Estimator, ETDE)、调制 ETDE (Modulated ETDE, METDE)、调制 Lagrange 内插 FDFETDE(Modeulated Lagrange Interpolation FDF ETDE, MLIFDFETDE)、Lagrange ETDE(LETDE)算法的性能。其中分别选择单音正弦信号和具有平坦频谱带限信号的两种类型信号源进行试验，$\theta(k)$ 和 $\phi(k)$ 分别为不相关的零均值高斯随机变量。两个输出信号 $x(k)$ 和 $y(k)$ 的信噪比(SNR)分别设置成相同数值。带通信号的产生是通过对一个离散时间白噪声进行滤波并通过对滤波后的信号在不同的时间偏移下采样实现的，这样即可得到源信号和它的延迟形式，其中，带通信号的带宽在(0→π)范围内进行变化。

图 2.4-1(a)给出了 MMLETDE 在 $N=2$ 时的收敛特性。试验信号为单音正弦信号，其频率分别为 0.3π、0.5π、0.7π 和 0.9π，信噪比 SNR 设置为 20 dB，步长设置为 $\mu=0.0003$。从图中可以看出，仿真结果与理论分析相一致。对照式(2.4-43)可以看出，信号频率 ω 与步长同时出现在相同项中，因此，MMLETDE 的收敛速度受信号频率的影响，即频率越大，收敛越快。

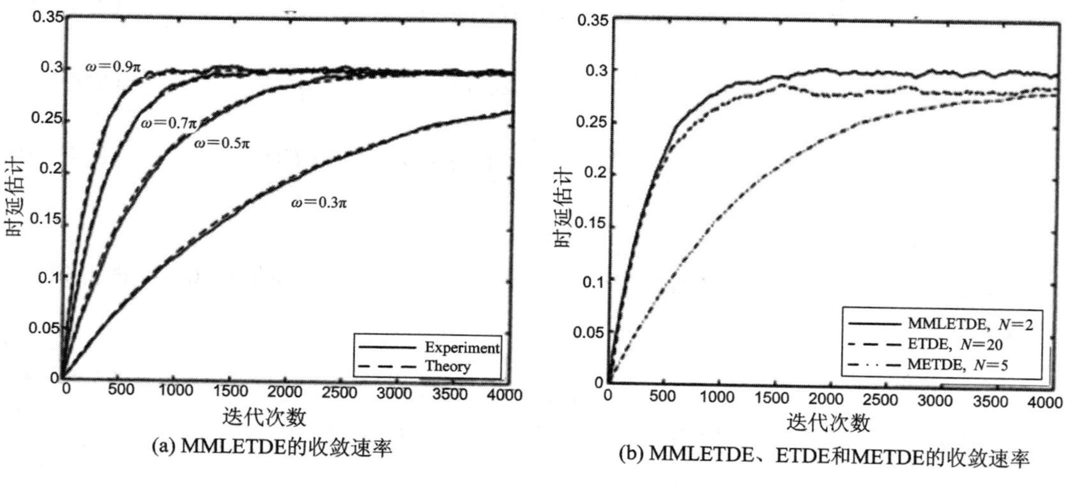

(a) MMLETDE的收敛速率　　(b) MMLETDE、ETDE和METDE的收敛速率

图 2.4-1　收敛速率

图 2.4－1(b)比较了 MMLETDE、METDE 和 ETDE 算法的收敛特性。其中单音正弦信号的频率 $w=0.7\pi$，信噪比 SNR＝20 dB，步长 $\mu=0.0003$，实际的延迟设置为 0.3。从图中可以看出，METDE 相比于 MMLETDE 和 ETDE 算法具有较慢的收敛速率。而 EDTE 具有与 MMLETDE 相同的收敛速率，参数算法收敛到一个有偏的延迟值。

图 2.4－2 比较了 MMLETDE 和 ETDE 算法对于具有平坦频谱的带通信号的收敛特性，其中带通信号的中心频率 $\omega=0.8\pi$，带宽为 0.3π，实际的延迟为 0.3。从图中可以看出，MMLETDE 的收敛曲线与式(2.4－43)的理论曲线可很好地匹配，甚至当 $N=1$ 时的滤波器阶数也可以使用，MMLETDE 算法收敛到实际的延迟值。另一方面，ETDE 算法为了收敛到真实延迟值，需要一个非常长的滤波器，甚至其阶数高达 20，此时的延迟估计仍然具有轻微的偏差。

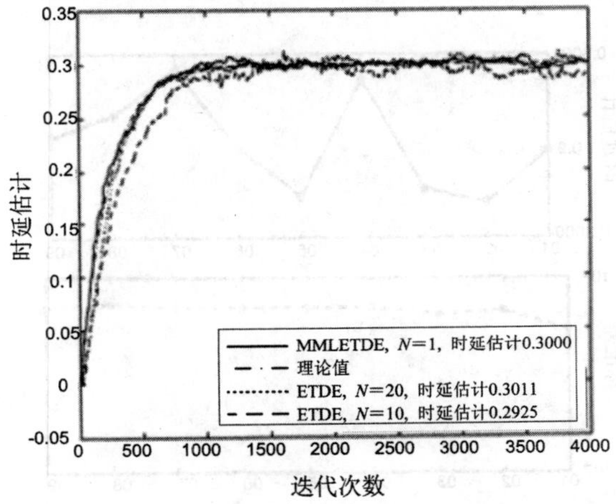

图 2.4－2　带限信号的 MMLETDE、ETDE 的收敛性
($\omega_0=0.8\pi$，BW＝0.3π，$\mu=0.0003$，$\sigma_s^2=1$)

图 2.4－3 给出了不同单音正弦信号的时延估计和标准差，其中信号的频率在 0.1π，0.9π 之间变化。实际的延迟设置为 0.9，步长设置为 0.0025。时延估计是通过平均第 4000 次到第 6000 次迭代值得到的。由于具有较低的频率，所以对于 0.1π，时延估计是通过平均第 14 000 次到第 16 000 次迭代的估计结果得到的，算法收敛相对比较慢。从仿真结果可以看出，时延估计甚至在滤波器长度低至 2 时也是精确的。

图 2.4－4 给出了单音正弦信号的时延估计和标准差，其中信号的频率为 0.7π。实际的延迟设置为 0.319547，SNR 设置在 0～50 dB 之间变化。其中时延估计和标准差是通过平均超过 20 次独立仿真结果获得的。在每一次的仿真运行中，时延估计 $\hat{D}$ 是通过平均第 4000 次到 6000 次迭代的瞬时时延估计获得的。理论标准偏差是利用式(2.4－52)进行计算的，其中令 $O(1)=1$。显然，仿真中的标准偏差与理论值非常准确地相吻合。

图 2.4－5 给出了无噪声条件下单音正弦信号的时延估计，其中信号的频率分别为 $\omega_0=0.2\pi$、0.4π、0.6π、0.8π，步长分别设置为 0.0002、0.0006、0.001，实际的延迟设置为 0.3。显然，MLETDE 算法具有有限中心信号频率范围。在某些频率 $\omega_0=0.2\pi$、0.8π 处，仿真结果显示 MLETDE 失败。

图 2.4-6(a)给出了 MMLETDE、LETDE、ETDE 和 METDE 时延估计的均方根误差(RMSE)相对于频率的变化。其中步长设置为 $\mu=0.005$，实际的延迟设置为 $D=0.3$，信噪比 SNR=40 dB。每一个独立仿真的 RMSE 是通过第 3000 次到第 5000 次迭代得到的。最终的 RMSE 是通过平均 20 次独立仿真结果得到的。从图中可以看出，MMLETDE 获得了最高的精度，而且几乎不受频率的影响，而其他三种算法的精度都较差，频率依赖性也较强。

图 2.4-6(b)给出了 MMLETDE、METDE、LETDE、ETDE 时延估计的均方根误差(RMSE)相对于信噪比的变化。其中频率设置为 0.5π。从图中可以看出，MMLETDE 获得了最高的精度，而且随着 SNR 的增加 RMSE 逐渐减小，即隐含着若期望增加精度则可以通过增加信号功率来实现。另一方面，其他三种算法具有较高的 RMSE，而且估计精度不能通过提高 SNR 来提高，这也隐含着这三种算法的估计是有偏的。

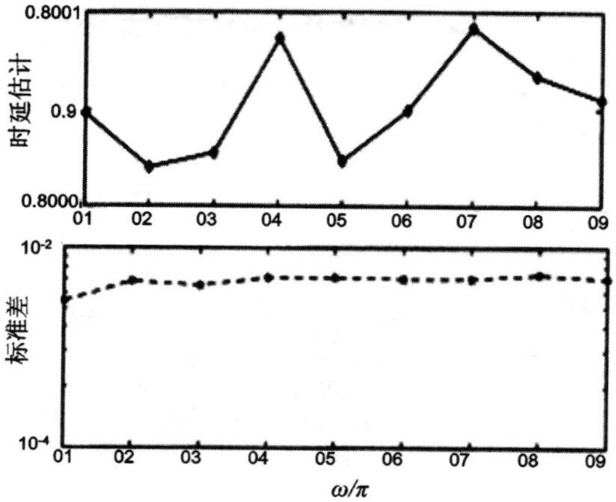

图 2.4-3　单音正弦信号的 MMLETDE 标准差和时延估计
(SNR=40 dB，$\mu=0.0003$，FO $N=2$，$\sigma_s^2=1$)

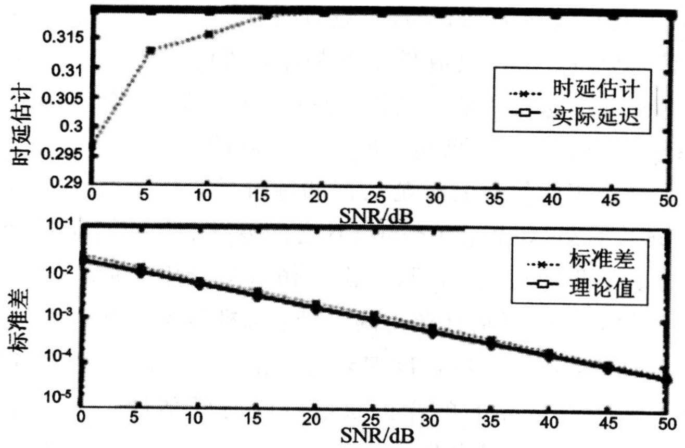

图 2.4-4　单音正弦信号的 MMLETDE 标准差和时延估计
($\mu=0.0003$，FO $N=2$，$\sigma_s^2=1$)

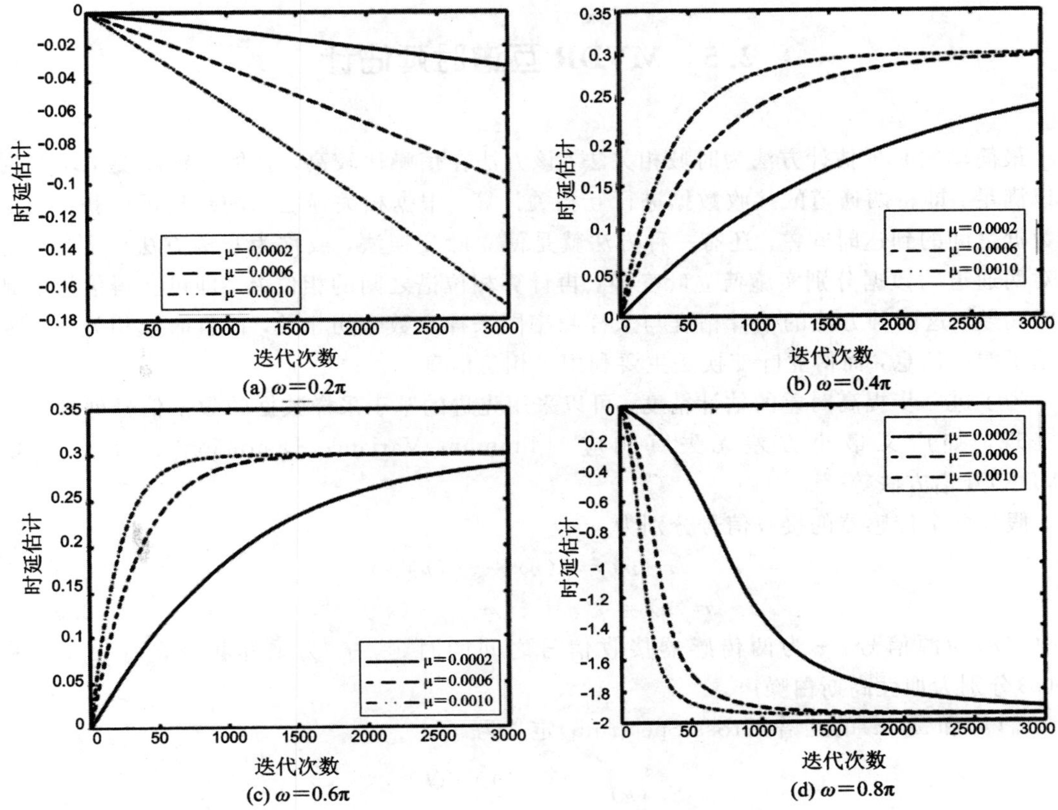

图 2.4-5　无噪声条件下单音正弦信号的时延估计

（FO $N=2$，AD $D=0.3$，$\sigma_s^2=1$）

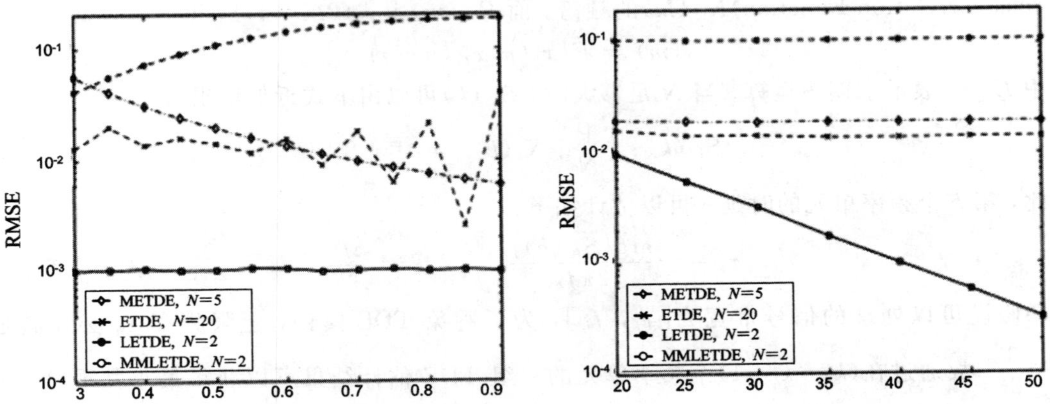

(a) 均方根误差(RMSE)相对于频率的变化　　(b) 均方根误差(RMSE)相对于信噪比的变化

图 2.4-6　MMLETDE、METDE、LETDE、ETDE 时延估计的均方根误差

（$\sigma_s^2=1$，$\mu=0.005$，AD $D=0.3$）

2.5 MVDR 互谱时延估计

最简单的时延估计方法为时域相关法，该方法在信噪比较高、且估计精度要求不高时可以满足。即将两通道的接收数据进行互相关计算，根据相关峰之间的距离可以获得两通道数据之间的到达时间差。还有一种方法就是傅立叶变换法，或称为互谱方法，该方法通过对两通道的数据分别实施傅立叶变换，再计算相位谱之间的相位差，即可获得信号的到达时间差。这两种方法的估计精度与采样频率同采样点数密切相关，而且时域相关法主要利用了幅度信息，而傅立叶变换法主要利用了相位信息。

为了进一步提高时差的估计精度，可以采用先进的基于采样数据的数字信号处理方法来实现，如广义最小方差无失真响应（Minimum Variance Distortionless Response，MVDR）互谱方法等[49]。

假设两个传感器的接收信号分别为

$$x_1(n) = s(n) + w_1(n) \tag{2.5-1}$$

$$x_2(n) = s(n + \tau f_s) + w_2(n) \tag{2.5-2}$$

其中 $s(n)$为源信号，τ 为两传感器接收信号之间的时延，f_s 为采样频率，而 $w_1(n)$和 $w_2(n)$分别为加性高斯白噪声。

$x_1(n)$和 $x_2(n)$的互谱（Cross Spectrum）定义为

$$S_{12}(k) = \frac{X_1(k)X_2^*(k)}{N} \tag{2.5-3}$$

其中 $X_1(k)$和 $X_2(k)$分别为 $x_1(n)$和 $x_2(n)$的离散傅立叶变换（Discrete Fourier Transform，DFT），$()^*$ 表示共轭处理，而 N 为 DFT 的点数。$S_{12}(k)$为 $x_1(n)$和 $x_2(n)$的互相关函数（Cross-correlation Function）$R_{12}(m)$的频谱。而 $R_{12}(m)$由式(2.5-4)给出

$$R_{12}(m) = E\{x_1(n)x_2^*(n-m)\} \tag{2.5-4}$$

其中 $E\{\cdot\}$表示求期望运算。当 N 足够大时，$S_{12}(k)$可以由下式近似给出：

$$S_{12}(k) = \frac{1}{N} \mid X_1(k) \mid^2 \mathrm{e}^{-\mathrm{j}2\pi\tau f_s k/N} \tag{2.5-5}$$

因此，第 k 个频率单元的时延 τ 可以估计如下：

$$\hat{\tau}_k = -\frac{\arg\{S_{12}(k)\}}{2\pi f_k}, \qquad f_k = \frac{kf_s}{N} \tag{2.5-6}$$

如果假设可以处理的信号带宽为$[f_l, f_h]$，为了避免 TDE 模糊，上限频率 f_h 必须满足 $f_h < \frac{1}{2\tau}$。故通过在$(k_h - k_l + 1)$个频率单元的一组 TDE 估计结果可以获得最小二乘（Least Squares，LS）TDE 为[50]

$$\hat{\tau}_{\text{LS-GCC}} = \frac{\sum\limits_{k=k_l}^{k=k_h} k^2 \hat{\tau}_k}{\sum\limits_{k=k_l}^{k=k_h} k^2} \tag{2.5-7}$$

其中 k_l、k_h 分别为离散傅立叶变换的上、下频率序号。

Capon MVDR 谱估计方法是借助约束信号 $x_i(n)(i=1, 2)$通过长度为 L 的滤波器 $\boldsymbol{h}_{i,k}$ 在频率 f_k 处实现的，同时使得输出信号的方差最小。因此根据 MVDR 准则，滤波器 $\boldsymbol{h}_{i,k}$ 可以这样描述：[51-53]

$$\boldsymbol{h}_{i,k}=\frac{\boldsymbol{R}_{ii}^{-1}\boldsymbol{u}_k}{\boldsymbol{u}_k^{\mathrm{H}}\boldsymbol{R}_{ii}^{-1}\boldsymbol{u}_k} \tag{2.5-8}$$

其中 $\boldsymbol{u}_k$ 为单位模值的傅立叶变换矢量，即

$$\boldsymbol{u}_k=\frac{[1, \exp(\mathrm{j}2\pi f_k), \cdots, \exp(\mathrm{j}2\pi f_k(L-1))]^{\mathrm{T}}}{\sqrt{L}} \qquad k=0, 1, \cdots, N-1 \tag{2.5-9}$$

而 $\boldsymbol{R}_{ii}$ 为 $x_i(n)$的信号协方差矩阵(Signal Covariance Matrix)，且有

$$\boldsymbol{R}_{ii}(m)=E\{\boldsymbol{x}_i(n)\boldsymbol{x}_i^{\mathrm{H}}(n)\} \tag{2.5-10}$$

$$\boldsymbol{x}_i(n)=[x_i(n), \boldsymbol{x}_i(n-1), \cdots, \boldsymbol{x}_i(n-L+1)]^{\mathrm{T}} \tag{2.5-11}$$

其中 DFT 的点数 N 和数据长度 L 决定了 MVDR 谱的分辨率(Resolution)和精度(Precision)。故可得 $x_1(n)$和 $x_2(n)$的 MVDR 互谱为

$$\begin{aligned}S_{12}(\boldsymbol{u}_k)&=E\{\boldsymbol{h}_{1,k}^{\mathrm{H}}\boldsymbol{x}_1(n)\boldsymbol{x}_2^{\mathrm{H}}(n)\boldsymbol{h}_{2,k}\}\\&=\frac{\boldsymbol{u}_k^{\mathrm{H}}\boldsymbol{R}_{11}^{-1}\boldsymbol{R}_{12}\boldsymbol{R}_{22}^{-1}\boldsymbol{u}_k}{(\boldsymbol{u}_k^{\mathrm{H}}\boldsymbol{R}_{11}^{-1}\boldsymbol{u}_k)(\boldsymbol{u}_k^{\mathrm{H}}\boldsymbol{R}_{22}^{-1}\boldsymbol{u}_k)}\end{aligned} \tag{2.5-12}$$

由于时间延迟信号包含在两信号的互相关 $\boldsymbol{R}_{12}$ 中，故利用式(2.5-12)的 MVDR 互谱相位估计，可得 LS-MVDR 时延估计为

$$\left.\begin{aligned}\hat{\tau}_{\text{LS-MVDR}}&=\frac{\sum_{k=k_l}^{k_h}k^2\hat{\tau}_k}{\sum_{k=k_l}^{k_h}k^2}\\\hat{\tau}_k&=-\arg\{S_{12}(\boldsymbol{u}_k)\}\end{aligned}\right\} \tag{2.5-13}$$

为了验证 LS-MVDR 算法的性能，进行如下仿真分析。假设信号 $s(n)$为一正弦型信号，其频率为 500 Hz，噪声为加性零均值 Guassian 白噪声，且与信号不相关。仿真中的采样频率为 10 kHz，真实的时延为 0.5 ms。下面给出 LS-MVDR TDE 算法与传统 LS-GCC 方法之间的时延估计性能比较。

仿真中数据长度为 1024，当利用 GCC 方法时，数据被截断成长度为 100 的 20 个子段，其中每段之间具有 50%的重叠，每段都进行了 Hamming 窗加权，而且 FFT 的长度 $N=128$。由于 $s(n)$为窄带信号，故只利用了一个频率单元进行时延估计。当两个加性噪声互不相关时，LS-GCC 和 LS-MVDR 两种算法在利用 100 次 Monte-Carlo 实验后得到的平方根均方误差(Root Mean Squared Error，RMSE)如图 2.5-1 所示。

对于相关噪声，两个噪声信号建模为 $w_2(n)=w_1(n+8)$，而相应的 RMSE 如图 2.5-2 所示。图 2.5-3 给出了两种方法的估计偏差。显然 LS-MVDR 的性能明显优于传统 GCC 方法的性能。

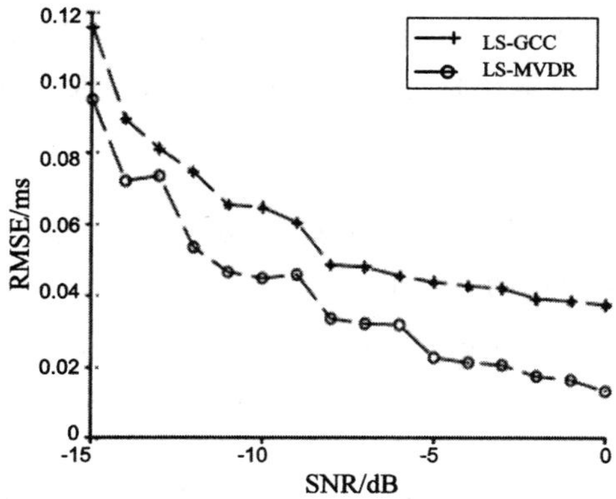

图 2.5-1　时延估计的 RMSE 相对于信噪比 SNR 的变化曲线(不相关噪声)

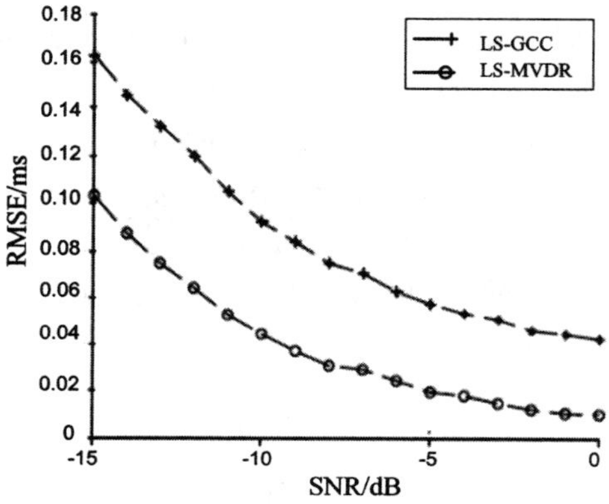

图 2.5-2　时延估计的 RMSE 相对于信噪比 SNR 的变化曲线(相关噪声)

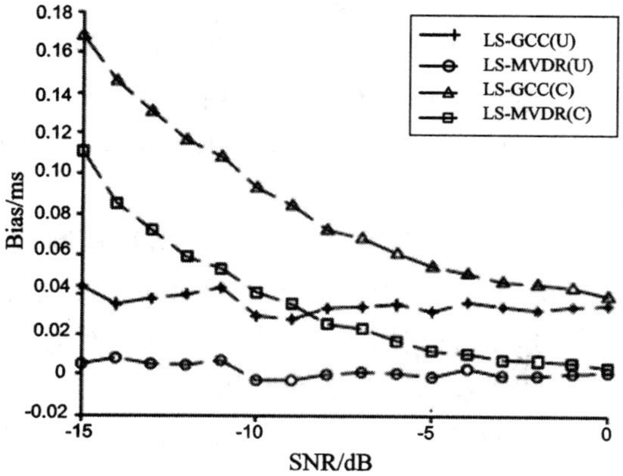

图 2.5-3　时延估计的偏差(Bias)相对于信噪比(SNR)的变化曲线
(U 表示不相关噪声，C 表示相关噪声)

参考文献

[1] C H Knapp, G C Carter, The Generalized Correlation Method for Estimation of Time Delay[J]. IEEE Trans. Acoust., Speech, Signal Process., 1976, 24(4): 320 - 332.

[2] J P Ianniello. Time Eelay Estimation via Cross-Correlation in the Presence of Large Estimation Errors[J]. IEEE Trans. Acoust., Speech, Signal Process., 1982, 30 (6): 998 - 1003.

[3] B Champagne, S Bédard, A Stéphenne. Performance of time-delay Estimation in Presence of Room Reverberation[J]. IEEE Trans. Speech Audio Process., 1996, 4(2): 148 - 152.

[4] P G Georgiou, P Tsakalides, C Kyriakakis, Alpha-stable Modeling of Noise and Robust Time-delay Estimation in the Presence of Impulsive Noise, IEEE Trans. Multimedia, 1999, 1(3): 291 - 301.

[5] J Chen, J Benesty, Y Huang. Robust Time Delay Estimation Exploiting Redundancy among Multiple Microphones[J]. IEEE Trans. Speech Audio Process., 2003, 11 (6): 549 - 557.

[6] J Benesty, J Chen, Y Huang. Time-delay Estimation via Linear Interpolation and Cross-correlation[J]. IEEE Trans. Speech Audio Process., 2004, 12(5): 509 - 519.

[7] C E Shannon. A Mathematical Theory of Communication[J]. Bell Syst. Tech. J., 1948, 27: 379 - 423, 623 - 656.

[8] Jacob Benesty, Yiteng Huang, Jingdong Chen. Time Delay Estimation via Minimum Entropy[J]. IEEE Signal Processing Letters, 2007, 14(3): 157-160.

[9] T M Cover, J A Thomas. Elements of Information Theory[M]. New York: Wiley, 1991.

[10] D Cochran, H Gish, D Sinno. A Geometric Approach to Multichannel Signal Detection[J]. IEEE Trans. Signal Process., 1995, 43(9): 2049 - 2057.

[11] L R Rabiner, R W Schafer. Digital Processing of Speech Signals[M]. Englewood Cliffs, NJ: Prentice-Hall, 1978.

[12] S Gazor, W Zhang. Speech Probability Distribution[J]. IEEE Signal Process. Lett., 2003, 10(7): 204 - 207.

[13] S Kotz, T J Kozubowski, K Podgórski. An Asymmetric Multivariate Laplace Distribution Dept. Statist. Appl. Probab., Univ. California at Santa Barbara, Tech. Rep. No. 367, 2000.

[14] T Eltoft, T Kim, T W Lee. On the Multivariate Laplace Distribution[J]. IEEE Signal Process. Lett., 2006, 13(5): 300 - 303.

[15] A Härmä. Acoustic Measurement Data from the Varechoic Chamber Tech. Memo., Agere Systems, Nov. 2001.

[16] W C Ward, G W Elko, R A Kubli, W C McDougald. The New Varechoic Chamber at AT&T Bell Labs[C]//Proc. Wallance Clement Sabine Centennial Symp., 1994: 343 - 346.

[17] MaizaBekara, Mirkovan der Baan. A New Parametric Method for Time Delay Estimation[C]// ICASSP, IEEE International Conference on Acoustics, Speech and Signal Processing-Proceedings, Honolulu, HI, United States, 2007, 3: 1033-1036.

[18] E J Hannan, P J Thomson. Estimating Group Delay[J]. Biometrika, 1973, 60: 241 - 253.

[19] K Scarbrough, N Ahmed, G C Carter. On the Simulation of a Class of Time Delay Estimation Algorithms[J]. IEEE Transactions on Acoustics, Speech and Signal Processing, 1981, 29: 534 - 540.

[20] Y T Chan, J M Riley, J B Plant. A Parameter Estimation Approach to Time-delay Estimation and Signal Detection[J]. IEEE Transactions on Acoustics, Speech and Signal Processing, 1980, 28: 8 - 16.

[21] G H Golub, C F Van Loan. Matrix Computations[M]. Johns Hopkins University Press, 1996.

[22] I M Gelfand, G E Shilov. Generalized Functions Vol. 1: Properties and Operators [M]. Academic Press, 1964.

[23] Hing-Cheung So. Spontaneous and Explicit Estimation of Time Delays in the Absence/Presence of Multipath Propagations [D]. Hong Kong: The Chinese University of Hong Kong, 1995.

[24] F A Reed, P L Feintuch, N J Bershad. Time Delay Estimation Using the LMS Adaptive Filter-static Behaviour [J]. IEEE Trans. Acoust., Speech, Signal Processing, 1981, 29(3): 561-571.

[25] P L Feintuch, N J Bershad, F A Reed. Time Delay Estimation Using the LMS Adaptive Filter-dynamic Behaviour [J]. IEEE Trans. Acoust., Speech, Signal Processing, 1981, 29(3): 571-576.

[26] B Widrow, J M McCool, M G Larimore, etc. Stationary and Nonstationary Learning Characteristics of the LMS Adaptive Filter[J]. Proc. IEEE, 1976, 64(8): 1151-1162.

[27] B Widrow, S D Stearns. Adaptive Signal Processing[M]. Englewood Cli_s, NJ: Prentice-Hall, 1985.

[28] Y T Chan, J M F Riley, J B Plant. Modeling of Time-delay and Its application to Estimation of Nonstationary Delays[J]. IEEE Trans. Acoust., Speech, Signal Processing, 1981, 29(3): 577-581.

[29] K C Ho, Y T Chan, P C Ching. Adaptive Time-delay Estimation in Nonstationary

Signal and/or Noise Power Environments[J]. IEEE Trans. Signal Processing, 1993, 41(2): 592-601.

[30] I S Gradshtegn, I M Ryzhik. Tables of Integrals, Series and Products[M]. New York: Academic Press, 1980: 7.

[31] J Krolik, M Joy, S Pasupathy, M Eizenman. A Comparative Study of the LMS Adaptive Filter Versus Generalized Correlation Methods for Time Delay Estimation [J]. Proc. ICASSP, 1984, 1: 11-15.

[32] D H Youn, N Ahmed, G C Carter. On Using the LMS Algorithm for Time Delay Estimation[J]. IEEE Trans. Acoust., Speech, Signal Processing, 1982, 30(5): 798-801.

[33] D H Youn, N Ahmed, G C Carter. An Adaptive Approach for Time Delay Estimation of Band-limited Signals[J]. IEEE Trans. Acoust., Speech, Signal Processing, 1983, 31(3): 780-784.

[34] P C Ching, Y T Chan. Adaptive Time Delay Estimation with Constraints[J]. IEEE Trans. Acoust., Speech, Signal Processing, 1988, 36(4): 599-602.

[35] D M Etter, S D Stearns. Adaptive Estimation of Time Delays in Sampled Data Systems[J]. IEEE Trans. Acoust., Speech, Signal Processing, 1981, 29(3): 582-587.

[36] D H Youn, N Ahmed. Comparison of Two Adaptive Methods for Time Delay Estimation[J]. IEEE Trans. Aerospace and Elect. Sys., 1984, 20(5).

[37] R Cusani. Fast Techniques for Time Delay Estimation[C]// Proc. MELECON'89, 1989: 177-180.

[38] G Jacovitti, G Scarano. Discrete Time Techniques for Time Delay Estimation[J]. IEEE Trans. Signal Processing, 1993, 41(2): 525-533.

[39] S R Dooley, A K Nandi. Adaptive Subsample Time Delay Estimation Using Lagrange Interpolators[J]. IEEE Signal Processing Lett., 1999, 6: 65 - 67.

[40] H C So, P C Ching, Y T Chan. A New Algorithm for Explicit Adaptation of Time Delay[J]. IEEE Trans. Signal Processing, 1994, 42: 1816 - 1820.

[41] T I Laakso, V Valimaki, M Karjalainen, etc. Splitting the Unit Delay[J]. IEEE Signal Processing Mag., 1996, 13(1): 30 - 60.

[42] H C So, P C Ching, Y T Chan. An Improvement to the Explicit Time Delay Estimator[C]// Proc. Int. Conf. Acoust., Speech, Signal Process., 1995, 5: 3151.

[43] S R Dooley, A K Nandi. Adaptive Time Delay and Frequency Estimation for Digital Signal Synchronization in CDMA Systems[C]// Conf. Rec. The 32nd Asilomar Conf. Signals, Syst., Comput., 1998, 2: 1838 - 1842.

[44] Zheng Cheng, Tjeng Thiang Tjhung. A New Time Delay Estimator Based on ETDE[J]. IEEE Tracsaction on Signal Processing, 2003, 51(7): 1859-1869.

[45] E Hermanowicz. Explicit Formulas for Weighting Coefficients of Maximally Flat Tunable FIR Delayers[J]. Elecron. Lett., 1992, 28(2): 1936 - 1937.

[46] M J Schramm. Introduction to Real Analysis[M]. Englewood Cliffs, NJ: Prentice-Hall, 1996: 265.

[47] S Yakowitz. An Introduction to Numerical Computations[M]. New York: Macmillan, 1989: 135.

[48] G Dahlquist. Numerical Methods [M]. Englewood Cliffs, NJ: Prentice-Hall, 1974: 284 - 285.

[49] B Jiang, F H Chen. High Precision Time Delay Estimation Using Generalised MVDR cross Spectrum [J], Electronic Letters, 2007, 43(2).

[50] Li Q H, Introduction to Sonar Signal Processing[M]. Beijing: Ocean Publishing House, 2000.

[51] Stoica P, Moses R L. Introduction to Spectral Analysis[M]. Upper Saddle River, NJ: Prentice-Hall, 1997.

[52] Benesty J, Chen J D, Huang Y T. Estimation of the Coherence Function with the MVDR Approach[C]// Proc. ICASSP, 2006, 3: 500 - 503.

[53] Benesty J, Chen J D, Huang Y T. A Generalized MVDR Spectrum[J]. IEEE Signal Process. Lett., 2005, 12(12): 827 - 830.

第三章 振幅法和相位法测向

3.1 振幅法测向

振幅法测向是根据测向天线对不同到达方向电磁波的振幅响应来测量辐射源方向的。常用的振幅法测向技术有波束搜索法测向、全向振幅单脉冲测向和空间多波束测向技术等[1]。

3.1.1 波束搜索法测向

波束搜索法测向的原理如图 3.1-1 所示。侦察测向天线以波束宽度 θ_r、扫描速度 v_r 在测角 Ω_{AOA}（曲线所覆盖的角度区域）内进行连续搜索。当接收到的辐射信号分别高于、低于测向接收机检测门限 P_T 时，记下波束的指向 θ_1、θ_2，并以其平均值作为角度的一次估计值 $\hat{\theta}$：

$$\hat{\theta}=\frac{1}{2}(\theta_1+\theta_2) \tag{3.1-1}$$

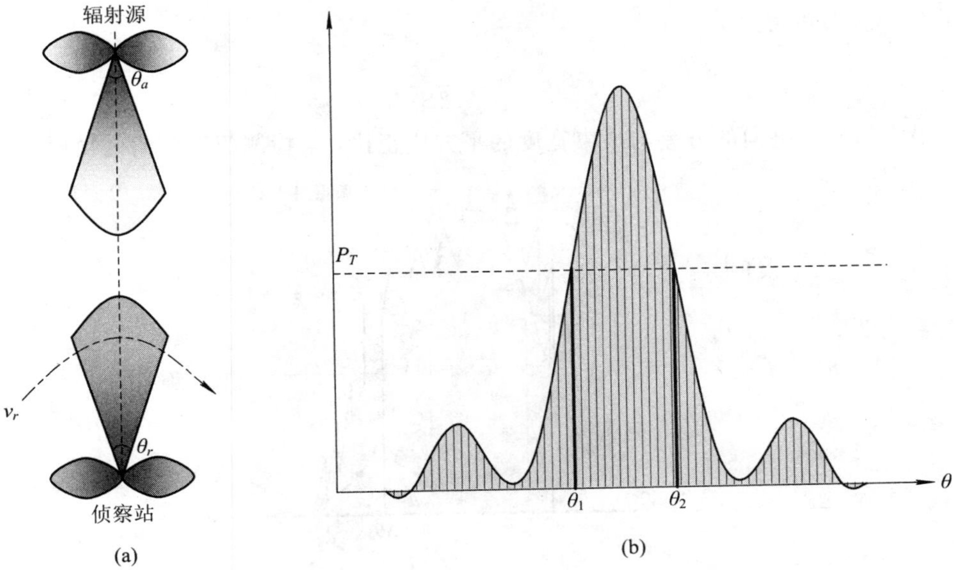

图 3.1-1 波束搜索法测向的原理

在搜索过程中，侦察波束在辐射源方向具有一定的驻留时间 $t_r=\theta_r/v_r$。对于雷达辐射信号，当 t_r 大于雷达的脉冲重复周期 T_r 时，可能接收到雷达辐射的一组脉冲信号。在许多情况下，雷达天线波束也处于搜索状态。当其天线旁瓣很低时，且只有双方的天线波束互指时，侦察机接收到的雷达信号功率才能达到检测门限。由于天线互指是一个随机时间，搜索法测向的本质是两个窗口函数的重合——几何概率问题。为了提高搜索概率，侦察机必须尽可能地利用已知雷达的各种先验信息，并由此制定自己的搜索方式和搜索参数。

搜索法测角的误差主要有系统误差和随机误差。其中系统误差主要来源于测向天线的安装误差、波束畸变和非堆成误差等，可以通过各种系统标校来减小。下面主要分析随机误差。

测向系统的随机误差主要来自测向系统中的噪声。如图 3.1－2 所示，由于噪声的影响，使门限检测的角度 θ_1、θ_2 出现了偏差 $\Delta\theta_1$、$\Delta\theta_2$，通常假设其均值为零。由于两次测量的时间间隔较长，可以认为 $\Delta\theta_1$、$\Delta\theta_2$ 是相互独立、同分布的，代入式(3.1－1)中，则角度测量均值为

$$E\{\hat{\theta}\}=\frac{1}{2}(\theta_1+\Delta\theta_1+\theta_2+\Delta\theta_2)=\frac{1}{2}(\theta_1+\theta_2) \tag{3.1-2}$$

是无偏的。角度测量的方差

$$D\{\hat{\theta}\}=\frac{1}{2}D\{\Delta\theta_1\}=\frac{1}{2}D\{\Delta\theta_2\}=\frac{1}{2}D\{\Delta\theta\} \tag{3.1-3}$$

假设检测门限处的信号电平为 A(最大增益电平的一半)，噪声电压均方根为 σ_n，天线波束的公称值为 A/θ_r，将噪声电压换算成角度误差的均方根值为

$$\sigma_\theta=\sqrt{D\{\Delta\theta\}}=\frac{\sigma_n}{A/\theta_r}=\frac{\theta_r}{\sqrt{S/N}}$$

$$\frac{A}{\sigma_n}=\sqrt{\frac{S}{N}} \tag{3.1-4}$$

代入式(3.1－3)可得

$$D\{\hat{\theta}\}=\frac{\theta_r^2}{2S/N} \tag{3.1-5}$$

可见，最大信号法测向的方差与波束宽度的平方成正比，与检测门限处的信噪比成反比。

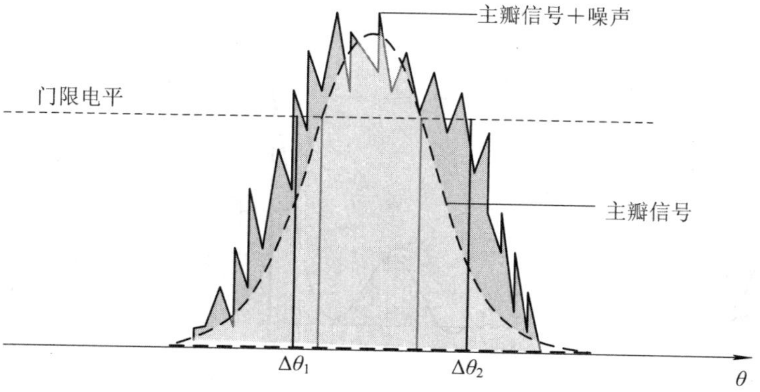

图 3.1－2　噪声对测角误差的影响

对于雷达等进行扫描搜索的辐射源，如果在搜索法测角的过程中，辐射源的天线也处于扫描状态，则侦察接收到的雷达脉冲列将受到侦察天线和雷达天线双方的扫描调制，其结果不仅会使最大信号的出现位置发生变化，还将使受到的雷达脉冲列的包络发生非对称的畸变，影响角度测量的准确性。

为了消除由于雷达天线扫描等因素引起的信号幅度起伏对角度测量的影响，可以增加一个参考支路，如图 3.1－3(a)中的 B 支路。它采用无方向性天线，对定向之路(A 支路)中的信号起伏进行对消处理，保持定向信号的稳定。假设 $F_R(t)$、$F_A(t)$分别为侦察天线和辐射源天线的扫描函数，$A(t)$为脉冲包络函数，则图 3.1－3(a)中 A、B 支路收到的信号分别为

$$\left.\begin{aligned} S_A(t) &= F_A(t)F_R(t)A(t)\cos\omega t \\ S_B(t) &= F_A(t)A(t)\cos\omega t \end{aligned}\right\} \tag{3.1-6}$$

经过混频、对数中放后的输出电压分别为

$$\left.\begin{aligned} U_A(t) &= \lg[K_A F_A(t)F_R(t)A(t)\cos\omega_i t] \\ U_B(t) &= \lg[K_B F_A(t)A(t)\cos\omega_i t] \end{aligned}\right\} \tag{3.1-7}$$

式中，ω_i 为中频频率，经减法器对消后的输出电压为

$$U_o(t) = \lg\left[\frac{K_A}{K_B}F_R(t)\right] \tag{3.1-8}$$

它只与侦察定向天线的扫描有关。不难证明，图 3.1－3(b)也能获得式(3.1－8)的结果。

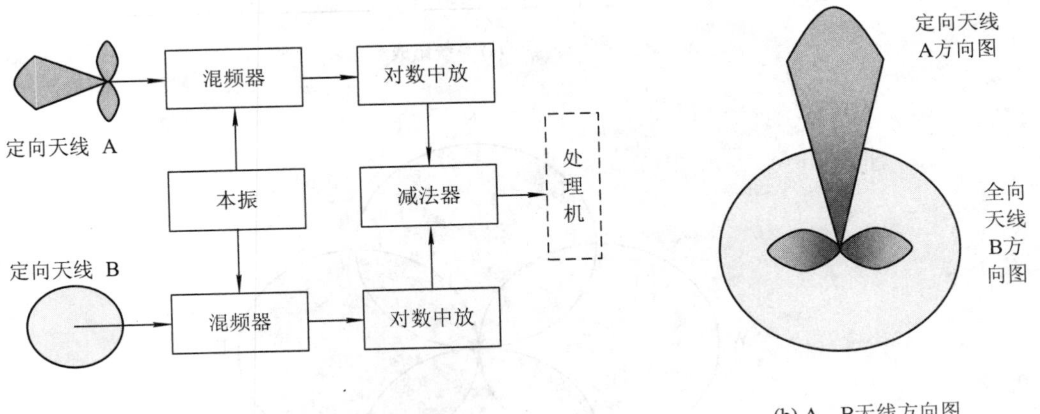

(a) 系统组成　　(b) A、B天线方向图

图 3.1－3　具有辅助天线对消的搜索法测向系统

辅助支路 B 不仅能够消除辐射源天线扫描对测向的影响，也能够消除发射信号起伏、电波传播起伏等的影响，还能够用于旁瓣匿影。如图 3.1－3(b)所示，适当调整两路的相对增益，使定向天线的所有旁瓣接收信号电平都低于无方向性天线的接收信号电平，只有当 A 支路信号电平高于 B 支路信号电平时才进行测向处理。

搜索法测向的角度分辨率主要取决于测向天线的波束宽度，而波束宽度又主要取决于天线口径 d。根据瑞利光学分辨力准则，当信噪比高于 10 dB 时，角度分辨力为

$$\Delta\theta = \theta_r \approx \frac{70\lambda}{d}(^\circ) \tag{3.1-9}$$

3.1.2 全向振幅单脉冲测向

全向振幅单脉冲测向技术采用 N 个相同方向图函数的 $F(\theta)$ 天线，均匀分布设在 360° 方位内，如图 3.1-4 所示。相邻天线的张角 $\theta_S=360°/N$，各天线的方位指向分别为

$$F_i(\theta)=F(\theta-i\theta_S)\qquad i=0,1,\cdots,N-1 \tag{3.1-10}$$

每个天线接收的信号经过各自振幅响应为 K_i 的接收通道，输出脉冲的对数包络信号为

$$s_i(t)=\lg[K_iF(\theta-i\theta_S)A(t)]\qquad i=0,1,\cdots,N-1 \tag{3.1-11}$$

式中，$A(t)$为雷达信号的振幅调制。该信号送给信号处理机，由信号处理机产生该脉冲对应的角度估值。常用的信号处理方法主要有相邻比幅法和全方向比幅法(NABD)。

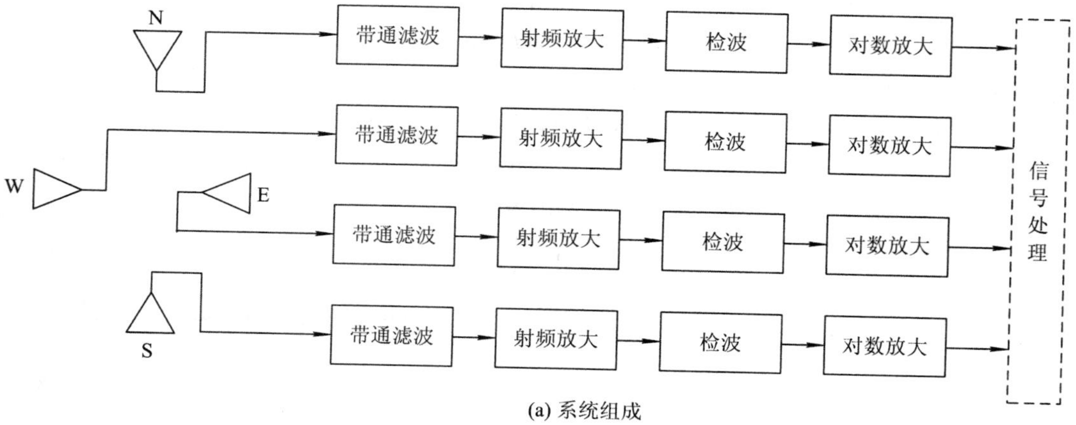

(a) 系统组成

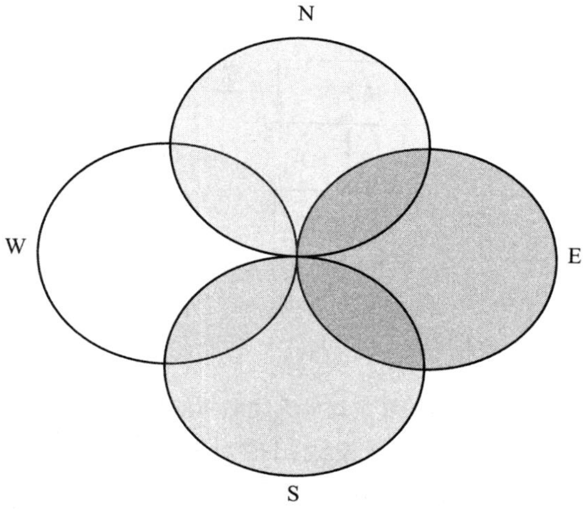

(b) 四天线方向图

图 3.1-4 四天线全向振幅单脉冲测向的原理方框图

3.1.2.1 相邻比幅法

假设天线方向图满足对称性，$F(\theta)=F(-\theta)$，如图 3.1-5 所示，当辐射源方向位于任意两天线之间，且偏离两天线等信号方向的夹角 φ 时，对应的通道输出信号 $S_1(t)$、$S_2(t)$

分别为

$$\left.\begin{aligned} S_1(t) &= \lg\left[K_1 F\left(\frac{\theta_S}{2}-\varphi\right)A(t)\right] \\ S_2(t) &= \lg\left[K_2 F\left(\frac{\theta_S}{2}+\varphi\right)A(t)\right] \end{aligned}\right\} \tag{3.1-12}$$

相减后以分贝(dB)为单位的对数电压比 R 为

$$R = 10(S_1(t)-S_2(t)) = 10\lg\left[\frac{K_1 F\left(\frac{\theta_S}{2}-\varphi\right)A(t)}{K_2 F\left(\frac{\theta_S}{2}+\varphi\right)A(t)}\right] \tag{3.1-13}$$

如果 $f(\theta)$ 函数在区间$[-\theta_S, \theta_S]$内具有单调性

$$F(\theta_1) < F(\theta_2);\quad \forall\ |\theta_1| < |\theta_2|;\quad \theta_1, \theta_1 \in [-\theta_S, \theta_S] \tag{3.1-14}$$

则 R 与 φ 也具有单调的对应关系。如果天线方向图 $F(\theta)$为高斯函数，$F(\theta)=\mathrm{e}^{-k\theta^2}$，根据半功率波束宽度的定义：$F(\theta_r/2)=1/\sqrt{2}$，可求得其表达式为

$$F(\theta) = \mathrm{e}^{-1.3863(\theta/\theta_r)^2} \tag{3.1-15}$$

式中，θ_r 为 $F(\theta)$的半功率波束宽度。将其代入式(3.1-13)，当 $K_1=K_2$ 时，可得

$$R = \frac{12\theta_S}{\theta_r^2}\varphi(\mathrm{dB}) \quad 或 \quad \varphi = \frac{\theta_r^2}{12\theta_S}R \tag{3.1-16}$$

该式也可以作为其他天线函数进行相邻比幅测角时的参考。对 θ_r、θ_S 和 R 求全微分，可以得到角度测量时的系统误差为

$$\mathrm{d}\varphi = \frac{\theta_r}{6\theta_S}R\,\mathrm{d}\theta_r - \frac{\theta_r^2}{12\theta_S^2}R\,\mathrm{d}\theta_S + \frac{\theta_r^2}{12\theta_S}\mathrm{d}R \tag{3.1-17}$$

该式表明，θ_r 越小则各项误差的影响也越小。这是由于波束越窄，测向的斜率越高。

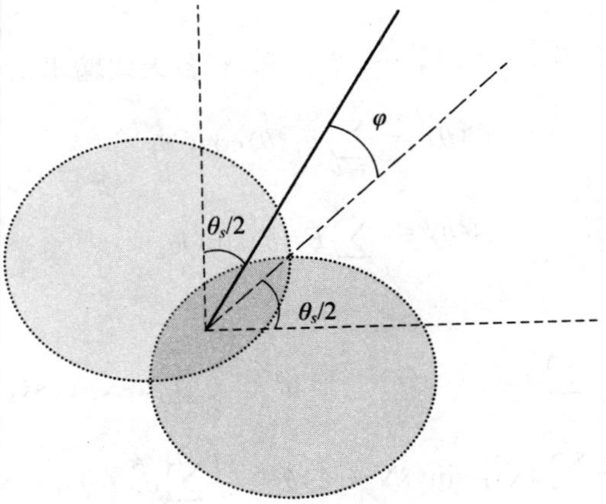

图 3.1-5　相邻天线的振幅方向图

相邻波束的交点方向(等信号方向)增益 $F(\theta_S/2)$与最大信号方向增益 $F(0)$的功率比称为波束交点损失 L，一般以分贝为单位，即

$$L = 20\lg\left[\frac{F\left(\frac{\theta_S}{2}\right)}{F(0)}\right](\mathrm{dB}) \tag{3.1-18}$$

对于式(3.1-15)的高斯天线方向图，可求得

$$L = 20\lg\left(F\left(\frac{\theta_S}{2}\right)\right) = -3\left(\frac{\theta_S}{\theta_2}\right)^2 = -3\left(\frac{360^\circ}{N\theta_r}\right)^2 (\text{dB}) \tag{3.1-19}$$

对于给定的波束交点损失 L，也可以求得相应的波束宽度

$$\theta_r = \theta_S\sqrt{\frac{-3}{L}} \tag{3.1-20}$$

L 影响系统的测向灵敏度，因此选择波束宽度时必须折衷考虑。当波束交点损失为 -3 dB 时，$\theta_r=\theta_S$，式(3.1-17)可简化为

$$\mathrm{d}\varphi = \frac{R}{6}\mathrm{d}\theta_r - \frac{R}{12}\mathrm{d}\theta_S + \frac{360^\circ}{12N}\mathrm{d}R \tag{3.1-21}$$

式中的前两项误差分别为波束宽度变化和张角变化引起的误差，在波束正方向的影响最大(此时 R 最大)，在等信号方向的影响最小(此时 $R=0$)；第三项误差为通道失衡引起的误差，可以随着天线数 N 的增加而减小。

相邻比幅法的信号处理主要表现在相邻通道之间，这对于分辨不同方向($\Delta\theta>\theta_S$)的同时多信号是有好处的。但是当有强信号到达时，由于天线旁瓣的作用，可能使多个相邻通道同时过检测门限，造成虚假错误，需要在信号处理时给予消除。

3.1.2.2　全方向比幅法

堆成天线函数 $F(\theta)$ 可展开为傅氏级数

$$\left.\begin{aligned} F(\theta) &= \sum_{k=0}^{\infty} a_k \cos k\theta \qquad a_k = 2\int_0^{\pi} F(\theta)\cos k\theta\,\mathrm{d}\theta \\ F_i(\theta) &= F(\theta - i\theta_S) = \sum_{k=0}^{\infty} a_k \cos(k\theta - ki\theta_S) \qquad i = 0, 1, \cdots, N-1 \end{aligned}\right\} \tag{3.1-22}$$

用权值 $\cos(i\theta_S)$、$\sin(i\theta_S)$ 及 $i=0, 1, \cdots, N-1$，对各天线输出信号取加权和，有

$$\left.\begin{aligned} C(\theta) &= \sum_{i=0}^{N-1} F_i(\theta)\cos(i\theta_S) \\ S(\theta) &= \sum_{i=0}^{N-1} F_i(\theta)\sin(i\theta_S) \end{aligned}\right\} \tag{3.1-23}$$

化简后可得

$$\left.\begin{aligned} C(\theta) &= \frac{N}{2}\sum_{i=0}^{\infty} a_{iN+1}\cos(iN+1)\theta + \frac{N}{2}\sum_{i=1}^{\infty} a_{iN-1}\cos(iN-1)\theta \\ S(\theta) &= \frac{N}{2}\sum_{i=0}^{\infty} a_{iN+1}\sin(iN+1)\theta + \frac{N}{2}\sum_{i=1}^{\infty} a_{iN-1}\sin(iN-1)\theta \end{aligned}\right\} \tag{3.1-24}$$

当天线数量较多时，天线函数的高次展开系数很小，此时式(3.1-24)近似为

$$C(\theta) \approx \frac{N}{2}a_1\cos\theta$$

$$S(\theta) \approx \frac{N}{2}a_1\sin\theta \tag{3.1-25}$$

利用 $C(\theta)$、$S(\theta)$ 可无模糊地进行全方位测向

$$\theta = \arctan \frac{S(\theta)}{C(\theta)} \tag{3.1-26}$$

全方向比幅法的主要优点是对各种天线函数的适应能力较强，测向误差较小，没有强信号造成的虚假测向，但信号处理略微复杂，且不能同时对多信号进行测向和分辨。

3.1.3　多波束测向技术

多波束测向系统是由 N 个同时的窄波束覆盖测向范围，如图 3.1-6 所示。多波束的形成主要分为由集中参数的微波馈电网络构成的多波束天线阵和由空间分布馈电构成的多波束天线阵。

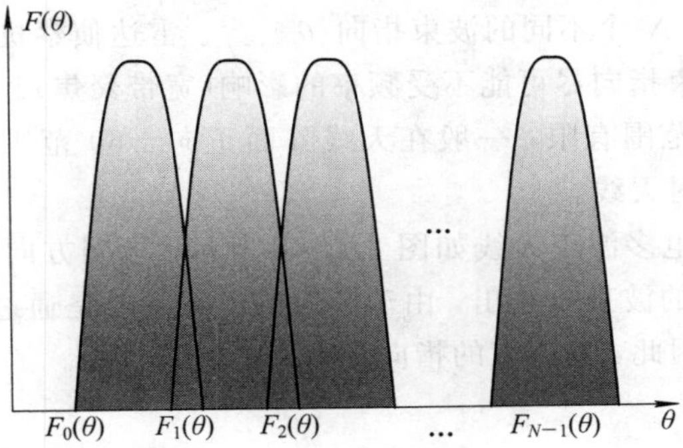

图 3.1-6　多波束测向的原理示意图

罗特曼(Rotman)透镜是一种典型的由集中参数馈电网络构成的多波束天线阵，如图 3.1-7 所示。它由天线阵、变长馈线(Bootlace 透镜区)、输出阵、聚焦区和波束口等组成。每一个天线单元都是宽波束的，天线阵元输入口到波束口之间的部分组成了罗特曼透镜，它包括两个区域：聚焦区和 Bootlace 透镜区。

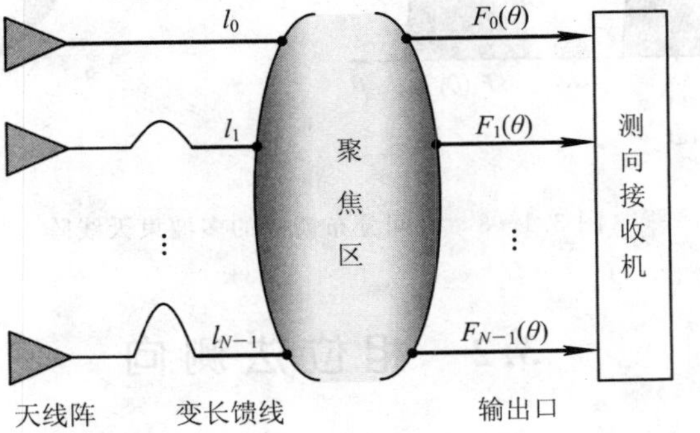

图 3.1-7　罗特曼透镜馈电多波束原理

当平面电磁波由 θ 方向到达天线阵时，各天线阵元的输出信号为

$$s_i(t) = S(t)\mathrm{e}^{\mathrm{j}i\varphi(\theta)}, \quad \varphi(\theta) = 2\pi \frac{d}{\lambda}\sin\theta \quad i = 0, 1, \cdots, N-1 \tag{3.1-27}$$

式中，d 为相邻天线的间距。连接各天线阵元到聚焦区的可变长度馈线等效长度为 L_i，对应的相移量为

$$\psi_i = 2\pi \frac{L_i}{\lambda} \quad i = 0, 1, \cdots, N-1 \tag{3.1-28}$$

由聚焦区口 i 到输出口 j 的等效路径长度为 $d_{i,j}$，相移量为

$$\phi_{i,j} = 2\pi \frac{d_{i,j}}{\lambda} \qquad i, j = 0, 1, \cdots, N-1 \tag{3.1-29}$$

罗特曼透镜通过对测向系统参数 d、N、$\{L_i\}_{i=0}^{N-1}$、$\{d_{i,j}\}_{i,j=0}^{N-1}$ 的设计和调整，使 j 输出口的天线振幅方向图函数 $F_i(\theta)$ 近似为

$$F_j(\theta) = \left|\sum_{i=0}^{N-1} e^{ji\varphi(\theta)+\phi_{i+i,j}}\right| \approx \left|\frac{\sin\dfrac{N\pi(\theta-\theta_j)}{\lambda}}{\dfrac{\pi(\theta-\theta_j)}{\lambda}}\right| \qquad i, j = 0, 1, \cdots, N-1 \tag{3.1-30}$$

从而使 N 个输出口具有 N 个不同的波束指向 $\{\theta_j\}_{j=0}^{N-1}$。雷达侦察机中的多波束测向难点主要是宽带特性，要求波束指向尽可能不受频率的影响(宽带聚焦)。

罗特曼透镜的测角范围有限，一般在天线阵面正向 ±60° 范围内，天线具有一定的增益，也适合作为干扰发射天线。

典型的空间分布馈电多波束天线如图 3.1-8 所示，不同方向入射的平面电磁波经过赋形反射面汇聚在不同的波束口输出。由于波束的汇聚主要是通过入射方向、反射面与波束口之间的空间路径，因此，各波束的指向受频率的影响较小。

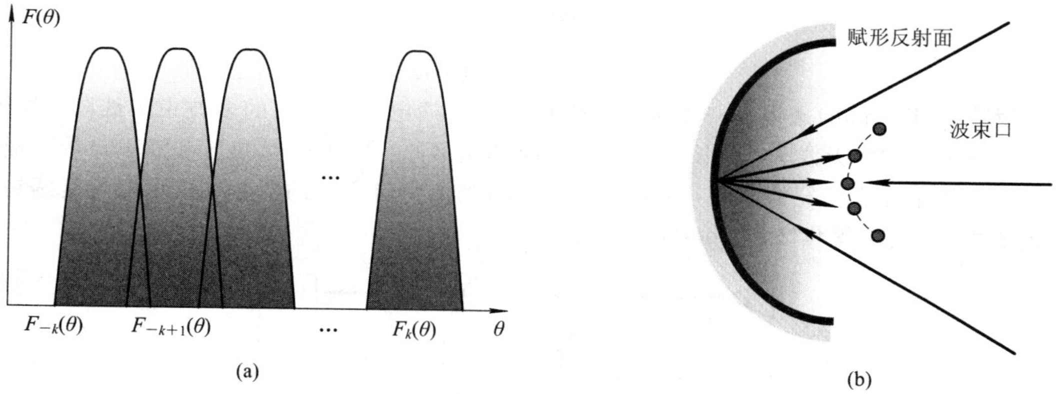

图 3.1-8　空间分布馈电的多波束天线阵

3.2　相位法测向

相位法测向是根据测向天线对不同到达方向电磁波的相位响应来测量辐射源方向的。常用的相位法测向技术有数字式相位干涉仪测向技术和线性相位多模圆阵测向技术[1]。

3.2.1　数字式相位干涉仪测向技术

3.2.1.1　单基线相位干涉仪测向的基本原理

在原理上相位干涉仪能够实现对单个脉冲的测向，故又称为相位单脉冲测向。最简单的单基线相位干涉仪由两个信道组成，如图 3.2-1 所示。

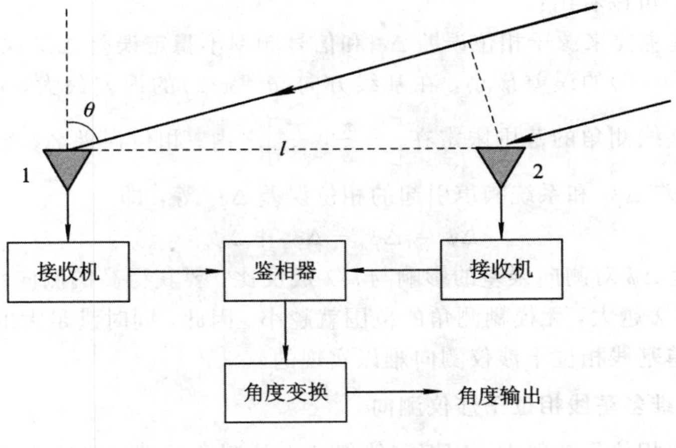

图 3.2-1　一维单基线相位干涉仪测向原理

若有一平面电磁波从天线视轴夹角为 θ 方向到达测向天线 1、2，则两天线接收到的信号相位差 ϕ 为

$$\phi = 2\pi \frac{l}{\lambda}\sin\theta \tag{3.2-1}$$

式中，λ 为信号波长，l 为两天线间距。如果两个信道的相位响应完全一致，接收机输出信号的相位差仍然为 ϕ，经过鉴相器取出相位差信息

$$\left.\begin{aligned} U_C &= K\cos\phi \\ U_S &= K\sin\phi \end{aligned}\right\} \tag{3.2-2}$$

K 为系统增益。再进行角度变换，求得雷达信号的到达方向 θ

$$\phi = \arctan\frac{U_S}{U_C}$$

$$\theta = \arcsin\frac{\phi\lambda}{2\pi l} \tag{3.2-3}$$

由于鉴相器无模糊的相位检测范围仅为[$-\pi$, π)，所以单基线相位干涉仪最大的无模糊测角范围为[$-\theta_{max}$, θ_{max})，其中

$$\theta_{max} = \arcsin\frac{\lambda}{2l} \tag{3.2-4}$$

对于固定天线，l 为常量。对式(3.2-1)中其他变量求全微分，分析各项误差的相互影响

$$\left.\begin{aligned} \Delta\phi &= 2\pi\frac{l}{\lambda}\cos\theta\Delta\theta - 2\pi\frac{l}{\lambda^2}\sin\theta\Delta\lambda \\ \Delta\theta &= \frac{\Delta\phi}{2\pi\frac{l}{\lambda}\cos\theta} + \frac{\Delta\lambda}{\lambda}\tan\theta \end{aligned}\right\} \tag{3.2-5}$$

从式(3.2-5)可以看出：

(1) 测角误差主要来源于相位误差 $\Delta\phi$ 和信号频率不稳定误差 $\Delta\lambda$。误差大小与 θ 有关，在天线视轴方向($\theta=0$)的误差最小，在基线方向($\theta=\pi/2$)的误差最大，以至于无法测向。因此，一般将单基线测角的范围限定在 $\left[-\frac{\pi}{3},\ \frac{\pi}{3}\right]$ 之内。相位误差 $\Delta\phi$ 包括相位失衡误差 $\Delta\phi_c$、相位测量误差 $\Delta\phi_q$ 和系统噪声引起的相位误差 $\Delta\phi_n$ 等，即

$$\Delta\phi = \Delta\phi_c + \Delta\phi_q + \Delta\phi_n \tag{3.2-6}$$

(2) 相位误差 $\Delta\phi$ 对测向误差的影响与 l/λ 成反比。要获得高的测向精度，必须尽可能提高 l/λ。但是，l/λ 越大，无模糊测角的范围就越小。因此，同时满足大的测角范围和高的测角精度要求是单基线相位干涉仪测向难以实现的。

3.2.1.2 一维多基线相位干涉仪测向

在一维多基线相位干涉仪中，用短基线保证大的测角范围，用长基线保证高的测角精度。图 3.2-2 给出了三基线 8 bit 相位干涉仪测向的原理框图。其中，"0"天线为基准天线，其他天线与它的基线长度分别为 l_1、l_2、l_3，其中

$$\left.\begin{aligned} l_2 &= 4l_1 \\ l_3 &= 4l_2 \end{aligned}\right\} \tag{3.2-7}$$

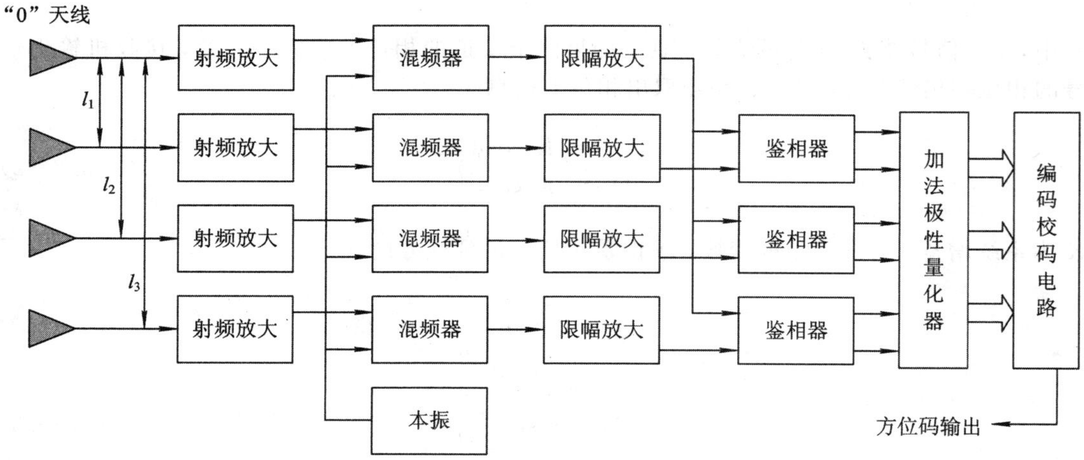

图 3.2-2 一维三基线相位干步仪测向的原理框图

四天线接收的信号经过各信道接收机(混频、中放、限幅器)送给三路鉴相器。其中"0"信道为鉴相基准。三路鉴相器的 6 路输出信号分别为 $\sin\phi_1$、$\cos\phi_1$、$\sin\phi_2$、$\cos\phi_2$、$\sin\phi_3$、$\cos\phi_3$。在忽略三信道相位不平衡的条件下，有

$$\left.\begin{aligned} \phi_1 &= 2\pi\frac{l_1}{\lambda}\sin\theta \\ \phi_2 &= 2\pi\frac{l_2}{\lambda}\sin\theta = 4\phi_1 \\ \phi_3 &= 2\pi\frac{l_3}{\lambda}\sin\theta = 4\phi_2 \end{aligned}\right\} \tag{3.2-8}$$

此 6 路信号经过加减电路、极性量化器、校码编码器产生 8 bit 方向码输出。加减电路、极

性量化器、校码编码器的工作原理同比相法瞬时测频接收机，此处不再赘述。

假设一维多基线相位干涉仪测向的基线数为 k，相邻基线的长度比为 n，最长基线编码器的角度量化位数为 m，则理论上的测向精度为

$$\delta\theta = \frac{\theta_{\max}}{n^{k-1}2^{m-1}} \tag{3.2-9}$$

相位干涉仪测向具有较高的测向精度，但其测向范围不能覆盖全方位，且同比相法瞬时测频一样，它对多信号也不具备同时分辨能力。此外，由于相位差是与信号频率有关的，所以在测向的时候，还需要对信号进行测频，求得波长 λ，才能唯一地确定雷达信号的到达方向。

3.2.2　线性相位多模圆阵测向技术

线性相位多模圆阵是一种全方位的相位法测向系统，它由圆阵天线和馈电网络（Butler 矩阵）、鉴相器、极性量化器、编码和校码电路等部分组成，如图 3.2－3 所示。

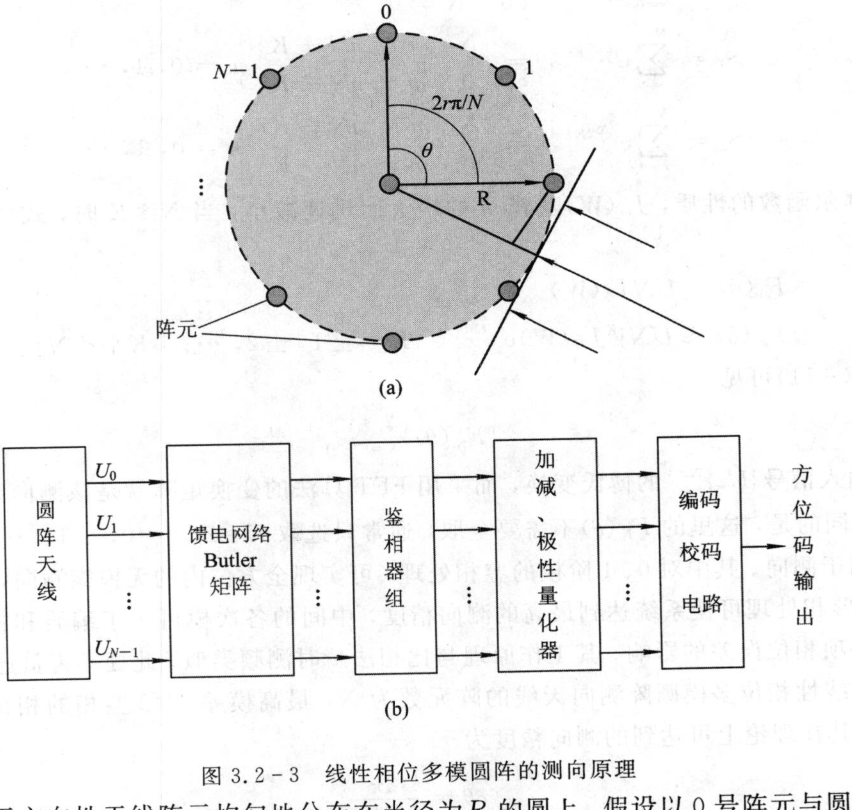

图 3.2－3　线性相位多模圆阵的测向原理

N 个无方向性天线阵元均匀地分布在半径为 R 的圆上，假设以 0 号阵元与圆心的连线方向为参考方向，当平面电磁波从 θ 方向到达天线阵面时，在各阵元上激励的电压为

$$\begin{aligned} U_r &= U\mathrm{e}^{\mathrm{j}\varphi_r} \\ \varphi_r &= 2\pi\frac{R}{\lambda}\cos\left(\theta-\frac{2\pi r}{N}\right) \qquad r=0,1,\cdots,N-1 \end{aligned} \tag{3.2-10}$$

式中，U 为接收到的复信号。对式(3.2-10)中的天线输出信号进行加权合成

$$F_K(\theta)=\sum_{r=0}^{N-1}U_r e^{j\frac{2\pi r}{N}K}=U\sum_{r=0}^{N-1}e^{j\left(\frac{2\pi r}{N}K+W\cos\left(\theta-\frac{2\pi r}{N}\right)\right)}\quad K=-\frac{N}{2}+1,\cdots,\frac{N}{2} \tag{3.2-11}$$

式中，$W=2\pi R/\lambda$，$F_K(\theta)$也称为 K 阶模。利用贝赛尔函数

$$e^{jx\cos y}=J_0(x)+2\sum_{m=1}^{\infty}j^m J_m(x)\cos(my)U_r e^{j\frac{2\pi r}{N}K} \tag{3.2-12}$$

代入式(3.2-11)可得

$$\begin{aligned}F_K(\theta)&=U\sum_{r=0}^{N-1}e^{j\frac{2\pi r}{N}K}\left[J_0(W)+2\sum_{m=1}^{\infty}j^m J_m(W)\cos\left[m\left(\theta-\frac{2\pi r}{N}\right)\right]\right]\\&=U\left[J_0(W)S_0+\sum_{m=1}^{\infty}j^m e^{jm\theta}S_1+\sum_{m=1}^{\infty}j^m J_m(W)e^{-jm\theta}S_2\right]\end{aligned} \tag{3.2-13}$$

其中

$$\left.\begin{aligned}S_0&=\sum_{r=0}^{N-1}e^{j\frac{2\pi r}{N}K}=\begin{cases}N & K=0\\0 & K\neq0\end{cases}\\S_1&=\sum_{r=0}^{N-1}e^{j\frac{2\pi r}{N}(K-m)}=\begin{cases}N & m=nN+K\\0 & m\neq nN+K\end{cases}\quad n=0,1,\cdots\\S_2&=\sum_{r=0}^{N-1}e^{j\frac{2\pi r}{N}(K+m)}=\begin{cases}N & m=nN-K\\0 & m\neq nN-K\end{cases}\quad n=0,1,\cdots\end{aligned}\right\} \tag{3.2-14}$$

根据贝赛尔函数的性质，$J_m(W)$随着 m 的增大而迅速减小，当 $N\gg K$ 时，式(3.2-13)近似为

$$\left.\begin{aligned}F_0(\theta)&=UNJ_0(W)\\F_K(\theta)&\approx UNj^K J_K(W)e^{-jK\theta}\qquad K=\pm1,\pm2,\cdots;\ |K|\ll N\end{aligned}\right\} \tag{3.2-15}$$

由式(3.2-11)可见

$$\{F_K(\theta)\}_{K=-\frac{N}{2}+1}^{\frac{N}{2}} \tag{3.2-16}$$

恰好是输入信号$\{U_r\}_{r=0}^{N-1}$的傅氏变换，而采用 FFT 算法的变换矩阵就是该测向系统的馈电网络。不同的是，这里的 $F_K(\theta)$不需要全取，通常只选取 $K=2^i$，$i=0$，±1，…，$\pm N/4$ 的部分模用于测向。其中对 0、1 阶模的鉴相处理，可实现全方位内的无模糊测向，对$-N/4$，$N/4$，的鉴相处理可使系统达到最高的测向精度，中间的各次模可用于编码和校码以降低系统中各项相位误差的影响。其工作原理与比相法瞬时测频类似，此处不再赘述。

假设线性相位多模圆阵测向天线的阵元数为 N，最高模差 $N/2$ 鉴相的相位量化位数为 m，则其在理论上可达到的测向精度为

$$\delta\theta=\frac{2\pi}{N2^{m-1}} \tag{3.2-17}$$

线性相位多模圆阵本身是一种宽带的测向技术，不同的信号频率只影响模的幅度而不影响相位，因而也就不影响测向。在实际工作中，线性相位多模圆阵测向的工作带宽主要取决于圆阵天线和微波馈电网络的工作带宽。与相位干涉仪测向一样，它也不能同时对多信号进行测向和分辨。

3.3　干涉仪测向解模糊算法

在天线阵中，假设基线长度为 l，若满足 $l<\lambda/2$，则该基线为短基线，若满足 $l\geqslant\lambda/2$，则称为长基线。对于短基线天线阵而言，任何一方向的入射波在两阵元之间的实际相位差都在±180°范围之内，尽管短基线天线阵的测量精度有限，但是测量值唯一地反映了真实值。对于长基线天线阵，由于基线长度大于二分之一波长，因此，对于某个方向的入射波，基线相位差的实际值可能超过±180°的范围。由于通过鉴相器测量得到的相位值只可能在±180°范围内，此时从测量值推算实际值就存在若干种可能，这就是干涉仪测向中存在的模糊问题。

干涉仪测向解模糊的一个最简单方法就是将长短基线进行组合使用，即将短基线的唯一性和长基线的测量精确性结合起来，用短基线的测量值解长基线的模糊。

3.3.1　长短基线解模糊方法

为了说明长短基线解模糊方法[2]，以三基线为例进行说明，如图 3.3－1 所示。图中，沿水平方向配置 4 根天线 A_0、A_1、A_2、A_3。

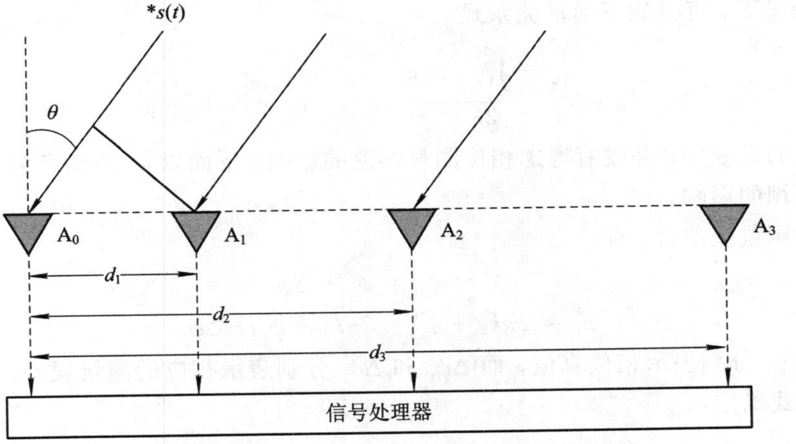

图 3.3－1　四元三基线天线阵

空间来波到达天线 A_i（$i=1, 2, 3$）与 A_0 之间的相位差记为 ψ_i。在这种天线配置中，最长基线 d_3 用来保证相位干涉仪达到规定的高测向精度，而基线 d_2 和 d_1 用来逐次解相位模糊。

根据图中的几何关系，可得

$$\psi_i = 2\pi\frac{d_i\sin\theta}{\lambda}\qquad i=1, 2, 3 \tag{3.3-1}$$

其中 λ 为入射信号波长。如果令

$$n_i = \frac{d_i}{\lambda}\qquad i=1, 2, 3 \tag{3.3-2}$$

可得

$$\psi_1 = 2\pi n_1 \sin\theta = 2\pi k_1 + \psi_1' \qquad k_1 \leqslant n_1 = \frac{d_1}{\lambda} \tag{3.3-3}$$

$$\psi_2 = 2\pi n_2 \sin\theta = 2\pi k_2 + \psi_2' \qquad k_2 \leqslant n_2 = \frac{d_2}{\lambda} \tag{3.3-4}$$

$$\psi_3 = 2\pi n_3 \sin\theta = 2\pi k_3 + \psi_3' \qquad k_3 \leqslant n_3 = \frac{d_3}{\lambda} \tag{3.3-5}$$

以上各式中，ψ_i 是不同基线 d_i 的相位干涉仪应当具有的相位差值，而 ψ_i' 是其测量值。

为了解相位模糊，对最短基线 d_1 的选择准则为：由该基线构成的相位干涉仪（$A_0 \sim A_1$），能够对辐射源在半空间范围内无模糊的单值测向。也就是说，选取 $d_1 < \lambda/2$（$n_1 < 1/2$），从而使 $k_1 = 0$。解相位模糊的实质就是通过上述三次测量确定 k_3 的值。

进行简单的推理，不难得出

$$k_1 = 0, \qquad \psi_1 = \psi_1' \tag{3.3-6}$$

$$k_2 = \frac{\left(\frac{n_2}{n_1}\right)\psi_1 - \psi_2'}{2\pi} \qquad \psi_2 = 2\pi k_2 + \psi_2' \tag{3.3-7}$$

$$k_3 = \frac{\left(\frac{n_3}{n_2}\right)\psi_2 - \psi_3'}{2\pi} \qquad \psi_3 = 2\pi k_3 + \psi_3' \tag{3.3-8}$$

一般情况下，可得如下递推关系式

$$k_i = \frac{\left(\frac{n_i}{n_{i-1}}\right)\psi_{i-1} - \psi_i'}{2\pi} \qquad \psi_i = 2\pi k_i + \psi_i' \tag{3.3-9}$$

在上面的推导中，并没有考虑相位测量误差的影响。下面以 k_2 的确定为例，分析测量误差对解模糊的影响。

考虑到测量误差后，有

$$\psi_1 = \psi_1' = \bar{\psi}_1' + \Delta\psi_1' \tag{3.3-10}$$

$$\psi_2 = 2\pi k_2 + \psi_2' = 2\pi k_2 + \bar{\psi}_2' + \Delta\psi_2' \tag{3.3-11}$$

式中，$\bar{\psi}_1'$ 和 $\bar{\psi}_2'$ 分别表示相位真值，而 $\Delta\psi_1'$ 和 $\Delta\psi_2'$ 分别表示相应的测量误差。于是 k_2 的值可以按照下式确定：

$$k_2 = \text{int}\left[\frac{(n_2/n_1)\bar{\psi}_1' - \bar{\psi}_2'}{2\pi} + \frac{(n_2/n_1)\Delta\psi_1' - \Delta\psi_2'}{2\pi}\right] \tag{3.3-12}$$

显然，只有式(3.3-12)右边第一项才能给出正确的 k_2 值。因此，要求测量误差的存在对式(3.3-12)右端取整后不会影响 k_2 的取值，即当

$$-\frac{1}{2} < \frac{(n_2/n_1)\Delta\psi_1' - \Delta\psi_2'}{2\pi} < \frac{1}{2} \tag{3.3-13}$$

时，按四舍五入的方法取整就能得到正确的 k_2 值。应当注意，较短基线相位干涉仪的测量误差 $\Delta\psi_1'$ 被放大了 n_2/n_1 倍，它与较长基线相位干涉仪的估计误差 $\Delta\psi_2'$ 之和，可能对 k_2 值的确定产生影响。所以 $n_i/n_{i-1} = d_i/d_{i-1}$ 的取值不能太大，这就是为什么要采取多基线逐次解相位模糊的原因。

换用更一般的符号，并考虑相位误差变化方向的最不利组合，可以得出解相位模糊所

遵循的条件为

$$\frac{(n_i/n_{i-1})\Delta\psi'_{i-1}-\Delta\psi'_i}{2\pi}<\frac{1}{2} \tag{3.3-14}$$

或

$$\frac{n_i}{n_{i-1}}<\frac{\pi-\Delta\psi'_i}{\Delta\psi'_{i-1}} \tag{3.3-15}$$

假定 $\Delta\psi'_{i-1}=\Delta\psi'_i=\Delta\psi'$，则式(3.3－15)简化为

$$\frac{n_i}{n_{i-1}}<\frac{\pi}{\Delta\psi'}-1 \tag{3.3-16}$$

或

$$\Delta\psi'<\frac{\pi}{(n_i/n_{i-1})+1} \tag{3.3-17}$$

式(3.3－16)和式(3.3－17)决定了在给定的相位测量误差 $\Delta\psi'$时所能选用的最大基线长度，而式(3.3－17)决定了在给定的基线长度比时所允许的最大的相位测量误差。

3.3.2　长基线解模糊方法

如果干涉仪测向系统中的所有基线长度都大于入射波的半波长，则称该干涉仪测向系统为长基线干涉仪测向系统。由前面的分析可知，该系统的任何一条基线测量得到的相位差值均不能正确地反映实际的相位差值。

3.3.2.1　单基线测向模糊区

假设两个理想点源天线组成如图 3.3－2 所示的单基线，则两天线之间的实际相位差为

$$\psi=2\pi\frac{d\ \sin\theta}{\lambda} \tag{3.3-18}$$

其中 d 为基线长度，λ 为入射信号波长，θ 为入射信号的方位角。

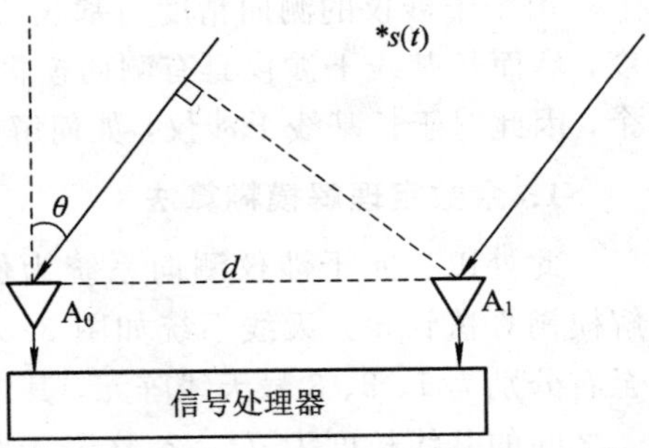

图 3.3－2　单基线天线阵

设实际测量得到的相位差为 ψ_0，则实际相位差可以表示为

$$\psi=\psi_0+2k\pi\qquad k=0,\pm1,\pm2,\cdots \tag{3.3-19}$$

假设由 ψ_0 确定的来波入射角为 θ_0，则由式(3.3－18)可得

$$\theta_0=\arcsin\left(\frac{\lambda\psi_0}{2\pi d}\right) \tag{3.3-20}$$

再由 $|\psi_0|<\pi$ 可得

$$-\frac{\lambda}{2d}<\sin\theta_0<\frac{\lambda}{2d} \tag{3.3-21}$$

故两天线之间可能的相位差 ψ_m 用 θ_0 可表示为

$$\psi_m=2\pi\frac{d\ \sin\theta_0}{\lambda}+2k\pi \tag{3.3-22}$$

考虑到式(3.3－18)，则有

$$\psi_m = 2\pi \frac{d \sin\theta_m}{\lambda} = 2\pi \frac{d \sin\theta_0}{\lambda} + 2k\pi \tag{3.3-23}$$

所以，实际入射方位角可能为

$$\theta_m = \arcsin\left(\sin\theta_0 + k \frac{\lambda}{d}\right) \tag{3.3-24}$$

因此，为了使用该式计算来波入射角，当 θ_0 给定时，k 应满足

$$-\frac{d}{\lambda}(1 + \sin\theta_0) \leqslant k \leqslant \frac{d}{\lambda}(1 - \sin\theta_0) \tag{3.3-25}$$

根据式(3.3－21)和式(3.3－24)可得，来波入射角的模糊区数目 M 由下式确定：

$$M = \mathrm{int}\left(\frac{2d}{\lambda}\right) + 1 \tag{3.3-26}$$

即根据测得的在主值区间$(-\pi, \pi]$内的相位差反映出可能的来波入射角最多有 M 个，加上镜像模糊角一共是 $2M$ 个。

对于理想点源单基线天线阵，在三维空间里，具有相同入射角 θ 的来波可以形成一个锥面，锥面的旋转轴是基线方向。在这种情况下，在球坐标系中设置坐标 θ 的取值范围在$[-\pi/2, \pi/2]$之间就可能覆盖整个空间。将入射角扩展到空间，在半径为 1、球心在基线中点的球面上表示，则实际的来波方向与球面上的点一一对应。单基线测得的来波入射角构成了顶点在球心的锥面，该锥面与单位球面的交线是一个圆，称为方向圆。模糊区则表现为 M 个条带。

3.3.2.2　长基线干涉仪解模糊方法

由于干涉仪的测向精度与基线长度成正比关系，因此长基线干涉仪具有较高的测向精度，然而长基线干涉仪具有测向模糊性，根据实测得到的相位反推出的方位角可能有若干个，因此对于长基线干涉仪，如何解模糊至关重要。

1. 余数定理解模糊算法

此处以三元干涉仪测向系统为例进行余数定理解模糊算法讨论。天线系统如图 3.3－3 所示，从左至右分别为 1、2、3 号天线阵元，其中 1、2 号天线阵元之间的基线长度为 d_{12}，2、3 号天线阵元之间的基线长度为 d_{23}。假设空间来波从基线法线方向成 θ 角入射，d_{12} 与 d_{23} 之间满足

$$\frac{d_{12}}{d_{23}} = \frac{p}{q} \tag{3.3-27}$$

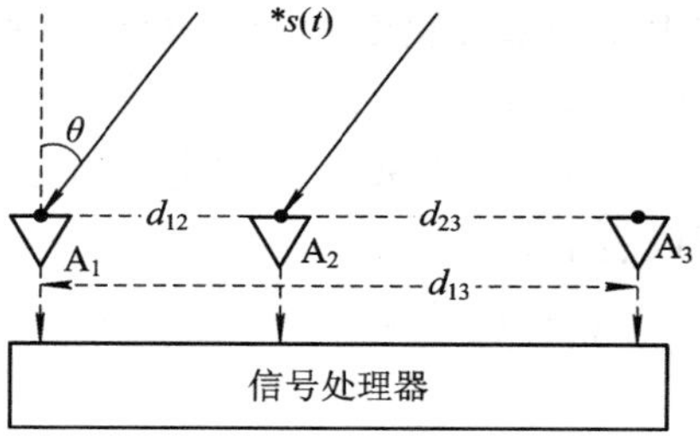

图 3.3－3　三天线干涉仪系统

其中 p、q 互质。

设 ψ_{12} 为天线 1、2 接收信号的实际相位差，ψ_{23} 为天线 2、3 接收信号的实际相位差，ψ'_{12} 为鉴相电路鉴相结果，取值区间为$[-\pi, \pi)$，ψ'_{23} 为鉴相电路鉴相结果，取值区间也为$[-\pi, \pi)$。则由测向系统的几何结构可得

$$\psi_{12} = 2\pi \frac{d_{12} \sin\theta}{\lambda} = 2k\pi + \psi'_{12} \tag{3.3-28}$$

$$\psi_{23} = 2\pi \frac{d_{23} \sin\theta}{\lambda} = 2l\pi + \psi'_{23} \tag{3.3-29}$$

由于 d_{12}、d_{23} 是已知的，所以计算出的 ψ_{12}、ψ_{23} 必然要满足如下的比例关系，即

$$\frac{\psi_{12}}{\psi_{23}}=\frac{d_{12}}{d_{23}}=\frac{p}{q} \tag{3.3-30}$$

k、l 在一定的范围内进行搜索，可使式(3.3-30)成立，此时的 ψ_{12}、ψ_{23} 才是真实的相位差。

由上面的结果可得

$$2k\pi+\psi'_{12}=\frac{p}{q}(2l\pi+\psi'_{23}) \tag{3.3-31}$$

进一步整理，将包含 k、l 的项移到方程式的一边，可得

$$kq-lp=\frac{p\psi_{23}-q\psi'_{12}}{2\pi} \tag{3.3-32}$$

从式(3.3-32)可以看出，如果 k_0、l_0 是方程的真实解，则 k_0+mp、l_0+mq(m 为整数)也是方程的解。因此，ψ_{12} 的无模糊范围为 $2\pi p$，也即在$(-p\pi, p\pi)$范围内无相位模糊。因此，对式(3.3-30)描述的双基线系统，即解相位模糊能力而言相当于一个阵元距离为 d_1/p 的阵列天线，称 d_1/p 为虚拟阵元距离，等效于在阵元 1、2 之间插入了 $p-1$ 个虚拟天线，在阵元 2、3 之间插入了 $q-1$ 个虚拟天线。因此，该天线系统解模糊能力比单基线 d_{12} 扩大了 p 倍。上述解模糊的方法，通常称为余数定理解模糊。

关于 k、l 的搜索过程可以简单推导如下，因为

$$|\sin\theta|\leqslant 1 \tag{3.3-33}$$

由式(3.3-28)可得

$$\left|\frac{\lambda(2k\pi+\psi'_{12})}{2\pi d_{12}}\right|\leqslant 1 \tag{3.3-34}$$

利用该式解出 k 的取值范围，可得

$$-\frac{d_{12}}{\lambda}-\frac{\psi'_{12}}{2\pi}\leqslant k\leqslant\frac{d_{12}}{\lambda}-\frac{\psi'_{12}}{2\pi} \tag{3.3-35}$$

将式(3.3-28)和式(3.3-29)相比，可得 k、l 的关系式为

$$l=\frac{d_{23}}{d_{12}}\left(k+\frac{\psi'_{12}}{2\pi}\right)-\frac{\psi'_{23}}{2\pi}=\frac{q}{p}\left(k+\frac{\psi'_{12}}{2\pi}\right)-\frac{\psi'_{23}}{2\pi} \tag{3.3-36}$$

当 k 在式(3.3-35)所表示的范围内进行变化时，由式(3.3-36)所确定的 l 也随着 k 值的变化而变化。因为 k 和 l 只能取整数，由于 ψ'_{12} 和 ψ'_{23} 存在误差，使得由式(3.3-36)所决定的 l 可能不是整数。但是当 ψ'_{12} 和 ψ'_{23} 很接近真实值时，可以把最接近整数的 l 作为真实值 l_0，与 l_0 对应的 k 记为 k_0。于是有

$$\psi_{12}=2k_0\pi+\psi'_{12} \tag{3.3-37}$$

$$\psi_{23}=2l_0\pi+\psi'_{23} \tag{3.3-38}$$

得到上面的实际相位差值，即可求解出来波信号的真实方向角。

2. 分数阶基线比解模糊算法

此处同样以三元干涉仪测向系统为例进行分数阶基线比解模糊算法讨论。其中的阵元序号和基线序号定义同前，假设 $d_{13}/d_{12}=k+\Delta k$，其中 k、Δk 分别为正整数和小数，则两基线的相位差为

$$\psi_{12}=2\pi\frac{d_{12}\sin\theta}{\lambda}=2n\pi+\Delta\psi \tag{3.3-39}$$

$$\psi_{13} = 2\pi \frac{d_{13}\sin\theta}{\lambda} = 2nk\pi + 2n\Delta k\pi + \Delta\psi(k+\Delta k) = 2m\pi + \Delta\psi \qquad (3.3-40)$$

$$\Delta\psi = \mathrm{mod}(\psi_{13}, 2\pi) = \psi_{13} - 2\pi \times \mathrm{int}\left(\frac{\psi_{13}}{2\pi}\right) \qquad (3.3-41)$$

其中 $\Delta\psi$、k、Δk、$\Delta\psi'$为已知数，n、m 为未知数。通过式(3.3-39)和式(3.3-40)可知，n、m 不会出现异号的情况，即满足 n、m 同时为非负整数或同时为负整数。在 n、m 同时为非负整数时，假设 Δk 很小，使 $n\Delta k<1$，令 $c=\mathrm{int}[\Delta\psi\times(k+\Delta k)/2\pi]$，则可以分两种情况进行估计。

(1) $n\Delta k$ 的作用不能多发生一次取模，则有

$$m = nk + c \qquad (3.3-42)$$

代入式(3.3-40)有

$$2nk\pi + 2n\Delta k\pi + \Delta\psi(k+\Delta k) = 2\pi(nk+c) + \Delta\psi' \qquad (3.3-43)$$

整理后可得

$$\left.\begin{aligned} 2n\Delta k\pi &= \Delta\psi' - \Delta\psi(k+\Delta k) + 2c\pi \\ n &= \mathrm{int}\left[\frac{\Delta\psi' - \Delta\psi(k+\Delta k) + 2c\pi}{2\Delta k\pi} + 0.5\right] \end{aligned}\right\} \qquad (3.3-44)$$

(2) $n\Delta k$ 的作用恰好多发生一次取模，则有

$$m = nk + c + 1 \qquad (3.3-45)$$

此时代入式(3.3-40)有

$$2nk\pi + 2n\Delta k\pi + \Delta\psi(k+\Delta k) = 2\pi(nk+c+1) + \Delta\psi' \qquad (3.3-46)$$

整理后可得

$$\left.\begin{aligned} 2nk\pi &= \Delta\psi' - \Delta\psi(k+\Delta k) + 2(c+1)\pi \\ n &= \mathrm{int}\left[\frac{\Delta\psi' - \Delta\psi(k+\Delta k) + 2(c+1)\pi}{2\Delta k\pi} + 0.5\right] \end{aligned}\right\} \qquad (3.3-47)$$

综上两种情况，可得

$$\psi = \Delta\psi' + 2\pi c - \Delta\psi(k+\Delta k) \qquad (3.3-48)$$

$$n = \begin{cases} \mathrm{int}\left(\dfrac{\psi}{2\Delta k\pi} + 0.5\right), & m = nk + c \quad \psi \geqslant 0 \\ \mathrm{int}\left(\dfrac{\psi + 2\pi}{2\Delta k\pi} + 0.5\right), & m = nk + c + 1 \quad \psi < 0 \end{cases} \qquad (3.3-49)$$

同理，可以得到在 n、m 同时为负整数时，n、m 之间满足下述关系

$$n = \begin{cases} \mathrm{int}\left(\dfrac{\psi}{2\Delta k\pi} - 0.5\right), & m = nk + c \quad \psi \leqslant 0 \\ \mathrm{int}\left(\dfrac{\psi - 2\pi}{2\Delta k\pi} - 0.5\right), & m = nk + c - 1 \quad \psi > 0 \end{cases} \qquad (3.3-50)$$

在式(3.3-49)和(3.3-50)中，由于 $\Delta\psi$、$\Delta\psi'$、c、k、Δk 均为已知，所以通过该式可以求得 ψ，根据上面两式可以求得相应的 n、m，代入式(3.3-39)和式(3.3-40)可以得到两基线的实际相位差，从而可以实现解模糊。

由于实际应用中误差的存在，经常会使得以上两种算法的解模糊出现错误。然而从上面的分析可以看出，短基线的测量精度对整个系统的解模糊起着关键作用，因此对于余数定理和分数阶基线两种解模糊算法，在实际应用中对短基线的测量精度有一定的要求，如

果测量精度太低，将导致测量误差太大，就无法保证对干涉仪测向系统测量范围内的所有入射角都能正确地解模糊。

参考文献

[1] 赵国庆. 雷达对抗原理[M]. 西安：西安电子科技大学出版社，1999.

[2] 董传纲. 阵列天线高精度侦察测向技术[D]. 西安：西安电子科技大学，2008.

[3] 朱庆厚. 干涉仪测向体制的误差分析与对策[J]. 无线电工程，1994，24(2)：7-14.

[4] 夏军成. 干涉仪接收机中的余数定理解模糊技术[J]. 舰船电子对抗，2006，8(4)：70-72.

[5] 李勇，赵国伟，李滔. 一种机载单站相位干涉仪解模糊算法[J]. 传感技术学报，2006，19(6)：2600-2606.

[6] 池庆玺，司锡才，卓志敏. 相位系统中解模糊方法研究[J]. 弹箭与制导学报，2005，25(4)：267-270.

[7] 司伟建，初萍. 干涉仪测向解模糊方法[J]. 应用科技，2007，34(9)：54-57.

[8] 李炳荣，曲长文，平殿发. 单信道相关干涉仪测向技术研究[J]. 通信对抗，2006(4)：21-23.

[9] 李炳荣，曲长文，唐小明. 单信道相位相关干涉仪的通信测向技术[J]. 武器装备自动化，2006，25(10)：3-5.

[10] 王崇厚. 相关干涉仪及其应用[J]. 中国无线电管理，2001(8)：28-30.

[11] 刘芬，明望，陶松. 相关处理在干涉仪测向中的应用[J]. 电子科学技术评论，2005(11)：31-37.

[12] 辛红，郑家骏，梁昌洪. 长基线测向模糊性消除[J]. 电波科学学报，1999，12(4)：416-421.

[13] 李淳，廖桂生，李艳斌. 改进的相关干涉仪测向处理算法[J]. 西安电子科技大学学报：自然科学版，2006，33(3)：400-403.

第四章　空间谱估计高精度测向

随着对空域信号的检测和参数的估计要求越来越高，作为空域处理的主要手段，阵列信号处理在通信、雷达、声纳、地震探测、射电天文等领域获得了广泛应用与迅速发展[1,2]。很多雷达和声纳系统以天线阵列和水声器阵列作为系统的主要组成部分，以提高目标探测器性能；很多通信系统利用相控阵或多波束天线来提高系统处理的性能，以获得较高的系统容量和服务质量；用于地震信号处理的阵列天线技术被广泛应用于石油探测和地下核试验的监视，很多医疗诊断和治疗技术也采用了阵列处理技术，在射电天文领域也采用了大规模阵列来实现高分辨处理。

阵列信号处理的主要内容可分为波束形成技术、零点形成技术及空间谱估计技术等几个方面，它们都是基于对信号进行空间采样的数据进行处理，因此，这些技术是相互渗透和相互关联的。由于处理的目的不同，其着眼点有所区别，因而导致不同的算法。从发展的历史看，空域信号处理的三个内容，实际上是阵列信号处理的发展过程，也可以说是理论研究的逐步深入。波束形成技术的主要目的是使阵列天线方向图的主瓣指向所需的方向。零点形成技术的主要目的是使天线的零点对准干扰方向。换句话说，前者是提高阵列输出所需信号的强度，后者则是减小干扰信号的强度，实质上都是提高阵列输出的信噪比问题。而空间谱估计则主要研究在处理带宽内的空间信号到达方向(Direction of Arrive，DOA)的问题。当然，若将这几种技术相结合，则会对空域信号处理的性能有很大的提高。目前国内对阵列空间谱估计技术进行广泛而深入的研究[3,4,5]，而且极大地推动了阵列信号处理技术的发展和应用。

4.1　自适应波束形成器

考察在空间传播的多个信号源，它们均为窄带信号。现在利用一天线阵列对这些信号进行接收。每根天线称为一个阵元，它们都是全向天线，即无任何方向性。通常，阵元常沿直线或圆周排列。为方便分析，这里假设各阵元等间距地直线排列，这种阵列简称为等距线阵，如图 4.1－1 所示。

由于窄带信号的包络变化缓慢，所以等距线阵各阵元接收到的同一信号的包络相同。令空间信号 $s_i(t)$ 与阵元的距离足够远，以致于其电波到达各阵元的波前为平面波，这样的信号称为远场信号。远场信号 $s_i(t)$ 到达各阵元的方向角相同，用 θ_i 表示，称为波达方向(角)，定义为信号 $s_i(t)$ 到达阵元的直射线与阵列法线之间的夹角。以阵元 1 作为基准点(简称为参考阵元)，即空间信号 $s_i(t)$ 在参考阵元上接收信号等于 $s_i(t)$。这一信号到达其他

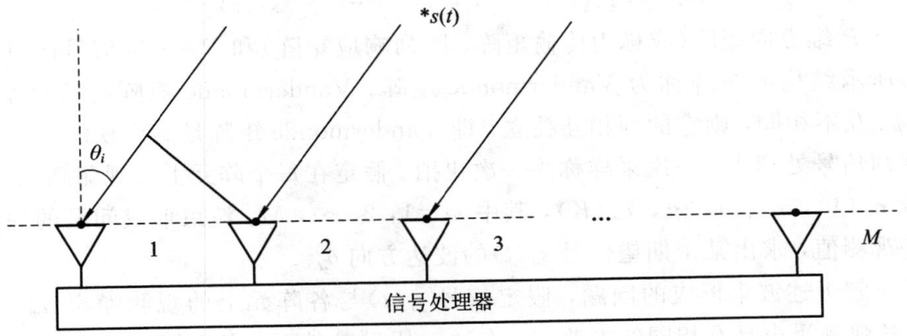

图 4.1-1　等距线阵与远场信号 $s_i(t)$

阵元的时间相对于参考阵元存在延迟(或超前)。如果令信号 $s_i(t)$ 电波传播延迟在第 2 个阵元引起的相位差为 ϕ_i，则由图 4.1-1 已知，波达方向 θ_i 与相位差 ϕ_i 之间具有关系

$$\phi_i = 2\pi \frac{d}{\lambda} \sin\theta_i \tag{4.1-1}$$

式中，d 为两个相邻阵元之间的间距，λ 为信号波长。阵元间距 d 应满足“半波长”条件 $d \leqslant \lambda/2$，否则相位差 ϕ_i 有可能大于 π，而产生所谓的方向模糊，即 θ_i 和 $\pi+\theta_i$ 都可以是信号$s_i(t)$的波达方向。显然，由于是等距线阵，所以信号 $s_i(t)$ 到达第 k 个阵元的电波与到达参考阵元的电波之间的相位差为$(k-1)\phi_i = 2\pi(k-1)(d/\lambda)\sin\theta_i$。因此，信号 $s_i(t)$ 在第 k 个阵元上的接收信号为 $s_i(t)\mathrm{e}^{-\mathrm{j}(k-1)\phi_i}$。

若阵列由 M 个阵元组成，则信号 $s_i(t)$ 到达各阵元的相位差所组成的向量

$$\begin{aligned}\boldsymbol{a}(\phi_i) &\overset{\text{def}}{=} [1,\quad \mathrm{e}^{-\mathrm{j}\phi_i},\quad \cdots,\quad \mathrm{e}^{-\mathrm{j}(M-1)\phi_i}]^{\mathrm{T}} \\ &= [a_1(\phi_i),\ a_2(\phi_i),\ \cdots,\ a_M(\phi_i)]^{\mathrm{T}}\end{aligned} \tag{4.1-2}$$

称为信号 $s_i(t)$的方向向量或响应向量。如果总共有 P 个信号位于远场(其中 $P \leqslant M$)，则在第 m 个阵元上的观测或接收信号 $x_m(t)$ 为

$$x_m(t) = \sum_{p=1}^{P} a_m(\phi_p) s_p(t) + n_m(t) \qquad m = 1, 2, \cdots, M \tag{4.1-3}$$

式中 $n_m(t)$表示第 m 个阵元上的加性观测噪声。将 M 个阵元上的观测数据组成 $M\times1$ 维观测数据向量

$$\boldsymbol{x}(t) = [x_1(t) \quad x_2(t) \quad \cdots \quad x_M(t)]^{\mathrm{T}} \tag{4.1-4}$$

类似地，可以定义 $M\times1$ 维观测噪声向量

$$\boldsymbol{n}(t) = [n_1(t) \quad n_2(t) \quad \cdots \quad n_m(t)]^{\mathrm{T}} \tag{4.1-5}$$

这样以来，式(4.1-3)就可以用向量形式写作

$$\boldsymbol{x}(t) = \sum_{p=1}^{P} \boldsymbol{a}(\phi_p) s_p(t) + \boldsymbol{n}(t) = \boldsymbol{A}(\phi)\boldsymbol{s}(t) + \boldsymbol{n}(t) \tag{4.1-6}$$

其中

$$\begin{aligned}\boldsymbol{A}(\phi) &= [\boldsymbol{a}(\phi_1) \quad \boldsymbol{a}(\phi_2) \quad \cdots \quad \boldsymbol{a}(\phi_P)] \\ &= \begin{bmatrix} 1 & 1 & \cdots & 1 \\ \mathrm{e}^{-\mathrm{j}\phi_1} & \mathrm{e}^{-\mathrm{j}\phi_2} & \cdots & \mathrm{e}^{-\mathrm{j}\phi_P} \\ \vdots & \vdots & & \vdots \\ \mathrm{e}^{-\mathrm{j}(M-1)\phi_1} & \mathrm{e}^{-\mathrm{j}(M-1)\phi_2} & \cdots & \mathrm{e}^{-\mathrm{j}(M-1)\phi_P} \end{bmatrix}\end{aligned} \tag{4.1-7}$$

$$s(t) = [s_1(t) \quad s_2(t) \quad \cdots \quad s_P(t)]^{\mathrm{T}} \tag{4.1-8}$$

分别为 $M\times P$ 维方向矩阵(或称为传输矩阵、阵列响应矩阵)和 $P\times 1$ 维信号向量。具有式(4.1-7)所示结构的矩阵称为 Vandermonde 矩阵。Vandermonde 矩阵的特点是：若 ϕ_1，ϕ_2，…，ϕ_P 互不相同，则它的列相互独立，即 Vandermonde 矩阵是满列秩的。

在阵列信号处理中，一次采样称为一次快拍。假定在每个阵元上共观测到 K 次快拍的接收信号 $x_m(1)$，$x_m(2)$，…，$x_m(K)$，其中 $m=1, 2, \cdots, M$。波束形成问题的提法是：仅利用这些观测值，求出某个期望信号 $s_d(t)$的波达方向 θ_d。

为了求解上述波束形成的问题，假定信号 $s_i(t)$与各阵元上的观测噪声 $n_m(t)$统计独立，并且各观测噪声具有相同的方差 σ^2。在这一假设条件下，考虑第 p 个信号的接收。此时，其他信号为干扰信号，应予以抑制。为此，设计一权向量 $\boldsymbol{w}=[w_1 \quad w_2 \quad \cdots \quad w_M]^{\mathrm{T}}$，并对阵列的 M 个阵元的第 k 次快拍接收信号 $x_1(k)$，$x_2(k)$，…，$x_M(k)$进行加权求和，得到输出信号

$$y(k) = \sum_{m=1}^{M} w_m^* x_m(k) = \boldsymbol{w}^{\mathrm{H}}\boldsymbol{x}(k) \tag{4.1-9}$$

考虑使 K 次快拍的输出能量的平均值为最小，即

$$\min_{\boldsymbol{w}} \frac{1}{K}\sum_{k=1}^{K} |y(k)|^2 = \min_{\boldsymbol{w}} \frac{1}{K}\sum_{k=1}^{K} |\boldsymbol{w}^{\mathrm{H}}\boldsymbol{x}(k)|^2 \tag{4.1-10}$$

设计权向量 $\boldsymbol{w}$ 的这一准则称为最小输出能量(Minimum Output Energy，MOE)准则，它在通信信号处理、雷达信号处理等中具有重要的应用。

令

$$\hat{\boldsymbol{R}}_{xx} = \frac{1}{K}\sum_{k=1}^{K} \boldsymbol{x}(k)\boldsymbol{x}^{\mathrm{H}}(k) \tag{4.1-11}$$

为观测信号向量 $\boldsymbol{x}(k)$的样本自相关矩阵，可将式(4.1-10)所示的 MOE 准则写作

$$\begin{aligned}\min_{\boldsymbol{w}} \frac{1}{K}\sum_{k=1}^{K} |y(k)|^2 &= \min_{\boldsymbol{w}} \boldsymbol{w}^{\mathrm{H}}\left(\frac{1}{K}\sum_{k=1}^{K}\boldsymbol{x}(k)\boldsymbol{x}^{\mathrm{H}}(k)\right)\boldsymbol{w} \\ &= \min_{\boldsymbol{w}} \boldsymbol{w}^{\mathrm{H}}\hat{\boldsymbol{R}}_{xx}\boldsymbol{w}\end{aligned} \tag{4.1-12}$$

当 $K\to\infty$时，式(4.1-12)变为

$$E\{|y(k)|^2\} = \lim_{K\to\infty}\frac{1}{K}\sum_{k=1}^{K}|y(k)|^2 = \boldsymbol{w}^{\mathrm{H}}\boldsymbol{R}_{xx}\boldsymbol{w} \tag{4.1-13}$$

其中 $\boldsymbol{R}_{xx}$ 为 $\boldsymbol{x}(k)$的自相关矩阵。注意到阵列观测信号向量

$$\boldsymbol{x}(k) = \boldsymbol{a}(\phi_d)s_d(k) + \sum_{p=1,\ p\neq d}^{P}\boldsymbol{a}(\phi_p)s_p(k) + \boldsymbol{n}(k) \tag{4.1-14}$$

式中：第一项是希望抽取的信号即期望信号；第二项表示期望拒绝的其他信号(统称为干扰信号)之和；第三项为加性噪声项。将式(4.1-14)代入式(4.1-13)中，即有

$$E\{|y(k)|^2\} = E\{|s_d(k)|^2\}|\boldsymbol{w}^{\mathrm{H}}\boldsymbol{a}(\phi_d)|^2 + \sum_{p=1,\ p\neq d}^{P}E\{|s_p(k)|^2\}|\boldsymbol{w}^{\mathrm{H}}\boldsymbol{a}(\phi_p)|^2 + \sigma^2|\boldsymbol{w}|^2 \tag{4.1-15}$$

这里使用了加性噪声 $n_1(k)$，…，$n_M(k)$具有相同方差的假设条件。

由式(4.1-15)容易看出，若权向量 $\boldsymbol{w}$ 满足约束条件

$$w^{H}a(\phi_d) = a^{H}(\phi_d)w = 1 \quad (\text{波束形成条件}) \tag{4.1-16}$$

$$w^{H}a(\phi_p) = 0, \quad \phi_p \neq \phi_d \quad (\text{零点形成条件}) \tag{4.1-17}$$

则权向量将起到只抽取期望信号，而拒绝所有其他干扰信号之目的。此时，式(4.1-15)简化为

$$E\{|y(k)|^2\} = E\{|s_d(k)|^2\} + \sigma^2 |w|^2 \tag{4.1-18}$$

值得指出的是，只需要在波束形成条件的约束下，使输出能量$E\{|y(k)|^2\}$最小化，波束形成器的输出信号的平均能量就仍然和式(4.1-18)相同，即能够使零点形成条件自动成立。因此，最佳波束形成器的设计变成了在约束条件(4.1-16)下使输出能量$E\{|y(k)|^2\}$最小化，即

$$\left.\begin{aligned} &\min_{w} w^{H} R_{xx} w \\ &\text{s.t.} \quad w^{H}a(\phi_d) = 1 \end{aligned}\right\} \tag{4.1-19}$$

该最优化问题可以利用拉格朗日(Largange)乘数方法求解。为此，目标函数为

$$J(w) = w^{H}R_{xx}w + \lambda[1 - w^{H}a(\phi_d)] \tag{4.1-20}$$

令$\partial J(w)/\partial w^{H}=0$，可得$R_{xx}w-\lambda a(\phi_d)=0$，从而得到使输出能量最小化的最佳波束形成器

$$w_{\text{opt}} = \lambda R_{xx}^{-1}a(\phi_d) \tag{4.1-21}$$

将这一波束形成器代入约束条件(4.1-16)可得

$$\lambda = \frac{1}{a^{H}(\phi_d)R_{xx}^{-1}a(\phi_d)} \tag{4.1-22}$$

这是因为 Lagrange 乘数为一实数。

将式(4.1-22)代入式(4.1-21)可知，使输出能量最小化的最佳波束形成器为

$$w_{\text{opt}} = \frac{R_{xx}^{-1}a(\phi_d)}{a^{H}(\phi_d)R_{xx}^{-1}a(\phi_d)} \tag{4.1-23}$$

该波束形成器是 Capon 于 1969 年提出的[6]，称为最小方差无畸变响应(Minimum Variance Distortionless Response，MVDR)波束形成器。正如 Bartlett 波束形成器一样，MVDR 算法同样提供了一种不依赖于任何基本信号模型的空间谱估计。它的基本原理是使来自非期望波达方向的任何干扰所贡献的功率最小，但又能保持“在观测方向上的信号功率”不变。因此，它可以看做一个尖锐的空间带通滤波器。

式(4.1-23)表明，第 p 个信号源的最佳波束形成器的设计决定于该信号波达方向参数 ϕ_p 的估计。为了确定 P 个信号的波达方向参数 ϕ_1，ϕ_2，…，ϕ_P，Capon 定义了“空间谱”[6]

$$P_{\text{Capon}}(\phi) = \frac{1}{a^{H}(\phi)R_{xx}^{-1}a(\phi)} \tag{4.1-24}$$

并将谱峰对应的 ϕ_1，ϕ_2，…，ϕ_P 定为 P 个信号的波达方向。由于在这种方法中所使用的最佳滤波器类似于高斯随机噪声中估计已知频率正弦波幅值的最大似然估计的形式，所以式(4.1-24)常被误称为“最大似然谱估计”。目前在不少文献中，仍然沿用这一称呼。

下面给出 Capon 空间谱的算法实现步骤：

(1) 由阵列的接收数据估计数据协方差矩阵 $\hat{R}_{xx}$；

(2) 对 $\hat{R}_{xx}$ 进行矩阵求逆运算；

(3) 根据信号的参数范围利用式(4.1-24)进行谱峰搜索；

(4) 找出极大值点所对应的 ϕ，并利用(4.1-1)式求解信号的入射方向。或直接利用以信号入射方向为参数的导向矢量进行谱峰搜索，找出极大值点对应的角度就是信号的入射方向。

根据式(4.1-23)选择的权矢量，以其中的某个源作为所需信号，另一个作为干扰信号。则此时的阵列输出含有干扰功率情况可以简单分析如下。

由于主瓣约束条件下的输出功率为

$$P=\frac{1}{\boldsymbol{a}^{\mathrm{H}}(\phi_d)\boldsymbol{R}_{xx}^{-1}\boldsymbol{a}(\phi_d)}=\frac{1}{\sum_{m=1}^{M}\frac{1}{\lambda_m}\boldsymbol{a}^{\mathrm{H}}(\phi_d)\boldsymbol{u}_m\boldsymbol{u}_m^{\mathrm{H}}\boldsymbol{a}(\phi_d)}=\frac{1}{\sum_{m=1}^{M}\frac{1}{\lambda_m}\|\boldsymbol{a}^{\mathrm{H}}(\phi_d)\boldsymbol{u}_m\|^2}\tag{4.1-25}$$

其中 λ_m 和 $\boldsymbol{u}_m$ 为协方差矩阵 $\boldsymbol{R}_{xx}$ 的特征值和与其相应的特征矢量，如果以降序排列有

$$\lambda_1\geqslant\lambda_2>\lambda_3=\cdots=\lambda_M=\sigma^2\tag{4.1-26}$$

同时满足

$$\boldsymbol{a}^{\mathrm{H}}(\phi_d)\boldsymbol{u}_m=0\quad m=3,\cdots,M,\quad d=1,2\tag{4.1-27}$$

所以，式(4.1-25)可以简化为

$$P=\frac{1}{\frac{1}{\lambda_1}\|\boldsymbol{a}^{\mathrm{H}}(\phi_d)\boldsymbol{u}_1\|^2+\frac{1}{\lambda_2}\|\boldsymbol{a}^{\mathrm{H}}(\phi_j)\boldsymbol{u}_2\|^2}\tag{4.1-28}$$

由参考文献[3]可知，若两个信号相同，且两信号靠得比较近(夹角比较小)，则有

$$M\frac{\frac{2\pi d}{\lambda}|\sin\theta_d-\sin\theta_j|}{2}\ll 1\tag{4.1-29}$$

另

$$\Delta=\frac{M}{\sqrt{3}}\frac{2\pi d|\sin\theta_d-\sin\theta_j|}{2\lambda}\tag{4.1-30}$$

则有

$$\lambda_1=MP_s\left(1-\frac{1}{4}\Delta^2+\frac{3}{80}\Delta^4\right)+\sigma^2\approx MP_s+\sigma^2\tag{4.1-31}$$

$$\lambda_2=MP_s\left(\frac{1}{4}\Delta^2-\frac{3}{80}\Delta^4\right)+\sigma^2\approx MP_s+\frac{1}{4}\sigma^2\Delta^2\tag{4.1-32}$$

$$\|\boldsymbol{a}^{\mathrm{H}}(\phi_d)\boldsymbol{u}_1\|^2=1-\frac{1}{4}\Delta^2+\frac{3}{80}\Delta^4\tag{4.1-33}$$

$$\|\boldsymbol{a}^{\mathrm{H}}(\phi_j)\boldsymbol{u}_2\|^2=\frac{1}{4}\Delta^2-\frac{3}{80}\Delta^4\tag{4.1-34}$$

将上述各式代入式(4.1-25)，简化后可得输出功率为

$$P=MP_s\left[1-\frac{\frac{1}{4}\Delta^2(\mathrm{ASNR})}{1+\frac{1}{2}\Delta^2(\mathrm{ASNR})}\right]\tag{4.1-35}$$

式中，$ASNR=MP_s/\sigma^2$ 表示阵列信噪比，而 P_s 表示信号功率。式(4.1-35)的左边第二项是由于干扰信号引起的输出功率下降，若满足 $\Delta^2(ASNR)\ll1$，则干扰影响可忽略不计，从而达到抑制干扰的目的。

图4.1-2给出了空间两个远场信号源的Capon空间谱。其中均匀线阵的阵元数为10，阵元间距为半波长，空间方位分别为$-30°$和$40°$，信噪比分别为-5 dB和0 dB。

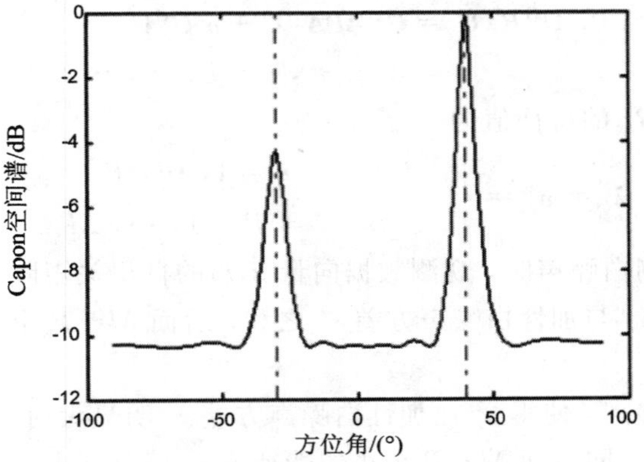

图4.1-2　空间两个远场信号源的Capon空间谱

4.2　信号子空间与噪声子空间

考虑由式(4.1-6)描述的阵列信号观测模型。对此模型，此处作以下假设：

(1) 对于不同的 $\phi_p(p=1,\cdots,P)$，向量 $\boldsymbol{a}(\phi_p)$ 相互线性独立；

(2) 加性噪声向量 $\boldsymbol{n}(t)$ 的每个元素都是零均值的复白噪声，它们不相关，并且具有相同的方差 σ^2；

(3) 矩阵 $\boldsymbol{P}=E\{s(t)\boldsymbol{s}^{\mathrm{H}}(t)\}$ 非奇异，即 $\mathrm{rank}(\boldsymbol{P})=P$。

下面给出在信号源独立的条件下关于特征子空间的有关性质[7-11]，以便为后面的空间谱估计算法作准备。

对于等距线阵，假设(1)自动满足。假设(2)意味着加性白噪声向量 $\boldsymbol{n}(t)$ 满足以下条件：

$$E\{\boldsymbol{n}(t)\}=\boldsymbol{0},\qquad E\{\boldsymbol{n}(t)\boldsymbol{n}^{\mathrm{H}}(t)\}=\sigma^2\boldsymbol{I},\qquad E\{\boldsymbol{n}(t)\boldsymbol{n}^{\mathrm{T}}(t)\}=\boldsymbol{O}\tag{4.2-1}$$

其中 $\boldsymbol{0}$ 和 $\boldsymbol{O}$ 分别表示零向量和零矩阵。如果信号源相互独立，则假设(3)满足。因此，上述三个假设条件只是一般的假设，在实际中容易得到满足。

在假设(1)～(3)的条件下，由式(4.1-6)容易得到

$$\begin{aligned}\boldsymbol{R}_{xx}&\overset{\mathrm{def}}{=}E\{\boldsymbol{x}(t)\boldsymbol{x}^{\mathrm{H}}(t)\}\\&=\boldsymbol{A}(\phi)E\{\boldsymbol{s}(t)\boldsymbol{s}^{\mathrm{H}}(t)\}\boldsymbol{A}^{\mathrm{H}}(\phi)+\sigma^2\boldsymbol{I}\\&=\boldsymbol{APA}^{\mathrm{H}}+\sigma^2\boldsymbol{I}\end{aligned}\tag{4.2-2}$$

式中 $\boldsymbol{A}=\boldsymbol{A}(\phi)$。可见，$\boldsymbol{R}_{xx}$ 为一个对称矩阵。令其特征值分解为

$$\boldsymbol{R}_{xx} = \boldsymbol{U} \cdot \boldsymbol{\Sigma} \cdot \boldsymbol{U}^{\mathrm{H}} \tag{4.2-3}$$

其中 $\boldsymbol{\Sigma}=\mathrm{diag}\{\sigma_1^2, \cdots, \sigma_M^2\}$。

由于 $\boldsymbol{A}$ 列满秩，故 $\mathrm{rank}(\boldsymbol{APA}^{\mathrm{H}})=\mathrm{rank}(\boldsymbol{P})=P$，这里假定 $P<M$。于是，有

$$\boldsymbol{U} \cdot (\boldsymbol{APA}^{\mathrm{H}}) \cdot \boldsymbol{U}^{\mathrm{H}} = \mathrm{diag}\{\alpha_1^2, \cdots, \alpha_P^2, 0, \cdots, 0\} \tag{4.2-4}$$

式中，$\alpha_1^2, \cdots, \alpha_P^2$ 为无加性噪声时的观测信号 $\boldsymbol{Ax}(t)$ 的自相关矩阵 $\boldsymbol{APA}^{\mathrm{H}}$ 的特征值。

同时用 $\boldsymbol{U}^{\mathrm{H}}$ 左乘和 $\boldsymbol{U}$ 右乘式(4.2-2)，则得

$$\begin{aligned}\boldsymbol{U}^{\mathrm{H}}\boldsymbol{R}_{xx}\boldsymbol{U} &= \boldsymbol{U}^{\mathrm{H}}\boldsymbol{APA}^{\mathrm{H}}\boldsymbol{U} + \sigma^2\boldsymbol{U}^{\mathrm{H}}\boldsymbol{U} \\ &= \mathrm{diag}\{\alpha_1^2, \cdots, \alpha_P^2, 0, \cdots, 0\} + \sigma^2\boldsymbol{I}\end{aligned} \tag{4.2-5}$$

该式表明，自相关矩阵 $\boldsymbol{R}_{xx}$ 的特征值为

$$\lambda_i = \sigma_i^2 = \begin{cases}\alpha_i^2 + \sigma^2 & i = 1, \cdots, P \\ \sigma^2 & i = P+1, \cdots, M\end{cases} \tag{4.2-6}$$

即是说，当存在加性观测白噪声时，观测数据向量 $\boldsymbol{x}(t)$ 的自相关矩阵的特征值由两部分组成：前 P 个特征值等于 α_i^2 与加性白噪声方差 σ^2 之和，后面 $M-P$ 个特征值全部等于加性白噪声的方差。

显然，在信噪比足够高，使得 α_i^2 比加性白噪声方差 σ^2 明显大时，很容易将矩阵 $\boldsymbol{R}_{xx}$ 的前 P 个大的特征值 $\alpha_i^2+\sigma^2$ 同后面 $M-P$ 个小的特征值 σ^2 区分开来。这 P 个主特征值称为信号特征值，其余 $M-P$ 个次特征值称为噪声特征值。根据信号特征值和噪声特征值，又可以将特征矩阵 $\boldsymbol{U}$ 的列向量分成两部分，即

$$\boldsymbol{U} = [\boldsymbol{S} \quad \boldsymbol{G}] \tag{4.2-7}$$

式中

$$\boldsymbol{S} = [\boldsymbol{s}_1 \quad \cdots \quad \boldsymbol{s}_P] = [\boldsymbol{u}_1 \quad \cdots \quad \boldsymbol{u}_P] \tag{4.2-8}$$

$$\boldsymbol{G} = [\boldsymbol{g}_1 \quad \cdots \quad \boldsymbol{g}_{M-P}] = [\boldsymbol{u}_{P+1} \quad \cdots \quad \boldsymbol{u}_M] \tag{4.2-9}$$

分别由信号特征向量和噪声特征向量组成。

根据矩阵论的有关知识可知，给定一向量组 $\boldsymbol{x}_1, \cdots, \boldsymbol{x}_P \in C^M$（$M$ 维复数空间），则这些向量的所有线性组合的集合称为由向量组合 $\{\boldsymbol{x}_1, \cdots, \boldsymbol{x}_P\}$ 张成的子空间，或称为 $\{\boldsymbol{x}_1, \cdots, \boldsymbol{x}_P\}$ 的张成或闭包，即有

$$\begin{aligned}\mathrm{span}\{\boldsymbol{x}_1, \cdots, \boldsymbol{x}_P\} &= \mathrm{close}\{\boldsymbol{x}_1, \cdots, \boldsymbol{x}_P\} \\ &= \left\{\sum_{p=1}^{P}\beta_p\boldsymbol{x}_p : \beta_p \in C\right\}\end{aligned} \tag{4.2-10}$$

因此，常将信号特征向量的张成 $\mathrm{span}\{\boldsymbol{s}_1, \cdots, \boldsymbol{s}_P\}$ 称为信号子空间，将噪声特征向量的张成 $\mathrm{span}\{\boldsymbol{g}_1, \cdots, \boldsymbol{g}_{M-P}\}$ 称为噪声子空间。

另外，任一 $M\times P$ 矩阵 $\boldsymbol{A}$ 的值域定义为

$$\mathrm{range}(\boldsymbol{A}) \overset{\mathrm{def}}{=} \{\boldsymbol{y} \in C^M : \boldsymbol{y} = \boldsymbol{Ax}, \ \forall\, \boldsymbol{x} \in C^P\} \tag{4.2-11}$$

值域也定义子空间。特别地，若 $\boldsymbol{y}=0$，则 $\mathrm{range}(\boldsymbol{A})$ 退化为 $\boldsymbol{A}$ 的零空间，即

$$\mathrm{null}(\boldsymbol{A}) \overset{\mathrm{def}}{=} \{\boldsymbol{x} \in C^P : \boldsymbol{Ax} = \boldsymbol{0}\} \tag{4.2-12}$$

如果 $\boldsymbol{A}=[\boldsymbol{a}_1 \quad \cdots \quad \boldsymbol{a}_P]$ 为一列分块矩阵，则

$$\mathrm{range}(\boldsymbol{A}) = \mathrm{span}\{\boldsymbol{a}_1, \cdots, \boldsymbol{a}_P\} \tag{4.2-13}$$

因此，信号子空间和噪声子空间有时也分别写作

$$\text{range}(\boldsymbol{S}) = \text{span}\{\boldsymbol{s}_1, \cdots, \boldsymbol{s}_P\} \tag{4.2-14}$$

$$\text{range}(\boldsymbol{G}) = \text{span}\{\boldsymbol{g}_1, \cdots, \boldsymbol{g}_{M-P}\} \tag{4.2-15}$$

下面分析信号子空间和噪声子空间的几何意义。由子空间的构造方法及酉矩阵的特点可知，信号子空间与噪声子空间正交，即

$$\text{span}\{\boldsymbol{s}_1, \cdots, \boldsymbol{s}_P\} \perp \text{span}\{\boldsymbol{g}_1, \cdots, \boldsymbol{g}_{M-P}\} \tag{4.2-16}$$

由于$\boldsymbol{U}$是酉矩阵，故

$$\boldsymbol{U}\boldsymbol{U}^{\mathrm{H}} = [\boldsymbol{S} \quad \boldsymbol{G}]\begin{bmatrix}\boldsymbol{S}^{\mathrm{H}} \\ \boldsymbol{G}^{\mathrm{H}}\end{bmatrix} = \boldsymbol{S}\boldsymbol{S}^{\mathrm{H}} + \boldsymbol{G}\boldsymbol{G}^{\mathrm{H}} = \boldsymbol{I} \tag{4.2-17}$$

即有

$$\boldsymbol{G}\boldsymbol{G}^{\mathrm{H}} = \boldsymbol{I} - \boldsymbol{S}\boldsymbol{S}^{\mathrm{H}} \tag{4.2-18}$$

定义信号子空间上的投影矩阵

$$\boldsymbol{P}_s \overset{\text{def}}{=} \boldsymbol{S}\langle \boldsymbol{S}, \boldsymbol{S}\rangle^{-1}\boldsymbol{S}^{\mathrm{H}} = \boldsymbol{S}\boldsymbol{S}^{\mathrm{H}} \tag{4.2-19}$$

式中，矩阵内积$\langle \boldsymbol{S}, \boldsymbol{S}\rangle = \boldsymbol{S}\boldsymbol{S}^{\mathrm{H}} = \boldsymbol{I}$。于是，$\boldsymbol{P}_s\boldsymbol{x}$可视为向量$\boldsymbol{x}$在信号子空间上的投影，而$(\boldsymbol{I}-\boldsymbol{P}_s)\boldsymbol{x}$则代表向量$\boldsymbol{x}$在信号子空间上的正交投影。由$\langle \boldsymbol{G}, \boldsymbol{G}\rangle = \boldsymbol{G}\boldsymbol{G}^{\mathrm{H}} = \boldsymbol{I}$得噪声子空间上的投影矩阵$\boldsymbol{P}_n \overset{\text{def}}{=} \boldsymbol{G}\langle \boldsymbol{G}, \boldsymbol{G}\rangle^{-1}\boldsymbol{G}^{\mathrm{H}} = \boldsymbol{G}\boldsymbol{G}^{\mathrm{H}}$。因此，常将

$$\boldsymbol{G}\boldsymbol{G}^{\mathrm{H}} = \boldsymbol{I} - \boldsymbol{S}\boldsymbol{S}^{\mathrm{H}} = \boldsymbol{I} - \boldsymbol{P}_s \tag{4.2-20}$$

称为信号子空间的正交投影矩阵。

4.3　多重信号分类

多重信号分类(MUSIC)算法是 Schmidt R O 等人在 1979 年提出的[12-15]。该算法的提出，开创了空间谱估计算法研究的新时代，促进了特征结构类算法的兴起和发展。该算法已经成为空间谱估计理论体系中的标志性算法。

MUSIC 算法的基本思想是将任意阵列输出数据的协方差矩阵进行特征分解，从而得到与信号分量相对应的信号子空间和与信号分量相正交的噪声子空间，然后利用这两个子空间的正交性来估计信号的参数，如入射方向、极化信息及信号强度等。

4.3.1　基本 MUSIC 算法

根据前面的信号子空间与噪声子空间的有关定义，考察

$$\boldsymbol{R}_{xx}\boldsymbol{G} = [\boldsymbol{S} \quad \boldsymbol{G}]\boldsymbol{\Sigma}\begin{bmatrix}\boldsymbol{S}^{\mathrm{H}} \\ \boldsymbol{G}^{\mathrm{H}}\end{bmatrix}\boldsymbol{G} = [\boldsymbol{S} \quad \boldsymbol{G}]\boldsymbol{\Sigma}\begin{bmatrix}\boldsymbol{O} \\ \boldsymbol{I}\end{bmatrix} = \sigma^2\boldsymbol{G} \tag{4.3-1}$$

又由$\boldsymbol{R}_{xx} = \boldsymbol{A}\boldsymbol{P}\boldsymbol{A}^{\mathrm{H}} + \sigma^2\boldsymbol{I}$有$\boldsymbol{R}_{xx}\boldsymbol{G} = \boldsymbol{A}\boldsymbol{P}\boldsymbol{A}^{\mathrm{H}}\boldsymbol{G} + \sigma^2\boldsymbol{G}$，利用式(4.3-1)的结果，立即可以得到

$$\boldsymbol{A}\boldsymbol{P}\boldsymbol{A}^{\mathrm{H}}\boldsymbol{G} = \boldsymbol{O} \tag{4.3-2}$$

进而有

$$\boldsymbol{G}^{\mathrm{H}}\boldsymbol{A}\boldsymbol{P}\boldsymbol{A}^{\mathrm{H}}\boldsymbol{G} = \boldsymbol{O} \tag{4.3-3}$$

众所周知，$\boldsymbol{t}^{\mathrm{H}}\boldsymbol{Q}^{\mathrm{H}}\boldsymbol{t} = 0$当且仅当$\boldsymbol{t} = \boldsymbol{0}$，故式(4.3-3)成立的充分必要条件为

$$\boldsymbol{A}^{\mathrm{H}}\boldsymbol{G} = \boldsymbol{O} \tag{4.3-4}$$

将 $\boldsymbol{A}(\phi)=[\boldsymbol{a}(\phi_1) \quad \boldsymbol{a}(\phi_2) \quad \cdots \quad \boldsymbol{a}(\phi_P)]$代入式(4.3－4)，即有

$$\boldsymbol{a}^{\mathrm{H}}(\phi)\boldsymbol{G}=\boldsymbol{0}^{\mathrm{T}}, \quad \phi=\phi_1, \cdots, \phi_P \tag{4.3-5}$$

显然，当 $\phi\neq\phi_1, \cdots, \phi_P$ 时，$\boldsymbol{a}^{\mathrm{H}}(\phi)\boldsymbol{G}\neq\boldsymbol{0}^{\mathrm{T}}$。

经典的 MUSIC 算法正是基于上述这个性质提出的，但是考虑到实际接收数据字矩阵是有限长的，即数据协方差矩阵的最大似然估计 $\hat{\boldsymbol{R}}_{xx}$ 与其真实值之间存在一定的偏差，即对 $\hat{\boldsymbol{R}}_{xx}$ 进行特征分解得到的噪声子空间 $\hat{\boldsymbol{G}}$ 与 $\boldsymbol{a}(\phi)$并不能完全正交，也就是说，式(4.3－5)并不成立。因此实际上求 DOA 是以最小优化搜索实现的，即

$$\phi_{\mathrm{MUSIC}}=\underset{\phi}{\arg\min}\,\boldsymbol{a}^{\mathrm{H}}(\phi)\boldsymbol{G}^{\mathrm{H}}\boldsymbol{G}\boldsymbol{a}(\phi) \tag{4.3-6}$$

所以，将式(4.3－6)改写成标量形式，可以定义一种类似于功率普的函数，即得 MUSIC 算法的谱估计公式为

$$P(\phi)=\frac{1}{\boldsymbol{a}^{\mathrm{H}}(\phi)\boldsymbol{G}^{\mathrm{H}}\boldsymbol{G}\boldsymbol{a}(\phi)} \tag{4.3-7}$$

式中，取峰值的 P 个 ϕ 值($\phi_1, \cdots, \phi_p$)给出了 P 个信号的波达方向($\theta_1, \cdots, \theta_p$)。

下面给出 MUSIC 算法的实现步骤：

(1) 由阵列的接收数据估计数据协方差矩阵 $\hat{\boldsymbol{R}}_{xx}$；

(2) 对 $\hat{\boldsymbol{R}}_{xx}$ 进行特征分解，并利用特征值进行信号源数目判断；

(3) 确定信号子空间 $\hat{S}$ 与噪声子空间 $\hat{G}$；

(4) 根据信号参数范围由式(4.3－7)进行谱峰搜索；

(5) 找出极大值点所对应的 ϕ，并利用(4.1－1)式求解信号的入射方向。或直接利用以信号入射方向为参数的导向矢量进行谱峰搜索，找出极大值点对应的角度就是信号的入射方向。

由于式(4.3－7)定义的函数 $P(\phi)$描述了空间参数(即波达方向)的分布，故常称之为空间谱。由于它能够对多个空间信号进行识别(即分类)，故这种方法称为多重信号分类(multiple signal classification)，简称 MUSIC 算法，它是由 Schmidt、Bienvenu 及 Kopp 等人提出的[12－15]。

将式(4.2－9)代入式(4.3－7)，可得到

$$P(\phi)=\frac{1}{\boldsymbol{a}^{\mathrm{H}}(\phi)(\boldsymbol{I}-\boldsymbol{S}\boldsymbol{S}^{\mathrm{H}})\boldsymbol{a}(\phi)} \tag{4.3-8}$$

如果将式(4.3－7)视为噪声子空间方法，则式(4.3－8)为信号子空间方法。

在实际应用中，通常将 ϕ 划分为数百个等间距的单位，得到

$$\phi_i=2\pi i\Delta f \tag{4.3-9}$$

例如取 $\Delta f=0.5/500=0.001$，然后将每个 ϕ_i 值代入式(4.3－7)或式(4.3－8)，求出所有峰值对应的 ϕ 值。因此，MUSIC 算法需要在频率轴上进行全域搜索，计算量比较大。另外，执行 MUSIC 算法是选择噪声子空间还是信号子空间方法，决定于 $\boldsymbol{G}$ 和 $\boldsymbol{S}$ 中哪一个具有更小的维数。除了计算量有所不同外，这两种方式并没有本质上的区别。

图 4.3－1 给出了空间三个远场信号源的 MUSIC 空间谱。其中均匀线阵的阵元数为10，阵元间距为半波长，空间方位分别为－30°、5°和 40°，信噪比分别为－5 dB、0 dB 和－5 dB。

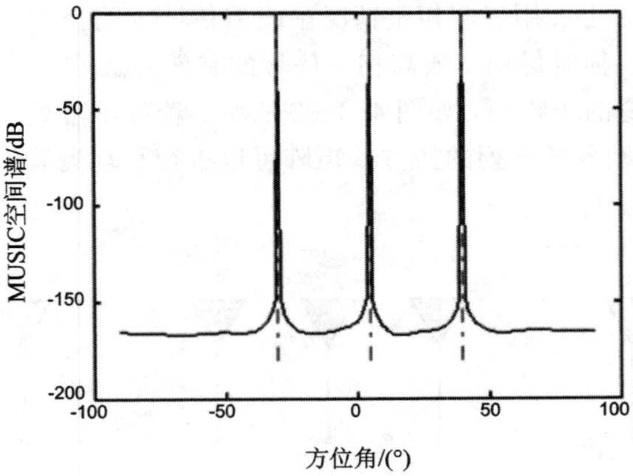

图 4.3-1　空间三个远场信号源的 MUSIC 空间谱

4.3.2　解相干 MUSIC 算法

由于多径传输以及人为干扰的影响，阵列有时会收到来自于不同方向上的相干信号。相干信号会导致信源协方差矩阵 $\boldsymbol{P}$ 的秩亏缺，从而使得信号特征向量发散到噪声子空间去。因此，对任意的 ϕ 将不再有 $\boldsymbol{U}_n^{\mathrm{H}}\boldsymbol{a}(\phi)=\boldsymbol{0}$，MUSIC 空间谱也就无法在波达方向上产生谱峰。另外，对于高度相关的两个信号，若它们相距较近，MUSIC 及其有关改进算法的波达方向分辨能力也会显著下降。在两个相干信源和等距线阵的简单情况下，存在一种对于相干信号“解相干”的直接方法。

相干源的问题要从解决矩阵的秩亏缺入手。当 P 个信号相干时，一次快拍得到的是 P 个信号线性组合的阵列向量。若取多次快拍，由于信号间的相位关系不同，则总可以得到 P 个非线性相关的阵列向量，其协方差矩阵具有秩为 P 的信号子空间。如果 P 个信号中有两个相干，即这两个信号的相位关系保持不变，再多的快拍也只能得到 $P-1$ 个非线性相关的阵列向量，使信号子空间的秩降为 $P-1$。解决秩亏缺，必须设法加一个非线性相关的阵列向量。对于等距线阵，取“反向阵列向量”是一种行之有效的方法。

令 $\boldsymbol{J}$ 为 $M\times M$ 维置换矩阵(除反对角线上元素为 1 外，其余元素均等于 0)，则对于一等距线阵，有

$$\boldsymbol{J}\boldsymbol{a}*(\phi)=\mathrm{e}^{-\mathrm{j}(M-1)\phi}\boldsymbol{a}(\phi) \tag{4.3-10}$$

由此可得到反向阵列协方差矩阵

$$\boldsymbol{R}_{\mathrm{B}}=\boldsymbol{J}\boldsymbol{R}^{*}\boldsymbol{J}=\boldsymbol{A}\boldsymbol{\Phi}^{-(M-1)}\boldsymbol{P}\boldsymbol{\Phi}^{-(M-1)}\mathbf{A}^{\mathrm{H}}+\sigma^{2}\boldsymbol{I} \tag{4.3-11}$$

式中，$\boldsymbol{\Phi}$ 为对角矩阵，对角线元素为 $\mathrm{e}^{\mathrm{j}m\phi}$ ($m=1, 2, \cdots, M$)。求(正向)阵列协方差矩阵 $\boldsymbol{R}$ 和反向阵列协方差矩阵 $\boldsymbol{R}_{\mathrm{B}}$ 的平均，便得到正反向阵列协方差矩阵 $\boldsymbol{R}_{\mathrm{FB}}$ 为

$$\boldsymbol{R}_{\mathrm{FB}}=\frac{1}{2}(\boldsymbol{R}+\boldsymbol{R}_{\mathrm{B}})=\frac{1}{2}(\boldsymbol{R}+\boldsymbol{J}\boldsymbol{R}^{*}\boldsymbol{J})=\boldsymbol{A}\widetilde{\boldsymbol{P}}\boldsymbol{A}^{\mathrm{H}}+\sigma^{2}\boldsymbol{I} \tag{4.3-12}$$

式中，新的信源协方差矩阵 $\widetilde{\boldsymbol{P}}$ 为

$$\widetilde{\boldsymbol{P}}=\frac{1}{2}(\boldsymbol{P}+\boldsymbol{\Phi}^{-(M-1)}\boldsymbol{P}\boldsymbol{\Phi}^{-(M-1)}) \tag{4.3-13}$$

而且通常是满秩的。任何基于协方差矩阵的算法只要将 $\hat{\boldsymbol{R}}$ 换成 $\hat{\boldsymbol{R}}_{\mathrm{FB}}$，即可得到这种算法的正反向形式。变换 $\hat{\boldsymbol{R}}\rightarrow\hat{\boldsymbol{R}}_{\mathrm{FB}}$ 也被用于非相干情况中改善估计方差。

空间平滑技术是另一种对付相干或高相关信号的有效方法[16-18]，其基本思想是将等距线阵分成若干个相互重叠的子阵列，如图 4.3-2 所示。若各子阵列的阵列流形相同（这一假设适用于等距线阵），则各子阵列的协方差矩阵可以进行平均运算。

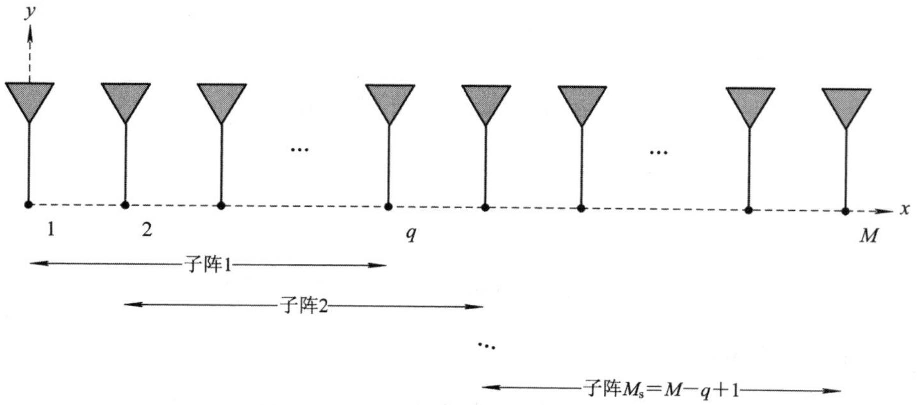

图 4.3-2 等距线阵分成几个子阵列

各子阵列的向量以各自的第一阵元为基准，两相干信号的相位差由于波达方向不同，在各阵元是不同的，即空间平滑产生随机相位调制，因而可对引起秩亏缺的信号解相关。平滑后的矩阵 $\widetilde{\boldsymbol{R}}$ 可以用选择矩阵 $\boldsymbol{F}_M$ 写出。方法是：将 M 个阵元的等距线阵按照图 4.3-2 的方法分成 M_s 个子阵列，每个子阵列含 q 个阵元，则总的子阵数目 $M_s=M-q+1$。于是，空间平滑的阵列协方差矩阵可以表示成

$$\widetilde{\boldsymbol{R}}=\frac{1}{M}\sum_{m=1}^{M_s}\boldsymbol{F}_m\boldsymbol{R}\boldsymbol{F}_m^{\mathrm{T}} \tag{4.3-14}$$

式中

$$\boldsymbol{F}_m=[\boldsymbol{0}_{P\times(m-1)}\quad \boldsymbol{I}_P\quad \boldsymbol{0}_{P\times(m-P-1)}] \tag{4.3-15}$$

如上所述，当用于平均的子阵列每增加一个时，一般来说非线性相关阵列向量会多一个，平均后的源协方差矩阵 $\widetilde{\boldsymbol{R}}$ 的秩便以概率 1 增加 1，直到秩达到最大值 M 为止。

空间平滑的缺点是阵列的有效孔径减小了，因为子阵列比原阵列小。然而，尽管存在这一孔径损失，空间平滑变换减轻了所有子空间估计技术的局限性，并将保留一维谱搜索的计算有效性。

从上面的分析可知，前后向空间平滑算法只利用了协方差矩阵 $\boldsymbol{R}$ 的对角线上的分块阵（即各子阵的自相关信息）的平均，而没有利用 $\boldsymbol{R}$ 的非对角线上的分块阵（即各子阵间的互相关信息）。而且值得注意的是，空间平滑算法的实质是对数据协方差矩阵的秩进行恢复的过程，但这个过程通常只适用于等距均匀线阵，而且修正后矩阵的维数小于原矩阵的维数，也就是说，解相干性能是通过降低自由度换取的。

从上面的分析还可知，在相干信号源情况下，正确估计信号方向（即解相干或称为去相干）的核心问题是，如何通过一系列处理或变换使得信号协方差矩阵的秩得到有效恢复，从而正确估计信号源的方向。目前关于解相干的处理基本有两大类：一类为降维处理，另

一类为非降维处理。

前面的空间平滑即为降维处理中的一种，而且空间平滑分为前向空间平滑算法[19,20]、双向空间平滑算法[17,18,21-23]、修正空间平滑算法[24-29]以及空域滤波法[30-33]等，在降维处理类算法中还有一类矩阵重构算法，即矩阵分解算法[34]和矢量奇异值方法[35]。空间平滑和矩阵重构的主要区别在于矩阵重构类算法修正后的协方差矩阵为长方阵(估计信号子空间与噪声子空间需要用奇异值分解)，而空间平滑算法修正后的矩阵为方阵(估计信号子空间与噪声子空间可以用特征值分解)。

非降维处理算法主要包括频域平滑算法[36]、Toeplitz 方法[37,38]和虚拟阵列变换法[39]等。这类算法与降维算法相比的最大优点在于阵列孔径没有损失，但是这类算法往往针对特定的环境，如宽带信号、非等距阵列和移动阵列等。

4.3.3 求根 MUSIC 算法

求根 MUSIC(Root-MUSIC)算法是 MUSIC 算法的一种多项式求根形式，顾名思义，是用求多项式根的方法来代替 MUSIC 算法中的谱搜索。它是由 Barabell 提出的[40]，其基本思想是 Pisarenko 分解。

求根 MUSIC 算法需要先定义多项式

$$p_l(z) = \boldsymbol{u}_l^{\mathrm{H}}\boldsymbol{p}(z), \qquad l = P+1, P+2, \cdots, M \tag{4.3-16}$$

式中，$\boldsymbol{u}_l$ 是矩阵 $\boldsymbol{R}$ 的第 l 个特征向量，即为数据协方差矩阵中小特征值对应的 $M-P$ 个特征矢量，并且

$$\boldsymbol{p}(z) = [1 \quad z \quad \cdots \quad z^{M-1}]^{\mathrm{T}} \tag{4.3-17}$$

由以上定义可知，当 $z=\mathrm{e}^{\mathrm{j}\phi}$ 时，也就是说多项式的根正好位于单位圆上时，$\boldsymbol{p}(\mathrm{e}^{\mathrm{j}\phi})$ 是一个空间频率为 ϕ 的导向矢量。由前面的特征子空间知识可知，$\boldsymbol{p}(\mathrm{e}^{\mathrm{j}\phi_p})=\boldsymbol{p}_p$ 就是信号的导向矢量，所以它与噪声子空间是正交的。因此，为了综合利用所有噪声特征向量提取空间参数信息，可将多项式定义修改为如下形式，即构造 MUSIC 函数

$$p(z) = \boldsymbol{p}^{\mathrm{H}}(z)\hat{\boldsymbol{U}}_n\hat{\boldsymbol{U}}_n^{\mathrm{H}}\boldsymbol{p}(z) \tag{4.3-18}$$

式中，$\hat{\boldsymbol{U}}_n=[\boldsymbol{u}_{p+1} \quad \cdots \quad \boldsymbol{u}_M]$。根据 Pisarenko 谐波分解的思想，MUSIC 函数的零点给出空间频率(波达方向)的估计。换言之，式(4.3-18)的根决定波达方向估计。这就是求根 MUSIC 算法的基本思想。

然而，式(4.3-18)并不是 z 的多项式，因为它还存在 z^* 的幂次项。由于此处只对单位圆上的 z 值感兴趣，所以可以用 $\boldsymbol{p}^{\mathrm{T}}(z^{-1})$ 代替 $\boldsymbol{p}^{\mathrm{H}}(z)$，这就给出了求根 MUSIC 多项式，即

$$p(z) = z^{M-1}\boldsymbol{p}^{\mathrm{T}}(z^{-1})\hat{\boldsymbol{U}}_n\hat{\boldsymbol{U}}_n^{\mathrm{H}}\boldsymbol{p}(z) \tag{4.3-19}$$

现在，$p(z)$ 是 z^{M-1} 次多项式，它的根相对于单位圆为镜像对。也即它有 $M-1$ 对根，且每对根是相互共轭的关系，在这 $M-1$ 对根中有 P 个根 $\hat{z}_1, \hat{z}_2, \cdots, \hat{z}_P$ 也正好分布在单位圆上，且

$$z_i = \exp\{\mathrm{j}\phi_p\} \qquad p = 1, \cdots, P \tag{4.3-20}$$

式(4.3-20)考虑的是数据协方差矩阵精确已知时的情况。然而在实际应用中，也即数据矩阵存在误差时，只需求式(4.3-19)的 P 个接近于单位圆上的根 $\hat{z}_1, \hat{z}_2, \cdots, \hat{z}_P$ 即可，并可相应利用其相位给出波达方向估计，即

$$\hat{\theta}_p = \arcsin\left[\frac{1}{kd}\arg(\hat{z}_p)\right], \qquad p = 1, \cdots, P \tag{4.3-21}$$

业已证明，MUSIC 和求根 MUSIC 具有相同的渐近性能[41]，但求根 MUSIC 算法的小样本性能比 MUSIC 明显好。

下面给出求根 MUSIC 算法的实现步骤：

(1) 由阵列的接收数据估计数据协方差矩阵 $\hat{\boldsymbol{R}}_{xx}$；

(2) 对 $\hat{\boldsymbol{R}}_{xx}$ 进行特征分解，并利用特征值进行信号源数目判断；

(3) 确定信号子空间 $\hat{\boldsymbol{S}}=\hat{\boldsymbol{U}}_s$ 与噪声子空间 $\hat{\boldsymbol{G}}=\hat{\boldsymbol{U}}_n$；

(4) 根据式(4.3-18)定义多项式 $p(z)$，并求出多项式的根；

(5) 找出单位圆上的根，根据式(4.3-21)求出对应的信号源入射角度。

文献[42]研究了另一种 Root-MUSIC 算法形式，即重新构造多项式，其中对噪声子空间进行了分割重组，其系数的形成如式(4.3-22)所示：

$$\left.\begin{aligned} c &= \hat{\boldsymbol{U}}_{n1}\hat{\boldsymbol{U}}_{n2}^{-1}[1 \quad 0 \quad \cdots \quad 0]^{\mathrm{T}}_{(M-P)\times 1} \\ \hat{\boldsymbol{U}}_n^{\mathrm{H}} &= \begin{bmatrix} \hat{\boldsymbol{U}}_{n1}^{\mathrm{H}} \\ \hat{\boldsymbol{U}}_{n2}^{\mathrm{H}} \end{bmatrix} \end{aligned}\right\} \tag{4.3-22}$$

式中，$\hat{\boldsymbol{U}}_{n1}$ 是 $P\times(M-P)$ 维矩阵，而 $\hat{\boldsymbol{U}}_{n2}$ 是 $(M-P)\times(M-P)$ 维矩阵，这样可以构造如下一个矩阵多项式

$$p(z) = \sum_{i=1}^{P+1} c_i z^{i-1}, \qquad c_{P+1} = 1 \tag{4.3-23}$$

对式(4.3-23)求根，即得 P 个根，由式(4.3-21)就可得到 P 个信号的方位。显然，在信号源数目已知的情况下，上述方法比传统的求根 MUSIC 算法计算量要小得多。

图 4.3-3 给出了空间三个远场信号源的 Root-MUSIC 估计结果。其中均匀线阵的阵元数为 10，阵元间距为半波长，空间方位分别为 −30°、5°和 40°，信噪比分别为 −5 dB、0 dB 和 −5 dB。

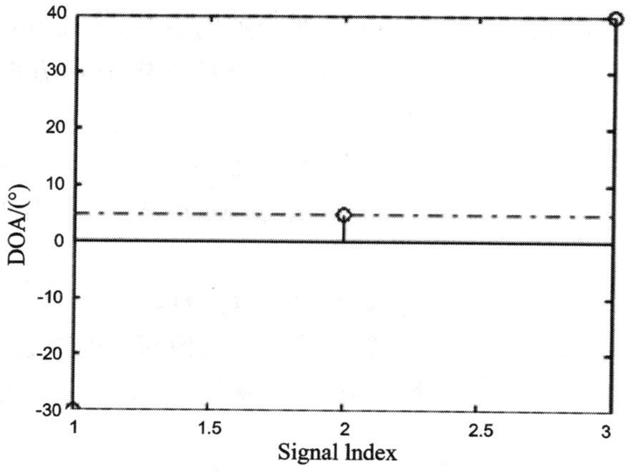

图 4.3-3 空间三个远场信号源的 Root-MUSIC 估计结果

4.3.4 酉 Root-MUSIC 算法

为了提高 Root-MUSIC 算法的性能，Marius P 等人提出了酉(Unitary)Root-MUSIC 算法[43]。

矩阵 $\boldsymbol{R}$ 称为中心 Hermitian(centro-Hermitian)，如果满足

$$\boldsymbol{R} = \boldsymbol{J}\boldsymbol{R}^*\boldsymbol{J} \tag{4.3-24}$$

其中 $\boldsymbol{J}$ 为置换矩阵，即除反对角线上元素为 1 外，其余元素均等于 0。其中$(\cdot)^*$表示复共轭。显然，阵列数据协方差矩阵为中心 Hermitian 的条件是当且仅当 $\boldsymbol{P}$ 为对角矩阵，即信号源是不相关的。然而为了消除任意信号源协方差矩阵 $\boldsymbol{P}$ 中的相干信号源对，中心 Hermitian 的性质通常是利用所谓的前向—后向(FB)平滑实现的，即

$$\boldsymbol{R}_{\mathrm{FB}} = \frac{1}{2}(\boldsymbol{R}+\boldsymbol{J}\boldsymbol{R}^*\boldsymbol{J}) = \boldsymbol{A}\widetilde{\boldsymbol{P}}\boldsymbol{A}^{\mathrm{H}} + \sigma^2\boldsymbol{I} \tag{4.3-25}$$

其中

$$\widetilde{\boldsymbol{P}} = \frac{1}{2}(\boldsymbol{P}+\boldsymbol{D}\boldsymbol{P}^*\boldsymbol{D}) \tag{4.3-26}$$

$$\boldsymbol{D} = \mathrm{diag}\{\mathrm{e}^{-\mathrm{j}(2\pi/\lambda)d(M-1)\sin\theta_1} \quad \cdots \quad \mathrm{e}^{-\mathrm{j}(2\pi/\lambda)d(M-1)\sin\theta_P}\} \tag{4.3-27}$$

定义矩阵

$$\boldsymbol{C} = \boldsymbol{Q}^{\mathrm{H}}\boldsymbol{R}_{\mathrm{FB}}\boldsymbol{Q} \tag{4.3-28}$$

则矩阵 $\boldsymbol{C}$ 为实值协方差矩阵(real-valued covariance matrix)。其中 $\boldsymbol{Q}$ 为一任意的 $M\times M$ 维列共轭对称酉矩阵。矩阵 $\boldsymbol{Q}$ 为列共轭对称的，如果满足

$$\boldsymbol{J}\boldsymbol{Q}^* = \boldsymbol{Q} \tag{4.3-29}$$

例如，下面的两个稀疏矩阵

$$\boldsymbol{Q}_{2n} = \frac{1}{\sqrt{2}}\begin{bmatrix}\boldsymbol{I} & \mathrm{j}\boldsymbol{I}\\ \boldsymbol{J} & -\mathrm{j}\boldsymbol{J}\end{bmatrix} \tag{4.3-30}$$

$$\boldsymbol{Q}_{2n+1} = \frac{1}{\sqrt{2}}\begin{bmatrix}\boldsymbol{I} & \boldsymbol{0} & \mathrm{j}\boldsymbol{I}\\ \boldsymbol{0}^{\mathrm{T}} & \sqrt{2} & \boldsymbol{0}^{\mathrm{T}}\\ \boldsymbol{J} & \boldsymbol{0} & -\mathrm{j}\boldsymbol{J}\end{bmatrix} \tag{4.3-31}$$

可以用于传感器数量分别为偶数和奇数的阵列情况，其中矢量 $\boldsymbol{0} = [0,\quad 0,\quad \cdots,\quad 0]^{\mathrm{T}}$。

将式(4.3-25)代入式(4.3-28)可得

$$\boldsymbol{C} = \boldsymbol{Q}^{\mathrm{H}}\boldsymbol{R}_{\mathrm{FB}}\boldsymbol{Q} = \frac{1}{2}[\boldsymbol{Q}^{\mathrm{H}}\boldsymbol{R}\boldsymbol{Q} + \boldsymbol{Q}^{\mathrm{H}}(\boldsymbol{J}\boldsymbol{R}^*\boldsymbol{J})\boldsymbol{Q}] \tag{4.3-32}$$

利用关系式 $\boldsymbol{J}\boldsymbol{Q}^*=\boldsymbol{Q}$、$\boldsymbol{Q}^*=\boldsymbol{J}\boldsymbol{Q}$ 和 $\boldsymbol{J}^{\mathrm{H}}=\boldsymbol{J}$，可得

$$\boldsymbol{C} = \frac{1}{2}[\boldsymbol{Q}^{\mathrm{H}}\boldsymbol{R}\boldsymbol{Q} + \boldsymbol{Q}^{\mathrm{H}}\boldsymbol{J}\boldsymbol{R}^*\boldsymbol{J}\boldsymbol{Q}] = \mathrm{Re}[\boldsymbol{Q}^{\mathrm{H}}\boldsymbol{R}\boldsymbol{Q}] \tag{4.3-33}$$

显然，这就证明了矩阵 $\boldsymbol{C}$ 为实值协方差矩阵。

对矩阵 $\boldsymbol{R}$、$\boldsymbol{R}_{\mathrm{FB}}$ 和 $\boldsymbol{C}$ 分别进行标准形式的特征值分解，可得

$$\boldsymbol{R} = \boldsymbol{U}\boldsymbol{\Sigma}\boldsymbol{U}^{\mathrm{H}} = \boldsymbol{U}_s\boldsymbol{\Sigma}_s\boldsymbol{U}_s^{\mathrm{H}} + \sigma^2\boldsymbol{U}_n\boldsymbol{U}_n^{\mathrm{H}} \tag{4.3-34}$$

$$\boldsymbol{R}_{\mathrm{FB}} = \boldsymbol{V}\boldsymbol{\Pi}\boldsymbol{V}^{\mathrm{H}} = \boldsymbol{V}_s\boldsymbol{\Pi}_s\boldsymbol{V}_s^{\mathrm{H}} + \sigma^2\boldsymbol{V}_n\boldsymbol{V}_n^{\mathrm{H}} \tag{4.3-35}$$

$$\boldsymbol{C} = \boldsymbol{E}\boldsymbol{\Gamma}\boldsymbol{E}^{\mathrm{H}} = \boldsymbol{E}_s\boldsymbol{\Gamma}_s\boldsymbol{E}_s^{\mathrm{H}} + \sigma^2\boldsymbol{E}_n\boldsymbol{E}_n^{\mathrm{H}} \tag{4.3-36}$$

其中

$$\boldsymbol{U}_s = [\boldsymbol{u}_1\ \cdots,\ \boldsymbol{u}_P],\quad \boldsymbol{U}_n = [\boldsymbol{u}_{P+1},\cdots,\boldsymbol{u}_M],\quad \boldsymbol{\Sigma}_s = \mathrm{diag}\{\lambda_1,\cdots,\lambda_P\}$$

$$\boldsymbol{V}_s = [\boldsymbol{v}_1\ \cdots,\ \boldsymbol{v}_P],\quad \boldsymbol{V}_n = [\boldsymbol{v}_{P+1},\cdots,\boldsymbol{v}_M],\quad \boldsymbol{\Pi}_s = \mathrm{diag}\{\pi_1,\cdots,\pi_P\}$$

$$\boldsymbol{E}_s = [\boldsymbol{e}_1\ \cdots,\ \boldsymbol{e}_P],\quad \boldsymbol{E}_n = [\boldsymbol{e}_{P+1},\cdots,\boldsymbol{e}_M],\quad \boldsymbol{\Gamma}_s = \mathrm{diag}\{\gamma_1,\cdots,\gamma_P\}$$

其中下标“s”和“n”分别表示信号和噪声子空间。

假设矩阵 $\boldsymbol{R}_{\mathrm{FB}}$ 具有如下的特征方程

$$\boldsymbol{R}_{\mathrm{FB}}\cdot\boldsymbol{v} = \pi\cdot\boldsymbol{v} \tag{4.3-37}$$

可得

$$\boldsymbol{Q}^{\mathrm{H}}\cdot\boldsymbol{R}_{\mathrm{FB}}\cdot\boldsymbol{v} = \boldsymbol{Q}^{\mathrm{H}}\cdot\pi\cdot\boldsymbol{v} = \pi\cdot\boldsymbol{Q}^{\mathrm{H}}\boldsymbol{v} \tag{4.3-38}$$

利用关系式 $\boldsymbol{QQ}^{\mathrm{H}}=\boldsymbol{I}$，以及矩阵 $\boldsymbol{C}$ 的定义式，可得

$$\boldsymbol{Q}^{\mathrm{H}}\cdot\boldsymbol{R}_{\mathrm{FB}}\boldsymbol{v} = \boldsymbol{Q}^{\mathrm{H}}\cdot\boldsymbol{R}_{\mathrm{FB}}\cdot\boldsymbol{QQ}^{\mathrm{H}}\cdot\boldsymbol{v} = \boldsymbol{C}\cdot\boldsymbol{Q}^{\mathrm{H}}\boldsymbol{v} = \pi\cdot\boldsymbol{Q}^{\mathrm{H}}\boldsymbol{v} \tag{4.3-39}$$

方程 $\boldsymbol{C}\cdot\boldsymbol{Q}^{\mathrm{H}}\boldsymbol{v}=\pi\cdot\boldsymbol{Q}^{\mathrm{H}}\boldsymbol{v}$ 可以认为是实值协方差矩阵 $\boldsymbol{C}$ 的特征方程。

因此，利用式(4.3-37)、式(4.3-39)、式(4.3-35)和式(4.3-36)可得矩阵 $\boldsymbol{R}_{\mathrm{FB}}$ 和 $\boldsymbol{C}$ 的特征矢量、特征值之间的关系为

$$\boldsymbol{E} = \boldsymbol{Q}^{\mathrm{H}}\boldsymbol{V} \tag{4.3-40}$$

$$\boldsymbol{\Gamma} = \boldsymbol{\Pi} \tag{4.3-41}$$

通过上节的推导可知，传统的 Root-MUSIC 多项式为

$$f_{\mathrm{MUSIC}}(z) = \boldsymbol{a}^{\mathrm{T}}\left(\frac{1}{z}\right)\boldsymbol{U}_n\boldsymbol{U}_n^{\mathrm{H}}\boldsymbol{a}(z) = \boldsymbol{a}^{\mathrm{T}}\left(\frac{1}{z}\right)\{1-\boldsymbol{U}_s\boldsymbol{U}_s^{\mathrm{H}}\}\boldsymbol{a}(z) \tag{4.3-42}$$

式中

$$\boldsymbol{a}(z) = [1,\ z,\ \cdots,\ z^{M-1}]^{\mathrm{T}} \tag{4.3-43}$$

其中 $z=\mathrm{e}^{\mathrm{j}\phi}$，$\phi=(2\pi d/\lambda)\sin\theta$。与上面的多项式定义相类似，FB-RootMUSIC 多项式为

$$f_{\mathrm{FB\text{-}MUSIC}}(z) = z^{M-1}\boldsymbol{a}^{\mathrm{T}}\left(\frac{1}{z}\right)\boldsymbol{V}_n\boldsymbol{V}_n^{\mathrm{H}}\boldsymbol{a}(z) = z^{M-1}\boldsymbol{a}^{\mathrm{T}}\left(\frac{1}{z}\right)\{1-\boldsymbol{V}_s\boldsymbol{V}_s^{\mathrm{H}}\}\boldsymbol{a}(z) \tag{4.3-44}$$

利用式(4.3-40)和 $\boldsymbol{QQ}^{\mathrm{H}}=\boldsymbol{I}$，并进行简单的处理，可得

$$\begin{aligned} f_{\mathrm{FB\text{-}MUSIC}}(z) &= z^{M-1}\boldsymbol{a}^{\mathrm{T}}\left(\frac{1}{z}\right)\cdot\boldsymbol{QQ}^{\mathrm{H}}\cdot\boldsymbol{V}_n\boldsymbol{V}_n^{\mathrm{H}}\cdot\boldsymbol{QQ}^{\mathrm{H}}\cdot\boldsymbol{a}(z) \\ &= z^{M-1}\boldsymbol{a}^{\mathrm{T}}\left(\frac{1}{z}\right)\cdot\boldsymbol{Q}\cdot(\boldsymbol{Q}^{\mathrm{H}}\boldsymbol{V}_n)\cdot(\boldsymbol{Q}^{\mathrm{H}}\boldsymbol{V}_n)^{\mathrm{H}}\boldsymbol{Q}^{\mathrm{H}}\cdot\boldsymbol{a}(z) \qquad (4.3-45) \\ &= z^{M-1}\boldsymbol{a}^{\mathrm{T}}\left(\frac{1}{z}\right)\cdot\boldsymbol{Q}\cdot\boldsymbol{E}_n\cdot\boldsymbol{E}_n^{\mathrm{H}}\cdot\boldsymbol{Q}^{\mathrm{H}}\cdot\boldsymbol{a}(z) \\ &= z^{M-1}\tilde{\boldsymbol{a}}^{\mathrm{T}}\left(\frac{1}{z}\right)\cdot\boldsymbol{E}_n\cdot\boldsymbol{E}_n^{\mathrm{H}}\cdot\tilde{\boldsymbol{a}}(z) \qquad (4.3-46) \\ &= f_{\mathrm{C\text{-}MUSIC}}(z) \qquad (4.3-47) \end{aligned}$$

其中的阵列流型为

$$\tilde{\boldsymbol{a}}(z) = \boldsymbol{Q}^{\mathrm{H}}\cdot\boldsymbol{a}(z) \tag{4.3-48}$$

可以用于式(4.3-46)的多项式求根。变换前后阵列流型之间的关系也可以通过实值协方差矩阵的表达式获得。利用式(4.3-25)和(4.3-28)可得

$$\begin{aligned} \boldsymbol{C} = \boldsymbol{Q}^{\mathrm{H}}\boldsymbol{R}_{\mathrm{FB}}\boldsymbol{Q} &= \boldsymbol{Q}^{\mathrm{H}}(\boldsymbol{A}\tilde{\boldsymbol{P}}\boldsymbol{A}^{\mathrm{H}}+\sigma^2\boldsymbol{I})\boldsymbol{Q} \qquad (4.3-49) \\ &= \boldsymbol{Q}^{\mathrm{H}}\boldsymbol{A}\tilde{\boldsymbol{P}}\boldsymbol{A}^{\mathrm{H}}\boldsymbol{Q}+\sigma^2\boldsymbol{Q}^{\mathrm{H}}\boldsymbol{Q} \qquad (4.3-50) \\ &= \tilde{\boldsymbol{A}}\tilde{\boldsymbol{P}}\tilde{\boldsymbol{A}}^{\mathrm{H}}+\sigma^2\boldsymbol{Q}^{\mathrm{H}}\boldsymbol{Q} \qquad (4.3-51) \end{aligned}$$

其中

$$\widetilde{A} = Q^{H} A \tag{4.3-52}$$

如果称多项式(4.3-47)为酉(Unitary)Root-MUSIC多项式，则这是因为它利用了实值矩阵 C 的特征分解代替了复矩阵 R 或 R_{FB} 的特征分解。但是从式(4.3-45)～式(4.3-47)的推导可以看出，前后向平滑和酉(Unitary)Root-MUSIC的多项式是相同的。因此酉(Unitary)Root-MUSIC算法的性能不依赖于列共轭对称酉矩阵 Q 的选择。

利用式(4.3-45)和式(4.3-46)，可得酉(Unitary)Root-MUSIC的多项式，它也为 z 的函数。下面来求解多项式的系数。

利用式(4.3-45)，可得

$$\begin{aligned} f_{\text{C-MUSIC}}(z) &= z^{M-1}\boldsymbol{a}^{T}\left(\frac{1}{z}\right)\cdot \boldsymbol{Q}\cdot \boldsymbol{E}_N \cdot \boldsymbol{E}_N^{H}\cdot \boldsymbol{Q}^{H}\cdot \boldsymbol{a}(z) \\ &= z^{M-1}\boldsymbol{a}^{T}\left(\frac{1}{z}\right)\cdot \boldsymbol{G}\cdot \boldsymbol{a}(z) \end{aligned} \tag{4.3-53}$$

其中

$$\boldsymbol{G} = \boldsymbol{Q}\cdot \boldsymbol{E}_N \cdot \boldsymbol{E}_N^{H}\cdot \boldsymbol{Q}^{H} = (g_{i,j})_{M\times M} \tag{4.3-54}$$

将式(4.3-43)代入式(4.3-54)并进行简单的变换，可得

$$\begin{aligned} f_{\text{C-MUSIC}}(z) &= z^{M-1}[1,\ z^{-1},\ \cdots,\ z^{-(M-1)}]\cdot \boldsymbol{G}\cdot [1,\ z^{1},\ \cdots,\ z^{(M-1)}]^{T} \\ &= [z^{M-1},\ z^{M-2},\ \cdots,\ 1]\cdot \begin{bmatrix} g_{1,1} & \cdots & g_{1,M} \\ \vdots & \cdots & \vdots \\ g_{M,1} & \cdots & g_{M,M} \end{bmatrix}\cdot [1,\ z^{1},\ \cdots,\ z^{(M-1)}]^{T} \\ &= \left[\sum_{i=1}^{M} g_{i,1} z^{M-i},\ \sum_{i=1}^{M} g_{i,2} z^{M-i},\ \cdots,\ \sum_{i=1}^{M} g_{i,M} z^{M-i}\right]\cdot \begin{bmatrix} 1 \\ z^{1} \\ \vdots \\ z^{(M-1)} \end{bmatrix} \\ &= 1\cdot\left(\sum_{i=1}^{M} g_{i,1} z^{M-i}\right) + z^{1}\cdot\left(\sum_{i=1}^{M} g_{i,2} z^{M-i}\right) + \cdots + z^{(M-1)}\cdot\left(\sum_{i=1}^{M} g_{i,M} z^{M-i}\right) \end{aligned}$$

因此，可得酉(Unitary)Root-MUSIC的多项式为

$$\begin{aligned} f_{\text{C-MUSIC}}(z) = &(g_{1,M})\cdot z^{2M-2-0} + (g_{2,M} + g_{2,M-1})\cdot z^{2M-2-1} \\ &+ (g_{3,M} + g_{2,M-1} + g_{1,M-2})\cdot z^{2M-2-2} + \cdots \\ &+ (g_{M,M} + g_{M-1,M-1} + \cdots + g_{2,2} + g_{1,1})\cdot z^{2M-2-(M-1)} \\ &+ (g_{M,M-1} + g_{M-1,M-2} + \cdots + g_{3,2} + g_{2,1})\cdot z^{2M-2-M} \\ &+ (g_{M,M-1} + g_{M-1,M-2} + \cdots + g_{3,2} + g_{2,1})\cdot z^{2M-2-(M+M-3)} + \cdots \\ &+ (g_{M,2} + g_{M-1,1})\cdot z^{2M-2-(M+M-3)} + (g_{M,1})\cdot z^{2M-2-(M+M-2)} \end{aligned}$$

因此，多项式的系数共有 $2M-1$ 个，而且其中的每个系数可以计算如下[44]

$$a_k = \begin{cases} \displaystyle\sum_{i=1}^{k} g_{i,M-k+i} & k = 1,2,\cdots,M \\ \displaystyle\sum_{i=1}^{(2M-1)-k+1} g_{k-M+i,i} & k = M+1,M+2,\cdots,2M-1 \end{cases} \tag{4.3-55}$$

其中 a_k 为多项式的第 k 个系数。当然该多项式计算公式也可以应用于传统 Root-MUSIC 算法，只是其中的系数矩阵不同。

基于以上分析和推导，可得酉(Unitary)Root-MUSIC 算法的实现步骤为：

(1) 利用阵列数据计算协方差矩阵 $\boldsymbol{R}$、$\boldsymbol{R}_{FB}$ 和 $\boldsymbol{C}$，其中的协方差矩阵 $\boldsymbol{Q}$ 依赖于阵列传感器的数量；

(2) 对 $\boldsymbol{C}$ 进行特征分解得到噪声子空间 $\boldsymbol{E}_n$，并计算矩阵 $\boldsymbol{G}$；

(3) 计算多项式系数，并求相应多项式的根，选择 P 个最接近单位圆的根进行相应的 DOA 估计。

从上面的分析可知，酉 Root-MUSIC 算法相对于传统的 Root-MUSIC 算法具有较小的计算复杂性，这是因为它利用了实值矩阵的特征分解代替了复矩阵的特征分解，而且与传统的 Root-MUSIC 算法相比，它具有更好的渐近特征，这是其利用了前后平滑的优势。

图 4.3-4 至图 4.3-7 分别给出了酉 Root-MUSIC 算法和传统 Root-MUSIC 算法的渐近特征分析。其中阵列为 8 阵元的均匀线阵，阵元间距为半波长，三个信噪比都为 30 dB 的信号分别从 $-80°$、$-20°$和 $40°$的方向入射到阵列上。

图 4.3-4 和图 4.3-5 分别给出了 DOA 估计偏差相对于快拍数量的变化结果，其中信噪比 SNR=5 dB，x 轴表示快拍数量，而 y 轴表示信号 DOA 估计误差。

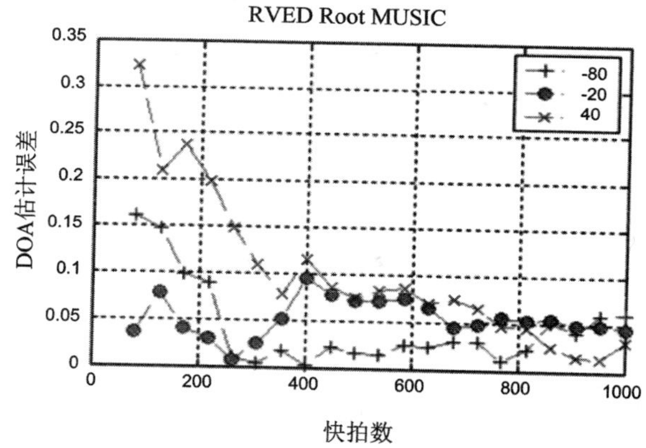

图 4.3-4　DOA 估计误差相对于快拍数量的变化(酉 Root-MUSIC 算法)

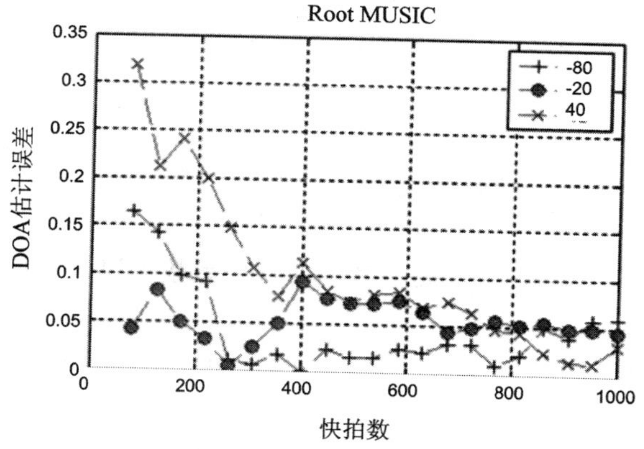

图 4.3-5　DOA 估计误差相对于快拍数量的变化(Root-MUSIC 算法)

图 4.3-6 和图 4.3-7 分别给出了 DOA 估计偏差相对于信噪比的变化结果，其中阵列快拍数为 1000，x 轴表示信噪比，而 y 轴表示信号 DOA 估计误差。

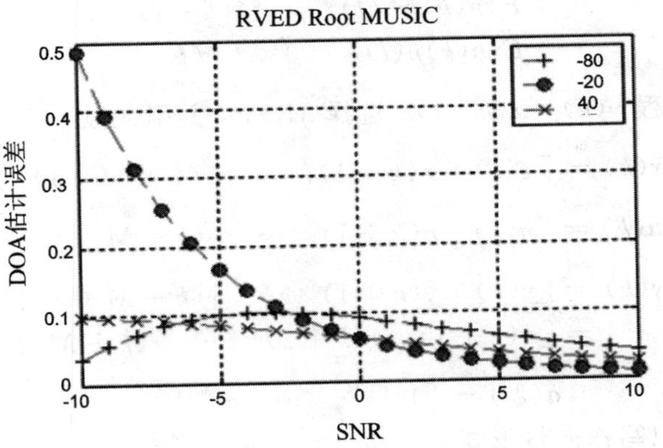

图 4.3-6　DOA 估计误差相对于信噪比的变化(酉 Root-MUSIC 算法)

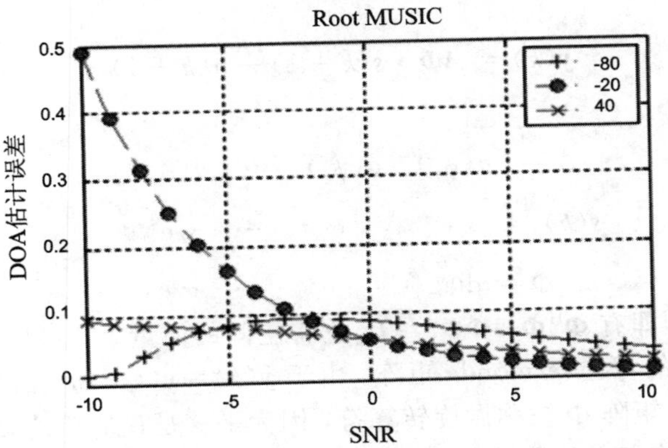

图 4.3-7　DOA 估计误差相对于信噪比的变化(Root-MUSIC 算法)

4.4　旋转不变技术

ESPRIT 是借助旋转不变技术估计信号参数(Estimation Signal Parameter via Rotational Invariance Techniques)的英文缩写。ESPRIT 方法最早是由 Roy 等人 1986 年提出的[45, 46]，现已成为现代信号处理中的一种重要方法，并得到了广泛的应用。

ESPRIT 算法估计信号参数时要求阵列的几何结构存在所谓的不变性，该不变性可以通过两种手段获得：一是阵列本身存在两个或两个以上相同的子阵；二是通过某些变换获得两个或两个以上的相同子阵。

4.4.1　基本 ESPRIT 算法

考虑白噪声中的 P 个谐波信号

$$x(k) = \sum_{i=1}^{P} s_i e^{jk\phi_i} + n(k) \tag{4.4-1}$$

式中，s_i 和 $\phi_i \in (-\pi, \pi)$ 分别为第 i 个谐波信号的复振幅和频率。假定 $n(k)$ 为一零均值、方差为 σ^2 的复值高斯白噪声过程，即

$$E\{n(k)n^*(l)\} = \sigma^2\delta(k-l)$$
$$E\{n(k)n(l)\} = 0 \qquad \forall k, l \tag{4.4-2}$$

定义一个新的过程 $y(k) \stackrel{\text{def}}{=} x(k+1)$。选择 $M>P$，并引入以下 $M\times 1$ 维向量

$$\boldsymbol{x}(k) \stackrel{\text{def}}{=} [x(k) \quad x(k+1) \quad \cdots \quad x(k+M-1)]^{\mathrm{T}} \tag{4.4-3}$$

$$\boldsymbol{n}(k) \stackrel{\text{def}}{=} [n(k) \quad n(k+1) \quad \cdots \quad n(k+M-1)]^{\mathrm{T}} \tag{4.4-4}$$

$$\begin{aligned}\boldsymbol{y}(k) &\stackrel{\text{def}}{=} [y(k) \quad y(k+1) \quad \cdots \quad y(k+M-1)]^{\mathrm{T}} \\ &= [x(k+1) \quad x(k+2) \quad \cdots \quad x(k+M)]^{\mathrm{T}}\end{aligned} \tag{4.4-5}$$

$$\boldsymbol{a}(\phi_i) \stackrel{\text{def}}{=} [1 \quad \mathrm{e}^{\mathrm{j}\phi_i} \quad \cdots \quad \mathrm{e}^{\mathrm{j}(M-1)\phi_i}]^{\mathrm{T}} \tag{4.4-6}$$

于是，式(4.4-1)可以写作向量形式

$$\boldsymbol{x}(k) = \boldsymbol{A}\boldsymbol{s}(k) + \boldsymbol{n}(k) \tag{4.4-7}$$

另有

$$\boldsymbol{y}(k) = \boldsymbol{A}\boldsymbol{\Phi}\cdot\boldsymbol{s}(k+1) + \boldsymbol{n}(k+1) \tag{4.4-8}$$

式中

$$\boldsymbol{A} \stackrel{\text{def}}{=} [\boldsymbol{a}(\phi_1) \quad \boldsymbol{a}(\phi_2) \quad \cdots \quad \boldsymbol{a}(\phi_P)] \tag{4.4-9}$$

$$\boldsymbol{s}(k) \stackrel{\text{def}}{=} [s_1\mathrm{e}^{\mathrm{j}k\omega_1} \quad s_2\mathrm{e}^{\mathrm{j}k\omega_2} \quad \cdots \quad s_p\mathrm{e}^{\mathrm{j}k\omega_P}]^{\mathrm{T}} \tag{4.4-10}$$

$$\boldsymbol{\Phi} \stackrel{\text{def}}{=} \mathrm{diag}\{\mathrm{e}^{\mathrm{j}\phi_1} \quad \mathrm{e}^{\mathrm{j}\phi_2} \quad \cdots \quad \mathrm{e}^{\mathrm{j}\phi_P}\} \tag{4.4-11}$$

注意，$\boldsymbol{\Phi}$ 为一酉矩阵，即有 $\boldsymbol{\Phi}^{\mathrm{H}}\boldsymbol{\Phi}=\boldsymbol{\Phi}\boldsymbol{\Phi}^{\mathrm{H}}=\boldsymbol{I}$，它将空间的向量 $\boldsymbol{x}(k)$ 和 $\boldsymbol{y}(k)$ 联系在一起；矩阵 $\boldsymbol{A}$ 是一个 $M\times P$ 维的 Vandermonde 矩阵。由于 $\boldsymbol{y}(k)=\boldsymbol{x}(k+1)$，故 $\boldsymbol{y}(k)$ 可以看做 $\boldsymbol{x}(k)$ 的平移结果。鉴于此，矩阵 $\boldsymbol{\Phi}$ 被称做旋转算符，因为平移是最简单的旋转。

观测向量 $\boldsymbol{x}(k)$ 的自相关矩阵为

$$\boldsymbol{R}_{xx} \stackrel{\text{def}}{=} E\{\boldsymbol{x}(k)\boldsymbol{x}^{\mathrm{H}}(k)\} = \boldsymbol{A}\boldsymbol{P}\boldsymbol{A}^{\mathrm{H}} + \sigma^2\boldsymbol{I} \tag{4.4-12}$$

式中

$$\boldsymbol{P} = E\{\boldsymbol{s}(k)\boldsymbol{s}^{\mathrm{H}}(k)\} \tag{4.4-13}$$

是信号向量的相关矩阵。若各信号不相关，则 $\boldsymbol{P}=\mathrm{diag}\{E(|s_1|^2), \cdots, E(|s_P|^2)\}$ 是一个 $P\times P$ 维对角矩阵，其对角线上的元素为各信号的功率。在 ESPRIT 方法中，只要求矩阵 $\boldsymbol{P}$ 非奇异，并不要求它一定是对角矩阵。

向量 $\boldsymbol{x}(k)$ 和 $\boldsymbol{y}(k)$ 的互相关矩阵为

$$\boldsymbol{R}_{xy} \stackrel{\text{def}}{=} E\{\boldsymbol{x}(k)\boldsymbol{y}^{\mathrm{H}}(k)\} = \boldsymbol{A}\boldsymbol{P}\boldsymbol{\Phi}^{\mathrm{H}}\boldsymbol{A}^{\mathrm{H}} + \sigma^2\boldsymbol{Z} \tag{4.4-14}$$

式中，$\sigma^2\boldsymbol{Z}=E\{\boldsymbol{n}(k)\boldsymbol{n}^{\mathrm{H}}(k+1)\}$。容易验证，$\boldsymbol{Z}$ 是一个 $M\times M$ 维的特殊矩阵

$$\boldsymbol{Z} = \begin{bmatrix} 0 & & & 0 \\ 1 & 0 & & \\ & \ddots & \ddots & \\ & & 1 & 0 \end{bmatrix} \tag{4.4-15}$$

即主对角线下面的对角线上的元素全部为 1，而其他的元素皆等于零。

由自相关矩阵的元素 $[\boldsymbol{R}_{xx}]_{ij}=E\{x(i)x^*(j)\}=R_{xx}(i-j)=R_{xx}^*(j-i)$ 知

$$\boldsymbol{R}_{xx} = \begin{bmatrix} R_{xx}(0) & R_{xx}^*(1) & \cdots & R_{xx}^*(M-1) \\ R_{xx}(1) & R_{xx}(0) & \cdots & R_{xx}^*(M-2) \\ \vdots & \vdots & & \vdots \\ R_{xx}(M-1) & R_{xx}(M-2) & \cdots & R_{xx}(0) \end{bmatrix} \tag{4.4-16}$$

类似地，互相关矩阵的元素为$[\boldsymbol{R}_{xy}]_{ij}=E\{x(i)y^*(j)\}=E\{x(i)x^*(j+1)\}=R_{xx}(i-j-1)=R_{xx}^*(j-i+1)$，即有

$$\boldsymbol{R}_{xy} = \begin{bmatrix} R_{xx}^*(1) & R_{xx}^*(2) & \cdots & R_{xx}^*(M) \\ R_{xx}(0) & R_{xx}^*(1) & \cdots & R_{xx}^*(M-1) \\ \vdots & \vdots & & \vdots \\ R_{xx}(M-2) & R_{xx}(M-3) & \cdots & R_{xx}^*(1) \end{bmatrix} \tag{4.4-17}$$

注意 $R_{xx}(0)=R_{xx}^*(0)$。

现在的问题是：已知自相关函数 $R_{xx}(0)$，$R_{xx}(1)$，…，$R_{xx}(M)$，如何估计谐波信号的个数 P、谐波频率 $\phi_i(i=1,\cdots,P)$以及谐波功率$|s_i|^2$？

向量$\boldsymbol{x}(k)$经过平移，变为$\boldsymbol{y}(k)=\boldsymbol{x}(k+1)$，但是这种平移却保持了$\boldsymbol{x}(k)$和$\boldsymbol{y}(k)$对应的信号子空间的不变性。这是因为$\boldsymbol{R}_{xx}=E\{\boldsymbol{x}(k)\boldsymbol{x}^{\mathrm{H}}(k)\}=E\{\boldsymbol{x}(k+1)\boldsymbol{x}^{\mathrm{H}}(k+1)\}=\boldsymbol{R}_{yy}$，它们是完全相同的。

对$\boldsymbol{R}_{xx}$作特征值分解，可以得到其最小特征值$\lambda_{\min}=\sigma^2$。构造一对新的矩阵

$$\boldsymbol{C}_{xx} = \boldsymbol{R}_{xx} - \lambda_{\min}\boldsymbol{I} = \boldsymbol{R}_{xx} - \sigma^2\boldsymbol{I} = \boldsymbol{APA}^{\mathrm{H}} \tag{4.4-18}$$

$$\boldsymbol{C}_{xy} = \boldsymbol{R}_{xy} - \lambda_{\min}\boldsymbol{Z} = \boldsymbol{R}_{xy} - \sigma^2\boldsymbol{Z} = \boldsymbol{AP\Phi}\cdot\boldsymbol{S}^{\mathrm{H}} \tag{4.4-19}$$

$\{\boldsymbol{C}_{xx},\boldsymbol{C}_{xy}\}$称为矩阵束或矩阵对。

矩阵束$\{\boldsymbol{C}_{xx},\boldsymbol{C}_{xy}\}$的特征值分解称为广义特征值分解，定义为：若标量$\gamma$和向量$\boldsymbol{u}$满足

$$\boldsymbol{C}_{xx}\boldsymbol{u} = \gamma\boldsymbol{C}_{xy}\boldsymbol{u} \tag{4.4-20}$$

则γ和$\boldsymbol{u}$分别称为矩阵束$\{\boldsymbol{C}_{xx},\boldsymbol{C}_{xy}\}$的广义特征值和广义特征向量，并称二元组$(\gamma,\boldsymbol{u})$为广义特征对。当只对广义特征值感兴趣时，常将矩阵束写作$\boldsymbol{C}_{xx}-\gamma\boldsymbol{C}_{xy}$；当$\gamma$不是广义特征值时，矩阵束$\boldsymbol{C}_{xx}-\gamma\boldsymbol{C}_{xy}$满秩；而使矩阵束秩亏缺的$\gamma$称为矩阵束$\{\boldsymbol{C}_{xx},\boldsymbol{C}_{xy}\}$的广义特征值。

考察矩阵束

$$\boldsymbol{C}_{xx} - \gamma\boldsymbol{C}_{xy} = \boldsymbol{AP}(\boldsymbol{I}-\gamma\boldsymbol{\Phi}^{\mathrm{H}})\boldsymbol{A}^{\mathrm{H}} \tag{4.4-21}$$

由于$\boldsymbol{A}$满列秩和$\boldsymbol{P}$非奇异，所以从矩阵秩的角度，式(4.4-21)可以写作

$$\mathrm{rank}(\boldsymbol{C}_{xx}-\gamma\boldsymbol{C}_{xy}) = \mathrm{rank}(\boldsymbol{I}-\gamma\boldsymbol{\Phi}^{\mathrm{H}}) \tag{4.4-22}$$

当$\gamma\neq e^{\phi_i}(i=1,\cdots,P)$时，矩阵$(\boldsymbol{I}-\gamma\boldsymbol{\Phi})$是非奇异的，而当$\gamma=e^{\phi_i}$时，由于$\gamma e^{-\phi_i}=1$，所以矩阵$(\boldsymbol{I}-\gamma\boldsymbol{\Phi})$奇异，即秩亏缺。这说明$e^{\phi_i}(i=1,\cdots,P)$都是矩阵束$\{\boldsymbol{C}_{xx},\boldsymbol{C}_{xy}\}$的广义特征值。

该结论可由矩阵论的知识获得：如果定义$\boldsymbol{\Gamma}$为矩阵束$\{\boldsymbol{C}_{xx},\boldsymbol{C}_{xy}\}$的广义特征值矩阵，其中$\boldsymbol{C}_{xx}=\boldsymbol{R}_{xx}-\lambda_{\min}\boldsymbol{I}$和$\boldsymbol{C}_{xy}=\boldsymbol{R}_{xy}-\lambda_{\min}\boldsymbol{Z}$，且$\lambda_{\min}$为自相关矩阵$\boldsymbol{R}_{xx}$的最小特征值。若矩阵$\boldsymbol{P}$非奇异，则矩阵$\boldsymbol{\Gamma}$与旋转矩阵$\boldsymbol{\Phi}$之间有下列关系

$$\boldsymbol{\Gamma} = \begin{bmatrix} \boldsymbol{\Phi} & \boldsymbol{0} \\ \boldsymbol{0} & \boldsymbol{0} \end{bmatrix} \tag{4.4-23}$$

即$\boldsymbol{\Gamma}$的非零元素是旋转算符矩阵$\boldsymbol{\Phi}$的各元素的一个排列。

因此，基本 ESPRIT 算法的实现步骤为：

(1) 利用已知的观测数据 $x(1)$，…，$x(K)$估计相关函数 $R_{xx}(0)$，$R_{xx}(1)$，…，

$R_{xx}(M)$；

（2）由估计的自相关函数构造 $M\times M$ 维的自相关矩阵 $\boldsymbol{R}_{xx}$ 和 $M\times M$ 维的互相关矩阵 $\boldsymbol{R}_{xy}$；

（3）利用 σ^2 计算 $\boldsymbol{C}_{xx}=\boldsymbol{R}_{xx}-\sigma^2\boldsymbol{I}$ 和 $\boldsymbol{C}_{xy}=\boldsymbol{R}_{xy}-\sigma^2\boldsymbol{Z}$；

（4）求矩阵束$\{\boldsymbol{C}_{xx},\boldsymbol{C}_{xy}\}$的广义特征值分解，得到位于单位圆上的 P 个广义特征值 $\mathrm{e}^{\phi_i}(i=1,\cdots,P)$，它们直接给出谐波频率或由式 $\theta_i=\arcsin\left(\dfrac{\lambda\phi_i}{2\pi d}\right)(i=1,\cdots,P)$确定波达方向。

特别地，当各谐波信号 $s_1(k)$，…，$s_P(k)$相互独立时，还可以计算出各谐波的功率 $E\{|s_i|^2\}(i=1,\cdots,P)$。在信号相互独立的条件下，矩阵

$$\boldsymbol{P}=E\{\boldsymbol{s}(k)\boldsymbol{s}^{\mathrm{H}}(k)\}=\mathrm{diag}\{E(|s_1(k)|^2),\cdots,E(|s_p(k)|^2)\} \tag{4.4-24}$$

为对角矩阵。

令 $\boldsymbol{e}_i$ 是对应于广义特征值 γ_i 的广义特征向量。由定义知，$\boldsymbol{e}_i$ 满足关系式

$$\boldsymbol{APA}^{\mathrm{H}}\boldsymbol{e}_i=\gamma_i\boldsymbol{AP\Phi}^{\mathrm{H}}\boldsymbol{A}^{\mathrm{H}}\boldsymbol{e}_i \tag{4.4-25}$$

或等价于

$$\boldsymbol{e}_i^{\mathrm{H}}\boldsymbol{AP}(\boldsymbol{I}-\gamma_i\boldsymbol{\Phi}^{\mathrm{H}})\boldsymbol{A}^{\mathrm{H}}\boldsymbol{e}_i=0 \tag{4.4-26}$$

显而易见，对角矩阵 $\boldsymbol{P}(\boldsymbol{I}-\gamma_i\boldsymbol{\Phi}^{\mathrm{H}})$的第 i 个对角元素等于零，而其他对角元素不等于零(用“×”表示，它是不感兴趣的)，即

$$\boldsymbol{P}(\boldsymbol{I}-\gamma_i\boldsymbol{\Phi}^{\mathrm{H}})=\mathrm{diag}\{\times,\cdots,\times,0,\times,\cdots,\times\} \tag{4.4-27}$$

故知，为保证式(4.4-26)成立，$\boldsymbol{e}_i^{\mathrm{H}}\boldsymbol{A}$ 和 $\boldsymbol{A}^{\mathrm{H}}\boldsymbol{e}_i$ 必然具有以下形式

$$\boldsymbol{e}^{\mathrm{H}}\boldsymbol{A}=[0\ \ \cdots\ \ 0\ \ e_i^*\boldsymbol{a}(\phi_i)\ \ 0\ \ \cdots\ \ 0] \tag{4.4-28}$$

$$\boldsymbol{A}^{\mathrm{H}}\boldsymbol{e}_i=[0\ \ \cdots\ \ 0\ \ \boldsymbol{a}^{\mathrm{H}}(\phi_i)e_i\ \ 0\ \ \cdots\ \ 0]^{\mathrm{T}} \tag{4.4-29}$$

也就是说，与广义特征值 γ_i 对应的广义特征向量 $\boldsymbol{e}_i$ 与除方向向量 $\boldsymbol{a}(\phi_i)$以外的其他所有方向向量 $\boldsymbol{a}(\phi_j)(j\neq i)$正交。另一方面，对角矩阵 $\gamma_i\boldsymbol{\Phi}^{\mathrm{H}}$ 的第(i,j)个元素等于 1，即

$$\gamma_i\boldsymbol{\Phi}^{\mathrm{H}}=\mathrm{diag}\{\mathrm{e}^{-\mathrm{j}\phi_1},\cdots,\mathrm{e}^{-\mathrm{j}\phi_{i-1}},1,\mathrm{e}^{-\mathrm{j}\phi_{i+1}},\cdots,\mathrm{e}^{-\mathrm{j}\phi_P}\} \tag{4.4-30}$$

将 $\boldsymbol{C}_{xx}=\boldsymbol{APA}^{\mathrm{H}}$ 代入式(4.4-26)，可得

$$\boldsymbol{e}_i^{\mathrm{H}}\boldsymbol{AP}\gamma_i\boldsymbol{\Phi}^{\mathrm{H}}\boldsymbol{A}^{\mathrm{H}}\boldsymbol{e}_i=\boldsymbol{e}_i^{\mathrm{H}}\boldsymbol{C}_{xx}\boldsymbol{e}_i \tag{4.4-31}$$

将式(4.4-28)～式(4.4-30)代入式(4.4-31)，并注意到 $\boldsymbol{P}$ 为对角矩阵，则有

$$E\{|s_i(k)|^2\}|\boldsymbol{e}_i^{\mathrm{H}}\boldsymbol{a}(\phi_i)|^2=\boldsymbol{e}_i^{\mathrm{H}}\boldsymbol{C}_{xx}\boldsymbol{e}_i \tag{4.4-32}$$

即

$$E\{|s_i(k)|^2\}=\frac{\boldsymbol{e}_i^{\mathrm{H}}\boldsymbol{C}_{xx}\boldsymbol{e}_i}{|\boldsymbol{e}_i^{\mathrm{H}}\boldsymbol{a}(\phi_i)|^2} \tag{4.4-33}$$

这就是当各信号相互独立时，各信号功率的估计公式。

4.4.2 ESPRIT 算法的另一种形式

4.4.2.1 旋转不变子空间算法原理

考察一个由 M 个阵元组成的等距线阵，如图 4.4-1 所示。现将该等距线阵分为两个子阵列，其中子阵列 1 由第 1 个至第 $M-1$ 个阵元组成，子阵列 2 由第 2 个至第 M 个阵元组成。

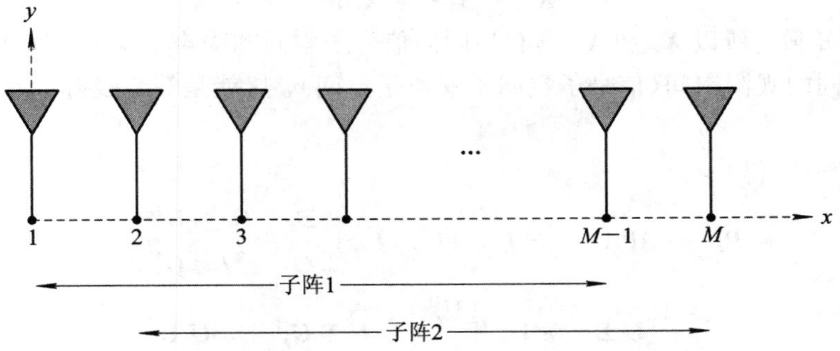

图 4.4-1　阵列分成两个子阵列

令 $M\times K$ 矩阵

$$\boldsymbol{X}=[\boldsymbol{x}(1)\quad\cdots\quad\boldsymbol{x}(K)]\tag{4.4-34}$$

代表原阵列的观测数据矩阵，其中 $\boldsymbol{x}(k)=[x_1(k)\quad\cdots\quad x_M(k)]^{\mathrm T}$ 是由 M 个阵元在 k 时刻的观测信号组成的观测数据向量，而 K 为数据长度，即 $k=1, \cdots, K$。

若令

$$\boldsymbol{S}=[\boldsymbol{s}(1)\quad\cdots\quad\boldsymbol{s}(K)]\tag{4.4-35}$$

代表信号矩阵，式中：

$$\boldsymbol{s}(k)=[\boldsymbol{s}_1(k)\quad\cdots\quad\boldsymbol{s}_P(k)]^{\mathrm T}\tag{4.4-36}$$

代表信号向量，则对于 K 个快拍的数据，式(4.4-1)可以用矩阵形式表示成

$$\boldsymbol{X}=\boldsymbol{AS}\tag{4.4-37}$$

式中，$\boldsymbol{A}$ 是 $M\times P$ 维阵列方向矩阵。

令 $\boldsymbol{J}_1$ 和 $\boldsymbol{J}_2$ 是两个$(M-1)\times K$ 维的选择矩阵

$$\boldsymbol{J}_1=[\boldsymbol{I}_{M-1}\quad\boldsymbol{0}_{M-1}]\tag{4.4-38}$$

$$\boldsymbol{J}_2=[\boldsymbol{0}_{M-1}\quad\boldsymbol{I}_{M-1}]\tag{4.4-39}$$

式中：$\boldsymbol{I}_{M-1}$代表$(M-1)\times(M-1)$维的单位矩阵；$\boldsymbol{0}_{M-1}$表示$(M-1)\times 1$ 维的零向量。

用选择矩阵 $\boldsymbol{J}_1$ 和 $\boldsymbol{J}_2$ 分别左乘观测数据矩阵 $\boldsymbol{X}$，得到

$$\boldsymbol{X}_1=\boldsymbol{J}_1\boldsymbol{X}=[\boldsymbol{x}_1(1)\quad\cdots\quad\boldsymbol{x}_1(K)]\tag{4.4-40}$$

$$\boldsymbol{X}_2=\boldsymbol{J}_2\boldsymbol{X}=[\boldsymbol{x}_2(1)\quad\cdots\quad\boldsymbol{x}_2(K)]\tag{4.4-41}$$

式中：

$$\boldsymbol{x}_1(k)=[x_1(k)\quad\cdots\quad x_{M-1}(k)]^{\mathrm T},\qquad k=1, \cdots, K\tag{4.4-42}$$

$$\boldsymbol{x}_2(k)=[x_2(k)\quad\cdots\quad x_M(k)]^{\mathrm T},\qquad k=1, \cdots, K\tag{4.4-43}$$

就是说，观测数据子矩阵 $\boldsymbol{X}_1$ 是由观测数据矩阵 $\boldsymbol{X}$ 的前 $M-1$ 行组成，相当于子阵列 1 的观测数据矩阵；$\boldsymbol{X}_2$ 则由 $\boldsymbol{X}$ 的后 $M-1$ 行组成，相当于子阵列 2 的观测数据矩阵。

$$\boldsymbol{A}=\begin{bmatrix}\boldsymbol{A}_1\\ \text{最后一行}\end{bmatrix}=\begin{bmatrix}\text{第一行}\\ \boldsymbol{A}_2\end{bmatrix}\tag{4.4-44}$$

则根据等距线阵的阵列响应矩阵 $\boldsymbol{A}$ 的结构可知，子矩阵 $\boldsymbol{A}_1$ 和 $\boldsymbol{A}_2$ 之间存在以下关系

$$\boldsymbol{A}_2=\boldsymbol{A}_1\boldsymbol{\Phi}\tag{4.4-45}$$

即该式反映了两个子阵的阵列流形间的旋转不变性。容易验证

$$\boldsymbol{X}_1=\boldsymbol{A}_1\boldsymbol{S}\tag{4.4-46}$$

$$\boldsymbol{X}_2 = \boldsymbol{A}_2\boldsymbol{S} = \boldsymbol{A}_1\boldsymbol{\Phi}\boldsymbol{S} \tag{4.4-47}$$

由于 $\boldsymbol{\Phi}$ 是一酉矩阵，所以 $\boldsymbol{X}_1$ 和 $\boldsymbol{X}_2$ 具有相同的信号子空间和噪声子空间，即子阵列 1 和子阵列 2 具有相同的观测空间(信号子空间＋噪声子空间)，这就是等距线阵的平移不变性的物理解释。

由式(4.4-12)得

$$\boldsymbol{R}_{xx} = \boldsymbol{A}\boldsymbol{P}\boldsymbol{A}^{\mathrm{H}} + \sigma^2\boldsymbol{I} = [\boldsymbol{U}_s \quad \boldsymbol{U}_n]\begin{bmatrix}\boldsymbol{\Sigma}_s & \boldsymbol{O}\\ \boldsymbol{O} & \sigma^2\boldsymbol{I}\end{bmatrix}\begin{bmatrix}\boldsymbol{U}_s^{\mathrm{H}}\\ \boldsymbol{U}_n^{\mathrm{H}}\end{bmatrix}$$

$$= [\boldsymbol{U}_s\boldsymbol{\Sigma}_s \quad \sigma^2\boldsymbol{U}_n]\begin{bmatrix}\boldsymbol{U}_s^{\mathrm{H}}\\ \boldsymbol{U}_n^{\mathrm{H}}\end{bmatrix} = \boldsymbol{U}_s\boldsymbol{\Sigma}_s\boldsymbol{U}_s^{\mathrm{H}} + \sigma^2\boldsymbol{U}_n\boldsymbol{U}_n^{\mathrm{H}} \tag{4.4-48}$$

由于 $\boldsymbol{I}-\boldsymbol{U}_n\boldsymbol{U}_n^{\mathrm{H}}=\boldsymbol{U}_s\boldsymbol{U}_s^{\mathrm{H}}$，故由该式可知

$$\boldsymbol{A}\boldsymbol{P}\boldsymbol{A}^{\mathrm{H}} + \sigma^2\boldsymbol{U}_s\boldsymbol{U}_s^{\mathrm{H}} = \boldsymbol{U}_s\boldsymbol{\Sigma}_s\boldsymbol{U}_s^{\mathrm{H}} \tag{4.4-49}$$

用 $\boldsymbol{U}_s$ 右乘式(4.4-49)两边，注意到 $\boldsymbol{U}_s^{\mathrm{H}}\boldsymbol{U}_s=\boldsymbol{I}$，并加以重排，即得

$$\boldsymbol{U}_s = \boldsymbol{A}\boldsymbol{T} \tag{4.4-50}$$

式中，$\boldsymbol{T}$ 是一个非奇异矩阵，且

$$\boldsymbol{T} = \boldsymbol{P}\boldsymbol{A}^{\mathrm{H}}\boldsymbol{U}_s(\boldsymbol{\Sigma}_s - \sigma^2\boldsymbol{I})^{-1} \tag{4.4-51}$$

虽然 $\boldsymbol{T}$ 是一个未知矩阵，但它只是下面分析中的一个“虚拟参数”，这里只用到它的非奇异性。用 $\boldsymbol{T}$ 右乘式(4.4-44)，则有

$$\boldsymbol{A}\boldsymbol{T} = \begin{bmatrix}\boldsymbol{A}_1\boldsymbol{T}\\ \text{最后一行}\end{bmatrix} = \begin{bmatrix}\text{第一行}\\ \boldsymbol{A}_2\boldsymbol{T}\end{bmatrix} \tag{4.4-52}$$

采用相同的分块形式，将 $\boldsymbol{U}_s$ 也分块成

$$\boldsymbol{U}_s = \begin{bmatrix}\boldsymbol{U}_1\\ \text{最后一行}\end{bmatrix} = \begin{bmatrix}\text{第一行}\\ \boldsymbol{U}_2\end{bmatrix} \tag{4.4-53}$$

由于 $\boldsymbol{A}\boldsymbol{T}=\boldsymbol{U}_s$，故比较式(4.4-52)与式(4.4-53)，立即有

$$\boldsymbol{U}_1 = \boldsymbol{A}_1\boldsymbol{T} \tag{4.4-54}$$

$$\boldsymbol{U}_2 = \boldsymbol{A}_2\boldsymbol{T} \tag{4.4-55}$$

将式(4.4-45)代入式(4.4-55)，即有

$$\boldsymbol{U}_2 = \boldsymbol{A}_1\boldsymbol{\Phi}\boldsymbol{T} \tag{4.4-56}$$

由式(4.4-54)及式(4.4-55)，又有

$$\boldsymbol{U}_1\boldsymbol{T}^{-1}\boldsymbol{\Phi}\boldsymbol{T} = \boldsymbol{A}_1\boldsymbol{T}\boldsymbol{T}^{-1}\boldsymbol{\Phi}\boldsymbol{T} = \boldsymbol{A}_1\boldsymbol{\Phi}\boldsymbol{T} = \boldsymbol{U}_2 \tag{4.4-57}$$

定义

$$\boldsymbol{\Psi} = \boldsymbol{T}^{-1}\boldsymbol{\Phi}\boldsymbol{T} \tag{4.4-58}$$

矩阵 $\boldsymbol{\Psi}$ 称为矩阵 $\boldsymbol{\Phi}$ 的相似变换，因此它们具有相同的特征值，即 $\boldsymbol{\Psi}$ 的特征值也为 $\mathrm{e}^{\mathrm{j}\phi_m}$ $(m=1, 2, \cdots, M)$。

将式(4.4-58)代入式(4.4-57)，则得到一个重要的关系式，即

$$\boldsymbol{U}_2 = \boldsymbol{U}_1\boldsymbol{\Psi} \tag{4.4-59}$$

该式反映了两个子阵的接收数据的信号子空间的旋转不变性。因此 ESPRIT 算法的重点就是求解上述的旋转不变关系矩阵，进而求得信号的入射角度信息。

4.4.2.2　最小二乘 ESPRIT 算法

由最小二乘(LS)的数学知识可知，式(4.4-59)的最小二乘解的方法等价于[45]

$$\left.\begin{aligned}&\min\|\Delta\boldsymbol{U}_2\|^2\\&\text{s.t.}\quad \boldsymbol{U}_1\boldsymbol{\Psi}=\boldsymbol{U}_2+\Delta\boldsymbol{U}_2\end{aligned}\right\}\tag{4.4-60}$$

因此，最小二乘法的基本思想就是使校正项 $\Delta\boldsymbol{U}_2$ 尽可能小，而同时保证满足约束条件。为了得到 LS 解，将式(4.4-59)代入式(4.4-60)可得

$$\min(f(\boldsymbol{\Psi}))=\min\|\Delta\boldsymbol{U}_2\|^2=\min\|\boldsymbol{U}_1\boldsymbol{\Psi}-\boldsymbol{U}_2\|^2\tag{4.4-61}$$

对式(4.4-61)进行展开可得

$$\begin{aligned}f(\boldsymbol{\Psi})&=\|\boldsymbol{U}_1\boldsymbol{\Psi}-\boldsymbol{U}_2\|^2\\&=\boldsymbol{U}_2^{\mathrm{H}}\boldsymbol{U}_2-\boldsymbol{U}_2^{\mathrm{H}}\boldsymbol{U}_1\boldsymbol{\Psi}-\boldsymbol{\Psi}^{\mathrm{H}}\boldsymbol{U}_1^{\mathrm{H}}\boldsymbol{U}_2+\boldsymbol{\Psi}^{\mathrm{H}}\boldsymbol{U}_1^{\mathrm{H}}\boldsymbol{U}_1\boldsymbol{\Psi}\end{aligned}\tag{4.4-62}$$

对 $\boldsymbol{\Psi}$ 求导，可得

$$\frac{\mathrm{d}f(\boldsymbol{\Psi})}{\mathrm{d}\boldsymbol{\Psi}}=-2\boldsymbol{U}_1^{\mathrm{H}}\boldsymbol{U}_2+2\boldsymbol{U}_1^{\mathrm{H}}\boldsymbol{U}_1\boldsymbol{\Psi}\tag{4.4-63}$$

并令其等于零，则式(4.4-63)的解显然有两种可能：

(1) 当 $\boldsymbol{U}_1$ 满秩时，也就是子阵 1 的信号子空间的维数等于信号源数时，则其解是唯一的，可得上式的最小二乘解

$$\boldsymbol{\Psi}_{\mathrm{LS}}=(\boldsymbol{U}_1^{\mathrm{H}}\boldsymbol{U}_1)^{-1}\boldsymbol{U}_1^{\mathrm{H}}\boldsymbol{U}_2=\boldsymbol{U}_1^{+}\boldsymbol{U}_2\tag{4.4-64}$$

(2) 当 $\boldsymbol{U}_1$ 不满秩，即 $\mathrm{rank}(\boldsymbol{U}_1)<P$ 时，也就是信号源间存在相干或相差时，则 $\boldsymbol{\Psi}$ 存在很多解，但此时却无法区别对应于方程的各个不同的解，可以称这些解是不可辨识的，解的不可辨识性是需要解相干性的原因所在。

上面是从最小二乘的角度分析 ESPRIT 算法的实现，下面则从信号子空间拟合的角度进一步加深对最小二乘法的理解，即可以利用如下的拟合思想

$$\min\left\|\begin{bmatrix}\boldsymbol{U}_1\\\boldsymbol{U}_2\end{bmatrix}-\begin{bmatrix}\boldsymbol{A}_1\boldsymbol{T}\\\boldsymbol{A}_1\boldsymbol{\Phi}\boldsymbol{T}\end{bmatrix}\right\|_{\mathrm{F}}^2\overset{\text{def}}{=}\min\|\boldsymbol{U}_s-\bar{\boldsymbol{A}}\boldsymbol{T}\|^2\tag{4.4-65}$$

解上式的一个简单方法是令 $\boldsymbol{U}_1=\boldsymbol{A}_1\boldsymbol{T}$ 的条件下使得下式最小

$$\min\|\boldsymbol{U}_2-\boldsymbol{A}_1\boldsymbol{\Phi}\boldsymbol{T}\|_{\mathrm{F}}^2\tag{4.4-66}$$

显然上式简化可得

$$\begin{aligned}\min\|\boldsymbol{U}_2-\boldsymbol{A}_1\boldsymbol{\Phi}\boldsymbol{T}\|_{\mathrm{F}}^2&=\min\|\boldsymbol{U}_2-\boldsymbol{U}_1\boldsymbol{T}^{-1}\boldsymbol{\Phi}\boldsymbol{T}\|_{\mathrm{F}}^2\\&=\min\|\boldsymbol{U}_2-\boldsymbol{U}_1\boldsymbol{\Psi}\|_{\mathrm{F}}^2\end{aligned}\tag{4.4-67}$$

所以上式的最小二乘解为

$$\boldsymbol{\Psi}_{\mathrm{LS}}=\boldsymbol{U}_1^{+}\boldsymbol{U}_2=(\boldsymbol{U}_1^{\mathrm{H}}\boldsymbol{U}_1)\boldsymbol{U}_1^{\mathrm{H}}\boldsymbol{U}_2\tag{4.4-68}$$

对比式(4.4-64)可以发现两者完全相同。同样，可以令 $\boldsymbol{U}_2=\boldsymbol{A}_1\boldsymbol{\Phi}\boldsymbol{T}$，则得到

$$\min\|\boldsymbol{U}_1-\boldsymbol{A}_1\boldsymbol{T}\|_{\mathrm{F}}^2=\min\|\boldsymbol{U}_1-\boldsymbol{U}_2\boldsymbol{T}^{-1}\boldsymbol{\Phi}^{-1}\boldsymbol{T}\|_{\mathrm{F}}^2\tag{4.4-69}$$

可得上式的最小二乘解为

$$\boldsymbol{\Psi}_{\mathrm{LS}}^{-1}=\boldsymbol{U}_2^{+}\boldsymbol{U}_1\tag{4.4-70}$$

综上所述，可得 LS 的 ESPRIT 算法的实现步骤为：

(1) 计算阵列协方差矩阵 $\hat{\boldsymbol{R}}_{xx}$ 的特征值分解 $\hat{\boldsymbol{R}}_{xx}=\hat{\boldsymbol{U}}\cdot\hat{\boldsymbol{\Sigma}}\cdot\hat{\boldsymbol{U}}^{\mathrm{H}}$；

(2) 矩阵 $\hat{\boldsymbol{U}}$ 与 $\hat{\boldsymbol{R}}_{xx}$ 的 P 个主特征值对应的部分组成 $\hat{\boldsymbol{U}}_s$；

(3) 抽取 $\hat{\boldsymbol{U}}_s$ 的前面 $M-1$ 行组成矩阵 $\hat{\boldsymbol{U}}_1$，后面的 $M-1$ 行组成矩阵 $\hat{U}_2$，计算 $\boldsymbol{\Psi}=(\hat{\boldsymbol{U}}_1^{\mathrm{H}}\hat{\boldsymbol{U}}_1)^{-1}\hat{\boldsymbol{U}}_1^{\mathrm{H}}\hat{\boldsymbol{U}}_2$ 的特征分解，其特征值与 $\boldsymbol{\Phi}$ 的特征值相同，为 $\mathrm{e}^{\phi_i}(i=1,\cdots,P)$；

(4) 利用估计的特征值 $e^{\phi_i}(i=1, \cdots, P)$，按照式 $\theta_i=\arcsin\left(\frac{\lambda\phi_i}{2\pi d}\right)(i=1, \cdots, P)$确定波达方向。

4.4.2.3 总体最小二乘 ESPRIT 算法

由以上分析可知，普通最小二乘的基本思想是用一个范数平方为最小的扰动 $\Delta\boldsymbol{U}_2$ 去干扰信号子空间 $\boldsymbol{U}_2$，目的是校正 $\boldsymbol{U}_2$ 中存在的噪声。显然这就存在一个问题：如果同时扰动 $\boldsymbol{U}_1$ 和 $\boldsymbol{U}_2$，并使扰动范数的平方保持最小，是否可以同时校正 $\boldsymbol{U}_1$ 和 $\boldsymbol{U}_2$ 中存在的噪声？答案是肯定的，这就是总体最小二乘(TLS)的思想[46]。

总体最小二乘考虑的是如下矩阵方程的解

$$(\boldsymbol{U}_1+\Delta\boldsymbol{U}_1)\boldsymbol{\Psi}=\boldsymbol{U}_2+\Delta\boldsymbol{U}_2 \tag{4.4-71}$$

显然式(4.4-71)可以改写成

$$([-\Delta\boldsymbol{U}_2 \quad \Delta\boldsymbol{U}_1]+[-\boldsymbol{U}_2 \quad \boldsymbol{U}_2])\begin{bmatrix}1\\ \boldsymbol{\Psi}\end{bmatrix}\overset{\Delta}{=}(\Delta\boldsymbol{U}+\boldsymbol{U})\boldsymbol{z}=0 \tag{4.4-72}$$

所以，TLS 的解等价于

$$\left.\begin{aligned}&\min\|\Delta\boldsymbol{U}\|^2\\ &\text{s. t.}\quad(\Delta\boldsymbol{U}+\boldsymbol{U})\boldsymbol{z}=0\end{aligned}\right\} \tag{4.4-73}$$

关于该式的解，Golub 和 Van Loan 在文献[47]中给出了最小范数解的 TLS 算法。下面结合 DOA 估计给出上式的 TLS 解。

定义如下一个矩阵 $\boldsymbol{U}_{12}=[\boldsymbol{U}_1 \quad \boldsymbol{U}_2]$，再结合上述分析过程，可以发现其实质就是寻找一个 $2P\times M$ 的酉矩阵 $\boldsymbol{F}$，使得矩阵 $\boldsymbol{F}$ 与 $\boldsymbol{U}_{12}$ 正交，也就说明了由 $\boldsymbol{F}$ 张成的空间与 $\boldsymbol{U}_1$ 或 $\boldsymbol{U}_2$ 列矢量张成的空间正交，所以矩阵 $\boldsymbol{F}$ 可以从 $\boldsymbol{U}_{12}^H\boldsymbol{U}_{12}$ 的特征分解中得到。因为

$$\boldsymbol{U}_{12}^{\mathrm{H}}\boldsymbol{U}_{12}=\boldsymbol{E}\cdot\boldsymbol{A}\cdot\boldsymbol{E}^{\mathrm{H}} \tag{4.4-74}$$

式中的 $\boldsymbol{A}$ 是由特征值构成的对角矩阵，$\boldsymbol{E}$ 是与其相应的特征矢量构成的矩阵，即

$$\boldsymbol{E}=\begin{bmatrix}\boldsymbol{E}_{11} & \boldsymbol{E}_{12}\\ \boldsymbol{E}_{21} & \boldsymbol{E}_{22}\end{bmatrix} \tag{4.4-75}$$

令

$$\boldsymbol{E}_n=\begin{bmatrix}\boldsymbol{E}_{12}\\ \boldsymbol{E}_{22}\end{bmatrix}_{2P\times P} \tag{4.4-76}$$

是由对应特征值为 0 的特征矢量构成的矩阵，它属于噪声子空间，所以只要选择矩阵 $\boldsymbol{E}$ 使之等于 $\boldsymbol{E}_n$，即可满足上面提到的要求。即有

$$\boldsymbol{U}_{12}\boldsymbol{E}=[\boldsymbol{U}_1 \quad \boldsymbol{U}_2]\begin{bmatrix}\boldsymbol{E}_{12}\\ \boldsymbol{E}_{22}\end{bmatrix}=\boldsymbol{U}_1\boldsymbol{E}_{12}+\boldsymbol{U}_2\boldsymbol{E}_{22}=0 \tag{4.4-77}$$

可得

$$\boldsymbol{A}\cdot\boldsymbol{T}\cdot\boldsymbol{E}_{12}+\boldsymbol{A}\cdot\boldsymbol{\Phi}\cdot\boldsymbol{T}\cdot\boldsymbol{E}_{22}=0 \tag{4.4-78}$$

如果令 $\boldsymbol{\Psi}=-\boldsymbol{E}_{12}\boldsymbol{E}_{22}^{-1}$，则

$$\boldsymbol{T}^{-1}\cdot\boldsymbol{\Phi}\cdot\boldsymbol{T}=\boldsymbol{\Psi} \tag{4.4-79}$$

式(4.4-79)说明 $\boldsymbol{\Psi}$ 的特征值即是 $\boldsymbol{\Phi}$ 的对角线元素，这说明通过构造一个矩阵 $\boldsymbol{\Psi}$ 就可以得到有关信号角度的信息。而这个矩阵的构造可通过式(4.4-60)得到，即

$$\boldsymbol{\Psi}_{\mathrm{TLS}} = -\boldsymbol{E}_{12}\boldsymbol{E}_{22}^{-1} \tag{4.4-80}$$

故可得 TLS 的 ESPRIT 算法的实现步骤为：

(1) 计算阵列协方差矩阵 $\hat{\boldsymbol{R}}_{xx}$ 的特征值分解 $\hat{\boldsymbol{R}}_{xx}=\hat{\boldsymbol{U}}\cdot\hat{\boldsymbol{\Sigma}}\cdot\hat{\boldsymbol{U}}^{\mathrm{H}}$；

(2) 矩阵 $\hat{\boldsymbol{U}}$ 与 $\hat{\boldsymbol{R}}_{xx}$ 的 P 个主特征值对应的部分组成 $\hat{\boldsymbol{U}}_s$；

(3) 抽取 $\hat{\boldsymbol{U}}_s$ 的前面 $M-1$ 行组成矩阵 $\hat{\boldsymbol{U}}_1$，后面的 $M-1$ 行组成矩阵 $\hat{\boldsymbol{U}}_2$，构造矩阵 $\hat{\boldsymbol{U}}_{12}=[\hat{\boldsymbol{U}}_1\quad\hat{\boldsymbol{U}}_2]$，并按式(4.4-74)进行特征分解得到矩阵 $\boldsymbol{E}$，再按照式(4.4-75)将矩阵分为四个小的子块矩阵；

(4) 按照式(4.4-80)得到矩阵 $\boldsymbol{\Psi}_{\mathrm{TLS}}$，然后对其进行特征分解，得到 P 个特征值，就可得到对应的 P 个信号到达角。

通过比较分析可知，算法中的去噪过程同最小二乘算法相比，得到信号子空间 $\boldsymbol{U}_s$ 需要经过两次特征分解，其中特征分解中各矩阵的维数均为 $2M\times 2M$。

4.4.3 酉 ESPRIT 算法

酉 ESPRIT 算法是为了满足实际应用提出的[48, 49]，不是简单地将原有算法中的复数变为实数，而是针对中心对称阵列的一类特殊处理。该处理过程需要构造一个变换矩阵，而这个变换矩阵的作用就是将原阵列的复数数据转换成实数数据，从而降低算法的运算量。

4.4.3.1 旋转不变子空间算法的基本原理

假设有两个完全相同的子阵，且两个子阵的间距 d 是已知的，每个子阵的阵元数为 m。假设有 $P(P<m)$ 个相互独立的窄带远场信号分别从 θ_1，θ_2，…，θ_P 方向入射到阵列平面，其中 $\theta_p(p=1, 2, \cdots, P)$ 分别为 P 个信号的入射方向与阵列法线方向之间的夹角。由于两个子阵的结构完全相同，所以，对于一个信号而言，两个子阵的输出只有一个相位差 $\phi_p(p=1, 2, \cdots, P)$。假设第一个子阵的接收数据为 $\boldsymbol{X}_1$，第二个子阵的接收数据为 $\boldsymbol{X}_2$，则

$$\boldsymbol{X}_1 = [\boldsymbol{a}(\theta_1)\quad\cdots\quad\boldsymbol{a}(\theta_P)]\boldsymbol{S}+\boldsymbol{N}_1 = \boldsymbol{A}\cdot\boldsymbol{S}+\boldsymbol{N}_1 \tag{4.4-81}$$

$$\boldsymbol{X}_2 = [\boldsymbol{a}(\theta_1)\mathrm{e}^{\mathrm{j}\phi_1}\quad\cdots\quad\boldsymbol{a}(\theta_P)\mathrm{e}^{\mathrm{j}\phi_P}]\boldsymbol{S}+\boldsymbol{N}_2 = \boldsymbol{A\Phi}\cdot\boldsymbol{S}+\boldsymbol{N}_2 \tag{4.4-82}$$

其中，子阵 1 的阵列流型 $\boldsymbol{A}_1=\boldsymbol{A}=[\boldsymbol{a}(\theta_1)\quad\cdots\quad\boldsymbol{a}(\theta_P)]$，子阵 2 的阵列流型 $\boldsymbol{A}_2=\boldsymbol{A\Phi}$，$\boldsymbol{S}$ 为空间信号矢量，$\boldsymbol{N}_1$ 和 $\boldsymbol{N}_2$ 分别为子阵 1 和子阵 2 的噪声矢量，假设都为高斯白噪声(AWGN)，并且式中：

$$\boldsymbol{\Phi} = \mathrm{diag}[\mathrm{e}^{\mathrm{j}\phi_1}\quad\cdots\quad\mathrm{e}^{\mathrm{j}\phi_P}] \tag{4.4-83}$$

从上面的数学模型可知，信号的方向信息包含在 $\boldsymbol{A}$ 和 $\boldsymbol{\Phi}$ 中，由于 $\boldsymbol{\Phi}$ 是一个对角矩阵，所以可以通过求解 $\boldsymbol{\Phi}$ 来获得信号的到达方向(DOA)信息。即

$$\phi_p = \frac{2\cdot\pi\,|\,d\,|\,\sin\theta_p}{\lambda} \tag{4.4-84}$$

其中 λ 为到达波的中心波长。因此只要得到两个子阵间的旋转不变关系 $\boldsymbol{\Phi}$，就可以得到关于信号到达角的信息。首先将两个子阵的模型进行合并，即

$$\boldsymbol{X} = \begin{bmatrix}\boldsymbol{X}_1\\ \boldsymbol{X}_2\end{bmatrix} = \begin{bmatrix}\boldsymbol{A}\\ \boldsymbol{A}\cdot\boldsymbol{\Phi}\end{bmatrix}\boldsymbol{S}+\begin{bmatrix}\boldsymbol{N}_1\\ \boldsymbol{N}_2\end{bmatrix} = \bar{\boldsymbol{A}}\cdot\boldsymbol{S}+\boldsymbol{N} \tag{4.4-85}$$

在理想条件下，可以得到式(4.4-85)的协方差矩阵为

$$\boldsymbol{R} = E\{\boldsymbol{X}\cdot\boldsymbol{X}^{\mathrm{H}}\} = \bar{\boldsymbol{A}}\cdot\boldsymbol{R}_S\cdot\bar{\boldsymbol{A}}^{\mathrm{H}}+\boldsymbol{R}_N \tag{4.4-86}$$

其中 $\boldsymbol{R}_s=E\{\boldsymbol{S}\cdot\boldsymbol{S}^{\mathrm{H}}\}$，$\boldsymbol{R}_N=E\{\boldsymbol{N}\cdot\boldsymbol{N}^{\mathrm{H}}\}$。

对式(4.4－84)进行特征分解可得：

$$\boldsymbol{R}=\sum_{i=1}^{2m}\lambda_i e_i e_i^{\mathrm{H}}=\boldsymbol{U}_s\cdot\boldsymbol{\Sigma}_s\cdot\boldsymbol{U}_s^{\mathrm{H}}+\boldsymbol{U}_n\cdot\boldsymbol{\Sigma}_n\cdot\boldsymbol{U}_n^{\mathrm{H}} \tag{4.4-87}$$

很显然，从上式中得到的特征值具有如下的关系：$\lambda_1\geqslant\cdots\geqslant\lambda_N>\lambda_{N+1}=\cdots=\lambda_{2m}$。其中 $\boldsymbol{U}_s$ 为大特征值对应的特征矢量张成的信号子空间，$\boldsymbol{U}_n$ 为小特征值对应矢量张成的噪声子空间。

我们知道，在上面的特征分解中，大特征矢量张成的信号子空间与阵列流型张成的信号子空间是相等的，即

$$\mathrm{span}\{\boldsymbol{U}_s\}=\mathrm{span}\{\bar{\boldsymbol{A}}(\theta)\} \tag{4.4-88}$$

此时，存在一个唯一的非奇异矩阵 $\boldsymbol{T}$，使得

$$\boldsymbol{U}_s=\bar{\boldsymbol{A}}(\theta)\cdot\boldsymbol{T} \tag{4.4-89}$$

显然上述的结构对两个子阵都成立，所以有

$$\boldsymbol{U}_s=\begin{bmatrix}\boldsymbol{U}_{s1}\\\boldsymbol{U}_{s2}\end{bmatrix}=\begin{bmatrix}\boldsymbol{A}\cdot\boldsymbol{T}\\\boldsymbol{A\Phi}\cdot\boldsymbol{T}\end{bmatrix} \tag{4.4-90}$$

很明显，由子阵1的大特征矢量张成的子空间 $\boldsymbol{U}_{s1}$、由子阵2的大特征矢量张成的子空间 $\boldsymbol{U}_{s2}$ 与阵列流型 $\boldsymbol{A}$ 张成的子空间三者相等，即

$$\mathrm{span}\{\boldsymbol{U}_{s1}\}=\mathrm{span}\{\boldsymbol{A}(\theta)\}=\mathrm{span}\{\boldsymbol{U}_{s2}\} \tag{4.4-91}$$

另外，由两个子阵在阵列流型上的关系可知：

$$\boldsymbol{A}_2=\boldsymbol{A}_1\boldsymbol{\Phi} \tag{4.4-92}$$

再由式(4.4－89)可知：

$$\begin{cases}\boldsymbol{U}_{s1}=\boldsymbol{A}\cdot\boldsymbol{T}\\\boldsymbol{U}_{s2}=\boldsymbol{A\Phi}\cdot\boldsymbol{T}\end{cases}\Rightarrow\begin{cases}\boldsymbol{A}=\boldsymbol{U}_{s1}\cdot\boldsymbol{T}^{-1}\\\boldsymbol{U}_{s2}=\boldsymbol{A\Phi}\cdot\boldsymbol{T}=\boldsymbol{U}_{s1}\cdot\boldsymbol{T}^{-1}\cdot\boldsymbol{\Phi}\cdot\boldsymbol{T}\end{cases} \tag{4.4-93}$$

$$\boldsymbol{U}_{s2}=\boldsymbol{U}_{s1}\cdot\boldsymbol{T}^{-1}\cdot\boldsymbol{\Phi}\cdot\boldsymbol{T}=\boldsymbol{U}_{s1}\cdot\boldsymbol{\Psi} \tag{4.4-94}$$

其中 $\boldsymbol{\Psi}=\boldsymbol{T}^{-1}\cdot\boldsymbol{\Phi}\cdot\boldsymbol{T}$。式(4.4－92)反映了两个子阵的阵列流型间的旋转不变性，而式(4.4－94)反映了两个子阵的阵列接收数据的信号子空间的旋转不变性。

如果阵列流型 $\boldsymbol{A}$ 是满秩矩阵，则由式(4.4－94)可以得到：

$$\boldsymbol{\Phi}=\boldsymbol{T}\cdot\boldsymbol{\Psi}\cdot\boldsymbol{T}^{-1} \tag{4.4-95}$$

所以上式中 $\boldsymbol{\Psi}$ 的特征值组成的对角阵一定等于 $\boldsymbol{\Phi}$，而矩阵 $\boldsymbol{T}$ 的各列就是矩阵 $\boldsymbol{\Psi}$ 的特征矢量。因此一旦得到上述的旋转不变关系矩阵 $\boldsymbol{\Psi}$，就可以直接利用式(4.4－84)得到信号的入射角度。

4.4.3.2　复值空间到实值空间的变换

我们知道，等距均匀线阵是一个中心对称的阵列，而且其阵列流型矩阵满足下式：

$$\boldsymbol{J}_M\cdot\boldsymbol{A}^*=\boldsymbol{A}\cdot\boldsymbol{\Delta} \tag{4.4-96}$$

式中，$\boldsymbol{J}_M$ 为 $M\times M$ 维的置换矩阵，式中的阵列流型以第一阵元为参考点，对角矩阵 $\boldsymbol{\Delta}=\boldsymbol{\Phi}^{-(M-1)}$，其中 $\boldsymbol{\Phi}$ 如式(4.4－83)所示。如果以阵列的中心点为参考点，则

$$\boldsymbol{A}_C=\boldsymbol{A}\cdot\boldsymbol{\Delta}^{1/2}=[\boldsymbol{a}_C(\beta_1)\quad\cdots\quad\boldsymbol{a}_C(\beta_N)] \tag{4.4-97}$$

其中

$$\boldsymbol{a}_C(\beta_i)=\mathrm{e}^{-\mathrm{j}\left(\frac{M-1}{2}\right)\beta_i}[1\quad \mathrm{e}^{-\mathrm{j}\beta_i}\quad \cdots\quad \mathrm{e}^{-\mathrm{j}(M-1)\beta_i}]^{\mathrm{T}}=\mathrm{e}^{-\mathrm{j}\left(\frac{M-1}{2}\right)\beta_i}\boldsymbol{a}(\beta_i) \tag{4.4-98}$$

如果一个矩阵 $\boldsymbol{Q}$ 满足下式，我们就称之为左实转换矩阵：

$$\boldsymbol{J}_M\cdot\boldsymbol{Q}^*=\boldsymbol{Q} \tag{4.4-99}$$

满足上式的 $\boldsymbol{Q}$ 可以取如下的稀疏矩阵：

$$\boldsymbol{Q}_{2n}=\frac{1}{\sqrt{2}}\begin{bmatrix}\boldsymbol{I}_n & \mathrm{j}\boldsymbol{I}_n\\ \boldsymbol{J}_n & -\mathrm{j}\boldsymbol{J}_n\end{bmatrix} \tag{4.4-100}$$

$$\boldsymbol{Q}_{2n+1}=\frac{1}{\sqrt{2}}\begin{bmatrix}\boldsymbol{I}_n & \boldsymbol{0} & \mathrm{j}\boldsymbol{I}_n\\ \boldsymbol{0}^{\mathrm{T}} & \sqrt{2} & \boldsymbol{0}^{\mathrm{T}}\\ \boldsymbol{J}_n & \boldsymbol{0} & -\mathrm{j}\boldsymbol{J}_n\end{bmatrix} \tag{4.4-101}$$

另外，由双向空间平滑算法可知，对整个阵列的接收数据作一次双向平滑，并将式(4.4-96)代入，则有

$$\boldsymbol{R}_{\mathrm{FB}}=\frac{1}{2}(\boldsymbol{R}+\boldsymbol{J}_M\cdot\boldsymbol{R}^*\cdot\boldsymbol{J}_M) \tag{4.4-102}$$

将式 $\boldsymbol{R}=\boldsymbol{A}\cdot\boldsymbol{R}_S\cdot\boldsymbol{A}^{\mathrm{H}}+\boldsymbol{R}_N$ 代入式(4.4-93)，可以得到

$$\begin{aligned}\boldsymbol{R}_{\mathrm{FB}}&=\frac{1}{2}(\boldsymbol{A}\cdot\boldsymbol{R}_s\cdot\boldsymbol{A}^{\mathrm{H}}+\boldsymbol{R}_N+\boldsymbol{J}_M\cdot(\boldsymbol{A}\cdot\boldsymbol{R}_s\cdot\boldsymbol{A}^{\mathrm{H}}+\boldsymbol{R}_N)^*\cdot\boldsymbol{J}_M)\\&=\frac{1}{2}(\boldsymbol{A}\cdot\boldsymbol{R}_s\cdot\boldsymbol{A}^{\mathrm{H}}+\boldsymbol{R}_N+\boldsymbol{J}_M\cdot\boldsymbol{A}^*\cdot\boldsymbol{R}_s\cdot\boldsymbol{A}^{\mathrm{T}}\cdot\boldsymbol{J}_M+\boldsymbol{J}_M\cdot\boldsymbol{R}_N^*\cdot\boldsymbol{J}_M)\end{aligned} \tag{4.4-103}$$

由 $\boldsymbol{J}_M\cdot\boldsymbol{A}^*=\boldsymbol{A}\cdot\boldsymbol{\Delta}\Rightarrow(\boldsymbol{J}_M\cdot\boldsymbol{A}^*)^{\mathrm{H}}=(\boldsymbol{A}\cdot\boldsymbol{\Delta})^{\mathrm{H}}\Rightarrow\boldsymbol{A}^{\mathrm{T}}\cdot\boldsymbol{J}_M=\boldsymbol{\Delta}^{\mathrm{H}}\cdot\boldsymbol{A}^{\mathrm{H}}$，并代入式(4.4-103)，可得

$$\boldsymbol{R}_{\mathrm{FB}}=\boldsymbol{A}\cdot\frac{1}{2}(\boldsymbol{R}_s+\boldsymbol{\Delta}\cdot\boldsymbol{R}_s^*\cdot\boldsymbol{\Delta}^{\mathrm{H}})\cdot\boldsymbol{A}^{\mathrm{H}}+\frac{1}{2}(\boldsymbol{R}_n+\boldsymbol{J}_M\cdot\boldsymbol{R}_n^*\cdot\boldsymbol{J}_M)$$

$$=\boldsymbol{A}\cdot\frac{1}{2}(\boldsymbol{R}_s+\boldsymbol{\Delta}\cdot\boldsymbol{R}_s^*\cdot\boldsymbol{\Delta}^{\mathrm{H}})\cdot\boldsymbol{A}^{\mathrm{H}}+\boldsymbol{R}_n' \tag{4.4-104}$$

$$=\frac{1}{2L}\boldsymbol{Z}\cdot\boldsymbol{Z}^{\mathrm{H}} \tag{4.4-105}$$

其中

$$\boldsymbol{Z}=[\boldsymbol{X}\quad \boldsymbol{J}_M\cdot\boldsymbol{X}^*\cdot\boldsymbol{J}_L] \tag{4.4-106}$$

因为

$$\begin{aligned}\frac{1}{2L}\boldsymbol{Z}\cdot\boldsymbol{Z}^{\mathrm{H}}&=\frac{1}{2L}[\boldsymbol{X}\quad \boldsymbol{J}_M\cdot\boldsymbol{X}^*\cdot\boldsymbol{J}_L]\cdot[\boldsymbol{X}\quad \boldsymbol{J}_M\cdot\boldsymbol{X}^*\cdot\boldsymbol{J}_L]^{\mathrm{H}}\\&=\frac{1}{2L}(\boldsymbol{X}\boldsymbol{X}^{\mathrm{H}}+\boldsymbol{J}_M\cdot\boldsymbol{X}^*\cdot\boldsymbol{J}_L\cdot\boldsymbol{J}_L^{\mathrm{H}}\cdot\boldsymbol{X}^{\mathrm{T}}\cdot\boldsymbol{J}_M^{\mathrm{H}})\\&=\frac{1}{2L}(\boldsymbol{X}\boldsymbol{X}^{\mathrm{H}}+\boldsymbol{J}_M\cdot\boldsymbol{X}^*\cdot\boldsymbol{X}^{\mathrm{T}}\cdot\boldsymbol{J}_M^{\mathrm{H}})\\&=\frac{1}{2L}(\boldsymbol{X}\boldsymbol{X}^{\mathrm{H}}+\boldsymbol{J}_M\cdot(\boldsymbol{X}\boldsymbol{X}^{\mathrm{H}})^*\cdot\boldsymbol{J}_M^{\mathrm{H}})\\&=\frac{1}{2}\left[\frac{1}{L}(\boldsymbol{X}\cdot\boldsymbol{X}^{\mathrm{H}})+\boldsymbol{J}_M\cdot\left(\frac{1}{L}(\boldsymbol{X}\cdot\boldsymbol{X}^{\mathrm{H}})\right)^*\cdot\boldsymbol{J}_M^{\mathrm{H}}\right]\end{aligned} \tag{4.4-107}$$

由于 $\hat{\boldsymbol{R}}=\frac{1}{L}(\boldsymbol{X}\cdot\boldsymbol{X}^{\mathrm{H}})$ 为 $\boldsymbol{R}$ 的估计式，故式(4.4－105)成立。当考虑数据矢量 $\boldsymbol{X}$ 的行维数是奇数时，则定义：

$$\boldsymbol{X}=\begin{bmatrix}\boldsymbol{X}_1\\ \boldsymbol{x}^{\mathrm{T}}\\ \boldsymbol{X}_2\end{bmatrix}_{M\times L} \tag{4.4-108}$$

如果利用式(4.4－100)或式(4.4－101)定义的矩阵 $\boldsymbol{Q}$ 对式(4.4－106)定义的 $\boldsymbol{Z}$ 作如下处理，则有

$$\begin{aligned}\boldsymbol{T}(\boldsymbol{X})&=\boldsymbol{Q}_M^{\mathrm{H}}\cdot\boldsymbol{Z}\cdot\boldsymbol{Q}_{2L}\\&=\begin{bmatrix}\mathrm{Re}\{\boldsymbol{X}_1+\boldsymbol{J}\boldsymbol{X}_2^*\} & -\mathrm{Im}\{\boldsymbol{X}_1-\boldsymbol{J}\boldsymbol{X}_2^*\}\\ \sqrt{2}\,\mathrm{Re}\{\boldsymbol{x}^{\mathrm{T}}\} & -\sqrt{2}\,\mathrm{Im}\{\boldsymbol{x}^{\mathrm{T}}\}\\ \mathrm{Im}\{\boldsymbol{X}_1+\boldsymbol{J}\boldsymbol{X}_2^*\} & \mathrm{Re}\{\boldsymbol{X}_1-\boldsymbol{J}\boldsymbol{X}_2^*\}\end{bmatrix}\end{aligned} \tag{4.4-109}$$

当数据矢量的行维数是偶数时，则变换矩阵

$$\begin{aligned}\boldsymbol{T}(\boldsymbol{X})&=\boldsymbol{Q}_M^{\mathrm{H}}\cdot\boldsymbol{Z}\cdot\boldsymbol{Q}_{2L}\\&=\begin{bmatrix}\mathrm{Re}\{\boldsymbol{X}_1+\boldsymbol{J}\boldsymbol{X}_2^*\} & -\mathrm{Im}\{\boldsymbol{X}_1-\boldsymbol{J}\boldsymbol{X}_2^*\}\\ \mathrm{Im}\{\boldsymbol{X}_1+\boldsymbol{J}\boldsymbol{X}_2^*\} & \mathrm{Re}\{\boldsymbol{X}_1-\boldsymbol{J}\boldsymbol{X}_2^*\}\end{bmatrix}\end{aligned} \tag{4.4-110}$$

这里需要注意的是，式(4.4－100)或式(4.4－101)定义的矩阵 $\boldsymbol{Q}$ 满足：

$$\boldsymbol{Q}\cdot\boldsymbol{Q}^{\mathrm{H}}=\boldsymbol{I} \tag{4.4-111}$$

从式(4.4－108)和式(4.4－109)的变换关系，我们可以看出 $\boldsymbol{T}(\boldsymbol{X})$ 变换将复数数据变换成实数数据，因此，这样可以大大降低算法的运算量，则

$$\begin{aligned}\boldsymbol{R}_T&=\frac{1}{2L}\boldsymbol{T}(\boldsymbol{X})\cdot\boldsymbol{T}^{\mathrm{H}}(\boldsymbol{X})\\&=\frac{1}{2L}\boldsymbol{Q}_M^{\mathrm{H}}\cdot\boldsymbol{Z}\cdot\boldsymbol{Q}_{2L}\cdot(\boldsymbol{Q}_M^{\mathrm{H}}\cdot\boldsymbol{Z}\cdot\boldsymbol{Q}_{2L})^{\mathrm{H}}\\&=\frac{1}{2L}\boldsymbol{Q}_M^{\mathrm{H}}\cdot\boldsymbol{Z}\cdot\boldsymbol{Q}_{2L}\cdot\boldsymbol{Q}_{2L}^{\mathrm{H}}\cdot\boldsymbol{Z}^{\mathrm{H}}\cdot\boldsymbol{Q}_M\\&=\frac{1}{2L}\boldsymbol{Q}_M^{\mathrm{H}}\cdot\boldsymbol{Z}\cdot\boldsymbol{Z}^{\mathrm{H}}\cdot\boldsymbol{Q}_M\\&=\boldsymbol{Q}_M^{\mathrm{H}}\cdot\left[\frac{1}{2L}(\boldsymbol{Z}\cdot\boldsymbol{Z}^{\mathrm{H}})\right]\cdot\boldsymbol{Q}_M\\&=\boldsymbol{Q}_M^{\mathrm{H}}\cdot\boldsymbol{R}_{\mathrm{FB}}\cdot\boldsymbol{Q}_M\end{aligned} \tag{4.4-112}$$

如果 $\boldsymbol{R}_{\mathrm{FB}}$ 的特征分解形式为

$$\boldsymbol{R}_{\mathrm{FB}}=[\boldsymbol{U}_s\quad\boldsymbol{U}_n]\cdot\boldsymbol{\Sigma}\cdot\begin{bmatrix}\boldsymbol{U}_s^{\mathrm{H}}\\ \boldsymbol{U}_n^{\mathrm{H}}\end{bmatrix} \tag{4.4-113}$$

将式(4.4－113)代入式(4.4－112)，则

$$\boldsymbol{R}_{\mathrm{T}}=\boldsymbol{Q}_M^{\mathrm{H}}\cdot[\boldsymbol{U}_s\quad\boldsymbol{U}_n]\cdot\boldsymbol{\Sigma}\cdot\begin{bmatrix}\boldsymbol{U}_s^{\mathrm{H}}\\ \boldsymbol{U}_n^{\mathrm{H}}\end{bmatrix}\cdot\boldsymbol{Q}_M \tag{4.4-114}$$

式(4.4－115)说明了变换矩阵 $\boldsymbol{R}_T$ 的信号子空间为

$$\boldsymbol{E}_s=\boldsymbol{Q}_M^{\mathrm{H}}\cdot\boldsymbol{U}_s \tag{4.4-115}$$

将式(4.4－104)代入式(4.4－112)，我们可以得到：

$$\begin{aligned}\boldsymbol{R}_T &= \boldsymbol{Q}_M^{\mathrm{H}} \cdot \boldsymbol{R}_{\mathrm{FB}} \cdot \boldsymbol{Q}_M = \boldsymbol{Q}_M^{\mathrm{H}} \cdot \left[\boldsymbol{A} \cdot \frac{1}{2}(\boldsymbol{R}_s + \boldsymbol{\Delta} \cdot \boldsymbol{R}_s^* \cdot \boldsymbol{\Delta}^{\mathrm{H}}) \cdot \boldsymbol{A}^{\mathrm{H}} + \boldsymbol{R}_n'\right] \cdot \boldsymbol{Q}_M \\ &= \boldsymbol{Q}_M^{\mathrm{H}} \cdot \boldsymbol{A} \cdot \frac{1}{2}(\boldsymbol{R}_s + \boldsymbol{\Delta} \cdot \boldsymbol{R}_s^* \cdot \boldsymbol{\Delta}^{\mathrm{H}}) \cdot \boldsymbol{A}^{\mathrm{H}} \cdot \boldsymbol{Q}_M + \boldsymbol{Q}_M^{\mathrm{H}} \cdot \boldsymbol{R}_n \cdot \boldsymbol{Q}_M \\ &= (\boldsymbol{Q}_M^{\mathrm{H}} \cdot \boldsymbol{A}) \cdot \frac{1}{2}(\boldsymbol{R}_s + \boldsymbol{\Delta} \cdot \boldsymbol{R}_s^* \cdot \boldsymbol{\Delta}^{\mathrm{H}}) \cdot (\boldsymbol{Q}_M^{\mathrm{H}} \cdot \boldsymbol{A})^{\mathrm{H}} + \boldsymbol{Q}_M^{\mathrm{H}} \cdot \boldsymbol{R}_n \cdot \boldsymbol{Q}_M \\ &= \boldsymbol{A}_T \cdot \frac{1}{2}(\boldsymbol{R}_s + \boldsymbol{\Delta} \cdot \boldsymbol{R}_s^* \cdot \boldsymbol{\Delta}^{\mathrm{H}}) \cdot \boldsymbol{A}_T^{\mathrm{H}} + \boldsymbol{Q}_M^{\mathrm{H}} \cdot \boldsymbol{R}_n' \cdot \boldsymbol{Q}_M \end{aligned} \tag{4.4-116}$$

因此，实值变换后的阵列流型 $\boldsymbol{A}_T$ 与原复值阵列流型 $\boldsymbol{A}$ 之间的关系为

$$\boldsymbol{A}_T = \boldsymbol{Q}_M^{\mathrm{H}} \cdot \boldsymbol{A} \tag{4.4-117}$$

4.4.3.3　实值空间的旋转不变性

在旋转不变子空间算法原理中分析了两个子阵数据的信号子空间具有式(4.4－94)给出的关系：$\boldsymbol{U}_{s2} = \boldsymbol{U}_{s1} \cdot \boldsymbol{\Psi}$。如果考虑的阵列为均匀线阵，且两个子阵的重叠阵元数最大，即 $m = M-1$，则两个子阵的阵列接收数据的信号子空间之间的旋转不变性可以写成下式：

$$\boldsymbol{K}_2 \cdot \boldsymbol{U}_s = \boldsymbol{K}_1 \cdot \boldsymbol{U}_s \cdot \boldsymbol{\Psi} \tag{4.4-118}$$

式中的 $\boldsymbol{U}_S$ 为整个均匀线阵接收数据的信号子空间，其中：

$$\boldsymbol{K}_1 = [\boldsymbol{I}_{M-1} \quad 0]_{(M-1)\times M} \tag{4.4-119}$$

$$\boldsymbol{K}_2 = [0 \quad \boldsymbol{I}_{M-1}]_{(M-1)\times M} \tag{4.4-120}$$

同理，两个子阵的阵列流型间的旋转不变性可以写成下式：

$$\boldsymbol{K}_2 \cdot \boldsymbol{A} = \boldsymbol{K}_1 \cdot \boldsymbol{A} \cdot \boldsymbol{\Phi} \tag{4.4-121}$$

其中 $\boldsymbol{A}$ 为整个阵列的阵列流型。

从式(4.4－119)和式(4.4－120)的定义式可以看出，$\boldsymbol{K}_1$ 和 $\boldsymbol{K}_2$ 满足关系式：

$$\boldsymbol{K}_1 = \boldsymbol{J}_m \cdot \boldsymbol{K}_2 \cdot \boldsymbol{J}_M \tag{4.4-122}$$

再利用式(4.4－99)定义的关系式：$\boldsymbol{J}_M \cdot \boldsymbol{Q}^* = \boldsymbol{Q} \Rightarrow \boldsymbol{J}_M \cdot \boldsymbol{Q} = \boldsymbol{Q}^*$，可以得到

$$\begin{aligned}\boldsymbol{Q}_m^{\mathrm{H}} \cdot \boldsymbol{K}_2 \cdot \boldsymbol{Q}_M &= \boldsymbol{Q}_m^{\mathrm{H}} \cdot \boldsymbol{J}_m \cdot \boldsymbol{J}_m \cdot \boldsymbol{K}_2 \cdot \boldsymbol{J}_M \cdot \boldsymbol{J}_M \cdot \boldsymbol{Q}_M \\ &= (\boldsymbol{J}_m^{\mathrm{H}} \cdot \boldsymbol{Q}_m)^{\mathrm{H}} \cdot \boldsymbol{J}_m \cdot \boldsymbol{K}_2 \cdot \boldsymbol{J}_M \cdot (\boldsymbol{J}_M \cdot \boldsymbol{Q}_M) \\ &= (\boldsymbol{J}_m \cdot \boldsymbol{Q}_m)^{\mathrm{H}} \cdot \boldsymbol{K}_1 \cdot (\boldsymbol{J}_M \cdot \boldsymbol{Q}_M) \\ &= (\boldsymbol{Q}_m^*)^{\mathrm{H}} \cdot \boldsymbol{K}_1 \cdot \boldsymbol{Q}_M^* = (\boldsymbol{Q}_m^{\mathrm{H}})^* \cdot \boldsymbol{K}_1 \cdot \boldsymbol{Q}_M^* \\ &= (\boldsymbol{Q}_m^{\mathrm{H}} \cdot \boldsymbol{K}_1 \cdot \boldsymbol{Q}_M)^* \end{aligned} \tag{4.4-123}$$

因此，定义：

$$\boldsymbol{H}_1 \stackrel{\Delta}{=} \boldsymbol{Q}_m^{\mathrm{H}} \cdot \boldsymbol{K}_1 \cdot \boldsymbol{Q}_M + \boldsymbol{Q}_m^{\mathrm{H}} \cdot \boldsymbol{K}_2 \cdot \boldsymbol{Q}_M = \boldsymbol{Q}_m^{\mathrm{H}} \cdot (\boldsymbol{K}_1 + \boldsymbol{K}_2) \cdot \boldsymbol{Q}_M = 2\mathrm{Re}\{\boldsymbol{Q}_m^{\mathrm{H}} \cdot \boldsymbol{K}_2 \cdot \boldsymbol{Q}_M\} \tag{4.4-124a}$$

$$\boldsymbol{H}_2 \stackrel{\Delta}{=} \mathrm{j} \cdot \boldsymbol{Q}_m^{\mathrm{H}} \cdot \boldsymbol{K}_1 \cdot \boldsymbol{Q}_M - \mathrm{j} \cdot \boldsymbol{Q}_m^{\mathrm{H}} \cdot \boldsymbol{K}_1 \cdot \boldsymbol{Q}_M = \boldsymbol{Q}_m^{\mathrm{H}} \cdot \mathrm{j} \cdot (\boldsymbol{K}_1 - \boldsymbol{K}_2) \cdot \boldsymbol{Q}_M = 2\mathrm{Im}\{\boldsymbol{Q}_m^{\mathrm{H}} \cdot \boldsymbol{K}_2 \cdot \boldsymbol{Q}_M\} \tag{4.4-124b}$$

所以

$$\left.\begin{aligned}\boldsymbol{Q}_m^{\mathrm{H}} \cdot \boldsymbol{K}_1 \cdot \boldsymbol{Q}_M &= \frac{1}{2}(\boldsymbol{H}_1 - \mathrm{j}\boldsymbol{H}_2) \\ \boldsymbol{Q}_m^{\mathrm{H}} \cdot \boldsymbol{K}_2 \cdot \boldsymbol{Q}_M &= \frac{1}{2}(\boldsymbol{H}_1 + \mathrm{j}\boldsymbol{H}_2)\end{aligned}\right\} \tag{4.4-125}$$

由式(4.4-117)所给出的 $\boldsymbol{A}_T=\boldsymbol{Q}_M^{\mathrm{H}}\cdot\boldsymbol{A}\Rightarrow\boldsymbol{A}=\boldsymbol{Q}_M\cdot\boldsymbol{A}_T$，并代入式(4.4-121)所给出的 $\boldsymbol{K}_2\cdot\boldsymbol{A}=\boldsymbol{K}_1\cdot\boldsymbol{A}\cdot\boldsymbol{\Phi}$ 中，我们可以得到下式：

$$\boldsymbol{K}_2\cdot\boldsymbol{Q}_M\cdot\boldsymbol{A}_T=\boldsymbol{K}_1\cdot\boldsymbol{Q}_M\cdot\boldsymbol{A}_T\cdot\boldsymbol{\Phi}\tag{4.4-126}$$

上式两边同乘 $\boldsymbol{Q}_m^{\mathrm{H}}$，可以得到下式：

$$\boldsymbol{Q}_m^{\mathrm{H}}\cdot\boldsymbol{K}_2\cdot\boldsymbol{Q}_M\cdot\boldsymbol{A}_T=\boldsymbol{Q}_m^{\mathrm{H}}\cdot\boldsymbol{K}_1\cdot\boldsymbol{Q}_M\cdot\boldsymbol{A}_T\cdot\boldsymbol{\Phi}\tag{4.4-127}$$

利用式(4.4-125)，并消去常数因子 1/2，我们可以得到

$$(\boldsymbol{H}_1+\mathrm{j}\boldsymbol{H}_2)\cdot\boldsymbol{A}_T=(\boldsymbol{H}_1-\mathrm{j}\boldsymbol{H}_2)\cdot\boldsymbol{A}_T\cdot\boldsymbol{\Phi}\tag{4.4-128}$$

通过移项，合并等化简，可得

$$\boldsymbol{H}_1\cdot\boldsymbol{A}_T\cdot(\boldsymbol{\Phi}-\boldsymbol{I})=\boldsymbol{H}_2\cdot\boldsymbol{A}_T\cdot\mathrm{j}\cdot(\boldsymbol{\Phi}+\boldsymbol{I})\tag{4.4-129}$$

再由式(4.4-83)定义的 $\boldsymbol{\Phi}=\mathrm{diag}[\mathrm{e}^{\mathrm{j}\phi_1}\ \cdots\ \mathrm{e}^{\mathrm{j}\phi_N}]$，可以将式(4.4-129)进一步化简为

$$\boldsymbol{H}_2\cdot\boldsymbol{A}_T=\boldsymbol{H}_1\cdot\boldsymbol{A}_T\cdot\frac{1}{\mathrm{j}}(\boldsymbol{\Phi}-\boldsymbol{I})\cdot(\boldsymbol{\Phi}+\boldsymbol{I})^{-1}=\boldsymbol{H}_1\cdot\boldsymbol{A}_T\cdot\boldsymbol{\Phi}_T\tag{4.4-130}$$

其中

$$\boldsymbol{\Phi}_T=\frac{1}{\mathrm{j}}(\boldsymbol{\Phi}-\boldsymbol{I})\cdot(\boldsymbol{\Phi}+\boldsymbol{I})^{-1}\tag{4.4-131}$$

$$\begin{aligned}&=\frac{1}{\mathrm{j}}\cdot\mathrm{diag}\{\mathrm{e}^{\mathrm{j}\phi_1}-1\ \cdots\ \mathrm{e}^{\mathrm{j}\phi_N}-1\}\cdot\mathrm{diag}\left\{\frac{1}{\mathrm{e}^{\mathrm{j}\phi_1}+1}\ \cdots\ \frac{1}{\mathrm{e}^{\mathrm{j}\phi_N}+1}\right\}\\&=\frac{1}{\mathrm{j}}\cdot\mathrm{diag}\left\{\frac{\mathrm{e}^{\mathrm{j}\phi_1}-1}{\mathrm{e}^{\mathrm{j}\phi_1}+1}\ \cdots\ \frac{\mathrm{e}^{\mathrm{j}\phi_N}-1}{\mathrm{e}^{\mathrm{j}\phi_N}+1}\right\}\\&=\mathrm{diag}\left\{\tan\left(\frac{\phi_1}{2}\right)\ \cdots\ \tan\left(\frac{\phi_N}{2}\right)\right\}\end{aligned}\tag{4.4-132}$$

因此，式(4.4-130)反映了实值空间阵列流型间的旋转不变性，而式(4.4-131)反映了实值空间和复值空间的阵列流型间旋转不变性之间的关系。

与推导式(4.4-130)相似，由 $\boldsymbol{E}_s=\boldsymbol{Q}_M^{\mathrm{H}}\cdot\boldsymbol{U}_s\Rightarrow\boldsymbol{U}_s=\boldsymbol{Q}_M\cdot\boldsymbol{E}_s$，代入式(4.4-118)给出的 $\boldsymbol{K}_2\cdot\boldsymbol{U}_s=\boldsymbol{K}_1\cdot\boldsymbol{U}_s\cdot\boldsymbol{\Psi}$ 中，可得

$$\boldsymbol{K}_2\cdot\boldsymbol{Q}_M\cdot\boldsymbol{E}_s=\boldsymbol{K}_1\cdot\boldsymbol{Q}_M\cdot\boldsymbol{E}_s\cdot\boldsymbol{\Psi}\tag{4.4-133}$$

上式两边同乘 $\boldsymbol{Q}_m^{\mathrm{H}}$，可以得到下式：

$$\boldsymbol{Q}_M^{\mathrm{H}}\cdot\boldsymbol{K}_2\cdot\boldsymbol{Q}_M\cdot\boldsymbol{E}_s=\boldsymbol{Q}_M^{\mathrm{H}}\cdot\boldsymbol{K}_1\cdot\boldsymbol{Q}_M\cdot\boldsymbol{E}_s\cdot\boldsymbol{\Psi}\tag{4.4-134}$$

利用式(4.4-125)，并消去常数因子 1/2，我们可以得到

$$(\boldsymbol{H}_1+\mathrm{j}\boldsymbol{H}_2)\cdot\boldsymbol{E}_s=(\boldsymbol{H}_1-\mathrm{j}\boldsymbol{H}_2)\cdot\boldsymbol{E}_s\cdot\boldsymbol{\Psi}\tag{4.4-135}$$

通过移项，合并等化简，可得

$$\boldsymbol{H}_2\cdot\boldsymbol{E}_s\cdot(\mathrm{j}\boldsymbol{\Psi}+\boldsymbol{I})=\boldsymbol{H}_1\cdot\boldsymbol{E}_s\cdot(\boldsymbol{\Psi}-\boldsymbol{I})\tag{4.4-136}$$

即

$$\boldsymbol{H}_2\cdot\boldsymbol{E}_s=\boldsymbol{H}_1\cdot\boldsymbol{E}_s\cdot(\boldsymbol{\Psi}-\boldsymbol{I})\cdot(\mathrm{j}\boldsymbol{\Psi}+\boldsymbol{I})^{-1}=\boldsymbol{H}_1\cdot\boldsymbol{E}_s\cdot\boldsymbol{\Psi}_T\tag{4.4-137}$$

其中

$$\boldsymbol{\Psi}_T=(\boldsymbol{\Psi}-\boldsymbol{I})\cdot(\mathrm{j}\boldsymbol{\Psi}+\boldsymbol{I})^{-1}\tag{4.4-138}$$

因此，式(4.4-137)反映了实值空间的信号子空间的旋转不变性。而式(4.4-138)反映了实值空间和复值空间的信号子空间旋转不变性之间的关系。

利用阵列流型与信号子空间张成同一个空间这一性质可知，存在一个非奇异矩阵 $\boldsymbol{T}_T$，使得 $\boldsymbol{A}_T=\boldsymbol{E}_s\cdot\boldsymbol{T}_T$，则利用式(4.4-130)可得

$$\boldsymbol{H}_2 \cdot \boldsymbol{E}_s \cdot \boldsymbol{T}_T = \boldsymbol{H}_1 \cdot \boldsymbol{E}_s \cdot \boldsymbol{T}_T \cdot \boldsymbol{\Phi}_T \Rightarrow \boldsymbol{H}_2 \cdot \boldsymbol{E}_s = \boldsymbol{H}_1 \cdot \boldsymbol{E}_s \cdot \boldsymbol{T}_T \cdot \boldsymbol{\Phi}_T \cdot \boldsymbol{T}_T^{-1} \tag{4.4-139}$$

对照式(4.4－137)可得

$$\boldsymbol{\Psi}_T = \boldsymbol{T}_T \cdot \boldsymbol{\Phi}_T \cdot \boldsymbol{T}_T^{-1} \tag{4.4-140}$$

该式反映了实值空间的阵列流型和信号子空间的旋转不变性之间的关系。

4.4.3.4　实值空间 ESPRIT 算法及其仿真分析

根据以上分析，可得实值空间 ESPRIT 算法的实现步骤如下：

给定 M 个阵元的观测数据 $x_1(t)$，…，$x_M(t)$，其中 $t=1$，…，K。

(1) 构造 $M\times K$ 观测数据矩阵 $\boldsymbol{X}=[\boldsymbol{x}(1),\cdots,\boldsymbol{x}(K)]$，其中 $\boldsymbol{x}(t)=[x_1(t),\cdots,x_M(t)]^{\mathrm{T}}$ 为由 M 个阵元的观测信号组成的观测数据向量。

(2) 利用 $\hat{\boldsymbol{R}}=\boldsymbol{X}\cdot\boldsymbol{X}^{\mathrm{H}}/K$ 求出 $\boldsymbol{R}$ 的估计式，并将阵列接收数据变换到实值空间 $\hat{\boldsymbol{R}}_T$；

(3) 计算实值空间 $\hat{\boldsymbol{R}}_T$ 的特征值分解，获得信号子空间 $\hat{\boldsymbol{E}}_S$，以及信号源数 $\hat{\boldsymbol{P}}$；

(4) 利用最小二乘(或总体最小二乘)求解式(4.4－116)的旋转不变性，获得 $\hat{\boldsymbol{\Psi}}_T$；

(5) 计算 $\hat{\boldsymbol{\Psi}}_T$ 的特征分解 $\hat{\boldsymbol{\Psi}}_T=\hat{\boldsymbol{T}}_T\cdot\hat{\boldsymbol{\Phi}}_T\cdot\hat{\boldsymbol{T}}_T^{-1}$，获得 $\hat{\boldsymbol{\Phi}}_T=\mathrm{diag}\{\Omega_1,\cdots,\Omega_{\hat{P}}\}$；

(6) 如果 $\hat{\boldsymbol{\Phi}}_T$ 为实对角矩阵，根据式(4.4－83)和式(4.4－132)，利用下式计算信号的入射角：

$$\left.\begin{aligned} \phi_p &= 2\cdot\arctan(\Omega_p) \\ \theta_p &= \arcsin\left(\frac{\lambda}{2\cdot\pi\,|\,d\,|}\cdot\phi_p\right) \qquad (p=1,\cdots,\hat{P}) \end{aligned}\right\} \tag{4.4-141}$$

如果 $\Omega_p(k=1,\cdots,\hat{P})$ 为复数，则取 Ω_p 的实部并利用式(4.4－141)进行计算。

为了验证算法的正确性和有效性，进行了如下的计算机仿真。在仿真中取阵元数 $N=8$，阵元间距为信号中心波长的一半，分别有三个信噪比为 5 dB 的不相干信号分别从 $-80°$，$-20°$，$40°$方向入射到阵列上。具体的仿真结果如图 4.4－2～图 4.4－5 所示。

图 4.4－2 和图 4.4－3 分别给出了利用 RS-ESPRIT 和 TLS-ESPRIT 算法在信噪比为 5 dB 条件下进行 DOA 估计的误差曲线图，其中横坐标为快拍数，纵坐标为 DOA 的估计误差。

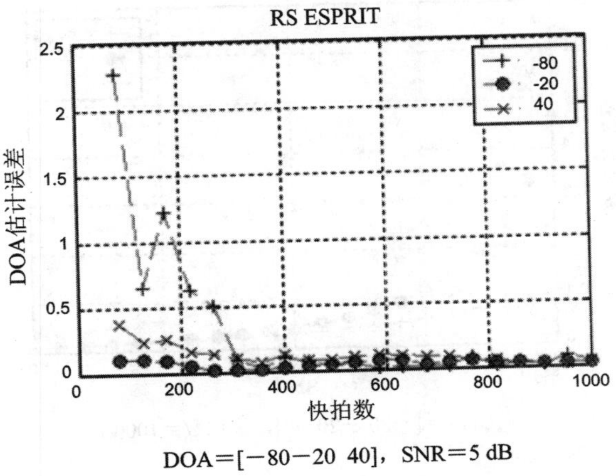

图 4.4－2　DOA 估计误差随快拍数变化的曲线图

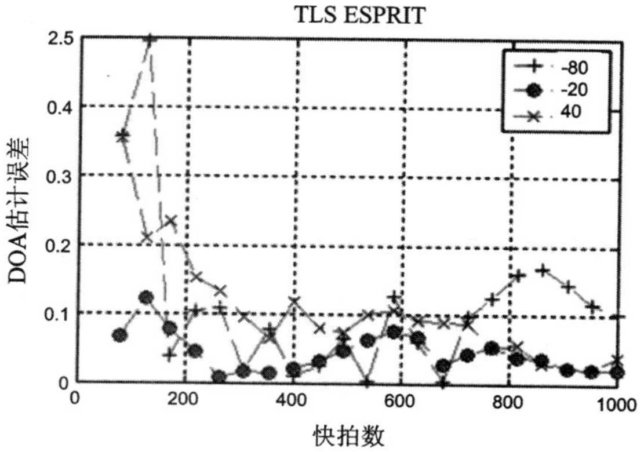

DOA=[−80−20 40]，SNR=5 dB

图 4.4-3　DOA 估计误差随快拍数变化的曲线图

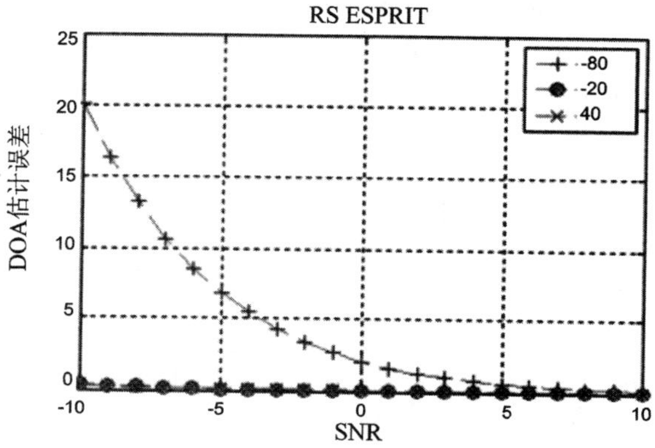

DOA=[−80 −20 40]，快拍数=1000

图 4.4-4　DOA 估计误差随信噪比变化的曲线图

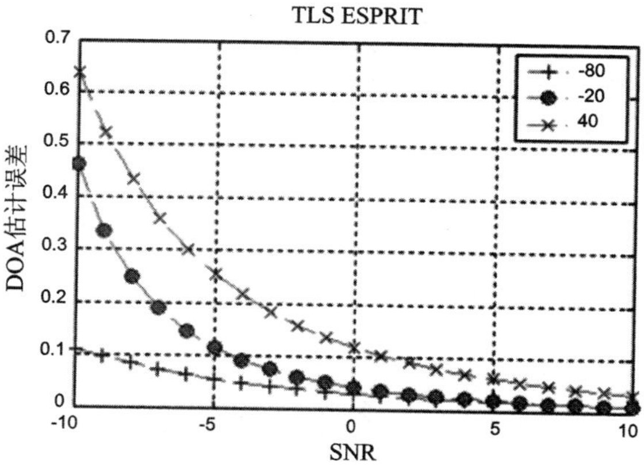

DOA=[−80 −20 40]，快拍数=1000

图 4.4-5　DOA 估计误差随信噪比变化的曲线图

图 4.4-4 和图 4.4-5 分别给出了利用 RS-ESPRIT 和 TLS-ESPRIT 算法在快拍数为 1000 条件下进行 DOA 估计的误差曲线图，其中横坐标为信噪比，纵坐标为 DOA 的估计误差。

4.5　极大似然估计算法

空间谱估计算法大致可以分为两大类，一类是极大似然估计算法和最大后验概率估计的统计理论，另一类是对阵列协方差矩阵进行分解的算法。在统计信号处理系统中，极大似然估计是有效的一致性估计，但实现这种估计的算法是极其繁重的。因为极大似然估计算法是一种多变量非线性最优的求解算法。在空间谱估计中，根据入射信号的模型，最大似然算法基本上分为两类：确定性最大似然(DML)[50, 51]和随机性最大似然(SML)[52-54]。当入射信号服从高斯随机分布模型时，导出的最大似然算法是 SML 算法；当信号模型是未知的确定性模型时，导出的最大似然估计算法称为 DML 算法。

4.5.1　极大似然估计检测器

与前面的讨论相类似，考虑有 M 个任意配置的传感器，有 P 个窄带信号进入阵列，其入射方向与某标准方向的夹角为 $\theta_p(p=1, \cdots, P)$，则阵列接收信号的复包络可表示为

$$\boldsymbol{X}(t)=\sum_{p=1}^{P}\boldsymbol{a}(\theta_p)s_p(t)+\boldsymbol{N}(t) \tag{4.5-1}$$

其中

$$\boldsymbol{X}(t)=[x_1(t)\quad\cdots\quad x_{\mathrm{m}}(t)]^{\mathrm{T}} \tag{4.5-2}$$

$$\boldsymbol{N}(t)=[n_1(t)\quad\cdots\quad n_{\mathrm{m}}(t)]^{\mathrm{T}} \tag{4.5-3}$$

而 $\boldsymbol{a}(\theta_p)$为从 θ_p 方向达到阵列的信号方向矢量

$$\boldsymbol{a}(\theta_p)=[a_1(\theta_p)\mathrm{e}^{\mathrm{j}\omega_p\tau_1(\theta_p)}\quad\cdots\quad a_{\mathrm{m}}(\theta_p)\mathrm{e}^{\mathrm{j}\omega_p\tau_m(\theta_p)}]^{\mathrm{T}} \tag{4.5-4}$$

其中 $x_m(t)$为第 m 个阵元接收的信号，$s_p(t)$为第 p 个信号源对某参考点的发射信号，$a_m(\theta_p)$为第 m 个阵元第 p 个信号源在 θ_p 方向的幅度响应，$\tau_m(\theta_p)$是第 m 个阵元和参考点间对第 p 个信号源的时间延迟，而 ω_p 为第 p 个信号源的发射信号角频率，$n_m(t)$为第 m 个阵元的热噪声。

将式(4.5-1)写成矩阵形式，可得

$$\boldsymbol{X}(t)=\boldsymbol{A}(\theta)\boldsymbol{s}(t)+\boldsymbol{N}(t) \tag{4.5-5}$$

其中 $\boldsymbol{A}(\theta)$为 $M\times P$ 阶方向矩阵

$$\boldsymbol{A}(\theta)=[\boldsymbol{a}(\theta_1)\quad\cdots\quad\boldsymbol{a}(\theta_p)] \tag{4.5-6}$$

而 $\boldsymbol{S}(t)$为 $P\times 1$ 维信号矢量

$$\boldsymbol{S}(t)=[s_1(t)\quad\cdots\quad s_P(t)] \tag{4.5-7}$$

要估计的参数为噪声方差 σ_n^2，信号方位角 $\theta_p(p=1, \cdots, P)$和 $\boldsymbol{S}(t)$。为了解决此问题，假设：

(1) 信号源数 P 是已知的，并且满足 $P<M$；

(2) 每个信号的方向矢量是相互独立的，即 $\boldsymbol{A}(\theta)$为一个列满秩矩阵；

(3) 热噪声 $n_m(t)$ 是空间和时间的平稳随机过程并且具有各态历经性的零均值、方差 σ_n^2 的高斯过程。

(4) 对噪声各取样间是统计独立的。

因此，对 $\boldsymbol{X}(t)$ 取样 $\boldsymbol{X}(1)$，…，$\boldsymbol{X}(K)$ 的联合概率密度为

$$f(\boldsymbol{X}(1),\ \cdots,\ \boldsymbol{X}(K))\prod_{k=1}^{K}\frac{1}{\sqrt{2\pi\det(\sigma_n^2\boldsymbol{I})}}\exp\left(-\frac{1}{2\sigma_n^2}\|\boldsymbol{X}(k)-\boldsymbol{A}(\boldsymbol{\theta})\boldsymbol{S}(k)\|^2\right) \tag{4.5-8}$$

式中，det(·)为矩阵的行列式运算，‖·‖为范数。对式(4.5-8)取对数，舍去常数项，得

$$L=-KP\ \log\sigma_n^2-\frac{1}{\sigma_n^2}\sum_{k=1}^{K}\|\boldsymbol{X}(k)-\boldsymbol{A}(\boldsymbol{\theta})\boldsymbol{S}(k)\|^2 \tag{4.5-9}$$

为了计算极大似然估计，必须对未知参数求对数似然函数的极值。先对 σ_n^2 进行估计，即固定 $\boldsymbol{\theta}$ 和 $\boldsymbol{S}$，对 σ_n^2 求极大值，得到噪声方差的估计 $\hat{\sigma}_n^2$ 为

$$\hat{\sigma}_n^2=\frac{1}{KP}\sum_{k=1}^{K}\|\boldsymbol{X}(k)-\boldsymbol{A}(\theta)\boldsymbol{S}(k)\|^2 \tag{4.5-10}$$

把 $\hat{\sigma}_n^2$ 代入式(4.5-9)中，忽略常数项，对 $\boldsymbol{\theta}$ 和 $\boldsymbol{S}$ 的极大似然估计是求解极大值问题

$$\max_{\theta,\ S}\left\{-MN\ \log\left(\frac{1}{MN}\sum_{k=1}^{K}\|\boldsymbol{X}(k)-\boldsymbol{A}(\boldsymbol{\theta})\boldsymbol{S}(k)\|^2\right)\right\} \tag{4.5-11}$$

因为对数函数为单调函数，式(4.5-11)极大值等效于式(4.5-12)极小值，即

$$\min_{\theta,\ S}\left\{\sum_{k=1}^{K}\|\boldsymbol{x}(k)-\boldsymbol{A}(\boldsymbol{\theta})\boldsymbol{S}(k)\|^2\right\} \tag{4.5-12}$$

上式实际上是一个最小均方准则的估计问题。

固定 $\boldsymbol{\theta}$ 对 $\boldsymbol{S}$ 进行估计，它也是个均方误差估计，其估计值是

$$\boldsymbol{S}(k)=[\boldsymbol{A}^{\mathrm{H}}(\boldsymbol{\theta})\boldsymbol{A}(\boldsymbol{\theta})]^{-1}\boldsymbol{A}^{\mathrm{H}}(\boldsymbol{\theta})\boldsymbol{X}(k) \tag{4.5-13}$$

把式(4.5-13)代入式(4.5-12)可得

$$\begin{aligned}&\min_{\boldsymbol{\theta}}\left\{\sum_{k=1}^{K}\|\boldsymbol{X}(k)-\boldsymbol{A}(\boldsymbol{\theta})[\boldsymbol{A}^{\mathrm{H}}(\boldsymbol{\theta})\boldsymbol{A}(\boldsymbol{\theta})]^{-1}\boldsymbol{A}^{\mathrm{H}}(\boldsymbol{\theta})\boldsymbol{X}(k)\|^2\right\}\\&=\min_{\boldsymbol{\theta}}\left\{\sum_{k=1}^{K}\|\boldsymbol{X}(k)-\boldsymbol{P}_{\boldsymbol{A}(\boldsymbol{\theta})}\boldsymbol{X}(k)\|^2\right\}\end{aligned} \tag{4.5-14}$$

式中，$\boldsymbol{P}_{\boldsymbol{A}(\boldsymbol{\theta})}$ 是投影到由 $\boldsymbol{A}(\boldsymbol{\theta})$ 的列矢量所张成的空间的投影算子

$$\boldsymbol{P}_{\boldsymbol{A}(\boldsymbol{\theta})}=\boldsymbol{A}(\theta)[\boldsymbol{A}^{\mathrm{H}}(\boldsymbol{\theta})\boldsymbol{A}(\boldsymbol{\theta})]^{-1}\boldsymbol{A}^{\mathrm{H}}(\boldsymbol{\theta}) \tag{4.5-15}$$

所以，对 $\boldsymbol{\theta}$ 估计的极大似然估计就是使似然函数极大，估计 $\boldsymbol{\theta}$ 的似然函数为

$$\begin{aligned}L(\boldsymbol{\theta})&=\sum_{k=1}^{K}\|\boldsymbol{P}_{\boldsymbol{A}(\boldsymbol{\theta})}\boldsymbol{X}(k)\|^2\\&=\sum_{k=1}^{K}[\boldsymbol{P}_{\boldsymbol{A}(\boldsymbol{\theta})}\boldsymbol{X}(k)]^{\mathrm{H}}\boldsymbol{P}_{\boldsymbol{A}(\boldsymbol{\theta})}\boldsymbol{X}(k)\\&=\sum_{k=1}^{K}\boldsymbol{X}^{\mathrm{H}}(k)\boldsymbol{P}_{\boldsymbol{A}(\boldsymbol{\theta})}^{\mathrm{H}}\boldsymbol{P}_{\boldsymbol{A}(\boldsymbol{\theta})}\boldsymbol{X}(k)\end{aligned} \tag{4.5-16}$$

由于投影算法 $\boldsymbol{P}_{\boldsymbol{A}(\boldsymbol{\theta})}$ 为幂等矩阵，即

$$\boldsymbol{P}_{\boldsymbol{A}(\boldsymbol{\theta})}=\boldsymbol{P}_{\boldsymbol{A}(\boldsymbol{\theta})}^{\mathrm{H}}=\boldsymbol{P}_{\boldsymbol{A}(\boldsymbol{\theta})}^{2}=\boldsymbol{P}_{\boldsymbol{A}(\boldsymbol{\theta})} \tag{4.5-17}$$

所以

$$L(\boldsymbol{\theta}) = \sum_{k=1}^{K} \boldsymbol{X}^{\mathrm{H}}(k)\boldsymbol{P}_{\boldsymbol{A}(\boldsymbol{\theta})}\boldsymbol{X}(k) \tag{4.5-18}$$

利用矩阵迹公式

$$\begin{aligned} L(\boldsymbol{\theta}) &= \mathrm{tr}\left[\boldsymbol{P}_{\boldsymbol{A}(\boldsymbol{\theta})}\sum_{k=1}^{K}\boldsymbol{X}^{\mathrm{H}}(k)\boldsymbol{X}(k)\right] \\ &= K\cdot\mathrm{tr}[\boldsymbol{P}_{\boldsymbol{A}(\boldsymbol{\theta})}\hat{\boldsymbol{R}}] \end{aligned} \tag{4.5-19}$$

式中，$\hat{\boldsymbol{R}}$ 为协方差矩阵 $\boldsymbol{R}$ 的极大似然估计

$$\hat{\boldsymbol{R}} = \frac{1}{K}\sum_{k=1}^{K}\boldsymbol{X}^{\mathrm{H}}(k)\boldsymbol{X}(k) \tag{4.5-20}$$

所以，对 $\boldsymbol{\theta}$ 进行极大似然估计只要求式(4.5-21)即可

$$\max_{\boldsymbol{\theta}} \mathrm{tr}[\boldsymbol{P}_{\boldsymbol{A}(\boldsymbol{\theta})}\hat{\boldsymbol{R}}] \tag{4.5-21}$$

对 $\hat{\boldsymbol{R}}$ 进行特征分解

$$\hat{\boldsymbol{R}} = \sum_{k=1}^{K}\hat{\lambda}_k\hat{\boldsymbol{u}}_k\hat{\boldsymbol{u}}_k^{\mathrm{H}} \tag{4.5-22}$$

利用投影矩阵和迹的特性，式(4.5-21)可以写成

$$\max_{\boldsymbol{\theta}}\sum_{k=1}^{K}\hat{\lambda}_k \| \boldsymbol{P}_{\boldsymbol{A}(\boldsymbol{\theta})}\hat{\boldsymbol{u}}_k \|^2 \tag{4.5-23}$$

一旦 $\hat{\boldsymbol{\theta}}$ 得到，就可根据式(4.5-13)估计 $\hat{\boldsymbol{S}}$，根据式(4.5-10)估计 σ_n^2。

4.5.2　交替投影算法

式(4.5-22)的最大似然估计是一种非线性多维极大值问题，其计算量非常大。为了简化且有效地计算非线性多维极大问题。文献[55]提出了一种交替投影算法。

4.5.2.1　交替最大技术

求多维最大时，不要求它们同时达到最大，而采用各维交替达到极大的方法，这样多维问题就简化为一维问题，这个技术采用迭代法，变动一个参数，其他参数固定，用迭代法求得一个参数的极大值，即 θ_p 的第 $i+1$ 次迭代由下式求得。

$$\theta_p^{(i+1)} = \arg\max_{\theta_p}\mathrm{tr}[\boldsymbol{P}_{\boldsymbol{A}(\theta_p^{(i)}),\,\boldsymbol{a}(\theta_p)}\hat{\boldsymbol{R}}] \tag{4.5-24}$$

式中，$\boldsymbol{\theta}_p^{(i)}$ 是$(P-1)\times 1$ 维矢量

$$\boldsymbol{\theta}_p^{(i)} = [\theta_1^{(i)} \quad \cdots \quad \theta_{p-1}^{(i)} \quad \theta_{p+1}^{(i)} \quad \cdots \quad \theta_P^{(i)}] \tag{4.5-25}$$

$$\boldsymbol{P}_{\boldsymbol{A}(\theta_p^{(i)}),\,\boldsymbol{a}(\theta_p)} = \boldsymbol{P}_{\boldsymbol{A}(\theta^{(i)})} \tag{4.5-26}$$

因为投影矩阵与矩阵列的位置无关。

为了更加清楚地理解此问题，先举一个简单的例子进行说明。设 $P=2$，先求起始值 $\boldsymbol{\theta}_1^{(0)}$。

令只有一个源 θ_1，则 $\theta_1^{(0)}$ 为

$$\theta_1^{(0)} = \arg\max_{\theta_1}\mathrm{tr}[\boldsymbol{P}_{\boldsymbol{A}(\theta_1)}\hat{\boldsymbol{R}}] \tag{4.5-27}$$

而后求 $\theta_2^{(0)}$，设第一个源位于 $\theta_1^{(0)}$，则

$$\theta_2^{(0)} = \arg\max_{\theta_2}\mathrm{tr}[\boldsymbol{P}_{\boldsymbol{a}(\theta_1^{(0)}),\,\boldsymbol{a}(\theta_2)}\hat{\boldsymbol{R}}] \tag{4.5-28}$$

接着依次可求 $\theta_2^{(1)}$（保持 $\theta_1^{(0)}$ 不变），$\theta_1^{(2)}$，$\theta_2^{(3)}$，…，$\theta_1^{(2i)}=\theta_1^{(2i+2)}$，$\theta_2^{(2i+1)}=\theta_2^{(2i+3)}$ 为止。其迭代过程如图 4.5－1 所示。

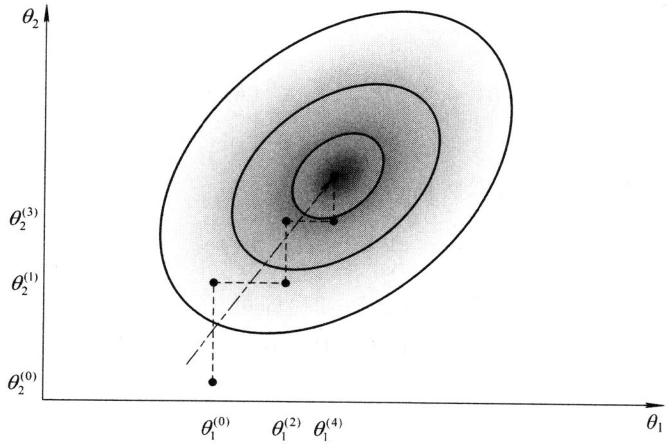

图 4.5－1　两维交替投影的收敛过程

若是多维的，则用式(4.5－29)求第 p 个的起始值

$$\theta_p^{(0)}=\arg\max_{\theta_p}\operatorname{tr}[\boldsymbol{P}_{[\boldsymbol{a}(\theta_1^{(0)}),\cdots,\boldsymbol{a}(\theta_{p-1}^{(0)}),\boldsymbol{a}(\theta_p)]}\hat{\boldsymbol{R}}] \tag{4.5-29}$$

先求

$$\theta_1^{(0)}=\arg\max_{\theta_1}\operatorname{tr}[\boldsymbol{P}_{\boldsymbol{a}(\theta_1^{(0)})}\hat{\boldsymbol{R}}] \tag{4.5-30}$$

再求

$$\theta_2^{(0)}=\arg\max_{\theta_2}\operatorname{tr}[\boldsymbol{P}_{[\boldsymbol{a}(\theta_1^{(0)}),\boldsymbol{a}(\theta_2^{(0)})]}\hat{\boldsymbol{R}}] \tag{4.5-31}$$

$$\theta_3^{(0)}=\arg\max_{\theta_3}\operatorname{tr}[\boldsymbol{P}_{[\boldsymbol{a}(\theta_1^{(0)}),\boldsymbol{a}(\theta_2^{(0)}),\boldsymbol{a}(\theta_3)]}\hat{\boldsymbol{R}}] \tag{4.5-32}$$

因此，$\theta_1^{(0)}$，…，$\theta_k^{(0)}$ 可依次求得。

4.5.2.2　投影矩阵分解

前面讲的求极大值的关键在于为何求 $\boldsymbol{P}_{\boldsymbol{A}(\boldsymbol{\theta})}$，由于 θ 是未知的，所以 $\boldsymbol{P}_{\boldsymbol{A}(\boldsymbol{\theta})}$ 不可能直接求得。为此，先引用一个公式。设 $\boldsymbol{A}$ 是由两个相同行数的任意列满秩矩阵 $\boldsymbol{B}$、$\boldsymbol{C}$ 组成，即 $\boldsymbol{A}=[\boldsymbol{B}\quad\boldsymbol{C}]$，则向 $\boldsymbol{A}$ 投影的投影矩阵可写成

$$\begin{aligned}\boldsymbol{P}_{\boldsymbol{A}}=\boldsymbol{P}_{[\boldsymbol{B}\ \ \boldsymbol{C}]}&=[\boldsymbol{B}\quad\boldsymbol{C}]\begin{bmatrix}\boldsymbol{B}^{\mathrm{H}}\boldsymbol{B} & \boldsymbol{B}^{\mathrm{H}}\boldsymbol{C}\\ \boldsymbol{C}^{\mathrm{H}}\boldsymbol{B} & \boldsymbol{C}^{\mathrm{H}}\boldsymbol{C}\end{bmatrix}\begin{bmatrix}\boldsymbol{B}^{\mathrm{H}}\\ \boldsymbol{C}^{\mathrm{H}}\end{bmatrix}\\ &=\boldsymbol{P}_{\boldsymbol{B}}+(\boldsymbol{I}-\boldsymbol{P}_{\boldsymbol{B}})\boldsymbol{C}[\boldsymbol{C}^{\mathrm{H}}(\boldsymbol{I}-\boldsymbol{P}_{\boldsymbol{B}})\boldsymbol{C}]^{-1}\boldsymbol{C}^{\mathrm{H}}(\boldsymbol{I}-\boldsymbol{P}_{\boldsymbol{B}})\\ &=\boldsymbol{P}_{\boldsymbol{B}}+\boldsymbol{P}_{(\boldsymbol{I}-\boldsymbol{P}_{\boldsymbol{B}})\boldsymbol{C}}\end{aligned} \tag{4.5-33}$$

若记

$$\boldsymbol{C}_{\boldsymbol{B}}=(\boldsymbol{I}-\boldsymbol{P}_{\boldsymbol{B}})\boldsymbol{C} \tag{4.5-34}$$

即 $\boldsymbol{C}_{\boldsymbol{B}}$ 是投影到矩阵 $\boldsymbol{B}$ 时 $\boldsymbol{C}$ 列的补，则得到投影矩阵的更新公式为

$$\boldsymbol{P}_{\boldsymbol{A}}=\boldsymbol{P}_{[\boldsymbol{B}\ \ \boldsymbol{C}]}=\boldsymbol{P}_{\boldsymbol{B}}+\boldsymbol{P}_{\boldsymbol{C}_{\boldsymbol{B}}} \tag{4.5-35}$$

根据式(4.5－35)可知

$$\boldsymbol{P}_{\boldsymbol{A}(\boldsymbol{\theta}_p^{(i)}),\boldsymbol{a}(\theta_p)}=\boldsymbol{P}_{\boldsymbol{A}(\boldsymbol{\theta}_p^{(i)})}+\boldsymbol{P}_{\boldsymbol{a}(\theta_p)_{\boldsymbol{A}(\theta_p^{(i)})}} \tag{4.5-36}$$

把式(4.5-36)代入式(4.5-24)可得

$$\theta_p^{(i+1)} = \arg\max_{\theta_p} \operatorname{tr}[(\boldsymbol{P}_{\boldsymbol{A}(\boldsymbol{\theta}_p^{(i)})} + \boldsymbol{P}_{\boldsymbol{a}(\theta_p)_{\boldsymbol{A}(\theta_p^{(i)})}})\hat{\boldsymbol{R}}] \tag{4.5-37}$$

由于 $\boldsymbol{P}_{\boldsymbol{A}(\boldsymbol{\theta}_p^{(i)})}$ 与 $\boldsymbol{\theta}_p$ 无关，故

$$\theta_p^{(i+1)} = \arg\max_{\theta_p} \operatorname{tr}[\boldsymbol{P}_{\boldsymbol{a}(\theta_p)_{\boldsymbol{A}(\theta_p^{(i)})}}\hat{\boldsymbol{R}}] \tag{4.5-38}$$

由于 $\boldsymbol{P}_{\boldsymbol{a}(\theta_p)_{\boldsymbol{A}(\theta_p^{(i)})}}$ 是投影一个列矢量的投影矩阵，故

$$\begin{aligned}\boldsymbol{P}_{\boldsymbol{a}(\theta_p)_{\boldsymbol{A}(\theta_p^{(i)})}} &= \frac{\boldsymbol{a}(\theta_p)_{\boldsymbol{A}(\theta_p^{(i)})}\boldsymbol{a}^{\mathrm{H}}(\theta_p)_{\boldsymbol{A}(\theta_p^{(i)})}}{\boldsymbol{a}^{\mathrm{H}}(\theta_p)_{\boldsymbol{A}(\theta_p^{(i)})}\boldsymbol{a}(\theta_p)_{\boldsymbol{A}(\theta_p^{(i)})}}\\ &\frac{\boldsymbol{a}(\theta_p)_{\boldsymbol{A}(\theta_p^{(i)})}\boldsymbol{a}^{\mathrm{H}}(\theta_p)_{\boldsymbol{A}(\theta_p^{(i)})}}{\|\boldsymbol{a}(\theta_p)_{\boldsymbol{A}(\theta_p^{(i)})}\|^2}\end{aligned} \tag{4.5-39}$$

把式(4.5-39)代入式(4.5-38)中，有

$$\begin{aligned}\theta_p^{(i+1)} &= \arg\max_{\theta_p} \operatorname{tr}\left[\frac{\boldsymbol{a}(\theta_p)_{\boldsymbol{A}(\theta_p^{(i)})}\boldsymbol{a}^{\mathrm{H}}(\theta_p)_{\boldsymbol{A}(\theta_p^{(i)})}\hat{\boldsymbol{R}}}{\|\boldsymbol{a}(\theta_p)_{\boldsymbol{A}(\theta_p^{(i)})}\|^2}\right]\\ &= \arg\max_{\theta_p} \operatorname{tr}\left[\frac{\boldsymbol{a}^{\mathrm{H}}(\theta_p)_{\boldsymbol{A}(\theta_p^{(i)})}\hat{\boldsymbol{R}}\boldsymbol{a}(\theta_p)_{\boldsymbol{A}(\theta_p^{(i)})}}{\|\boldsymbol{a}(\theta_p)_{\boldsymbol{A}(\theta_p^{(i)})}\|^2}\right]\\ &= \max_{\theta_p} \boldsymbol{b}^{\mathrm{H}}(\theta_p, \boldsymbol{\theta}_p^{(i)})\hat{\boldsymbol{R}}\boldsymbol{b}(\theta_p, \boldsymbol{\theta}_p^{(i)})\end{aligned} \tag{4.5-40}$$

式中

$$\boldsymbol{b}(\theta_p, \boldsymbol{\theta}_p^{(i)}) = \frac{\boldsymbol{a}(\theta_p)_{\boldsymbol{A}(\theta_p^{(i)})}}{\|\boldsymbol{a}(\theta_p)_{\boldsymbol{A}(\theta_p^{(i)})}\|} \tag{4.5-41}$$

根据式(4.5-34)，可求得

$$\boldsymbol{a}(\theta_p)_{\boldsymbol{A}(\boldsymbol{\theta}_p^{(i)})} = (\boldsymbol{I} - \boldsymbol{P}_{\boldsymbol{A}(\boldsymbol{\theta}_p^{(i)})})\boldsymbol{a}(\theta_p) \tag{4.5-42}$$

4.5.2.3　算法实现

上面介绍的就是交替投影(AP)算法，AP 算法实质上是融合了交替优化方法和投影矩阵分解的方法，将复杂的多维搜索问题转化为简单的多个一维搜索问题，从而大大降低了最大似然(ML)算法的计算量。

求 $\boldsymbol{\theta}$，要求根据式(4.5-29)依次计算出它的起始值 $\theta_1^{(0)}$，…，$\theta_k^{(0)}$。

用迭代法求

$$\theta_p^{(i+1)} = \max_{\theta_p} \boldsymbol{b}^{\mathrm{H}}(\theta_p, \boldsymbol{\theta}_p^{(i)})\hat{\boldsymbol{R}}\boldsymbol{b}(\theta_p, \boldsymbol{\theta}_p^{(i)}) \tag{4.5-43}$$

若 $|\theta_p^{(i)} - \theta_p^{(i+1)}| < \varepsilon$，则认为角度收敛，其中 ε 为任意小的正实数。

4.5.3　多项式法

由于最大似然估计也是一种参数估计问题，所以下面就从参数模型的角度来分析最大似然算法，然后给出多项式法的求解方法[56, 57]。

当阵列为均匀线阵时，且阵元数 $M \geqslant 2P$ 时，极大似然估计可以采用多项式法估计 $\boldsymbol{\theta}$，从式(4.5-14)可得，估计 $\boldsymbol{\theta}$ 的方法可写成

$$\min_{\theta} \sum_{k=1}^{K} \boldsymbol{X}^{\mathrm{H}}(k)\boldsymbol{P}_{\boldsymbol{A}(\boldsymbol{\theta})}^{\perp}\boldsymbol{X}(k) \tag{4.5-44}$$

式中，$\boldsymbol{P}_{\boldsymbol{A}(\boldsymbol{\theta})}^{\perp}$ 是与 $\boldsymbol{P}_{\boldsymbol{A}(\boldsymbol{\theta})}$ 正交的投影算子

$$\boldsymbol{P}_{\boldsymbol{A}(\boldsymbol{\theta})}^{\perp} = \boldsymbol{I} - \boldsymbol{A}(\boldsymbol{\theta})[\boldsymbol{A}^{\mathrm{H}}(\boldsymbol{\theta})\boldsymbol{A}(\boldsymbol{\theta})]^{-1}\boldsymbol{A}^{\mathrm{H}}(\boldsymbol{\theta}) \tag{4.5-45}$$

构造一个多项式

$$b(z) = b_0 z^P + b_1 z^{P-1} + \cdots + b_P \tag{4.5-46}$$

其中 $z=\mathrm{e}^{\mathrm{j}\beta}$，若上述多项式的根 $\mathrm{e}^{\mathrm{j}\beta_p}$（$p=1$，…，$P$）是信号源的方向函数，则可得到信号源的到达角 θ_p。关键是如何确定多项式的系数 b_p（$p=0$，…，P），为此再定义一个托布利兹(Teoplitz)矩阵 $\boldsymbol{B}$，它是 $M\times(M-P)$阶矩阵

$$\boldsymbol{B}^{\mathrm{H}} = \begin{bmatrix} b_P & b_{P-1} & b_{P-2} & \cdots & b_1 & b_0 & \cdots & 0 \\ 0 & b_P & b_{P-1} & \cdots & b_2 & b_1 & \cdots & 0 \\ \vdots & \vdots & \vdots & & \vdots & \vdots & & \vdots \\ 0 & 0 & 0 & \cdots & b_P & b_{P-1} & \cdots & b_0 \end{bmatrix} \tag{4.5-47}$$

可以证明此矩阵 $\boldsymbol{B}$ 与方向矩阵 $\boldsymbol{A}(\boldsymbol{\theta})$是正交的，即 $\boldsymbol{B}^{\mathrm{H}}\boldsymbol{A}(\boldsymbol{\theta})=0$。投影到 $\boldsymbol{B}$ 的投影算子为

$$\boldsymbol{P}_{\boldsymbol{B}} = \boldsymbol{B}(\boldsymbol{B}^{\mathrm{H}}\boldsymbol{B})^{-1}\boldsymbol{B}^{\mathrm{H}} \tag{4.5-48}$$

这是因为 $\boldsymbol{A}(\boldsymbol{\theta})$中的任意一列为 $\boldsymbol{a}(\theta_p)$（$p=1$，…，P），所以有

$$\boldsymbol{B}^{\mathrm{H}}\boldsymbol{a}(\theta_p) = \boldsymbol{b}(z_p)[1 \quad \mathrm{e}^{\mathrm{j}\beta_p} \quad \cdots \quad \mathrm{e}^{\mathrm{j}(M-P-1)\beta_p}]^{\mathrm{T}} \tag{4.5-49}$$

式中 $z_p=\mathrm{e}^{\mathrm{j}\beta_P}$，由于它是 $b(z)$的根，即 $b(z_p)=0$，故

$$\boldsymbol{B}^{\mathrm{H}}\boldsymbol{a}(\theta_p) = 0 \qquad p = 1, \cdots, P \tag{4.5-50}$$

即证明了矩阵 $\boldsymbol{B}$ 与 $\boldsymbol{A}(\boldsymbol{\theta})$是正交的，或写成

$$\boldsymbol{P}_{\boldsymbol{B}} = \boldsymbol{P}_{\boldsymbol{A}(\boldsymbol{\theta})}^{\perp} \tag{4.5-51}$$

这样，式(4.5-44)的极小值问题变为

$$\boldsymbol{b} = \arg\min_{\boldsymbol{b}\in\boldsymbol{\theta}_b}\sum_{k=1}^{K}\boldsymbol{X}^{\mathrm{H}}(k)\boldsymbol{B}(\boldsymbol{B}^{\mathrm{H}}\boldsymbol{B})^{-1}\boldsymbol{B}^{\mathrm{H}}\boldsymbol{X}(k) \tag{4.5-52}$$

式中

$$\boldsymbol{b} = [b_P \quad b_{P-1} \quad \cdots \quad b_0]^{\mathrm{T}} \tag{4.5-53}$$

而 $\boldsymbol{\theta}_b$ 是位于单位圆上的零点，即为空间角度。

为了求式(4.5-52)的极小值，再构造一个矩阵 $\widetilde{\boldsymbol{X}}(k)$，它是一个$(M-P)\times(P+1)$维矩阵

$$\widetilde{\boldsymbol{X}}(k) = \begin{bmatrix} X_{P+1} & X_P & \cdots & X_1 \\ X_{P+2} & X_{P+1} & \cdots & X_2 \\ \vdots & \vdots & & \vdots \\ X_M & X_{M-1} & \cdots & X_{M-P} \end{bmatrix} \tag{4.5-54}$$

于是有下列关系

$$\boldsymbol{B}^{\mathrm{H}}\boldsymbol{X}(k) = \widetilde{\boldsymbol{X}}(k)\boldsymbol{b} \tag{4.5-55}$$

故式(4.5-52)变为

$$\boldsymbol{b} = \arg\min_{\boldsymbol{b}\in\boldsymbol{\theta}_b}\boldsymbol{b}^{\mathrm{H}}\boldsymbol{G}\boldsymbol{b} \tag{4.5-56}$$

式中

$$\boldsymbol{G} = \sum_{k=1}^{K}\widetilde{\boldsymbol{X}}(k)(\boldsymbol{B}^{\mathrm{H}}\boldsymbol{B})^{-1}\widetilde{\boldsymbol{X}}(k) \tag{4.5-57}$$

仔细观察式(4.5-56)，可以发现该式是 $\boldsymbol{b}$ 的一个二次型，但矩阵 $\boldsymbol{B}$ 取决于未知参数

$\boldsymbol{b}$。因此，该极大似然估计只能用迭代方法实现。

综上分析，可得具体算法的实现步骤如下：

(1) 选定 $\boldsymbol{b}$ 的初始值 $\boldsymbol{b}^{(0)}$；

(2) 用 $\boldsymbol{b}^{(k)}$ 构造 $\boldsymbol{B}^{(k)}$，再根据式(4.5-57)计算 $\boldsymbol{G}^{(k)}$；

(3) 根据式(4.5-56)找到 $\boldsymbol{b}^{(k+1)}$ 的最小值，即

$$\boldsymbol{b}^{(k+1)} = \arg\min_{\boldsymbol{b}\in\boldsymbol{\Theta}_b} \boldsymbol{b}^{(k)\mathrm{H}}\boldsymbol{G}^{(k)}\boldsymbol{b}^{(k)} \tag{4.5-58}$$

(4) 检查 $\boldsymbol{b}$ 是否收敛，若不收敛，继续增加 k，重复步骤(2)～(3)，若收敛则进行下一步；

(5) 用 $\boldsymbol{b}^{(k+1)}$ 的元素作为多项式 $b(z)$ 的系数，求其根。

多项式极大似然估计算法通常也称为迭代二次型极大似然(IQML)算法，该算法的优点在于迭代过程不会得到局部极小值点，同时这也是它的一个缺点，因为式(4.5-56)很可能不收敛或收敛于非最小值点，也就是说该迭代过程可能不收敛，而且迭代过程的计算量也非常大。

参 考 文 献

[1] Haykin S, Reilly J P, Vertatschitsch. Some Aspects of Array Signal Processing[J]. IEEE Proc.-F, 1992, 139: 1-26.

[2] Krim H, Viberg M. Two Decades of Array Signal Processing[J]. IEEE Signal Processing Magazine, 1996, 13(4): 67-94.

[3] 刘德树，罗景青，张剑云. 空间谱估计及其应用[M]. 合肥：中国科学技术大学出版社，1997.

[4] 张贤达. 现代信号处理[M]. 2 版. 北京：清华大学出版社，2002.

[5] 王永良，陈辉，彭应宁，等. 空间谱估计理论与算法[M]. 北京：清华大学出版社，2004.

[6] Capon J. High-resolution Frequency-wavenumber Spectrum Analysis[J]. Proc. IEEE, 1969, 57: 1408-1418.

[7] Stoica P, Nehorai A. MUSIC, Maximum Likelihood, and Cramer-Rao Bound[J]. IEEE Trans. on ASSP, 1989, 37(5): 720-741.

[8] Stoica P, Nehorai A. MUSIC, Maximum likelihood, and Cramer-Rao Bound: Further Results and Comparisons[J]. IEEE Trans. on ASSP, 1990, 38(12): 2140-2150.

[9] Stoica P, Nehorai A. MUSIC, Performance Comparison of Subspace Rotation and MUSIC Methods for Direction Estimation[J]. IEEE Trans. on SP, 1991, 39(2): 446-453.

[10] Viberg M, Ottersten B. Sensor Array Processing Based on Subspace Fitting[J]. IEEE Trans. on SP, 1991, 39(5): 1110-1121.

[11] Stoica P, Soderstrom T. Statistical Analysis of MUSIC and Subspace Rotation

Estimates of Sinusoidal Frequencies[J]. IEEE Trans. on SP, 1991, 39(8): 1836-1847.

[12] Auger F, Flandrin P. Improving the Readability of Time-frequency and Time-scale Representations by the Reassignment Method[J]. IEEE Trans. Signal Processing, 1995, 143: 1068-1089.

[13] Schmidt R O. Multiple Emitter Location and Signal Parameter Estimation[C]// Proc. RADC Spectral Estimation Workshop. NY: Rome, 1979: 243-258.

[14] Schmidt R O. Signal Subspace Approach to Multiple Emitter Location and Spectral Estimation[D], Stanford: Stanford University, 1981.

[15] Schmidt R O. Multiple Emitter Location and Spectral Parameter Estimation[J]. IEEE Trans. Antennas Propagat. , 1986, 34: 276-280.

[16] T J Shan, T Kailath, M Wax. Spatial Smoothing Approach for Loaction Estimate of Coherent Source[C]// Proc. 17th Acilomar Conf. Circuits Syst. Comput. 1983: 367-371.

[17] R T Williams, S Prasal, A K Mahalanabis, et al. An Improved Spatial Smoothing Technique for Bearing Estimation in a Multipath Environment[J]. IEEE Trans. ASSP-36, 1988(4): 425-431.

[18] S U Pillai, B H Kwon. Forward/Backward Spatial Smoothing Techniques for Coherent Signal Identification[J]. IEEE Trans. ASSP-37, 1989(1): 8-15.

[19] Shan T J, Wax M, Kailath T. Adaptive Beamforming for Coherent Signals and Interference[J]. IEEE Trans. on ASSP, 1985, 33(3): 527-536.

[20] Shan T J, Wax M, Kailath T. On Spatial Smoothing for Estimation of Coherent Signals[J]. IEEE Trans. on ASSP, 1985, 33(4): 806-811.

[21] Pillai S U, Kwon B H. Performance Analysis of MUSIC-type High Resolution Estimators for Direction Finding in Correlated and Coherent Scenes[J]. IEEE Trans. on ASSP, 1989, 37(8): 1176-1189.

[22] Rao B D, Hari K V S. Effect of Spatial Smoothing on the Performance of MUSIC and the Minimum-norm Method[J]. IEE Proc. - F, 1990, 137(6): 449-458.

[23] Linebarger D A, Johnson D H. The Effect of Spatial Averaging on Spatial Correlation Matrices in the Presence of Coherent Signals[J]. IEEE Trans. on ASSP, 1990, 38(5): 880-884.

[24] Du W, Kirlin R L. Improved Spatial Smoothing Techniques for DOA Estimation of Coherent Signals, IEEE Trans. on SP, 1991, 39(5): 1208-1210.

[25] Moghaddamjoo A, Chang T C. Signal Enhancement of the Spatial smoothing Algorithm[J]. IEEE Trans. on SP, 1991, 39(8): 1907-1911.

[26] Rao B D, Hari K V S. Weighted Subspace Methods and Spatial Smoothing Analysis and Comparison[J]. IEEE Trans. on SP, 1993, 41(2): 788-803.

[27] Prasad S, Williams R Y, Mahalanabis A K, et al. A Transform-based Covariance Differencing Approach for Some Classes of Parameter Estimation Problems. IEEE

Trans. on ASSP, 1988, 36(5): 631-641.

[28] Moghaddamjoo A. Transforming-based Covariance Differencing Approach to the Array with Spatially Nonstationary Noise[J]. IEEE Trans. on SP, 1991, 39(1): 219-221.

[29] Linebarger D A, DeGroat R D, Dowling E M. Efficient direction-finding Methods Employing Forward/Backward Averaging[J]. IEEE Trans. on SP, 1994, 42(8): 2136-2145.

[30] Ma C W, Teng C C. Detection of Coherent Signals Using Weighted Subspace Smoothing[J]. IEEE Trans. on AP, 1996, 44(2): 179-187.

[31] Moghaddamjoo A. Application of Spatial Filters to DOA Estimation of Coherent Cources[J]. IEEE Trans. on SP, 1991, 39(1): 221-224.

[32] Moghaddamjoo A, Chang T C. Analysis of the Spatial Filtering Approach to the Decorrelation of Coherent Sources[J]. IEEE Trans. on SP, 1992, 40(3): 692-694.

[33] Li J. Improved Angular Resolution for Spatial Smoothing Techniques[J]. IEEE Trans. on SP, 1992, 40(12): 3078-3081.

[34] Di A. Multiple Sources Location—A Matrix Decomposition Approach[J], IEEE Trans. ASSP, 1985, 33(4): 1086-1091.

[35] Cadzow J A, Kim Y S, Shiue D C. General Direction-of-arrival Location: A Signal Subspace Approach[J]. IEEE Trans. on AES, 1989, 25(1): 31-46.

[36] Wang H, Kaveh M. On the Performance of Signal-subspace Processing-Part Ⅱ: Coherent Wide-band Systems [J]. IEEE Trans. on ASSP, 1987, 35 (11): 1583-1591.

[37] Chen Y M, Lee J H, Yeh C C. Bearing Estimation without Calibration for Randomly Perturbed Arrays[J]. IEEE Trans. on SP, 1991, 39(1): 194-197.

[38] Linebarger D A. Redundancy Averaging with Large Arrays[J]. IEEE Trans. on SP, 1993, 41(4): 1707-1710.

[39] Park H R, Kim Y S. A Solution to the Narrow-band Coherency Problem in Multiple Source Location[J]. IEEE Trans. on SP, 1993, 41(1): 473-476.

[40] Barabell A J. Improving the Resolution Performance of Eigenstructure-based Direction-finding Algorithms[C]// Proc. ICASSP-83, Boston, 1983: 336-339.

[41] Rao B D, Hari K V S. Performance Analysis of Root-MUSIC[J]. IEEE Trans. on ASSP, 1989, 37(12): 1939-1949.

[42] Ren Q S, Willis A J. Extending MUSIC to Single Snapshot and on line Direction Finding Applications[C]// International Radar Conference, 1997: 783-787.

[43] Marius P, Alex B G, Martin H. Unitary Root-MUSIC with a Real-valued Eigendecomposition: A Theoretical and Experimental Performacce Study[J]. IEEE Trans. on SP, 2000, 48(5): 1306-1314.

[44] Liu Congfeng, Liao Guisheng. Fast Algorithm for Root-MUSIC with Real-Valued Eigendecomposition [C]// Radar-2006: 2006 CIE International Conference on

Radar.

[45] Roy R, Paulraj A, Kailath T. ESPRIT—A Subspace Rotation approach to Estimation of Parameters of Cissoids in Noise[J]. IEEE Trans. on Acoust, Signal Processing, 1986, 34: 1340-1342.

[46] Roy R, Kailath T. ESPRIT—Estimation of Signal Parameters via Rotational Invariance Techniques[J]. IEEE Trans. on ASSP, 1989, 37(7): 984-995.

[47] Weiss A J, Gavish M. Direction Finding Using ESPRIT with Interpolated Arrays [J]. IEEE Trans. on SP, 1991, 39(6): 1473-1478.

[48] Martin Haardt, Josef A Nossek. Unitary ESPRIT: How to Obtain Increased Estimation Accuracy with a Reduced Computational Burden[J]. IEEE Transactions on Signal Processing, 1995, 43(5): 1232-1242.

[49] Liu Congfeng, Liao Guisheng. Real-value Space ESPRIT Algorithm and Its Implement[C]// WiCOM 2006: 2006 International Conference on Wireless Communications, Networking and Mobile Computing.

[50] Bohme J F. Estimation of Source Parameters by Maximum Likelihood and Nonlinear Regression[C]// ICASSP, 1984, 7(3): 1-4.

[51] Golub G, Pereyra V. The Differentiation of Pseudo-inverses and Nonlinear Least Squares Problems Whose Variables Separate[J]. SIAM J. on Numer, Anal, 1973, 10(2): 413-432.

[52] Bohme J F. Estimation of Spectral Parameters of Correlated Signals in Wavefields [J]. Signal Processing, 1986, 11(4): 329-337.

[53] Bresler Y. Maximum Likelihood Estimation of Linearly Structured Covariance with Application to Antenna Array Processing[C]// Proc. 4th ASSP Workshop on Spectrum Estimation and Modeling, Minneapolis, 1988: 172-175.

[54] Jaffer A G. Maxumum Likelihood Direction Finding of Stochastic Sources: A Separable Solution[C]// ICASSP, 1988, 5: 2893-2896.

[55] I Ziskind, M. Wax. Maximum Likelihood Localization of Multiple Sources by Alternating Projection[J]. IEEE, Trans. ASSP-36, 1988(10): 1553-1560.

[56] A J Weiss, A S Willsky, B C Levy. Nonuniform Array Processing via the Polynomial Approach[J]. IEEE Trans. AES-25, 1989(1): 134-139.

[57] Y Bresler, A Macovski. Exact Maximum Likelihood Parameter Estimation of Superimposed Exponential Signals in Noise[J]. IEEE Trans. ASSP-34, 1986(5): 1081-1089.

[58] Harry L Van Trees. Optimum Array Processing(Part IV of Detection, Estimation, and Modulation Theory)[M]. New York: John Wiley & Sons Inc., 2002.

第五章　三 角 定 位

5.1　基 本 概 念

辐射源的方位角，或者它的方位线(Line of Bearing，LOB)，是定位中常用的一个参数。假设在几乎同一时刻对同一目标进行测量，测得的两条或者更多条方位线如图 5.1-1 所示，这些方位线可能相交于一点。这种定位技术就是所谓的三角定位法。

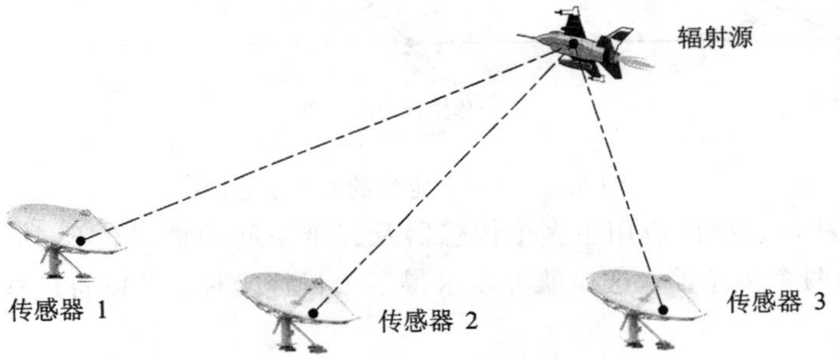

图 5.1-1　三角测量示意图

三角定位法是一种常用的目标定位方法[1]。在已知传感器的位置及两条甚至多条方位线的交点时，可以采用三角定位法确定目标的最大可能方位，得到目标位置的估计值。

三角定位法能够应用于各种各样的定位平台，包括飞机、轮船和地面车辆。如果以信号相位为参数来计算 LOB，则应用三角定位时就需要使用天线阵，且天线阵的基线长度应小于半波长，以避免测量中的相位模糊问题。除相位参数之外还有一些其他参数也可以用于到达角的测量(例如相对振幅)，但是大多数方法都需要使用天线阵。

图 5.1-2 为三角定位法的几何描述，为了简单，这里仅考虑二维的情况。图中有两个传感器节点和一个目标节点，两个传感器节点 S_1 和 S_2 之间的距离为 d，当然，图中所示的两个传感器也可以表示移动了间距 d 的同一个传感器。这两个传感器相对于同一参考方向分别求得一个方位角。距离 r 可以根据简单的三角形法则算得，即根据

$$\sin\phi_1 = \frac{d_1}{d} \qquad d_1 = d\sin\phi_1 \tag{5.1-1}$$

和

$$\sin(\phi_2 - \phi_1) = \frac{d_1}{r} \qquad r = \frac{d_1}{\sin(\phi_2 - \phi_1)} \tag{5.1-2}$$

可得

$$r = \frac{d\ \sin\phi_1}{\sin(\phi_2 - \phi_1)} \tag{5.1-3}$$

根据图中所示 r、ϕ_2、x、y 的关系，可得

$$\left.\begin{aligned} x &= r\ \cos\phi_2 \\ y &= r\ \sin\phi_2 \end{aligned}\right\} \tag{5.1-4}$$

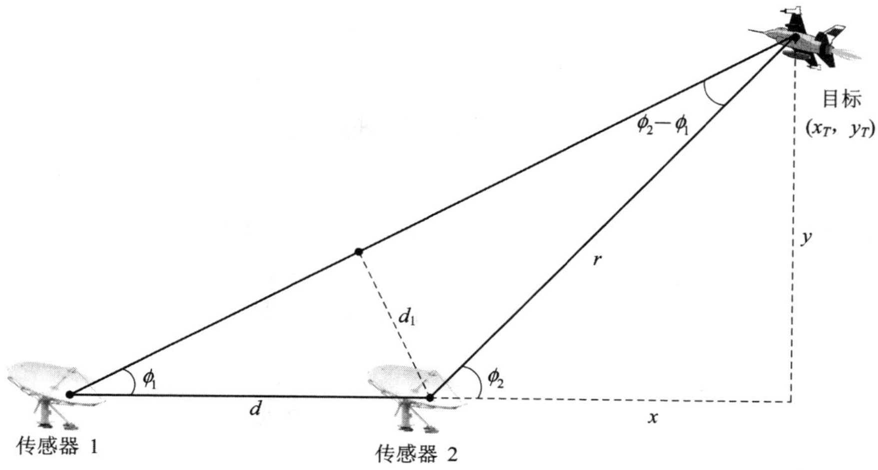

图 5.1.2　三角定位的几何示意图

显然，该方法可以推广应用于多个传感器及三维空间的情况，不过，每次计算目标坐标时仅取其中的两个传感器，这样就可以求得多个目标坐标。可以将这些坐标的均值作为目标位置的估计。

另一种应用三角定位法估计目标方位的方法是绘制测得的方位线并观察它们在哪里相交，如图 5.1-3 所示。其中的绘制过程可能隐含在数学计算中，也可能是实实在在画出来的。

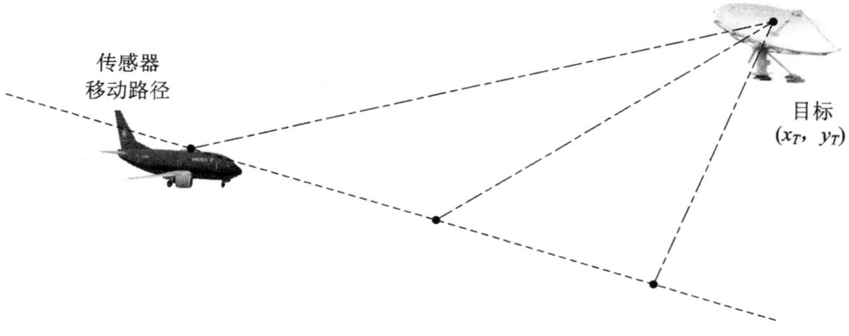

图 5.1-3　传感器运动下的三角定位的几何示意图

图 5.1-3 中所示的传感器可能代表一个运动的传感器，也可能代表三个固定的传感器，两种情况下的计算结果相同。一般情况下，测得的 LOB 中总会伴有测量误差和噪声，

通常将噪声假定为零均值加性高斯白噪声(Additive White Gaussian Noise，AWGN)。这些测量误差和噪声对位置估计的影响体现在方位线不再交于一点，如图 5.1－4 所示。如果噪声是随机的，则测得的方位角可能比实际方位角大，也可能比实际方位角小，从而形成一个误差椭圆。传感器中还可能存在测量偏差问题，很多参数估计器都有测量偏差。产生偏差的原因主要有两个，一个是定位算法内在的缺陷，另一个是参数测量设备中存在的系统误差。

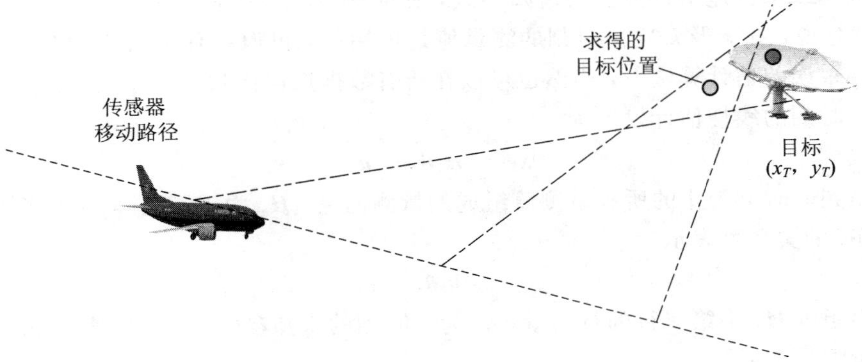

图 5.1－4　三角定位中随机误差的影响

如图 5.1－4 所示，如果只有三条方位线，且没有像期望的一样交于一点，则它们会围绕目标的实际位置形成一个三角形。在已知三角形的位置时，有三种比较常用的非统计学方法可用于估计目标的方位，如图 5.2－5 所示[2]。这三种方法都要估计三角形质心的位置。在图 5.1－5(a)所示的方法中，作三角形的每个顶点与其对边的中点相连，将交点作为目标方位。在图 5.1－5(b)所示的方法中，作三角形各角的平分线，将角平分线的交点作为目标方位。在图 5.1－5(c)所示的方法中，从三角形的三个顶点各引出一条直线，使三条直线交于一点，且每两条直线之间的夹角都为 120°，将该交点作为目标方位。

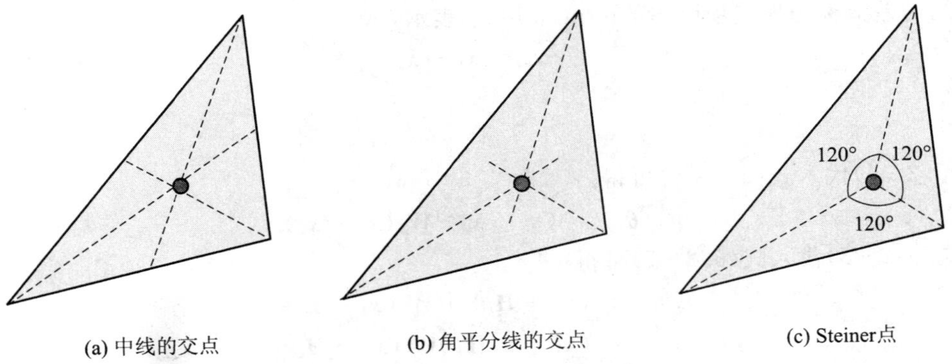

图 5.1－5　三角定位中只有三条方位线时的非统计学定位计算方法

如果在计算中存在三条以上的方位线，则可以在一次计算中同时使用其中的三条，最终得到的质心坐标是多个质心坐标的均值，该均值点位于所有测量点围成的多边形内。但需注意的是，这种求均值过程会产生一定的偏差。

5.2 最小二乘误差估计

在三角定位中，必须利用最优化方法求得目标方位的估计值，而且使得估计值与真实值之间的误差最小。因此，下面针对最优最小二乘误差估计器的一般原理进行介绍。这里假定采用最小二乘误差估计算法的递归形式，在时刻 0，1，…，k，…，$M-1$ 连续地进行测量。也就是说，在 k 及 k 之前时刻的测量值是可用的，可以在任何恰当的数据点集合上应用最小二乘误差估计算法[3]，当然也可以在所有数据点都接收到后才完成估计。

假设 k 时刻的线性估计模型为

$$\boldsymbol{x}_k = \boldsymbol{H}_k\boldsymbol{\theta}_k + \boldsymbol{n}_k \tag{5.2-1}$$

式中：$\boldsymbol{x}_k$ 是到 k 时刻为止的所有量测值组成的量测向量；$\boldsymbol{H}_k$ 为观测矩阵。k 时刻的量测值 x_k 与向量 $\boldsymbol{\theta}_k$ 的关系可表示为

$$x_k = \boldsymbol{h}_k\boldsymbol{\theta}_k + n_k \tag{5.2-2}$$

式中：$\boldsymbol{h}_k$ 为矩阵 $\boldsymbol{H}_k$ 中第 k 行的行向量；$\boldsymbol{\theta}_k$ 为 k 时刻的未知参数向量。噪声项 $\boldsymbol{n}_k$ 是采样时刻 k 上的量测噪声。

$\boldsymbol{x}_k$ 的估计模型可表示为

$$\hat{\boldsymbol{x}}_k = \boldsymbol{H}_k\hat{\boldsymbol{\theta}}_k \tag{5.2-3}$$

优化目标就是要找到 $\boldsymbol{\theta}$ 的最优估计(用 $\hat{\boldsymbol{\theta}}$ 表示)，以使某个代价函数最小。对于最小二乘误差估计来说，代价函数为 $\boldsymbol{\theta}$ 的实际值与估计值之间差值的平方。因此，需要最小化的代价函数为

$$c(\hat{\boldsymbol{\theta}}_k) = \tilde{\boldsymbol{x}}_k^{\mathrm{T}}\boldsymbol{W}_k\tilde{\boldsymbol{x}}_k \tag{5.2-4}$$

式中，$\boldsymbol{W}_k$ 为加权矩阵，该矩阵可以任意选取，但必须为对称且正定的。当 $\boldsymbol{W}_k=\boldsymbol{I}$ 时，该过程称为最小二乘误差估计。当 $\boldsymbol{W}_k\neq\boldsymbol{I}$ 时，称为加权最小二乘误差(Weighted LSE，WLSE)估计。$\boldsymbol{W}_k$ 可能是一个常数矩阵，也可能在随时更新。把 k 时刻的实际值 $\boldsymbol{x}_k$ 和它的估计值 $\hat{\boldsymbol{x}}_k$ 之间的差值称为误差项(error term)，用 $\tilde{\boldsymbol{x}}_k$ 表示，则

$$\tilde{\boldsymbol{x}}_k = \boldsymbol{x}_k - \hat{\boldsymbol{x}}_k \tag{5.2-5}$$

记

$$\tilde{\boldsymbol{x}}_k = [\tilde{x} \quad \tilde{x}_{k-1} \quad \cdots \quad \tilde{x}_{k-M+1}]^{\mathrm{T}} \tag{5.2-6}$$

将式(5.2-5)代入式(5.2-4)可得

$$c(\hat{\boldsymbol{\theta}}_k) = (\boldsymbol{x}_k - \hat{\boldsymbol{x}}_k)^{\mathrm{T}}\boldsymbol{W}_k(\boldsymbol{x}_k - \hat{\boldsymbol{x}}_k) \tag{5.2-7}$$

再将式(5.2-3)代入式(5.2-7)可得

$$\begin{aligned}
c(\hat{\boldsymbol{\theta}}_k) &= (\boldsymbol{x}_k - \boldsymbol{H}_k\hat{\boldsymbol{\theta}}_k)^{\mathrm{T}}\boldsymbol{W}_k(\boldsymbol{x}_k - \boldsymbol{H}_k\hat{\boldsymbol{\theta}}_k) \\
&= (\boldsymbol{x}_k^{\mathrm{T}} - \hat{\boldsymbol{\theta}}_k^{\mathrm{T}}\boldsymbol{H}_k^{\mathrm{T}})\boldsymbol{W}_k(\boldsymbol{x}_k - \boldsymbol{H}_k\hat{\boldsymbol{\theta}}_k) \\
&= (\boldsymbol{x}_k^{\mathrm{T}}\boldsymbol{W}_k - \hat{\boldsymbol{\theta}}_k^{\mathrm{T}}\boldsymbol{H}_k^{\mathrm{T}}\boldsymbol{W}_k)(\boldsymbol{x}_k - \boldsymbol{H}_k\hat{\boldsymbol{\theta}}_k) \\
&= \boldsymbol{x}_k^{\mathrm{T}}\boldsymbol{W}_k\boldsymbol{x}_k - 2\boldsymbol{x}_k^{\mathrm{T}}\boldsymbol{W}_k\boldsymbol{H}_k\hat{\boldsymbol{\theta}}_k + \hat{\boldsymbol{\theta}}_k^{\mathrm{T}}\boldsymbol{H}_k^{\mathrm{T}}\boldsymbol{W}_k\boldsymbol{H}_k\hat{\boldsymbol{\theta}}_k
\end{aligned} \tag{5.2-8}$$

式(5.2-8)的结果可由 $\boldsymbol{x}_k^{\mathrm{T}}\boldsymbol{W}_k\boldsymbol{H}_k\hat{\boldsymbol{\theta}}_k$ 为标量的结论获得。

通过对式(5.2-8)求导并使其导数等于零，即可求得代价函数的最小值。由于式(5.2-8)中的第一项与 $\hat{\boldsymbol{\theta}}_k$ 无关，因此它的导数为零。对于两个 $n\times1$ 维向量 $\boldsymbol{a}$ 和 $\boldsymbol{b}$ 组成的

向量表达式的向量微分，有结论

$$\frac{\mathrm{d}\boldsymbol{a}^{\mathrm{T}}\boldsymbol{b}}{\mathrm{d}\boldsymbol{b}}=\boldsymbol{a} \tag{5.2-9}$$

因此，式(5.2-8)中的第二项的求导结果为

$$\frac{\mathrm{d}(-2\boldsymbol{x}_k^{\mathrm{T}}\boldsymbol{W}_k\boldsymbol{H}_k\hat{\boldsymbol{\theta}}_k)}{\mathrm{d}\hat{\boldsymbol{\theta}}_k}=-2(\boldsymbol{x}_k^{\mathrm{T}}\boldsymbol{W}_k\boldsymbol{H}_k)^{\mathrm{T}}=-2\boldsymbol{H}_k^{\mathrm{T}}\boldsymbol{W}_k\boldsymbol{x}_k \tag{5.2-10}$$

同样，对于 $n\times n$ 维矩阵 $\boldsymbol{M}$，具有如下求导结果

$$\frac{\mathrm{d}\boldsymbol{b}^{\mathrm{T}}\boldsymbol{M}\boldsymbol{b}}{\mathrm{d}\boldsymbol{b}}=2\boldsymbol{M}\boldsymbol{b} \tag{5.2-11}$$

因此，式(5.2-8)中的第三项的求导结果为

$$\frac{\mathrm{d}(\hat{\boldsymbol{\theta}}_k^{\mathrm{T}}\boldsymbol{H}_k^{\mathrm{T}}\boldsymbol{W}_k\boldsymbol{H}_k\hat{\boldsymbol{\theta}}_k)}{\mathrm{d}\hat{\boldsymbol{\theta}}_k}=2\boldsymbol{H}_k^{\mathrm{T}}\boldsymbol{W}_k\boldsymbol{H}_k\hat{\boldsymbol{\theta}}_k \tag{5.2-12}$$

利用式(5.2-10)和式(5.2-12)，可得

$$\frac{\mathrm{d}c(\hat{\boldsymbol{\theta}}_k)}{\mathrm{d}\hat{\boldsymbol{\theta}}_k}=0 \quad\Leftrightarrow\quad -2\boldsymbol{H}_k^{\mathrm{T}}\boldsymbol{W}_k\boldsymbol{x}_k+2\boldsymbol{H}_k^{\mathrm{T}}\boldsymbol{W}_k\boldsymbol{H}_k\hat{\boldsymbol{\theta}}_k=0 \tag{5.2-13}$$

所以

$$\hat{\boldsymbol{\theta}}_k=[\boldsymbol{H}_k^{\mathrm{T}}\boldsymbol{W}_k\boldsymbol{H}_k]^{-1}\boldsymbol{H}_k^{\mathrm{T}}\boldsymbol{W}_k\boldsymbol{x}_k \tag{5.2-14}$$

该式即为所求的 LSE 估计。式(5.2-14)有时被称为法方程(normal function)。通过求式(5.2-8)的二阶导数即可确定该极值为最小值，相应的二阶导数为

$$\frac{\mathrm{d}^2c(\hat{\boldsymbol{\theta}}_k)}{\mathrm{d}\hat{\boldsymbol{\theta}}_k^2}=2\boldsymbol{H}_k^{\mathrm{T}}\boldsymbol{W}_k\boldsymbol{H}_k \tag{5.2-15}$$

式(5.2-15)为一个二次方程，由于 $\boldsymbol{W}_k$ 为正定矩阵，故 $\boldsymbol{H}_k^{\mathrm{T}}\boldsymbol{W}_k\boldsymbol{H}_k>0$，因此 $\hat{\boldsymbol{\theta}}_k$ 为最小值。

式(5.2-14)的估计精度和品质因子可通过式(5.2-16)所示的协方差矩阵求得

$$\boldsymbol{Q}_k=[\boldsymbol{H}_k^{\mathrm{T}}\boldsymbol{W}_k\boldsymbol{H}_k]^{-1} \tag{5.2-16}$$

在三维空间中，当协方差确定后，该矩阵为(k 时刻)

$$\boldsymbol{Q}=\begin{bmatrix}\sigma_x^2 & \rho_{xy}\sigma_x\sigma_y & \rho_{xz}\sigma_x\sigma_z\\ \rho_{xy}\sigma_x\sigma_y & \sigma_y^2 & \rho_{yz}\sigma_y\sigma_z\\ \rho_{xz}\sigma_x\sigma_z & \rho_{yz}\sigma_y\sigma_z & \sigma_z^2\end{bmatrix} \tag{5.2-17}$$

其中 σ_x^2 为 x 的方差，ρ_{xy} 为 x 与 y 之间的相关系数，其他项的含义与之类似。通常总是假定 x、y、z 是不相关的，即 $\rho_{xy}=\rho_{xz}=\rho_{yz}$，于是式(5.2-17)变为

$$\boldsymbol{Q}=\begin{bmatrix}\sigma_x^2 & 0 & 0\\ 0 & \sigma_y^2 & 0\\ 0 & 0 & \sigma_z^2\end{bmatrix} \tag{5.2-18}$$

非递归 LSE 估计的过程与上面介绍的过程基本相同，只是其中的 k 表示的不再是采样时间，而是最终得到的量测集的大小。

假设要根据 N 个点(x_i, y_i)拟合出一条直线，已知这条直线可表示为

$$y=\beta_0+\beta_1x \tag{5.2-19}$$

利用以下矩阵可得该问题的矩阵表示

$$\boldsymbol{y}=\boldsymbol{x}\cdot\boldsymbol{\beta} \tag{5.2-20}$$

其中

$$\boldsymbol{y} = [y_1 \quad y_2 \quad \cdots \quad y_N]^{\mathrm{T}} \tag{5.2-21}$$

$$\boldsymbol{\beta} = [\beta_0 \quad \beta_1]^{\mathrm{T}} \tag{5.2-22}$$

$$\boldsymbol{x} = \begin{bmatrix} 1 & 1 & \cdots & 1 \\ x_1 & x_2 & \cdots & x_N \end{bmatrix}^{\mathrm{T}} \tag{5.2-23}$$

根据式(5.2-14)可得 LSE 估计为

$$\hat{\boldsymbol{\beta}} = [\boldsymbol{x}^{\mathrm{T}}\boldsymbol{W}\boldsymbol{x}]^{-1}\boldsymbol{x}^{\mathrm{T}}\boldsymbol{W}\boldsymbol{y} \tag{5.2-24}$$

当 $\boldsymbol{W}=\boldsymbol{I}$ 时，可得

$$\hat{\boldsymbol{\beta}} = [\boldsymbol{x}^{\mathrm{T}}\boldsymbol{x}]^{-1}\boldsymbol{x}^{\mathrm{T}}\boldsymbol{y} \tag{5.2-25}$$

因为

$$\boldsymbol{x}^{\mathrm{T}}\boldsymbol{x} = \begin{bmatrix} 1 & 1 & \cdots & 1 \\ x_1 & x_2 & \cdots & x_N \end{bmatrix} \cdot \begin{bmatrix} 1 & x_1 \\ 1 & x_2 \\ \vdots & \vdots \\ 1 & x_N \end{bmatrix} = \begin{bmatrix} N & \sum\limits_{i=1}^{N} x_i \\ \sum\limits_{i=1}^{N} x_i & \sum\limits_{i=1}^{N} x_i^2 \end{bmatrix} \tag{5.2-26}$$

所以

$$[\boldsymbol{x}^{\mathrm{T}}\boldsymbol{x}]^{-1} = \frac{1}{N\sum\limits_{i=1}^{N} x_i^2 - \left(\sum\limits_{i=1}^{N} x_i\right)^2} \begin{bmatrix} \sum\limits_{i=1}^{N} x_i^2 & -\sum\limits_{i=1}^{N} x_i \\ -\sum\limits_{i=1}^{N} x_i & N \end{bmatrix} \tag{5.2-27}$$

并且

$$\boldsymbol{x}^{\mathrm{T}}\boldsymbol{y} = \begin{bmatrix} \sum\limits_{i=1}^{N} y_i \\ \sum\limits_{i=1}^{N} x_i y_i \end{bmatrix} \tag{5.2-28}$$

则由式(5.2-25)可得

$$\begin{aligned} \boldsymbol{\beta} = \begin{bmatrix} \beta_0 \\ \beta_1 \end{bmatrix} &= \frac{1}{N\sum\limits_{i=1}^{N} x_i^2 - \left(\sum\limits_{i=1}^{N} x_i\right)^2} \begin{bmatrix} \sum\limits_{i=1}^{N} x_i^2 & -\sum\limits_{i=1}^{N} x_i \\ -\sum\limits_{i=1}^{N} x_i & N \end{bmatrix} \cdot \begin{bmatrix} \sum\limits_{i=1}^{N} y_i \\ \sum\limits_{i=1}^{N} x_i y_i \end{bmatrix} \\ &= \frac{1}{N\sum\limits_{i=1}^{N} x_i^2 - \left(\sum\limits_{i=1}^{N} x_i\right)^2} \begin{bmatrix} \sum\limits_{i=1}^{N} y_i \sum\limits_{i=1}^{N} x_i^2 - \sum\limits_{i=1}^{N} x_i \sum\limits_{i=1}^{N} x_i y_i \\ N\sum\limits_{i=1}^{N} x_i y_i - \sum\limits_{i=1}^{N} x_i \sum\limits_{i=1}^{N} y_i \end{bmatrix} \end{aligned} \tag{5.2-29}$$

此式为最小二乘意义上拟合直线系数的最优估计。

令 $\boldsymbol{W}=\boldsymbol{I}$(为书写方便未标出下标 k)，将式(5.2-1)代入式(5.2-14)可得

$$\begin{aligned}\hat{\boldsymbol{\theta}} &= (\boldsymbol{H}^{\mathrm{T}}\boldsymbol{H})^{-1}\boldsymbol{H}^{\mathrm{T}}(\boldsymbol{H\theta}+\boldsymbol{n}) \\ &= (\boldsymbol{H}^{\mathrm{T}}\boldsymbol{H})^{-1}\boldsymbol{H}^{\mathrm{T}}\boldsymbol{H\theta}+(\boldsymbol{H}^{\mathrm{T}}\boldsymbol{H})^{-1}\boldsymbol{H}^{\mathrm{T}}\boldsymbol{n}\end{aligned} \tag{5.2-30}$$

由于式(5.2-30)中$(\boldsymbol{H}^{\mathrm{T}}\boldsymbol{H})^{-1}\boldsymbol{H}^{\mathrm{T}}\boldsymbol{H}=\boldsymbol{I}$，故有

$$\hat{\boldsymbol{\theta}} = \boldsymbol{\theta}+(\boldsymbol{H}^{\mathrm{T}}\boldsymbol{H})^{-1}\boldsymbol{H}^{\mathrm{T}}\boldsymbol{n} \tag{5.2-31}$$

其偏差为

$$\delta = E\{\tilde{\boldsymbol{\theta}}\}-\boldsymbol{\theta} \tag{5.2-32}$$

上述 LSE 估计的偏差约为[4]

$$\delta = E\left\{\frac{1}{N}\boldsymbol{H}^{\mathrm{T}}\boldsymbol{H}\right\}E\{\boldsymbol{H}^{\mathrm{T}}\boldsymbol{n}\} \tag{5.2-33}$$

因此，一般来说，最小二乘误差估计中存在偏差，但在后面将要介绍在某些特殊情况下可得无偏 LSE 估计。

考虑上面的直线拟合问题，图 5.2-1 和图 5.2-2 分别给出了 LSE 算法的估计结果和估计误差。

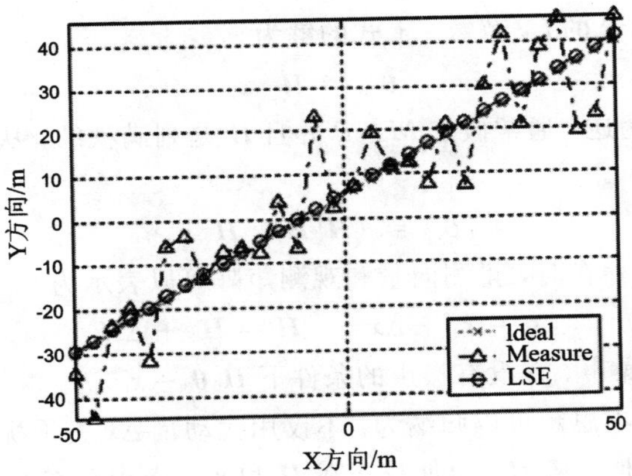

图 5.2-1　LSE 算法的估计结果

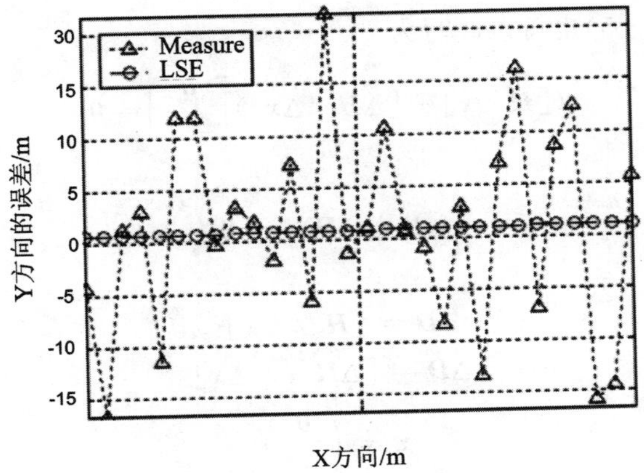

图 5.2-2　LSE 算法的估计误差

5.3　总体最小二乘估计

本书 5.2 节在一般意义上介绍了 LSE 估计技术，在式(5.2-1)中仅考虑了量测值 $\boldsymbol{x}_k$ 中存在的噪声，没有考虑观测矩阵 $\boldsymbol{H}_k$ 中的噪声。如果 $\boldsymbol{H}_k$ 中没有噪声，且假设噪声项 $\boldsymbol{n}_k$ 服从$N(0, \sigma^2)$分布(即正态或高斯分布，其均值为零，方差为 σ^2)，则最小二乘误差估计 $\hat{\boldsymbol{\theta}}_{k,\mathrm{LS}}$ 与最大似然估计相同。然而如果 $\boldsymbol{H}_k$ 中存在噪声，式(5.2-14)在 $\boldsymbol{W}=\boldsymbol{I}$ 时就不再是最优解，其中存在偏差且协方差增大。为了得到这种情况下的最优 LSE 估计，就提出了所谓的总体最小二乘误差(Total LSE，TLSE)估计方法[5]。为了书写方便，在下面的介绍中将不再书写下标 k。

如本书 5.2 节中所述，LSE 估计 $\hat{\boldsymbol{\theta}}$ 可以通过计算

$$\min_{\theta} \| \boldsymbol{H\theta} - \boldsymbol{x} \|_2 \tag{5.3-1}$$

得到，其中 $\| \boldsymbol{x} \|_2$ 表示 $\boldsymbol{x}$ 的 L_2 范数。上式的解为

$$\hat{\boldsymbol{\theta}}_{\mathrm{LS}} = \boldsymbol{H}^{+} \boldsymbol{x} \tag{5.3-2}$$

其中 $\boldsymbol{H}^{+}$ 表示 $\boldsymbol{H}_{M\times P}$的伪逆。通常假定 $M>P$ 并且 $\boldsymbol{H}$ 是列满秩的，从而 $\boldsymbol{H}^{+}=(\boldsymbol{H}^{\mathrm{T}}\boldsymbol{H})^{-1}\boldsymbol{H}^{\mathrm{T}}$，且

$$\hat{\boldsymbol{\theta}}_{\mathrm{LS}} = (\boldsymbol{H}^{\mathrm{T}}\boldsymbol{H})^{-1}\boldsymbol{H}^{\mathrm{T}}\boldsymbol{x} \tag{5.3-3}$$

当量测和观测噪声存在时，量测向量和观测矩阵可以表示为

$$\boldsymbol{x} = \boldsymbol{x}_0 + \Delta\boldsymbol{x} \qquad \boldsymbol{H} = \boldsymbol{H}_0 + \Delta\boldsymbol{H} \tag{5.3-4}$$

其中 $\Delta\boldsymbol{x}$ 和 $\Delta\boldsymbol{H}$ 为扰动噪声。在没有噪声的条件下 $\boldsymbol{H}_0\boldsymbol{\theta}_0=\boldsymbol{x}_0$。

总体最小二乘的基本思想可以归纳为：不仅用扰动量 $\Delta\boldsymbol{x}$ 去干扰数据向量 $\boldsymbol{x}$，而且用扰动矩阵 $\Delta\boldsymbol{H}$ 同时干扰数据矩阵 $\boldsymbol{H}$，以便校正在 $\boldsymbol{H}$ 和 $\boldsymbol{x}$ 二者内存在的扰动。换句话说，在总体最小二乘中，考虑的是矩阵方程

$$\boldsymbol{x} + \Delta\boldsymbol{x} = (\boldsymbol{H} + \Delta\boldsymbol{H})\boldsymbol{\theta} \tag{5.3-5}$$

的求解。显然，式(5.3-5)也可以改写为

$$([\boldsymbol{H} \quad \boldsymbol{x}] + [\Delta\boldsymbol{H} \quad \Delta\boldsymbol{x}])\begin{bmatrix} \boldsymbol{\theta} \\ -1 \end{bmatrix} = \boldsymbol{0} \tag{5.3-6}$$

或等价于

$$(\boldsymbol{D} + \Delta\boldsymbol{D})\boldsymbol{z} = \boldsymbol{0} \tag{5.3-7}$$

其中

$$\boldsymbol{D} = [\boldsymbol{H} \qquad \boldsymbol{x}] \tag{5.3-8}$$

$$\Delta\boldsymbol{D} = [\Delta\boldsymbol{H} \qquad \Delta\boldsymbol{x}] \tag{5.3-9}$$

$$\boldsymbol{z} = \begin{pmatrix} \boldsymbol{\theta} \\ -1 \end{pmatrix} \tag{5.3-10}$$

如果假设 $\boldsymbol{H}$ 和 $\Delta\boldsymbol{H}$ 都为 $M\times N$ 维矩阵，则增广矩阵 $\boldsymbol{D}$ 和扰动矩阵 $\Delta\boldsymbol{D}$ 均为 $M\times(N+1)$维矩阵，而 $\boldsymbol{z}$ 为$(N+1)\times 1$ 维向量。

因此，求解齐次方程(5.3-7)的总体最小二乘方法可以表示为约束最优化问题：

$$\min_{\Delta D,\theta} \| \Delta \boldsymbol{D} \|_F^2 \tag{5.3-11}$$

约束条件为

$$\boldsymbol{x} + \Delta \boldsymbol{x} \in \text{Range}(\boldsymbol{H} + \Delta \boldsymbol{H}) \tag{5.2-12}$$

其中 $\| \Delta \boldsymbol{D} \|_F$ 表示 $\Delta \boldsymbol{D}$ 的 Frobenius 范数，即

$$\| \Delta \boldsymbol{D} \|_F = \left(\sum_{i=1}^{M} \sum_{j=1}^{N} \Delta d_{ij} \right)^{1/2} = \sqrt{\text{tr}[(\Delta \boldsymbol{D})^T (\Delta \boldsymbol{D})]} \tag{5.2-13}$$

且约束条件 $\boldsymbol{x}+\Delta\boldsymbol{x}\in \text{Range}(\boldsymbol{H}+\Delta\boldsymbol{H})$ 的涵义为：若 $\boldsymbol{x}+\Delta\boldsymbol{x}\in C^{M\times 1}$，则一定可以找到某个 $\boldsymbol{\theta}\in C^{M\times 1}$，使得 $\boldsymbol{x}+\Delta\boldsymbol{x}=(\boldsymbol{H}+\Delta\boldsymbol{H})\boldsymbol{\theta}$。

当 $M<N+1$ 时，方程(5.3-11)是欠定的，存在无穷多个解 $\boldsymbol{\theta}$，而 TLS 方法可给出最小范数解。因此超定方程，即 $M>N$ 的总体最小二乘解才是研究的重点。

在超定方程的总体最小二乘解中，有两种可能的情况。

1. σ_N 明显比 σ_{N+1} 大(即最小的奇异值只有一个)

式(5.3-11)表明，总体最小二乘问题可以归结为：求一具有最小范数平方的扰动矩阵 $\Delta\boldsymbol{D}\in C^{M\times(N+1)}$，使得 $\boldsymbol{D}+\Delta\boldsymbol{D}$ 是非满秩的(如果满秩，则只有平凡解 $\boldsymbol{z}=\boldsymbol{0}$)。

事实上，如果约束最小二乘解 $\boldsymbol{z}$ 是一个单位范数的向量，并且将式(5.3-7)改写为 $\boldsymbol{Dz}=\boldsymbol{r}=-\Delta\boldsymbol{Dz}$，则总体最小二乘问题式(5.3-11)又可以等价写作一个带约束的标准最小二乘问题：

$$\left.\begin{aligned} &\min \| \boldsymbol{Dz} \|_2^2 \\ &\text{s.t.} \quad \boldsymbol{z}^H \boldsymbol{z} = 1 \end{aligned}\right\} \tag{5.3-14}$$

由于 $\boldsymbol{r}$ 可以视为矩阵方程 $\boldsymbol{Dz}=\boldsymbol{0}$ 的总体最小二乘解 $\boldsymbol{z}$ 的误差向量。换言之，总体最小二乘解 $\boldsymbol{z}$ 是使误差平方和 $\| \boldsymbol{r} \|_2^2$ 为最小的最小二乘解。

上述约束最小二乘问题可以很容易地利用 Lagrange 乘数方法求解。定义目标函数为

$$J = \| \boldsymbol{Dz} \|_2^2 + \lambda(1 - \boldsymbol{z}^H \boldsymbol{z}) \tag{5.3-15}$$

式中，λ 为 Lagrange 乘数。注意到 $\| \boldsymbol{Dz} \|_2^2=\boldsymbol{z}^H\boldsymbol{D}^H\boldsymbol{Dz}$，故由 $\partial \boldsymbol{J}/\partial \boldsymbol{z}^*=0$，可得

$$\boldsymbol{D}^H \boldsymbol{Dz} = \lambda \boldsymbol{z} \tag{5.3-16}$$

式(5.3-16)表明，Lagrange 乘数应该选择为矩阵 $\boldsymbol{D}^H\boldsymbol{D}$ 的最小特征值(即 $\boldsymbol{D}$ 的最小奇异值的平方根)，而总体最小二乘解 $\boldsymbol{z}$ 是与最小奇异值 $\sqrt{\lambda}$ 对应的右奇异向量。

令 $M\times(N+1)$ 维增广矩阵 $\boldsymbol{D}$ 的奇异值分解为

$$\boldsymbol{D} = \boldsymbol{U} \cdot \boldsymbol{\Sigma} \cdot \boldsymbol{V}^T \tag{5.3-17}$$

其中 $\boldsymbol{\Sigma}$ 的对角线元素 σ_i 为实数，且按照如下顺序排列

$$\sigma_1 \geqslant \sigma_2 \geqslant \cdots \geqslant \sigma_{N+1} \tag{5.3-18}$$

$\sigma_i(i=1, \cdots, N+1)$ 为 $\boldsymbol{D}$ 的奇异值，而矩阵 $\boldsymbol{U}$ 和 $\boldsymbol{V}$ 分别为矩阵 $\boldsymbol{D}$ 的左和右奇异向量，则这些奇异值和奇异向量满足

$$\boldsymbol{Dv}_i = \sigma_i \boldsymbol{u}_i \qquad \boldsymbol{D}^T \boldsymbol{u}_i = \sigma_i \boldsymbol{v}_i \tag{5.3-19}$$

其中 $\boldsymbol{u}_i$ 和 $\boldsymbol{v}_i$ 分别为 $\boldsymbol{U}$ 和 $\boldsymbol{V}$ 的第 i 个列向量。如果假设与式(5.3-18)所描述的奇异值对应的右奇异向量为 $\boldsymbol{v}_1, \boldsymbol{v}_2, \cdots, \boldsymbol{v}_{N+1}$，于是，根据上面的分析，总体最小二乘解为 $\boldsymbol{z}=\boldsymbol{v}_{N+1}$。也就是说，原矩阵方程 $\boldsymbol{x}=\boldsymbol{H\theta}$ 的最小二乘解由式(5.3-20)给出：

$$\boldsymbol{\theta}_{\mathrm{TLS}}=-\frac{1}{v(N+1,\ N+1)}\begin{bmatrix}v(1,\ N+1)\\ \vdots \\ v(N,\ N+1)\end{bmatrix} \tag{5.3-20}$$

其中 $v(i,\ N+1)$为 $\mathbf{V}$ 的第 $N+1$ 列的第 i 个元素。

2. 最小奇异值多重(最后面若干个奇异值是重复的或非常接近)

不妨设

$$\sigma_1 \geqslant \sigma_2 \geqslant \cdots \geqslant \sigma_p > \sigma_{p+1} \approx \cdots \approx \sigma_{N+1} \tag{5.3-21}$$

且 $\boldsymbol{v}_i(i=p+1,\ \cdots,\ N+1)$是子空间

$$S=\mathrm{Span}\{\boldsymbol{v}_{p+1},\ \boldsymbol{v}_{p+2},\ \cdots,\ \boldsymbol{v}_{N+1}\} \tag{5.3-22}$$

中的任一列向量，则上述任一右奇异向量 $\boldsymbol{v}_i$ 都给出一组总体最小二乘解

$$\boldsymbol{\theta}=-\frac{\boldsymbol{y}_i}{\boldsymbol{\alpha}_i} \qquad i=p+1,\ p+2,\ \cdots,\ N+1 \tag{5.3-23}$$

其中，$\boldsymbol{\alpha}_i$ 为向量 $\boldsymbol{v}_i$ 的第 $N+1$ 个元素，而其他元素组成向量 $\boldsymbol{y}_i$，也即

$$\boldsymbol{v}_i=\begin{bmatrix}\boldsymbol{y}_i\\ \boldsymbol{\alpha}_i\end{bmatrix} \tag{5.3-24}$$

因此，会有 $N+1-p$ 个总体最小二乘解。然而，可以找到在某种意义下唯一的总体最小二乘解。可能的唯一有两种[5]：① 最小范数解，其解向量由 N 个参数组成；② 最优最小二乘近似解，其解向量仅包含 p 个参数。

5.4 最小二乘距离误差定位算法

5.4.1 布朗最小二乘三角定位算法

本节介绍一种由布朗提出的定位算法[6]，该算法的基本思想是使求得的目标位置与测得的各条方位线之间的偏差距离(miss distance)的平方和最小化[7]。

如图 5.4-1 所示，假设第 i 个传感器的目标位置估计偏差为 d_i，则 d_i 可以表示为

$$d_i=a_i x_i+b_i y_i-c_i \tag{5.4-1}$$

其中

$$\left.\begin{aligned}a_i&=\sin\phi_i\\ b_i&=-\cos\phi_i\\ c_i&=x_i\sin\phi_i-y_i\cos\phi_i\end{aligned}\right\} \tag{5.4-2}$$

而 ϕ_i 为第 i 个传感器的方位角，$(x_i,\ y_i)$为第 i 个传感器的位置。

这是因为

$$\left.\begin{aligned}\frac{d_i}{r}&=\sin(\phi_i-\theta)\\ \frac{y_T-y_i}{r}&=\sin\theta\\ \frac{x_T-x_i}{r}&=\cos\theta\end{aligned}\right\} \tag{5.4-3}$$

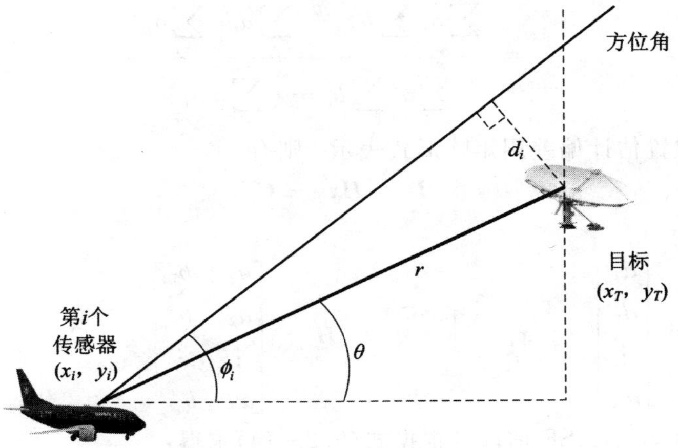

图 5.4-1　布朗均方距离算法推导示意图

即

$$\left.\begin{aligned} d_i &= r\cos\theta\sin\phi_i - r\sin\theta\cos\phi_i \\ y_T - y_i &= r\sin\theta \\ x_T - x_i &= r\cos\theta \end{aligned}\right\} \tag{5.4-4}$$

故有

$$d_i = (x_T - x_i)\sin\phi_i - (y_T - y_i)\cos\phi_i \tag{5.4-5}$$

进行变量代换即得式(5.4-1)。

因此，当有 N 个传感器时，即方位线的数量为 N 时，总偏离距离的平方和为

$$\begin{aligned} D &= \sum_{i=1}^{N} d_i^2 \\ &= \sum_{i=1}^{N} a_i^2 x_T^2 + \sum_{i=1}^{N} b_i^2 y_T^2 - \sum_{i=1}^{N} c_i^2 + \sum_{i=1}^{N} 2a_i b_i x_T y_T \\ &\quad - \sum_{i=1}^{N} 2a_i c_i x_T - \sum_{i=1}^{N} 2b_i c_i y_T \end{aligned} \tag{5.4-6}$$

算法的目标就是使 D 最小。因此，求 D 关于 x_T 和 y_T 的一阶偏导数，并令它们等于零，即可得到能够使总的平方距离最小化的 x_T 和 y_T。

$$\left.\begin{aligned} \frac{\partial D}{\partial x_T} &= 2x_T \sum_{i=1}^{N} a_i^2 + 2y_T \sum_{i=1}^{N} a_i b_i - 2\sum_{i=1}^{N} a_i c_i = 0 \\ \frac{\partial D}{\partial y_T} &= 2y_T \sum_{i=1}^{N} b_i^2 + 2x_T \sum_{i=1}^{N} a_i b_i - 2\sum_{i=1}^{N} b_i c_i = 0 \end{aligned}\right\} \tag{5.4-7}$$

由此可得

$$x_T = \frac{\sum_{i=1}^{N} b_i^2 \sum_{i=1}^{N} a_i c_i - \sum_{i=1}^{N} a_i b_i \sum_{i=1}^{N} b_i c_i}{\sum_{i=1}^{N} a_i^2 \sum_{i=1}^{N} b_i^2 - \left(\sum_{i=1}^{N} a_i b_i\right)^2} \tag{5.4-8a}$$

$$y_T=\frac{\sum_{i=1}^{N}a_i^2\sum_{i=1}^{N}b_ic_i-\sum_{i=1}^{N}a_ib_i\sum_{i=1}^{N}a_ic_i}{\sum_{i=1}^{N}a_i^2\sum_{i=1}^{N}b_i^2-\left(\sum_{i=1}^{N}a_ib_i\right)^2} \tag{5.4-8b}$$

如果将目标位置估计偏差用矩阵形式表示，则有

$$\boldsymbol{D}=\boldsymbol{H}\boldsymbol{x}_T-\boldsymbol{C} \tag{5.4-9}$$

其中

$$\boldsymbol{D}=\begin{bmatrix}d_1\\d_2\\\vdots\\d_N\end{bmatrix}\quad \boldsymbol{x}_T=\begin{bmatrix}x_T\\y_T\end{bmatrix}\quad \boldsymbol{H}=\begin{bmatrix}a_1&b_1\\a_2&b_2\\\vdots&\vdots\\a_N&b_N\end{bmatrix}\quad C=\begin{bmatrix}c_1\\c_2\\\vdots\\c_N\end{bmatrix} \tag{5.4-10}$$

目标方位向量 $\boldsymbol{x}_T$ 的 LSE 估计可根据式(5.2－14)求得：

$$\boldsymbol{x}_T=[\boldsymbol{H}^{\mathrm{T}}\boldsymbol{W}^{-1}\boldsymbol{H}]^{-1}\boldsymbol{H}^{\mathrm{T}}\boldsymbol{W}^{-1}\boldsymbol{C} \tag{5.4-11}$$

其中上标“－1”表示矩阵求逆，“T”表示矩阵转置。假设噪声为零均值加性高斯白噪声，该估计器的方差可用式(5.2－16)所示的二维协方差矩阵求得

$$\boldsymbol{Q}=[\boldsymbol{H}^{\mathrm{T}}\boldsymbol{W}^{-1}\boldsymbol{H}]^{-1}=\begin{bmatrix}\sigma_x^2&\rho_{xy}\sigma_x\sigma_y\\\rho_{xy}\sigma_x\sigma_y&\sigma_y^2\end{bmatrix} \tag{5.4-12}$$

概率误差椭圆(Elliptical Error Probable，EEP)与协方差矩阵中各元素的关系为

$$L_a=\text{半长轴}=\frac{2(\sigma_x^2\sigma_y^2-\rho_{xy}^2\sigma_x^2\sigma_y^2)C^2}{\sigma_x^2+\sigma_y^2-[(\sigma_x^2-\sigma_y^2)^2+4\rho_{xy}^2\sigma_x^2\sigma_y^2]^{1/2}} \tag{5.4-13}$$

$$L_b=\text{半短轴}=\frac{2(\sigma_x^2\sigma_y^2-\rho_{xy}^2\sigma_x^2\sigma_y^2)C^2}{\sigma_x^2+\sigma_y^2+[(\sigma_x^2-\sigma_y^2)^2+4\rho_{xy}^2\sigma_x^2\sigma_y^2]^{1/2}} \tag{5.4-14}$$

$$\tan 2\theta=\frac{2\rho_{xy}^2\sigma_x\sigma_y}{\sigma_x^2-\sigma_y^2} \tag{5.4-15}$$

$$C=-2\ln(1-P_e) \tag{5.4-16}$$

其中 P_e 为位于椭圆内的概率，θ 为椭圆半长轴关于 x 轴的倾角。

使用加权矩阵 $\boldsymbol{W}^{-1}$ 的目的是为了优化性能。在该算法的一个具体应用中采用的 $\boldsymbol{W}^{-1}$ 为

$$\boldsymbol{W}^{-1}=\frac{1}{\sum_i \mathrm{QF}_i}\begin{bmatrix}\mathrm{QF}_1&0&\cdots&0\\0&\mathrm{QF}_2&\cdots&0\\\vdots&\vdots&&\vdots\\0&0&\cdots&\mathrm{QF}_N\end{bmatrix}\times\begin{bmatrix}\frac{1}{\sigma_{d_1}^2}&0&\cdots&0\\0&\frac{1}{\sigma_{d_2}^2}&\cdots&0\\\vdots&\vdots&&\vdots\\0&0&\cdots&\frac{1}{\sigma_{d_N}^2}\end{bmatrix} \tag{5.4-17}$$

式中，QF_i 是第 i 次测量的某种品质因子，可能是该次测量的方差，可能是某种高阶统计量(如果存在)，也可能是测量中信噪比的某种度量等。

由于式(5.4－10)中的矩阵 $\boldsymbol{H}$ 不包含随机分量，所以 $\boldsymbol{H}^{\mathrm{T}}\boldsymbol{H}$ 也不包含随机分量。因此由式(5.2－33)可得

$$\boldsymbol{\delta}=-\frac{1}{N^2}(\boldsymbol{H}^{\mathrm{T}}\boldsymbol{H})^{-1}\boldsymbol{H}^{\mathrm{T}}E\{\boldsymbol{n}\} \tag{5.4-18}$$

由于假定 $\boldsymbol{n}\sim N(\boldsymbol{0}, \boldsymbol{\sigma}^2)$，$E\{\boldsymbol{n}\}=0$，所以 $\boldsymbol{\delta}=0$。

设 $\boldsymbol{V}$ 为 $\boldsymbol{D}$ 的协方差矩阵，且为了分析简便假定 $\boldsymbol{W}=\boldsymbol{I}$，则式(5.4-11)所示估计器的协方差为

$$\mathrm{Cov}(\boldsymbol{C}) = (\boldsymbol{H}^{\mathrm{T}}\boldsymbol{H})^{-1}\boldsymbol{H}^{\mathrm{T}}\boldsymbol{V}\boldsymbol{H}(\boldsymbol{H}^{\mathrm{T}}\boldsymbol{H})^{-1} \tag{5.4-19}$$

5.4.2　半球最小二乘误差估计定位算法

本节介绍一种最小二乘定位算法，设传感器测得的方位线(其方位角为 ϕ_i)及其在地面上的投影如图 5.4-2 所示，图中假设测量发生在北半球(适当修改参数即可适用于另一半球)。根据文献[9，10]有

$$\cos\phi_i = \frac{\psi_T-\psi_i}{\sqrt{(\psi_T-\psi_i)^2+(\lambda_T-\lambda_i)^2}} \tag{5.4-20}$$

图中各变量的定义为(所有变量都以度为单位)：

λ_i=第 i 个观测区间内传感器的经度。

ψ_i=第 i 个观测区间内传感器的纬度。

λ_T=目标辐射源的实际经度。

ψ_T=目标辐射源的实际纬度。

η=相对于正北方向的传感器指向。

ϕ_i=第 i 次测量测得的方位角。

$\Delta\phi_i$=第 i 次测量测得方位角的误差。

$\Delta\lambda_i$=第 i 个观测区间内的经度计算误差。

$\Delta\psi_i$=第 i 个观测区间内的纬度计算误差。

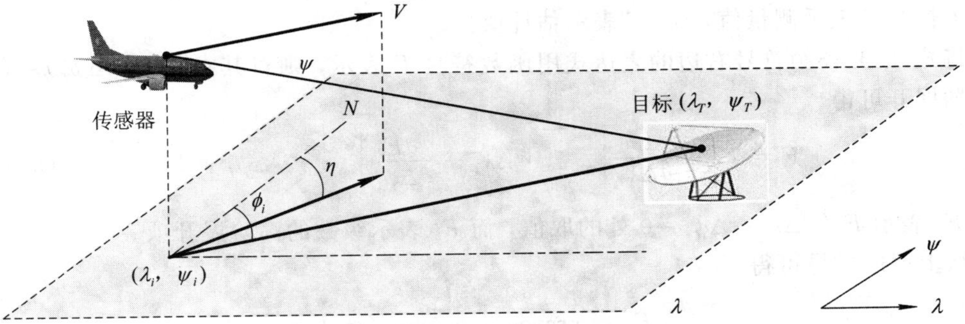

图 5.4-2　半球最小二乘误差估计算法的几何示意图

假设所有 LOB 都以正北方向为参考，其他相关参数也按此进行调整，包括传感器运载工具的相关参数、导航参数、方位参数、姿态参数等，进一步假定 N 次 LOB 的测量等间隔进行，这样就可以方便地为每次测量赋予现行序号 i。

如果方位角误差服从均值为零的正态分布，那么如果已知($\Delta\lambda_i$，$\Delta\psi_i$)或其估计，则目标位置的真实位置与其最小二乘估计($\hat{\lambda}_T$，$\hat{\psi}_T$)之间的关系可由下式给出

$$\lambda_T = \hat{\lambda}_T - \Delta\lambda_i \tag{5.4-21}$$

$$\psi_T = \hat{\psi}_T - \Delta\psi_i \tag{5.4-22}$$

为了简化后面的分析，设

$$\lambda_T - \lambda_i = m \tag{5.4-23}$$

$$\psi_T - \psi_i = n \tag{5.4-24}$$

$$\hat{\lambda}_T - \lambda_i = \hat{m} \tag{5.4-25}$$

$$\hat{\psi}_T - \psi_i = \hat{n} \tag{5.4-26}$$

因此有

$$\cos\phi_i = \frac{n}{\sqrt{n^2 + m^2}} \tag{5.4-27}$$

$$\cos\hat{\phi}_i = \frac{\hat{n}}{\sqrt{\hat{n}^2 + \hat{m}^2}} \tag{5.4-28}$$

以及

$$\phi_i = \arccos\frac{n}{\sqrt{n^2 + m^2}} \tag{5.4-29}$$

$$\hat{\phi}_i = \arccos\frac{\hat{n}}{\sqrt{\hat{n}^2 + \hat{m}^2}} \tag{5.4-30}$$

将如下表达式

$$\left.\begin{aligned} \phi_i &= \tilde{\phi}_i - \Delta\phi_i \\ \lambda_T &= \hat{\lambda}_i - \Delta\lambda_T \\ \psi_T &= \hat{\psi}_i - \Delta\psi_T \end{aligned}\right\} \tag{5.4-31}$$

代入式(5.4－29)中，可得

$$\tilde{\phi}_i - \Delta\phi_i = \arccos\frac{\hat{n} - \Delta\psi_T}{\sqrt{(\hat{n} - \Delta\psi_T)^2 + (\hat{m} - \Delta\lambda_T)^2}} \tag{5.4-32}$$

其中上标“～”表示测量值，而“ˆ”表示估计值。

将式(5.4－32)符号右边的表达式用函数符号 F 表示，则对其在$(\Delta\lambda_T, \Delta\psi_T)=(0, 0)$处泰勒展开可得

$$F = F_0 + \left.\frac{\partial F}{\partial \Delta\lambda_T}\right|_{\substack{\Delta\lambda_T=0 \\ \Delta\psi_T=0}} \cdot \Delta\lambda_T + \left.\frac{\partial F}{\partial \Delta\psi_T}\right|_{\substack{\Delta\lambda_T=0 \\ \Delta\psi_T=0}} \cdot \Delta\psi_T + F_h \tag{5.4-33}$$

其中 F_0 表示 F 在 $\Delta\lambda_T=\Delta\psi_T=0$ 处的取值，而 F_h 表示级数的高阶展开项。

从上面的推导可得

$$F_0 = \arccos\frac{\hat{n}}{\sqrt{\hat{n}^2 + \hat{m}^2}} = \hat{\phi}_i \tag{5.4-34}$$

利用式(5.4－30)，将式(5.4－33)和式(5.4－34)代入式(5.4－32)可得

$$\tilde{\phi}_i - \Delta\phi_i = F \tag{5.4-35}$$

$$\tilde{\phi}_i - \Delta\phi_i = \hat{\phi}_i + \left.\frac{\partial F}{\partial \Delta\lambda_T}\right|_{\substack{\Delta\lambda_T=0 \\ \Delta\psi_T=0}} \cdot \Delta\lambda_T + \left.\frac{\partial F}{\partial \Delta\psi_T}\right|_{\substack{\Delta\lambda_T=0 \\ \Delta\psi_T=0}} \cdot \Delta\psi_T + F_h \tag{5.4-36}$$

将微分部分代入并整理，可得

$$\tilde{\phi}_i - \hat{\phi}_i = \frac{\hat{m}}{\sqrt{\hat{n}^2 + \hat{m}^2}} \cdot \Delta\lambda_T + \frac{\hat{n}}{\sqrt{\hat{n}^2 + \hat{m}^2}} \cdot \Delta\psi_T + \Delta\phi_i + F_h \tag{5.4-37}$$

由于高阶项 F_h 相比于 $\Delta\phi$ 非常小，故假设 $\varepsilon_i=\Delta\phi_i+F_h$ 服从均值为零的正态分布。

如果假设

$$Y_i = \tilde{\phi}_i - \hat{\phi}_i \tag{5.4-38}$$

$$X_{i1} = \frac{\hat{n}}{\hat{m}^2 + \hat{n}^2} \tag{5.4-39}$$

$$X_{i2} = \frac{\hat{m}}{\hat{m}^2 + \hat{n}^2} \tag{5.4-40}$$

$$\varepsilon_i = \Delta\phi_i + \text{高次项} \tag{5.4-41}$$

则式(5.4－37)可以简写为

$$Y_i = X_{i1}\Delta\lambda_T + X_{i2}\Delta\psi_T + \varepsilon_i \tag{5.4-42}$$

如果测量中存在系统误差 ϕ_s(体现为测量偏差)，则

$$\Delta\phi_s = \phi_s + \Delta\phi_i^* \tag{5.4-43}$$

其中 $\Delta\phi_i^*$ 是 $\Delta\phi_i$ 中的随机成分。此时式(5.4－42)将不再是一种最优估计。

当检测器获得 N 个辐射目标的方位测向值时，可得如下 N 个方程

$$\left.\begin{aligned} Y_1 &= X_{11}\Delta\lambda_T + X_{12}\Delta\psi_T + \varepsilon_1 \\ Y_2 &= X_{21}\Delta\lambda_T + X_{22}\Delta\psi_T + \varepsilon_2 \\ &\vdots \\ Y_N &= X_{N1}\Delta\lambda_T + X_{N2}\Delta\psi_T + \varepsilon_N \end{aligned}\right\} \tag{5.4-44}$$

由以上分析过程可知，目标方位估计可通过下式求得

$$\boldsymbol{Y} = \boldsymbol{X\beta} + \boldsymbol{E} \tag{5.4-45}$$

其中

$$\boldsymbol{X} = \begin{bmatrix} X_{11} & X_{21} & \cdots & X_{N1} \\ X_{12} & X_{22} & \cdots & X_{N2} \end{bmatrix}^{\mathrm{T}} \tag{5.4-46}$$

$$\boldsymbol{\beta} = [\Delta\psi_T \quad \Delta\lambda_T]^{\mathrm{T}} \tag{5.4-47}$$

$$\boldsymbol{Y} = \tilde{\boldsymbol{\varphi}} - \hat{\boldsymbol{\varphi}} = [\tilde{\phi}_1 - \hat{\phi}_1, \tilde{\phi}_2 - \hat{\phi}_2, \cdots, \tilde{\phi}_N - \hat{\phi}_N]^{\mathrm{T}} \tag{5.4-48}$$

并且

$$\boldsymbol{E} = [E_1 \quad E_2 \quad \cdots \quad E_N]^{\mathrm{T}} \tag{5.4-49}$$

采用式(5.2－14)(令 $\boldsymbol{W}=\boldsymbol{I}$)求解式(5.4－32)中的 $\boldsymbol{\beta}$，可得 $\boldsymbol{\beta}$ 的估计值为

$$\boldsymbol{\beta} = (\boldsymbol{X}^{\mathrm{T}}\boldsymbol{X})^{-1}\boldsymbol{X}^{\mathrm{T}}\boldsymbol{Y} = [\hat{\beta}_1 \quad \hat{\beta}_2]^{\mathrm{T}} \tag{5.4-50}$$

其中 $\hat{\beta}_1$ 和 $\hat{\beta}_2$ 是目标定位误差的最优估计。这样将 λ_0 和 ψ_0 分别减去定位误差的最优估计即可确定目标的方位如下

$$\hat{\psi}_T = \psi_0 - \beta_1 \tag{5.4-51}$$

$$\hat{\lambda}_T = \lambda_0 - \beta_2 \tag{5.4-52}$$

这是整个定位算法的一次迭代过程，这一过程可以根据实际需要重复进行下去，以获得更好的目标估计。计算中将由式(5.4－38)和式(5.4－39)得到的 $\hat{\psi}_T$ 和 $\hat{\lambda}_T$ 作为下一次迭代的初值，即

$$\psi_0 \leftarrow \hat{\psi}_T \tag{5.4-53}$$

$$\lambda_0 \leftarrow \hat{\lambda}_T \tag{5.4-54}$$

和前面讨论布朗算法中的情况一样，因为噪声均值为零，所以该算法的偏差也为零。

5.4.3 Pages-Zamora 最小二乘定位算法

Pages-Zamora、Vidal 和 Brooks 基于蜂窝电话系统的应用需求提出了一种最小二乘误差定位算法[11]，该算法面向图 5.4-3 所示的应用场景，并考虑了如下事实

$$\boldsymbol{r}=\boldsymbol{r}_i+d_i\boldsymbol{v}_i \qquad \forall i \tag{5.4-55}$$

其中 d_i 表示目标和第 i 个传感器之间的距离，$\boldsymbol{v}_i$ 为对应的方位矢量，可以表示为

$$\boldsymbol{v}_i=[\cos\phi_i \quad \sin\phi_i]^{\mathrm{T}} \tag{5.4-56}$$

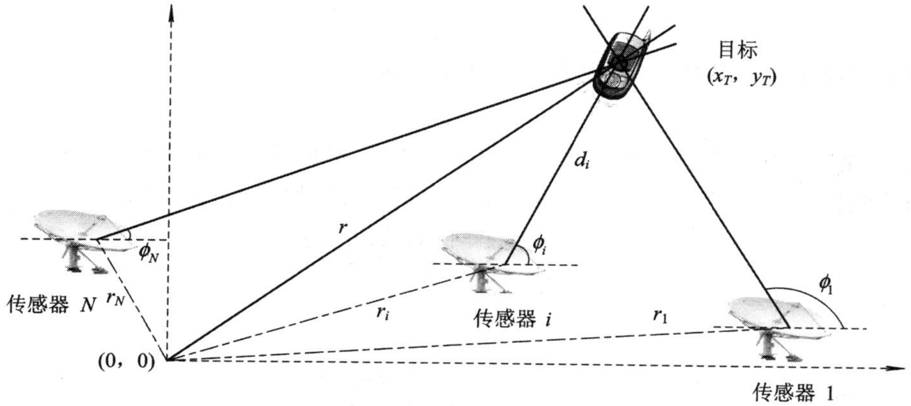

图 5.4-3　Pages-Zamora 最小二乘算法的几何示意图

可以采用如下方法将距离 d_i 从式(5.4-55)中消去

$$\boldsymbol{r}=\begin{bmatrix}x_T\\y_T\end{bmatrix}=\begin{bmatrix}x_i\\y_i\end{bmatrix}+d_i\begin{bmatrix}\cos\phi_i\\\sin\phi_i\end{bmatrix} \tag{5.4-57}$$

将该方程由矩阵形式改写成常规形式有

$$\left.\begin{aligned}x_T&=x_i+d_i\cos\phi_i\\y_T&=y_i+d_i\sin\phi_i\end{aligned}\right\} \tag{5.4-58}$$

由该式可得

$$\left.\begin{aligned}x_T\sin\phi_i&=x_i\sin\phi_i+d_i\cos\phi_i\sin\phi_i\\y_T\cos\phi_i&=y_i\cos\phi_i+d_i\sin\phi_i\cos\phi_i\end{aligned}\right\} \tag{5.4-59}$$

两式相减，可得

$$-x_T\sin\phi_i+y_T\cos\phi_i=-x_i\sin\phi_i+y_i\cos\phi_i \tag{5.4-60}$$

对所有传感器进行类似处理，可得如下矩阵形式的方程组

$$\begin{bmatrix}-x_1\sin\phi_1+y_1\cos\phi_1\\-x_2\sin\phi_2+y_2\cos\phi_2\\\vdots\\-x_N\sin\phi_N+y_N\cos\phi_N\end{bmatrix}=\begin{bmatrix}-\sin\phi_1 & \cos\phi_1\\-\sin\phi_2 & \cos\phi_2\\\vdots & \vdots\\-\sin\phi_N & \cos\phi_N\end{bmatrix}\begin{bmatrix}x_T\\y_T\end{bmatrix} \tag{5.4-61}$$

或记为

$$\boldsymbol{a}(\varphi)=\boldsymbol{H}(\varphi)\boldsymbol{x} \tag{5.4-62}$$

通常有 $N>2$，所以该矩阵是超定的，即方程的个数多于未知量的个数。这样以来，$\boldsymbol{H}$ 的逆

不存在，所以必须使用其广义逆，而广义逆可采用最小二乘法求得。故上式的最小二乘解为

$$\boldsymbol{x} = [\boldsymbol{H}^{\mathrm{T}}(\varphi)\boldsymbol{H}(\varphi)]^{-1}\boldsymbol{H}^{\mathrm{T}}(\varphi)\boldsymbol{a}(\varphi) \tag{5.4-63}$$

现在假定方向测量中包含微小的误差，用 $\delta\varphi$ 表示，记 $\varphi' = \varphi + \delta\varphi$。假定 $\delta\varphi \sim N(0, \sigma^2)$，并进一步假定 σ_i^2 之间彼此不相关，于是有

$$\boldsymbol{a}(\varphi') = \boldsymbol{a} + \delta\boldsymbol{a}(\varphi) \tag{5.4-64}$$

并且

$$\boldsymbol{H}(\varphi') = \boldsymbol{H}(\varphi) + \delta\boldsymbol{H}(\varphi) \tag{5.4-65}$$

$$\boldsymbol{a}(\varphi) = \begin{bmatrix} -x_1\sin\phi_1 + y_1\cos\phi_1 \\ -x_2\sin\phi_2 + y_2\cos\phi_2 \\ \vdots \\ -x_N\sin\phi_N + y_N\cos\phi_N \end{bmatrix} \tag{5.4-66}$$

求导得

$$\frac{\partial\boldsymbol{a}(\varphi)}{\partial\varphi} = \begin{bmatrix} -x_1\cos\phi_1 - y_1\sin\phi_1 \\ -x_2\cos\phi_2 - y_2\sin\phi_2 \\ \vdots \\ -x_N\cos\phi_N - y_N\sin\phi_N \end{bmatrix} \tag{5.4-67}$$

利用 $\delta\varphi \approx \partial\varphi$ 和 $\delta\boldsymbol{a} \approx \partial\boldsymbol{a}$，可得

$$\delta\boldsymbol{a} = \begin{bmatrix} -x_1\delta\phi_1\sin\phi_1 + y_1\delta\phi_1\cos\phi_1 \\ -x_2\delta\phi_2\sin\phi_2 + y_2\delta\phi_2\cos\phi_2 \\ \vdots \\ -x_N\delta\phi_N\sin\phi_N + y_N\delta\phi_N\cos\phi_N \end{bmatrix} \tag{5.4-68}$$

同理

$$\boldsymbol{H}(\varphi) = \begin{bmatrix} -\sin\phi_1 & \cos\phi_1 \\ -\sin\phi_2 & \cos\phi_2 \\ \vdots & \\ -\sin\phi_N & \cos\phi_N \end{bmatrix} \tag{5.4-69}$$

求导得

$$\frac{\partial\boldsymbol{H}(\varphi)}{\partial\varphi} = \begin{bmatrix} -\cos\phi_1 & -\sin\phi_1 \\ -\cos\phi_2 & -\sin\phi_2 \\ \vdots & \vdots \\ -\cos\phi_N & -\sin\phi_N \end{bmatrix} \tag{5.4-70}$$

采用与推导式(5.4-68)相同的方法可得

$$\delta\boldsymbol{H}(\varphi) = \begin{bmatrix} -\delta\phi_1\cos\phi_1 & -\delta\phi_1\sin\phi_1 \\ -\delta\phi_2\cos\phi_2 & -\delta\phi_2\sin\phi_2 \\ \vdots & \vdots \\ -\delta\phi_N\cos\phi_N & -\delta\phi_N\sin\phi_N \end{bmatrix} \tag{5.4-71}$$

将式(5.4-64)和式(5.4-65)代入式(5.4-62)可得

$$(\boldsymbol{H}+\delta\boldsymbol{H})^{\mathrm{T}}(\boldsymbol{a}+\delta\boldsymbol{a})=(\boldsymbol{H}+\delta\boldsymbol{H})^{\mathrm{T}}(\boldsymbol{H}+\delta\boldsymbol{H})(\boldsymbol{x}+\delta\boldsymbol{x}) \tag{5.4-72}$$

在该表达式中，$\delta\boldsymbol{x}$ 为定位算法的偏差。将乘式展开，并忽略具有多于两个微元因子的乘积项，可得

$$\delta\boldsymbol{x}=(\boldsymbol{H}^{\mathrm{T}}\boldsymbol{H})^{-1}\boldsymbol{H}^{\mathrm{T}}(\delta\boldsymbol{a}-\delta\boldsymbol{H}\boldsymbol{x}) \tag{5.4-73}$$

将式(5.4-68)和式(5.4-71)代入上式可得 $\delta\boldsymbol{x}=0$，因此估计无偏差。

$\delta\boldsymbol{x}$ 的协方差矩阵为

$$\boldsymbol{Q}=E\{\delta\boldsymbol{x}\delta\boldsymbol{x}^{\mathrm{T}}\}=(\boldsymbol{H}^{\mathrm{T}}\boldsymbol{H})^{-1}\boldsymbol{H}^{\mathrm{T}}\boldsymbol{\Lambda}((\boldsymbol{H}^{\mathrm{T}}\boldsymbol{H})^{-1}\boldsymbol{H}^{\mathrm{T}})^{\mathrm{T}} \tag{5.4-74}$$

其中

$$\boldsymbol{\Lambda}=\begin{bmatrix}\sigma_1^2d_1^2 & & & \\ & \sigma_2^2d_2^2 & & \\ & & \ddots & \\ & & & \sigma_N^2d_N^2\end{bmatrix} \tag{5.4-75}$$

5.4.4 总体最小二乘定位算法

要应用总体最小二乘(Total Least-Squared, TLS)，首先要对式(5.4-20)进行平方运算[12]，可得

$$\cos^2\phi_i=\frac{(\psi_T-\psi_i)^2}{(\psi_T-\psi_i)^2+(\lambda_T-\lambda_i)^2} \tag{5.4-76}$$

即

$$(\psi_T^2+\psi_i^2-2\psi_T\psi_i+\lambda_T^2+\lambda_i^2-2\lambda_T\lambda_i)\cos^2\phi_i=\psi_T^2+\psi_i^2-2\psi_T\psi_i \tag{5.4-77}$$

移项并整理，可得

$$\begin{aligned}&-2\lambda_T\lambda_i\cos^2\phi_i+2\psi_T\psi_i(1-\cos^2\phi_i)+\lambda_T^2\cos^2\phi_i-\psi_T^2(1-\cos^2\phi_i)\\&=-\lambda_i^2\cos^2\phi_i+\psi_i^2(1-\cos^2\phi_i)\end{aligned} \tag{5.4-78}$$

可以将该式简记为

$$a_i\lambda_T+b_i\psi_T+c_i\lambda_T^2+d_i\psi_T^2=-e_i \tag{5.4-79}$$

其中

$$\begin{aligned}a_i&=-2\lambda_i\cos^2\phi_i\\b_i&=2\psi_i\sin^2\phi_i\\c_i&=\cos^2\phi_i\\d_i&=-\sin^2\phi_i\\e_i&=\lambda_i^2\cos^2\phi_i-\psi_i^2\sin^2\phi_i\end{aligned}$$

对应 M 次观测，由式(5.4-20)可得一个具有 M 个方程的超定方程组

$$\boldsymbol{AX}=-\boldsymbol{E} \tag{5.4-80}$$

其中

$$\boldsymbol{A}=\begin{bmatrix}a_1 & b_1 & c_1 & d_1\\ a_2 & b_2 & c_2 & d_2\\ \vdots & \vdots & \vdots & \vdots\\ a_M & b_M & c_M & d_M\end{bmatrix} \tag{5.4-81}$$

$$\boldsymbol{X} = [\lambda_T \quad \psi_T \quad \lambda_T^2 \quad \psi_T^2]^{\mathrm{T}} \tag{5.4-82}$$

$$\boldsymbol{E} = [e_1 \quad e_2 \quad \cdots \quad e_M]^{\mathrm{T}} \tag{5.4-83}$$

式(5.4－80)可改写为

$$\boldsymbol{AX} + \boldsymbol{E} = 0 \tag{5.4-84}$$

由于方位角测量中的噪声存在，即矩阵 $\boldsymbol{A}$ 和矢量 $\boldsymbol{E}$ 都含有误差，故该方程可以利用 TLS 算法进行求解。为此，将上式重新表示为

$$[\boldsymbol{A} : -\boldsymbol{E}][\boldsymbol{X}^{\mathrm{T}} : -1]^{\mathrm{T}} = 0 \tag{5.4-85}$$

该式中可将第一项奇异值分解为

$$[\boldsymbol{A} : -\boldsymbol{E}] = \boldsymbol{USV}^{\mathrm{H}} \overset{\Delta}{=} [\boldsymbol{U}_s \quad \boldsymbol{U}_0] \cdot \begin{bmatrix} \boldsymbol{S}_s & \boldsymbol{0} \\ \boldsymbol{0} & \boldsymbol{0} \end{bmatrix} \cdot \begin{bmatrix} \boldsymbol{V}_s^{\mathrm{H}} \\ \boldsymbol{V}_0^{\mathrm{H}} \end{bmatrix} \tag{5.4-86}$$

矩阵 $\boldsymbol{S}$ 中的元素 σ_i 是矩阵$[\boldsymbol{A} : -\boldsymbol{E}]$的奇异值。如果 $\boldsymbol{A}$ 的最小奇异值比$[\boldsymbol{A} : -\boldsymbol{E}]$的最小奇异值大，则 $\boldsymbol{V}$ 的最后一列为式(5.4－85)的解。通过缩放 $\boldsymbol{v}_{M+1}$ 使最后一个元素为－1，即可得到总体最小二乘解

$$[\boldsymbol{X}^{\mathrm{T}} : -1] = -\frac{\boldsymbol{v}_{M+1}}{\boldsymbol{v}_{M+1,\, M+1}} \tag{5.4-87}$$

如果观测中的误差是独立同分布的，而且具有零均值和相同的协方差矩阵，则当 n 趋于无穷大时，TLS 的解以概率 1 收敛到真实参数值 $\boldsymbol{X}$。

5.5　最小均方误差估计

本节将介绍一些基于动态系统模型的定位算法，这些算法一般适用于迭代测量的场合，即每次迭代中不断更新目标位置的估计。在介绍这些算法之前，首先介绍有关动态系统的相关背景知识。

5.5.1　动态系统

动态系统可以采用如下状态转移方程描述

$$\boldsymbol{s}_i = \boldsymbol{\Phi}_i \boldsymbol{s}_{i-1} + \boldsymbol{Bu}_{i-1} + \boldsymbol{n}_{i-1} \qquad i = 0, 1, \cdots \tag{5.5-1}$$

式中：$\boldsymbol{s}_i$ 为 i 时刻系统的状态，$\boldsymbol{s}_i \in R^N$；$\boldsymbol{\Phi}_i$ 为状态转移矩阵，$\boldsymbol{\Phi}_i$ 既可以是线性的，也可以是非线性的，既可以是时变的，也可以是非时变的；矩阵 $\boldsymbol{B}$ 反映了输入 $\boldsymbol{u}_{i-1}$ 对 i 时刻状态 $\boldsymbol{s}_i$ 的影响。测量向量为

$$\boldsymbol{z}_i = \boldsymbol{Hs}_i + \boldsymbol{\eta}_i \qquad i = 0, 1, \cdots \tag{5.5-2}$$

其中 $\boldsymbol{z}_i \in R^P$，随机噪声向量 $\boldsymbol{n}_i$ 通常建模为白噪声

$$E\{\boldsymbol{n}_i\} = 0 \tag{5.5-3}$$

$$E\{\boldsymbol{n}_i \boldsymbol{n}_j^{\mathrm{T}}\} = \begin{cases} \sigma_n^2 & i = j \\ 0 & i \neq j \end{cases} \tag{5.5-4}$$

所以

$$\boldsymbol{Q}_i = \mathrm{diag}\{\sigma_n^2 \quad \sigma_n^2 \quad \cdots \quad \sigma_n^2\} \tag{5.5-5}$$

其中 $\boldsymbol{Q}_i$ 为过程噪声的协方差矩阵。

测量噪声的主要统计特性可以概括为

$$E\{\boldsymbol{\eta}_i\} = 0 \tag{5.5-6}$$

$$E\{\boldsymbol{\eta}_i, \boldsymbol{\eta}_j^{\mathrm{T}}\} = \begin{cases} \sigma_{\eta i}^2 & i = j \\ 0 & i \neq j \end{cases} \tag{5.5-7}$$

所以

$$\boldsymbol{R}_i = \mathrm{diag}\{\sigma_{\eta 1}^2 \quad \sigma_{\eta 2}^2 \quad \cdots \quad \sigma_{\eta N}^2\} \tag{5.5-8}$$

是测量误差协方差矩阵，同时假定状态变量噪声和测量噪声之间是统计独立的，即

$$E\{\boldsymbol{n}_i\boldsymbol{\eta}_j^{\mathrm{T}}\} = 0 \qquad \forall\, i,\, j \tag{5.5-9}$$

$N\times N$ 矩阵 $\boldsymbol{\Phi}_i$ 体现了在没有任何输入驱动 $\boldsymbol{u}_{i-1}$ 和过程噪声 $\boldsymbol{n}_{i-1}$ 时 $i-1$ 时刻的状态与 i 时刻的状态之间的相互关系。$N\times L$ 矩阵 $\boldsymbol{B}$ 体现了控制输入 $\boldsymbol{u}$（如果存在）和状态 $\boldsymbol{s}_i$ 之间的状态关系。$P\times N$ 矩阵 $\boldsymbol{H}$ 体现了状态和测量值 $\boldsymbol{z}_i$ 之间的相互关系。

通常希望确定系统在 i 时刻的状态 $\boldsymbol{s}_i$，但该状态又不能通过直接测量的方法得到。事实上，测量值 $\boldsymbol{z}_i=\tilde{\boldsymbol{z}}_i$ 是 $\boldsymbol{s}_i$ 的函数。这样问题就转化为在确定了 $\boldsymbol{z}_i$ 之后，如何估计 $\boldsymbol{s}_i$ 的值。对于最小均方误差（Minimum Mean-Squareed Error，MMSE）估计来说，最优估计准则为使平方误差的均值达到最小，该均值为

$$E\{(\boldsymbol{s}_i - \hat{\boldsymbol{s}}_i)^2\} \tag{5.5-10}$$

假设概率密度函数（Probability Density Function，PDF）$p(\boldsymbol{s}_i)$ 和 $p(\boldsymbol{s}_i|\boldsymbol{z}_i)$ 已知，于是问题进一步转化为在给定 $\boldsymbol{z}_i=\tilde{\boldsymbol{z}}_i$ 时，如何得到 $\boldsymbol{s}_i$ 在最小均方误差意义下的最优估计。换句话说，就是要找到一个函数 $\hat{\boldsymbol{s}}_i=g(\tilde{\boldsymbol{z}}_i)$ 使式(5.5-11)最小化

$$J = \mathrm{MSE} = E\{(\boldsymbol{s}_i - g(\tilde{\boldsymbol{z}}_i))^2 \mid \boldsymbol{z}_i = \tilde{\boldsymbol{z}}_i\} \tag{5.5-11}$$

通过求解下式

$$\frac{\mathrm{d}J}{\mathrm{d}g} = \frac{\mathrm{d}}{\mathrm{d}g}E\{(\boldsymbol{s}_i - g(\tilde{\boldsymbol{z}}_i))^2 \mid \boldsymbol{z}_i = \tilde{\boldsymbol{z}}_i\} = 0 \tag{5.5-12}$$

可得

$$\begin{aligned} E\left\{\frac{\mathrm{d}}{\mathrm{d}g}(\boldsymbol{s}_i - g(\tilde{\boldsymbol{z}}_i))^2\right\} &= 0 \\ E\left\{\frac{\mathrm{d}}{\mathrm{d}g}(\boldsymbol{s}_i^2 - 2\boldsymbol{s}_i g(\tilde{\boldsymbol{z}}_i) + g^2(\tilde{\boldsymbol{z}}_i))\right\} &= 0 \\ -2E\{\boldsymbol{s}_i\} + 2g(\tilde{\boldsymbol{z}}_i) &= 0 \\ g(\tilde{\boldsymbol{z}}_i) &= E\{\boldsymbol{s}_i \mid \boldsymbol{z}_i = \tilde{\boldsymbol{z}}_i\} \end{aligned} \tag{5.5-13}$$

所以在已知 $\boldsymbol{z}_i=\tilde{\boldsymbol{z}}_i$ 时，最优估计为 $\boldsymbol{s}_i$ 的期望值，或称均值。

随机函数 $g(\boldsymbol{z}_i)=E\{\boldsymbol{s}_i|\boldsymbol{z}_i\}$ 可使均方误差（Mean Squared Error，MSE）$E\{(\boldsymbol{s}_i-\hat{\boldsymbol{s}}_i)^2\}$ 最小化，也可使条件均方误差 $E\{(\boldsymbol{s}_i-g(\boldsymbol{z}_i))^2|\boldsymbol{z}_i\}$ 最小化。利用期望的迭代性质，有

$$\begin{aligned} E\{(\boldsymbol{s}_i - g(\boldsymbol{z}_i))^2\} &= E\{E\{(\boldsymbol{s}_i - g(\boldsymbol{z}_i))^2\} \mid \boldsymbol{z}_i\} \\ &= \int_{-\infty}^{+\infty} E\{(\boldsymbol{s}_i - g(\tilde{\boldsymbol{z}}_i))^2 \mid \boldsymbol{z}_i = \tilde{\boldsymbol{z}}_i\} p_{zi}(\tilde{\boldsymbol{z}}_i)\mathrm{d}\tilde{\boldsymbol{z}}_i \end{aligned} \tag{5.5-14}$$

因为对于每个 $\tilde{\boldsymbol{z}}_i$，函数 $g(\boldsymbol{z}_i)=E\{\boldsymbol{s}_i|\boldsymbol{z}_i=\tilde{\boldsymbol{z}}_i\}$ 都能使 $E\{(\boldsymbol{s}_i-g(\tilde{\boldsymbol{z}}_i))^2|\boldsymbol{z}_i=\tilde{\boldsymbol{z}}_i\}$ 最小化，所以，该积分式也被最小化。令 $\overline{\boldsymbol{s}}_i=E\{\boldsymbol{s}_i|\boldsymbol{z}_i\}$，$\overline{\boldsymbol{s}}_i=\boldsymbol{s}_i-\hat{\boldsymbol{s}}_i$，则

$$
\begin{aligned}
E\{\tilde{s}_i \mid z_i = \tilde{z}_i\} &= E\{s_i - \hat{s}_i \mid z_i = \tilde{z}_i\} \\
&= E\{s_i \mid z_i = \tilde{z}_i\} - E\{\hat{s}_i \mid z_i = \tilde{z}_i\} \\
&= E\{\hat{s}_i \mid z_i = \tilde{z}_i\} - E\{s_i \mid z_i = \tilde{z}_i\} \\
&= 0
\end{aligned} \tag{5.5-15}
$$

$$
E\{\tilde{s}_i\} = E\{E\{s_i \mid z_i\}\} = 0
$$

所以，最小均方误差估计是无偏的。

另外

$$
\begin{aligned}
\mathrm{Cov}(\tilde{s}_i, \tilde{s}_i) &= E\{(\tilde{s}_i - E\{\tilde{s}_i\})(\hat{s}_i - E\{\hat{s}_i\})\} \\
&= E\{\tilde{s}_i(\hat{s}_i - E\{s_i\})\} \\
&= E\{E\{\tilde{s}_i(\hat{s}_i - E\{s_i\}) \mid z_i\}\} \\
&= E\{(\tilde{s}_I - E\{s_i\})E\{\tilde{s}_i \mid z_i\}\} \\
&= 0 \qquad (E\{\tilde{s}_i \mid z_i\} = 0)
\end{aligned} \tag{5.5-16}
$$

所以，$\tilde{s}_i$ 和 $\hat{s}_i$ 是不相关的，因而

$$
\mathrm{Var}(s_i) = \mathrm{Var}(\tilde{s}_i) + \mathrm{Var}(\hat{s}_i) \tag{5.5-17}
$$

5.5.2 线性最小均方误差估计

只有知道了后验概率密度 $p(\boldsymbol{\theta}|\boldsymbol{x})$（对应于上面提到的 $p(s_i|z_i)$），才能进行最小均方误差估计，而后验概率密度通常很难求得。但是对于这样一类估计，其估计值为观测向量 $\boldsymbol{x}$ 的仿射函数（可能带有某种平移变换的线性函数），可以采用线性最小均方误差（Linear Minimum Mean Squared Error，LMMSE）估计方法。LMMSE 估计仅是 $\boldsymbol{\theta}$ 和 $\boldsymbol{x}$ 的一阶和二阶矩的函数。另外，如果 $\boldsymbol{\theta}$ 和 $\boldsymbol{x}$ 是联合高斯的，则 LMMSE 估计器与 MMSE 估计器相同。

下面考虑已知 N 维观测向量 $\boldsymbol{x}$ 的情况下求 M 维未知向量 $\boldsymbol{\theta}$ 的估计的 LMMSE 估计器，该估计器的形式为

$$
\hat{\boldsymbol{\theta}} = \boldsymbol{Hx} + \boldsymbol{b} \tag{5.5-18}
$$

其中 $\boldsymbol{\theta}$ 是一个 $M\times N$ 矩阵，$\boldsymbol{b}$ 是一个 M 维向量。适当选择 $\boldsymbol{H}$ 和 $\boldsymbol{b}$ 使下式最小化

$$
E_{x,\theta}\{(\boldsymbol{\theta} - \hat{\boldsymbol{\theta}})^{\mathrm{T}}(\boldsymbol{\theta} - \hat{\boldsymbol{\theta}})\} \tag{5.5-19}
$$

LMMSE 估计为

$$
\hat{\boldsymbol{\theta}} = E\{\boldsymbol{\theta}\} + \boldsymbol{R}_{\theta x}\boldsymbol{R}_{xx}^{-1}(\boldsymbol{x} - E\{\boldsymbol{x}\}) \tag{5.5-20}
$$

其中 $E\{\boldsymbol{\theta}\}$是 $\boldsymbol{\theta}$ 的均值，$E\{\boldsymbol{x}\}$是 $\boldsymbol{x}$ 的均值，$\boldsymbol{R}_{\theta x}$是 $\boldsymbol{\theta}$ 和 $\boldsymbol{x}$ 的互协方差矩阵

$$
\boldsymbol{R}_{\theta x} = E\{(\boldsymbol{\theta} - E\{\boldsymbol{\theta}\})(\boldsymbol{x} - E\{\boldsymbol{x}\})^{\mathrm{T}}\} \tag{5.5-21}
$$

$\boldsymbol{R}_{xx}$ 为 $\boldsymbol{x}$ 的自协方差矩阵

$$
\boldsymbol{R}_{xx} = E\{(\boldsymbol{x} - E\{\boldsymbol{x}\})(\boldsymbol{x} - E\{\boldsymbol{x}\})^{\mathrm{T}}\} \tag{5.5-22}
$$

假设 $\boldsymbol{x}$ 和 $\boldsymbol{\theta}$ 的均值为 0，则可以得到如下正交原理。

正交原理：对于 LMMSE 估计 $\hat{\boldsymbol{\theta}}$，估计误差与观测向量 $\boldsymbol{x}$ 正交，即

$$
E\{(\boldsymbol{\theta} - \hat{\boldsymbol{\theta}})\boldsymbol{x}^{\mathrm{T}}\} = \boldsymbol{0} \tag{5.5-23}
$$

注意，这里 $\boldsymbol{0}$ 为一个 $M\times N$ 维矩阵。

证明：令 $\boldsymbol{A}$ 为一个满足以下正交要求的 $M\times N$ 维矩阵

$$
E\{(\boldsymbol{\theta} - \boldsymbol{Ax})\boldsymbol{x}^{\mathrm{T}}\} = \boldsymbol{0} \tag{5.5-24}
$$

令 $\boldsymbol{B}$ 为任意其他某个 $M\times N$ 维矩阵，$\boldsymbol{Bx}$ 为 $\boldsymbol{\theta}$ 的估计。该估计的平方误差的期望为

$$\begin{aligned}E\{(\boldsymbol{\theta}-\boldsymbol{Bx})^{\mathrm{T}}(\boldsymbol{\theta}-\boldsymbol{Bx})\} &= E\{(\boldsymbol{\theta}-\boldsymbol{Ax}+\boldsymbol{Ax}-\boldsymbol{Bx})^{\mathrm{T}}(\boldsymbol{\theta}-\boldsymbol{Ax}+\boldsymbol{Ax}-\boldsymbol{Bx})\} \\ &= E\{(\boldsymbol{\theta}-\boldsymbol{Ax}+(\boldsymbol{A}-\boldsymbol{B})\boldsymbol{x})^{\mathrm{T}}(\boldsymbol{\theta}-\boldsymbol{Ax}+(\boldsymbol{A}-\boldsymbol{B})\boldsymbol{x})\} \\ &= E\{(\boldsymbol{\theta}-\boldsymbol{Ax})^{\mathrm{T}}(\boldsymbol{\theta}-\boldsymbol{Ax})\}+E\{(\boldsymbol{\theta}-\boldsymbol{Ax})^{\mathrm{T}}(\boldsymbol{A}-\boldsymbol{B})\boldsymbol{x}\} \\ &\quad +E\{((\boldsymbol{A}-\boldsymbol{B})\boldsymbol{x})^{\mathrm{T}}(\boldsymbol{\theta}-\boldsymbol{Ax})\}+E\{((\boldsymbol{A}-\boldsymbol{B})\boldsymbol{x})^{\mathrm{T}}((\boldsymbol{A}-\boldsymbol{B})\boldsymbol{x})\}\end{aligned} \tag{5.5-25}$$

$$\begin{aligned}E\{(\boldsymbol{\theta}-\boldsymbol{Ax})^{\mathrm{T}}(\boldsymbol{A}-\boldsymbol{B})\boldsymbol{x}\} &= \mathrm{tr}E\{(\boldsymbol{\theta}-\boldsymbol{Ax})((\boldsymbol{A}-\boldsymbol{B})\boldsymbol{x})^{\mathrm{T}}\} \\ &= \mathrm{tr}E\{(\boldsymbol{\theta}-\boldsymbol{Ax})\boldsymbol{x}^{\mathrm{T}}(\boldsymbol{A}-\boldsymbol{B})^{\mathrm{T}}\} \\ &= \mathrm{tr}E\{(\boldsymbol{\theta}-\boldsymbol{Ax})\boldsymbol{x}^{\mathrm{T}}\}(\boldsymbol{A}-\boldsymbol{B}) \\ &= \mathrm{tr}\boldsymbol{\theta}(\boldsymbol{A}-\boldsymbol{B}) \\ &= 0\end{aligned} \tag{5.5-26}$$

利用相似的方法可得 $E\{((\boldsymbol{A}-\boldsymbol{B})\boldsymbol{x})^{\mathrm{T}}(\boldsymbol{\theta}-\boldsymbol{Ax})\}=0$。这样一来，平方误差就变为

$$E\{(\boldsymbol{\theta}-\boldsymbol{Bx})^{\mathrm{T}}(\boldsymbol{\theta}-\boldsymbol{Bx})\} = E\{(\boldsymbol{\theta}-\boldsymbol{Ax})^{\mathrm{T}}(\boldsymbol{\theta}-\boldsymbol{Ax})\}+E\{((\boldsymbol{A}-\boldsymbol{B})\boldsymbol{x})^{\mathrm{T}}((\boldsymbol{A}-\boldsymbol{B})\boldsymbol{x})\} \tag{5.5-27}$$

但是，由于

$$E\{((\boldsymbol{A}-\boldsymbol{B})\boldsymbol{x})^{\mathrm{T}}((\boldsymbol{A}-\boldsymbol{B})\boldsymbol{x})\} \geqslant 0 \tag{5.5-28}$$

所以

$$E\{(\boldsymbol{\theta}-\boldsymbol{Bx})^{\mathrm{T}}(\boldsymbol{\theta}-\boldsymbol{Bx})\} \geqslant E\{(\boldsymbol{\theta}-\boldsymbol{Ax})^{\mathrm{T}}(\boldsymbol{\theta}-\boldsymbol{Ax})\} \tag{5.5-29}$$

因而，对于任意线性估计器，其平方误差的期望都不会小于一个满足正交原理的线性估计器的平方误差的期望，所以 LMMSE 估计器必定满足上述正交原理。

以下是正交原理的几何解释。一组随机变量的集合可以张成一个 Hilbert 空间(向量空间)。随机变量 $\boldsymbol{x}_0$，…，$\boldsymbol{x}_{N-1}$ 及 $\boldsymbol{\theta}$ 都是该空间中的元素，元素间的内积为

$$(\boldsymbol{x}_i,\ \boldsymbol{x}_j) = E\{\boldsymbol{x}_i,\ \boldsymbol{x}_j^{\mathrm{T}}\} \tag{5.5-30}$$

空间中元素的长度定义为

$$\|\boldsymbol{x}_i\| = \sqrt{(\boldsymbol{x}_i,\ \boldsymbol{x}_i)} = \sqrt{E\{\boldsymbol{x}_i\boldsymbol{x}_i^{\mathrm{T}}\}} \tag{5.5-31}$$

向量 $\hat{\boldsymbol{\theta}}$ 是向量 $\boldsymbol{x}_0$ 到 $\boldsymbol{x}_{N-1}$ 的线性组合。为了使估计误差向量最小化，该估计应该是 $\boldsymbol{\theta}$ 在 $\boldsymbol{x}_0$，…，$\boldsymbol{x}_{N-1}$ 上的投影。换句话说，误差应该垂直于 $\boldsymbol{x}_0$，…，$\boldsymbol{x}_{N-1}$ 的所有向量。

若估计器形式为 $\hat{\boldsymbol{\theta}}=\boldsymbol{Hx}$，则可以利用正交原理求 $\boldsymbol{H}$ 的值

$$E\{(\boldsymbol{\theta}-\boldsymbol{Hx})\boldsymbol{x}^{\mathrm{T}}\} = 0 \tag{5.5-32}$$

将内积展开，得

$$E\{\boldsymbol{\theta}\boldsymbol{x}^{\mathrm{T}}\}-E\{\boldsymbol{Hx}\boldsymbol{x}^{\mathrm{T}}\} = E\{\boldsymbol{\theta}\boldsymbol{x}^{\mathrm{T}}\}-\boldsymbol{H}E\{\boldsymbol{x}\boldsymbol{x}^{\mathrm{T}}\} = 0 \tag{5.5-33}$$

公式中的期望值分别为 $\boldsymbol{\theta}$ 与 $\boldsymbol{x}$ 的互协方差及 $\boldsymbol{x}$ 的自协方差。因此

$$\boldsymbol{R}_{\theta x}-\boldsymbol{H}\boldsymbol{R}_{xx} = \boldsymbol{0} \tag{5.5-34}$$

并且

$$\boldsymbol{H} = \boldsymbol{R}_{\theta x}\boldsymbol{R}_{xx}^{-1} \tag{5.5-35}$$

所以

$$\hat{\boldsymbol{\theta}} = \boldsymbol{R}_{\theta x}\boldsymbol{R}_{xx}^{-1}\boldsymbol{x} \tag{5.5-36}$$

如果 $\boldsymbol{x}$ 和 $\boldsymbol{\theta}$ 的均值不为零，则可以按下式生成新的零均值随机变量

$$\tilde{\boldsymbol{x}} = \boldsymbol{x}-E\{\boldsymbol{x}\} \tag{5.5-37}$$

$$\tilde{\boldsymbol{\theta}} = \boldsymbol{\theta}-E\{\boldsymbol{\theta}\} \tag{5.5-38}$$

此时，$\tilde{\boldsymbol{\theta}}$ 的 LMMSE 估计为

$$\hat{\tilde{\boldsymbol{\theta}}} = \boldsymbol{R}_{\theta\tilde{x}}\boldsymbol{R}_{\tilde{x}\tilde{x}}^{-1}\tilde{\boldsymbol{x}} = \boldsymbol{R}_{\theta x}\boldsymbol{R}_{xx}^{-1}\tilde{\boldsymbol{x}} \tag{5.5-39}$$

由式(5.5－38)可得

$$\hat{\boldsymbol{\theta}} = \hat{\tilde{\boldsymbol{\theta}}} + E\{\boldsymbol{\theta}\} = E\{\boldsymbol{\theta}\} + \boldsymbol{R}_{\theta x}\boldsymbol{R}_{xx}^{-1}(\boldsymbol{x} - E\{\boldsymbol{x}\}) \tag{5.5-40}$$

这种估计是无偏的，即

$$E\{\hat{\boldsymbol{\theta}}\} = E\{\boldsymbol{\theta}\} + \boldsymbol{R}_{\theta x}\boldsymbol{C}_{xx}^{-1}E\{(\boldsymbol{x} - E\{\boldsymbol{x}\})\} = \boldsymbol{0} \tag{5.5-41}$$

平方误差矩阵的期望为

$$\begin{aligned}
E\{(\boldsymbol{\theta}-\hat{\boldsymbol{\theta}})(\boldsymbol{\theta}-\hat{\boldsymbol{\theta}})^{\mathrm{T}}\} &= E\{(\boldsymbol{\theta}-E\{\boldsymbol{\theta}\}-\boldsymbol{R}_{\theta x}\boldsymbol{R}_{xx}^{-1}(\boldsymbol{x}-E\{\boldsymbol{x}\}))(\boldsymbol{\theta}-E\{\boldsymbol{\theta}\}-\boldsymbol{R}_{\theta x}\boldsymbol{R}_{xx}^{-1}(\boldsymbol{x}-E\{\boldsymbol{x}\}))^{\mathrm{T}}\} \\
&= E\{(\boldsymbol{\theta}-E\{\boldsymbol{\theta}\})(\boldsymbol{\theta}-E\{\boldsymbol{\theta}\})^{\mathrm{T}}\} - E\{(\boldsymbol{\theta}-E\{\boldsymbol{\theta}\})(\boldsymbol{R}_{\theta x}\boldsymbol{R}_{xx}^{-1}(\boldsymbol{x}-E\{\boldsymbol{x}\}))^{\mathrm{T}}\} \\
&\quad - E\{(\boldsymbol{R}_{\theta x}\boldsymbol{R}_{xx}^{-1}(\boldsymbol{x}-E\{\boldsymbol{x}\}))(\boldsymbol{\theta}-E\{\boldsymbol{\theta}\})^{\mathrm{T}}\} + E\{(\boldsymbol{R}_{\theta x}\boldsymbol{R}_{xx}^{-1}(\boldsymbol{x}-E\{\boldsymbol{x}\})) \\
&\quad \times (\boldsymbol{R}_{\theta x}\boldsymbol{R}_{xx}^{-1}(\boldsymbol{x}-E\{\boldsymbol{x}\}))^{\mathrm{T}}\} \\
&= E\{(\boldsymbol{\theta}-E\{\boldsymbol{\theta}\})(\boldsymbol{\theta}-E\{\boldsymbol{\theta}\})^{\mathrm{T}}\} - E\{(\boldsymbol{\theta}-E\{\boldsymbol{\theta}\})(x-E\{\boldsymbol{x}\})^{\mathrm{T}}(\boldsymbol{R}_{xx}^{-1})^{\mathrm{T}}\boldsymbol{R}_{\theta x}^{\mathrm{T}}\} \\
&\quad - E\{(\boldsymbol{R}_{\theta x}\boldsymbol{R}_{xx}^{-1}(\boldsymbol{x}-E\{\boldsymbol{x}\}))(\boldsymbol{\theta}-E\{\boldsymbol{\theta}\})^{\mathrm{T}}\} \\
&\quad + E\{\boldsymbol{R}_{\theta x}\boldsymbol{R}_{xx}^{-1}(\boldsymbol{x}-E\{\boldsymbol{x}\})(\boldsymbol{x}-E\{\boldsymbol{x}\})^{\mathrm{T}}(\boldsymbol{R}_{xx}^{-1})^{\mathrm{T}}\boldsymbol{R}_{\theta x}^{\mathrm{T}}\} \\
&= \boldsymbol{R}_{\theta\theta} - \boldsymbol{R}_{\theta x}(\boldsymbol{R}_{xx}^{-1})^{\mathrm{T}}\boldsymbol{R}_{\theta x}^{\mathrm{T}} - \boldsymbol{R}_{\theta x}(\boldsymbol{R}_{xx}^{-1})^{\mathrm{T}}\boldsymbol{R}_{\theta x}^{\mathrm{T}} + \boldsymbol{R}_{\theta x}\boldsymbol{R}_{xx}^{-1}\boldsymbol{R}_{xx}(\boldsymbol{R}_{xx}^{-1})^{\mathrm{T}}\boldsymbol{R}_{\theta x}^{\mathrm{T}} \\
&= \boldsymbol{R}_{\theta\theta} - \boldsymbol{R}_{\theta x}(\boldsymbol{R}_{xx}^{-1})^{\mathrm{T}}\boldsymbol{R}_{\theta x}^{\mathrm{T}}
\end{aligned} \tag{5.5-42}$$

对于 $N=1$ 的特殊情况，若 θ 的均值为 μ_θ，方差为 σ_θ^2，且

$$x_\theta = \theta + n_\theta \tag{5.5-43}$$

该例对应单个传感器测得一条方位线时的情况，噪声 $n_\theta \sim N(0, \sigma_n^2)$ 且与 θ 相互独立。

$$\mu_x = E\{x_\theta\} = \mu_\theta \tag{5.5-44}$$

$$\begin{aligned}
r_{xx} &= E\{(x_\theta - \mu_x)^2\} \\
&= E\{(\theta + n_\theta - \mu_\theta)^2\} \\
&= E\{(\theta - \mu_\theta)^2\} + E\{2(\theta - \mu_\theta)n_\theta\} + E\{n_\theta^2\} \\
&= \sigma_\theta^2 + \sigma_N^2
\end{aligned} \tag{5.5-45}$$

$$\begin{aligned}
r_{\theta x} &= E\{(\theta - \mu_\theta)(x_\theta - \mu_x)\} \\
&= E\{(\theta - \mu_\theta)((\theta - \mu_\theta) + n_\theta)\} \\
&= E\{(\theta - \mu_\theta)(\theta - \mu_\theta)\} + E\{(\theta - \mu_\theta)n_\theta\} \\
&= \sigma_\theta^2
\end{aligned} \tag{5.5-46}$$

$$\begin{aligned}
\hat{\theta} &= \mu_\theta + r_{\theta x}r_{xx}^{-1}(x_\theta - \mu_x) \\
&= \mu_\theta + \frac{\sigma_\theta^2}{\sigma_\theta^2 + \sigma_n^2}(x_\theta - \mu_x) \\
&= \frac{\sigma_\theta^2}{\sigma_\theta^2 + \sigma_n^2}x_\theta + \frac{\sigma_n^2}{\sigma_\theta^2 + \sigma_n^2}\mu_x
\end{aligned} \tag{5.5-47}$$

该估计的平方误差的期望为

$$\begin{aligned}\varepsilon\{(\hat{\theta}-\theta)^2\} &= r_{\theta\theta} - r_{\theta x} r_{xx}^{-1} \hat{\theta} = \mu_\theta + r_{\theta x} r_{xx}^{-1} r_{\theta x} \\ &= \sigma_\theta^2 - \frac{(\sigma_\theta^2)^2}{\sigma_\theta^2 + \sigma_N^2} \\ &= \frac{1}{\dfrac{1}{\sigma_\theta^2} + \dfrac{1}{\sigma_n^2}}\end{aligned} \tag{5.5-48}$$

5.5.3　基于线性模型的目标方位估计

考虑某种线性模型，其观测向量为 $\boldsymbol{x}$，且 $\boldsymbol{x}$ 由 N 个随机观测点组成。需要估计的参数为 M 维向量 $\boldsymbol{\theta}$，其均值为向量 $\boldsymbol{\mu}_\theta$，协方差矩阵为 $\boldsymbol{R}$。观测矩阵 $\boldsymbol{H}$ 已知，为 $N\times M$ 的确知矩阵。噪声 $\boldsymbol{n}$ 是一个 N 维向量，其均值为零，协方差矩阵为 $\boldsymbol{R}_{nn}$。假定 $\boldsymbol{\theta}$ 和 $\boldsymbol{n}$ 不相关。

假设采用的线性模型为

$$\boldsymbol{x} = \boldsymbol{H\theta} + \boldsymbol{n} \tag{5.5-49}$$

如图 5.5-1 所示，观测到的参量包括目标的方位角 ϕ、仰角 φ 和距离 r，测量中含有噪声，于是

$$\boldsymbol{x} = \begin{bmatrix}\phi \\ \varphi \\ r\end{bmatrix} + \boldsymbol{n} \tag{5.5-50}$$

要计算的是笛卡尔坐标系中目标的方位

$$\boldsymbol{x} = [\theta_x \quad \theta_y \quad \theta_z]^{\mathrm{T}} \tag{5.5-51}$$

其中 $\theta_x = x_T$，$\theta_y = y_T$，$\theta_z = z_T$。观测点和目标之间的相对位置关系可描述为

$$\phi = \arctan\frac{\theta_y - y_i}{\theta_x - x_i} \tag{5.5-52}$$

$$\varphi = \arctan\frac{\theta_z - z_i}{\sqrt{(\theta_x - x_i)^2 + (\theta_y - y_i)^2}} \tag{5.5-53}$$

$$r = \sqrt{(\theta_x - x_i)^2 + (\theta_y - y_i)^2 + (\theta_z - z_i)^2} \tag{5.5-54}$$

传感器在时刻 i 的坐标为 $\boldsymbol{x}_s = (x_i,\ y_i,\ z_i)$，写成矩阵的形式为

$$\boldsymbol{x} = \boldsymbol{H\theta} + \boldsymbol{n} \tag{5.5-55}$$

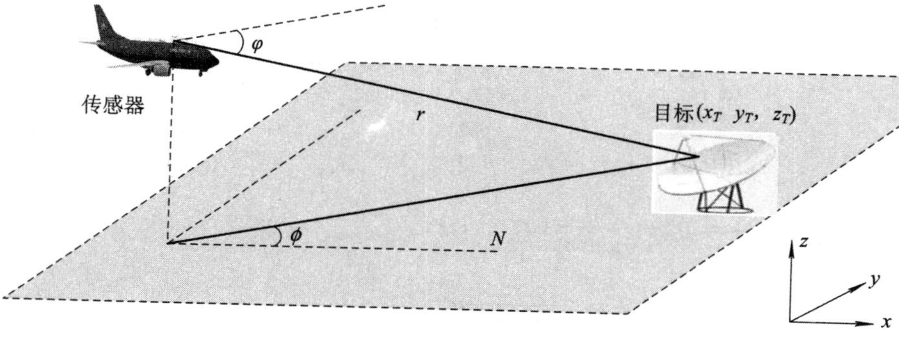

图 5.5-1　目标方位几何示意图

注意，式(5.5-52)到式(5.5-54)中的平方、平方根和 arctan 函数都为非线性函数，与上

面给定的基本假设不符。但是，式(5.5-55)可以关于某个特定值 $\boldsymbol{\theta}_0$ 进行泰勒展开

$$\boldsymbol{x} \approx \boldsymbol{H}\boldsymbol{\theta}_0 + \boldsymbol{h}(\boldsymbol{\theta} - \boldsymbol{\theta}_0) + \boldsymbol{n} \tag{5.5-56}$$

其中

$$\boldsymbol{h} = \left.\frac{\partial \boldsymbol{H}(\boldsymbol{\theta})}{\partial \boldsymbol{\theta}}\right|_{\boldsymbol{\theta}=\boldsymbol{\theta}_0} \tag{5.5-57}$$

一种可能是令 $\boldsymbol{\theta}_0 = \boldsymbol{\mu}_\theta$，定义

$$\tilde{\boldsymbol{x}} = \boldsymbol{x} - \boldsymbol{H}(\boldsymbol{\mu}_\theta) \tag{5.5-58}$$

$$\tilde{\boldsymbol{\theta}} = \boldsymbol{\theta} - \boldsymbol{\mu}_\theta \tag{5.5-59}$$

$$\tilde{\boldsymbol{x}} = \boldsymbol{H}\tilde{\boldsymbol{\theta}} + \boldsymbol{n} \tag{5.5-60}$$

于是就得到了线性形式的模型。

对应该线性模型的 LMMSE 估计如下

$$\boldsymbol{\mu}_x = E\{\boldsymbol{x}\} = E\{\boldsymbol{H}\boldsymbol{\theta} + \boldsymbol{n}\} = \boldsymbol{H}\boldsymbol{\mu}_\theta \tag{5.5-61}$$

$$\begin{aligned}
\boldsymbol{R}_{xx} &= E\{(\boldsymbol{x} - \boldsymbol{\mu}_x)(\boldsymbol{x} - \boldsymbol{\mu}_x)^{\mathrm{T}}\} \\
&= E\{(\boldsymbol{H}\boldsymbol{\theta} + \boldsymbol{n} - \boldsymbol{H}\boldsymbol{\mu}_\theta)(\boldsymbol{H}\boldsymbol{\theta} + \boldsymbol{n} - \boldsymbol{H}\boldsymbol{\mu}_\theta)^{\mathrm{T}}\} \\
&= E\{(\boldsymbol{H}(\boldsymbol{\theta} - \boldsymbol{\mu}_\theta) + \boldsymbol{n})(\boldsymbol{H}(\boldsymbol{\theta} - \boldsymbol{\mu}_\theta) + \boldsymbol{n})^{\mathrm{T}}\} \\
&= E\{\boldsymbol{H}(\boldsymbol{\theta} - \boldsymbol{\mu}_\theta)(\boldsymbol{\theta} - \boldsymbol{\mu}_\theta)^{\mathrm{T}}\boldsymbol{H}^{\mathrm{T}}\} + E\{\boldsymbol{H}(\boldsymbol{\theta} - \boldsymbol{\mu}_\theta)\boldsymbol{n}^{\mathrm{T}}\} + E\{\boldsymbol{n}(\boldsymbol{\theta} - \boldsymbol{\mu}_\theta)^{\mathrm{T}}\boldsymbol{H}^{\mathrm{T}}\} + E\{\boldsymbol{n}\boldsymbol{n}^{\mathrm{T}}\} \\
&= \boldsymbol{H}\boldsymbol{R}_{\theta\theta}\boldsymbol{H}^{\mathrm{T}} + \boldsymbol{R}_{nn}
\end{aligned} \tag{5.5-62}$$

$$\begin{aligned}
\boldsymbol{R}_{\theta x} &= E\{(\boldsymbol{\theta} - \boldsymbol{\mu}_\theta)(\boldsymbol{x} - \boldsymbol{\mu}_x)^{\mathrm{T}}\} \\
&= E\{(\boldsymbol{\theta} - \boldsymbol{\mu}_\theta)(\boldsymbol{H}\boldsymbol{\theta} - \boldsymbol{n} - \boldsymbol{H}\boldsymbol{\mu}_\theta)^{\mathrm{T}}\} \\
&= E\{(\boldsymbol{\theta} - \boldsymbol{\mu}_\theta)(\boldsymbol{H}(\boldsymbol{\theta} - \boldsymbol{\mu}_\theta) - \boldsymbol{n})^{\mathrm{T}}\} \\
&= E\{(\boldsymbol{\theta} - \boldsymbol{\mu}_\theta)(\boldsymbol{\theta} - \boldsymbol{\mu}_\theta)^{\mathrm{T}}\boldsymbol{H}^{\mathrm{T}}\} - E\{(\boldsymbol{\theta} - \boldsymbol{\mu}_\theta)\boldsymbol{n}^{\mathrm{T}}\} \\
&= \boldsymbol{R}_{\theta\theta}\boldsymbol{H}^{\mathrm{T}}
\end{aligned} \tag{5.5-63}$$

$$\begin{aligned}
\hat{\boldsymbol{\theta}} &= \boldsymbol{\mu}_\theta + \boldsymbol{R}_{\theta x}\boldsymbol{R}_{xx}^{-1}(\boldsymbol{x} - \boldsymbol{\mu}_x) \\
&= \boldsymbol{\mu}_\theta + \boldsymbol{R}_{\theta\theta}\boldsymbol{H}^{\mathrm{T}}(\boldsymbol{H}\boldsymbol{R}_{\theta\theta}\boldsymbol{H}^{\mathrm{T}} + \boldsymbol{R}_{nn})^{-1}(\boldsymbol{x} - \boldsymbol{H}\boldsymbol{\mu}_\theta)
\end{aligned} \tag{5.5-64}$$

根据式(5.5-42)可得平方误差矩阵为

$$\begin{aligned}
E\{(\hat{\boldsymbol{\theta}} - \boldsymbol{\theta})(\hat{\boldsymbol{\theta}} - \boldsymbol{\theta})^{\mathrm{T}}\} &= \boldsymbol{R}_{\theta\theta} - \boldsymbol{R}_{\theta x}\boldsymbol{R}_{xx}^{-1}\boldsymbol{R}_{x\theta} \\
&= \boldsymbol{R}_{\theta\theta} - \boldsymbol{R}_{\theta\theta}\boldsymbol{H}^{\mathrm{T}}(\boldsymbol{H}\boldsymbol{R}_{\theta\theta}\boldsymbol{H}^{\mathrm{T}} + \boldsymbol{R}_{nn})^{-1}\boldsymbol{H}\boldsymbol{R}_{\theta\theta} \\
&= (\boldsymbol{R}_{\theta\theta}^{-1} + \boldsymbol{H}\boldsymbol{R}_{nn}^{-1}\boldsymbol{H}^{\mathrm{T}})^{-1}
\end{aligned} \tag{5.5-65}$$

5.5.4 卡尔曼滤波法

在某些特定的情况下，仅仅知道目标的位置是不够的。例如有源声纳跟踪海洋水下目标，主动雷达跟踪地面和空中目标等就属于这种情况。为此，人们提出了一些相应的方法，卡尔曼滤波法就是其中的一种，它是基于均方误差估计原理设计的。当然，卡尔曼滤波法还有很多更为广泛的应用。

1960 年，R. E. Kalman 发表了一篇开创性的论文[13]，提出了一种离散数据线性滤波问题的递归算法。该方法将动态线性系统建模为离散数据系统，并采用求得的状态变量来解决维纳滤波问题。卡尔曼滤波是一种已知动态系统在 t 时刻状态变量的条件下，求解系统在 t_1 时刻的状态的最优估计方法。如果 $t_1 < t$，则估计过程就是状态变量的插值过程；如果

$t_1=t$，那么估计过程就是一个滤波过程；如果 $t_1>t$，那么估计过程就是一个在已知当前状态的情况下对将来状态进行预测的过程。此处所关注的是滤波问题。

卡尔曼滤波估计采用反馈控制的工作方式：滤波器估计某个时刻过程所处的状态，之后获得测量值形式的反馈。动态系统的行为可描述为状态变量随时间的演变过程。如前所述，不可能通过简单的直接测量的方法来确定动态系统的状态。事实上，测量值是状态变量的函数与随机噪声叠加的结果。这样就有必要研究如何从含有噪声的观测值中估计状态变量的问题。测量和估计过程如图 5.5-2 所示。卡尔曼滤波的目的就是求解动态系统状态变量的最优估计。这里的"最优"含义是指使均方估计误差最小。

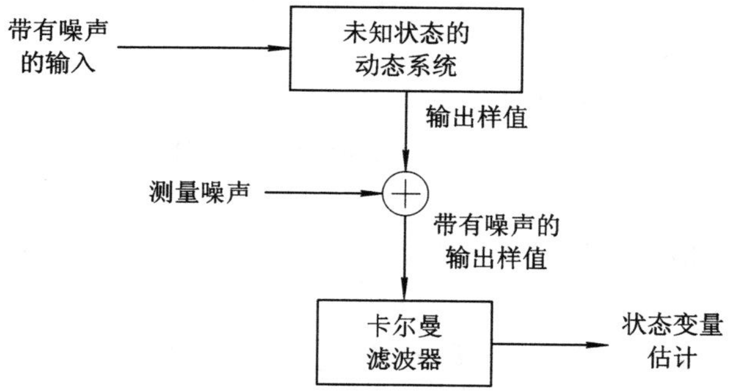

图 5.5-2　卡尔曼滤波算法的原理框图

将卡尔曼滤波理论应用于定位问题的方法有很多种，这里仅介绍其中的两种。在首先介绍的标准卡尔曼滤波中，最优估计是在最小均方误差意义上进行的。在其后介绍的扩展卡尔曼滤波(Extended Kalman Filter，EKF)中，估计并不是最优的。由于其中进行了若干近似，故扩展卡尔曼滤波是一种 ad hoc 估计器。

5.5.4.1　标准卡尔曼滤波器

记状态向量为 $\boldsymbol{s}(i)$，$\boldsymbol{s}(i)\in R^N$，测量向量为 $\boldsymbol{z}(i)$，$\boldsymbol{z}(i)\in R^N$。卡尔曼滤波中假设状态向量满足式(5.5-1)，测量向量满足式(5.5-2)。

有很多种方法可以推出卡尔曼滤波方程。令 $\hat{\boldsymbol{s}}(i|i-1)\in R^N$ 表示 i 时刻的先验状态估计，该估计依据 i 时刻之前有关该过程的信息得到(即状态更新中没有使用 i 时刻的测量值)。令 $\hat{\boldsymbol{s}}(i|i)\in R^N$ 表示 i 时刻的后验状态估计，估计中使用了 i 时刻的测量值 $\boldsymbol{z}_i$。先验估计误差和后验估计误差分别定义为

$$\boldsymbol{e}(i\mid i-1)\overset{\text{def}}{=}\boldsymbol{s}(i)-\hat{\boldsymbol{s}}(i\mid i-1)\tag{5.5-66}$$

和

$$\boldsymbol{e}(i\mid i)\overset{\text{def}}{=}\boldsymbol{s}_i-\hat{\boldsymbol{s}}(i\mid i)\tag{5.5-67}$$

相应的(加权)误差协方差矩阵为

$$\boldsymbol{P}(i\mid i-1)=E\{\boldsymbol{e}(i\mid i-1)\boldsymbol{W}\boldsymbol{e}^{\mathrm{T}}(i\mid i-1)\}\tag{5.5-68}$$

和

$$\boldsymbol{P}(i\mid i)=E\{\boldsymbol{e}(i\mid i)\boldsymbol{W}\boldsymbol{e}^{\mathrm{T}}(i\mid i)\}\tag{5.5-69}$$

其中 $\boldsymbol{W}$ 是任意的半正定加权矩阵，其作用是使估计满足某种最优准则。

卡尔曼滤波法采用如下方法得到状态的后验估计：计算实测值 $\boldsymbol{z}_k$ 与预测值 $\boldsymbol{H}\hat{\boldsymbol{x}}(i|i-1)$

之间的差值，将先验估计与加权差值的线性组合作为后验估计，即

$$\hat{\boldsymbol{s}}(i \mid i) = \hat{\boldsymbol{s}}(i \mid i-1) + \boldsymbol{K}[\boldsymbol{z}_i - \boldsymbol{H}\hat{\boldsymbol{s}}(i \mid i-1)] \tag{5.5-70}$$

式中，$(\boldsymbol{z}_i - \boldsymbol{H}\hat{\boldsymbol{s}}(i|i-1))$称为新息。$N \times P$ 矩阵 $\boldsymbol{K}$ 的作用是使后验估计误差的协方差(5.5-65)最小。$\boldsymbol{K}$ 的计算方法为

$$\boldsymbol{K}(i \mid i) = \boldsymbol{P}(i \mid i-1)\boldsymbol{H}^{\mathrm{T}}[\boldsymbol{HP}(i \mid i-1)\boldsymbol{H}^{\mathrm{T}} + \boldsymbol{R}]^{-1} \tag{5.5-71}$$

卡尔曼滤波器是一种变增益滤波器，如式(5.5-71)所示。当测量噪声协方差降低时$(\boldsymbol{R} \to \boldsymbol{0})$，

$$\lim_{\boldsymbol{R} \to \boldsymbol{0}} \boldsymbol{K}(i \mid i) = \boldsymbol{P}(i \mid i-1)\boldsymbol{H}^{\mathrm{T}}(\boldsymbol{H}^{\mathrm{T}})^{-1}\boldsymbol{P}^{-1}(i \mid i-1)\boldsymbol{H}^{-1} = \boldsymbol{H}^{-1} \tag{5.5-72}$$

调节增益使参差的权重提高，即给予测量值以较高的置信度。另一方面，当先验估计误差的协方差 $\boldsymbol{P}(i|i-1)$下降时，

$$\lim_{\boldsymbol{P}(i|i-1) \to \boldsymbol{0}} \boldsymbol{K}(i \mid i) = \boldsymbol{P}(i \mid i-1)\boldsymbol{H}^{\mathrm{T}}[\boldsymbol{HP}(i \mid i-1)\boldsymbol{H}^{\mathrm{T}} + \boldsymbol{R}]^{-1} = \boldsymbol{0} \tag{5.5-73}$$

参差的权重降低。

标准卡尔曼滤波器的工作流程如图 5.5-3 所示，滤波过程可用如下的状态方程描述(方程前的编号对应图中每个方框的编号)：

(1) 状态预测

$$\hat{\boldsymbol{s}}(i \mid i-1) = \boldsymbol{\Phi}\hat{\boldsymbol{s}}(i-1 \mid i-1) + \boldsymbol{Bu}(i-1) \tag{5.5-74}$$

(2) 状态协方差的预测

$$\boldsymbol{P}(i \mid i-1) = \boldsymbol{\Phi P}(i-1 \mid i-1)\boldsymbol{\Phi}^{\mathrm{T}} + \boldsymbol{Q} \tag{5.5-75}$$

(3) 计算卡尔曼增益矩阵

$$\boldsymbol{K}(i) = \boldsymbol{P}(i \mid i-1)\boldsymbol{H}^{\mathrm{T}}[\boldsymbol{HP}(i \mid i-1)\boldsymbol{H}^{\mathrm{T}} + \boldsymbol{R}]^{-1} \tag{5.5-76}$$

(4) 更新状态估计

$$\hat{\boldsymbol{s}}(i \mid i) = \hat{\boldsymbol{s}}(i \mid i-1) + \boldsymbol{K}[\boldsymbol{z}(i) - \boldsymbol{H}\hat{\boldsymbol{s}}(i \mid i-1)] \tag{5.5-77}$$

(5) 更新状态的协方差估计

$$\boldsymbol{P}(i \mid i) = [\boldsymbol{I} - \boldsymbol{K}(i \mid i)\boldsymbol{H}]\boldsymbol{P}(i \mid i-1) \tag{5.5-78}$$

(6) 初始化

$$\boldsymbol{s}(0 \mid -1) = E\{\boldsymbol{s}(0)\} \tag{5.5-79}$$

$$\boldsymbol{P}(0 \mid -1) = \mathrm{Cov}\{\boldsymbol{s}(0)\} \tag{5.5-80}$$

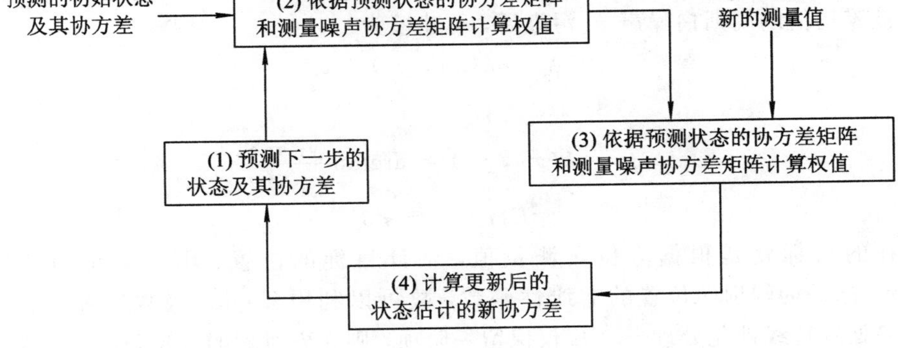

图 5.5-3　标准卡尔曼滤波器工作流程

由上可见，卡尔曼滤波方程可以分为两组：状态更新方程和测量更新方程。式(5.5-74)和式(5.5-75)为状态更新方程，它们的作用是根据当前状态和误差协方差的估计来前向预测下一时刻的状态和误差协方差；式(5.5-77)和式(5.5-78)为测量更新方程，它们是一组含反馈的方程，作用是结合新的测量值和预测的先验估计计算后验估计，提高估计的质量。

噪声过程的特性反映在矩阵 $\boldsymbol{Q}_i$ 和 $\boldsymbol{R}_i$ 中，这两个矩阵可通过测量得到，也可以假定为某个值。通常依据某个设定的SNR来确定这两个矩阵，通常采用不同的SNR可以实现系统性能的权衡。如前文所述，一般假定噪声是白噪声，所以

$$\boldsymbol{Q}_i = \mathrm{diag}\{\sigma_{n1}^2 \quad \sigma_{n2}^2 \quad \cdots \quad \sigma_{nN}^2\} \tag{5.5-81}$$

$$\boldsymbol{R}_i = \mathrm{diag}\{\sigma_{\eta1}^2 \quad \sigma_{\eta2}^2 \quad \cdots \quad \sigma_{\eta N}^2\} \tag{5.5-82}$$

上述讨论中假定卡尔曼滤波器是线性时不变的(Linear Time Invariant，LTI)。一般来说，卡尔曼滤波器也可能是非线性时变的。事实上，正是这些特点使卡尔曼滤波器得以广泛应用。特别地，如果 $\boldsymbol{\Phi}_i\boldsymbol{s}_i$ 是非线性或者 $\boldsymbol{s}_i$ 和 $\boldsymbol{x}_i$ 间不存在线性关系，则需要采用扩展卡尔曼滤波器(EKF)进行数据处理。

5.5.4.2 扩展卡尔曼滤波器

为了将上面讨论的线性系统的标准卡尔曼滤波器应用于含有AWGN噪声的非线性系统，首先要实现非线性到线性的转换，这可以通过泰勒展开并忽略展开式中二次项以上(含二次项)的方法实现，这种应用于非线性系统的卡尔曼滤波方法就是扩展卡尔曼滤波。换句话说，就是将前一状态估计的系统函数和相应的预测目标方位函数的观测函数进行泰勒近似。如果初始值设置得不好或者噪声太大以至于系统的线性化近似不充分，可能无法得到收敛的估计。同时，如上文所述，由于采用了近似的方法，故扩展卡尔曼滤波器是一种ad hoc估计器。

应当注意的是，由于进行了线性化近似处理[14]，扩展卡尔曼滤波可能存在稳定性方面的问题。

5.5.4.3 基于扩展卡尔曼滤波器的定位估计

Spingarn研究了利用扩展卡尔曼滤波技术针对采用移动探测平台对目标辐射源进行定位的问题[15]。图5.5-4为定位中节点的二维几何分布图，其中探测平台在(x_k, y_k)处测量位于(x_T, y_T)的辐射源方位角为 ϕ_k，假设探测器的位置、运动轨迹是已知的。因此，当测量值被零均值的高斯白噪声 v_k 污染后，可建模为

$$\phi_k = h(x_T, y_T) + v_k \tag{5.5-83}$$

其中

$$\phi_k = h(x_T, y_T) = \arctan\frac{y_T - y_k}{x_T - x_k} \tag{5.5-84}$$

$$E\{v_i v_j\} = \sigma_v^2 \delta_{ij} \tag{5.5-85}$$

现在的目标就是根据方位角测量值，估计目标的位置。由于方位角的计算模型 $\phi_k = h(x_T, y_T)$为辐射源位置的非线性函数，故可以利用Taylor级数展开式在原始位置(x_T, y_T)处进行线性化处理[16]。仅仅保留一阶项，则在 k 时刻的方位角测量值为

$$\phi_k = h(x_T, y_T) + \frac{\partial h}{\partial x_T}\Delta x_T + \frac{\partial h}{\partial y_T}\Delta y_T + v_k \tag{5.5-86}$$

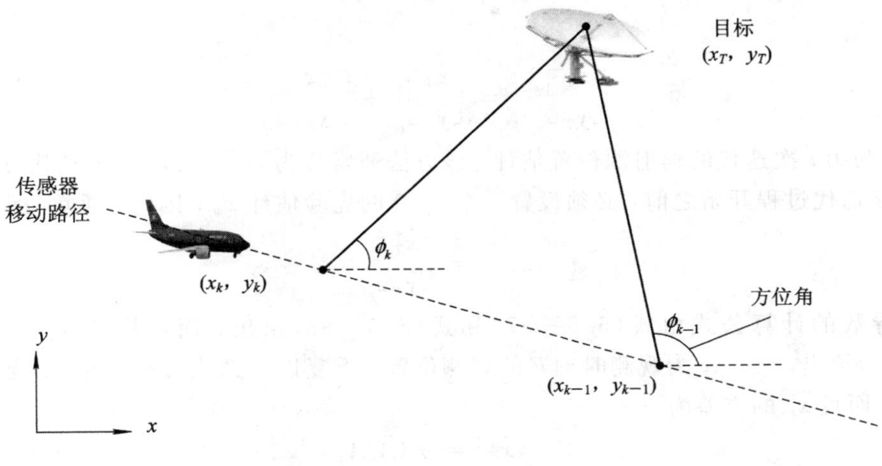

图 5.5-4　扩展卡尔曼滤波定位中的几何示意图

其中

$$\frac{\partial h}{\partial x_T}=\frac{-u}{1+u^2}\frac{1}{x_T-x_k} \tag{5.5-87}$$

$$\frac{\partial h}{\partial y_T}=\frac{1}{1+u^2}\frac{1}{x_T-x_k} \tag{5.5-88}$$

$$u=\tan\phi_k=\frac{y_T-y_k}{x_T-x_k} \tag{5.5-89}$$

通过整理，式(5.5-86)可以重新表示为

$$\phi_k-h(x_T-y_T)=\begin{bmatrix}\dfrac{\partial h}{\partial x_T} & \dfrac{\partial h}{\partial y_T}\end{bmatrix}\begin{bmatrix}\Delta x_T\\ \Delta y_T\end{bmatrix}+v_k \tag{5.5-90}$$

对于 N 个量测值，即 $k=1, 2, \cdots, n$，可得

$$\boldsymbol{z}_n=\boldsymbol{A}_n\boldsymbol{w}_n+\boldsymbol{v}_n \tag{5.5-91}$$

其中

$$\boldsymbol{z}_n=\begin{bmatrix}\phi_1-h_1\\ \phi_2-h_2\\ \vdots\\ \phi_k-h_k\\ \vdots\\ \phi_n-h_n\end{bmatrix},\quad \boldsymbol{A}_n=\begin{bmatrix}h_{x_{T1}} & h_{y_{T1}}\\ h_{x_{T2}} & h_{y_{T2}}\\ \vdots & \vdots\\ h_{x_{Tk}} & h_{y_{Tk}}\\ \vdots & \vdots\\ h_{x_{Tn}} & h_{y_{Tn}}\end{bmatrix},\quad \boldsymbol{w}_n=\begin{bmatrix}\Delta x_T\\ \Delta y_T\end{bmatrix},\quad \boldsymbol{v}_n=\begin{bmatrix}v_1\\ v_2\\ \vdots\\ v_k\\ \vdots\\ v_n\end{bmatrix} \tag{5.5-92}$$

其中 $h_{x_{Tk}}$、$h_{y_{Tk}}$ 分别为 $h(x_T, y_T)$ 在第 k 个观测时刻关于 x_T、y_T 的偏导数。

则对于 n 个量测值，$\boldsymbol{w}_n$ 的最小二乘估计为

$$\hat{\boldsymbol{w}}_n=(\boldsymbol{A}_n^{\mathrm{T}}\boldsymbol{A}_n)^{-1}\boldsymbol{A}_n^{\mathrm{T}}\boldsymbol{z}_n \tag{5.5-93}$$

为了获得最终解，必须在每一次迭代中利用所有的量测值进行全局估计，对于本书的无源定位算法，通常三次迭代足够了。

辐射源位置在第 $i+1$ 次迭代的新估计结果为

$$\hat{\boldsymbol{x}}_{ni+1} = \hat{\boldsymbol{x}}_{ni} + \hat{\boldsymbol{w}}_{ni} \tag{5.5-94}$$

或

$$\begin{bmatrix} \hat{\boldsymbol{x}}_T \\ \hat{\boldsymbol{y}}_T \end{bmatrix}_{ni+1} = \begin{bmatrix} \hat{\boldsymbol{x}}_T \\ \hat{\boldsymbol{y}}_T \end{bmatrix}_{ni} + \begin{bmatrix} \Delta\hat{\boldsymbol{x}}_T \\ \Delta\hat{\boldsymbol{y}}_T \end{bmatrix}_{ni} \tag{5.5-95}$$

其中 $\hat{\boldsymbol{x}}_m$ 为第 i 次迭代的辐射源位置估计。该方法通常称为 Gauss-Newton 迭代方法[16]。

在该迭代过程开始之前，必须设置一个 $i=0$ 的先验估计 $\hat{\boldsymbol{x}}_{ni}$，因此，通常假设

$$\hat{\boldsymbol{x}}_{ni=0} = \begin{bmatrix} \hat{\boldsymbol{x}}_T \\ \hat{\boldsymbol{y}}_T \end{bmatrix}_{ni=0} \tag{5.5-96}$$

其中偏导数的计算公式由式(5.5-87)和式(5.5-88)给出，而所用的 x_T、y_T 则由式(5.5-96)给出，x_k、y_k 为观测时刻 k 的观测位置。重复以上迭代过程直至 $\hat{\boldsymbol{x}}_n$ 变化很小或不变化，而且 $\hat{\boldsymbol{x}}_n$ 的方差为

$$\mathrm{Cov}(\hat{\boldsymbol{x}}_n) = \sigma_v^2(\boldsymbol{A}_n^{\mathrm{T}}\boldsymbol{A}_n)^{-1} \tag{5.5-97}$$

对于扩展卡尔曼滤波器算法[17-19]，由于辐射源是固定的，所以系统模型可以简化为常数，而且可以利用状态估计进行外推，即此时

$$\begin{bmatrix} \hat{x}_T(k \mid k-1) \\ \hat{y}_T(k \mid k-1) \end{bmatrix} = \begin{bmatrix} 1 & 0 \\ 0 & 1 \end{bmatrix} \cdot \begin{bmatrix} \hat{x}_T(k-1 \mid k-1) \\ \hat{y}_T(k-1 \mid k-1) \end{bmatrix} \tag{5.5-98}$$

或

$$\hat{\boldsymbol{x}}(k \mid k-1) = \boldsymbol{\Phi}\hat{\boldsymbol{x}}(k-1 \mid k-1) \tag{5.5-99}$$

其中 $\hat{\boldsymbol{x}}(k-1|k-1)$为利用 $k-1$ 个量测值对 $k-1$ 时刻位置的平滑估计，$\hat{\boldsymbol{x}}(k|k-1)$为利用 $k-1$ 个量测值对 k 时刻位置的预测估计，而 $\boldsymbol{\Phi}$ 为状态转移矩阵，因为目标是固定的，所以这里的状态转移矩阵为单位矩阵。如果目标是移动的，则其中就会包含动态项。

参考前面的结论和图中的几何关系，如果假设方位角 ϕ_k 为观测量，则量测模型可表示为

$$\phi_k = h(\hat{\boldsymbol{x}}_k) + \eta_k \tag{5.5-100}$$

其中 η_k 表示噪声过程，这里假定为零均值加性高斯白噪声，于是

$$E\{\eta_j\eta_k\} = \sigma_\eta^2\delta_{jk} \tag{5.5-101}$$

并且

$$\boldsymbol{R} = \sigma_\eta^2 \tag{5.5-102}$$

其状态估计方程为

$$\hat{\boldsymbol{x}}(k \mid k) = \hat{\boldsymbol{x}}(k \mid k-1) + \boldsymbol{K}[\phi_k - h(\hat{\boldsymbol{x}}(k \mid k-1))] \tag{5.5-103}$$

其中

$$h(\hat{\boldsymbol{x}}(k \mid k-1)) = \hat{\phi}(k) = \arctan\left[\frac{\hat{y}_T(k \mid k-1) - y(k)}{\hat{x}_T(k \mid k-1) - x(k)}\right] \tag{5.5-104}$$

这里，$x(k)$、$y(k)$为 k 时刻的观测位置。状态协方差矩阵的更新方程为

$$\boldsymbol{P}(k \mid k) = [\boldsymbol{I} - \boldsymbol{K}\boldsymbol{H}(\hat{\boldsymbol{x}}(k \mid k-1))]\boldsymbol{P}(k \mid k-1) \tag{5.5-105}$$

式中，$\boldsymbol{H}$ 是对应 h 的雅可比矩阵(Jacobian Matrix)，且

$$\boldsymbol{H}(\hat{\boldsymbol{x}}(k \mid k-1)) = \left.\frac{\partial h(\boldsymbol{x})}{\partial \boldsymbol{x}}\right|_{\boldsymbol{x}=\hat{\boldsymbol{x}}(k|k-1)} = [H_{11} \quad H_{12}] \tag{5.5-106}$$

其中

$$H_{11} = \left.\frac{\partial h}{\partial x_T}\right|_{x_T=\hat{x}_T(k|k-1)} = \frac{-u}{1+u^2}\frac{1}{\hat{x}_T(k \mid k-1) - x(k)} \tag{5.5-107}$$

$$H_{12} = \left.\frac{\partial h}{\partial y_T}\right|_{y_T=\hat{y}_T(k|k-1)} = \frac{1}{1+u^2}\frac{1}{\hat{x}_T(k \mid k-1) - x(k)} \tag{5.5-108}$$

并且

$$u = \frac{\hat{y}_T(k \mid k-1) - y(k)}{\hat{x}_T(k \mid k-1) - x(k)} \tag{5.5-109}$$

卡尔曼增益矩阵为

$$\boldsymbol{K} = \boldsymbol{P}(k \mid k-1)\boldsymbol{H}^{\mathrm{T}}(\hat{\boldsymbol{x}}(k \mid k-1))[\boldsymbol{H}(\hat{\boldsymbol{x}}(k \mid k-1))\boldsymbol{P}(k \mid k-1)\boldsymbol{H}^{\mathrm{T}}(\hat{\boldsymbol{x}}(k \mid k-1)) + \boldsymbol{R}]^{-1} \tag{5.5-110}$$

其中

$$\boldsymbol{R} = \begin{bmatrix} \sigma_x^2 & 0 \\ 0 & \sigma_y^2 \end{bmatrix} \tag{5.5-111}$$

误差协方差的递推公式为

$$\boldsymbol{P}(k+1 \mid k) = \boldsymbol{\Phi} \cdot \boldsymbol{P}(k \mid k)\boldsymbol{\Phi}^{\mathrm{T}} + \boldsymbol{Q} \tag{5.5-112}$$

其中

$$\boldsymbol{Q} = \begin{bmatrix} q_{11} & 0 \\ 0 & q_{22} \end{bmatrix} \tag{5.5-113}$$

$\boldsymbol{Q}$ 为噪声的函数。这里的模型中没有噪声，所以 $q_{11}=0$，并且将 q_{22} 设定为一个很小的正数。

上述讨论中，没有讨论状态变量的动态变化，而且状态估计方程是线性的，但测量方程是 arctan 型函数，它是高度非线性的。为了初始化扩展卡尔曼滤波器，需要给出状态矢量和协方差矩阵的初始估计值

$$\hat{\boldsymbol{x}}(0) = \begin{bmatrix} \hat{x}_T(0) \\ \hat{y}_T(0) \end{bmatrix} \tag{5.5-114}$$

$$\boldsymbol{P}(0 \mid 0) = \begin{bmatrix} \sigma_x^2 & 0 \\ 0 & \sigma_y^2 \end{bmatrix} \tag{5.5-115}$$

其中，$\hat{x}_T(0)$、$\hat{y}_T(0)$为 k 时刻的先验位置估计，而 σ_x、σ_y 分别为不确定标准偏差。

5.5.4.4　应用卡尔曼滤波器的总体最小二乘法

针对 5.5.4 节中的总体最小二乘算法，如果测向误差 $\Delta\phi_i$ 是随机的，则基于总体最小二乘法获得的统计估计是最优的结论将不再永远成立。下面将介绍一种应用总体最小二乘法和卡尔曼滤波器的新方法[12]。此处的卡尔曼滤波方法与前面的标准卡尔曼滤波内容不完全一样，这再次说明了卡尔曼滤波的灵活性。

如果测量误差包含系统误差分量，即一个常数误差项 β，即测向误差是由一个固定分量 β 和一个随机变化分量 $\Delta\phi_i^*$ 组成

$$\Delta\phi_i = \beta + \Delta\phi_i^* \tag{5.5-116}$$

对于这种情况，基于 TLS 算法的辐射源位置估计将不是最优的统计量估计，因此必须应用新的或更好的算法。其中涉及 TLS 和卡尔曼滤波(KF)的级联两级算法可以获得更加精确的估计结果。

这里，首先利用 TLS 方法估计辐射源的位置($\hat{\lambda}_T$，$\hat{\psi}_T$)，接下来利用下式估计方位角 $\hat{\phi}_i$

$$\hat{\phi}_i = \arccos \frac{\hat{\psi}_T - \hat{\psi}_i}{\sqrt{(\hat{\psi}_T - \hat{\psi}_i)^2 + (\hat{\lambda}_T - \hat{\lambda}_i)^2}} \tag{5.5-117}$$

由于在后面的处理中将用到卡尔曼滤波，故构造状态方程和观测方程。

滤波器的状态方程为

$$\delta\phi(i+1) = \delta\phi(i) \tag{5.5-118}$$

$$\beta(i+1) = \beta(i) \tag{5.5-119}$$

观测方程为

$$\tilde{\phi}_i - \hat{\phi}_i = \Delta\tilde{\phi}_i = \delta\phi(i) + \beta(i) + \Delta\phi_i^* \tag{5.5-120}$$

其中上标“~”表示测量值，而“^”表示估计值。式中的 $\delta\phi(i)$是在时刻 i 的测向误差，它是由(ψ_T，λ_T)的估计误差引起的。

利用飞机的 M 次观测，系统误差 β 的估计值，即 $\hat{\beta}_n$ 可以由下式定义

$$\hat{\beta}_n = E\{\hat{\beta}(i)\} \tag{5.5-121}$$

而卡尔曼滤波的实现方法如下(假设进行了 M 次观测)[20]

对 $i=1, 2, \cdots, M$

$$\begin{bmatrix} \hat{\beta}(i) \\ \delta\hat{\phi}(i) \end{bmatrix} = \begin{bmatrix} \hat{\beta}(i-1) \\ \delta\hat{\phi}(i-1) \end{bmatrix} + \boldsymbol{K}(i)\left(\Delta\hat{\phi}(i) - \boldsymbol{C}\begin{bmatrix} \hat{\beta}_{i-1} \\ \delta\hat{\phi}_{i-1} \end{bmatrix}\right) \tag{5.5-122}$$

$$\boldsymbol{K}(i) = \boldsymbol{P}(i-1)\frac{\boldsymbol{C}^{\mathrm{T}}}{\boldsymbol{R}_2(i) + \boldsymbol{CP}(i-1)\boldsymbol{C}^{\mathrm{T}}} \tag{5.5-123}$$

$$\boldsymbol{P}(i) = \boldsymbol{P}(i-1) - \boldsymbol{P}(i-1)\boldsymbol{C}^{\mathrm{T}}\boldsymbol{C}\frac{\boldsymbol{P}(i-1)}{\boldsymbol{R}_2(i) + \boldsymbol{CP}(i-1)\boldsymbol{C}^{\mathrm{T}}} \tag{5.5-124}$$

其中

$\boldsymbol{K}(i)$为卡尔曼增益向量；

$\boldsymbol{R}_2(i)$为 $\Delta\phi_i^*$ 的协方差；

$\boldsymbol{P}(i)$为协方差矩阵；

$\boldsymbol{C}=[1 \quad 1]$。

下面对观测值 $\approx{\phi}_i = \tilde{\phi}_i - \hat{\beta}_n$ 的集合应用上述总体最小二乘算法，求得新的辐射源位置估计值($\approx{\psi}_T$，$\approx{\lambda}_T$)，然后利用式(5.5-117)根据($\approx{\psi}_T$，$\approx{\lambda}_T$)求 ϕ_i 的最新估计，而该最新的估计值可以使用卡尔曼滤波器更新 $\approx{\beta}_n$ 的估计。重复这一过程直到系统误差分量的影响降低到最小，此时估计结果将收敛到(ψ_T，λ_T)的真实值。

5.5.4.5 不敏卡尔曼滤波器

扩展卡尔曼滤波器的线性化处理方法是将非线性系统方程进行泰勒展开，然后仅保留其线性部分。当系统的非线性程度很高时，这种只保留线性部分的方法将会产生明显的建模误差，甚至导致发散。Julier 和 Uhlman 对扩展卡尔曼滤波算法进行了改进，提出了所谓的不敏卡尔曼滤波法(Unscented Kalman Filter，UKF)[21]，UKF 采用了保留泰勒展开式的前三项等方法，改善了扩展卡尔曼滤波器的性能。此外，UKF 仅选择某些特殊的样点参与状态的迭代，从而实现了更好的非线性系统模型。

5.6　广义方位角法

5.6.1　问题描述

基于方位角测量的辐射源定位问题可以描述如下：假设 $\boldsymbol{x}_T=[x_T,\ y_T,\ z_T]^{\mathrm{T}}$ 为待估计的辐射源位置，在获得一组角度量测值 $\{u_i=1,\ 2,\ \cdots,\ M\}$ 的条件下估计 $\boldsymbol{x}_T$，其中 $u_i\in\{\varphi_i,\ \phi_i\}$，$M$ 为量测总数，φ_i 表示辐射源方位角在水平面的测量值(方位角)，而 ϕ_i 表示方位角在垂直平面的测量值(俯仰角)。

角度量测可以通过各种空间分布点或称为观测点(Observation point)来获得，通常称为测向传感器(Direction finding sensor)。假设 $\boldsymbol{x}_i=[x_i,\ y_i,\ z_i]^{\mathrm{T}}$ 为已知坐标矢量的观测点，则角度量测 u_i 通常是指从该点获得，其具体的几何示意图如图 5.6－1 所示。

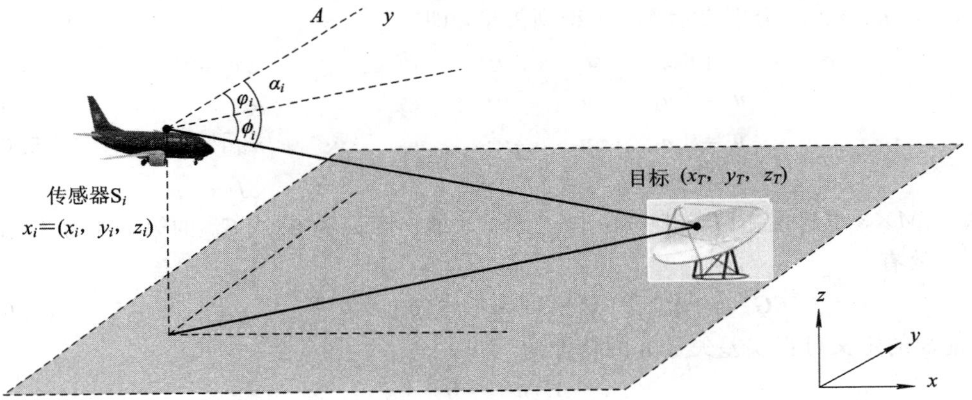

图 5.6－1　方位角测向以及广义方位角的几何示意图

由于加性随机测量误差的存在，测量方程通常建模为

$$u_i = f_i(\boldsymbol{x}_T)+n_i \qquad i=1,\ 2,\ \cdots,\ M \tag{5.6-1}$$

其中 M 为量测总数，或利用矢量形式表示为

$$\boldsymbol{u} = f(\boldsymbol{x}_T)+\boldsymbol{n} \tag{5.6-2}$$

如果不存在测量误差，则 $u_i=f_i(\boldsymbol{x}_T)=\alpha_i$，且 $f_i(\boldsymbol{x}_T)$ 中包含了定位点和方位线之间的非线性关系。

假设测量误差具有零均值，以及一般形式的协方差，即测量噪声 n_i 满足

$$\left.\begin{aligned} E\{n_i\} &= 0 \\ E\{n_in_j\} &= \sigma_{ij} \end{aligned}\right\} \tag{5.6-3}$$

$$\sigma_{ij} = \begin{cases} \sigma_i^2 & i=j \\ \rho_{ij}\sigma_i\sigma_j & i\neq j \end{cases} \tag{5.6-4}$$

其中 σ_i 和 σ_j 分别是第 i 次和第 j 次测量的标准偏差，ρ_{ij} 是第 i 次和第 j 次测量之间的相关系数。

为了求解式(5.6-2)这样的非线性问题，预测方程首先应线性化，即将 $f_i(\boldsymbol{x}_T)$ 在一指定的参考点 $\boldsymbol{x}_{T0}$ 处进行 Taylor 级数展开，其中 $\boldsymbol{x}_{T0}=[x_{T0}, y_{T0}, z_{T0}]^{\mathrm{T}}$ 表示辐射源位置的初始估计值。仅仅保留二阶以下的所有项，将得到所谓的修正量测初始方程

$$w_{0i}=u_i+g_{0i}^{\mathrm{T}}\boldsymbol{x}_T \qquad i=1, 2, \cdots, M \tag{5.6-5}$$

其中 w_{0i} 表示利用如下表达式计算的修正量测值

$$w_{0i}=u_i+\boldsymbol{g}_{0i}^{\mathrm{T}}\boldsymbol{x}_{T0}-f_{0i} \qquad i=1, 2, \cdots, M \tag{5.6-6}$$

$\boldsymbol{g}_{0i}^{\mathrm{T}}$ 表示 $f_i(\boldsymbol{x}_T)$ 在点 $\boldsymbol{x}_{T0}$ 的梯度值，且定义如下

$$\boldsymbol{g}_{0i}^{\mathrm{T}}=\left.\frac{\partial f_i(\boldsymbol{x}_T)}{\partial \boldsymbol{x}_T}\right|_{\boldsymbol{x}_T=\boldsymbol{x}_{T0}}=\left[\frac{\partial f_i(\boldsymbol{x}_T)}{\partial x_T} \quad \frac{\partial f_i(\boldsymbol{x}_T)}{\partial y_T} \quad \frac{\partial f_i(\boldsymbol{x}_T)}{\partial z_T}\right]_{\boldsymbol{x}_T=\boldsymbol{x}_{T0}} \tag{5.6-7}$$

f_{0i} 表示 $f_i(\boldsymbol{x}_T)$ 在点 $\boldsymbol{x}_{T0}$ 处的取值，即 $f_{0i}=f_i(\boldsymbol{x}_{T0})$。

M 个如式(5.6-5)表示的单个方程可以利用如下的矩阵形式表示，即

$$\boldsymbol{w}_0=\boldsymbol{G}_0\boldsymbol{x}_T+\boldsymbol{n} \tag{5.6-8}$$

其中 $\boldsymbol{w}_0$ 利用如下表达式进行计算

$$\boldsymbol{w}_0=\boldsymbol{u}+\boldsymbol{G}_0\boldsymbol{x}_T-\boldsymbol{f}_0 \tag{5.6-9}$$

式中，$\boldsymbol{w}_0$、$\boldsymbol{u}$、$\boldsymbol{n}$、$\boldsymbol{f}_0$ 分别表示 $M\times 1$ 维列矢量，即

$$\boldsymbol{w}_0=[w_{01} \quad w_{02} \quad \cdots \quad w_{0i} \quad \cdots \quad w_{0M}]^{\mathrm{T}} \tag{5.6-10}$$

$$\boldsymbol{u}=[u_1 \quad u_2 \quad \cdots \quad u_i \quad \cdots \quad u_M]^{\mathrm{T}} \tag{5.6-11}$$

$$\boldsymbol{n}=[n_1 \quad n_2 \quad \cdots \quad n_i \quad \cdots \quad n_M]^{\mathrm{T}} \tag{5.6-12}$$

$$\boldsymbol{f}_0=[f_{01} \quad f_{02} \quad \cdots \quad f_{0i} \quad \cdots \quad f_{0M}]^{\mathrm{T}} \tag{5.6-13}$$

$\boldsymbol{G}_0$ 表示 $M\times 3$ 维梯度矩阵，其中第 i 行为 1×3 维梯度矢量 $\boldsymbol{g}_{0i}^{\mathrm{T}}$ 或 $\boldsymbol{G}_0^{\mathrm{T}}$ 的第 i 列为 3×1 维矢量 $\boldsymbol{g}_{0i}$，故有

$$\boldsymbol{G}_0=[\boldsymbol{g}_{01} \quad \boldsymbol{g}_{02} \quad \cdots \quad \boldsymbol{g}_{0i} \quad \cdots \quad \boldsymbol{g}_{0M}]^{\mathrm{T}} \tag{5.6-14}$$

根据前面的定义可得误差矢量 $\boldsymbol{n}$ 的特性为

$$\left.\begin{aligned}E\{\boldsymbol{n}\}&=\boldsymbol{0}\\E\{\boldsymbol{n}\boldsymbol{n}^{\mathrm{T}}\}&=\boldsymbol{R}\end{aligned}\right\} \tag{5.6-15}$$

其中 $\boldsymbol{R}$ 为 $M\times M$ 维的量测误差协方差矩阵。

如果假设 $\boldsymbol{n}$ 为满足式(5.6-15)的高斯随机变量，则未知参数 $\boldsymbol{x}_T$ 的最大似然(Maximum Likelihood, ML)估计 $\hat{\boldsymbol{x}}_T$ 可以通过 Gauss-Newton 迭代方法获得[24]，即

$$\hat{\boldsymbol{x}}_{T,m+1}=(\boldsymbol{G}_m^{\mathrm{T}}\boldsymbol{R}^{-1}\boldsymbol{G}_m)^{-1}\boldsymbol{G}_m^{\mathrm{T}}\boldsymbol{R}^{-1}\boldsymbol{w}_m \qquad m=0, 1, 2, \cdots \tag{5.6-16}$$

其中序号 m 表示迭代次数，$\boldsymbol{w}_m$、$\boldsymbol{G}_m$ 的计算公式分别为

$$\boldsymbol{w}_m=\boldsymbol{u}+\boldsymbol{G}_m\hat{\boldsymbol{x}}_{T,m}-\boldsymbol{f}_m \tag{5.6-17}$$

$$\boldsymbol{w}_m=\boldsymbol{u}+\boldsymbol{G}_m=\left.\frac{\partial f(\boldsymbol{x}_T)}{\partial \boldsymbol{x}_T}\right|_{\boldsymbol{x}_T=\hat{\boldsymbol{x}}_{T,m}}, \qquad \boldsymbol{f}_m=f(\hat{\boldsymbol{x}}_{T,m}) \tag{5.6-18}$$

每次迭代计算过程获得的 $\hat{\boldsymbol{x}}_{T,m}$ 作为方程(5.6-8)的初始估计 $\boldsymbol{x}_{T0}$ 在进行下一次迭代运算。而第一个 $\boldsymbol{x}_T$ 估计记为 $\hat{\boldsymbol{x}}_{T,1}$，通常利用式(5.6-16)进行计算，其中 $m=0$，即

$$\hat{\boldsymbol{x}}_{T,1}=(\boldsymbol{G}_0^{\mathrm{T}}\boldsymbol{R}^{-1}\boldsymbol{G}_0)^{-1}\boldsymbol{G}_0^{\mathrm{T}}\boldsymbol{R}^{-1}\boldsymbol{w}_0 \tag{5.6-19}$$

因此，定位问题的解为一系列修正的估计序列

$$\boldsymbol{x}_{T0}, \hat{\boldsymbol{x}}_{T,1}, \hat{\boldsymbol{x}}_{T,2}, \cdots, \hat{\boldsymbol{x}}_{T,m}, \hat{\boldsymbol{x}}_{T,m+1}, \cdots \tag{5.6-20}$$

迭代过程收敛的条件在文献[25]中有详细的证明，然而在实际应用中很难满足，如果

这些收敛条件成立，且迭代过程的初始化点 $\boldsymbol{x}_{T0}$ 位于如下平方加权代价函数的全局最小点的附近

$$S(\boldsymbol{x}_T) = \boldsymbol{n}^{\mathrm{T}}\boldsymbol{R}^{-1}\boldsymbol{n} = [\boldsymbol{u} - f(\boldsymbol{x}_T)]^{\mathrm{T}}\boldsymbol{R}^{-1}[\boldsymbol{u} - f(\boldsymbol{x}_T)] \tag{5.6-21}$$

则最终的估计满足

$$\hat{\boldsymbol{x}}_T = \lim_{m\to\infty}\hat{\boldsymbol{x}}_{T,m} \tag{5.6-22}$$

实际上，迭代过程的开始和停止必须利用某些具有门限值的开始和停止准则进行控制，其中门限值根据所选择的算法来确定。

5.6.2　梯度和协方差矩阵结构

Paradowski 提出了一种不同于一般方法的迭代定位算法[26]。假设 $\boldsymbol{x}_i = [x_i,\ y_i,\ z_i]^{\mathrm{T}}$ 为已知坐标矢量的观测点，$\boldsymbol{x}_T = [x_T,\ y_T,\ z_T]^{\mathrm{T}}$ 为待估计的辐射源位置。设第 i 次测量得到的俯仰角为 ϕ_i，方位角为 φ_i，则相应的广义方位角 α_i 如图 5.6-1 所示。广义方位角指角 $\angle\alpha_i$，通常也称为斜视角，它与方位角和俯仰角的关系为[27]

$$\alpha_i = \arctan\sqrt{\tan^2\varphi_i + \tan^2\phi_i} \tag{5.6-23}$$

或

$$\alpha_i = \arccos\sqrt{\cos\varphi_i\,\cos\phi_i} \tag{5.6-24}$$

根据前面的定义，第 i 个量测的预测方程可以表示为

$$f_i(\boldsymbol{x}_T) = \alpha_i = \arctan\frac{\sqrt{(x_T - x_i)^2 + (z_T - z_i)^2}}{y_T - y_i} \tag{5.6-25}$$

因此，第 m 步迭代中的梯度向量为

$$\boldsymbol{g}_{mi} = \begin{bmatrix}\dfrac{\hat{x}_m - x_i}{r_{mi}^2 s_{mi}} & -\dfrac{\hat{y}_m - y_i}{r_{mi}^2}s_{mi} & \dfrac{\hat{z}_m - z_i}{r_{mi}^2 s_{mi}}\end{bmatrix}^{\mathrm{T}} \tag{5.6-26}$$

其中

$$r_{mi}^2 = (\hat{x}_m - x_i)^2 + (\hat{y}_m - y_i)^2 + (\hat{z}_m - z_i)^2 \tag{5.6-27}$$

并且

$$s_{mi} = \sqrt{\left(\frac{r_{mi}}{\hat{y}_m - y_i}\right)^2 - 1} \tag{5.6-28}$$

梯度矩阵由梯度向量组成

$$\boldsymbol{G}_m = [\boldsymbol{g}_{m1} \quad \boldsymbol{g}_{m2} \quad \cdots \quad \boldsymbol{g}_{mM}]^{\mathrm{T}} \tag{5.6-29}$$

在第 m 次迭代中，广义方位角误差的协方差矩阵为一个 $M\times M$ 维的对角矩阵，且对角元素随着迭代而变化，即

$$\boldsymbol{R}_m = \mathrm{diag}[\sigma_{m1}^2 \quad \sigma_{m2}^2 \quad \cdots \quad \sigma_{mM}^2]^{\mathrm{T}} \tag{5.6-30}$$

式中 σ_{mi}^2 为第 m 次迭代中的 α_i 方差，σ_{mi}^2 可根据各测量值的方差求得[27]，且

$$\sigma_{mi}^2 = a_{mi}\sigma_{\phi i}^2 + b_{mi}\sigma_{\varphi i}^2 + c_{mi}\rho_i\sigma_{\phi i}\sigma_{\varphi i} \tag{5.6-31}$$

其中

$$a_{mi} = \left(\frac{1}{s_{mi}}\frac{\hat{x}_m - x_i}{\hat{y}_m - y_i}\right)^2 \tag{5.6-32}$$

$$b_{mi} = \left\{s_{mi}\left[\left(\frac{r_{mi}}{\hat{z}_m - z_i}\right) - 1\right]^{1/2}\right\}^{-2} \tag{5.6-33}$$

$$c_{mi} = \sqrt{a_{mi} b_{mi}} \tag{5.6-34}$$

设噪声为加性高斯白噪声，则迭代方程为

$$\hat{\boldsymbol{x}}_{T,\,m+1} = (\boldsymbol{G}_m^{\mathrm{T}} \boldsymbol{R}_m^{-1} \boldsymbol{G}_m)^{-1} \boldsymbol{G}_m^{\mathrm{T}} \boldsymbol{R}_m^{-1} \boldsymbol{w}_m \tag{5.6-35}$$

其中

$$\boldsymbol{w}_m = \boldsymbol{u} + \boldsymbol{G}_m \hat{\boldsymbol{x}}_{T,\,m} - f(\hat{\boldsymbol{x}}_{T,\,m}) \tag{5.6-36}$$

这里 $f(\hat{\boldsymbol{x}}_{T,\,m})$ 为 $f(\boldsymbol{x}_T)$ 在 $\boldsymbol{x}_T = \boldsymbol{x}_{T,\,m}$ 处的值。

当然，由于这是一个迭代过程，而且是一个近似过程，因此必须合理设置初值，否则可能陷入局部最优陷阱，同时也无法保证收敛。

5.6.3 迭代过程的开始和结束以及估计误差特性

目标位置矢量 $\boldsymbol{x}_T$ 的初始化估计 $\boldsymbol{x}_{T0}$ 直接影响求解过程，$\boldsymbol{x}_{T0}$ 通常可以来自某些猜测结果或基于量测的粗略计算结果。然而在通常情况下，初始化估计 $\boldsymbol{x}_{T0}$ 是通过一组量测值所确定的观测面交点获得的。

假设已知一组量测值 $\{\varphi_i,\ \varphi_j,\ \phi_k\}$，其中满足 $i \neq j$，$k = i$，j，或 $k \neq i$，j。假设交点表示为 $\boldsymbol{x}_{ijk}$，则其可以通过求解如下方程系统确定

$$\left.\begin{aligned} \varphi_i &= \arctan \frac{x - x_i}{y - y_i} \\ \varphi_j &= \arctan \frac{x - x_j}{y - y_j} \\ \phi_j &= \arctan \frac{z - z_j}{\sqrt{(x - x_j)^2 + (y - y_j)^2}} \end{aligned}\right\} \tag{5.6-37}$$

该方程的解可以表示为

$$\boldsymbol{x}_{ijk} = [x_{ij} \quad y_{ij} \quad z_{ijk}]^{\mathrm{T}} \tag{5.6-38}$$

其中

$$\left.\begin{aligned} x_{ij} &= \frac{(y_i - y_j) a_{ij} + x_j a_{ij} + x_i d_{ij}}{\sin(\varphi_i - \varphi_j)} \\ y_{ij} &= \frac{(x_i - x_j) b_{ij} + y_j c_{ij} + y_i d_{ij}}{\sin(\varphi_i - \varphi_j)} \\ z_{ijk} &= z_k + \sqrt{(x_{ij} - x_k)^2 + (y_{ij} - y_k)^2} \tan\phi_k \end{aligned}\right\} \tag{5.6-39}$$

$$\left.\begin{aligned} a_{ij} &= \sin\varphi_i \sin\varphi_j \\ b_{ij} &= \cos\varphi_i \cos\varphi_j \\ c_{ij} &= \sin\varphi_i \cos\varphi_j \\ d_{ij} &= \cos\varphi_i \sin\varphi_j \end{aligned}\right\} \tag{5.6-40}$$

而矢量 $\boldsymbol{x}_{ijk}$ 为初始化(先验)估计，因此有

$$\boldsymbol{x}_{T0} = \boldsymbol{x}_{ijk} \tag{5.6-41}$$

迭代过程常用的停止准则通常为

$$D(\Delta\hat{\boldsymbol{x}}_{T,\,m}) = \begin{cases} \mathrm{S} & (\Delta\hat{\boldsymbol{x}}_{T,\,m})^{\mathrm{T}} \Delta\hat{\boldsymbol{x}}_{T,\,m} \leqslant \mu^2 \\ \mathrm{C} & (\Delta\hat{\boldsymbol{x}}_{T,\,m})^{\mathrm{T}} \Delta\hat{\boldsymbol{x}}_{T,\,m} > \mu^2 \end{cases} \qquad m = 0,\ 1,\ 2,\ \cdots \tag{5.6-42}$$

其中“S”和“C”分别表示迭代过程的“停止”和“继续”指令，μ 表示算法所要求的估计精度，

而且

$$\Delta\hat{\boldsymbol{x}}_{T,\,m}=\hat{\boldsymbol{x}}_{T,\,m+1}-\hat{\boldsymbol{x}}_{T,\,m} \tag{5.6-43}$$

表示前后两次连续估计结果的差值。

定位估计的误差定义为估计矢量 $\hat{\boldsymbol{x}}_T$ 与真实位置矢量 $\boldsymbol{x}_T$ 之间的差值。而第 $m+1$ 次迭代的 $\boldsymbol{x}_T$ 估计误差矢量的协方差矩阵为

$$\boldsymbol{R}_{\hat{x}_{T,\,m+1}}=(\boldsymbol{G}_m^{\mathrm{T}}\boldsymbol{R}_m^{-1}\boldsymbol{G}_m)^{-1} \tag{5.6-44}$$

其中 $\boldsymbol{R}_m$ 为第 m 次迭代的预观察估计误差的协方差矩阵，该矩阵非常精确地描述了 $\hat{\boldsymbol{x}}_T$ 估计器的误差。

如果矢量 $\boldsymbol{n}$ 为满足统计特性式(5.6-15)的多元正态随机变量，则 $\boldsymbol{x}_T$ 估计值的误差区域(不确定区域)将变为一个误差椭圆[28]。

5.7 最大似然定位算法

干涉仪测向(Interferometric Direction Finding)是机载系统的常用定位技术，受限于精度和模糊指标，两个间隔较小($<\lambda/2$)的接收机组成的干涉仪具有交叉的方位测量精度，而较长的间距将会产生相位模糊，且模糊可以通过增加接收机进行消除。机载干涉仪至少需要两个方位量测才能获得固定辐射源的位置，而且量测相距越远，则定位的精度越高。

差分多普勒(Differential Doppler)是另一种基于两通道接收机的机载定位技术，即使两接收机的间距长达几个波长，也可以获得无模糊的定位结果。但是它要求在沿航迹方向获得一组相对较密的量测集合。

本节分析基于最大似然算法的干涉仪 LOB 定位算法，其推导过程详见文献[29]。

如图 5.7-1 所示，一飞行器以速度 v 沿 y 轴正向运动，它带有两个接收机。在 k 时刻两接收机连线的中点为 y_k，测量数据都在某个观测区间内测得，观测区间的中心位置为 y_c，目标所在位置的坐标为(x_T, y_T)(暂不考虑 z 坐标轴)，且设 $y_T=0$。总共有 $M=2P+1$ 个测量数据，都在观测区间 L 内测得。

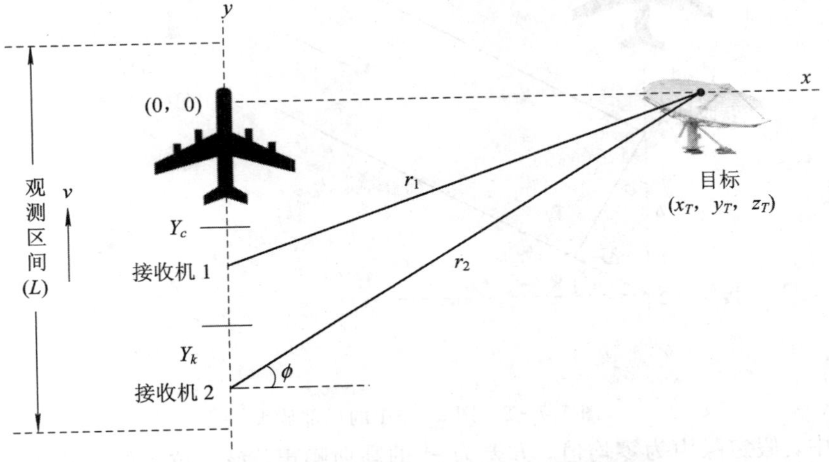

图 5.7-1 最大似然定位算法的几何示意图

用传感器可测量出两个接收机收到的相位差 $\Delta\phi$，该相位差与 r_1 和 r_2 的差值 $\Delta r=r_1-r_2$（r_1 和 r_2 分别为记为接收机 1 和 2 到目标的距离）的关系如下

$$\Delta\phi = 2\pi\frac{\Delta r}{\lambda} \qquad (\text{modulo} \quad 2\pi) \tag{5.7-1}$$

当两个接收机之间的距离 b 为接收信号的半波长时，即 $b=\lambda/2$，则距离差和相位差将限制为

$$\left.\begin{array}{l} -\dfrac{\lambda}{2}\leqslant \Delta r\leqslant \dfrac{\lambda}{2} \\ -\pi\leqslant \Delta\phi\leqslant \pi \end{array}\right\} \tag{5.7-2}$$

该式确保了在 $-\pi/2\leqslant\phi\leqslant\pi/2$ 角度范围内的方位测量不发生模糊。

当两个接收机基线的距离相对它们与目标的距离很小，并且方位角也较小时，则图 5.7-1 中的两条射线 r_1 和 r_2 是近似平行的，如图 5.7-2 所示。此时有

$$\sin\phi = \frac{\Delta r}{b} \tag{5.7-3}$$

而当 ϕ 很小时，又有

$$\sin\phi \approx \phi \tag{5.7-4}$$

所以有

$$\phi \approx \frac{\Delta r}{b} \tag{5.7-5}$$

因此距离差（两接收机到目标的距离之差）的误差与角度测量误差有关。距离差的标准偏差 $\sigma_{\Delta r}$ 与角度测量值的标准偏差 σ_φ 之间的关系为

$$\sigma_\phi \approx \frac{\sigma_{\Delta r}}{b} \qquad \phi \ll 1\ \text{rad} \tag{5.7-6}$$

因此，干涉仪和差分多普勒两种方法的差别就是基线长度 b。对于干涉仪测向，两接收机的基线长度 $b\leqslant\lambda/2$，相位差量测集合可以转化为一组独立、无模糊的方位量测 ϕ_k，$k=0$，±1，…，$\pm M$。然而在差分多普勒系统中，基线的长度可以扩展到飞机的长度。

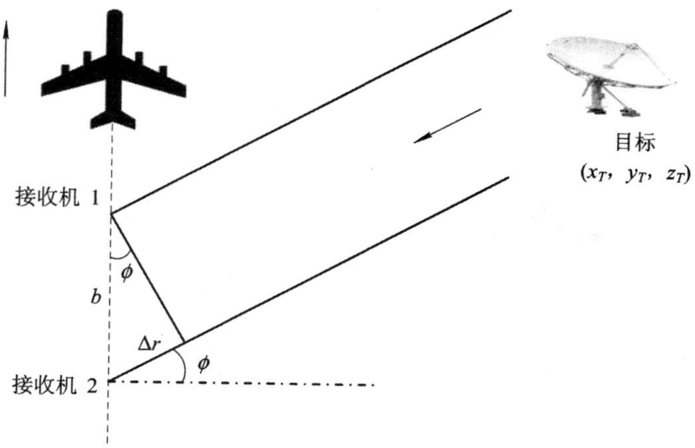

图 5.7-2　图 5.7-1 的局部放大

在分析中，假定噪声为零均值，方差为 σ_n^2 的高斯噪声。该定位系统采用了迭代最小二

乘估计算法。

5.7.1 基于最大似然估计的三角测量算法

在图 5.7-1 中未知量包括观测间隔的中心 y_c 以及目标位置的横坐标 x_T（假设纵坐标 $y_T=0$），因此未知向量为

$$\boldsymbol{x} = [x_T \quad y_c]^{\mathrm{T}} \tag{5.7-7}$$

根据图 5.7-1，无噪声情况下干涉仪测量得到的量测值为

$$\phi_k = h_k(x_T,\ y_c) = \arctan\left(-\frac{y_k}{x_T}\right) \tag{5.7-8}$$

其中

$$y_k = y_c + k\Delta L \qquad k = 0,\ \pm 1,\ \cdots,\ \pm M \tag{5.7-9}$$

对于差分多普勒，第 k 个量测的无噪声测量参数为

$$\Delta r_k = h_k(x_T,\ y_c) = (r_{1k} - r_{2k}) - (r_{10} - r_{20}) \tag{5.7-10}$$

其中

$$\left.\begin{aligned} r_{1k} &= \sqrt{(y_c + b/2 + k\Delta L)^2 + x_0^2} \\ r_{2k} &= \sqrt{(y_c - b/2 + k\Delta L)^2 + x_0^2} \end{aligned}\right\} \tag{5.7-11}$$

这里用 f_k 表示 $2M+1$ 个带有噪声的量测值，其中噪声为高斯噪声，用 n_k 表示，于是有

$$f_k(x_T,\ y_c) = h_k(x_T,\ y_c) + n_k \qquad k = 0,\ \pm 1,\ \pm 2,\ \cdots,\ \pm M \tag{5.7-12}$$

令

$$h_{kx} = \frac{\partial h_k(x_T,\ y_c)}{\partial x_T} \tag{5.7-13}$$

$$h_{ky} = \frac{h_k(x_T,\ y_c)}{\partial y_c} \tag{5.7-14}$$

可定义偏导数矩阵如下

$$\boldsymbol{G} = \begin{bmatrix} h_{-Mx} & \cdots & h_{kx} & \cdots & h_{Mx} \\ h_{-My} & \cdots & h_{ky} & \cdots & h_{My} \end{bmatrix}^{\mathrm{T}} \tag{5.7-15}$$

以及

$$\boldsymbol{f} = [f_{-M} \quad \cdots \quad f_k \quad \cdots \quad f_M]^{\mathrm{T}} \tag{5.7-16}$$

$$\boldsymbol{h} = [h_{-M} \quad \cdots \quad h_k \quad \cdots \quad h_M]^{\mathrm{T}} \tag{5.7-17}$$

$$\boldsymbol{n} = [n_{-M} \quad \cdots \quad n_k \quad \cdots \quad n_M]^{\mathrm{T}} \tag{5.7-18}$$

$$\boldsymbol{w} = [\Delta x_T \quad \Delta y_c]^{\mathrm{T}} \tag{5.7-19}$$

最后的矢量 $\boldsymbol{w}$ 是用于对下一次迭代中的参数估计值进行修正。

在 Gauss-Newton 迭代方法中，未知的最新估计用于每一次迭代中计算 $\boldsymbol{h}$ 和 $\boldsymbol{G}$。

如果噪声是独立同分布(IID)的，则其协方差矩阵为

$$\mathrm{Cov}(\boldsymbol{n}) = \sigma_n^2 \boldsymbol{I} \tag{5.7-20}$$

其中 $\boldsymbol{I}$ 为单位矩阵，则下次迭代中校正向量为

$$\boldsymbol{w} = (\boldsymbol{G}^{\mathrm{T}}\boldsymbol{G})^{-1}\boldsymbol{G}^{\mathrm{T}}(\boldsymbol{f} - \boldsymbol{h}) \tag{5.7-21}$$

而下次迭代的估计值为

$$\hat{\boldsymbol{x}}_{i+1} = \hat{\boldsymbol{x}}_i + \boldsymbol{w} \tag{5.7-22}$$

当 w 趋于零时停止迭代。

最终求得的未知向量的协方差矩阵给出了定位误差，该矩阵为

$$\mathrm{Cov}(\boldsymbol{x}) = \sigma_n^2(\boldsymbol{G}^{\mathrm{T}}\boldsymbol{G}) \tag{5.7-23}$$

为了计算该协方差矩阵，由式(5.7－8)、式(5.7－13)和式(5.7－14)可得

$$h_{kx} = \frac{y_c + k\Delta L}{x_T^2 + (y_c + k\Delta L)^2} \tag{5.7-24}$$

$$h_{ky} = \frac{-x_T}{x_T^2 + (y_c + k\Delta L)^2} \tag{5.7-25}$$

根据偏导数的表达式，可得矩阵 $\boldsymbol{G}^{\mathrm{T}}\boldsymbol{G}$ 为

$$\boldsymbol{G}^{\mathrm{T}}\boldsymbol{G} = \begin{bmatrix} \sum\limits_{k=-M}^{M}(h_{kx})^2 & \sum\limits_{k=-M}^{M}h_{kx}h_{ky} \\ \sum\limits_{k=-M}^{M}h_{kx}h_{ky} & \sum\limits_{k=-M}^{M}(h_{ky})^2 \end{bmatrix} \tag{5.7-26}$$

为了简化分析，将观察区间的中心置于参考点(0，0)。即在式(5.7－24)和式(5.7－25)中设置 $y_c=0$，可得

$$h_{kx} = \frac{k\Delta L}{x_T^2 + (k\Delta L)^2} \tag{5.7-27}$$

$$h_{ky} = \frac{-x_T}{x_T^2 + (k\Delta L)^2} \tag{5.7-28}$$

当 $y_c=0$ 时，式(5.7－26)非对角线上的元素均为零，因此有

$$\mathrm{Var}^{-1}x_T = \frac{1}{\sigma_\phi^2}\sum_{k=-M}^{M}\frac{(k\Delta L)^2}{(x_T^2 + (k\Delta L)^2)^2} \tag{5.7-29}$$

$$\mathrm{Var}^{-1}y_c = \frac{1}{\sigma_\phi^2}\sum_{k=-M}^{M}\frac{x_T^2}{(x_T^2 + (k\Delta L)^2)^2} \tag{5.7-30}$$

另外，假设观测次数足够多，则 $\Delta L \approx \mathrm{d}L$，我们在和式内乘以 ΔL，再在和式外除以 ΔL，则求和式可用积分取代。首先令

$$k\Delta L = y, \qquad M\Delta L = \frac{L}{2}, \qquad \Delta L = \mathrm{d}y \tag{5.7-31}$$

则有

$$\mathrm{Var}^{-1}x_T \approx \frac{1}{\sigma_\phi^2\Delta L}\int_{-L/2}^{L/2}\frac{y^2}{(x_T^2 + y^2)^2}\mathrm{d}y \tag{5.7-32}$$

$$\mathrm{Var}^{-1}y_c = \frac{1}{\sigma_\phi^2\Delta L}\int_{-L/2}^{L/2}\frac{x_T^2}{(x_T^2 + y^2)^2}\mathrm{d}y \tag{5.7-33}$$

假设 $x_T \gg L$，则量测总数 M 为

$$N = 2M + 1 \approx 2M = \frac{L}{\Delta L} \tag{5.7-34}$$

则式(5.7－32)和式(5.7－33)两式简化为

$$\mathrm{Var}^{-1}x_T \approx \frac{NL^2}{12\sigma_\phi^2 x_T^4} \tag{5.7-35}$$

$$\mathrm{Var}^{-1}y_c \approx \frac{N}{\sigma_\phi^2 x_T^2} \tag{5.7-36}$$

于是可得定位随机误差的两个分量如下所示，其中假设 $y_c=0$ 和 $x_T \gg L$。

$$\sigma_x \approx \sqrt{\frac{12}{N}}\frac{\sigma_\phi x_T^2}{L} \tag{5.7-37}$$

$$\sigma_y \approx \frac{\sigma_\phi x_T}{\sqrt{N}} \tag{5.7-38}$$

通常描述 σ_x 为垂直航迹误差(across-track error)，而 σ_y 为沿航迹误差(along-track error)。

当观测区间不在原点时，不能设置 $y_c=0$，则矩阵 $\boldsymbol{G}^{\mathrm{T}}\boldsymbol{G}$ 的非对角线元素将不再等于零，因此矩阵求逆将变得复杂。由于假设 $x_T \gg L$ 和 $x_T \gg y_c$，当 $y_c \neq 0$ 时，可得近似结果，其中式(5.7-32)不变，而式(5.7-33)变为

$$\sigma_y \approx \frac{1}{\sqrt{N}}\sigma_\phi x_T \sqrt{1+12\frac{y_c^2}{L^2}} \tag{5.7-39}$$

5.7.2 最大似然算法的比较

最大似然(ML)估计吸引人之处就在于其优良的估值特性，即在适度的稳定条件下，当量测数量无穷大时，ML 估计器将是无偏的，而且其协方差可以达到 CRLB。

Gavish 和 Weiss 在文献[30]中比较了两种基于最大似然估计的定位算法。假设噪声为零均值高斯噪声，则目标位置 $\boldsymbol{x}$ 的最大似然估计为

$$\hat{\boldsymbol{x}}_{\mathrm{ML}} = \underset{x}{\operatorname{argmin}} F_{\mathrm{ML}}(\boldsymbol{x}, \varphi) \tag{5.7-40}$$

其中

$$F_{\mathrm{ML}}(\boldsymbol{x}, \varphi) = \frac{1}{2}[g(\boldsymbol{x})-\varphi]^{\mathrm{T}}\boldsymbol{S}^{-1}[g(\boldsymbol{x})-\varphi] \tag{5.7-41}$$

为代价函数。该函数中

$$g(\boldsymbol{x}) = [g_1(\boldsymbol{x}) \quad \cdots \quad g_M(\boldsymbol{x})]^{\mathrm{T}} \tag{5.7-42}$$

这里仅讨论二维空间的情况，则

$$\boldsymbol{x} = [x_T \quad y_T]^{\mathrm{T}} \tag{5.7-43}$$

φ 为方位角的测量值(如图 5.7-3 所示)

$$\varphi = [\phi_1 \quad \phi_2 \quad \cdots \quad \phi_M]^{\mathrm{T}} \tag{5.7-44}$$

矩阵 $g(\boldsymbol{x})$ 的各分量为

$$g_i(\boldsymbol{x}) = \arctan\left(\frac{\Delta y_i}{\Delta x_i}\right) \tag{5.7-45}$$

其中

$$\Delta x_i = x_T - x_i \qquad i=1, 2, \cdots, M \tag{5.7-46}$$

$$\Delta y_i = y_T - y_i \qquad i=1, 2, \cdots, M \tag{5.7-47}$$

最后，在代价函数中 $\boldsymbol{S}=\mathrm{diag}\{\sigma_1^2 \quad \sigma_2^2 \quad \cdots \quad \sigma_M^2\}$，它们是方位角观测值的 $M\times M$ 维协方差矩阵。

M 为观测次数，每个传感器都进行了多次观测，并且假设所有传感器的观测次数是相同的。

方位角观测值受到如下加性高斯白噪声的影响

$$\delta\varphi = [\delta\phi_1 \quad \delta\phi_2 \quad \cdots \quad \delta\phi_M]^{\mathrm{T}} \tag{5.7-48}$$

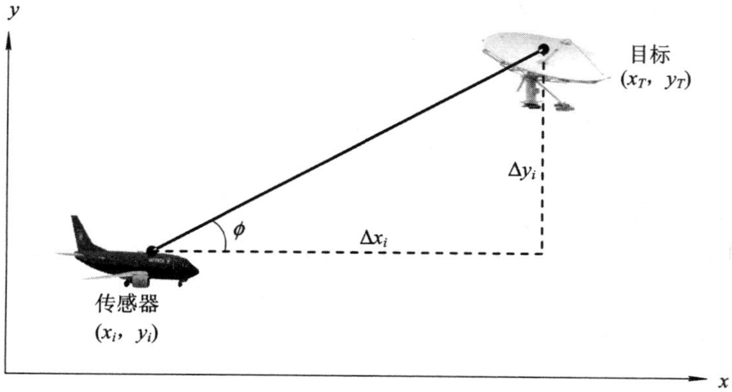

图 5.7-3　最大似然估计的 LOB

若方位角的真值为 φ_0，则方位角的观测值可表示为

$$\varphi = \varphi_0 + \delta\varphi \tag{5.7-49}$$

式(5.7-41)可改写成如下形式

$$\boldsymbol{F}(\boldsymbol{x},\ \varphi) = \frac{1}{2}\boldsymbol{f}^{\mathrm{T}}\boldsymbol{S}^{-1}\boldsymbol{f} = \frac{1}{2}\sum_{i=1}^{M}\frac{f_i^2}{\sigma_i^2} \tag{5.7-50}$$

其中

$$\boldsymbol{f} = [f_1 \quad f_2 \quad \cdots \quad f_M]^{\mathrm{T}} = g(\boldsymbol{x}) - \varphi \tag{5.7-51}$$

非线性方程(5.7-40)涉及非线性最小二乘最小化(nonlinear least-squares minimization)，可利用 Newton-Gauss 迭代法进行数值求解，其迭代结果为

$$\hat{\boldsymbol{x}}_{i+1} = \hat{\boldsymbol{x}}_i + [g_{\boldsymbol{x}}^{\mathrm{T}}\boldsymbol{S}^{-1}g_{\boldsymbol{x}}]^{\mathrm{T}}g_{\boldsymbol{x}}^{\mathrm{T}}\boldsymbol{S}^{-1}[\varphi - g(\hat{\boldsymbol{x}}_i)] \qquad i = 1,\ 2,\ \cdots \tag{5.7-52}$$

其中 $g_x = \partial g/\partial \boldsymbol{x}$ 在目标位置的真值处估算得到

$$g_{\boldsymbol{x}} = \begin{bmatrix} -\dfrac{\Delta y_1}{r_1^2} & -\dfrac{\Delta y_2}{r_2^2} & \cdots & -\dfrac{\Delta y_M}{r_M^2} \\ \dfrac{\Delta x_1}{r_1^2} & \dfrac{\Delta x_2}{r_2^2} & \cdots & \dfrac{\Delta x_M}{r_M^2} \end{bmatrix} \otimes \mathbf{1}_M \tag{5.7-53}$$

其中，符号⊗表示 Kronecker 乘积，而 $\mathbf{1}_M$ 为 $M\times 1$ 维列矢量，其元素等于 1。而且

$$r_i^2 = (\Delta x_i)^2 + (\Delta y_i)^2 \qquad i = 1,\ \cdots,\ M \tag{5.7-54}$$

文献[30]中分析的两种 MLE 算法分别为早期的 Stansfield 算法[31]和纯 MLE 算法(对应式(5.7-50)～式(5.7-52))。本部分的分析与文献[7]基本一致。

文献[31]介绍的 Stansfield 算法是较早的用多条方位线来计算辐射源方位的算法之一。该算法假设电子战系统的方位角测量误差呈正态分布。多个方位线的联合概率密度函数是一个多元高斯概率密度函数，通过使该函数的指数的绝对值取最大值，可得到目标位置的最大似然估计(因为指数前有个负号，所以指数绝对值越大，总错误概率越小)。

Stansfield 早期提出的辐射源定位算法可能是最早将 MLE 用于定位问题的算法，该算法的几何示意图如图 5.7-4 所示。文献[7，30，31]对该算法进行了介绍，该算法的目的是使偏离距离的联合概率密度取值最小，下式为偏离距离的函数

$$p(d_1,\ d_2,\ \cdots,\ d_M) = \frac{1}{(2\pi)^{M/2}\sum\limits_{i=1}^{M}\sigma_{p_i}}\exp\left(-\frac{1}{2}\sum_{i=1}^{M}\frac{d_i^2}{\sigma_{p_i}^2}\right) \tag{5.7-55}$$

当指数中的变量取最大值时，该式取最小值，此时求得的结果就是目标最可能出现的位置。

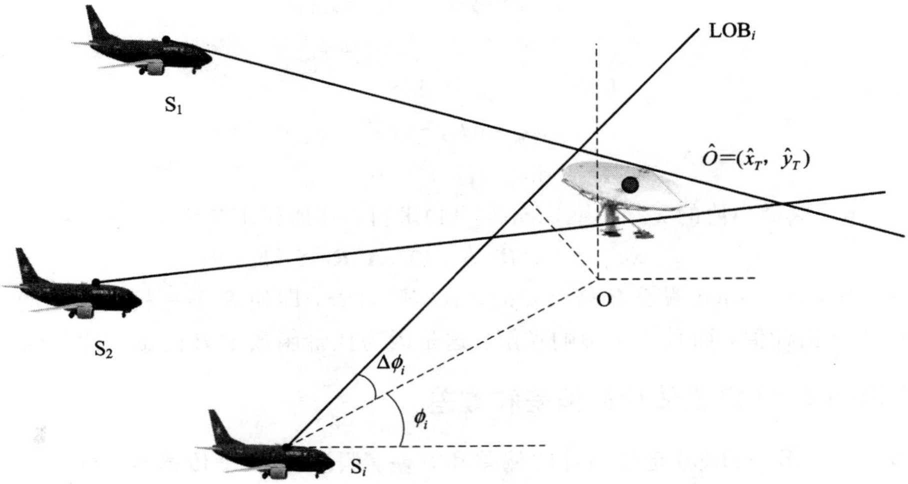

图 5.7-4　Stansfield 定位法的几何示意图

根据式(5.7-50)，可得最大似然估计的代价函数为

$$F_{\mathrm{ML}}(\boldsymbol{x}, \varphi) = \frac{1}{2}\sum_{i=1}^{M}\frac{f_i^2}{\sigma_i^2} \tag{5.7-56}$$

其中 $\boldsymbol{x}=[x_T \quad y_T]^{\mathrm{T}}$ 是要估计的目标真实位置。Stansfield 定位法是 MLE 类算法中的一种，算法中假设方位角测量误差很小。在式(5.7-56)中，f_i 表示目标的估计位置 $\hat{\boldsymbol{x}}=[\hat{x}_T \quad \hat{y}]^{\mathrm{T}}$ 对应的方位角和实测方位角的差(如图 5.7-4 所示)，因此 $f_i=\Delta\phi_i$。由于 Stansfield 算法假设测向误差很小，所以有 $\sin\Delta\phi\approx\Delta\phi$。于是代价函数可改写为

$$F_{\mathrm{ST}}(\boldsymbol{x}, \varphi) = \frac{1}{2}\sum_{i=1}^{M}\frac{\sin^2 f_i}{\sigma_i^2} \tag{5.7-57}$$

利用关系式

$$\begin{aligned}\sin f_i &= \sin\left[\arctan\left(\frac{\Delta y_i}{\Delta x_i}\right)-\phi_i\right]\\ &= \frac{\Delta y_i\cos\phi_i-\Delta x_i\sin\phi_i}{r_i}\\ &= \frac{(y_T-y_i)\cos\phi_i-(x_T-x_i)\sin\phi_i}{r_i}\end{aligned} \tag{5.7-58}$$

其中

$$r_i^2=(\Delta x_i)^2+(\Delta y_i)^2 \qquad i=1, \cdots, M \tag{5.7-59}$$

于是式(5.7-57)可重新表示为

$$\begin{aligned}F_{\mathrm{ST}}(\boldsymbol{x}, \varphi) &= \frac{1}{2}\sum_{i=1}^{M}\frac{(y_T-y_i)\cos\phi_i-(x_T-x_i)\sin\phi_i}{r_i^2\sigma_i^2}\\ &= \frac{1}{2}(\boldsymbol{Ax}-\boldsymbol{b})^{\mathrm{T}}\boldsymbol{R}^{-1}\boldsymbol{S}^{-1}(\boldsymbol{Ax}-\boldsymbol{b})\end{aligned} \tag{5.7-60}$$

其中

$$\boldsymbol{A}=\begin{bmatrix}\sin\phi_1 & -\cos\phi_1\\ \vdots & \vdots\\ \sin\phi_M & -\cos\phi_M\end{bmatrix} \tag{5.7-61}$$

$$\boldsymbol{b}=\begin{bmatrix}x_1\sin\phi_1-y_1\cos\phi_1\\ \vdots\\ x_M\sin\phi_M-y_M\cos\phi_M\end{bmatrix} \tag{5.7-62}$$

$$\boldsymbol{R}=\mathrm{diag}\{r_1^2\quad r_2^2\quad\cdots\quad r_M^2\} \tag{5.7-63}$$

使式(5.7－60)取最小值的 $\boldsymbol{x}_{\mathrm{ST}}$ 可由式(5.2－14)求得，其加权矩阵为 $\boldsymbol{w}=\boldsymbol{R}^{-1}\boldsymbol{S}^{-1}$，因此有

$$\hat{\boldsymbol{x}}_{\mathrm{ST}}=(\boldsymbol{A}^{\mathrm{T}}\boldsymbol{R}^{-1}\boldsymbol{S}^{-1}\boldsymbol{A})^{-1}\boldsymbol{A}^{\mathrm{T}}\boldsymbol{R}^{-1}\boldsymbol{S}^{-1}\boldsymbol{b} \tag{5.7-64}$$

在上面推导中，Stansfied 假设 $\boldsymbol{R}$ 是已知的，其实隐含着，即使 $\boldsymbol{R}$ 不是精确已知的，也可以利用 $\boldsymbol{R}$ 的粗略估计值，而且并不影响求解，这是因为代价函数中 $\boldsymbol{R}$ 的影响比较弱。

5.7.3 Stansfield 定位估计的偏差和方差

本节将检验 Stansfield 定位估计的偏差和方差。假设有 N 个传感器，每个传感器进行 P 次观测，因此总的观测次数为 $M=NP$。文献[30]给出了 Stansfield 定位估计的偏差为

$$\varepsilon\{\delta\boldsymbol{x}\}\approx-\frac{1}{P}\widetilde{\boldsymbol{C}}\boldsymbol{h} \tag{5.7-65}$$

上波浪号表示矩阵的值是在 $P=1$ 时求得的，其中

$$\boldsymbol{h}=\sum_{k=1}^{N}\frac{1}{r_k^2}\left(\frac{1}{\sigma_k^2r_k^4}\begin{bmatrix}2\Delta x_k\Delta y_k & (\Delta y_k)^2-(\Delta x_k)^2\\ (\Delta y_k)^2-(\Delta x_k)^2 & -2\Delta x_k\Delta y_k\end{bmatrix}\cdot\hat{\boldsymbol{C}}\cdot\begin{bmatrix}-\Delta y_k\\ \Delta x_k\end{bmatrix}+\boldsymbol{P}\cdot\begin{bmatrix}-\Delta x_k\\ \Delta y_k\end{bmatrix}\right) \tag{5.7-66}$$

$$\hat{\boldsymbol{C}}^{-1}=\hat{g}_x^{\mathrm{T}}\boldsymbol{S}^{-1}\hat{g}_x=\sum_{k=1}^{N}\frac{1}{\sigma_k^2r_k^4}\begin{bmatrix}(\Delta y_k)^2 & -\Delta x_k\Delta y_k\\ -\Delta x_k\Delta y_k & (\Delta x_k)^2\end{bmatrix} \tag{5.7-67}$$

由于式(5.7－66)中的第一项不依赖于 P，于是

$$\lim_{P\to\infty}E\{\delta\boldsymbol{x}\}\approx-\hat{\boldsymbol{C}}\cdot\sum_{k=1}^{N}\begin{bmatrix}\dfrac{\Delta x_k}{r_k^2}\\[2mm] \dfrac{\Delta y_k}{r_k^2}\end{bmatrix} \tag{5.7-68}$$

上式中的右边依赖于 N，但是不依赖于 P，这说明 Stansfield 算法是有偏估计，而且即使采样次数足够多(即 M 值足够大)，偏差仍会存在。

在文献[30]的附录中，给出了估计的协方差为

$$\mathrm{Cov}(\delta\boldsymbol{x})\approx-\frac{1}{P}\widetilde{\boldsymbol{C}}\widetilde{\boldsymbol{H}}\widetilde{\boldsymbol{S}}^{-1}\widetilde{\boldsymbol{H}}^{\mathrm{T}}\widetilde{\boldsymbol{C}}\,\big|_{(\boldsymbol{x}_b,\,\varphi_b)} \tag{5.7-69}$$

其中

$$\widetilde{\boldsymbol{H}}=\sum_{k=1}^{N}\frac{1}{r_k^2}\begin{bmatrix}\Delta x_k\sin2\phi_k-\Delta y_k\cos2\phi_k\\ -\Delta x_k\sin2\phi_k-\Delta y_k\cos2\phi_k\end{bmatrix}\cdot\tilde{\boldsymbol{e}}_k^{\mathrm{T}} \tag{5.7-70}$$

$$\boldsymbol{x}_b=\boldsymbol{x}_0+E\{\delta\boldsymbol{x}\} \tag{5.7-71}$$

其中 $\tilde{\boldsymbol{e}}_k^{\mathrm{T}}$ 为 $N\times N$ 单位矩阵 $\boldsymbol{I}_N$ 的第 k 列。

由于 Stansfield 定位估计是有偏估计，而 Cramer-Rao 下界(Cramer-Rao Lower

Bound，CRLB)仅能用于无偏估计，因此不能用 CRLB 评估该算法的性能。只要能找到一种无偏的定位估计算法，Stansfield 算法几乎乏善可陈了。

总之，如果无偏估计器是最终目标，则 Stansfield 算法将不是一个好的候选算法，但是针对一定的场景，ML 或 Stansfield 算法可以获得较小的方差。因此，对于整体 MSE，可以定义

$$\mathrm{MSE} = \mathrm{tr}\{\mathrm{Cov}(\delta \boldsymbol{x})\} + E\{\delta \boldsymbol{x}^{\mathrm{T}}\}E\{\delta \boldsymbol{x}\} \tag{5.7-72}$$

或者对于整体 RMS 误差，即 $\mathrm{MSE}^{1/2}$。然而当量测数量 M 足够大时，ML 估计器可以提供较小的 MSE，而且近似等于 CRLB 矩阵的迹。

5.8 纯方位目标运动分析

在跟踪运动目标时，使用纯方位(bearing only)数据也是可行的，这种方法称为纯方位目标运动分析(Target Motion Analysis，TMA)。在一般的 TMA 中，目标的方位和速度是可以求得的。但是在只知道一组瞬时 LOB 的情况下，目标的速度是无法求得的，这对应着 TMA 的一种特殊情况——目标是静止不动的。文献[32]对纯方位目标运动分析进行详细的研究。

5.8.1 目标运动分析

目标在时间、空间上运动所形成的曲线，被称为目标运动轨迹。定位只能确定运动目标在某一瞬间的空间分布特性，对运动目标而言，每一瞬时的位置特性联系起来便构成了目标在时空上的特性。当每一时刻均可实现对目标的点定位时，目标的运动便可以描述成空间中的一条曲线。而利用观测到的不同时刻的目标几何信息，确定目标轨迹特性的过程，一般称之为目标运动分析。

广义的运动目标，其轨迹是任意的。现实世界中，尤其是军事应用问题中主要对匀速直线运动目标更感兴趣。主要的理由如下：匀速直线运动是最容易操纵的运动，或者说没有理由假定目标愿意做更复杂的运动，或者在有限的时间空间内，目标运动可以近似为匀速直线运动。此外，匀速直线运动也是最容易分析的目标运动。

5.8.1.1 匀速直线运动目标

如图 5.8-1 所示。假定考察的时间为(t_0, t)，如果目标在 t_0 时刻的位置 $\boldsymbol{x}(t_0)=[x(t_0) \quad y(t_0) \quad z(t_0)]^{\mathrm{T}}$ 以及目标速度 $\boldsymbol{v}_m=[v_{mx} \quad v_{my} \quad v_{mz}]^{\mathrm{T}}$ 是已知的，则对于任意时刻 t，目标的空间位置为

$$\boldsymbol{x}(t) = \boldsymbol{x}(t_0) + \boldsymbol{v}_m \cdot (t - t_0) \tag{5.8-1}$$

由上式可知，只要已知 $\boldsymbol{x}(t_0)$和 $\boldsymbol{v}_m$，这六个常参数便可以唯一地确定目标的空间运动轨迹。换句话说，目标运动分析就是确定 $\boldsymbol{x}(t_0)$、$\boldsymbol{v}_m$ 的过程，或是分析目标参数集

$$\boldsymbol{I}_0 = \{x(t_0), y(t_0), z(t_0), v_{mx}, v_{my}, v_{mz}\} \tag{5.8-2}$$

的过程。

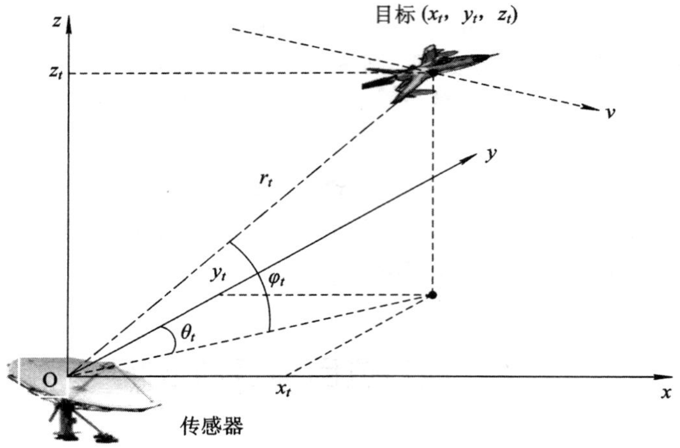

图 5.8-1　目标运动几何示意图

将式(5.8-1)展开，可得

$$\left.\begin{aligned} x(t) &= x(t_0) + v_{mx} \cdot (t - t_0) \\ y(t) &= y(t_0) + v_{my} \cdot (t - t_0) \\ z(t) &= z(t_0) + v_{mz} \cdot (t - t_0) \end{aligned}\right\} \tag{5.8-3}$$

如果至时刻 t 获得了 $\boldsymbol{x}(t)$、$\boldsymbol{v}_m$，则在 $(t+t_p)$ 时刻目标的预测轨迹为

$$\left.\begin{aligned} x(t+t_p) &= x(t) + v_{mx} \cdot t_p \\ y(t+t_p) &= y(t) + v_{my} \cdot t_p \\ z(t+t_p) &= z(t) + v_{mz} \cdot t_p \end{aligned}\right\} \tag{5.8-4}$$

在极坐标系中的预测方程可由下式确定

$$\left.\begin{aligned} r_t &= \sqrt{x_t^2 + y_t^2 + z_t^2} \\ \theta_t &= \arctan\frac{x_t}{y_t} \\ \varphi_t &= \arctan\frac{z_t}{\sqrt{x_t^2 + y_t^2}} \end{aligned}\right\} \tag{5.8-5}$$

其中，r_t、θ_t、φ_t 分别为目标的斜距、方位角和俯仰角。

5.8.1.2　目标状态测量系统

测量系统用于获取目标的状态信息。根据工作机理可分为有源和无源两大类。

定义目标的运动状态为

$$\boldsymbol{x}(t) = [x(t) \quad y(t) \quad z(t) \quad v_{mx} \quad v_{my} \quad v_{mz}]^{\mathrm{T}} \in R^6 \tag{5.8-6}$$

目标在连续时间上的运动方程为

$$\dot{\boldsymbol{x}}(t) = \boldsymbol{A}\boldsymbol{x}(t) \tag{5.8-7}$$

其中

$$\boldsymbol{A}=\begin{bmatrix}0&0&0&1&0&0\\0&0&0&0&1&0\\0&0&0&0&0&1\\0&0&0&0&0&0\\0&0&0&0&0&0\\0&0&0&0&0&0\end{bmatrix} \tag{5.8-8}$$

测量系统的数学描述为

$$\boldsymbol{z}_m(t)=g(\boldsymbol{x}(t),\ \boldsymbol{x}_w(t))+\boldsymbol{v}_z(t) \tag{5.8-9}$$

式中，$\boldsymbol{v}_z(t)$为 m 维的量测噪声，$\boldsymbol{x}_w(t)=[x_w(t)\quad y_w(t)\quad z_w(t)]^{\mathrm{T}}\in R^3$ 为观测站在 t 时刻的位置，通常定义 $\boldsymbol{x}_w(0)=\boldsymbol{0}$。

极坐标下的量测方程为

$$\boldsymbol{z}_m(t)=h(\boldsymbol{x}(t))+\boldsymbol{v}_z(t) \tag{5.8-10}$$

其中

$$h(\boldsymbol{x}(t))=[r\quad \varphi\quad \theta]^{\mathrm{T}} \tag{5.8-11}$$

$$\boldsymbol{v}_z(t)=[v_r\quad v_\varphi\quad v_\theta]^{\mathrm{T}} \tag{5.8-12}$$

$$\left.\begin{aligned}r&=\sqrt{x_r^2+y_r^2+z_r^2}\\\varphi&=\arcsin\frac{z_r}{\sqrt{x_r^2+y_r^2+z_r^2}}\\\theta&=\arctan\frac{x_r}{y_r}\end{aligned}\right\} \tag{5.8-13}$$

而

$$\left.\begin{aligned}x_r&=x-x_w\\y_r&=y-y_w\\z_r&=z-z_w\end{aligned}\right\} \tag{5.8-14}$$

v_r、v_φ、v_θ 分别为距离、俯仰角和方位角的量测误差，以上表达式中省略了时标(t)。

记时刻 t 目标状态的信息集合为

$$\boldsymbol{I}_t=\{x,\ y,\ z,\ v_{mx},\ v_{my},\ v_{mz}\} \tag{5.8-15}$$

如果能利用$(t_0,\ t)$之间的量测信息$\{\boldsymbol{z}_m(\tau)\,|\,t_0\leqslant\tau\leqslant t\}$唯一地确定出 $\boldsymbol{I}_0$ 或 $\boldsymbol{I}_t$，则可以描述出目标的运动轨迹，即可完成对目标的运动分析和定位。利用$\{\boldsymbol{z}_m(\tau)\,|\,t_0\leqslant\tau\leqslant t\}$求取 $\boldsymbol{I}_0$，属于目标参数估计问题，因为 $\boldsymbol{I}_0$ 为一组常数，而求取 $\boldsymbol{I}_t$ 则称为状态估计问题。

5.8.1.3　目标参数的可观测性

为了简化分析，假设观测站是静止的，即 $x_w(t)=0$，$y_w(t)=0$，$z_w(t)=0$。

当已知$(r,\ \varphi,\ \theta)$时，$\boldsymbol{I}_t$ 是可观测的。根据坐标变换原理，有

$$\left.\begin{aligned}x&=r\cos\varphi\sin\theta\\y&=r\cos\varphi\cos\theta\\z&=r\sin\varphi\\v_x&=\dot r\cos\varphi\sin\theta-r\dot\varphi\sin\varphi\sin\theta+r\dot\theta\cos\varphi\cos\theta\\v_y&=\dot r\cos\varphi\cos\theta-r\dot\varphi\sin\varphi\cos\theta+r\dot\theta\cos\varphi\sin\theta\\v_z&=\dot r\sin\varphi+r\dot\varphi\cos\varphi\end{aligned}\right\} \tag{5.8-16}$$

方程(5.8-9)可以等价表示为

$$\left.\begin{aligned}\dot{x} &= v_m \cos\alpha_m \sin\beta_m \\ \dot{y} &= v_m \cos\alpha_m \cos\beta_m \\ \dot{z} &= v_m \sin\alpha_m \\ \dot{\alpha}_m &= 0 \\ \dot{\beta}_m &= 0 \\ \dot{v}_m &= 0\end{aligned}\right\} \tag{5.8-17}$$

因此，求解 $\boldsymbol{I}_t$ 也可以等价地求解

$$\boldsymbol{I}_r = \{x,\ y,\ z,\ \alpha_m,\ \beta_m,\ v_m\} \tag{5.8-18}$$

其中，α_m 为目标的俯冲角，β_m 为目标在 XOY 平面的航向，v_m 为目标航速，它们的定义为

$$\left.\begin{aligned}\alpha_m &= \arcsin\frac{v_{mz}}{v_m} \\ \beta_m &= \arctan\frac{v_{mz}}{v_{my}} \\ v_m &= \sqrt{v_{mx}^2 + v_{my}^2 + v_{mz}^2}\end{aligned}\right\} \tag{5.8-19}$$

当仅知道角度观测值$\{\varphi,\theta\}$时，$\boldsymbol{I}_r$ 是不能唯一确定的，因为对任意的能满足式(5.8-17)的$\{x,\ y,\ z,\ \alpha_m,\ \beta_m,\ v_m\}$，$\{\lambda x,\ \lambda y,\ \lambda z,\ \lambda\alpha_m,\ \lambda\beta_m,\ \lambda v_m\}$ 也能满足系统方程，并使得所观测到的角度$\{\varphi,\theta\}$保持不变，此时目标参数确实是不完全可观测的。

后面的分析将表明 $\boldsymbol{I}_{r5}=\{x/y,\ y/z,\ z/v_m,\ \alpha_m,\ \beta_m\}$是可观测的，并可表示为$\{\varphi,\dot{\varphi},\ddot{\varphi},\theta,\dot{\theta},\ddot{\theta}\}$的函数，即有

$$\left.\begin{aligned}\frac{x}{y} &= \frac{\xi_1}{\xi_2} \\ \frac{y}{z} &= \frac{\xi_2}{\xi_3} \\ \frac{z}{v_m} &= \frac{\xi_3}{\sqrt{\xi_4^2+\xi_5^2+\xi_6^2}} \\ \alpha_m &= \arcsin\frac{\xi_6}{\sqrt{\xi_4^2+\xi_5^2+\xi_6^2}} \\ \beta_m &= \arctan\frac{\xi_4}{\xi_5}\end{aligned}\right\} \tag{5.8-20}$$

而

$$\left.\begin{aligned}\xi_1 &= a(\dot{\theta},\ \varphi,\ \dot{\varphi})\cos\varphi\ \sin\theta \\ \xi_2 &= a(\dot{\theta},\ \varphi,\ \dot{\varphi})\cos\varphi\ \cos\theta \\ \xi_3 &= a(\dot{\theta},\ \varphi,\ \dot{\varphi})\sin\varphi \\ \xi_4 &= a(\dot{\theta},\ \varphi,\ \dot{\varphi})[b(\theta,\ \dot{\theta},\ \ddot{\theta},\ \varphi,\ \dot{\varphi},\ \ddot{\varphi})\cos\varphi\ \sin\theta - \dot{\varphi}\ \sin\varphi\ \sin\theta + \dot{\theta}\ \cos\varphi\ \cos\theta] \\ \xi_5 &= a(\dot{\theta},\ \varphi,\ \dot{\varphi})[b(\theta,\ \dot{\theta},\ \ddot{\theta},\ \varphi,\ \dot{\varphi},\ \ddot{\varphi})\cos\varphi\ \cos\theta - \dot{\varphi}\ \sin\varphi\ \cos\theta - \dot{\theta}\ \cos\varphi\ \sin\theta] \\ \xi_6 &= a(\dot{\theta},\ \varphi,\ \dot{\varphi})[b(\theta,\ \dot{\theta},\ \ddot{\theta},\ \varphi,\ \dot{\varphi},\ \ddot{\varphi})\sin\varphi\ \cos\theta - \dot{\varphi}\ \cos\varphi]\end{aligned}\right\} \tag{5.8-21}$$

其中

$$\left.\begin{aligned}&a(\dot{\theta},\ \varphi,\ \dot{\varphi}) = \frac{1}{\sqrt[4]{\dot{\theta}^2\ \cos\varphi + \dot{\varphi}^2}}\\&b(\theta,\ \dot{\theta},\ \ddot{\theta},\ \varphi,\ \dot{\varphi},\ \ddot{\varphi})\\&\qquad = -\frac{1}{2}a^4(\dot{\theta},\ \varphi,\ \dot{\varphi})[\dot{\theta}\ddot{\theta}\ \cos^2\varphi - \dot{\theta}^2\dot{\varphi}\ \cos\varphi\ \sin\varphi + \dot{\varphi}\ddot{\varphi}]\end{aligned}\right\} \tag{5.8-22}$$

当$(r,\ \varphi,\ \theta)$已知时，式(5.8－20)的等效表达式为

$$\left.\begin{aligned}v_m &= \sqrt{\xi_4^2 + \xi_5^2 + \xi_6^2} \cdot \xi_7\\x &= \xi_1\xi_7\\y &= \xi_2\xi_7\\z &= \xi_3\xi_7\\\alpha_m &= \arcsin\frac{\xi_6}{\sqrt{\xi_4^2 + \xi_5^2 + \xi_6^2}}\\\beta_m &= \arctan\frac{\xi_4}{\xi_5}\\\xi_7 &= r \cdot \sqrt[4]{\dot{\theta}^2\ \cos^2\varphi + \dot{\varphi}^2}\end{aligned}\right\} \tag{5.8-23}$$

上面的结论，即式(5.8－20)～式(5.8－23)，是基于下面的推导[33]得出的。

记 D_N 为观测站到目标轨迹的最短距离，也称之为航路勾径距离，在目标做匀速直线运动的情况下，D_N 的定义为

$$\begin{aligned}D_N &= \sqrt{(x^2 + y^2 + z^2) - \frac{1}{v_m^2}(xv_{mx} + yv_{my} + zv_{mz})^2}\\&= \sqrt{(x^2 + y^2 + z^2) - (x\ \cos\alpha_m\ \sin\beta_m + y\ \cos\alpha_m\ \cos\beta_m + z\ \sin\alpha_m)^2}\end{aligned} \tag{5.8-24}$$

则有

$$\frac{\mathrm{d}D_N}{\mathrm{d}t} = 0 \tag{5.8-25}$$

$$\frac{v_m D_N}{r^2} = \sqrt{\dot{\theta}^2\ \cos^2\varphi + \dot{\varphi}^2} \tag{5.8-26}$$

由上式可知

$$\sqrt{v_m D_N} = r\sqrt[4]{\dot{\theta}^2\ \cos^2\varphi + \dot{\varphi}^2} \tag{5.8-27}$$

利用式(5.8－26)，求 $\mathrm{d}r/\mathrm{d}t$ 可得

$$\dot{r} = -\frac{1}{2}r\frac{\dot{\theta}\ddot{\theta}\ \cos^2\varphi - \dot{\theta}^2\varphi\ \cos\varphi\ \sin\varphi + \dot{\varphi}\ddot{\varphi}}{\dot{\theta}\ \cos^2\varphi + \dot{\varphi}^2} \tag{5.8-28}$$

定义

$$\left.\begin{aligned}
\xi_1 &= \frac{x}{\sqrt{v_m D_N}} \\
\xi_2 &= \frac{y}{\sqrt{v_m D_N}} \\
\xi_3 &= \frac{z}{\sqrt{v_m D_N}} \\
\xi_4 &= \frac{v_{mx}}{\sqrt{v_m D_N}} \\
\xi_5 &= \frac{v_{my}}{\sqrt{v_m D_N}} \\
\xi_6 &= \frac{v_{mz}}{\sqrt{v_m D_N}} \\
\xi_7 &= \sqrt{v_m D_N}
\end{aligned}\right\} \tag{5.8-29}$$

再在上式中使用式(5.8-16)、式(5.8-27)及式(5.8-28)，便可以直接得到式(5.8-20)～式(5.8-23)的结果。

上面给出的关于确定 $\boldsymbol{I}_{r5}$ 的表达式(5.8-20)，说明参数集 $\boldsymbol{I}_{r5}$ 可由(ξ_1，ξ_2，ξ_3，ξ_4，ξ_5，ξ_6)来确定，它是(φ，$\dot{\varphi}$，$\ddot{\varphi}$，θ，$\dot{\theta}$，$\ddot{\theta}$)的函数，即要确定 $\boldsymbol{I}_{r5}$，则需要(φ，θ)的一阶和二阶变化率信息。那么当仅有(φ，θ)量测时，($\dot{\varphi}$，$\ddot{\varphi}$，$\dot{\theta}$，$\ddot{\theta}$)如何获取？或者说，它们是否为可观测的。只有当它们是可观测的时，才会有 $\boldsymbol{I}_{r5}$ 可观测的结论。在此，主观地假定($\dot{\varphi}$，$\ddot{\varphi}$，$\dot{\theta}$，$\ddot{\theta}$)基于(φ，θ)是可观测的。

进一步研究 $\boldsymbol{\xi}=[\xi_1，\xi_2，\xi_3，\xi_4，\xi_5，\xi_6，\xi_7]^{\mathrm{T}}$ 可以发现

$$\boldsymbol{\xi} = \begin{bmatrix}
0 & 0 & 0 & 1 & 0 & 0 & 0 \\
0 & 0 & 0 & 0 & 1 & 0 & 0 \\
0 & 0 & 0 & 0 & 0 & 1 & 0 \\
0 & 0 & 0 & 0 & 0 & 0 & 0 \\
0 & 0 & 0 & 0 & 0 & 0 & 0 \\
0 & 0 & 0 & 0 & 0 & 0 & 0 \\
0 & 0 & 0 & 0 & 0 & 0 & 0
\end{bmatrix} \cdot \boldsymbol{\xi} = \boldsymbol{A\xi} \tag{5.8-30}$$

用 δ 间隔离散化后的上述系统为

$$\boldsymbol{\xi}(k+1) = \begin{bmatrix}
1 & 0 & 0 & \delta & 0 & 0 & 0 \\
0 & 1 & 0 & 0 & \delta & 0 & 0 \\
0 & 0 & 1 & 0 & 0 & \delta & 0 \\
0 & 0 & 0 & 1 & 0 & 0 & 0 \\
0 & 0 & 0 & 0 & 1 & 0 & 0 \\
0 & 0 & 0 & 0 & 0 & 1 & 0 \\
0 & 0 & 0 & 0 & 0 & 0 & 1
\end{bmatrix} \cdot \boldsymbol{\xi}(k) = \boldsymbol{\Phi\xi}(k) \tag{5.8-31}$$

上述方程的成立，是由于 v_{mx}、v_{my}、v_{mz}、v_m 及 D_N 为常数的缘故。式(5.8-31)所具有的线性形式，便于滤波算法的实现。

系统(5.8-31)可以利用伪量测进行状态估计

$$\left.\begin{aligned}\eta_1 &= \xi_1\\ \eta_2 &= \xi_2\\ \eta_3 &= \xi_3\\ \eta_4 &= \xi_4\end{aligned}\right\} \tag{5.8-32}$$

分析表明，对 $\boldsymbol{\xi}$ 来说系统是完全可观测的，当 η_4 无效时，即无距离观测时，对(ξ_1，ξ_2，ξ_3，ξ_4，ξ_5，ξ_6)系统是完全可观测的。

利用式(5.8-31)和式(5.8-32)形成估计器，需要知道($\dot{\varphi}$, $\dot{\theta}$)的值。一般来说，利用(φ, θ)观测值，可以差分地得到($\dot{\varphi}$, $\dot{\theta}$)的估计值。为了满足应用需要，通常要求(φ, θ)的观测噪声要很小，这样才能保证估计精度。

因此，对于匀速直线运动目标，只要能确定出 $\boldsymbol{I}_0$、$\boldsymbol{I}_t$、$\boldsymbol{I}_r$ 中的一个向量，就可以对目标航迹形成完整的描述。通过以上分析可得如下结论：

(1) 当(r, φ, θ)已知时，$\boldsymbol{I}_r$ 中的各参数均可表达为$\{r, \varphi, \dot{\varphi}, \ddot{\varphi}, \theta, \dot{\theta}, \ddot{\theta}\}$的函数，此时系统是完全可观测的。

(2) 当(φ, θ)已知而距离测量无效时，$\boldsymbol{I}_r$ 不能被唯一确定，但 $\boldsymbol{I}_{r5}=\{x/y, y/z, z/v_m, \alpha_m, \beta_m\}$中的各个参数均可以表达为$\{\varphi, \dot{\varphi}, \ddot{\varphi}, \theta, \dot{\theta}, \ddot{\theta}\}$的函数，即 $\boldsymbol{I}_{r5}$是可观测的。

利用 $\boldsymbol{I}_{r5}$ 无法对目标航迹进行完整的描述，但目标航向 β_m 和俯冲角 α_m 却是可以确定的，而一旦有了目标距离或速度，$\boldsymbol{I}_{r5}$ 便立即可升级为 $\boldsymbol{I}_r$。因此，纯方位被动定位系统可以看成主动定位系统失去距离观测能力时的退化形式。

5.8.2　目标状态与参数估计方法

5.8.2.1　运动系统的离散时间模型

目标在离散时间上运动的状态方程为

$$\boldsymbol{x}(t_k)=\boldsymbol{\Phi}(t_k, t_{k-1})\boldsymbol{x}(t_{k-1})-\boldsymbol{u}(t_k) \tag{5.8-33}$$

其中状态转移矩阵为

$$\boldsymbol{\Phi}(t_k, t_{k-1})=\begin{bmatrix}\boldsymbol{I}_3 & (t_k-t_{k-1})\boldsymbol{I}\\ \boldsymbol{0}_3 & \boldsymbol{I}\end{bmatrix} \tag{5.8-34}$$

其中 $\boldsymbol{I}_3$、$\boldsymbol{0}_3$ 分别为三阶单位矩阵和零矩阵。这里 t_k 表示第 k 次观测的采样时刻，$\boldsymbol{u}(t_k)$表示随机扰动，即

$$\boldsymbol{u}(t_k)=[0\quad 0\quad 0\quad u_x(t_k)\quad u_y(t_k)\quad u_z(t_k)]^{\mathrm{T}} \tag{5.8-35}$$

状态变量定义为

$$\boldsymbol{x}(t_k)=[x(t_k)\quad y(t_k)\quad z(t_k)\quad v_{mx}\quad v_{my}\quad v_{mz}]^{\mathrm{T}} \tag{5.8-36}$$

它的含义与目标状态参数集 $\boldsymbol{I}_t$ 相同。

目标状态的量测方程为

$$\boldsymbol{z}_m(t_k)=\boldsymbol{h}(\boldsymbol{x}(t_k))+\boldsymbol{v}_z(t_k) \tag{5.8-37}$$

其中

$$\boldsymbol{h}(\boldsymbol{x}(t_k))=\begin{bmatrix}\sqrt{(x(t_k)-x_w(t_k))^2+(y(t_k)-y_w(t_k))^2+(z(t_k)-z_w(t_k))^2}\\ \arcsin\dfrac{z(t_k)-z_w(t_k)}{r(t_k)}\\ \arctan\dfrac{x(t_k)-x_w(t_k)}{y(t_k)-y_w(t_k)}\end{bmatrix}=\begin{bmatrix}r(t_k)\\ \varphi(t_k)\\ \theta(t_k)\end{bmatrix} \tag{5.8-38}$$

而

$$r(t_k)=\sqrt{(x(t_k)-x_w(t_k))^2+(y(t_k)-y_w(t_k))^2+(z(t_k)-z_w(t_k))^2} \tag{5.8-39}$$

为目标与观测站之间的距离。$x_w(t_k)$、$y_w(t_k)$、$z_w(t_k)$代表 t_k 时刻观察站的坐标位置。

5.8.2.2 具有(r, φ, θ)观测的极大似然估计

假设系统的起始参考时间为 t_m，到时刻 t_k，所有的观测值 $\boldsymbol{z}_m(t_i)(i=1, 2, \cdots, k)$组成了一个量测向量 $\boldsymbol{Z}_m$，记为

$$\boldsymbol{Z}_m=[\boldsymbol{z}_m^{\mathrm{T}}(t_1) \quad \boldsymbol{z}_m^{\mathrm{T}}(t_2) \quad \cdots \quad \boldsymbol{z}_m^{\mathrm{T}}(t_k)] \tag{5.8-40}$$

其中 $\boldsymbol{Z}_m$ 为一个 $3\times k$ 维的实向量。

在假设 $\boldsymbol{v}_z(t_i)(i=1, 2, \cdots, k)$为零均值高斯噪声的条件下，再简记 $\boldsymbol{x}(t_k)$为 $\boldsymbol{x}$，则关于 $\boldsymbol{x}$ 的似然函数为

$$p(\boldsymbol{Z}_m \mid \boldsymbol{x})=\frac{1}{\sqrt{(2\pi)^k \det(\boldsymbol{W})}}\exp\left\{-\frac{1}{2}[\boldsymbol{Z}_m-\boldsymbol{H}(\boldsymbol{x})]^{\mathrm{T}}\boldsymbol{W}^{-1}[\boldsymbol{Z}_m-\boldsymbol{H}(\boldsymbol{x})]\right\} \tag{5.8-41}$$

其中

$$\boldsymbol{W}=\mathrm{diag}\{\boldsymbol{\sigma}_{t1}^2, \boldsymbol{\sigma}_{t2}^2, \cdots, \boldsymbol{\sigma}_{tk}^2\}^{\mathrm{T}} \tag{5.8-42}$$

而

$$\boldsymbol{\sigma}_{t1}^2=\begin{bmatrix}\sigma_{ri}^2 & 0 & 0\\ 0 & \sigma_{\varphi i}^2 & 0\\ 0 & 0 & \sigma_{\theta i}^2\end{bmatrix} \quad k=1, 2, \cdots, k \tag{5.8-43}$$

式中 σ_{ri}^2、$\sigma_{\varphi i}^2$、$\sigma_{\theta i}^2$为 t_i 时刻目标距离、仰角和方位角量测误差的均方值，而

$$\boldsymbol{H}(\boldsymbol{x})=[\boldsymbol{h}^{\mathrm{T}}(\boldsymbol{x}(t_1)) \quad \boldsymbol{h}^{\mathrm{T}}(\boldsymbol{x}(t_2)) \quad \cdots \quad \boldsymbol{h}^{\mathrm{T}}(\boldsymbol{x}(t_k))]^{\mathrm{T}} \tag{5.8-44}$$

代表真值的目标极坐标向量，进一步地定义 $\boldsymbol{Z}=\boldsymbol{H}(\boldsymbol{x})$，显然 $\boldsymbol{Z}_m=\boldsymbol{H}(\boldsymbol{x})+\boldsymbol{V}_z$，其中

$$\boldsymbol{V}_z=[\boldsymbol{v}_z^{\mathrm{T}}(t_1) \quad \boldsymbol{v}_z^{\mathrm{T}}(t_2) \quad \cdots \quad \boldsymbol{v}_z^{\mathrm{T}}(t_k)]^{\mathrm{T}} \tag{5.8-45}$$

求 $p(\boldsymbol{Z}_m|\boldsymbol{x})$相对于 $\boldsymbol{x}$ 的偏导数，并令其等于零，可得

$$\left[\frac{\partial \boldsymbol{H}(\boldsymbol{x})}{\partial \boldsymbol{x}}\right]^{\mathrm{T}}\boldsymbol{W}^{-1}[\boldsymbol{Z}_m-\boldsymbol{H}(\boldsymbol{x})]=\boldsymbol{0} \tag{5.8-46}$$

定义

$$\boldsymbol{A}=\frac{\partial \boldsymbol{H}(\boldsymbol{x})}{\partial \boldsymbol{x}} \tag{5.8-47}$$

则可得雅可比矩阵 $\boldsymbol{A}$ 的表达式为

$$\boldsymbol{A}=\begin{bmatrix}\vdots & \vdots & \vdots & \vdots & \vdots & \vdots\\ \dfrac{\partial r(t_i)}{\partial x(t_i)} & \dfrac{\partial r(t_i)}{\partial y(t_i)} & \dfrac{\partial r(t_i)}{\partial z(t_i)} & \dfrac{\partial r(t_i)}{\partial v_{mx}} & \dfrac{\partial r(t_i)}{\partial v_{my}} & \dfrac{\partial r(t_i)}{\partial v_{mz}}\\ \dfrac{\partial \varphi(t_i)}{\partial x(t_i)} & \dfrac{\partial \varphi(t_i)}{\partial y(t_i)} & \dfrac{\partial \varphi(t_i)}{\partial z(t_i)} & \dfrac{\partial \varphi(t_i)}{\partial v_{mx}} & \dfrac{\partial \varphi(t_i)}{\partial v_{my}} & \dfrac{\partial \varphi(t_i)}{\partial v_{mz}}\\ \dfrac{\partial \theta(t_i)}{\partial x(t_i)} & \dfrac{\partial \theta(t_i)}{\partial y(t_i)} & \dfrac{\partial \theta(t_i)}{\partial z(t_i)} & \dfrac{\partial \theta(t_i)}{\partial v_{mx}} & \dfrac{\partial \theta(t_i)}{\partial v_{my}} & \dfrac{\partial \theta(t_i)}{\partial v_{mz}}\\ \vdots & \vdots & \vdots & \vdots & \vdots & \vdots\end{bmatrix} \tag{5.8-48}$$

经推证有

$$\frac{\partial r(t_i)}{\partial x(t_i)} = \frac{x_r(t_i)}{r(t_i)},\quad \frac{\partial r(t_i)}{\partial y(t_i)} = \frac{y_r(t_i)}{r(t_i)},\quad \frac{\partial r(t_i)}{\partial z(t_i)} = \frac{z_r(t_i)}{r(t_i)} \tag{5.8-49}$$

$$\frac{\partial r(t_i)}{\partial v_{mx}} = \frac{x_r(t_i)}{r(t_i)}(t_i - t_m),\quad \frac{\partial r(t_i)}{\partial v_{my}} = \frac{y_r(t_i)}{r(t_i)}(t_i - t_m),\quad \frac{\partial r(t_i)}{\partial v_{mz}} = \frac{z_r(t_i)}{r(t_i)}(t_i - t_m) \tag{5.8-50}$$

其中

$$x_r(t_i) = x(t_i) - x_0(t_i),\quad y_r(t_i) = y(t_i) - y_0(t_i),\quad z_r(t_i) = z(t_i) - z_0(t_i) \tag{5.8-51}$$

而

$$\left.\begin{aligned} \frac{\partial \varphi(t_i)}{\partial x(t_i)} &= -\frac{z_r(t_i)x_r(t_i)}{r^2(t_i)\sqrt{x_r^2(t_i) + y_r^2(t_i)}} \\ \frac{\partial \varphi(t_i)}{\partial y(t_i)} &= -\frac{z_r(t_i)y_r(t_i)}{r^2(t_i)\sqrt{x_r^2(t_i) + y_r^2(t_i)}} \\ \frac{\partial \varphi(t_i)}{\partial z(t_i)} &= -\frac{x^2(t_i) + y^2(t_i)}{r^2(t_i)\sqrt{x_r^2(t_i) + y_r^2(t_i)}} \end{aligned}\right\} \tag{5.8-52}$$

$$\frac{\partial \varphi(t_i)}{\partial v_{mx}} = \frac{\partial \varphi(t_i)}{\partial x(t_i)}(t_i - t_m),\quad \frac{\partial \varphi(t_i)}{\partial v_{my}} = \frac{\partial \varphi(t_i)}{\partial y(t_i)}(t_i - t_m),\quad \frac{\partial \varphi(t_i)}{\partial v_{mz}} = \frac{\partial \varphi(t_i)}{\partial z(t_i)}(t_i - t_m) \tag{5.8-53}$$

进一步可推导出

$$\frac{\partial \theta(t_i)}{\partial x(t_i)} = \frac{x_r(t_i)}{x_r^2(t_i) + y_r^2(t_i)},\quad \frac{\partial \theta(t_i)}{\partial y(t_i)} = \frac{-x_r(t_i)}{x_r^2(t_i) + y_r^2(t_i)},\quad \frac{\partial \theta(t_i)}{\partial z(t_i)} = 0 \tag{5.8-54}$$

$$\frac{\partial \theta(t_i)}{\partial v_{mx}} = \frac{y_r(t_i)}{r_{xy}^2(t_i)}(t_i - t_m),\quad \frac{\partial \theta(t_i)}{\partial v_{my}} = -\frac{y_r(t_i)}{r_{xy}^2(t_i)}(t_i - t_m),\quad \frac{\partial \theta(t_i)}{\partial v_{mz}} = 0 \tag{5.8-55}$$

其中

$$y_{xy}(t_i) = \sqrt{x_r^2(t_i) + y_r^2(t_i)} \tag{5.8-56}$$

将式(5.8－48)代入式(5.8－46)可得方程

$$\boldsymbol{A}^{\mathrm{T}}\boldsymbol{W}^{-1}(\boldsymbol{Z}_m - \hat{\boldsymbol{Z}}) = \boldsymbol{0} \tag{5.8-57}$$

其中 $\hat{\boldsymbol{Z}}=\boldsymbol{H}(\hat{\boldsymbol{x}})$，$\hat{\boldsymbol{x}}$ 被假定为使式(5.8－46)唯一成立的 $\boldsymbol{x}$ 的估计值，即 $\boldsymbol{x}$ 的极大似然估计值。

求解 $\hat{\boldsymbol{x}}$ 就是非线性方程组(5.8－46)的解。求解方法可采用高斯-牛顿法，其第 $l+1$ 步与 l 步迭代的关系为

$$\hat{\boldsymbol{x}}_{l+1} = \hat{\boldsymbol{x}}_l + u_l(\hat{\boldsymbol{A}}^{\mathrm{T}}\boldsymbol{W}^{-1}\hat{\boldsymbol{A}})^{-1}\hat{\boldsymbol{A}}^{\mathrm{T}}\boldsymbol{W}^{-1}(\boldsymbol{Z}_m - \hat{\boldsymbol{Z}}) \tag{5.8-58}$$

式中，u_l 为保证迭代收敛的步长，$\hat{\boldsymbol{A}}$、$\hat{\boldsymbol{Z}}$ 为 $\boldsymbol{A}$，$\boldsymbol{H}(\boldsymbol{x})$ 在 $\hat{\boldsymbol{x}}$ 处的估计值，其计算公式见式(5.8－38)、式(5.8－48)及式(5.8－49)～式(5.8－56)。

迭代求解式(5.8－58)说明，第 $l+1$ 步的解是前一步与修正量的和，如果 $\boldsymbol{Z}_m-\hat{\boldsymbol{Z}}=\boldsymbol{0}$，则有 $\hat{\boldsymbol{x}}_{l+1}=\hat{\boldsymbol{x}}_l$，从而达到稳定解。至此利用式(5.8－58)可以对 t_k 时刻的目标状态进行极大似然估计，只要适当地选取步长 u_l 和初始值 $\hat{\boldsymbol{x}}_0$，迭代运算便可进行下去。

上述算法称为最大似然估计(Maximum Likelihood Estimation，MLE)算法，它的Fisher信息矩阵为

$$\hat{\boldsymbol{Q}}_{\mathrm{MLE}} = \hat{\boldsymbol{A}}^{\mathrm{T}}\boldsymbol{W}^{-1}\hat{\boldsymbol{A}} \tag{5.8-59}$$

估计误差的方差为

$$\hat{\boldsymbol{P}}_{\mathrm{MLE}} = \hat{\boldsymbol{Q}}_{\mathrm{MLE}}^{-1} = (\hat{\boldsymbol{A}}^{\mathrm{T}}\boldsymbol{W}^{-1}\hat{\boldsymbol{A}})^{-1} \tag{5.8-60}$$

当 $t_i = t_1$，仅有一次观测时，因为 $\hat{\boldsymbol{A}}$ 存在为 0 的列，$\hat{\boldsymbol{Q}}_{\mathrm{MLE}}$ 为奇异的，$\hat{\boldsymbol{P}}_{\mathrm{MLE}}$ 不存在。当观测次数增加后，$\hat{\boldsymbol{Q}}_{\mathrm{MLE}}$ 变为非奇异矩阵，$\hat{\boldsymbol{P}}_{\mathrm{MLE}}$ 的迹在减小，这是因为观测信息增加了的缘故，所以称 $\hat{\boldsymbol{Q}}_{\mathrm{MLE}}$ 为信息矩阵(Information Matrix)。

式(5.8－60)在使用无误差目标状态参数时，便描述了 MLE 算法跟踪估计精度的上限(Cramer-Rao Bound，CRB)，利用该“理想估计”指标，可以评价各种常用跟踪算法的性能。

Hammel 和 Aidala 针对可观测性需求在水下声纳应用背景下分析了纯方位目标运动分析的一般要求[36]。假设一个简单的移动传感器系统，如图 5.8－1 所示，那么能确定目标方位和速度(目标是可观测的)的条件为

$$\det(\boldsymbol{H}^{\mathrm{T}}\boldsymbol{H}) \neq 0 \tag{5.8-61}$$

其中

$$\boldsymbol{H} = \begin{bmatrix} \boldsymbol{I} & \boldsymbol{h}_0 & \boldsymbol{Z} & \boldsymbol{0} \\ \boldsymbol{Z} & \boldsymbol{h}_1 & \boldsymbol{I} & \boldsymbol{h}_0 \\ \boldsymbol{Z} & \boldsymbol{h}_2 & \boldsymbol{Z} & 2\boldsymbol{h}_0 \\ \boldsymbol{Z} & \boldsymbol{h}_3 & \boldsymbol{Z} & 3\boldsymbol{h}_2 \\ \boldsymbol{Z} & \boldsymbol{h}_4 & \boldsymbol{Z} & 4\boldsymbol{h}_3 \\ \boldsymbol{Z} & \boldsymbol{h}_5 & \boldsymbol{Z} & 5\boldsymbol{h}_4 \end{bmatrix} \tag{5.8-62}$$

其中 $\boldsymbol{I}$ 和 $\boldsymbol{Z}$ 的表达式为

$$\boldsymbol{I} = \begin{bmatrix} 1 & 0 \\ 0 & 1 \end{bmatrix} \qquad \boldsymbol{Z} = \begin{bmatrix} 0 & 0 \\ 0 & 0 \end{bmatrix} \tag{5.8-63}$$

而

$$\boldsymbol{h}_i = \begin{bmatrix} f_i \\ g_i \end{bmatrix} = -\begin{bmatrix} \dfrac{\mathrm{d}^i(\sin\theta\ \cot\varphi)}{\mathrm{d}t^i} \\ \dfrac{\mathrm{d}^i(\cos\theta\ \cot\varphi)}{\mathrm{d}t^i} \end{bmatrix} \qquad i = 0,\ 1,\ \cdots,\ 5 \tag{5.8-64}$$

通过求式(5.8－62)所示行列式的值可得一个用于衡量系统可观测性的等价表达式

$$\begin{aligned} \det(\boldsymbol{H}^{\mathrm{T}}\boldsymbol{H}) = \frac{1}{2}\sum_{i=1}^{4}\sum_{j=1}^{4}\{&[(i+1)f_i f_{i+1} - (j+1)f_i f_{i+1}]^2 + 2[(i+1)f_i g_{i+1} - (j+1)g_i f_{i+1}]^2 \\ &+ [(i+1)g_i g_{i+1} - (j+1)g_i g_{i+1}]^2\} \end{aligned} \tag{5.8-65}$$

在上式的双重和式中只要有一项不为零，式(5.8－61)就成立。

如果测量传感器不止一个，则可得到多个瞬时方位角，根据这些方位角就可能确定目标的方位，但仍不能确定目标的速度。要确定速度，传感器或者目标中至少有一方必须是运动的。

应该注意的是，如果目标和传感器都呈匀速运动，则系统也是不满足可观测性需求的[36]。另外当系统中只有一个运动的传感器时，为了满足可观测性需求，传感器必须进行

某种机动，从而使传感器的速度向量发生变化(通常假设目标的速度向量不会受传感器影响)，速度向量的改变意味着传感器具有加速度。可见，使目标可观测的基本要求是传感器要以某种方式加速运动。若采用的加速方式不同，产生的效果也会有优劣之分。

传感器的运动路径是由许多不同的速度向量决定的，路径的各个部分就像木头支架的多条腿。当只有一个传感器时，传感器路径的"单条腿"是没有办法满足可观测性需求的。如果传感器的运动与目标的运动是共线的，那么系统也是不可观测的。此时也必须要有一个加速度以改变速度向量的方向。

控制机载传感器观测地面或海上的目标，是一种相对简单和快速的方法。但是对于地面的传感器，例如装有声纳的舰船，进行机动可能就要花掉更多的时间，对于潜艇来说情况也是一样的。

5.8.2.3　纯角度(φ, θ)观测的极大似然估计

此时系统退化成只有纯角度(φ, θ)观测的三维被动定位场景。算法仍可以采用式(5.8-58)所示的形式，只是$\boldsymbol{A}$、$\boldsymbol{Z}_m$和$\boldsymbol{Z}$要进行重新定义。

系统的雅可比矩阵退化为

$$\boldsymbol{A}=\begin{bmatrix} \vdots & \vdots & \vdots & \vdots & \vdots & \vdots \\ \dfrac{\partial\varphi(t_i)}{\partial x(t_i)} & \dfrac{\partial\varphi(t_i)}{\partial y(t_i)} & \dfrac{\partial\varphi(t_i)}{\partial z(t_i)} & \dfrac{\partial\varphi(t_i)}{\partial v_{mx}} & \dfrac{\partial\varphi(t_i)}{\partial v_{my}} & \dfrac{\partial\varphi(t_i)}{\partial v_{mz}} \\ \dfrac{\partial\theta(t_i)}{\partial x(t_i)} & \dfrac{\partial\theta(t_i)}{\partial y(t_i)} & \dfrac{\partial\theta(t_i)}{\partial z(t_i)} & \dfrac{\partial\theta(t_i)}{\partial v_{mx}} & \dfrac{\partial\theta(t_i)}{\partial v_{my}} & \dfrac{\partial\theta(t_i)}{\partial v_{mz}} \\ \vdots & \vdots & \vdots & \vdots & \vdots & \vdots \end{bmatrix} \tag{5.8-66}$$

计算方程见式(5.8-52)～式(5.8-56)。

系统的观测方程为

$$\boldsymbol{z}_m(t_k)=\boldsymbol{h}_{\varphi\theta}(\boldsymbol{x}(t_k))+\boldsymbol{v}_{\varphi\theta}(t_k) \tag{5.8-67}$$

其中

$$\boldsymbol{h}_{\varphi\theta}(\boldsymbol{x}(t_k))=\begin{bmatrix}\varphi(t_k)\\ \theta(t_k)\end{bmatrix}=\begin{bmatrix}\arcsin\dfrac{z_r(t_k)}{r(t_k)}\\ \arctan\dfrac{x_r(t_k)}{y_r(t_k)}\end{bmatrix} \tag{5.8-68}$$

系统的观测向量为

$$\boldsymbol{Z}_m=[\boldsymbol{z}_m^{\mathrm{T}}(t_1)\quad \boldsymbol{z}_m^{\mathrm{T}}(t_2)\quad \cdots\quad \boldsymbol{z}_m^{\mathrm{T}}(t_k)]^{\mathrm{T}} \tag{5.8-69}$$

而

$$\boldsymbol{Z}=\boldsymbol{H}(\boldsymbol{x})=[\boldsymbol{h}_{\varphi\theta}^{\mathrm{T}}(\boldsymbol{x}(t_1))\quad \boldsymbol{h}_{\varphi\theta}^{\mathrm{T}}(\boldsymbol{x}(t_2))\quad \cdots\quad \boldsymbol{h}_{\varphi\theta}^{\mathrm{T}}(\boldsymbol{x}(t_k))]^{\mathrm{T}} \tag{5.8-70}$$

至此，利用式(5.8-58)便能形成三维空间中纯角度观测下的极大似然估计算法。

5.8.2.4　纯方位θ观测的极大似然估计

同理，当仅具有方位θ观测时，在二维平面上定位系统的雅可比矩阵$\boldsymbol{A}$及$\boldsymbol{Z}_m$、$\boldsymbol{Z}$退化为

$$\boldsymbol{A}=\begin{bmatrix} \vdots & \vdots & \vdots & \vdots \\ \dfrac{\partial\theta(t_i)}{\partial x(t_i)} & \dfrac{\partial\theta(t_i)}{\partial y(t_i)} & \dfrac{\partial\theta(t_i)}{\partial v_{mx}} & \dfrac{\partial\theta(t_i)}{\partial v_{my}} \\ \vdots & \vdots & \vdots & \vdots \end{bmatrix} \tag{5.8-71}$$

$$\boldsymbol{z}_m(t_k)=h_\theta(\boldsymbol{x}(t_k))+\boldsymbol{v}_\theta(t_k) \tag{5.8-72}$$

其中

$$h_\theta(\boldsymbol{x}(t_k))=\theta(t_k)=\arctan\frac{x_r(t_k)}{y_r(t_k)} \tag{5.8-73}$$

而

$$\boldsymbol{Z}_m=[\boldsymbol{z}_m^{\mathrm{T}}(t_1)\quad \boldsymbol{z}_m^{\mathrm{T}}(t_2)\quad \cdots\quad \boldsymbol{z}_m^{\mathrm{T}}(t_k)]^{\mathrm{T}} \tag{5.8-74}$$

$$\boldsymbol{Z}=h_\theta(\boldsymbol{x})=[h_\theta(\boldsymbol{x}(t_1))\quad h_\theta(\boldsymbol{x}(t_2))\quad \cdots\quad h_\theta(\boldsymbol{x}(t_k))]^{\mathrm{T}} \tag{5.8-75}$$

利用式(5.8－54)和式(5.8－55)，可以推导出

$$\frac{\partial\theta(t_i)}{\partial x(t_i)}=\frac{1}{r(t_i)}\cos\theta(t_i),\quad \frac{\partial\theta(t_i)}{\partial y(t_i)}=-\frac{1}{r(t_i)}\sin\theta(t_i) \tag{5.8-76}$$

$$\frac{\partial\theta(t_i)}{\partial v_{mx}}=\frac{1}{r(t_i)}\cos\theta(t_i)(t_i-t_m),\quad \frac{\partial\theta(t_i)}{\partial v_{my}}=-\frac{1}{r(t_i)}\sin\theta(t_i)(t_i-t_m) \tag{5.8-77}$$

其中

$$r(t_i)=\sqrt{x^2(t_i)+y^2(t_i)} \tag{5.8-78}$$

极大似然估计算法仍采用式(5.8－58)的形式，即利用迭代方程

$$\hat{\boldsymbol{x}}_{l+1}=\hat{\boldsymbol{x}}_l+u_l(\hat{\boldsymbol{A}}^{\mathrm{T}}\boldsymbol{W}^{-1}\hat{\boldsymbol{A}})^{-1}\hat{\boldsymbol{A}}^{\mathrm{T}}\boldsymbol{W}^{-1}(\boldsymbol{Z}_m-\hat{\boldsymbol{Z}}) \tag{5.8-79}$$

来求解目标状态

$$\boldsymbol{x}(t_k)=[x(t_k)\quad y(t_k)\quad v_{mx}\quad v_{my}]^{\mathrm{T}} \tag{5.8-80}$$

的估计值 $\hat{\boldsymbol{x}}$。

5.8.2.5　纯方位 θ 观测下的目标参数极大似然估计

同理，当仅具有方位 θ 观测时，对目标参数 $\boldsymbol{x}(t_0)=\boldsymbol{I}_0^{\mathrm{T}}$ 进行估计，系统的雅可比矩阵 $\boldsymbol{A}$ 及 $\boldsymbol{Z}_m$、$\boldsymbol{Z}$ 退化为

$$\boldsymbol{A}=\begin{bmatrix}\vdots & \vdots & \vdots & \vdots\\ \dfrac{\partial\theta(t_i)}{\partial x(t_0)} & \dfrac{\partial\theta(t_i)}{\partial y(t_0)} & \dfrac{\partial\theta(t_i)}{\partial v_{mx}} & \dfrac{\partial\theta(t_i)}{\partial v_{my}}\\ \vdots & \vdots & \vdots & \vdots\end{bmatrix} \tag{5.8-81}$$

$$\boldsymbol{z}_m(t_k)=h_\theta(\boldsymbol{x}(t_0))+\boldsymbol{v}_0(t_k) \tag{5.8-82}$$

其中

$$h_\theta(\boldsymbol{x}(t_k))=\theta(t_k)=\arctan\frac{x_r(t_k)}{y_r(t_k)} \tag{5.8-83}$$

而

$$\boldsymbol{Z}_m=[\boldsymbol{z}_m^{\mathrm{T}}(t_1)\quad \boldsymbol{z}_m^{\mathrm{T}}(t_2)\quad \cdots\quad \boldsymbol{z}_m^{\mathrm{T}}(t_k)]^{\mathrm{T}} \tag{5.8-84}$$

而观测向量为

$$\boldsymbol{Z}=h_\theta(\boldsymbol{x})=[h_\theta(\boldsymbol{x}(t_0),t_1)\quad h_\theta(\boldsymbol{x}(t_0),t_2)\quad \cdots\quad h_\theta(\boldsymbol{x}(t_0),t_k)]^{\mathrm{T}} \tag{5.8-85}$$

进一步可以推导出

$$\frac{\partial\theta(t_i)}{\partial x(t_0)}=\frac{1}{r(t_i)}\cos\theta(t_i),\quad \frac{\partial\theta(t_i)}{\partial y(t_0)}=-\frac{1}{r(t_i)}\sin\theta(t_i) \tag{5.8-86}$$

$$\frac{\partial\theta(t_i)}{\partial v_{mx}}=\frac{1}{r(t_i)}\cos\theta(t_i)(t_i-t_m),\quad \frac{\partial\theta(t_i)}{\partial v_{my}}=-\frac{1}{r(t_i)}\sin\theta(t_i)(t_i-t_m) \tag{5.8-87}$$

即与式(5.8-76)、式(5.8-77)完全一致。

对

$$x(t_0)=I_0^{\mathrm{T}}=[x(t_0)\quad y(t_0)\quad z(t_0)\quad x_{mx}\quad y_{my}\quad z_{mz}]^{\mathrm{T}} \tag{5.8-88}$$

的极大似然估计算法仍采用式(5.8-58)的形式，它具有与状态估计完全相同的形式。尽管表面上有关计算公式一致，但是计算的步骤却不一样。参数估计算法中目标速度是直接参与计算的，而状态估计 MLE 算法在形式上却把它们隐含了。

理想估计的性能(CRLB)为

$$\hat{P}_{\mathrm{MLE}}=\sigma_\theta^2(A^{\mathrm{T}}A) \tag{5.8-89}$$

式中，A 按目标的精确轨迹进行计算。上面假定测量噪声是平稳白噪声序列，其方差为 σ_θ^2。$\hat{P}_{\mathrm{MLE}}$是纯方位目标参数估计精度的上界。当观测误差很小时，各种估计算法的精度都将接近于这个精度。

5.9 三角定位中的误差分析

在三角测量中，存在多个产生定位误差的因素。其中两个已经在前面详细地讨论过，它们分别是噪声误差和测量误差。但是，还有许多其他原因能够导致误差的产生，本节将对其中的部分因素进行讨论。

5.9.1 三角定位的几何精度因子

正如文献[7]中介绍的，传感器基线的几何特性对定位处理有影响。通常基线离目标越远，定位估计的精度就越低。如图 5.9-1 所示，图中上、下两个传感器有相同的测向精度，传感器基线离目标越远，相应的目标区域就越大。容易发现，随着目标与基线之间距离的增大，LOB 会变得越来越平行，这种影响称为几何精度衰减，常用几何精度因子(GDOP)表示，文献[37]对其进行了详细的研究。

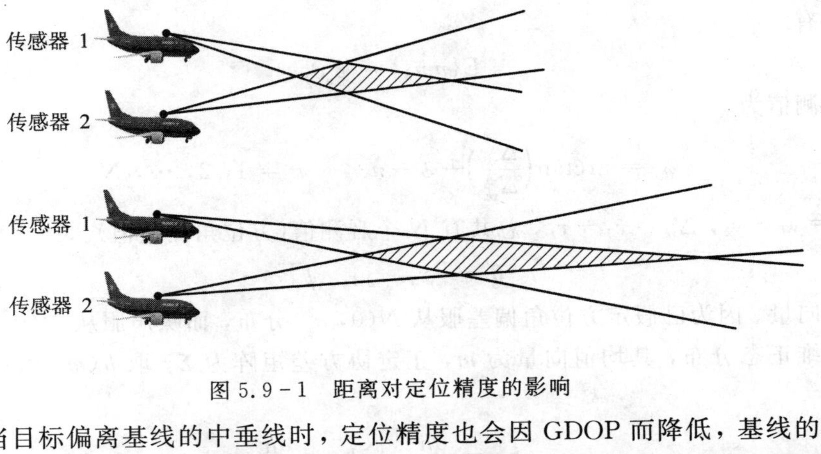

图 5.9-1　距离对定位精度的影响

通常，当目标偏离基线的中垂线时，定位精度也会因 GDOP 而降低，基线的形状对定位精度同样会有影响，例如对于 V 型基线，当目标位于任意两个传感器的基线延长线上时，测得的 LOB 就变得线性相关(它们是共线的)，定位精度会迅速降低。

5.9.2　测向误差

测向误差通常是不可避免的，因为噪声和系统误差必然存在。但通过校准，某些系统误差是能被消除的，实际中一般都要将系统误差消除。

测向误差对定位精度的影响随着传感器阵列与目标距离的增大而增大，这一点可以从图 5.9-1 中清楚地看到。假设图 5.9-1 所示的上下两种情况的角度误差范围都是 1-σ，但是图中下半部分的误差区域明显大于上半部分的误差区域，这是因为下半部分中传感器的基线与目标的距离更远。

5.9.3　纯方位定位中偏差的影响

Gavish 和 Fogel 在文献[38]中对纯方位定位算法中偏差的影响进行了分析。如图 5.9-2 所示，假设角度的测量值中混淆了均值为 0、方差为 σ_n^2 的高斯白噪声 n_k，以及均值为 0、方差为 σ_ϕ^2 的偏差 ϕ。

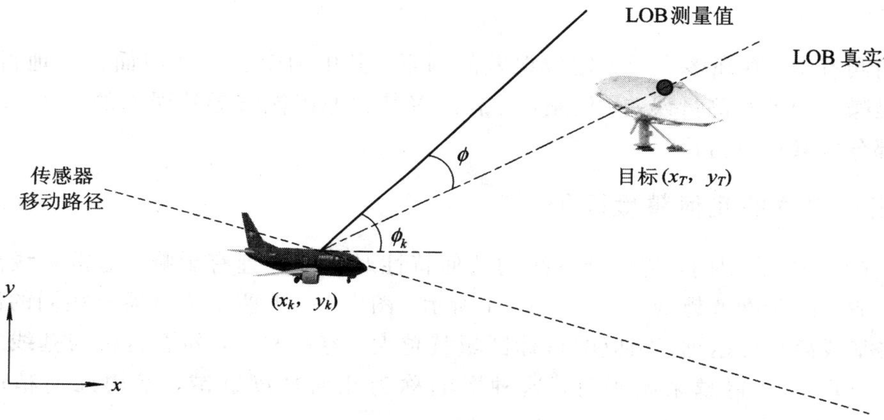

图 5.9-2　方位角偏差的影响

于是有

$$E\{n_j n_k\} = \sigma_n^2 \delta_{jk} \tag{5.9-1}$$

方位角观测值为

$$\phi_k = \arctan\left(\frac{\Delta_{yk}}{\Delta_{xk}}\right) + \phi + n_k \qquad k = 1,\ 2,\ \cdots,\ N \tag{5.9-2}$$

其中 $\Delta_{yk} = y_T - y_k$，$\Delta_{xk} = x_T - x_k$，总共有 N 个观测值(方位角测量值)。令

$$\boldsymbol{\theta} = [x_T \quad y_T \quad \phi]^{\mathrm{T}} \tag{5.9-3}$$

表示估计向量。因为已假定方位角偏差服从 $N(0,\ \sigma_\phi^2)$分布，而噪声服从 $N(0,\ \sigma_n^2)$分布，所以 $\boldsymbol{\theta}$ 呈多维正态分布，其均值向量为 $\boldsymbol{m}$，正定协方差矩阵为 $\boldsymbol{\Sigma}$。取 $h(\boldsymbol{m},\ \boldsymbol{\theta}) = \mathbf{0}$ 为约束向量，又令

$$\boldsymbol{h}_m = \frac{\partial h}{\partial \boldsymbol{m}} \qquad \boldsymbol{h}_\theta = \frac{\partial h}{\partial \boldsymbol{\theta}} \tag{5.9-4}$$

通常条件下，$\boldsymbol{\theta}$ 的无偏估计的 CRLB 为[39]

$$\boldsymbol{S}_\theta = [\boldsymbol{h}_\theta^{\mathrm{T}}(\boldsymbol{h}_m\boldsymbol{\Sigma}\boldsymbol{h}_m^{\mathrm{T}})^{-1}\boldsymbol{h}_\theta]^{-1} \tag{5.9-5}$$

如果具有 $\boldsymbol{\theta}$ 的某些先验信息，即若信息矩阵 $\boldsymbol{J}$ 给出了 $\boldsymbol{\theta}$ 的先验信息，则 $\boldsymbol{\theta}$ 的任意无偏估计的 CRLB 为

$$\boldsymbol{S}_\theta = [\boldsymbol{h}_\theta^{\mathrm{T}}(\boldsymbol{h}_m\boldsymbol{\Sigma}\boldsymbol{h}_m^{\mathrm{T}})^{-1}\boldsymbol{h}_\theta + \boldsymbol{J}]^{-1} \tag{5.9-6}$$

假设偏差的方差 σ_ϕ^2 是已知的，且不为 0，则

$$\boldsymbol{J} = \begin{bmatrix} 0 & 0 & 0 \\ 0 & 0 & 0 \\ 0 & 0 & \dfrac{1}{\sigma_\phi^2} \end{bmatrix} \tag{5.9-7}$$

求式(5.9-2)关于估计矢量 $\boldsymbol{\theta}$ 的微分，可得

$$\boldsymbol{h}_\theta = [\boldsymbol{G} \quad \boldsymbol{I}_N] \tag{5.9-8}$$

其中

$$\boldsymbol{G} = \begin{bmatrix} -\dfrac{\Delta_{y1}}{r_1^2} & -\dfrac{\Delta_{y2}}{r_2^2} & \cdots & -\dfrac{\Delta_{yN}}{r_N^2} \\ -\dfrac{\Delta_{x1}}{r_1^2} & -\dfrac{\Delta_{x2}}{r_2^2} & \cdots & -\dfrac{\Delta_{xN}}{r_N^2} \end{bmatrix}^{\mathrm{T}} \tag{5.9-9}$$

且

$$r_k^2 = \Delta_{xk}^2 + \Delta_{yk}^2 \qquad k = 1, 2, \cdots, N \tag{5.9-10}$$

$\boldsymbol{I}_N$ 是由 N 个 1 组成的向量。

由式(5.9-1)可知噪声的协方差矩阵为对角矩阵，因此 $\boldsymbol{h}_m$ 和 $\sigma^{-2}\boldsymbol{\Sigma}$ 为 $N\times N$ 的单位矩阵。

将式(5.9-8)和式(5.9-7)代入式(5.9-6)可得

$$\begin{aligned}\boldsymbol{S}_\theta &= [[\boldsymbol{G} \quad \boldsymbol{I}_N]^{\mathrm{T}}(\sigma_n^2\boldsymbol{I}_N)^{-1}[\boldsymbol{G} \quad \boldsymbol{I}_N] + \mathrm{diag}(0, 0, \sigma_\phi^{-2})]^{-1} \\ &= \sigma_\phi^2 \begin{bmatrix} \boldsymbol{V}^{-1} & \boldsymbol{f} \\ \boldsymbol{f}^{\mathrm{T}} & \left(\dfrac{\sigma_n}{\sigma_\phi}\right)^2 + \boldsymbol{N} \end{bmatrix}^{-1}\end{aligned} \tag{5.9-11}$$

其中引入了如下符号

$$\boldsymbol{f} = \boldsymbol{G}^{\mathrm{T}}\boldsymbol{I}_N \qquad \boldsymbol{V} = (\boldsymbol{G}^{\mathrm{T}}\boldsymbol{G})^{-1} \tag{5.9-12}$$

$\boldsymbol{S}_\theta$ 的左上角的 2×2 子矩阵就是位置(x_T, y_T)估计的 CRLB $\boldsymbol{S}$，利用分块矩阵的求逆公式[40]，可得

$$\boldsymbol{S}_\theta = \sigma_n^2 \left[\boldsymbol{V} + \frac{\boldsymbol{V}\boldsymbol{f}\boldsymbol{f}^{\mathrm{T}}\boldsymbol{V}}{\left(\dfrac{\sigma_n}{\sigma_\phi}\right)^2 + \boldsymbol{N} - \boldsymbol{f}^{\mathrm{T}}\boldsymbol{V}\boldsymbol{f}}\right] \tag{5.9-13}$$

首先，当先验的偏差不确定性为无限大时，上式变为

$$\boldsymbol{S}_{\max} = \lim_{\sigma_\phi\to\infty}\boldsymbol{S} = \sigma_n^2\left(\boldsymbol{V} + \frac{\boldsymbol{V}\boldsymbol{f}\boldsymbol{f}^{\mathrm{T}}\boldsymbol{V}}{\boldsymbol{N} - \boldsymbol{f}^{\mathrm{T}}\boldsymbol{V}\boldsymbol{f}}\right) \tag{5.9-14}$$

显然，$\boldsymbol{S}_\theta \leqslant \boldsymbol{S}_{\max}$，即表明了偏差先验信息的作用和贡献。

其次，当偏差存在时，误差范围将变为

$$\boldsymbol{S}_\theta = \sigma_n^2 \qquad (\sigma_\phi \to 0) \tag{5.9-15}$$

该表达式详见文献[39]。

进一步地，若估计值收敛于其真实值，则其协方差矩阵将逐渐地接近于 $\boldsymbol{P}/N$，其中 $\boldsymbol{P}$ 为某正定矩阵[40]。

文献[38]给出了一个例子，可以帮助理解上述分析中偏差的影响。如图 5.9-3 所示，一个传感器(舰载)沿 x 轴运动($y_i=0$)，其中目标距离观测器航迹的距离为 h，航迹长为 L。对于较大的 N，式(5.9-12)可表示为

$$\boldsymbol{f}=\frac{N-1}{L}\left[-\phi_d \quad \ln\frac{\sin\phi_N}{\sin\phi_1}\right]^{\mathrm{T}} \tag{5.9-16}$$

$$\mathbf{V}\approx\frac{N-1}{2Lh}\begin{bmatrix}\dfrac{\phi_d-\sin\phi_d\cos\phi_s}{\phi_d^2-\sin2\phi_d} & -\dfrac{\sin\phi_d\cos\phi_s}{\phi_d^2-\sin2\phi_d}\\ -\dfrac{\sin\phi_d\cos\phi_s}{\phi_d^2-\sin2\phi_d} & \dfrac{\phi_d+\sin\phi_d\cos\phi_s}{\phi_d^2-\sin2\phi_d}\end{bmatrix} \tag{5.9-17}$$

其中

$$\phi_d=\phi_N-\phi_1 \qquad \phi_s=\phi_1+\phi_N \tag{5.9-18}$$

注意：对于对称航迹，$\phi_N+\phi_1=180°$，$\mathbf{V}$ 为对角矩阵，而 $\boldsymbol{f}$ 的第二项将消失。此时，偏差对 y 轴方向的误差将没有影响。

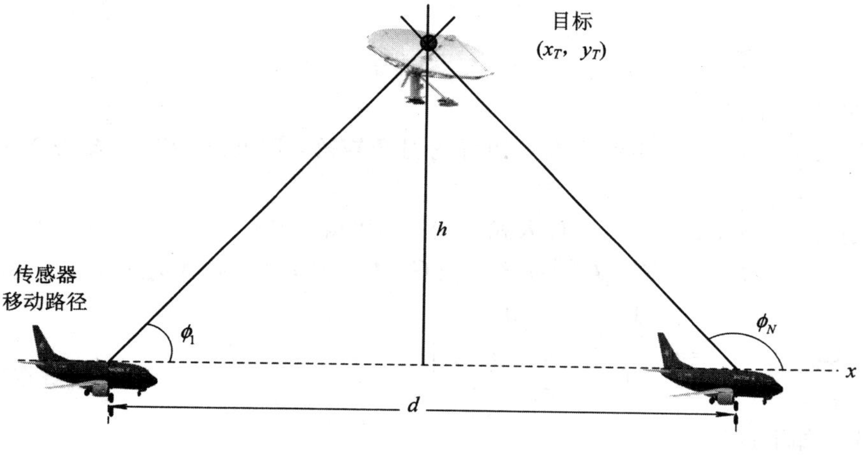

图 5.9-3　偏差影响分析中节点的几何分布图

为了代替由矩阵范围定义的椭圆误差概率，圆误差概率(Circular Error Probable，CEP)虽然粗略，但是比较简单。该例的 CEP 可由下式得出

$$\mathrm{CEP}\approx0.75\sqrt{\mathrm{tr}\boldsymbol{S}} \tag{5.9-19}$$

其中的 $\boldsymbol{S}$ 由式(5.9-13)定义，为了更加精确地获得 CEP 的计算公式，必须进行 $\boldsymbol{S}$ 的特征分解。

5.9.4　噪声背景下基于 LOB 信息的融合定位

McCabe 和 Al-Samara 在文献[43]中介绍了一种基于融合算法的三角测量法。图 5.9-4 为应用融合算法定位时节点的几何分布图，节点数 $N=3$。由传感器 S_1 和 S_2 的 LOB 计算得到的方位估计值为

$$x_{12} = \frac{x_1 \tan\phi_1 - x_2 \tan\phi_2 + y_2 - y_1}{\tan\phi_1 - \tan\phi_2} \tag{5.9-20}$$

$$y_{12} = (x_{12} - x_1)\tan\phi_1 + y_1 \tag{5.9-21}$$

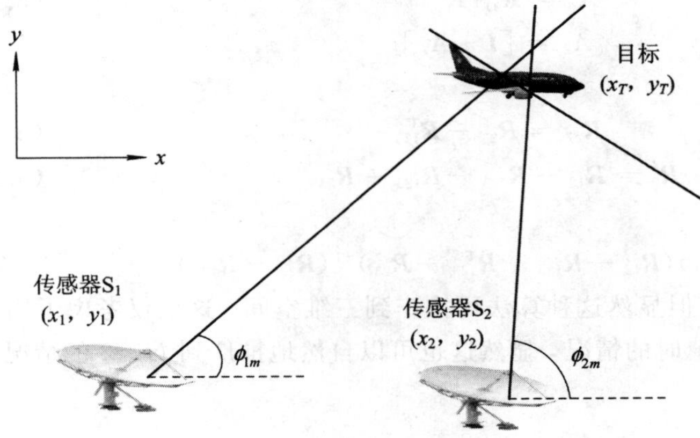

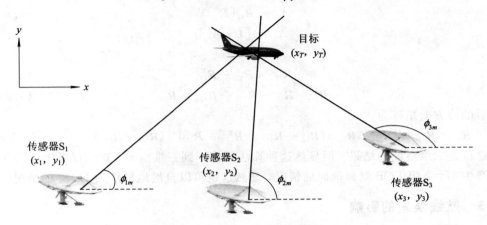

图 5.9-4　融合算法的几何示意图

类似地，由传感器 S_2 和 S_3 测得的数据得到的方位估计值为

$$x_{23} = \frac{x_2 \tan\phi_2 - x_3 \tan\phi_3 + y_3 - y_2}{\tan\phi_2 - \tan\phi_3} \tag{5.9-22}$$

$$y_{23} = (x_{23} - x_2)\tan\phi_2 + y_2 \tag{5.9-23}$$

根据式(5.9-20)和式(5.9-21)，协方差矩阵 $\boldsymbol{R}_{12}$ 可近似表示为

$$\boldsymbol{\Delta} z_{12} \stackrel{\Delta}{=} \begin{bmatrix} \boldsymbol{\Delta} x_{12} \\ \boldsymbol{\Delta} y_{12} \end{bmatrix} \approx \begin{bmatrix} \dfrac{\partial x_{12}(\phi_1, \phi_2)}{\partial \phi_1} & \dfrac{\partial x_{12}(\phi_1, \phi_2)}{\partial \phi_2} \\ \dfrac{\partial y_{12}(\phi_1, \phi_2)}{\partial \phi_1} & \dfrac{\partial y_{12}(\phi_1, \phi_2)}{\partial \phi_2} \end{bmatrix} \begin{bmatrix} \boldsymbol{\Delta}\theta_1 \\ \boldsymbol{\Delta}\theta_2 \end{bmatrix}$$

$$\stackrel{\Delta}{=} \boldsymbol{A}_{12} \begin{bmatrix} \boldsymbol{\Delta}\theta_1 \\ \boldsymbol{\Delta}\theta_2 \end{bmatrix} \tag{5.9-24}$$

和

$$\boldsymbol{R}_{12} \stackrel{\Delta}{=} E\{\boldsymbol{\Delta} z_{12} \boldsymbol{\Delta} z_{12}^{\mathrm{T}}\} = \boldsymbol{A}_{12} \begin{bmatrix} \sigma_{\phi_1}^2 & 0 \\ 0 & \sigma_{\phi_2}^2 \end{bmatrix} \boldsymbol{A}_{12}^{\mathrm{T}} \tag{5.9-25}$$

类似地

$$\boldsymbol{R}_{23} \stackrel{\Delta}{=} E\{\boldsymbol{\Delta} z_{23} \boldsymbol{\Delta} z_{23}^{\mathrm{T}}\} = \boldsymbol{A}_{23} \begin{bmatrix} \sigma_{\phi_2}^2 & 0 \\ 0 & \sigma_{\phi_3}^2 \end{bmatrix} \boldsymbol{A}_{23}^{\mathrm{T}} \tag{5.9-26}$$

根据这些测量值可得互协方差矩阵 $\boldsymbol{R}_{123}$ 为

$$\boldsymbol{R}_{123} \stackrel{\Delta}{=} \varepsilon\{\boldsymbol{\Delta} z_{12} \boldsymbol{\Delta} z_{23}^{\mathrm{T}}\} = \boldsymbol{A}_{12} \begin{bmatrix} 0 & 0 \\ \sigma_{\phi_2}^2 & 0 \end{bmatrix} \boldsymbol{A}_{23}^{\mathrm{T}} \tag{5.9-27}$$

采用文献[43]中提出的融合算法对这些数据进行融合(该算法对数据进行如下线性组合处理)可得

$$\therefore \hat{\boldsymbol{X}} = \sum_{i=1}^{M} \boldsymbol{A}_i \hat{\boldsymbol{X}}_i \tag{5.9-28}$$

对于这里考虑的 $N=2$ 的情况有

$$\boldsymbol{A}_1 = \boldsymbol{R}'_{21}[\boldsymbol{R}']^{-1} \tag{5.9-29}$$

$$\boldsymbol{A}_2 = [\boldsymbol{I} - \boldsymbol{A}_1] \tag{5.9-30}$$

其中

$$\boldsymbol{R}'_{21} = \boldsymbol{R}_{23} - \boldsymbol{R}_{123}^{\mathrm{T}} \tag{5.9-31}$$

$$\boldsymbol{R}' = \boldsymbol{R}_{12} - \boldsymbol{R}_{123} - \boldsymbol{R}_{123}^{\mathrm{T}} + \boldsymbol{R}_{23} \tag{5.9-32}$$

融合后的协方差矩阵为

$$\boldsymbol{R}_0 = \boldsymbol{R}_{23} - (\boldsymbol{R}_{23} - \boldsymbol{R}_{123}^{\mathrm{T}})(\boldsymbol{R}_{12} - \boldsymbol{R}_{123} - \boldsymbol{R}_{123}^{\mathrm{T}} + \boldsymbol{R}_{23})^{-1}(\boldsymbol{R}_{23}^{\mathrm{T}} - \boldsymbol{R}_{123}) \tag{5.9-33}$$

尽管这里是二维空间的结果，但显然这种算法可推广到三维空间。这里仅考虑了用 3 个传感器产生 $N=2$ 组 LOB 测量值时的情况，显然这也可以自然地推广到 $N>2$ 的情况。

5.9.5　航线误差的影响

三角测量定位估计中另一个误差来源与传感器自身的定位有关。Manolakis 和 Cox 在文献[44]中分析了传感器自身方位数据中存在的误差对三维目标定位的影响，尽管它们主要关心的并不是这个问题。它们研究的是根据测距仪(Distance Measuring Equipment, DME)到被测飞行器的距离差对飞行器进行定位时，距离差估计精度对定位精度的影响问题，这里的分析与文献[45]基本相同。

如图 5.9－4 所示，假设 $\boldsymbol{x}_i=[x_i \quad y_i \quad z_i]^{\mathrm{T}}$ 为传感器 i 的坐标向量，$\boldsymbol{x}_T=[x_T \quad y_T \quad z_T]^{\mathrm{T}}$ 为目标的坐标向量，$R_j(j=0, 1, 2, 3)$为目标距离各观测站之间的距离，$\rho_i(i=1, 2, 3)$为主站和从站之间的距离差，即 $\rho_i=c\cdot\mathrm{TDOA}_i$，其中 TDOA_i 为辐射源信号到达主站和从站 i 的时间差。距离差 ρ_i 的方程可以表示为目标位置 $\boldsymbol{x}_T$ 的函数，即 $f_i(\boldsymbol{x}_T)$为传感器 i 的系统测量方程

$$f_i(\boldsymbol{x}_T) = R_0 - R_i - \rho_i = 0 \tag{5.9-34}$$

其中

$$R_j = \sqrt{(x_T - x_j)^2 + (y_T - y_j)^2 + (z_T - z_j)^2} \qquad j = 0, 1, 2, 3 \tag{5.9-35}$$

为了求解目标的三个位置参数，至少需要形如(5.9－34)的三个独立方程，故至少需要四个远距离观测站。在每一时刻，系统有三个 TDOA 量测，故利用矩阵形式表示的系统量测方程为

$$f(\boldsymbol{x}_T) = \boldsymbol{0} \tag{5.9-36}$$

其中

$$f(\boldsymbol{x}_T) = [f_1(\boldsymbol{x}_T) \quad f_2(\boldsymbol{x}_T) \quad f_3(\boldsymbol{x}_T)]^{\mathrm{T}} \tag{5.9-37}$$

将式(5.9－36)进行泰勒展开，将展开式中的线性部分(一次项)以后的项忽略可得

$$f(\boldsymbol{x}_T) \approx f|_{\boldsymbol{x}_{T0}} + G|_{\boldsymbol{x}_{T0}}(\boldsymbol{x}_T - \boldsymbol{x}_{T0}) \tag{5.9-38}$$

这里符号 $f|_{\boldsymbol{x}_{T0}}$ 和 $G|_{\boldsymbol{x}_{T0}}$ 分别表示 f 和 G 在 $\boldsymbol{x}_{T0}$ 处的取值。在式(5.9－38)中

$$\boldsymbol{G} = \frac{\partial f}{\partial \boldsymbol{x}_T} \tag{5.9-39}$$

为雅可比矩阵。

目标位置的计算是一个反复迭代的过程，设估计初值为 $\boldsymbol{x}_{T0}$，则新的位置估计可根据式(5.9-36)和式(5.9-38)得出

$$\boldsymbol{x}_T \approx \boldsymbol{x}_{T0} - G^{-1} f \mid_{\boldsymbol{x}_{T0}} \tag{5.9-40}$$

该估计值可以作为新的初始值，代替 $\boldsymbol{x}_{T0}$ 并进行再次迭代来获得更好的估计值。不断进行迭代直到收敛。

记测得的传感器 j 的坐标向量为$[x_{Sj} \quad y_{Sj} \quad z_{Sj}]^{\mathrm{T}}$，相应的测量误差为$[\delta_{xj} \quad \delta_{yj} \quad \delta_{zj}]^{\mathrm{T}}$，$j=0, 1, 2, 3$。记传感器在 x 方向上的真实坐标向量为 $\boldsymbol{p}_x$，同样分别用 $\boldsymbol{p}_y$、$\boldsymbol{p}_z$ 表示传感器在 y 和 z 方向上的真实坐标向量，于是有

$$\boldsymbol{p}_x = [x_0 \quad x_1 \quad x_2 \quad x_3]^{\mathrm{T}},\ \boldsymbol{p}_y = [y_0 \quad y_1 \quad y_2 \quad y_3]^{\mathrm{T}},\ \boldsymbol{p}_z = [z_0 \quad z_1 \quad z_2 \quad x_3]^{\mathrm{T}}$$

记测得的传感器在 x 方向上的坐标向量为 $\boldsymbol{p}_{Sx}$，则 $\boldsymbol{p}_{Sx}=[x_{S0} \quad x_{S1} \quad x_{S2} \quad x_{S3}]^{\mathrm{T}}$。同理有

$$\boldsymbol{p}_{Sy} = [y_{S0} \quad y_{S1} \quad y_{S2} \quad y_{S3}]^{\mathrm{T}},\ \boldsymbol{p}_{Sz} = [z_{S0} \quad z_{S1} \quad z_{S2} \quad z_{S3}]^{\mathrm{T}}$$

最后，记坐标测量时的误差向量为 $\delta \boldsymbol{p} x_{S1}$，则有

$$\delta \boldsymbol{p}_{Sx} = [\delta_{x0} \quad \delta_{x1} \quad \delta_{x2} \quad \delta_{x3}]^{\mathrm{T}},\ \delta \boldsymbol{p}_{Sy} = [\delta_{y0} \quad \delta_{y1} \quad \delta_{y2} \quad \delta_{y3}]^{\mathrm{T}},\ \delta \boldsymbol{p}_{Sz} = [\delta_{z0} \quad \delta_{z1} \quad \delta_{z2} \quad \delta_{z3}]^{\mathrm{T}}$$

显然，

$$\boldsymbol{p}_{Si} = \boldsymbol{p}_i + \delta \boldsymbol{p}_i \qquad i \in \{x, y, z\} \tag{5.9-41}$$

记所有坐标值的向量为 $\boldsymbol{p}=[\boldsymbol{p}_x^{\mathrm{T}} \quad \boldsymbol{p}_y^{\mathrm{T}} \quad \boldsymbol{p}_z^{\mathrm{T}}]^{\mathrm{T}}$，这样，如果 $\boldsymbol{p}_x$ 是 4×1 矩阵，那么 $\boldsymbol{p}$ 就是 12×1 矩阵。$\boldsymbol{p}_S$ 和 $\delta\boldsymbol{p}$ 的情况类似。

由传感器自身位置误差造成的目标定位误差可表示为 $\boldsymbol{\varepsilon}=[\varepsilon_x \quad \varepsilon_y \quad \varepsilon_z]^{\mathrm{T}}$ 和

$$\varepsilon = \boldsymbol{x}'_{x_T} - \boldsymbol{x}_T \tag{5.9-42}$$

其中 $\boldsymbol{x}'_{x_T}$ 为利用式(5.9-40)估计的目标位置，其中分别利用了 f 和 G 在$(\boldsymbol{x}_{T0}, \boldsymbol{p}_S)$处的估计值，即

$$\boldsymbol{x}'_{x_T} = \boldsymbol{x}_{T0} - G^{-1} f \mid_{(\boldsymbol{x}_{T0},\ \boldsymbol{p}_S)} \tag{5.9-43}$$

为目标位置的估计。

因此，传感器自身的位置坐标也应当包含在式(5.9-36)中，于是有

$$f(\boldsymbol{x}_T, \boldsymbol{p}) \approx f + G(\boldsymbol{x}_T - \boldsymbol{x}_{T0}) \mid_{(\boldsymbol{x}_{T0},\ \boldsymbol{p}_S)} + \left(\frac{\partial f}{\partial \boldsymbol{p}}\right)^{\mathrm{T}} \delta \boldsymbol{p} \mid_{(\boldsymbol{x}_{T0},\ \boldsymbol{p}_S)} \tag{5.9-44}$$

因此，新的 $\boldsymbol{x}_T$ 的值为

$$\boldsymbol{x}_T = \boldsymbol{x}_{T0} - G^{-1} f \mid_{(\boldsymbol{x}_{T0},\ \boldsymbol{p}_S)} - G^{-1} \left(\frac{\partial f}{\partial \boldsymbol{p}}\right)^{\mathrm{T}} \delta \boldsymbol{p} \mid_{(\boldsymbol{x}_{T0},\ \boldsymbol{p}_S)} \tag{5.9-45}$$

或

$$\boldsymbol{x}_T = \boldsymbol{x}'_{T0} - G^{-1} \left(\frac{\partial f}{\partial \boldsymbol{p}}\right)^{\mathrm{T}} \delta \boldsymbol{p} \mid_{(\boldsymbol{x}_{T0},\ \boldsymbol{p}_S)} \tag{5.9-46}$$

所以有

$$\varepsilon = -G^{-1} \left(\frac{\partial f}{\partial \boldsymbol{p}}\right)^{\mathrm{T}} \delta \boldsymbol{p} \mid_{(\boldsymbol{x}_{T0},\ \boldsymbol{p}_S)} \tag{5.9-47}$$

前面已经讨论过基于三角定位的广义方位角法，现在来考察这种定位方法中传感器自身位置误差对定位的影响，如图 5.6-1 所示。系统方程为

$$f_i(\boldsymbol{x}_T, \boldsymbol{p}_i) = 0 = \arctan \frac{\sqrt{(x_T - x_i)^2 + (z_T - z_i)^2}}{(y_T - y_i)^2} - \alpha_i \tag{5.9-48}$$

其中 α_i 表示测得的从 $\boldsymbol{x}_i$ 到 $\boldsymbol{x}_T$ 的广义方位角。于是

$$
\begin{aligned}
f_i(x_{T0}+\delta x,\ y_{T0}+\delta y,\ z_{T0}+\delta z,\ \boldsymbol{p}_i) = & f_i(x_{T0},\ y_{T0},\ z_{T0},\ \boldsymbol{p}_i) \\
& + \left(\delta x\frac{\partial}{\partial x_T}+\delta y\frac{\partial}{\partial y_T}+\delta z\frac{\partial}{\partial z_T}\right) \\
& \times f_i(x_T,\ y_T,\ z_T,\ \boldsymbol{p}_i)
\end{aligned}
\tag{5.9-49}
$$

式中

$$
f_i(x_{T0},\ y_{T0},\ z_{T0},\ \boldsymbol{p}_i)=\arctan\frac{\sqrt{(x_{T0}-x_i)^2+(z_{T0}-z_i)^2}}{(y_{T0}-y_i)^2}-\alpha_i \tag{5.9-50}
$$

$$
\frac{\partial f_i}{\partial x_T}=\frac{(x_T-x_i)(y_T-y_i)}{(x_T-x_i)^2+(y_T-y_i)^2+(z_T-z_i)^2}\frac{1}{\sqrt{(x_T-x_i)^2+(z_T-z_i)^2}} \tag{5.9-51}
$$

$$
\frac{\partial f_i}{\partial y_T}=\frac{\sqrt{(x_T-x_i)^2+(z_T-z_i)^2}}{\sqrt{(x_T-x_i)^2+(y_T-y_i)^2+(z_T-z_i)^2}} \tag{5.9-52}
$$

$$
\frac{\partial f_i}{\partial z_T}=\frac{(z_T-z_i)(y_T-y_i)}{(x_T-x_i)^2+(y_T-y_i)^2+(z_T-z_i)^2}\frac{1}{\sqrt{(x_T-x_i)^2+(z_T-z_i)^2}} \tag{5.9-53}
$$

它们都是在 $x_T=x_{T0}$，$y_T=y_{T0}$ 和 $z_T=z_{T0}$ 的情况下求得的。

这里，雅可比矩阵为

$$
\boldsymbol{G}\big|_{x_{T0}}=\frac{\partial f}{\partial \boldsymbol{x}_T}\bigg|_{x_{T0}}\triangleq
\begin{bmatrix}
\frac{\partial f_1}{\partial x_T}\Big|_{\substack{x_T=x_{T0}\\ i=1}} & \frac{\partial f_2}{\partial x_T}\Big|_{\substack{x_T=x_{T0}\\ i=2}} & \frac{\partial f_3}{\partial x_T}\Big|_{\substack{x_T=x_{T0}\\ i=3}} \\
\frac{\partial f_1}{\partial y_T}\Big|_{\substack{x_T=x_{T0}\\ i=1}} & \frac{\partial f_1}{\partial y_T}\Big|_{\substack{x_T=x_{T0}\\ i=2}} & \frac{\partial f_1}{\partial y_T}\Big|_{\substack{x_T=x_{T0}\\ i=3}} \\
\frac{\partial f_1}{\partial z_T}\Big|_{\substack{x_T=x_{T0}\\ i=1}} & \frac{\partial f_1}{\partial z_T}\Big|_{\substack{x_T=x_{T0}\\ i=2}} & \frac{\partial f_1}{\partial z_T}\Big|_{\substack{x_T=x_{T0}\\ i=3}}
\end{bmatrix}
\tag{5.9-54}
$$

矩阵中 $\partial fi/\partial x_T\big|_{\substack{x_T=x_{T0}\\ i=k}}$ 由式(5.9-51)确定，$\partial fi/\partial y_T\big|_{\substack{x_T=x_{T0}\\ i=k}}$ 由式(5.9-52)确定，$\partial fi/\partial z_T\big|_{\substack{x_T=x_{T0}\\ i=k}}$ 由式(5.9-53)确定。

f 关于 $\boldsymbol{p}$ 的导数为

$$
\frac{\partial f}{\partial \boldsymbol{p}}\triangleq
\begin{bmatrix}
\frac{\partial f_1}{\partial \boldsymbol{p}_x} & \frac{\partial f_2}{\partial \boldsymbol{p}_x} & \frac{\partial f_3}{\partial \boldsymbol{p}_x} \\
\frac{\partial f_1}{\partial \boldsymbol{p}_y} & \frac{\partial f_2}{\partial \boldsymbol{p}_y} & \frac{\partial f_3}{\partial \boldsymbol{p}_y} \\
\frac{\partial f_1}{\partial \boldsymbol{p}_z} & \frac{\partial f_2}{\partial \boldsymbol{p}_z} & \frac{\partial f_3}{\partial \boldsymbol{p}_z}
\end{bmatrix}
=
\begin{bmatrix}
\frac{\partial f_1}{\partial x_1} & & \frac{\partial f_1}{\partial y_1} & & \frac{\partial f_1}{\partial z_1} & & \\
& \frac{\partial f_2}{\partial x_2} & & \frac{\partial f_2}{\partial y_2} & & \frac{\partial f_2}{\partial y_2} & \\
& & \frac{\partial f_3}{\partial x_3} & & \frac{\partial f_3}{\partial y_3} & & \frac{\partial f_3}{\partial z_3}
\end{bmatrix}
\tag{5.9-55}
$$

其中

$$
\frac{\partial f_j}{\partial x_i}=\begin{cases}
\dfrac{(x_T-x_i)(y_T-y_i)}{(x_T-x_i)^2+(y_T-y_i)^2+(z_T-z_i)^2}\dfrac{1}{\sqrt{(x_T-x_i)^2+(z_T-z_i)^2}} & i=j \\
0 & i\neq j
\end{cases}
\tag{5.9-56}
$$

$$\frac{\partial f_j}{\partial y_i}=\begin{cases}\dfrac{\sqrt{(x_T-x_i)^2+(z_T-z_i)^2}}{\sqrt{(x_T-x_i)^2+(y_T-y_i)^2+(z_T-z_i)^2}} & i=j \\ 0 & i\neq j\end{cases} \tag{5.9-57}$$

$$\frac{\partial f_j}{\partial z_i}=\begin{cases}\dfrac{(z_T-z_i)(y_T-y_i)}{(x_T-x_i)^2+(y_T-y_i)^2+(z_T-z_i)^2}\dfrac{1}{\sqrt{(x_T-x_i)^2+(z_T-z_i)^2}} & i=j \\ 0 & i\neq j\end{cases} \tag{5.9-58}$$

这些导数都是在 $\boldsymbol{x}_T=\boldsymbol{x}_{T0}$ 时求得的。如果有必要，在利用式(5.9-46)更新目标位置的估计值后，可以迭代执行上述过程。

参考文献

［1］ Richard A Poisel. Electronic Warfare Target Location Methods［M］. Artech House, 2005.

［2］ Jenkins H H. Small Aperture Radio Direction Finding［M］. Norwood, MA: Artech House, 1991: 185.

［3］ Cadzow J A. Signal Processing via Least Squared Error Modeling［J］. IEEE ASSP Magazine, 1990, 7(4): 12-31.

［4］ Mendel J M. Lessons in Estimation Theory for Signal Processing, Communications, and Control［M］. Englewood Cliffs, NJ: Prentice-Hall, 1995: 115-117.

［5］ Golub G H, C F Van Loan. An Analysis of the Total Least-squared Problem［J］, SIAM Journal on Numerical Analysis, 1980, 17: 883-893.

［6］ Brown R M. Emitter Location using Bearing Measurements from Moving Platform［R］. NRL Report 8483, Naval Reasearch Laboratory, Washington, DC, 1981.

［7］ Poisel R A. Introduction to Communication Electronic Warfare Systems［M］. Norwood, MA: Artech House, 2002: 384-388.

［8］ Sage A P, J L Melsa. Estimation Theory with Applications to Communications and Control［M］. New York: McGraw Hill, 1971: 244-245.

［9］ Poirot J L, M S Smith. Moving Emitter Classification［J］. IEEE Transactions on Aerospace and Electronic Systems, 1976, 12(2): 255-269.

［10］ Poirot J L, G V McWilliams. Application of Linear Statistical Models to Radar Location Techniques［J］. IEEE Transactions on Aerospace and Electronic Systems, 1974, 10(6): 830-834.

［11］ Pages-Zamora, A J Vidal, D Brooks. Closed-form Solution for Positioning Based on Angle of Arrival Measurements［CC］// PIMRC 2002.

［12］ Rao K D, D C Reddy. A New Method for Finding Electromagnetic Emitter Location［J］. IEEE Transactions on Aerospace and Electronic Systems, 1994, 30(4): 1080-1085.

[13] Kalman R E. A New Approach to Linear Filtering and Prediction Problem[J]. Transactions of the ASME-Journal of Basic Engineering, 82(1): 35-45.

[14] Aidala V J. Kalman Filter Behavior in Bearing-only Tracking Application[J]. IEEE Transactions on Aerospace and Electronic Systems, 1979, 15(1): 29-39.

[15] Spingarn K. Passive Position Location Estimation Using the Extended Kalman Filter[J]. IEEE Transactions on Aerospace and Electronic Systems, 1987, 23(4): 558-567.

[16] Kalaba R, Spingarn K. Control, Identification, and Input Optimization[M]. New York: Plenum Press, 1982.

[17] Maybeck P S. Stochastic Models, Estimation, and Control, vol. 2[M]. New York: Academic Press, 1982.

[18] Gelb A. Applied Optimal Estimation[M]. Cambridge, Mass.: MIT Press, 1974.

[19] Jazwinski A H. Stochastic Processes and Filtering Theory[M]. New York: Academic Press, 1970.

[20] Ljung L, Soderstrom T. Theory and Practice of Recursive Identification[M]. Cambridge, MA: The MIT Pree, 1986.

[21] Julier S J, J K Uhlmann. A New Extension of the Kalman Filter to Nonlinear Systems[C]// Proceedings of AeroSense: the 11th International Symposium on Aerospace/Defense Sensing, Simulation, and Controls, 1997.

[22] Elsaesser D S, R G Brown. The Eiscrete Probability Density Method for Emitter Geo-Location (U), Denfense Research & Development Canada, Ottawa Technical Memorandum 2003-068, 2003.

[23] Simon M K, M S Alouini. Digital Communication over Fading Channels[M]. New York: Wiley, 2000: 51.

[24] Deutsch R. Estimation Theory[M]. Englewood Cliffs, N J: Prectice-Hall Inc, 1965.

[25] Hartley H O. The Modified Gauss-Newton Method for Fitting of Non-linear Regression Function by Least Squares[J]. Technometrics, 1961, 3(2): 269-280.

[26] Paradowski L. Unconventional Algorithm for Emitter Location in Three Dimensional Space Using Data from Two Dimensional Direction Finding[C]// Proceedings of the IEEE 1994 National Aerospace and Electronic Systems Conference, NAECON 1994, 1994: 246-250.

[27] Paradowski L. Generalized Estimation Method of Object Position in the Three-dimensional Space for Multistatic Electronic Systems[J]. Part II. Progress of Cybernetics, 1987, 10(3): 13-37.

[28] Childs D R, Coffey D M, Travis S P. Error Measures for Normal Random Variables[J]. IEEE Transactions on Aerospace and Electronic Systems, 1978, 14(1): 64-68.

[29] Levanon N. Interferometry against Differential Doppler: Performance Comparison of Two Emitter Location Airborne System[J]. Radar and Signal Processing, IEE

Proceedings, 1989, 136(2): 70-74.

[30] Gavish M, A J Weiss. Performance Analysis of Bearing-only Target Location Algorithms[J]. IEEE Transactions on Aerospace and Electronic Systems, 1992, 28(3): 817-828.

[31] Stansfield R G. Statistical Theory of DF Fixing[J]. Journal of IEE, Part IIIA, 1947, 15: 762-770.

[32] 刘忠，周丰，石章松，等. 纯方位目标运动分析[M]. 北京：国防工业出版社，2009.

[33] Levine J, Marino R. Constant-speed Target Tracking via Bearing-only Measurements[J]. IEEE Transactions on Aerospace and Electronic System, 1992, 28(1): 175-182.

[34] Gething P J D. Radio Direction Finding and Resolution of Multicomponent Wave-fields[M]. London: Peter Peregrinus, Ltd, 1978: 271-275.

[35] Fu S J, J L Vian, D L Grose. Detemination of Ground Emitter Location[J]. IEEE Aerospace and Electronic Systems Magazine, 1988. 15-18.

[36] Hammel S E, V J Aidala. Observability Requirements for Three-dimensional Tracking via Angle Measurements[J]. IEEE Transactions on Aerospace and Electronic Systems, 1985, 21(2): 200-207.

[37] Torrieri D J. Statistical Theory of Passive Location System[J]. IEEE Transactions on Aerospace and Electronic Systems, 1984, 20(2): 183-198.

[38] Gavish M, E Fogel. Effect of Bias on Bearing-only Target Location[J]. IEEE Transactions on Aerospace and Electronic Systems, 1990, 26(1): 22-26.

[39] Sage A P, Melsa J L. Estimation Theorn with Applications to Communications and Control[M]. New York: McGraw-Hill, 1971.

[40] Mangel M. Three Bearing Method for Passive Triangulation in Systems with Unknown Deterministic Biases[J]. IEEE Trans. Aerosp. Electron. Syst., 1981, 17: 814.

[41] Ancker C J. Airborne Direction Finding-The theory of Navigation Errors[J]. IRE Trans. Aeronaut. Navig. Electron., 1958, 5: 199.

[42] McCabe H, M Al-Samara. Application of a Sensor Fusion Algorithm to Nonlinear Data Containing Nonstationary, Multiplicative Noise of Unknown Distribution [C]// Proceedings of the 33rd Conference on Decision and Control, Lake Buena Vista, FL, 1994: 1205-1206.

[43] McCabe H. Minimum Trace Fusion of N Sensors with Arbitrarily Correlated Sensor-to-sensor Fusion[C]// IFAC International Symposium on Distributed Intelligence Systems, Arlington VA, 1991: 229-234.

[44] Manolakis D E, M E Cox. Effect in Range Difference Position Estimation due to Stations' Position Errors[J]. IEEE Transactions on Aerospace and Electronic Systems, 1998, 34(1): 328-334.

[45] Wang Y, K Ikeda, K Nakayama. Computational Complexity Reduction of Predictor

Based Least-squared Algorithm and Its Numerical Property[C]// Proceedings of the International Conference on Information, Communications, and Signal Processing, ICICS, 1997, Singapore, 1997: 259-268.

[46] Rao Y N, J C Principle. Efficient Total Least-squared Method for System Modeling Using Minor Component Analysis[C]// Proceedings of 2002 IEEE Workshop on Neural Networks for Signal Processing, 2002: 259-268.

[47] Mendel J M. Computational Requirements for a Discrete Kalman Filter[J]. IEEE Transactions on Automatic Control, 1971, 16(6): 748-758.

第六章　二 次 定 位

文献[1]中在二次定位中主要讨论了三种目标位置估计技术：基于 TOA(Time of Arrive)的方位估计技术，基于 TDOA(Time Differences of Arrive)的方位估计技术和基于频差也称差分多普勒(Differential Doppler，DD)的方位估计技术。

可使用两个或两个以上分散配置的传感器测得的 TOA 或 TDOA(这里用 τ 表示)进行辐射源定位，根据 TOA 或 TDOA 求得的目标位置线一般为二次曲线。通常取各位置曲线的交点作为辐射源的位置估计。这些交点的计算可能非常烦琐和复杂，需要在很大的参数空间中进行搜索。

从原理上来看，这类位置估计方法的主要优点是：

(1) 采用该方法时，每个传感器通常只需要安装单天线，而干涉仪定位法及类似的处理方法通常要求传感器安装有天线阵列，因为这些方法是根据多条 LOB 的交点定位的。

(2) 采用这种方法通常能实现更高的精确度和准确度。

另一方面，这种方法也有一些不足之处：通常情况下，采用这种方法处理非脉冲调制信号时需要原始数据样值。这就要求在传感器平台之间或传感器平台与数据处理站之间的互联数据链路具有很大的带宽。脉冲信号环境下一般来说不存在这种问题，比如雷达定位、数字数据信号定位等，因为对于这些信号来说，信号的起止(例如，脉冲上升沿)是能够被确定的。

6.1　TDOA 定位技术

我们可以根据多个传感器测得的信号到达时间确定目标的空间位置。尽管可以直接利用这些时间信息定位，但本章主要介绍基于时差信息的定位技术，这里的时差指信号到达测量传感器和到达参考传感器的时间差。

TOA 技术也可用于定位，而且这种技术已经使用了很多年。劳兰(Loran)等远距离无线电导航系统根据 TOA 定位海上的飞机和轮船。文献[2]给出了一种基于 TDOA 的定位技术，且获得了位置的闭式估计结果。Rusu 等人的研究表明 TDOA 和 TOA 方法是等价的[3]。Shin 和 Sung 的研究表明 TOA 和 TDOA 方法具有相同的误差性能[4]，它们的精度因子是完全相同的。而这里仅关注基于 TDOA 的定位处理方法。

6.1.1　TDOA

图 6.1-1 是 TDOA 计算中的节点分布图，为说明方便，这里仅考虑了只有两个接收

系统的情况。由于收发信系统可能具有一定的高度，因此一般来说 r_1 和 r_2 是辐射源和传感器系统间的斜向距离。但在以下的初步分析中，先只考虑二维的情况。

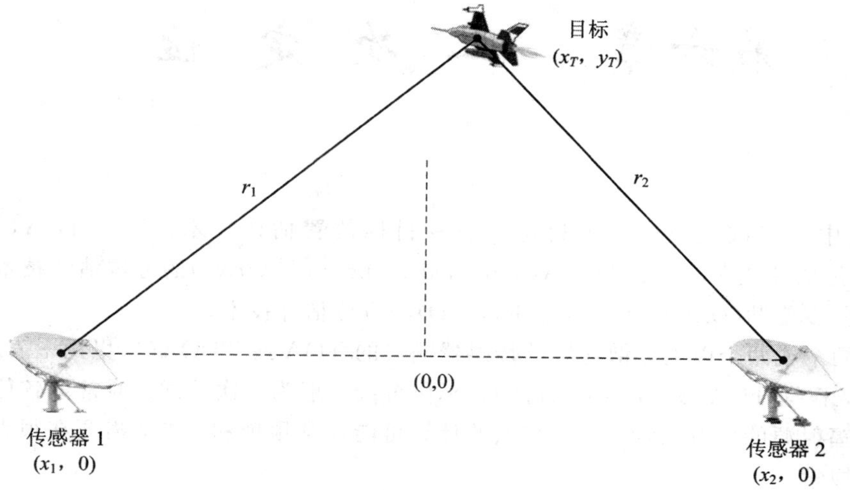

图 6.1-1　TDOA 计算中的节点分布

在恒速媒质中，距离可以通过下式求得

$$r_i = ct_i \qquad i = 1, 2 \tag{6.1-1}$$

这里 c 是信号传播的速度，对通信信号来说，一般假设该速度为光速，t_i 为信号从辐射源出发到达传感器的时间。

设 τ 为信号到达两个接收站的时间差，则

$$\tau = t_2 - t_1 = \frac{r_2}{c} - \frac{r_1}{c} = \frac{1}{c}(r_2 - r_1) \tag{6.1-2}$$

由图 6.1-1 可得

$$r_i = \sqrt{(x_T - x_i)^2 + y_T^2} \qquad i = 1, 2 \tag{6.1-3}$$

从而

$$\begin{aligned}\Delta r = r_2 - r_1 &\overset{\Delta}{=} h(x_T, y_T, \boldsymbol{x}_R, \boldsymbol{y}_R) \\ &= \sqrt{(x_T - x_2)^2 + y_T^2} - \sqrt{(x_T - x_1)^2 + y_T^2}\end{aligned} \tag{6.1-4}$$

其中 $\boldsymbol{x}_R$ 和 $\boldsymbol{y}_R$ 为传感器的横、纵坐标向量。令 d 表示基线长度(传感器之间的距离)，则

$$d = | x_2 - x_1 | \tag{6.1-5}$$

由式(6.1-4)可得

$$\sqrt{(x - x_2)^2 + y^2} = \Delta r + \sqrt{(x - x_1)^2 + y^2} \tag{6.1-6}$$

两边平方，得

$$(x - x_2)^2 + y^2 = (\Delta r)^2 + (x - x_1)^2 + y^2 + 2\Delta r \sqrt{(x - x_1)^2 + y^2} \tag{6.1-7}$$

化简得

$$x_2^2 - x_1^2 - (\Delta r)^2 - 2(x_2 - x_1)x = 2\Delta r \sqrt{(x - x_1)^2 + y^2} \tag{6.1-8}$$

两边再平方，可得

$$[x_2^2 - x_1^2 - (\Delta r)^2]^2 + 4(x_2 - x_1)^2 x^2 - 4(x_2^2 - x_1^2 - (\Delta r)^2)(x_2 - x_1)x$$
$$= 4(\Delta r)^2(x^2 + x_1^2 - 2x_1 x + y^2) \tag{6.1-9}$$

整理有

$$[x_2^2 - x_1^2 - (\Delta r)^2]^2 - 4(\Delta r)^2 x_1^2 + 4[(x_2 - x_1)^2 - (\Delta r)^2]x^2$$
$$- 4[(x_2^2 - x_1^2 - (\Delta r)^2)(x_2 - x_1) - 2(\Delta r)^2 x_1]x - 4(\Delta r)^2 y^2 = 0 \tag{6.1-10}$$

对上式进行配方，可整理成形如$(x-x_0)^2/a^2-(y-y_0)^2/b^2=1$的双曲线标准方程形式。

为了简化分析，假设两观测站关于原点对称，即有

$$\left.\begin{aligned} x_2 - x_1 &= d \\ x_2 + x_1 &= 0 \\ x_2 &= \frac{d}{2} \\ x_1 &= -\frac{d}{2} \end{aligned}\right\} \tag{6.1-11}$$

则式(6.1-10)可以进一步简化为

$$(\Delta r)^4 - (\Delta r)^2 d^2 + 4(d^2 - (\Delta r)^2)x^2 - 4(\Delta r)^2 y^2 = 0 \tag{6.1-12}$$

进行变形、整理可得如下的标准双曲线形式

$$\frac{x^2}{a^2} - \frac{y^2}{b^2} = \frac{x^2}{(\Delta r)^2/4} - \frac{y^2}{(d^2 - (\Delta r)^2)/4} = 1 \tag{6.1-13}$$

这里所得到的位置线称为等时差线，因为它表示空间中到达两个传感器的时间差为$\tau=\Delta r/c$的所有点。等时差线上的任何点都是目标的可能位置。

假设(X, Y)为传感器的全局坐标(global coordinates)，而(x, y)为传感器在图6.1-1所示坐标中的局部坐标(local coordinates)，则

$$\begin{bmatrix} X \\ Y \end{bmatrix} = \begin{bmatrix} X_0 \\ Y_0 \end{bmatrix} + D\begin{bmatrix} \cos\alpha & -\sin\alpha \\ \sin\alpha & \cos\alpha \end{bmatrix}\begin{bmatrix} x \\ y \end{bmatrix} \tag{6.1-14}$$

其中

$$X_0 = \frac{X_1 + X_2}{2}, \qquad Y_0 = \frac{Y_1 + Y_2}{2} \tag{6.1-15}$$

$$D = \sqrt{(Y_2 - Y_1)^2 + (X_2 - X_1)^2} \tag{6.1-16}$$

$$\begin{bmatrix} x \\ y \end{bmatrix} = \frac{1}{D}\begin{bmatrix} \cos\alpha & \sin\alpha \\ -\sin\alpha & \cos\alpha \end{bmatrix}\begin{bmatrix} X - X_0 \\ Y - Y_0 \end{bmatrix} \tag{6.1-17}$$

$$\alpha = \arctan\left(\frac{Y_2 - Y_1}{X_2 - X_1}\right) \tag{6.1-18}$$

式(6.1-14)即为空间传感器的坐标转换公式。

6.1.2 基于 TDOA 的定位

考虑如图6.1-2所示的三维空间分布。不失一般性，假设共有$M+1$个传感器，其中第一个编号为0的参考传感器位于原点，而其他的传感器依次编号为1, 2, …, M。这里主要采用文献[5]中的分析方法，Mellen等人给出了另类的推导过程[6]。

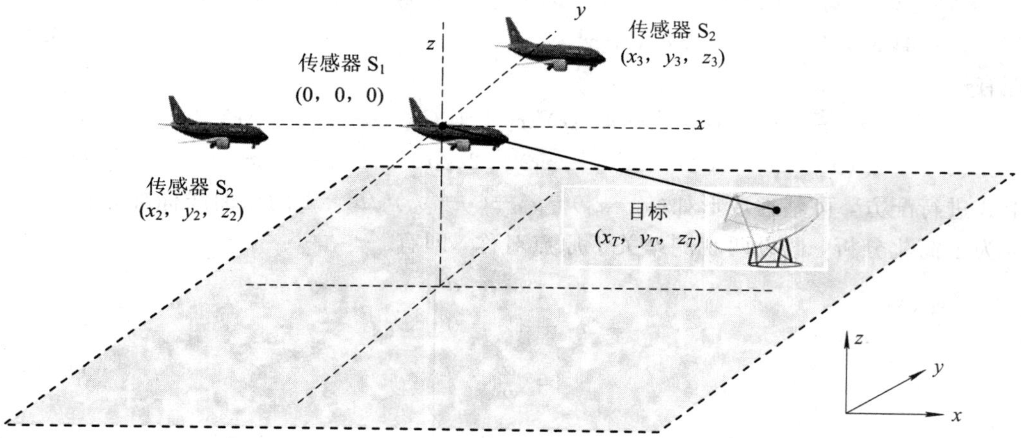

图 6.1-2　TDOA 定位的几何示意图

假设系统可利用的测量结果为信号到达第 i 个传感器与到达参考站的时间差 τ_i。如果假设参考站位于原点，则第 i 个传感器的测量结果可表示为

$$(x_T - x_i)^2 + (y_T - y_i)^2 + (z_T - z_i)^2 = c^2(\tau_i + t_0)^2 \tag{6.1-19}$$

其中 t_0 为信号到达位于原点(0, 0, 0)的参考传感器的时间，它是未知的，目标点的位置坐标为 $\boldsymbol{x}=[x_T, y_T, z_T]^{\mathrm{T}}$，而第 i 个传感器的位置坐标为 $\boldsymbol{x}_{Si}=[x_i, y_i, z_i]^{\mathrm{T}}$。对于参考传感器有

$$x_T^2 + y_T^2 + z_T^2 = (ct_0)^2 = r_0^2 = \|\boldsymbol{x}\|_2^2 = \boldsymbol{x}^{\mathrm{T}}\boldsymbol{x} \tag{6.1-20}$$

其中 $\|\boldsymbol{x}\|_2$ 表示 $\boldsymbol{x}$ 的 L_2 范数。

对于三维空间的无源定位，由于有四个未知参数 x_T、y_T、z_T 和 t_0，所以必须至少具有四个如式(6.1-19)的方程才可能获得空间目标的位置参数。

对式(6.1-19)进行展开可得

$$x_T^2 - 2x_T x_i + x_i^2 + y_T^2 - 2y_T y_i + y_i^2 + z_T^2 - 2z_T z_i + z_i^2 = (c\tau_i)^2 + (ct_0)^2 + 2c^2\tau_i t_0 \tag{6.1-21}$$

再由 $ct_0 = \sqrt{x_T^2 + y_T^2 + z_T^2}$，可得

$$x_T x_i + y_T y_i + z_T z_i + c\tau_i\sqrt{x_T^2 + y_T^2 + z_T^2} = -\frac{1}{2}(c\tau_i)^2 + \frac{1}{2}(x_i^2 + y_i^2 + z_i^2) \tag{6.1-22}$$

因此，结合式(6.1-19)和式(6.1-20)可得如下方程

$$\begin{bmatrix} x_i & y_i & z_i \end{bmatrix}\begin{bmatrix} x_T \\ y_T \\ z_T \end{bmatrix} + c\tau_i\sqrt{x_T^2 + y_T^2 + z_T^2}$$

$$= -\frac{1}{2}c^2\tau_i^2 + \frac{1}{2}(x_i^2 + y_i^2 + z_i^2) \qquad i = 1, 2, \cdots, M \tag{6.1-23}$$

将式(6.1-23)写成矩阵形式

$$\boldsymbol{A}\boldsymbol{x} + \boldsymbol{c}\|\boldsymbol{x}\|_2 = \boldsymbol{M} \tag{6.1-24}$$

其中

$$\boldsymbol{A}=\begin{bmatrix}\boldsymbol{x}_1^{\mathrm{T}}\\ \boldsymbol{x}_2^{\mathrm{T}}\\ \vdots\\ \boldsymbol{x}_M^{\mathrm{T}}\end{bmatrix}\in R^{M\times 3} \tag{6.1-25}$$

$$\boldsymbol{x}_i=[x_i,\ y_i,\ z_i]^{\mathrm{T}}\quad i=1,2,\cdots,M \tag{6.1-26}$$

$$\boldsymbol{c}=c\boldsymbol{\tau}\in R^{N\times 1} \tag{6.1-27}$$

$$\boldsymbol{\tau}=[\tau_1\quad \tau_2\quad \cdots\quad \tau_N]^{\mathrm{T}} \tag{6.1-28}$$

$$\boldsymbol{M}=\mathrm{diag}\left[\frac{1}{2}(\boldsymbol{A}\boldsymbol{A}^{\mathrm{T}}-c^2\boldsymbol{\tau}\boldsymbol{\tau}^{\mathrm{T}})\right]\in R^{M\times 1} \tag{6.1-29}$$

$R^{M\times N}$表示M个元组的集合，每个元组含有N个实数。

对于$M=3$的特殊情况，$\boldsymbol{A}$是满秩的，因此利用式(6.1-24)可得

$$\boldsymbol{x}=\boldsymbol{A}^{-1}(\boldsymbol{M}-\boldsymbol{c}\|\boldsymbol{x}\|_2) \tag{6.1-30}$$

上式给出了四个原始方程所满足的一组解。将该解代入式(6.1-20)中，可得

$$\|\boldsymbol{x}\|_2^2=\boldsymbol{x}^{\mathrm{T}}\boldsymbol{x}=[\boldsymbol{A}^{-1}(\boldsymbol{M}-\boldsymbol{c}\|\boldsymbol{x}\|_2)]^{\mathrm{T}}[\boldsymbol{A}^{-1}(\boldsymbol{M}-\boldsymbol{c}\|\boldsymbol{x}\|_2)] \tag{6.1-31}$$

令

$$\begin{cases}s=\|\boldsymbol{x}\|_2\\ \boldsymbol{\Phi}=(\boldsymbol{A}\boldsymbol{A}^{\mathrm{T}})^{-1}\end{cases} \tag{6.1-32}$$

则式(6.1-31)变为

$$(\boldsymbol{c}^{\mathrm{T}}\boldsymbol{\Phi}\boldsymbol{c}-1)s^2-2\boldsymbol{M}^{\mathrm{T}}\boldsymbol{\Phi}\boldsymbol{c}s+\boldsymbol{M}^{\mathrm{T}}\boldsymbol{\Phi}\boldsymbol{M}=0 \tag{6.1-33}$$

上式为变量s的一个标量二次方程。此处的s为目标到参考站之间的距离，且为正数。

一般来说，式(6.1-24)是超定的，因为测量值的数量通常大于该方程所需的最小数量，即$\boldsymbol{A}\in R^{M\times N}$，$M>N$。方程(6.1-24)可变形为

$$\boldsymbol{A}\boldsymbol{x}=\boldsymbol{M}-\boldsymbol{c}\|\boldsymbol{x}\|_2=f(\boldsymbol{p}) \tag{6.1-34}$$

向量$f(\boldsymbol{p})\in R^{M\times 1}$具有参数$\boldsymbol{p}$且与第五章讨论的情况一样，对任何$\boldsymbol{p}$，利用$\boldsymbol{A}$的伪逆

$$\boldsymbol{A}^{*}=(\boldsymbol{A}^{\mathrm{T}}\boldsymbol{A})^{-1}\boldsymbol{A}^{\mathrm{T}} \tag{6.1-35}$$

能够得到式(6.1-34)的最小二乘解，且该解为

$$\boldsymbol{x}^{*}=\boldsymbol{A}^{*}f(\boldsymbol{p})=\boldsymbol{A}^{*}(\boldsymbol{M}-\boldsymbol{c}\boldsymbol{p}) \tag{6.1-36}$$

该解能使残差

$$\varepsilon=\|\boldsymbol{A}\boldsymbol{x}^{*}-(\boldsymbol{M}-\boldsymbol{c}\boldsymbol{p})\|_2 \tag{6.1-37}$$

最小。

对于超定情况下，式(6.1-35)可以用于计算$\boldsymbol{\Phi}$，其中

$$\boldsymbol{\Phi}=\boldsymbol{A}(\boldsymbol{A}^{\mathrm{T}}\boldsymbol{A}\boldsymbol{A}^{\mathrm{T}}\boldsymbol{A})^{-1}\boldsymbol{A}^{\mathrm{T}} \tag{6.1-38}$$

显然，当$\boldsymbol{A}\in R^{M\times M}$，且$\mathrm{rank}(\boldsymbol{A})=M$时，上式中的$\boldsymbol{\Phi}$将退化为式(6.1-32)。

对于非线性方程(6.1-34)，也可以利用迭代梯度搜索方法进行求解。首先形成误差矢量

$$\boldsymbol{e}=\boldsymbol{A}\boldsymbol{x}-(\boldsymbol{M}-\boldsymbol{c}\|\boldsymbol{x}\|_2) \tag{6.1-39}$$

误差矢量的L_2范数可以用于形成标量代价函数，即等于式(6.1-37)表示的残差的平方。

$$\xi=\boldsymbol{e}^{\mathrm{T}}\boldsymbol{e}=[\boldsymbol{A}\boldsymbol{x}-(\boldsymbol{M}-\boldsymbol{c}\|\boldsymbol{x}\|_2)]^{\mathrm{T}}[\boldsymbol{A}\boldsymbol{x}-(\boldsymbol{M}-\boldsymbol{c}\|\boldsymbol{x}\|_2)] \tag{6.1-40}$$

当标量ξ关于矢量$\boldsymbol{x}$的偏导数等于零时，代价函数将达到最小。而ξ关于$\boldsymbol{x}$的偏导数

可以借助如下矩阵函数的求导公式

$$\frac{\partial \mathrm{tr}(\boldsymbol{A}\boldsymbol{x}\boldsymbol{B})}{\partial \boldsymbol{x}} = \boldsymbol{A}^{\mathrm{T}}\boldsymbol{B}^{\mathrm{T}}, \quad \frac{\partial \mathrm{tr}(\boldsymbol{A}\boldsymbol{x}^{\mathrm{T}}\boldsymbol{B})}{\partial \boldsymbol{x}} = \boldsymbol{B}\boldsymbol{A}, \quad \frac{\partial \|\boldsymbol{x}\|_2}{\partial \boldsymbol{x}} = \frac{\boldsymbol{x}}{\|\boldsymbol{x}\|_2} \tag{6.1-41}$$

因此，式(6.1－34)的梯度为

$$\nabla_x \xi(\boldsymbol{x}) = \frac{\partial \xi}{\partial \boldsymbol{x}} = \boldsymbol{A}^{\mathrm{T}}\boldsymbol{e} + \frac{\boldsymbol{x}}{\|\boldsymbol{x}\|_2}\boldsymbol{e}^{\mathrm{T}}\boldsymbol{c} \tag{6.1-42}$$

梯度的反方向为超平面的最速下降方向。因此，最速下降学习算法可以表示为

$$\boldsymbol{x}(k+1) = \boldsymbol{x}(k) - \mu \nabla_x \xi(\boldsymbol{x})(k+1) \tag{6.1-43}$$

其中 μ 为学习速率参数，通常选择足够小以保证算法收敛。

在有噪声的情况下，测量结果变为

$$\boldsymbol{A}\boldsymbol{x} = f(\boldsymbol{p}) + \boldsymbol{n} \tag{6.1-44}$$

其中

$$E\{\boldsymbol{n}\} = 0 \qquad E\{\boldsymbol{n}\boldsymbol{n}^{\mathrm{T}}\} = \boldsymbol{Q} \tag{6.1-45}$$

$$\boldsymbol{A}^{*} = (\boldsymbol{A}^{\mathrm{T}}\boldsymbol{Q}^{-1}\boldsymbol{A})^{-1}\boldsymbol{A}^{\mathrm{T}}\boldsymbol{Q} \tag{6.1-46}$$

如果各传感器接收到的噪声不相关且方差均为 σ_n^2，则

$$\boldsymbol{Q} = \sigma_n^2 \boldsymbol{I} \tag{6.1-47}$$

此时，式(6.1－46)将退化为式(6.1－35)。现在考虑加性噪声对二次公式的影响。结合方程(6.1－24)、(6.1－27)和(6.1－29)可得

$$\boldsymbol{A}\boldsymbol{x} + c(\boldsymbol{\tau}+\boldsymbol{n})\|\boldsymbol{x}\|_2 = \frac{1}{2}\mathrm{diag}[(\boldsymbol{A}\boldsymbol{A}^{\mathrm{T}} - c^2(\boldsymbol{\tau}+\boldsymbol{n})(\boldsymbol{\tau}+\boldsymbol{n})^{\mathrm{T}})] \tag{6.1-48}$$

再由 $s=\|\boldsymbol{x}\|_2$ 可得

$$\boldsymbol{A}\boldsymbol{x} = \frac{1}{2}\mathrm{diag}[(\boldsymbol{A}\boldsymbol{A}^{\mathrm{T}} - c^2(\boldsymbol{\tau}+\boldsymbol{n})(\boldsymbol{\tau}+\boldsymbol{n})^{\mathrm{T}})] - c(\boldsymbol{\tau}+\boldsymbol{n})s \tag{6.1-49}$$

将上式展开，并分离成无污染测量加噪声项，即

$$\boldsymbol{A}\boldsymbol{x} = \underbrace{\frac{1}{2}\mathrm{diag}(\boldsymbol{A}\boldsymbol{A}^{\mathrm{T}} - c^2\boldsymbol{\tau}\boldsymbol{\tau}^{\mathrm{T}}) - cs\boldsymbol{\tau}}_{\text{measurement}} - \underbrace{\frac{c^2}{2}\mathrm{diag}(\boldsymbol{\tau}\boldsymbol{n}^{\mathrm{T}} + \boldsymbol{n}\boldsymbol{\tau}^{\mathrm{T}} + \boldsymbol{n}\boldsymbol{n}^{\mathrm{T}}) - cs\boldsymbol{n}}_{\text{noise}} \tag{6.1-50}$$

显然，该式与式(6.1－44)的形式相似。

计算上式中噪声项的期望，可得

$$E\{\boldsymbol{v}\} = -\frac{c^2}{2}[E\{\mathrm{diag}(\boldsymbol{\tau}\boldsymbol{n}^{\mathrm{T}})\} + E\{\mathrm{diag}(\boldsymbol{n}\boldsymbol{\tau}^{\mathrm{T}})\} + E\{\mathrm{diag}(\boldsymbol{n}\boldsymbol{n}^{\mathrm{T}})\} - E\{cs\boldsymbol{n}\}] \tag{6.1-51}$$

故均值和方差可以计算如下

$$\boldsymbol{v}_0 = E\{\boldsymbol{v}\} = \frac{c^2}{2}\mathrm{diag}(\boldsymbol{Q}) \tag{6.1-52}$$

$$E\{(\boldsymbol{v}-\boldsymbol{v}_0)(\boldsymbol{v}-\boldsymbol{v}_0)^{\mathrm{T}}\} = c^2\boldsymbol{B}\boldsymbol{Q}\boldsymbol{B} \tag{6.1-53}$$

其中 $\boldsymbol{B}$ 为

$$\boldsymbol{B} = \begin{bmatrix} r_1 - ck_1 & 0 & \cdots & 0 \\ 0 & r_2 - ck_2 & \cdots & 0 \\ \vdots & \vdots & & \vdots \\ 0 & 0 & \cdots & r_M - ck_M \end{bmatrix} \tag{6.1-54}$$

式中，r_i 定义为目标到第 i 个观察站的距离，而 k_i 为第 i 个观测站的校准延迟时间。如果假设 $\boldsymbol{v}_0=\mathbf{0}$，则该最小二乘问题的解为

$$\boldsymbol{x}(r_0)=(\boldsymbol{A}^{\mathrm{T}}\boldsymbol{B}^{-1}\boldsymbol{Q}^{-1}\boldsymbol{B}^{-1}\boldsymbol{A})^{-1}\boldsymbol{A}^{\mathrm{T}}\boldsymbol{B}^{-1}\boldsymbol{Q}^{-1}\boldsymbol{B}^{-1}(M-\boldsymbol{c}r_0) \tag{6.1-55}$$

其中 $\boldsymbol{x}(r_0)$表示以未知正标量 r_0 为参数的解。矩阵 $\boldsymbol{B}$ 来自于真实解，上式的计算是不能用的。假设目标距离观测站之间的距离 r_0 远远大于观测站的坐标 d_i，即 $r_0\gg d_i$，同时假设延迟常数 k_i 可以近似为

$$k_i=\frac{d_i}{c} \tag{6.1-56}$$

则矩阵 $\boldsymbol{B}$ 的第 i 个对角元素为

$$r_i-ck_i\approx\sqrt{r_0^2-d_i^2}-d_i\approx r_0+d_i\approx r_0 \tag{6.1-57}$$

因此有 $\boldsymbol{B}\approx r_0\boldsymbol{I}$，故式(6.1-55)可简化为

$$\boldsymbol{x}(r_0)=(\boldsymbol{A}^{\mathrm{T}}\boldsymbol{Q}^{-1}\boldsymbol{A})^{-1}\boldsymbol{A}^{\mathrm{T}}\boldsymbol{Q}^{-1}(M-\boldsymbol{c}r_0) \tag{6.1-58}$$

其中 $\boldsymbol{Q}$ 为量测噪声的协方差矩阵。如果所有观测站的量测噪声服从相同分布，则上式中的 $\boldsymbol{Q}$ 将可以消掉。而参数化解的协方差为

$$\mathrm{Cov}\{\boldsymbol{x}(r_0)\}=c^2(\boldsymbol{A}^{\mathrm{T}}\boldsymbol{B}^{-1}\boldsymbol{Q}^{-1}\boldsymbol{B}^{-1}\boldsymbol{A})^{-1} \tag{6.1-59}$$

在式(6.1-49)和式(6.1-57)的假设条件下，上式可简化为

$$\mathrm{Cov}\{\boldsymbol{x}(r_0)\}=(cr_0\sigma_n)^2(\boldsymbol{A}^{\mathrm{T}}\boldsymbol{A})^{-1} \tag{6.1-60}$$

前面介绍的梯度下降算法(其中使用了泰勒级数展开技术处理非线性问题)是最精确的位置估计方法之一。采用上述方法算得的位置可能还不够精确，但这些位置数据至少可被用做梯度下降算法的初值，可采用该算法提高精度。正如前面所讲的那样，梯度下降算法可使用任何类型的测量数据。

6.1.3　非线性最小二乘

现在要解决的问题是求广义坐标系下式(6.1-4)的最优解。显然，这是一个非线性最小化问题。注意，由于测量传感器数量较大，式(6.1-4)可能是超定的。因此，在二维的情况下，目标位置(x_T, y_T)的非线性最小二乘估计为[17]

$$(\hat{x}_T, \hat{y}_T)=\arg\min_{(x_T,\, y_T)}\sum_{i>j}[\Delta r_{i,j}-h(x_T, y_T, x_i, y_i, x_j, y_j)] \tag{6.1-61}$$

为了简化符号表示，将欲求的目标位置表示为 $\boldsymbol{p}=[x_T, y_T]^{\mathrm{T}}$，则利用加权最小二乘准则(weighted least squares criterion)可将该最小化问题表示为

$$\hat{\boldsymbol{p}}=\arg\min_{\boldsymbol{p}}[\Delta\boldsymbol{r}-h(\boldsymbol{p})]^{\mathrm{T}}\boldsymbol{R}^{-1}[\Delta\boldsymbol{r}-h(\boldsymbol{p})] \tag{6.1-62}$$

其中

$$\Delta\boldsymbol{r}=[\Delta r_{1,2}\quad \Delta r_{2,2}\quad \cdots\quad \Delta r_{N-1,N}] \tag{6.1-63}$$

$$\boldsymbol{R}=\mathrm{Cov}(\Delta\boldsymbol{r}) \tag{6.1-64}$$

即 $\boldsymbol{R}$ 为 TDOA 量测的协方差矩阵，该解给出了最小方差估计(minimum variance estimate)。当 TDOA 噪声为高斯分布时，该解与最大似然估计(maximum likelihood estimate)结果一致。

假设计算得到的位置接近位置真实值 $\boldsymbol{p}_0$，则 $\Delta r=h(\boldsymbol{p}_0)+\varepsilon$，其中 ε 为 TDOA 噪声，且具有协方差 $\boldsymbol{R}=\mathrm{Cov}(\varepsilon)$，则通过泰勒级数展开并保留其中的线性分量，即 $h(\boldsymbol{p})\approx h(\boldsymbol{p}_0)+$

$h'_p(\boldsymbol{p}_0)(\boldsymbol{p}-\boldsymbol{p}_0)$。则由最小二乘理论可得

$$\mathrm{Cov}(\hat{\boldsymbol{p}}) = [\dot{h}_p(\boldsymbol{p}_0)]^{\mathrm{H}}\boldsymbol{R}[[\dot{h}_p(\boldsymbol{p}_0)]^{\mathrm{H}}]^{\mathrm{T}} \tag{6.1-65}$$

其中上标"H"表示厄密特变换或共轭转置，$\dot{h}$ 表示 h 关于 $\boldsymbol{p}$ 的导数。上式保证在较高的 SNR 条件下，$\hat{\boldsymbol{p}}$ 足够接近真实位置。如果 $\varepsilon \sim N(0, \sigma^2)$，则式(6.1-65)为 Cramer-Rao 下限。

6.1.4 根据相位数据估计 TDOA

TDOA 的精确估计是时差定位的基础，下面介绍非散射传播条件下的单路径时延估计问题[7]。

假设目标发射的信号为随机信号 $s(t)$，两个分散部署的传感器接收到的信号 $s_j(t)$ 和 $s_k(t)$ 分别为

$$s_j(t) = s(t) + n_j(t) \tag{6.1-66}$$

$$s_k(t) = As(t-\tau_{jk}) + n_k(t) \tag{6.1-67}$$

其中 A 为衰减系数，τ_{jk} 为两传感器所接收到的信号之间的相对时差。为了简化分析，假设两传感器接收信号中的噪声统计独立。则两个信号之间的互相关系数为

$$\begin{aligned}
R_{jk}(\tau) &= E\{s_j(t)s_k(t+\tau)\} \\
&= E\{[s(t)+n_j(t)][As(t+\tau-\tau_{jk})+n_k(t)]\} \\
&= E\{As(t)s(t+\tau-\tau_{jk}) + An_j(t)s(t+\tau-\tau_{jk}) \\
&\quad + s(t)n_k(t) + n_j(t)n_k(t)\} \\
&= AE\{s(t)s(t+\tau-\tau_{jk})\} + AE\{n_j(t)s(t+\tau-\tau_{jk})\} \\
&\quad + E\{s(t)n_k(t)\} + E\{n_j(t)n_k(t)\} \\
&= AE\{s(t)s(t+\tau-\tau_{jk})\} \\
&= AR_{ss}(\tau-\tau_{jk})
\end{aligned} \tag{6.1-68}$$

式中，$R_{ss}(\tau)$ 为 $s(t)$ 的自相关函数。自相关函数有两个性质，一是 $|r(\tau)| \leqslant 1$，二是 $\max\{r(\tau)\} = r(0) = 1$。因此，$r_{jk}(\tau)$ 的峰值出现在 $\tau = \tau_{jk}$ 处，如图 6.1-3 所示。

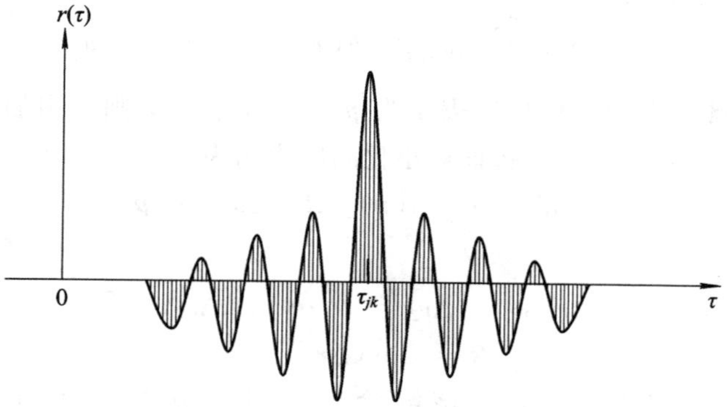

图 6.1-3　典型的自相关函数

式(6.1-68)中

$$\tau_{jk} = \frac{\Delta d}{c} \tag{6.1-69}$$

式中，$\Delta d = d_2 - d_1$ 为两目标到两传感器之间的距离差，c 为电磁波的空间传播速率。

对式(6.1-68)进行傅立叶变换，可得功率谱密度(Power Spectral Density，PSD)为

$$P_{jk}(f) = \int_{-\infty}^{\infty} R_{jk}(\tau)\mathrm{e}^{-\mathrm{j}2\pi f\tau}\mathrm{d}\tau \tag{6.1-70}$$

$$P_{jk}(f) = \int_{-\infty}^{\infty} AR_{ss}(\tau - \tau_{jk})\mathrm{e}^{-\mathrm{j}2\pi f\tau}\mathrm{d}\tau \tag{6.1-71}$$

进行变量代换，令 $\zeta = \tau - \tau_{jk}$，可得

$$\begin{aligned} P_{jk}(f) &= \int_{-\infty}^{\infty} AR_{ss}(\zeta)\mathrm{e}^{-\mathrm{j}2\pi f(\zeta+\tau_{jk})}\mathrm{d}\zeta = \int_{-\infty}^{\infty} AR_{ss}(\zeta)\mathrm{e}^{-\mathrm{j}2\pi f\zeta}\mathrm{e}^{-\mathrm{j}2\pi f\tau_{jk}}\mathrm{d}\zeta \\ &= A\mathrm{e}^{-\mathrm{j}2\pi f\tau_{jk}}\int_{-\infty}^{\infty} R_{ss}(\zeta)\mathrm{e}^{-\mathrm{j}2\pi f\zeta}\mathrm{d}\zeta = AP_{ss}(f)\mathrm{e}^{-\mathrm{j}2\pi f\tau_{jk}} \end{aligned} \tag{6.1-72}$$

式中，$P_{ss}(f)$为信号 $s(t)$的功率谱密度，而且，时延 τ_{jk} 也出现在互功率普函数的相位函数中。

因此，时域延迟(TDOA)对应频域的相位差为

$$\phi_{jk}(f) = 2\pi f\tau_{jk} \tag{6.1-73}$$

对于非散射传播，电磁波的传播速率为常数，则上式中的相移 $\phi_{jk}(f)$为线性函数，如图 6.1-4 所示，在没有噪声的情况下，可以通过求该线性函数的斜率并除以 2π 得到时延估计。然而对于散射传播，传播速率 c 则依赖于频率，相移 $\phi_{jk}(f)$将变为非线性。对于辐射源距离观测站足够远的特殊情况，观测站处的接收信号可以被近似为平面波(plane wave)，故时延 τ_{jk} 可以被解释为接收信号的入射角，即

$$\theta_{jk}(f) = \arccos\left(\frac{c\tau_{jk}}{d}\right) = \arccos\left(\frac{c\phi_{jk}(f)}{2\pi fd}\right) \tag{6.1-74}$$

式中，d 为观测站之间的距离，而 $\phi_{jk}(f)$的单位为弧度(radian)。对于非散射传播，上式可以简化为

$$\theta_{jk}(f) = \arccos\left(\frac{cb_{jk}}{2\pi d}\right) \tag{6.1-75}$$

式中，$b_{jk} = \phi_{jk}(f)/f$ 为相位曲线的斜率，其单位为弧度/赫兹。

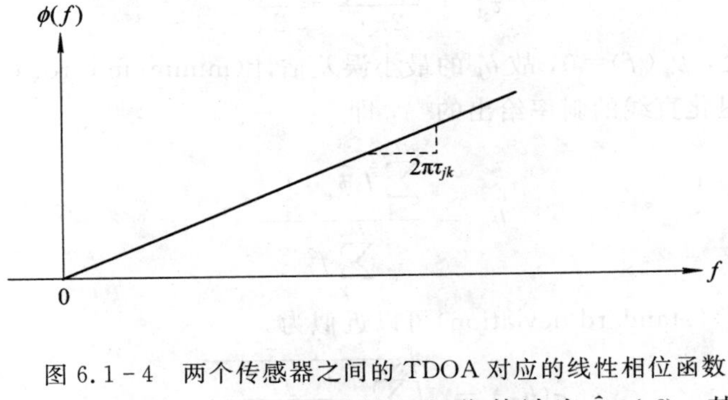

图 6.1-4　两个传感器之间的 TDOA 对应的线性相位函数

假设利用两个接收信号 $s_j(t)$和 $s_k(t)$计算的相位估计为 $\hat{\phi}_{jk}(f)$。其中假设总的观察时间为 T，它分为 n_d 个不相交的子段，每一个子段的长度为 $T_d = T/n_d$，因此单边互谱 $\hat{P}_{jk}(f)$的估计结果为

$$\hat{P}_{jk}(f) = \frac{2}{T_d n_d}\sum_{i=1}^{n_d} P_{ji}^{*}(f)P_{li}(f) \tag{6.1-76}$$

其中

$$P_{ji}^{*}(f)=\int_{0}^{T_d}P_{ji}(\tau)\mathrm{e}^{\mathrm{j}2\pi f\tau}\mathrm{d}\tau \tag{6.1-77}$$

$$P_{li}(f)=\int_{0}^{T_d}P_{li}(\tau)\mathrm{e}^{-\mathrm{j}2\pi f\tau}\mathrm{d}\tau \tag{6.1-78}$$

$\hat{P}_{jk}(f)$的估计通常为复数，且有

$$\hat{P}_{jk}(f)=\hat{P}_{\mathrm{Re}}(f)-j\hat{P}_{\mathrm{Im}}(f)=|\hat{P}_{jk}(f)|\mathrm{e}^{-\mathrm{j}\hat{\phi}_{jk}(f)} \tag{6.1-79}$$

其中

$$\begin{cases}|\hat{P}_{jk}(f)|=\sqrt{\hat{P}_{\mathrm{Re}}^{2}(f)+\hat{P}_{\mathrm{Im}}^{2}(f)}\\ \hat{\phi}_{jk}(f)=\arctan\dfrac{\hat{P}_{\mathrm{Im}}(f)}{\hat{P}_{\mathrm{Re}}(f)}\end{cases} \tag{6.1-80}$$

从式(6.1-77)和(6.1-78)可以看出，谱估计的离散频率间隔为$\Delta f=1/T_d$，对于采样间隔为Δt、每段数据点数为N的数字信号处理，$\Delta f=1/(\Delta tN)$，分析频率的上限为$f_{\mathrm{up}}=1/(2\Delta t)$。因此，非冗余谱估计的频率数量为$f_{\mathrm{up}}/\Delta f=N/2$。如果假定信号为平稳的，则每段谱估计将是统计独立的，且具有如下的近似标准偏差[8]

$$\begin{cases}\sigma[|\hat{P}_{jk}(f_i)|]\approx\dfrac{|P_{jk}(f_i)|}{\sqrt{n_dC_{jk}(f_i)}}\\ \sigma[|\hat{\phi}_{jk}(f_i)|]\approx\arcsin\sqrt{\dfrac{1-C_{jk}(f_i)}{2n_dC_{jk}(f_i)}}\end{cases}\quad i=1,2,\cdots,N/2 \tag{6.1-81}$$

式中，$C_{jk}(f_i)$为$s_j(t)$和$s_k(t)$在频率f_i处的相干函数(coherence function)，即

$$C_{jk}(f_i)=\frac{|P_{jk}(f_i)|^2}{P_{jj}(f_i)P_{kk}(f_i)} \tag{6.1-82}$$

对于较小的误差，有$\sin\sigma\approx\sigma$，故相位估计标准偏差可以进一步近似为

$$\sigma[|\hat{\phi}_{jk}(f_i)|]\approx\sqrt{\frac{1-C_{jk}(f_i)}{2n_dC_{jk}(f_i)}} \tag{6.1-83}$$

现在，根据式(6.1-73)，对于非散射传播有

$$\hat{\tau}_{jk}=\frac{\phi_{jk}(f)}{2\pi f}=\frac{b_{jk}}{2\pi} \tag{6.1-84}$$

由于已知在$f=0$处，$\phi_{jk}(f)=0$，故b_{jk}的最小误差估计(minimum error estimate)是由强迫$\phi_{jk}(f)$经过零点的退化直线的斜率给出的[9]，即

$$b_{jk}=\frac{\sum_{i=1}^{N/2}f_i\hat{\phi}_{jk}(f_i)}{\sum_{i=1}^{N/2}f_i^2} \tag{6.1-85}$$

斜率估计的标准偏差(standard deviation)可以近似为

$$\hat{\sigma}(b_{jk})=\sqrt{\sum_{i=1}^{N/2}\frac{f_i^2}{\sigma^2[\hat{\phi}_{jk}(f_i)]}} \tag{6.1-86}$$

将式(6.1-85)代入式(6.1-84)，可得

$$\hat{\tau}_{jk}=\frac{1}{2\pi}\frac{\sum_{i=1}^{N/2}f_i\hat{\phi}_{jk}(f_i)}{\sum_{i=1}^{N/2}f_i^2} \tag{6.1-87}$$

对上式求标准差，再利用式(6.1-83)即可得

$$\sigma[\hat{\tau}_{jk}(f_i)] = \sqrt{8\pi^2 n_d \sum_{i=1}^{N/2} \frac{f_i^2 C_{jk}(f_i)}{1-C_{jk}(f_i)}} \tag{6.1-88}$$

在实际应用中，通常利用估计的相干函数 $\hat{C}_{jk}(f_i)$代替未知的真实相干函数 $C_{jk}(f_i)$。

式(6.1-88)中的延迟估计偏差是以传统的回归分析(regression analysis)形式给出的，以便于数字计算。该表达式也可以根据前面的关系式(6.1-80)和频率增量 $\Delta f=1/T_d$ 以及总的观察时长 $T=n_d T_d$ 转化为连续函数的积分形式

$$\sigma[\hat{\tau}_{jk}] = \sqrt{T\int_{-\infty}^{\infty} \frac{(2\pi f)^2 C_{jk}(f)}{1-C_{jk}(f)} \mathrm{d}f} \tag{6.1-89}$$

式中，$C_{jk}(f)$为连续的、定义在正负频率上的双边相干函数。

如果假设式(6.1-83)计算的相位估计标准偏差为一个不依赖于频率的常数，即 $\sigma[|\hat{\phi}_{jk}(f_i)|]\approx\sigma_e$，则退化直线估计斜率的标准偏差将由下式给出

$$\hat{\sigma}(b_{jk}) = \sigma_e \sqrt{\sum_{i=1}^{m} f_i^2} \tag{6.1-90}$$

式中，m 为用于退化计算的谱分量数量，即不需要所有的 $N/2$ 数值，而 σ_e 的估计式为

$$\hat{\sigma}_e = \sqrt{\frac{1}{m-1}\left[\sum_{i=1}^{m} \phi_{jk}^2(f_i) - \frac{\sum_{i=1}^{m} f_i \phi_{jk}(f_i)}{\sum_{i=1}^{m} f_i^2(f_i)}\right]} \tag{6.1-91}$$

因此，根据式(6.1-84)可得时延估计 $\hat{\tau}_{jk}$ 的标准偏差为

$$\sigma[\hat{\tau}_{jk}(f_i)] = \frac{\hat{\sigma}_e}{2\pi} \sqrt{\sum_{i=1}^{m} f_i^2} \tag{6.1-92}$$

式中，$\hat{\sigma}_e$ 由式(6.1-91)给出。

6.1.5 TDOA 的测量精度

在考虑误差的情况下，TDOA 等值线不再是规则的函数，目标可能出现在加亮区域内的任何位置，如图 6.1-5 所示。

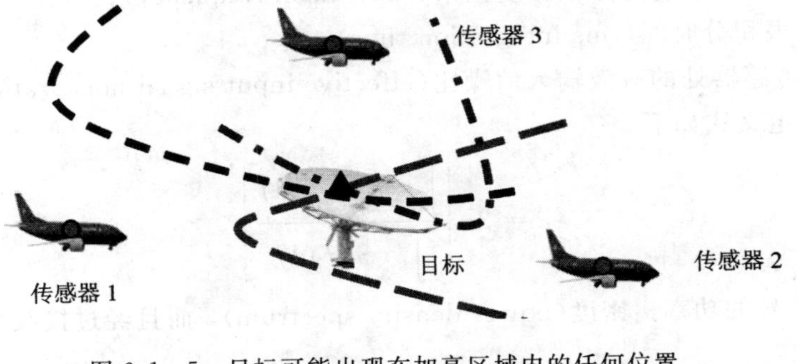

图 6.1-5　目标可能出现在加亮区域内的任何位置

所有基于 TDOA 的目标定位方法都会受测量误差的影响。本节从测量标准差的角度讨论 TDOA 的测量精度问题。噪声和测量误差是产生定位误差的两个主要因素。这里只讨论噪声的影响，它决定了接收机处的信噪比。测量误差属于系统误差，测量方法不同误差

特性也不同，这里不讨论这方面的问题。

6.1.5.1 TDOA 估计的理论精度

复模糊函数的计算是连续信号差分延迟(differential delay)和差分频率偏移(Differential Frequency Offset，DFO)联合估计的基础，众所周知，相关处理广泛应用于连续波形的时延估计，而且在许多无线电应用中，接收信号的频率偏差也是研究的重点[11]。为了更加准确地估计时延或频差，通常要求联合估计差分时间偏移(Differential Time Offset，DTO)和差分频率偏移(Differential Frequency Offset，DFO)，对于联合 DTO/DFO 估计，相关处理的推广形式就是复模糊函数(complex ambiguity function)

$$A(\tau, f) = \int_0^T s_1(t)s_2^*(t+\tau)e^{-j2\pi ft}dt \tag{6.1-93}$$

式中，$s_1(t)$和$s_2(t)$为两个包含相同分量的波形信号的复包络，而τ、f分别为时间延迟和频率偏移参数。当$f=0$时，复模糊函数退化为传统的复相关函数，当$f\neq0$时，上式的计算可以看做一种推广形式的相关处理。对于给定的输入信噪比(SNR)和带宽，积分时间T确定 DTO 和 DFO 的测量精确性。

对于每一对给定的τ、f，模糊函数的计算结果包含如下三项：有用的信号×信号项、噪声×信号项以及噪声×噪声项。为了实现有用波峰的唯一辨识性，即虚假噪声波峰超过检测门限的概率较低，输出端的 SNR 必须超过 10 dB。在该限制下，确定波峰位置的误差主要取决于输出噪声的扰动。当多种可利用技术用于辨识波峰准确位置时，该估计将是无偏的，而且其方差可以达到 Cramer-Rao 限。因此，在某些合理的假设下，Cramer-Rao 边界表示在这些假设下测量可以达到的最佳精度，其精确性，即标准偏差为

$$\sigma_{\mathrm{DTO}} = \frac{1}{\beta}\frac{1}{\sqrt{BT\gamma}} \tag{6.1-94}$$

$$\sigma_{\mathrm{FTO}} = \frac{1}{T_e}\frac{1}{\sqrt{BT\gamma}} \tag{6.1-95}$$

在上面两式中：

B为接收机输入端的噪声带宽(noise bandwidth)，且假设两个接收机的噪声带宽相同；

β为接收信号频率的均方根弧度频率(rms radian frequency)；

T_e为均方根积分时间(rms integration time)；

γ为两个传感器处的有效输入信噪比(effective input signal noise ratio)。

上述各变量的定义式如下

$$\beta = 2\pi\left[\frac{\int_{-\infty}^{\infty} f^2 S(f)df}{\int_{-\infty}^{\infty} S(f)df}\right]^{1/2} \tag{6.1-96}$$

其中$S(f)$为信号的功率谱密度(power density spectrum)，而且经过接收机进行成形滤波，并具有零质心。

$$T_e = 2\pi\left[\frac{\int_{-\infty}^{\infty} t^2 |u(t)|^2 dt}{\int_{-\infty}^{\infty} |u(t)|^2 dt}\right]^{1/2} \tag{6.1-97}$$

其中 $u(t)$ 为积分时间的概率密度函数，而且 $|u(t)|^2$ 也具有零质心。例如，对于一个矩形频谱，有

$$\beta = \frac{\pi}{\sqrt{3}} B_s \approx 1.8 B_s \tag{6.1-98}$$

其中 B_s 为信号的射频(RF)带宽。因此有

$$\sigma_{\text{DTO}} \approx \frac{0.55}{B_s} \frac{1}{\sqrt{BT\gamma}} \tag{6.1-99}$$

类似地，对于给定能量信号，当模糊处理仅在时间段 T 上进行时，有

$$T_e = 1.8T \tag{6.1-100}$$

$$\sigma_{\text{DFO}} \approx \frac{0.55}{T} \frac{1}{\sqrt{BT\gamma}} \tag{6.1-101}$$

而有效输入信噪比(effective input SNR)的定义为

$$\frac{1}{\gamma} = \frac{1}{2}\left[\frac{1}{\gamma_1} + \frac{1}{\gamma_2} + \frac{1}{\gamma_1\gamma_2}\right] \tag{6.1-102}$$

式中，γ_1、γ_2 分别为两个接收机的噪声带宽为 B 时的信噪比。

计算量 $BT\gamma$ 可以看做是由模糊处理而产生的有效输出 SNR，即通过 BT 乘积处理来改善 γ。而且不管 γ 值有多小，$BT\gamma$ 都将大于单位值。

当 γ_1、γ_2 取较大值，如大于 0 dB 时，式(6.1-102)中的第三项将可以忽略，如果再有 $\gamma_1=\gamma_2$，则 $\gamma=\gamma_1=\gamma_2$。然而当其中的一个远远小于另一个时，有效 γ 将高于最小值约 3 dB，即当 $\gamma_1 \ll \gamma_2$，且 $\gamma_2 \gg 1$ 时，有 $\gamma=2\gamma_1$。当 γ_1、γ_2 两个都远小于 0 dB 时，则有效输入 SNR 近似为

$$\gamma = 2\gamma_1\gamma_2 \tag{6.1-103}$$

例如当 γ_1、γ_2 都等于 −10 dB 时，$\gamma=0.016$ 或 −18 dB。

6.1.5.2　低 SNR 时的 TDOA 估计

对于有源雷达，如果假设发射信号到达接收机的时延为 τ，电磁波的传播速度为 c，且接收信号的加性白噪声功率谱密度为 $N_0/2$ 时，时延误差方差的 Cramer-Rao 下限为[10]

$$\sigma_\tau^2 \geqslant \frac{1}{d^2\beta^2} \tag{6.1-104}$$

其中

$$d^2 = \frac{2E}{N_0} \tag{6.1-105}$$

$$\beta^2 = \frac{\int_{-\infty}^{\infty} \omega^2 \mid F(\omega) \mid^2 \mathrm{d}\omega}{\int_{-\infty}^{\infty} \mid F(\omega) \mid^2 \mathrm{d}\omega} \tag{6.1-106}$$

式中，E 为信号 $s(t)$ 的能量，$F(\omega) = \int_{-\infty}^{\infty} s(t)\mathrm{e}^{-\mathrm{j}\omega t}\mathrm{d}t$，而 β 为信号带宽测量值。

如果假设信号的自相关谱为双边的，即从 f_1 延伸到 f_2(同时也从 $-f_1$ 延伸到 $-f_2$)，以及谱密度 $S_0 \cdot (2w)^{-1}/\text{Hz}$，则有

$$\beta^2 = \frac{2\int_{f_1}^{f_2}(2\pi f)^2 \frac{S_0}{2} 2\pi df}{2\int_{f_1}^{f_2}\frac{S_0}{2}2\pi \mathrm{d}f} = (2\pi)^2 \frac{f_2^2 + f_1 f_2 + f_1^2}{3} \tag{6.1-107}$$

$$\begin{aligned}\sigma_\tau^2 &\geqslant \frac{1}{\frac{2E}{N_0}\frac{4\pi^2}{3}(f_2^2 + f_1 f_2 + f_1^2)} \\ &= \frac{1}{\frac{2ST}{N_0(f_2 - f_1)}\frac{4\pi^2}{3}(f_2 - f_1)(f_2^2 + f_1 f_2 + f_1^2)} \\ &= \frac{3}{8\pi^2 T}\frac{1}{\mathrm{SNR}}\frac{1}{f_2^3 - f_1^3}\end{aligned} \tag{6.1-108}$$

其中信号功率 $S = S_0(f_2 - f_1)$，噪声功率 $N = N_0(f_2 - f_1)$，观测时间为 T，而信噪比(signal-to-noise ratio)为 $S/N = \mathrm{SNR}$。因此，时延估计的标准偏差为

$$\sigma_\tau \geqslant \sqrt{\frac{3}{8\pi^2 T}}\frac{1}{\sqrt{\mathrm{SNR}}}\frac{1}{\sqrt{f_2^3 - f_1^3}} \tag{6.1-109}$$

上式对于任意 SNR 都成立，而且可以利用带宽 W 和中心频率 f_0 的形式表达如下：

$$\sigma_\tau = \sqrt{\frac{3}{8\pi^2}}\frac{1}{\sqrt{\mathrm{SNR}}}\frac{1}{\sqrt{TW}}\frac{1}{f_0}\frac{1}{\sqrt{1 + W^2/12f_0^2}} \tag{6.1-110}$$

其中

$$f_1 = f_0 - \frac{W}{2}, \qquad f_2 = f_0 + \frac{W}{2} \tag{6.1-111}$$

式(6.1-110)表明，σ_τ 分别与 SNR 的平方根、带宽时间乘积的平方根、中心频率以及带宽和中心频率之比的函数成反比。

在无源定位系统中，由于不发射信号，故接收信号由目标信号和噪声组成。假设目标信号和噪声是不相关的而且为平稳随机过程，下面分析时延估计的方差性能[12-16]。

Knapp 和 Carter 利用相干函数给出了时延估计方差的 Cramer-Rao 下限[12]，即

$$\sigma_\tau^2 \geqslant \frac{1}{2T\int_0^\infty (2\pi f)^2 \frac{|C(f)|^2}{1 - |C(f)|^2}\mathrm{d}f} \tag{6.1-112}$$

其中 $C(f)$ 为相干函数(coherence function)，而 T 为观测时间(observation time)，而且

$$|C(f)|^2 = \frac{P_{\mathrm{ss}}^2(f)}{[P_{\mathrm{ss}}(f) + P_{\mathrm{nn}}(f)]^2} \tag{6.1-113}$$

式中，$P_{\mathrm{ss}}(f)$ 为信号自相关谱，而 $P_{\mathrm{nn}}(f)$ 为噪声自相关谱。令

$$\frac{P_{\mathrm{ss}}^2(f)}{[P_{\mathrm{ss}}(f) + P_{\mathrm{nn}}(f)]^2} = \frac{S^2}{(S+N)^2} \tag{6.1-114}$$

则有

$$\frac{|C(f)|^2}{1 - |C(f)|^2} = \frac{\frac{S^2}{(S+N)^2}}{1 - \frac{S^2}{(S+N)^2}} \approx (\mathrm{SNR})^2, \qquad \mathrm{SNR} \ll 1 \tag{6.1-115}$$

将上式代入式(6.1-112)中，可得

$$\sigma_\tau^2 \geqslant \frac{1}{2T\int_0^\infty (2\pi f)^2 \frac{S^2(f)}{N^2(f)}\mathrm{d}f} \tag{6.1-116}$$

如果假设信号和噪声的自相关谱在 f_1 到 f_2 段分别取常数值 S_0 和 $N_0 W/\text{Hz}$，则

$$\sigma_\tau^2 \geqslant \frac{3}{8\pi^2 T}\frac{1}{(S_0/S_1)^2}\frac{1}{f_2^3-f_1^3} \tag{6.1-117}$$

因此，对于低信噪比 SNR，时延估计的标准偏差为

$$\sigma_\tau \geqslant \sqrt{\frac{3}{8\pi^2 T}}\frac{1}{\text{SNR}}\frac{1}{\sqrt{f_2^3-f_1^3}} \tag{6.1-118}$$

其中，$S=S_0(f_2-f_1)$，$N=N_0(f_2-f_1)$。

仿照式(6.1-109)～式(6.1-111)的变换方式，也可以得到相似的结果。而且在低信噪比的情况下，采用 Knapp 和 Cater[12]、Schultheiss[13]、Hahn[14]、Tomilinson 和 Sorokowsky[15]提出的技术进行计算时，均得到相同的结论。

图 6.1-6 和图 6.1-7 分别给出了式(6.1-109)在多种不同积分时间下的函数曲线，图中带宽取 25 kHz。其中，虚线为式(6.1-109)对应的曲线，实线为式(6.1-94)对应的曲线。

6.1.5.3　高信噪比的情况

在信噪比较高的情况下(SNR≫1)，利用式(6.1-112)可得如下近似式[10]

$$\sigma_\tau \approx \sqrt{\frac{3}{4\pi^2 T}}\frac{1}{\sqrt{\text{SNR}}}\frac{1}{\sqrt{f_2^3-f_1^3}} \tag{6.1-119}$$

上式与式(6.1-118)大体相同，但分母中的信噪比变为信噪比的平方根。需要注意的是，上式与有源系统的计算式(6.1-109)比较相似，唯一不同的是两者相差$\sqrt{2}$倍。这是因为对于如式(6.1-119)所描述的无源系统，接收信号被噪声污染，然而对于有源系统，参考信号或发射信号可以用于对比和相关。该函数对应的曲线如图 6.1-8 和图 6.1-9 所示，其中，虚线为式(6.1-119)对应的曲线，实线为式(6.1-94)对应的曲线。

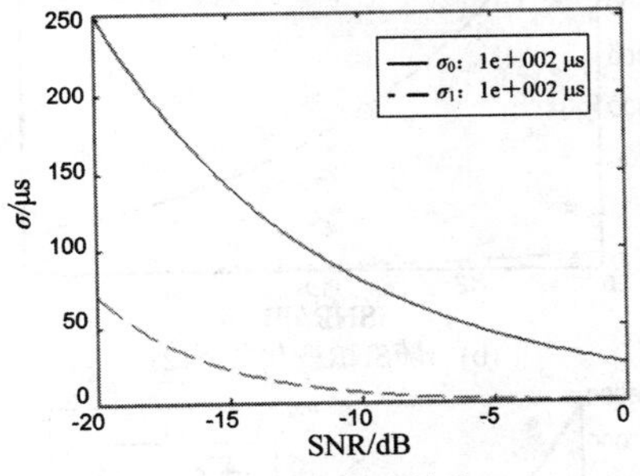

(a) σ随SNR变化关系(1)

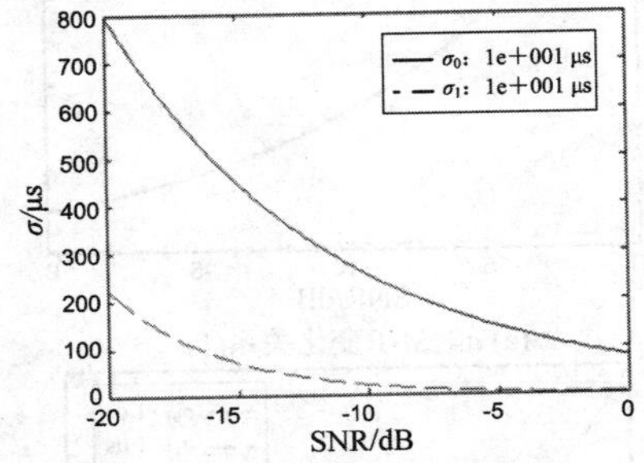

(b) σ随SNR变化关系(2)

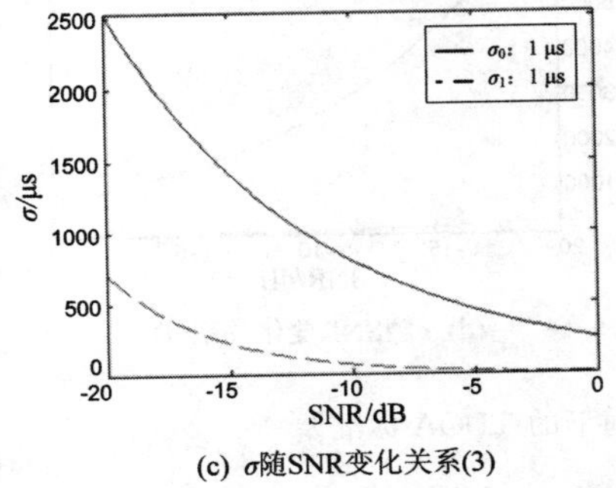

(c) σ随SNR变化关系(3)

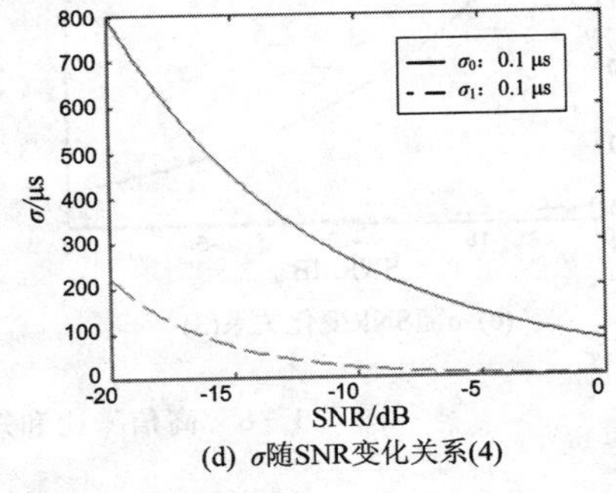

(d) σ随SNR变化关系(4)

图 6.1-6　低信噪比和短积分时间下的 TDOA 标准差

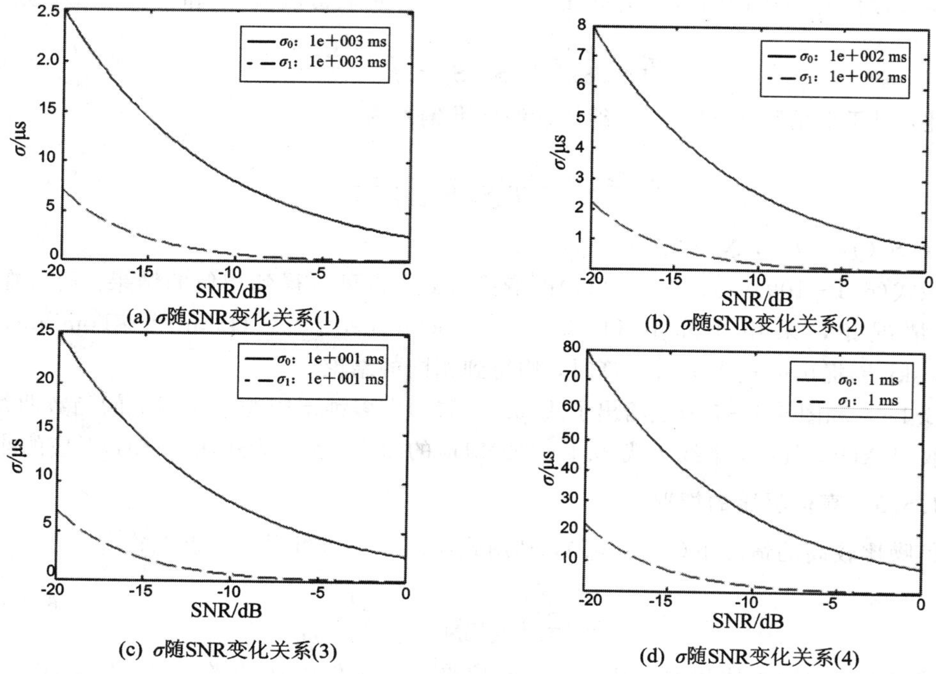

(a) σ随SNR变化关系(1)　　(b) σ随SNR变化关系(2)

(c) σ随SNR变化关系(3)　　(d) σ随SNR变化关系(4)

图 6.1-7　低信噪比和长积分时间下的 TDOA 标准差

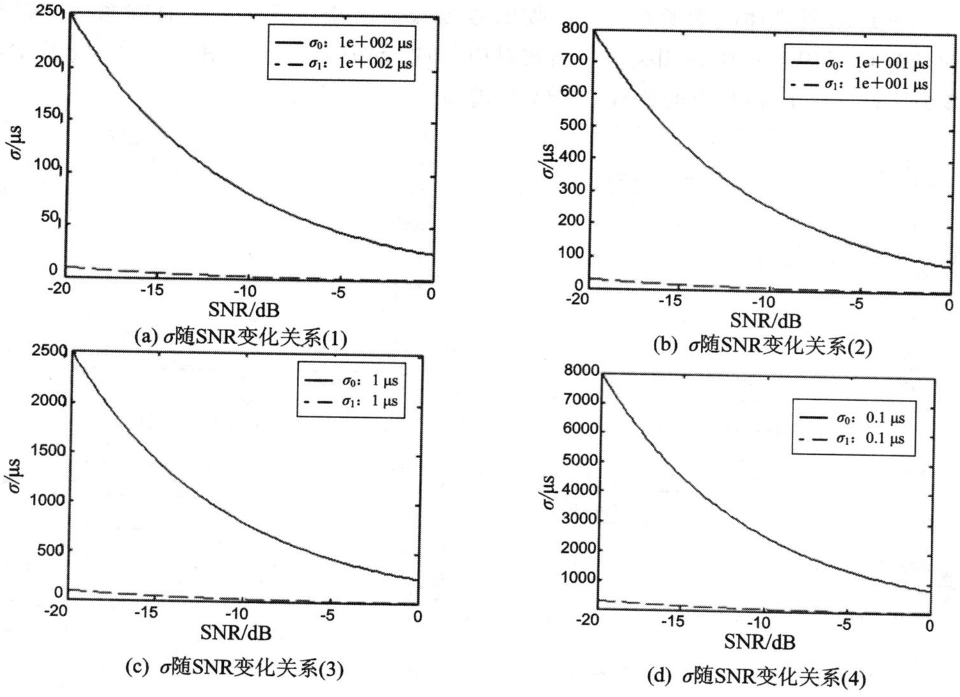

(a) σ随SNR变化关系(1)　　(b) σ随SNR变化关系(2)

(c) σ随SNR变化关系(3)　　(d) σ随SNR变化关系(4)

图 6.1-8　高信噪比和短积分时间下的 TDOA 标准差

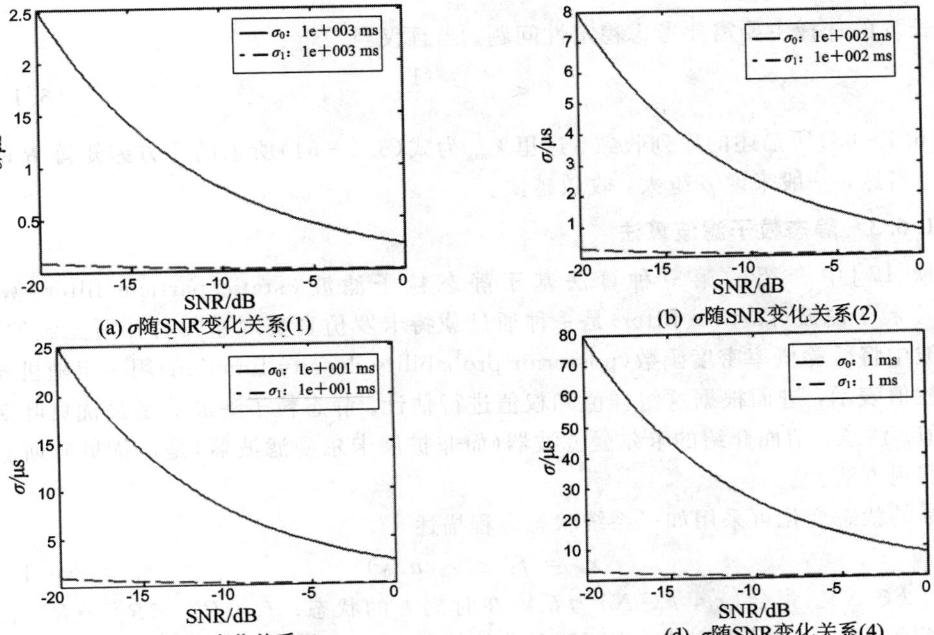

(a) σ随SNR变化关系(1)　(b) σ随SNR变化关系(2)

(c) σ随SNR变化关系(3)　(d) σ随SNR变化关系(4)

图 6.1-9　高信噪比和长积分时间下的 TDOA 标准差

6.1.6　噪声背景下的时差定位

Gustafsson 和 Gunnarsson 提出了三种基于 TDOA 的目标定位算法[14]，其中考虑了 TDOA 测量误差。本节对这些算法进行介绍和比较。

6.1.6.1　等时差线交叉算法

第一种算法的基本思想是计算每对等时差线，或称为双曲线函数(hyperbolic function)的交点(intersection point)。对应 K 个传感器对，共有 K 条等时差线，这 K 条等时差线产生的交点个数为

$$C_K^2 = \frac{K!}{2!(K-2)!} \tag{6.1-120}$$

取各等时差线经过次数最多的交点作为方位估计。每对等时差线可能有 0、1 或 2 个交点，确定这些交点可能是非常困难的。该算法认为在噪声背景下进行测量时，相对于其他两种算法，这种算法的性能最差。在有噪声的情况下，可能根本不存在两条以上等时差线的交点。

6.1.6.2　随机梯度算法

第二种算法将随机梯度算法应用到上述非线性最小二乘问题。设 $\boldsymbol{p}=[x_T, y_T]^{\mathrm{T}}$ 为目标位置，$\hat{\boldsymbol{p}}^{(i)}$ 为第 i 次迭代产生的位置估计。在该算法中

$$\hat{\boldsymbol{p}}^{(i+1)} = \hat{\boldsymbol{p}}^{(i)} - \mu^{(i)} h_p'(\hat{\boldsymbol{p}}^{(i)})[\Delta \boldsymbol{r} - h(\hat{\boldsymbol{p}}^{(i)})] \tag{6.1-121}$$

式中，步长 $\mu^{(i)}$ 由下式确定

$$\mu^{(i)} = \frac{\mu}{[h_p'(\hat{\boldsymbol{p}}^{(i)})]^{\mathrm{T}} h_p'(\hat{\boldsymbol{p}}^{(i)})} \tag{6.1-122}$$

式中，μ 为最小均方步长。

步长 μ 的选择主要需要考虑稳定性问题。当且仅当

$$0 < \mu < \frac{1}{\lambda_{\max}} \tag{6.1-123}$$

时，式(6.1－63)所描述的序列收敛。这里 $\lambda_{\max}$ 为式(6.1－64)所示的协方差矩阵 $\boldsymbol{R}$ 的最大特征值。当然，一般来说 μ 越大，收敛越快。

6.1.6.3 静态粒子滤波算法

文献[17]中介绍的第三种算法基于静态粒子滤波(static particle filter)算法实现[18－22]。粒子滤波(particle filter)是一种通过蒙特卡罗仿真实现递归贝叶斯滤波的方法。粒子滤波中将后验概率密度函数(posterior probability density function)用一组随机样值及相应的权值表示，进而根据这组样值和权值进行估计。静态粒子滤波器是最优贝叶斯滤波器的近似。注意，前面介绍的卡尔曼滤波器(而非扩展卡尔曼滤波器)是最优贝叶斯滤波器的一种实现方法。

目标的状态变化可采用如下系统状态方程描述

$$\boldsymbol{x}_k = f_k(\boldsymbol{x}_{k-1}, \boldsymbol{n}_{k-1}) \tag{6.1-124}$$

其中$\{\boldsymbol{x}_k, k\in N\}$。集合$\{\boldsymbol{x}_k, k\in N\}$为系统在时刻 k 的状态；$f_k: R^{N_x}\times R^{N_n}\to R^{N_x}$ 表示从 $k-1$ 时刻到 k 时刻的状态变化，它可能是非线性的；$\{\boldsymbol{n}_k, k\in N\}$为独立同分布(IID)的噪声样值序列；$N_x$ 和 N_n 分别为状态和噪声向量的维数；N 为自然数集合。时刻 k 的测量值为

$$\boldsymbol{z}_k = h_k(\boldsymbol{x}_k, \boldsymbol{\eta}_k) \tag{6.1-125}$$

其中 $h_k: R^{N_x}\times R^{N_\eta}\to R^{N_x}$ 为测量函数，也可能是非线性的，$\{\boldsymbol{\eta}_k, k\in N\}$为独立同分布的测量噪声序列，$N_\eta$ 为噪声的维数。计算目标是根据一组到时刻 k 为止的测量值 $\boldsymbol{z}_{1:k}=\{\boldsymbol{z}_i, i=1, 2, \cdots, k\}$估计状态 $\boldsymbol{x}_k$。

为了获得 $\boldsymbol{x}_k$ 的最优估计，应使目标函数 $p(\boldsymbol{x}_k|\boldsymbol{z}_{1:k})$最大化，通常它是一个概率密度函数。算法中通过反复预测和更新迭代计算该概率密度函数，并假定初始化概率密度函数 $p(\boldsymbol{x}_0|\boldsymbol{z}_0)$已知。如果已知概率密度函数 $p(\boldsymbol{x}_{k-1}|\boldsymbol{z}_{1:k-1})$，则可使用式(6.1－124)和C－K方程(Chapman-Kolmogorov equation)

$$p(\boldsymbol{x}_k \mid \boldsymbol{z}_{1:k-1}) = \int p(\boldsymbol{x}_{k-1} \mid \boldsymbol{x}_{1:k-1})p(\boldsymbol{x}_{k-1} \mid \boldsymbol{z}_{1:k-1})\mathrm{d}\boldsymbol{x}_{k-1} \tag{6.1-126}$$

计算 k 时刻状态的先验概率密度函数(prior probability density function)。式(6.1－126)中应用了以下事实：式(6.1－126)为一个一阶马尔可夫过程(Markov process)，所以 $p(\boldsymbol{x}_{k-1}|\boldsymbol{x}_{1:k-1}, \boldsymbol{z}_{1:k-1})=p(\boldsymbol{x}_k|\boldsymbol{x}_{1:k-1})$。概率密度函数 $p(\boldsymbol{x}_{k-1}|\boldsymbol{x}_{1:k-1})$可根据式(6.1－126)计算，噪声特性这里假设为已知。

根据贝叶斯准则(Bayes'rule)，k 时刻的概率密度函数可由 $k-1$ 时刻的概率密度函数更新求得

$$p(\boldsymbol{x}_k \mid \boldsymbol{z}_{1:k}) = \frac{p(\boldsymbol{z}_k \mid \boldsymbol{x}_k)p(\boldsymbol{x}_k \mid \boldsymbol{z}_{1:k-1})}{p(\boldsymbol{x}_k \mid \boldsymbol{z}_{1:k-1})} \tag{6.1-127}$$

其中归一化常数

$$p(\boldsymbol{z}_k \mid \boldsymbol{z}_{1:k-1}) = \int p(\boldsymbol{z}_{k-1} \mid \boldsymbol{x}_{1:k})p(\boldsymbol{x}_k \mid \boldsymbol{z}_{1:k-1})\mathrm{d}\boldsymbol{x}_k \tag{6.1-128}$$

它是式(6.1－125)及噪声过程 $\boldsymbol{\eta}_k$ 的函数。在式(6.1－127)表示的更新过程(update stage)，量测 z_k 用于修正先验概率密度，以便于获得要求的当前状态后验密度。上面的关系式(6.1－126)和(6.1－127)形成了最优贝叶斯解(optimal Bayesian solution)的基础。

粒子滤波算法涉及到的四个主要概念为：

(1) 贝叶斯推理(Bayesian inference)；

(2) 蒙特卡罗样本(Monte Carlo samples)；

(3) 重要性采样(Importance sampling)；

(4) 重采样(Resampling)。

基于以上推导过程，贝叶斯推理根据 $\boldsymbol{x}_k$ 展开，它是一个以随机变量为分量的未知向量。$\boldsymbol{z}_k$ 为一组观测向量，它也是一组随机变量。我们的目标是根据 $\boldsymbol{z}_k$ 估计 $\boldsymbol{x}_k$。先验概率密度函数 $p(\boldsymbol{x}_k)$中包含了 $\boldsymbol{x}_k$ 的先验知识。条件概率密度函数 $p(\boldsymbol{z}_k|\boldsymbol{x}_{1:k})$反映了 $\boldsymbol{z}_k$ 和 $\boldsymbol{x}_k$ 之间的关系。后验概率密度函数 $p(\boldsymbol{x}_k|\boldsymbol{z}_{1:k})$表示测量值 $\boldsymbol{z}_k$ 中包含的关于 $\boldsymbol{x}_k$ 的信息。

后验概率密度函数 $p(\boldsymbol{x}_k|\boldsymbol{z}_{1:k})$可能很难甚至不可能得到闭式表示，因而采用蒙特卡罗样本(也称为粒子)来近似该概率密度函数。每个粒子有一个值和对应的权重。理想情况下，每个粒子表示 $p(\boldsymbol{x}_k|\boldsymbol{z}_{1:k})$的一个样值。因为一般来说无法给出 $p(\boldsymbol{x}_k|\boldsymbol{z}_{1:k})$的闭式表达式，所以需要采用重要性采样技术。粒子权重从重要分布中抽取得到，第 i 个权重为 $q(\boldsymbol{x}_{0:k}^i|\boldsymbol{z}_{1:k})$。重要性分布通常根据某种最优准则设计[22]。

在采用粒子滤波器进行估计时，大部分权重都趋于 0，仅有个别权重会变大。这些增大的权重能够很好地与观测值匹配。因此采用重采样技术使粒子集中在 $p(\boldsymbol{x}_k|\boldsymbol{z}_{1:k})$较大的区域。

图 6.1－10 图形化地显示了上述步骤。基于 TDOA 测量，采用粒子滤波算法进行位置估计步骤如下：

(1) 依先验分布 $p(P_0)$将 L 个可能的目标位置随机化，记为 $\boldsymbol{p}^i$。

(2) 选择抖动常数 C_R 和 C_Q，并令位置随机游动协方差为 $\bar{Q}=C_Q/k^2$，抖动测量噪声为 $\bar{R}=R+C_R/k^2$。

(3) 对 $\hat{\boldsymbol{p}}_k$，$k=1, 2, \cdots$进行迭代计算，直到 $\hat{\boldsymbol{p}}_k$ 收敛。

① 使用以下似然公式计算位置权重 $\boldsymbol{w}^i$

$$\boldsymbol{w}^i = \exp\{[\Delta\boldsymbol{r}-h(\boldsymbol{p}^i)]^{\mathrm{T}}\boldsymbol{R}^{-1}[\Delta\boldsymbol{r}-h(\boldsymbol{p}^i)]\} \tag{6.1-129}$$

这里 $\Delta\boldsymbol{r}$ 由式(6.1－63)给出，$\boldsymbol{R}$ 由式(6.1－64)给出，$\boldsymbol{w}^i$ 归一化为

$$\boldsymbol{w}^i = \frac{\boldsymbol{w}^i}{\sum \boldsymbol{w}^i} \tag{6.1-130}$$

② 计算估计

$$\hat{\boldsymbol{p}}_k = \sum_i \boldsymbol{w}^i \boldsymbol{p}_k \tag{6.1-131}$$

③ 进行位置重采样，某个位置的选取概率与其权重成正比。重采样之后，权重重置为 $\boldsymbol{w}^i=1/L$。

④ 将位置表达式展开为 $\boldsymbol{p}^i=\boldsymbol{p}^i+\boldsymbol{w}$，其中 $\boldsymbol{w}\sim N(0, \bar{Q})$。

在步骤(2)中抖动噪声的作用是使位置的随机游动步长越来越小，以得到更精确的结果。

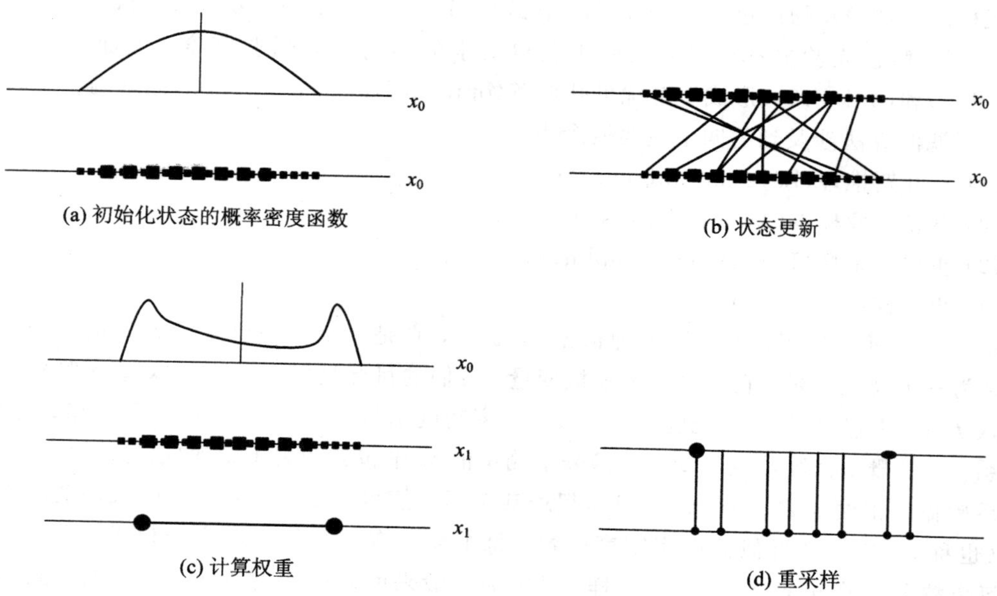

图 6.1-10　粒子滤波算法的步骤

6.1.7　时差定位的精度因子

时差定位还会受到另一种误差的影响，它是因目标与传感器节点间的距离大于传感器节点间的基线长度而产生的。考察图 6.1-11，图中有三个传感器，目标与传感器间的距离相对于传感器的基线长度来说相当大。在目标所在的区域中双曲线位置线几乎是平行的，噪声或者很小的测量误差都会产生相当大的定位误差。精度降低的程度通常用几何精度因子(Geometric Dilution of Precision，GDOP)表示，有时将其简称为 DOP(精度因子)。相对于基线长度，目标的距离越远，精度越差。

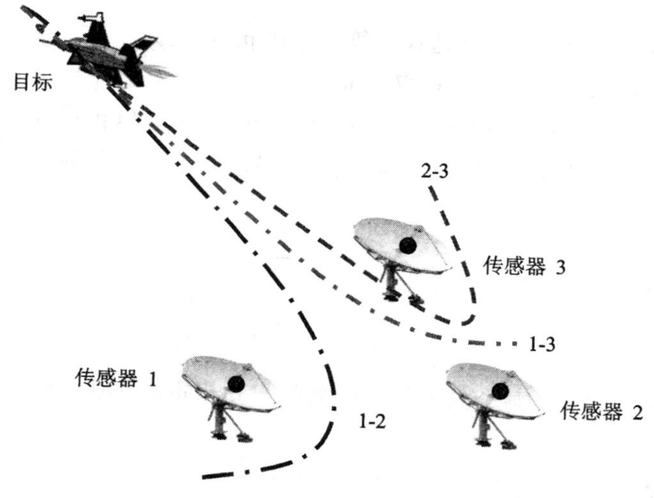

图 6.1-11　时差定位中由 *GDOP* 引起的误差示意图

仿照前面的推导，在 TDOA(Time Difference of Arrival)定位系统中，可利用的时差(time difference)表示式为

$$\tau_i = t_i - t_0 \tag{6.1-132}$$

式中，t_0 为信号到达位于原点参考观测站的未知绝对时间，t_i 为信号到达第 i 个观测站的未知绝对时间，而只有到达时间差 τ_i 是已知的。假定信号在三维等方向性媒体中传播，其中 c 为光速，$(x, y, z)=\boldsymbol{x}$ 为目标辐射源的位置，而(x_i, y_i, z_i)为第 i 个观测站的位置。则有

$$(x-x_i)^2+(y-y_i)^2+(z-z_i)^2 = c^2(\tau_i+t_0) \tag{6.1-133}$$

$$x^2+y^2+z^2 = (ct_0)^2 = r_0^2 = \|\boldsymbol{x}\| = \boldsymbol{x}^{\mathrm{T}}\boldsymbol{x} \tag{6.1-134}$$

将式(6.1-134)代入式(6.1-133)可得

$$\begin{aligned}&[x_i \quad y_i \quad z_i]\begin{bmatrix}x\\ y\\ z\end{bmatrix}+c\tau_i\sqrt{x^2+y^2+z^2}\\ &=-\frac{1}{2}c^2\tau_i^2+\frac{1}{2}(x_i^2+y_i^2+z_i^2) \qquad i=1, 2, \cdots, M\end{aligned} \tag{6.1-135}$$

将式(6.1-135)利用矢量形式表示，可得第 i 个接收站相对于参考站的接收方程为

$$\boldsymbol{a}_i\boldsymbol{x}+c\tau_i\|\boldsymbol{x}\|_2 = -\frac{1}{2}c^2\tau_i^2+\frac{1}{2}\|\boldsymbol{a}_i\|_2^2 \tag{6.1-136}$$

其中 $\boldsymbol{a}_i=[x_i, y_i, z_i]^{\mathrm{T}}$ 为第 i 个接收站的位置，而 $c\tau_i$ 为第 i 个量测乘以光速。

测量灵敏度可使用式(6.1-136)的梯度来度量。因此求式(6.1-136)关于未知量 $\boldsymbol{x}$ 的梯度，由于其最后一项为常数，所以其梯度为

$$\frac{\partial \boldsymbol{a}_i\boldsymbol{x}}{\partial \boldsymbol{x}}+c\frac{\partial \tau_i\|\boldsymbol{x}\|_2}{\partial \boldsymbol{x}} = -\frac{1}{2}c^2\frac{\partial \tau_i^2}{\partial \boldsymbol{x}} \tag{6.1-137}$$

利用矢量微分公式，式(6.1-137)可改写为

$$\boldsymbol{a}_i^{\mathrm{T}}+c\left(\tau_i\frac{\boldsymbol{x}}{\|\boldsymbol{x}\|_2}+\|\boldsymbol{x}\|_2\frac{\partial \tau_i}{\partial \boldsymbol{x}}\right) = -c^2\tau_i\frac{\partial \tau_i}{\partial \boldsymbol{x}} \tag{6.1-138}$$

该偏微分方程的解为[23]

$$\frac{\partial \tau_i}{\partial \boldsymbol{x}} = \frac{1}{c}\left(\frac{\boldsymbol{x}-\boldsymbol{a}_i^{\mathrm{T}}}{\|\boldsymbol{x}-\boldsymbol{a}_i^{\mathrm{T}}\|_2}-\frac{\boldsymbol{x}}{\|\boldsymbol{x}\|_2}\right) \tag{6.1-139}$$

将以上式为分量产生的梯度向量记做

$$\boldsymbol{H} = \left[\frac{\partial \tau_1}{\partial \boldsymbol{x}} \quad \frac{\partial \tau_2}{\partial \boldsymbol{x}} \quad \cdots \quad \frac{\partial \tau_N}{\partial \boldsymbol{x}}\right]^{\mathrm{T}} \tag{6.1-140}$$

回顾前面的表达式(6.1-33)，即

$$(\boldsymbol{c}^{\mathrm{T}}\boldsymbol{\Phi}\boldsymbol{c}-1)s^2-2\boldsymbol{M}^{\mathrm{T}}\boldsymbol{\Phi}\boldsymbol{c}s+\boldsymbol{M}^{\mathrm{T}}\boldsymbol{\Phi}\boldsymbol{M} = 0 \tag{6.1-141}$$

该式的解给出了 $\boldsymbol{x}$ 的估计值 $\hat{\boldsymbol{x}}$，而且可以通过 Taylor 级数方法进行更加精确的计算。

考虑

$$\tau_i = f(\boldsymbol{a}_i, \boldsymbol{x}) = f(\boldsymbol{a}_i, \hat{\boldsymbol{x}}+\Delta\boldsymbol{x}) \tag{6.1-142}$$

将上式在 $\hat{\boldsymbol{x}}$ 处展开为 Taylor 级数，可得

$$\tau_i = f(\boldsymbol{a}_i, \boldsymbol{x}) = f(\boldsymbol{a}_i, \hat{\boldsymbol{x}})+\frac{\partial f^{\mathrm{T}}(\boldsymbol{a}_i, \hat{\boldsymbol{x}})}{\partial \hat{\boldsymbol{x}}}\Delta\boldsymbol{x}+\cdots \tag{6.1-143}$$

上式中的梯度项就是 TDOA 梯度矩阵(6.1-140)的第 i 行在 $\hat{\boldsymbol{x}}$ 处的取值。将上式应用于所有量测，可得如下线性矩阵方程

$$\boldsymbol{\tau}-f(\boldsymbol{a},\hat{\boldsymbol{x}})=\boldsymbol{H}\Delta\boldsymbol{x} \tag{6.1-144}$$

其中

$$f(\boldsymbol{a},\hat{\boldsymbol{x}})=\begin{bmatrix}\|\hat{\boldsymbol{x}}-\boldsymbol{a}_1^{\mathrm{T}}\|_2-\|\hat{\boldsymbol{x}}\|_2\\ \|\hat{\boldsymbol{x}}-\boldsymbol{a}_2^{\mathrm{T}}\|_2-\|\hat{\boldsymbol{x}}\|_2\\ \vdots\\ \|\hat{\boldsymbol{x}}-\boldsymbol{a}_m^{\mathrm{T}}\|_2-\|\hat{\boldsymbol{x}}\|_2\end{bmatrix} \tag{6.1-145}$$

仿真结果显示，一次迭代足以获得比较满意的结果。

精度稀释 DOP(Dilution of Precision)定义式的计算步骤为：首先求量测相对于求解矢量的梯度矩阵，再对梯度矩阵进行平方；然后求逆，并求该逆矩阵迹；最后对求迹结果作平方根运算[24]，即 DOP 的表达式为

$$\mathrm{DOP}=\sqrt{\mathrm{tr}(\boldsymbol{H}^{\mathrm{T}}\boldsymbol{H})^{-1}} \tag{6.1-146}$$

如果各传感器的测量方差不完全相同，则可以采用加权矩阵 $\boldsymbol{W}$ 进行相应处理。如果假设量测矢量的协方差矩阵为

$$\boldsymbol{Q}=\begin{bmatrix}\sigma_1^2 & 0 & \cdots & 0\\ 0 & \sigma_2^2 & \cdots & 0\\ \vdots & \vdots & & \vdots\\ 0 & 0 & \cdots & \sigma_M^2\end{bmatrix}(m^2) \tag{6.1-147}$$

选择一基准噪声方差 σ_b^2 对上式进行归一化，则加权 DOP(weighted DOP)表达式变为

$$\mathrm{DOP}=\sqrt{\mathrm{tr}(\boldsymbol{H}^{\mathrm{T}}\boldsymbol{W}\boldsymbol{H})^{-1}} \tag{6.1-148}$$

其中

$$\boldsymbol{W}=\sigma_b^2\boldsymbol{Q}^{-1} \tag{6.1-149}$$

即 σ_b^2 起归一化的作用。在 $\boldsymbol{A}$、$\boldsymbol{Q}$、$\boldsymbol{x}$ 给定条件下，该系统的均方根球面不确定度可表示为

$$\sigma_{3D}=\sigma_b\times\mathrm{DOP} \tag{6.1-150}$$

6.1.8　测量偏差对 TDOA 定位的影响

正如在三角定位中方位角测量偏差会导致定位误差一样，TDOA 定位同样会受到测量偏差的影响。Koorapaty、Grubeck 和 Cedervall 通过分析和仿真[25]，检验了采用 TDOA 和 TOA 定位技术定位辐射源的位置时测量偏差的影响，其中探讨了时差定位中偏差的影响。

对于 TOA 系统，移动终端或观测站的信号到达时间(time of arrival)可以通过接收信号与其相应的已知复制形式进行互相关而求得。当已知信号的发射时间时，信号到达时间为移动终端与观测站之间距离的函数，即量测值为观测站坐标和移动终端位置。该函数关系对于信号的到达时间差(time difference of arrival)或到达角(angle of arrival)同样成立。

通常假设观测站的坐标是已知的，故系统的第 i 个量测可以表示为

$$r_i=f_i(\boldsymbol{x})+b_i+n_i\qquad i=1,2,\cdots,M \tag{6.1-151}$$

式中：$\boldsymbol{x}=[x_T,y_T,z_T]^{\mathrm{T}}$ 为目标的真实位置；b_i 表示测量中的常数偏差，n_i 为某些零均值加性量测误差。考虑常数偏差比较合适，即使该偏差是时变的，但是在进行定位处理之前

可以假设对量测在一定的积分时间上进行平均。如果将上式所示的量测在时间 T 上进行平均，可得

$$r_i' = f_i(\boldsymbol{x}) + \frac{1}{T}\sum_{j=1}^{T} b_i + \frac{1}{T}\sum_{j=1}^{T} n_i = f_i(\boldsymbol{x}) + b_i' + z_i + n_i' \tag{6.1-152}$$

式中：b_i' 为随机变量 $\sum_{j=1}^{T} b_i/T$ 的均值；z_i 为零均值随机变量，而且具有与 $\sum_{j=1}^{T} b_i/T$ 相同的二阶和高阶统计特性。如果 T 足够大，则根据中心极限定理(Central Limit Theorem)，z_i 可以近似为高斯随机变量(Gaussian random variable)。

因此，如果一旦获得如式(6.1-151)所示的具有常数偏差的量测，偏差的时变性将反映在零均值噪声的方差变化中，将式(6.1-151)利用矢量形式可表示为

$$\boldsymbol{r} = f(\boldsymbol{x}) + \boldsymbol{b} + \boldsymbol{n} \tag{6.1-153}$$

这里，假定位置 $\boldsymbol{x}$ 和偏差 $\boldsymbol{b}$ 都为非随机变量参数，而且是未知的。而假设矢量 $\boldsymbol{n}$ 具有正定协方差矩阵(Positive Definite Covariance Matrix)。

$\boldsymbol{x}$ 的最小二乘估计(Least Squares Estimator)为选择估计值 $\hat{\boldsymbol{x}}$ 使得下式最小

$$Q(\boldsymbol{x}) = [\boldsymbol{r} - f(\boldsymbol{x}) - \boldsymbol{b}]^{\mathrm{T}}\boldsymbol{N}^{-1}[\boldsymbol{r} - f(\boldsymbol{x}) - \boldsymbol{b}] \tag{6.1-154}$$

当 $\boldsymbol{n}$ 的元素为联合高斯分布，且协方差矩阵为 $\boldsymbol{N}$ 时，最小二乘估计也就是最大似然估计(Maximum Likelihood Estimator)[26]。

一般来说，$f_i(\boldsymbol{x})$为非线性的，但是可以通过对其在参考点 $\boldsymbol{x}_0$ 进行 Taylor 级数展开，忽略二阶和高阶项，只保留其中的线性项方法进行线性化处理。因此，在参考点 $\boldsymbol{x}_0$ 处，$f(\boldsymbol{x})$的泰勒级数近似式为

$$f(\boldsymbol{x}) \approx f(\boldsymbol{x}_0) + \boldsymbol{G}_0(\boldsymbol{x} - \boldsymbol{x}_0) \tag{6.1-155}$$

其中

$$\boldsymbol{G}_0 = \begin{bmatrix} \left.\dfrac{\partial f_1(\boldsymbol{x})}{\partial x_1}\right|_{\boldsymbol{x}=\boldsymbol{x}_0} & \cdots & \left.\dfrac{\partial f_1(\boldsymbol{x})}{\partial x_k}\right|_{\boldsymbol{x}=\boldsymbol{x}_0} \\ \vdots & & \vdots \\ \left.\dfrac{\partial f_1(\boldsymbol{x})}{\partial x_1}\right|_{\boldsymbol{x}=\boldsymbol{x}_0} & \cdots & \left.\dfrac{\partial f_M(\boldsymbol{x})}{\partial x_k}\right|_{\boldsymbol{x}=\boldsymbol{x}_0} \end{bmatrix} \tag{6.1-156}$$

此处，如果假设 $\boldsymbol{x}_0$ 足够接近 $\boldsymbol{x}$，则式(6.1-155)的线性化将是一个相当精确的近似。因此，结合式(6.1-154)和式(6.1-155)有

$$Q(\boldsymbol{x}) = (\boldsymbol{r}_1 - \boldsymbol{G}_0\boldsymbol{x} - \boldsymbol{b})^{\mathrm{T}}\boldsymbol{N}^{-1}(\boldsymbol{r}_1 - \boldsymbol{G}_0\boldsymbol{x} - \boldsymbol{b}) \tag{6.1-157}$$

其中

$$\boldsymbol{r}_1 = \boldsymbol{r} - f(\boldsymbol{x}_0) + \boldsymbol{G}_0\boldsymbol{x}_0 \tag{6.1-158}$$

为了找到最小值所在的位置，计算以下梯度向量

$$\Delta_x Q(\boldsymbol{x}) = \begin{bmatrix} \dfrac{\partial Q}{\partial x_1} & \dfrac{\partial Q}{\partial x_2} & \cdots & \dfrac{\partial Q}{\partial x_k} \end{bmatrix}^{\mathrm{T}} \tag{6.1-159}$$

并求使 $\Delta_x Q(\boldsymbol{x})=\boldsymbol{0}$ 的 $\boldsymbol{x}$。其中 k 为用于估计的参数数量。例如对于典型的 TOA 系统，将有四个参数，即系统坐标参数 x、y、z 和信号的发射时间。如果假设在 $\boldsymbol{x}$ 的周围局部区域内偏差 $\boldsymbol{b}$ 不是 $\boldsymbol{x}$ 的函数，则有 $\Delta_x\boldsymbol{b}=\boldsymbol{0}$，而且 $\boldsymbol{G}_0^{\mathrm{T}}\boldsymbol{N}^{-1}\boldsymbol{G}_0$ 非奇异，这样能够使 $Q(\boldsymbol{x})$达到最小的 $\hat{\boldsymbol{x}}$ 为

$$\hat{\boldsymbol{x}} = (\boldsymbol{G}_0^{\mathrm{T}}\boldsymbol{N}^{-1}\boldsymbol{G}_0)^{-1}\boldsymbol{G}_0^{\mathrm{T}}\boldsymbol{N}^{-1}\boldsymbol{r}_1 - (\boldsymbol{G}_0^{\mathrm{T}}\boldsymbol{N}^{-1}\boldsymbol{G}_0)^{-1}\boldsymbol{G}_0^{\mathrm{T}}\boldsymbol{N}^{-1}\boldsymbol{b} \tag{6.1-160}$$

将式(6.1-158)代入式(6.1-160)，可得

$$\hat{\boldsymbol{x}} = (\boldsymbol{G}_0^{\mathrm{T}}\boldsymbol{N}^{-1}\boldsymbol{G}_0)^{-1}\boldsymbol{G}_0^{\mathrm{T}}\boldsymbol{N}^{-1}(\boldsymbol{r} - f(\boldsymbol{x}_0)) - (\boldsymbol{G}_0^{\mathrm{T}}\boldsymbol{N}^{-1}\boldsymbol{G}_0)^{-1}\boldsymbol{G}_0^{\mathrm{T}}\boldsymbol{N}^{-1}\boldsymbol{b} + \boldsymbol{x}_0 \tag{6.1-161}$$

当偏差已知时，式(6.1-161)中的第二项可以得到偏差的估计贡献量。然而，当没有偏差的任何信息时，是不可能求解式(6.1-161)的，这是因为量测中的许多偏差项使得更多的方程变得不可知。因此，对于这种情况，假设不存在偏差，故估计器变成如下形式

$$\hat{\boldsymbol{x}} = (\boldsymbol{G}_0^{\mathrm{T}}\boldsymbol{N}^{-1}\boldsymbol{G}_0)^{-1}\boldsymbol{G}_0^{\mathrm{T}}\boldsymbol{N}^{-1}[\boldsymbol{r} - f(\boldsymbol{x}_0)] + \boldsymbol{x}_0 \tag{6.1-162}$$

将式(6.1-153)代入式(6.1-162)，有

$$\hat{\boldsymbol{x}} = (\boldsymbol{G}_0^{\mathrm{T}}\boldsymbol{N}^{-1}\boldsymbol{G}_0)^{-1}\boldsymbol{G}_0^{\mathrm{T}}\boldsymbol{N}^{-1}[f(\boldsymbol{x}) - f(\boldsymbol{x}_0) - \boldsymbol{G}_0(\boldsymbol{x} - \boldsymbol{x}_0) + \boldsymbol{b} + \boldsymbol{n}] + \boldsymbol{x} \tag{6.1-163}$$

式(6.1-163)中的第一项给出了线性化误差、噪声和量测偏差的影响。估计的期望为

$$E\{\hat{\boldsymbol{x}}\} = (\boldsymbol{G}_0^{\mathrm{T}}\boldsymbol{N}^{-1}\boldsymbol{G}_0)^{-1}\boldsymbol{G}_0^{\mathrm{T}}\boldsymbol{N}^{-1}[f(\boldsymbol{x}) - f(\boldsymbol{x}_0) - \boldsymbol{G}_0(\boldsymbol{x} - \boldsymbol{x}_0) + \boldsymbol{b}] + \boldsymbol{x} \tag{6.1-164}$$

而估计的偏差为

$$\boldsymbol{b}_x = (\boldsymbol{G}_0^{\mathrm{T}}\boldsymbol{N}^{-1}\boldsymbol{G}_0)^{-1}\boldsymbol{G}_0^{\mathrm{T}}\boldsymbol{N}^{-1}[f(\boldsymbol{x}) - f(\boldsymbol{x}_0) - \boldsymbol{G}_0(\boldsymbol{x} - \boldsymbol{x}_0) + \boldsymbol{b}] \tag{6.1-165}$$

因此，当量测偏差和线性化误差不存在时，估计是无偏的。当这些误差存在时，上面的方程给出了估计的偏差。利用(6.1-163)和式(6.1-164)可得估计 $\hat{\boldsymbol{x}}$ 的协方差

$$\boldsymbol{P} = E\{[\hat{\boldsymbol{x}} - E(\hat{\boldsymbol{x}})] \cdot [\hat{\boldsymbol{x}} - E(\hat{\boldsymbol{x}})]^{\mathrm{T}}\} = (\boldsymbol{G}_0^{\mathrm{T}}\boldsymbol{N}^{-1}\boldsymbol{G}_0)^{\mathrm{T}} \tag{6.1-166}$$

如果式(6.1-162)的估计是无偏的，且 $\boldsymbol{n}$ 为零均值高斯随机变量，则线性化量测模型的最小二乘估计方差与最大似然估计的相同，且满足无偏估计方差的 Cramer-Rao 限[26]。根据相同的思路，可得式(6.1-161)所确定的估计器利用了偏差的先验信息同样具有式(6.1-166)所定义的方差。因此，缺少偏差知识和假设偏差为零并不影响估计的方差，然而却影响估计的精确性。这可以通过下面的均方差(mean squared error)说明：

$$\begin{aligned}\boldsymbol{Q}_{\mathrm{MS}} &= E\{(\hat{\boldsymbol{x}} - \boldsymbol{x}) \cdot (\hat{\boldsymbol{x}} - \boldsymbol{x})^{\mathrm{T}}\} \\ &= (\boldsymbol{G}_0^{\mathrm{T}}\boldsymbol{N}^{-1}\boldsymbol{G}_0)^{-1} + (\boldsymbol{G}_0^{\mathrm{T}}\boldsymbol{N}^{-1}\boldsymbol{G}_0)^{-1}\boldsymbol{G}_0^{\mathrm{T}}\boldsymbol{N}^{-1}[f(\boldsymbol{x}) - f(\boldsymbol{x}_0) - \boldsymbol{G}_0(\boldsymbol{x} - \boldsymbol{x}_0) + \boldsymbol{b}] \\ &\quad \times [f(\boldsymbol{x}) - f(\boldsymbol{x}_0) - \boldsymbol{G}_0(\boldsymbol{x} - \boldsymbol{x}_0) + \boldsymbol{b}]^{\mathrm{T}}\boldsymbol{N}^{-1}\boldsymbol{G}_0(\boldsymbol{G}_0^{\mathrm{T}}\boldsymbol{N}^{-1}\boldsymbol{G}_0)^{-1}\end{aligned} \tag{6.1-167}$$

式(6.1-167)可以利用式(6.1-163)得到。式(6.1-167)中的第一项对应于由式(6.1-166)所定义的估计方差。如果估计是无偏的，则该式也是均方误差。然而，若估计是有偏的，则第二项给出了由于量测偏差和线性化误差引起的均方误差的增加量。

通常，偏差对位置估计的影响程度可以利用 CEP(Circular Error Probable)表示。有关这方面的深入研究请参考文献[25]。

6.1.9 运动对 TDOA 位置估计的影响

两个分离接收机的信号到达时间差(Time Difference of Arrive，TDOA)测量技术是基于 TDOA 无源定位处理的第一步。然而目标和传感器之间可能存在相对运动(relative motion)，采用机载传感器定位通常就属于这种情况，而这种相对运动将引起 TDOA 测量误差。Chan 和 Ho 将这种效应称为到达时间尺度差(Scale Difference of Arrival，SDOA)，并提出了一种估计其影响的方法[27]。相对运动引起的 TDOA 误差与 SDOA 和数据记录长度成比例。

设两传感器收到的信号为

$$r_1(t) = s(t) + \phi(t) \tag{6.1-168}$$

$$r_2(t) = s\left(\frac{t+D}{a}\right) + \varphi(t) \tag{6.1-169}$$

其中 $s(t)$ 为发射信号，$\phi(t)$ 和 $\varphi(t)$ 为加性噪声，它们不仅相互独立，而且与信号也相互独立，D 为测得的 TDOA，而在 $r_2(t)$ 中信号 $s(t)$ 具有一个 SDOA，即 a。TDOA 和 SDOA 的联合估计可以根据两个信号之间的互模糊函数(CAF)求得[28]

$$\mathrm{CAF}(\alpha, \tau) = \int_0^T r_1(t) r_2(\alpha t - \tau)\mathrm{d}t \tag{6.1-170}$$

方法是在观察时间 T 上求 α 和 τ 使 CAF 达到最大。当没有噪声时

$$r_2(\alpha t - \tau) = s\left(\frac{\alpha t - \tau + D}{a}\right) \tag{6.1-171}$$

所以，当 $\alpha = a$ 且 $\tau = D$ 时，式(6.1-170)达到最大值。目前除了二维搜索之外，还没有关于$\{\alpha, \tau\}$的封闭形式解(closed-form solution)。这就要求在一定的范围内对于每一对可能的(α, τ)计算式(6.1-170)。

为了避免由于较长观察时间引起较大的偏差，通常将 T 分成几个较小的子段，并计算每一子段的 TDOA[29]。如果 TDOA 在 T 上相对为常数，则最后的估计值为每个子段 TDOA 的平均；如果 TDOA 近似为时间的函数，则利用最小二乘拟合所有子段的 TDOA，最终给出 TDOA 估计的时间函数形式[30]。

带限白噪声(Band Limited White Noise，BLWN)过程 $s(t)$ 与其 1 Hz 抽样 $s(n)$($n=0$，1，2，…，$N-1$)之间的关系为

$$s(t) = \sum_{n=0}^{N-1} s(n)\mathrm{sinc}(t-n) \tag{6.1-172}$$

其中

$$\mathrm{sinc}(\cdot) = \frac{\sin\pi(\cdot)}{\pi(\cdot)} \tag{6.1-173}$$

通过对 $s(t)$ 的时间比例扩展(time-scaling)a 倍，且在时域平移(time-shifting)D，可得

$$z(t) = s\left(\frac{t+D}{a}\right) = \sum_k s(k)\mathrm{sinc}\left(\frac{t+D}{a} - k\right) \tag{6.1-174}$$

在上式和后面式子中，所有求和都是从 0 到 $N-1$ 进行的。

由于进行了时间比例的扩展处理，故 $z(t)$、$s(t)$ 是联合非平稳的(jointly nonstationary)。故 $s(t)$ 和 $z(t-\tau)$ 的互相关将依赖于(t, τ)。根据式(6.1-172)和(6.1-174)可得

$$E\{s(t)z(t-\tau)\} = \sum_n \sum_k E\{s(n)z(k)\}\mathrm{sinc}(t-n)\mathrm{sinc}\left(\frac{t+D}{a} - k\right) \tag{6.1-175}$$

如果令 $s(n)$ 为均值为零、方差为 σ_s^2 的白噪声样本，则

$$E\{s(t)z(t-\tau)\} = \sigma_s^2 \sum_n \sum_k \mathrm{sinc}(t-n)\mathrm{sinc}\left(\frac{t+D}{a} - k\right) \tag{6.1-176}$$

根据 Schwartz 不等式，在忽略 SDOA 的情况下，通过使式(6.1-176)最大化可得 TDOA 的估计为

$$\tau = (1-\alpha)t + D \tag{6.1-177}$$

因此偏差为

$$\tau - D = (1-a)t \tag{6.1-178}$$

将式(6.1-178)在 N 个数据样值上取平均，得

$$\varepsilon(\alpha, N) = \frac{1}{N}\int_0^T (1-a)t\,\mathrm{d}t = \frac{(1-a)N}{2} \tag{6.1-179}$$

该结果与文献[31]中通过频域方法获得的结果一致。显然，数据长度对 TDOA 偏差的影响为线性函数。

下面考虑将 N 个数据点分成 M 个子段的情况，其中 $K=N/M$ 为每一子段的点数。则根据式(6.1-178)，第 i 个子段的偏差为

$$b_i(t) = (1-a)[t+(i-1)K] \qquad 0 \leqslant t \leqslant K \tag{6.1-180}$$

由于 TDOA 估计为 M 个子段的平均，则平均估计的偏差为

$$b(t) = \frac{(1-a)\sum_{i=1}^{M}[t+(i-1)K]}{M} = (1-a)\left[t + \frac{(M-1)}{2}K\right] \tag{6.1-181}$$

在 K 上平均 t 可以再次给出偏差$(1-a)N/2$，且等于式(6.1-179)。因此，分段方法不能减小 TDOA 偏差。

如果存在相对运动，而且 TDOA 的偏差非常大，则必须进行宽带处理，即必须最大化式(6.1-170)所定义的 CAF。令 $r_1(t)$ 和 $r_2(t)$ 的采样信号为 $r_1(n)$ 和 $r_2(n)$，则可得到式(6.1-170)的等价离散形式，即利用最小化代替最大化，可得

$$J(\boldsymbol{\Theta}) = \sum_n [r_1(n) - r_2(an-\tau)]^2 \tag{6.1-182}$$

其中

$$\boldsymbol{\Theta} = [a \quad \tau]^{\mathrm{T}} \tag{6.1-183}$$

仿照前面式(6.1-172)和式(6.1-174)的推导，可得

$$r_2(an-\tau) = \sum_k r_2(k)\,\mathrm{sinc}(an-\tau-k) \tag{6.1-184}$$

最小化式(6.1-182)，通常要求在 $\boldsymbol{\Theta}$ 上进行二维网格搜索。

如果将式(6.1-184)代入式(6.1-181)，并应用 Newton 方法，可得如下迭代公式

$$\boldsymbol{\Theta}^{(i+1)} = \boldsymbol{\Theta}^{(i)} - \left[\frac{\partial^2 \boldsymbol{J}}{\partial\boldsymbol{\Theta}\partial\boldsymbol{\Theta}^{\mathrm{T}}}\right]^{-1}\left[\frac{\partial \boldsymbol{J}}{\partial\boldsymbol{\Theta}}\right] \tag{6.1-185}$$

在第 i 次迭代中，$\boldsymbol{\Theta}^{(i)}$ 的估计值用于如下偏导数的计算

$$\frac{\partial \boldsymbol{J}}{\partial\boldsymbol{\Theta}} = \left[\frac{\partial \boldsymbol{J}}{\partial a} \quad \frac{\partial \boldsymbol{J}}{\partial \tau}\right]^{\mathrm{T}} \tag{6.1-186}$$

以及

$$\frac{\partial^2 \boldsymbol{J}}{\partial\boldsymbol{\Theta}\partial\boldsymbol{\Theta}^{\mathrm{T}}} = \begin{bmatrix} \dfrac{\partial^2 \boldsymbol{J}}{\partial a^2} & \dfrac{\partial^2 \boldsymbol{J}}{\partial a\partial\tau} \\ \dfrac{\partial^2 \boldsymbol{J}}{\partial a\partial\tau} & \dfrac{\partial^2 \boldsymbol{J}}{\partial \tau^2} \end{bmatrix} \tag{6.1-187}$$

为了计算方便，令

$$e(n) = r_1(n) - \sum_k r_2(k)\,\mathrm{sinc}(an-\tau-k) \tag{6.1-188}$$

$$e_1(n) = -\sum_k r_2(k)\,\mathrm{sinc}'(an-\tau-k) \tag{6.1-189}$$

$$e_2(n) = -\sum_k r_2(k)\,\mathrm{sinc}''(an-\tau-k) \tag{6.1-190}$$

其中 $\mathrm{sinc}'(\cdot)$和 $\mathrm{sinc}''(\cdot)$分别表示 $\mathrm{sinc}(\cdot)$关于$(\cdot)$的一阶和二阶导数。因此，很容易计

算以 $e(n)$、$e_1(n)$、$e_2(n)$表示的偏导数。

当 $\| \boldsymbol{\Theta}^{(i+1)} = \Theta^{(i)} \|_2 <$ Th 时，迭代停止，其中 Th 为预先设定的门限值。为了保证 CAF 在给定的 $\boldsymbol{\Theta}$ 网格上获得全局最小，算法具有几个初始条件，并记为 $J(\boldsymbol{\Theta})$，当 $J(\boldsymbol{\Theta})$取最小值时得到 $\boldsymbol{\Theta}$ 的估计。

计算式(6.1-184)的运算量为 $O(N^2)$，然而 sinc(·)函数从它的最大值向两边衰减非常快，故截断式(6.1-184)的求和运算，只保留 sinc(·)函数峰值附近的几个点，可以得到一个快速且精确的近似。故令式(6.1-184)为

$$r_2(an-\tau) = \sum_{k=l_0-L}^{l_0+L} r_2(k)\operatorname{sinc}(an-\tau-k) \tag{6.1-191}$$

其中

$$l_0 = \lfloor an-\tau \rfloor \tag{6.1-192}$$

为 $an-\tau$ 的下取整。该处理使得 $0 \leqslant an-\tau-l_0 \leqslant 1$，以至于最大的 sinc(·)函数样本如式(6.1-191)所示。同时式(6.1-184)的计算量将降至 $O(N(2L+1))$。

6.2　差分多普勒定位

本节讨论根据两个或多个传感器间的频差信息进行定位的方法。运动辐射源发出的信号会呈现出一种所谓的多普勒频移(Doppler shift)效应，表现为在接收机处接收到的频率与发射信号频率之间存在一个频差，该频差的大小与物体相对于接收机的运动方向有关。如果在两个(或多个)探测站处测量该信号的频率，则各测量结果之间会存在一个频率差值，该频差称为差分多普勒(Differiential Doppler，DD)，可用于目标定位。为了利用差分多普勒效应，只要求一个物体(一个或多个传感器或者被测目标)是运动的。运动速度越高，频差就越大，也就越容易提高差分多普勒测量的精度。

6.2.1　差分多谱勒

在传感器及目标运动速度远小于光速时，差分多普勒可采用式(6.2-1)计算

$$\dot{\tau} = \frac{v_2}{c}f_0 - \frac{v_1}{c}f_0 = \frac{f_0}{\lambda}(v_2 - v_1) \tag{6.2-1}$$

式中：$v_i(i=1, 2)$为传感器与辐射源间的径向瞬时相对速度；f_0 为发射信号的频率。差分多普勒常用 $\dot{\tau}$ 表示，这是因为它意味着两个速度的差值，而速度又是距离对时间的微分，也就是

$$\dot{\tau} = \frac{f_0}{\lambda}\left(\frac{\mathrm{d}r_2}{\mathrm{d}t} - \frac{\mathrm{d}r_1}{\mathrm{d}t}\right) \tag{6.2-2}$$

式中，$r_i(i=1, 2)$为辐射源与传感器之间的距离；$\mathrm{d}r_i/\mathrm{d}t(i=1, 2)$为径向的距离变化速度。因为距离为

$$r_i = \sqrt{(x_T - x_i)^2 + y_T^2} \tag{6.2-3}$$

从而

$$\frac{\mathrm{d}r_i}{\mathrm{d}t}=\frac{\mathrm{d}\sqrt{(x_T-x_i)^2+y_T^2}}{\mathrm{d}t}=-\frac{(x_T-x_i)}{\sqrt{(x_T-x_i)^2+y_T^2}}\frac{\mathrm{d}x_i}{\mathrm{d}t} \tag{6.2-4}$$

这里假设飞机平行于 x 轴匀速运动，因此 $\mathrm{d}y_i/\mathrm{d}t=0(i=1, 2)$。记 $v=v_1=\mathrm{d}x_1/\mathrm{d}t=v_2=\mathrm{d}x/\mathrm{d}t$，则

$$\dot{\tau}=\frac{f_0 v}{\lambda}\left(\frac{(x_T-x_1)}{\sqrt{(x_T-x_1)^2+y_T^2}}-\frac{(x_T-x_2)}{\sqrt{(x_T-x_2)^2+y_T^2}}\right) \tag{6.2-5}$$

图 6.2-1 是式(6.2-5)构成的差分多普勒曲面示意图，此图是在 $v=10$ m/s，$f=100$ MHz 条件下绘制的。差分多普勒曲线为复杂的二次函数，而不是 TDOA 对应的简单双曲线。从上面看这些曲线的形状如图 6.2-2 所示。该曲面与测得的差分多普勒值对应的平面之间的交线就是可能的辐射源位置。在只有两个传感器时，会发生如图 6.2-3 和图 6.2-4 所示的左右模糊问题。和时差定位的情况一样，加入的三个传感器能够解决这种模糊问题，得到唯一解，如图 6.2-5 所示。

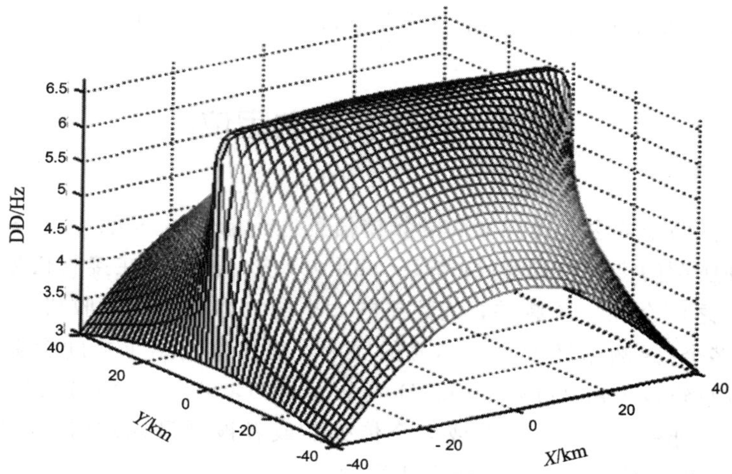

图 6.2-1　差分多普勒曲面示意图

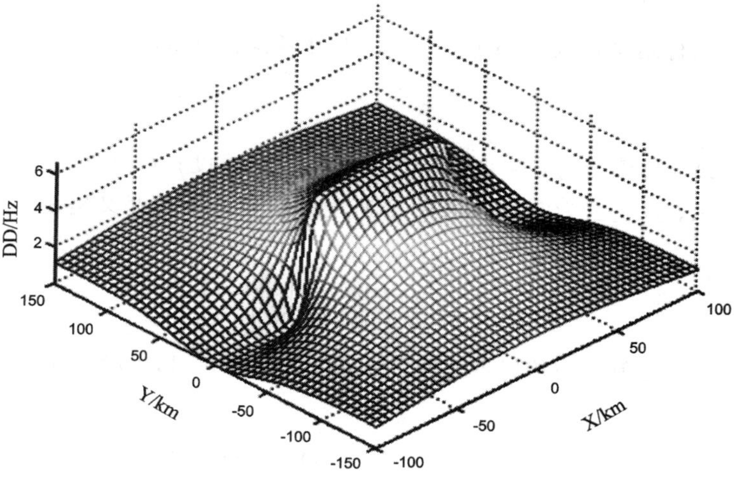

图 6.2-2　差分多普勒曲面的俯视图

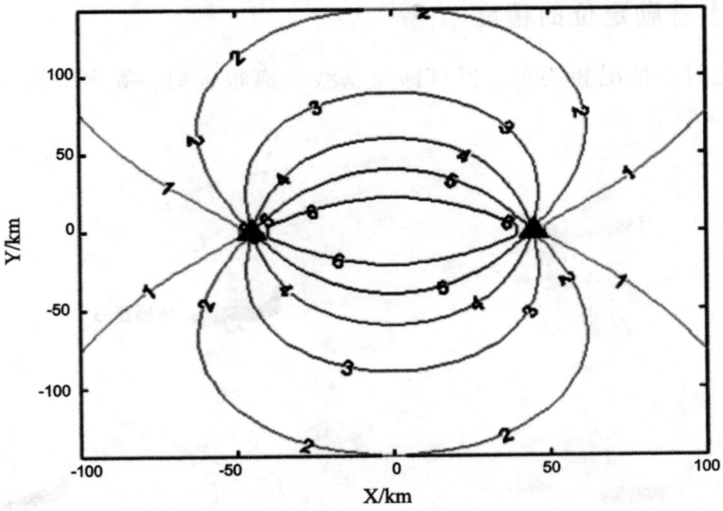

图 6.2-3　等差分多普勒曲线

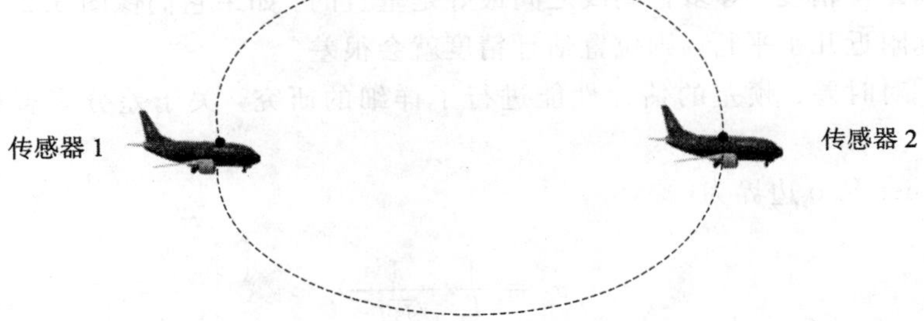

图 6.2-4　同一目标辐射源的差分多普勒等值线(等值线存在上下模糊问题)

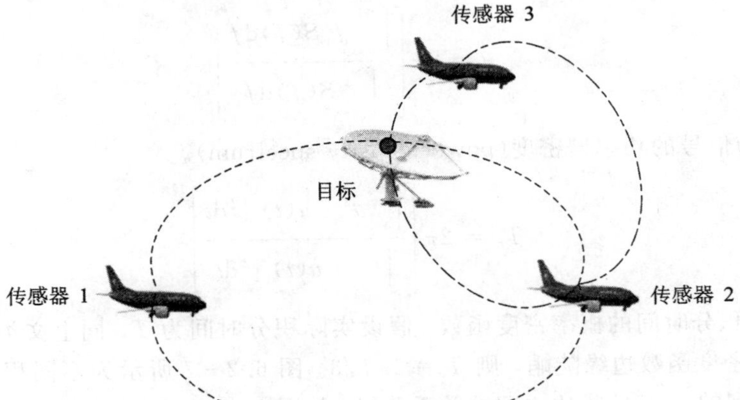

图 6.2-5　基于三传感器差分多普勒等值线的目标位置定位示意图

6.2.2 差分多普勒定位的精度

与时差定位时的情况相类似，当目标与基线距离很远时，等多普勒曲线几乎是平行的，如图 6.2-6 所示。

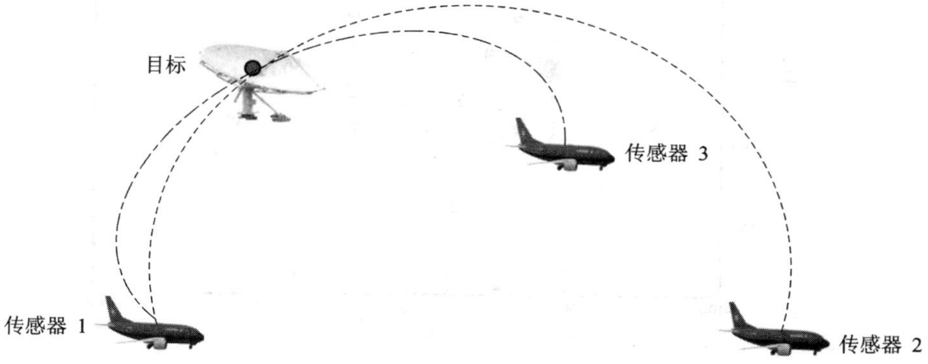

图 6.2-6 等多普勒等值线在距离较远的目标处几乎是平行的

为了提高定位精度，等多普勒线之间最好是垂直的。如果它们像图 6.2-6 所示那样相互之间在目标附近几乎平行，则位置估计精度就会很差。

文献[11]对时差、频差的估计性能进行了详细的研究，关于差分多普勒的有关结论如下。

$\dot{\tau}$ 的 Cramer-Rao 边界为

$$\sigma_{\dot{\tau}} = \frac{1}{T_e}\frac{1}{\sqrt{BT\gamma}} \tag{6.2-6}$$

其中 B、T、γ 如前所述，即 $\sigma_{\dot{\tau}}$ 为 $\dot{\tau}$ 的测量标准差，T_e 为均方根积分时间，其中

$$\beta = 2\pi\left[\frac{\int_{-\infty}^{\infty} f^2 S(f)\mathrm{d}f}{\int_{-\infty}^{\infty} S(f)\mathrm{d}f}\right]^{1/2} \tag{6.2-7}$$

其中 $S(f)$ 为信号的功率谱密度(power density spectrum)。

$$T_e = 2\pi\left[\frac{\int_{-\infty}^{\infty} t^2 \mid u(t) \mid^2 \mathrm{d}t}{\int_{-\infty}^{\infty} \mid u(t) \mid^2 \mathrm{d}t}\right]^{1/2} \tag{6.2-8}$$

此处 $u(t)$ 为积分时间的概率密度函数。假设实际积分时间为 T，同上文类似，仍假设积分时间的概率密度函数边缘陡峭，则 $T_e = 2\pi T/3$。图 6.2-7 所示为不同积分时间下根据式(6.2-6)得到的 $\sigma_{\dot{\tau}}$ 与信噪比之间的关系曲线。如图 6.2-1 所示，在典型参数取值下，差分多普勒值在几到几十赫兹的范围内。如图 6.2-7 所示，假设 T_e 均匀分布，带宽 BW=25 kHz，在低信噪比下，标准差仅为差分多普勒值的百分之一左右，因此利用图中所示的这些积分时间测得的精度是值得怀疑的。高信噪比下能够得到较好的结果。

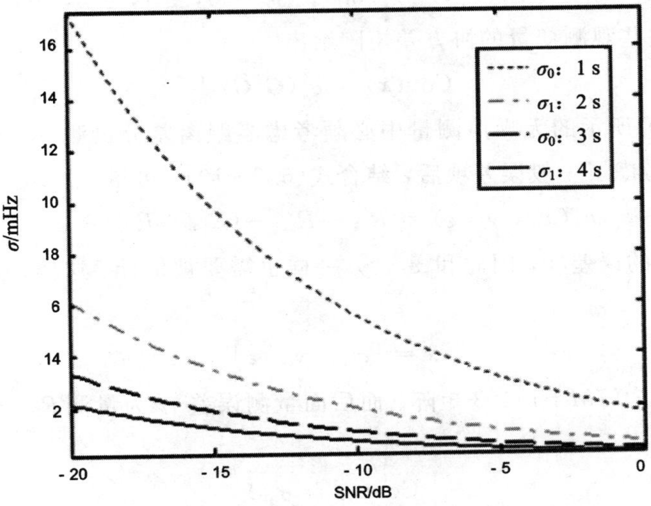

图 6.2-7　差分多普勒的 CRLB 与信噪比之间的关系曲线

6.2.3　最大似然差分多普勒定位算法

Levanon 设计了差分多普勒最大似然定位算法[32]，该算法与本书 5.7 节介绍的 LOB 最大似然定位算法类似。差分多普勒定位系统克服了干涉仪定位系统中固有的模糊问题。同一平台上的天线间距可以大于 $\lambda/2$，测量精度更高。但在机载传感器平台上需要进行相对密集的测量。对机载传感器来说，必须进行足够密集的多普勒测量以确保在信号波长决定的每个时间间隔内至少进行一次测量。

相反，对于干涉仪来说，要求定位传感器间的距离必须小于 $\lambda/2$ 以避免模糊问题。

为了计算差分多普勒，需要获得多个相位及沿路径方向的距离差的测量值。每当相位增加 2π，在距离上就经历一个波长。根据经过 2π 的次数可以求得差分频率。

6.2.3.1　差分多普勒最大似然估计定位算法

图 6.1-11 给出了与图 5.7-1 类似的测量目标和探测站的几何分布图，这里未知量为观测间隔的中心 y_c 以及目标位置 x_T（这里假设 $y_T=0$）。因而，位置向量为

$$\boldsymbol{x} = [x_T \quad y_c]^{\mathrm{T}} \tag{6.2-9}$$

将无噪声情况下第 k 次观测中未知向量与测量值之间的关系记做 $h_k(x_T, y_c)$。在差分多普勒测量中，第 k 个量测为

$$h_k(x_T, y_c) = R_{1k} - R_{2k} - (R_{10} - R_{20}) \tag{6.2-10}$$

其中，对 $k=0, \pm1, \pm2, \cdots, \pm M$，$N=2M+1$，有

$$R_{1k} = \sqrt{\left(y_c + \frac{b}{2} + k\Delta L\right)^2 + x_T^2} \tag{6.2-11}$$

$$R_{2k} = \sqrt{\left(y_c - \frac{b}{2} + k\Delta L\right)^2 + x_T^2} \tag{6.2-12}$$

其中 ΔL 为两次测量间经过的距离。对应这些 k 值，参考点在观测间隔 L 的中心。将含有噪声的 $2M+1$ 个测量结果记做 z_k，其中噪声为高斯噪声过程的样值，记做 n_k，有

$$z_k(x_T, y_c) = h_k(x_T, y_c) + n_k \qquad k = 0, \pm 1, \pm 2, \cdots, \pm M \tag{6.2-13}$$

定位误差由这些观测变量的协方差矩阵给出

$$\mathrm{Cov}(\boldsymbol{x}) = \sigma_n^2(\boldsymbol{G}^{\mathrm{T}}\boldsymbol{G})^{-1} \tag{6.2-14}$$

在式(6.2-10)所示的无噪声测量中必须考虑零距离差分量测$(R_{10}-R_{20})$中的一般误差项 ε。为此，在考虑了一般误差项后，结合式(6.2-10)，可得

$$h_k(x_T, y_c, \varepsilon) = R_{1k} - R_{2k} - (R_{10} - R_{20}) + \varepsilon \tag{6.2-15}$$

其中 ε 为一个未知的误差项，因此和 x_T、y_c 一样也需要被估计。这样，需要估计的未知向量变为

$$\boldsymbol{x} = [x_T \quad y_c \quad \varepsilon]^{\mathrm{T}} \tag{6.2-16}$$

因此，矩阵 $\boldsymbol{G}$ 将变为$(2M+1)\times 3$ 矩阵。而后面量测误差 $\boldsymbol{v}_k$ 为量测 $R_{1k}-R_{2k}$ 中的误差，而且它满足

$$\mathrm{Cov}(\boldsymbol{v}) = \sigma_{\Delta R}^2 \boldsymbol{I} \tag{6.2-17}$$

其中 ΔR 为目标到两观测站的距离差。为了简化运算，假设 $y_c=0$，$M\Delta L \ll x_T$，则

$$h_{kx} = \frac{\partial h_k(x_T, y_c)}{\partial x_T} \approx -\frac{bk\Delta L}{x_T^2} \tag{6.2-18}$$

$$h_{ky} = \frac{\partial h_k(x_T, y_c)}{\partial y_c} \approx -\frac{3b(k\Delta L)^2}{2x_T^3} \tag{6.2-19}$$

$$h_{k\varepsilon} = 1 \tag{6.2-20}$$

这样，偏导数矩阵 $\boldsymbol{G}$ 可以表示为

$$\boldsymbol{G} = \begin{bmatrix} \partial_{-Mx} & \cdots & \partial_{kx} & \cdots & \partial_{Mx} \\ \partial_{-My} & \cdots & \partial_{ky} & \cdots & \partial_{My} \\ 1 & \cdots & 1 & \cdots & 1 \end{bmatrix}^{\mathrm{T}} \tag{6.2-21}$$

利用上面求导结果，可得

$$\boldsymbol{G}^{\mathrm{T}}\boldsymbol{G} = \begin{bmatrix} h_{-Mx} & \cdots & h_{kx} & \cdots & h_{Mx} \\ h_{-My} & \cdots & h_{ky} & \cdots & h_{My} \\ 1 & \cdots & 1 & \cdots & 1 \end{bmatrix} \begin{bmatrix} h_{-Mx} & h_{-My} & 1 \\ \vdots & \vdots & \vdots \\ h_{kx} & h_{ky} & 1 \\ \vdots & \vdots & \vdots \\ h_{Mx} & h_{My} & 1 \end{bmatrix}$$

$$= \begin{bmatrix} \sum\limits_{k=-M}^{M}(h_{kx})^2 & \sum\limits_{k=-M}^{M} h_{kx}h_{ky} & \sum\limits_{k=-M}^{M} h_{kx} \\ \sum\limits_{k=-M}^{M} h_{kx}h_{ky} & \sum\limits_{k=-M}^{M}(h_{ky})^2 & \sum\limits_{k=-M}^{M} h_{ky} \\ \sum\limits_{k=-M}^{M} h_{kx} & \sum\limits_{k=-M}^{M} h_{ky} & \sum\limits_{k=-M}^{M} 1 \end{bmatrix} \tag{6.2-22}$$

再次假设量测密度比较大，即 ΔL 足够小，可近似为微分，通过在和式外除以 $\mathrm{d}L$，在和式内乘以 $\mathrm{d}L$，可将上式中的求和式化为积分，即有

$$
\boldsymbol{G}^{\mathrm{T}}\boldsymbol{G}=\begin{bmatrix} \dfrac{Nb^2L^2}{12x_T^4} & 0 & 0 \\ 0 & \dfrac{9Nb^2L^4}{320x_T^6} & \dfrac{NbL^2}{8x_T^3} \\ 0 & \dfrac{NbL^4}{8x_T^3} & N \end{bmatrix} \tag{6.2-23}
$$

对式(6.2－23)求逆，可得

$$
(\boldsymbol{G}^{\mathrm{T}}\boldsymbol{G})^{-1}=\begin{bmatrix} \dfrac{12x_T^4}{Nb^2L^2} & 0 & 0 \\ 0 & \dfrac{80x_T^6}{Nb^2L^4} & -\dfrac{10x_T^3}{NbL^2} \\ 0 & -10\dfrac{8x_T^3}{NbL^2} & \dfrac{9}{4N} \end{bmatrix} \tag{6.2-24}
$$

将式(6.2－24)和式(6.2－17)代入式(6.2－14)中，取主对角线元素，对于 $y_c=0$ 和 $x_0 \gg L$，则垂直航迹(across-track)和沿航迹(along-track)误差分别为

$$
\sigma_x \approx \sqrt{\frac{12}{N}}\frac{\sigma_{\Delta R}}{b}\frac{x_T^2}{L} \tag{6.2-25}
$$

$$
\sigma_y \approx \sqrt{\frac{80}{N}}\frac{\sigma_{\Delta R}}{b}\frac{x_T^3}{L^2} \tag{6.2-26}
$$

如果 $y_c \neq 0$，则 $\boldsymbol{G}^{\mathrm{T}}\boldsymbol{G}$ 的非对角元素将不再等于零，矩阵求逆将变得更加复杂。当 $x_0 \gg L$ 和 $y_c \ll x_0$ 假设成立时，对于差分多普勒系统，有

$$
\sigma_x \approx \sqrt{\frac{12}{N}}\frac{\sigma_{\Delta R}}{b}\frac{x_T^2}{L}\sqrt{1+60\frac{y_c^2}{L^2}} \tag{6.2-27}
$$

$$
\sigma_y \approx \sqrt{\frac{80}{N}}\frac{\sigma_{\Delta R}}{b}\frac{x_T^3}{L^2} \tag{6.2-28}
$$

6.2.3.2　性能分析

差分多普勒定位方法的性能如图 6.2－8 所示。这里使用的参数是无人机(Unmanned Air Vechicle，UAV)探测平台对应的参数，$N=40$，$x_T=10$ km，$L=1.6$ km，$\sigma_{\Delta R}=0.0141$，假设使用该平台探测一个定频工作的目标，且目标发射信号时间较长。如果无人机的飞行速度为 100 km/h，则飞行 1.6 km 需要 1 min，所以目标发射信号的时间至少为 1 min。

比较图 6.2－8 和图 5.7－4(干涉仪算法)可见，差分多普勒定位方法在估计纵向距离方面有优势，而干涉仪法在估计横向距离方面有优势。差分多普勒法一般具有较好的性能，尤其当 $y_c=0$ 时，因为此时在目标点处二次曲线与 x 轴呈直角，差分多谱勒测量灵敏度最大(如图 6.2－9 所示)。$y_c=0$ 时的测量方差最小，这一点可以通过式(6.2－27)对 y_c 求导并令导数等于 0 来验证。

如图 6.2－10 所示，干涉仪法的最大灵敏度点也在 $y_c=0$ 处。这是一个拐点，故在该点处，$\Delta\phi$ 与 y_c 的关系曲线的斜率最大，由于信号方位角与 y 轴垂直，两天线处的信号相位差为 0。同样地，最小方差点也在 $y_c=0$ 处，可通过将式(5.5－11)对 y_c 求导并令导数等于 0 来验证该结论。

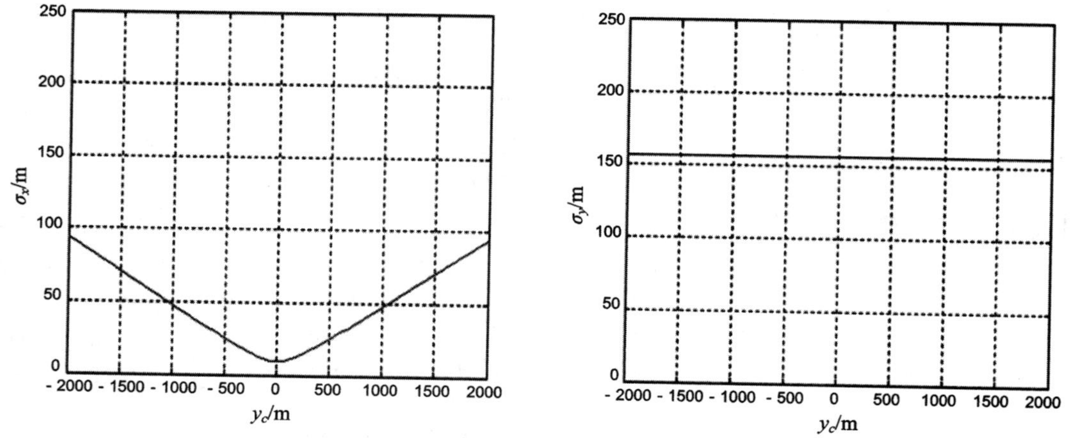

图 6.2-8　差分多普勒定位方法的性能

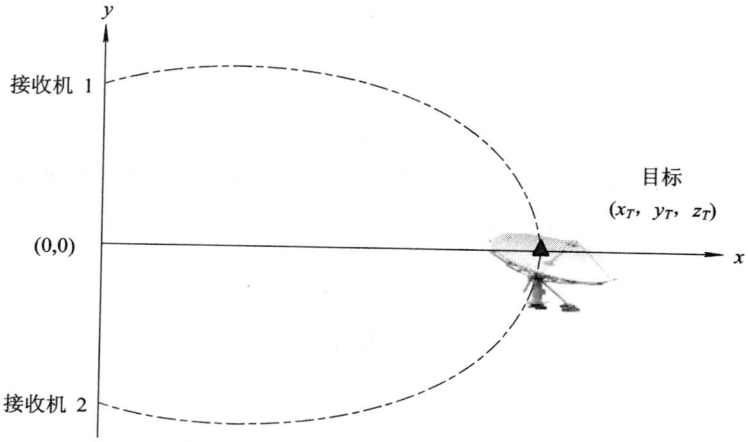

图 6.2-9　在 $y_c=0$ 的条件下等差分多普勒曲线与 x 轴的交点

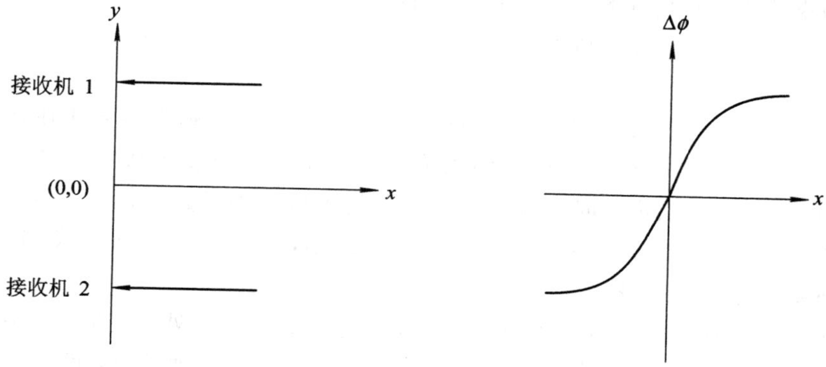

图 6.2-10　在 $y_c=0$ 时的最小二乘 LOB

6.2.4 互模糊函数

我们可以将 TDOA 和差分多普勒计算结合起来，取长补短，从而达到提高定位精度的目的。这通常需要使用互模糊函数(Cross Ambiguity Function，CAF)来实现。使用 CAF 可同时计算出传感器对的 τ 和 $\dot{\tau}$，另一方面，与时差定位中的等时线及差分多普勒定位中的等多普勒线的计算类似，也要计算每对传感器的 CAF，以获得估计中所需的足够信息。CAF 是互相关函数的推广，形式如下

$$\mathrm{CAF}(\tau,\ \dot{\tau}) = \int_0^T s_1(t) s_2^*(t+\tau) \mathrm{e}^{-\mathrm{j}\omega t}\,\mathrm{d}t \tag{6.2-29}$$

其中 $\omega = 2\pi\dot{\tau}$，理想情况下，CAF 的幅度与 τ 和 $\dot{\tau}$ 的关系曲线在某个确定的位置上有一个峰值。

如文献[2]所述，如果计算得到的位置坐标在图 6.1-1 所示的基线的垂直平分线上，则目标位置的标准偏差为

$$\sigma_x = \frac{c\sigma_\tau\sqrt{\left(\frac{b}{2}\right)^2 + d^2}}{d} \tag{6.2-30}$$

$$\sigma_y = \frac{\lambda\sigma_{\dot{\tau}}\left(\left(\frac{b}{2}\right)^2 + d^2\right)^{3/2}}{vbd} \tag{6.2-31}$$

式中：λ 为波长；v 是传感器的速度；b 为基线长度；d 为目标与基线之间的距离。

和独立使用时差定位或差分多普勒定位时的情况一样，当目标偏离基线的垂直平分线时，GDOP 就会起作用，精度就会降低。

6.2.5 噪声背景下利用相位数据估计正弦信号的差分多普勒

Otnes 提出了一种在噪声背景下利用两个或两个以上探测平台上接收到的信号估计正弦信号的差分多普勒的方法，该方法采用了回归技术[33]。换句话说，该方法将差分多普勒数据的线性回归的斜率作为差分多普勒的估计。这与前面 6.1.7 节讨论的方法类似，那里讨论的是 Piersol 提出的一种用于估计 TDOA 的回归匹配技术[7]。

设目标发射的信号为

$$s(t) = A\mathrm{e}^{\mathrm{j}\omega_0 t + \phi_0} \tag{6.2-32}$$

式中：A 为信号幅度；ω_0 为频率；ϕ_0 为相位偏移。分散布置的两个传感器 j 和 k 接收到的信号分别为

$$s_j(t) = s(t) + n_j(t) \tag{6.2-33}$$

$$s_k(t) = s(t-\tau_{jk}) + n_k(t) \tag{6.2-34}$$

其中 τ_{jk} 为相对延迟，此处假设两接收机处的噪声互不相关，且它们与发射信号不相关。同时假设一个或多个传感器与目标之间存在相对运动。计算中对接收信号进行了归一化处理，这样就可以忽略信号的延迟转而使用相对相位延迟。这样，在假设 $\phi_0=0$ 的条件下，接收信号可表示为

$$s_j(t) = A_j\mathrm{e}^{\mathrm{j}(\omega_j t + \phi_j)} + n_j(t) \tag{6.2-35}$$

$$s_k(t) = A_k\mathrm{e}^{\mathrm{j}(\omega_k t + \phi_k)} + n_k(t) \tag{6.2-36}$$

两信号的混频产物为[8]

$$p_{jk}(t) = s_j(t)s_k^*(t) \tag{6.2-37}$$

由于已经假设噪声与信号不相关，所以

$$\varepsilon\{p_{jk}(t)\} = A_j A_k^* \mathrm{e}^{\mathrm{j}(\omega_{jk}t+\phi_{jk})} \tag{6.2-38}$$

其中 $\omega_{jk}=\omega_j-\omega_k$，$\phi_{jk}=\phi_j-\phi_k$。

将式(6.2-35)和式(6.2-36)代入式(6.2-37)得

$$\begin{aligned} p_{jk}(t) &= A_j A_k^* \mathrm{e}^{\mathrm{j}(\omega_{jk}t+\phi_{jk})} + n_{jk}(t) \\ &= A\mathrm{e}^{\mathrm{j}\omega_{jk}t} + n_{jk}(t) \end{aligned} \tag{6.2-39}$$

其中

$$A = A_j A_k^* \mathrm{e}^{\mathrm{j}\phi_{jk}} \tag{6.2-40}$$

$$n_{jk}(t) = A_j \mathrm{e}^{\mathrm{j}(\omega_j t+\phi_j)} n_k^*(t) + A_k \mathrm{e}^{\mathrm{j}(\omega_k t+\phi_k)} n_j^*(t) + n_j(t)n_k^*(t) \tag{6.2-41}$$

需要注意的是，尽管 $n_{jk}(t)$为随机变量，但是它也依赖于信号功率，而且它的维数不同于 $n_j(t)$和 $n_k(t)$。$n_{jk}(t)$的期望值为零，而方差为

$$\sigma_{n_{jk}}^2 = |A_j|^2(t)\sigma_{n_j}^2 + |A_k|^2(t)\sigma_{n_k}^2 + \sigma_{n_j}^2\sigma_{n_k}^2 \tag{6.2-42}$$

如果忽略噪声，混频信号的相位表达式为

$$\begin{aligned} y_{jk}(t) &= \arctan\frac{\mathrm{Im}[p_{jk}(t)]}{\mathrm{Re}[p_{jk}(t)]} = \arctan\frac{|A|\sin(\omega_{jk}t+\phi_{jk})}{|A|\cos(\omega_{jk}+\phi_{jk})} \\ &= \omega_{jk}t + \phi_{jk} \end{aligned} \tag{6.2-43}$$

可见，在忽略噪声的情况下，相位是时间的线性函数。在有噪声且假设信噪比足够大的情况下，相位函数可表示为

$$y_{jk}(t) = \omega_{jk}t + \phi_{jk} + n(t) \tag{6.2-44}$$

其中，噪声项 $n(t)$为涉及 $n_{jk}(t)$的两个非线性处理结果。这里的 ω_{jk} 和 ϕ_{jk} 可以使用本书 5.2 节中讨论的线性回归方法确定，其 MLSE 估计可使用式(5.2-28)得到。对于高信噪比场景，在大多数情况下，$n(t)$都近似服从均值为零、方差为 σ_ω^2 的高斯分布。

FDOA 频率的精确估计等价于解缠相位的斜率估计，故可将求解算法建模为 $y(t)=at+b$，其中 a 即为所求的目标参数之一，而且等于角频率。特别地，如果假设 $t=iT$，其中 T 为采样间隔，而且单位为秒，则有

$$y(i) = (aT)i + b + n(i) \tag{6.2-45}$$

为了求解参数 a、b，求解如下最小化问题

$$\varepsilon^2 = \sum_{i=1}^{N}[y(i) - (aT)i - b]^2 \tag{6.2-46}$$

很多文献都给出了该问题的求解，其中 Williams 给出了如下的求解结果[34]。首先定义 $\bar{x}$ 为 $x(i)$的均值，则 a 的最小均方误差解(minimum mean-square error solution)$\bar{a}$，以及 $\bar{a}$ 的采样方差(sample variance)s_a^2 分别定义如下

$$\bar{a} = \frac{\sum_{i=1}^{N} y(i)[x(i)-\bar{x}]}{\sum_{i=1}^{N}[x(i)-\bar{x}]^2} \tag{6.2-47}$$

$$s_{\bar{a}}^2 = \frac{\sum_{i=1}^{N} y(i)[x(i)-\bar{x}] - \frac{\left[\sum_{i=1}^{N} y(i)[x(i)-\bar{x}]\right]^2}{\sum_{i=1}^{N}[x(i)-\bar{x}]^2}}{(N-2)\sum_{i=1}^{N}[x(i)-\bar{x}]^2} \tag{6.2-48}$$

该结果非常有用，前者给出了 a 的估计方法，而后者给出了估计结果的差异性。

下面假定 y 为时间的线性函数，即

$$y_{jk}(i) = \omega_{jk} x_{jk}(i) + \phi_{jk} + n(i) = \omega_{jk}(iT + i_0 T) + \phi_{jk} + n(i) \tag{6.2-49}$$

将式(6.2-49)代入式(6.2-47)，可得

$$\bar{a} = \frac{\sum_{i=1}^{N}[\omega_{jk}(iT + i_0 T) + \phi_{jk} + n(i)]\left(i - \frac{N+1}{2}\right)}{TQ(N)} \tag{6.2-50}$$

其中

$$Q(N) = \frac{(N-1)(N+1)(2N)}{24} \tag{6.2-51}$$

将式(6.2-50)等号右边的分子展开，有

$$\sum_{i=1}^{N}[\omega_{jk}(iT + i_0 T) + \phi_{jk} + n(i)]\left(i - \frac{N+1}{2}\right) = \omega_{jk} TQ(N) + \sum_{i=1}^{N} n(i)\left(i - \frac{N+1}{2}\right) \tag{6.2-52}$$

因此

$$\bar{a} = \frac{\omega_{jk} TQ(N) + \sum_{i=1}^{N} n(i)\left(i - \frac{N+1}{2}\right)}{TQ(N)} \tag{6.2-53}$$

这样，$E\{\bar{a}\} = \omega_{jk}$，即为所期望的结果。下面估计 $E\{s_{\bar{a}}^2\}$，为此得到 $\bar{y}$ 的表达式

$$\bar{y}_{jk} = \frac{1}{N}\sum_{i=1}^{N} y_{jk}(i) = \omega_{jk}\bar{x}_{jk} + \phi_{jk} + \bar{n}, \quad \bar{n} = \frac{1}{N}\sum_{i=1}^{N} n(i) \tag{6.2-54}$$

故有

$$\begin{aligned} E\left\{\sum_{i=1}^{N}[y_{jk}(i) - \bar{y}_{jk}]^2\right\} &= E\left\{\omega_{jk}^2 T^2 Q(N) + 2\omega_{jk}\sum_{i=1}^{N}[x_{jk}(i) - \bar{x}_{jk}][n(i) - \bar{n}] \right. \\ &\quad \left. + \sum_{i=1}^{N}[n(i) - \bar{n}]^2\right\} \\ &= \omega_{jk}^2 T^2 Q(N) + 0 + (N-1)\sigma_\omega^2 \end{aligned} \tag{6.2-55}$$

其中，σ_n^2 为相位噪声的方差。最后需要估计的表达式为

$$\begin{aligned} E\left\{\sum_{i=1}^{N} y_{jk}(i)[x_{jk}(i) - \bar{x}_{jk}]\right\} &= E\left\{\omega_{jk}^2 T^4 Q^2(N) + 2\omega_{jk} T^3 Q(N)\sum_{i=1}^{N} n(i)\left(i - \frac{N+1}{2}\right) \right. \\ &\quad \left. + T^2\sum_{i=1}^{N}\sum_{l=1}^{N} n(i)n(l)\left(i - \frac{N+1}{2}\right)\left(l - \frac{N+1}{2}\right)\right\} \\ &= \omega_{jk}^2 T^4 Q(N) + T^2\sigma_\omega^2 Q(N) \end{aligned} \tag{6.2-56}$$

利用上面的求解结果可得

$$E\{s_{\bar{a}}^2\} = \frac{\omega_{jk}^2 T^2 Q(N) + (N-1)\sigma_\omega^2 - \dfrac{\omega_{jk}^2 T^4 Q(N) + T^2 \sigma_\omega^2 Q(N)}{T^2 Q(N)}}{(N-2)T^2 Q(N)}$$

$$= \frac{\sigma_\omega^2}{T^2 Q(N)} = \frac{24\sigma_\omega^2}{T^2(N+1)(N-1)2N} \approx \frac{12\sigma_\omega^2}{T^2 N^3} \tag{6.2-57}$$

从式(6.2-57)可以看出，该样本方差与 N 的三次方成反比，且与 T 的平方也成反比这表明可以通过调节 T 和 N 来改善差分多普勒的估计精度，同时可以看出，增大采样点数能显著地改善性能。因此，如果假设有足够多的可利用数据样本，则该方法可以提供高精度的估计结果。

假设该估计是无偏的，利用式(6.2-43)可得

$$E\{s_{\bar{a}}^2\} = \sigma_{\bar{a}}^2 = \frac{12}{(NT)^2 N\left(\dfrac{|A|^2}{\sigma_\omega^2}\right)} = \frac{12}{(NT)^2 N\gamma} \tag{6.2-58}$$

其中，$\gamma = |A|^2/\sigma_\omega^2$ 为信噪比(signal-to noise ratio)。求平方根可得

$$\sigma_{\bar{a}} = \frac{3.46}{P\sqrt{N\gamma}} \tag{6.2-59}$$

其中，P 为观察时间的长度(NT)，而 N 为数据数量。特别地，将式(6.2-59)除以 2π，再利用采样速率 $S=1/N$ 可得

$$\sigma_{\bar{a}}' = \frac{0.55}{P\sqrt{N\gamma}} = \frac{0.55}{P\sqrt{NTS\gamma}} = \frac{0.55}{P\sqrt{PS\gamma}} \tag{6.2-60}$$

在某些假设条件下，这种方法也可以用于正弦载波调幅(Amplitude Modulation, AM)信号的差分多普勒估计。特别地，当测量的差分多普勒值较大的时候，可以假设信号幅度为 1，式(6.2-35)和式(6.2-36)仍然适用。而信号幅度可以通过限幅器的方法使其等于 1。

因为需要获取的参数为两个探测站接收信号的频差，所以这种估计方法不适用于频率调制(Frequency Modulation, FM)和相位调制(Phase Modulation, PM)信号。

6.2.6 运动对差分多普勒位置估计的影响

正如前面所讨论的那样，在测量 TDOA 时，如果未将目标与传感器之间的相对运动考虑在内，则会产生测量误差，除非计算时将误差考虑在内。尽管在目标和接收机之间存在相对运动是观测多普勒频移的必要条件，但如果计算中假设辐射源是固定的而事实上它在运动，则会带来相当大的差分多普勒估计误差。目标的移动对差分多普勒的影响是很难消除的。一种解决方案是设法确定目标是运动的还是静止的，如果目标是运动的，则不进行定位，因为测量误差很大。

Ullman 和 Geraniotis 提出了两种用于估计辐射源是否在运动的技术[35]。其中假设在三维空间中，有一个辐射源和两个空间分离的接收机，接收机的位置和速度是已知的，而发射机的位置和速度未知，但是约束在空间中的某一平面上，如地球表面。其主要问题是检测辐射源的运动。

假设 t 时刻的发射平台位置为 $\boldsymbol{p}_e(t)$，速度为 $\boldsymbol{v}_e(t)$，则检验的两个假设为

$$H_0: \boldsymbol{v}_e = \boldsymbol{0} \tag{6.2-61}$$

$$H_1: \boldsymbol{v}_e \neq \boldsymbol{0} \tag{6.2-62}$$

下面对两种检测算法进行推导和比较，第一种算法为固定拟合检验（stationary fit test），第二个为广义似然比检验（generalized likelihood ratio test）。

6.2.6.1　信号模型

假设辐射源发射信号为窄带信号（narrowband signal），则第二个接收信号可以建模为第一个接收信号的多普勒偏移形式[36]

$$r_1(t) = m_1(t)\mathrm{e}^{\mathrm{j}2\pi f_1 t} \tag{6.2-63}$$

$$r_2(t) = m_1(t-D)\mathrm{e}^{\mathrm{j}[2\pi(f_1-F)t+\phi]} \tag{6.2-64}$$

其中，D 和 F 分别为时延（TDOA）和多普勒偏移（FDOA）量。如果 $\boldsymbol{p}_{ir}$ 和 $\boldsymbol{v}_{ir}$ 分别为第 i 个接收机的位置和速度，则相对于发射机位置和速度的 TDOA 和 FDOA 为

$$D(t) = \frac{1}{c}(\|\boldsymbol{p}_{2r}(t)-\boldsymbol{p}_e(t)\| - \|\boldsymbol{p}_{1r}(t)-\boldsymbol{p}_e(t)\|) \tag{6.2-65}$$

$$F(t) = \frac{f_c}{c}\left(\frac{\boldsymbol{p}_{2r}(t)-\boldsymbol{p}_e(t)}{\|\boldsymbol{p}_{2r}(t)-\boldsymbol{p}_e(t)\|}[\boldsymbol{v}_{2r}(t)-\boldsymbol{v}_e(t)] - \frac{\boldsymbol{p}_{1r}(t)-\boldsymbol{p}_e(t)}{\|\boldsymbol{p}_{1r}(t)-\boldsymbol{p}_e(t)\|}[\boldsymbol{v}_{1r}(t)-\boldsymbol{v}_e(t)]\right) \tag{6.2-66}$$

其中，f_c 为发射信号频率，c 为信号的空间传播速度。而且在 FDOA 方程中，很清楚地显示发射机位置是发射机速度的函数。

根据这些方程，当发射机位于地面，即将其位置约束到地球表面，且其速度约束到切平面时，这些约束可以表示如下

$$f(\boldsymbol{p}_e(t)) = 0 \tag{6.2-67}$$

$$\nabla f(\boldsymbol{p}_e(t)) \cdot \boldsymbol{v}_e(t) = 0 \tag{6.2-68}$$

其中所在表面利用方程 $f(\boldsymbol{p})=0$ 表示。然而由于四个方程中存在六个变量，故系统是无法求解的。

众所周知，TDOA 和地球表面的交点为等时差曲线（isochrone）。实际上，对于等时差曲线上的任何一点，FDOA 都将给出一个相应的速度分量，且垂直于曲线，即受制于速度约束。因此，只有发射机的速度矢量分量垂直于等时差线影响估计的 FDOA，而且是可观测的，但是基于固定假设的单一 TDOA/FDOA 位置估计由于发射机的运动不会存在误差。通常情况下，因发射机的运动改变了几何关系使得发射机不会连续地位于等时差曲线上。

如果发射机运动，根据一对 TDOA/FDOA 量测，则它的位置是无法确定的，因此通常需要几对 TDOA/FDOA 量测，甚至需要检测运动。此外，如果在假设发射机固定的条件下得到了相应的位置估计，则会存在较大的估计误差。

TDOA/FDOA 量测对的方差在文献[37]中有推导。利用单个 TDOA/FDOA 量测得到的有效协方差矩阵定义为 $\boldsymbol{\Sigma}_i$，而整个时间上的协方差为由 $\boldsymbol{\Sigma}_i$ 组成的块对角矩阵，表示为 $\boldsymbol{\Sigma}$。类似地，量测噪声对位置/速度误差的影响也可以通过给位置矢量增加速度矢量来确定。

6.2.6.2　固定拟合检验

该检验的概念就是如何确定最佳的量测拟合固定解（stationary solution）。为了实现该检验，必须获得几对 TDOA/FDOA 量测，则最大似然固定发射机位置可以利用这些量测进行求解，而且在位置给定时量测的概率也可以得到有效的计算。

为了将该算法利用数学公式描述，令 n 为量测数量，即两倍于量测对。假设发射机位置和速度矢量分别为 $\boldsymbol{p}_e$、$\boldsymbol{v}_e$，在没有噪声条件下，TDOA/FDOA 量测矢量可表示为 $q(\boldsymbol{p}_e, \boldsymbol{v}_e)$。实际的 TDOA 和 FDOA 量测假设服从正态分布，故观测量测矢量 $q_m \sim N[q(\boldsymbol{p}_e, \boldsymbol{v}_e), \boldsymbol{\Sigma}]$，其中$(\boldsymbol{p}_e, \boldsymbol{v}_e)$为发射机的实际位置和速度。则位置 $\tilde{\boldsymbol{p}}_e$ 的最大似然估计为

$$\hat{\boldsymbol{p}}_e = \arg\min_{\boldsymbol{p}}[q(\boldsymbol{p}, \boldsymbol{0}) - q_m]^{\mathrm{T}}\boldsymbol{\Sigma}^{-1}[q(\boldsymbol{p}, \boldsymbol{0}) - q_m] \tag{6.2-69}$$

显然，该方程为非线性函数，可以利用标准最优化技术进行最小化，如共轭梯度方法(conjugate gradient method)。

如果假设发射机的位置已知，则合理的检验为量测似然函数的对数。故在高斯假设下，检验关系式变为

$$[q(\boldsymbol{p}, \boldsymbol{0}) - q_m]^{\mathrm{T}}\boldsymbol{\Sigma}^{-1}[q(\boldsymbol{p}, \boldsymbol{0}) - q_m] > T \tag{6.2-70}$$

式(6.2-70)左边的表达式服从 $\chi^2(n)$分布。但是由于实际的发射机位置 $\boldsymbol{p}_e$ 是未知的，故式中的 $\boldsymbol{p}_e$ 可以利用其最大似然估计 $\tilde{\boldsymbol{p}}_e$ 来代替。利用位置的估计值，卡平方分布(chi squared distribution)的自由度(degrees of freedom)将从 n 降低到 $n-2$。在 H_1 假设下，检验量的分布将变为非中心卡平方分布(noncentralized chi squared)[35]。

为了得到有意义的结果，必须具有几对量测结果。如果量测对是相互独立的，则 $\boldsymbol{\Sigma}$ 将是块对角矩阵(block diagonal)，这样可以大大简化矩阵求逆。而且后面的方程将变为两维二次方程的求和，这样将大大简化任意量测数量的检验实现。

6.2.6.3　似然比检验

由于位置和速度是未知的，故该检验不能直接拟合成似然比检验(Likelihood Ratio Test，LRT)。文献[38]中给出了广义似然比的定义，其中对于每一种假设，最大似然估计都用于确定未知量，最后根据结果形成似然比检验。对于运动检测问题，广义似然比检验可以表示为

$$\mathrm{LRT} = \frac{\arg\min\limits_{\boldsymbol{p}_e, \boldsymbol{v}_e} \mathrm{Prob}_1(q_m \mid \boldsymbol{p}_e, \boldsymbol{v}_e)}{\arg\min\limits_{\boldsymbol{p}_e, \boldsymbol{v}_e} \mathrm{Prob}_0(q_m \mid \boldsymbol{p}_e, \boldsymbol{v}_e = \boldsymbol{0})} \tag{6.2-71}$$

令

$$(\boldsymbol{p}_{ei}, \boldsymbol{v}_{ei}) = \arg\max_{\boldsymbol{p}_e, \boldsymbol{v}_e}[q(\boldsymbol{p}_e, \boldsymbol{v}_e) - q_m]^{\mathrm{T}}\boldsymbol{\Sigma}^{-1}[q(\boldsymbol{p}_e, \boldsymbol{v}_e) - q_m] \tag{6.2-72}$$

其中，$\boldsymbol{v}_{e0}=0(H0)$，而 $\boldsymbol{v}_{e1}$ 仅约束于平面(H_1)。而且假设两个解足够接近，以致于协方差相同，即 $\boldsymbol{\Sigma} \equiv \boldsymbol{\Sigma}_0 \approx \boldsymbol{\Sigma}_1$。当 TDOA/FDOA 的误差占优势时，该近似是成立的。因此，对数似然函数 λ 可以表示为

$$\lambda = [q(\boldsymbol{p}_{e0}, \boldsymbol{v}_{e0}) - q_m]^{\mathrm{T}}\boldsymbol{\Sigma}^{-1}[q(\boldsymbol{p}_{e0}, \boldsymbol{v}_{e0}) - q_m] - [q(\boldsymbol{p}_{e1}, \boldsymbol{v}_{e1}) - q_m]^{\mathrm{T}}\boldsymbol{\Sigma}^{-1}[q(\boldsymbol{p}_{e1}, \boldsymbol{v}_{e1}) - q_m] \tag{6.2-73}$$

对于 H_0 假设，λ 将具有两个自由度的卡平方分布，故可得 α 水平检验(α level test)

$$\lambda(q) \gtrless Q_0^{-1}(\alpha, \chi^2(2)) \tag{6.2-74}$$

Q 函数在 $\chi^2(2)$和时刻 T 的估计值为 $Q_0^{-1}(T, \chi^2(2))$。

对于 H_1 假设，λ 将变为两个自由度的非中心卡平方分布，其非中心参数与固定拟合检验相同，具体推导可参考文献[35]的附录。

这两种算法得到的结果是类似的，尽管它们的计算结果受应用环境影响严重(因为时

差定位和差分多普勒定位算法的性能是依赖于环境的，例如 GDOP 的影响），这和预期的情况一致。

在一些研究中，对这两种技术进行了比较，结果表明，它们在目标移动检测上得到的结果相近。固定性检验比 LRT 检验简单些，相比之下 LRT 检验的计算复杂度要大得多。因此，在大多数情况下，建议使用固定性检验的方法。

在检测到移动目标移动时，除忽略数据之外，另一种处理方法是在估计目标位置的同时估计目标速度向量，Rusy 提出了一种这样的技术[39]。在他的算法中，TDOA 和 FDOA 数据被转化为 TOA 和 FOA 数据，并根据目标位置和速度的闭式表达式，应用隐函数理论确定未知量。文中将代数结果和仿真结果进行了比较。

Ho 和 Xu 提出了另一种同时估计目标位置和速度的技术[40]。该技术中采用最小二乘法确定未知量。他们的研究结论是：该技术在 TDOA 和 FDOA 的误差为高斯分布的条件下能够达到 CRLB。研究表明，理论结果和代数结果是一致的。

6.3　距离差定位方法

设在传感器 i 处信号的到达时间为

$$t_i = \frac{r_i}{c} \tag{6.3-1}$$

其中 r_i 为传感器 i 与目标之间的距离。相应地，该信号到达两个传感器的 TDOA 为

$$t_i - t_j = \tau_{ij} = \frac{r_i - r_j}{c} \tag{6.3-2}$$

由式(6.3-2)确定的具有等距离差的所有点组成一个双曲面，在没有噪声也没有测量误差的情况下，目标必定位于多个双曲面的交点上。因此，寻找该交点也可以作为一种目标定位方法。

然而噪声和测量误差总是存在的，所以这些双曲面的交点不只一个，而是很多个。可以采用最小二乘技术求与每个双曲面的距离之和最小的点。

6.3.1　最小二乘距离差法

设传感器数量为 N，传感器 i 与目标的距离和传感器 j 与目标的距离之差为 $d_{ij}(i, j=1, 2, \cdots, N)$。传感器 i 的位置用坐标向量 $\boldsymbol{x}_i=[x_i \quad y_i \quad z_i]^{\mathrm{T}}$ 表示，目标位置用向量 $\boldsymbol{x}_T=[x_T \quad y_T \quad z_T]^{\mathrm{T}}$ 表示。目标与传感器 i 之间的距离为

$$r_i = \| \boldsymbol{x}_i - \boldsymbol{x}_T \|_2 \tag{6.3-3}$$

从原点到 i 点的距离记为 R_i，类似地，定义 $R_T = \| \boldsymbol{x}_T \|_2$。

因此，根据以上定义，可以获得如下基本关系式

$$d_{ij} = R_i - R_j, \qquad i, j = 1, 2, \cdots, N \tag{6.3-4}$$

这样，定位问题可以描述为在给定 $d_{ij}(i, j=1, 2, \cdots, N)$ 条件下确定 $\boldsymbol{x}_T$。系统共有 $C_N^2=N(N-1)/2$ 个不同的相对距离差 d_{ij}，其中排除了 $i=j$，而且对于每一对 $d_{ij}=-d_{ji}$ 只计算一次。

Smith 和 Abel 提出了一种最小二乘意义上的定位误差最小化算法[41]，定义了所谓的方程误差(equation error)的概念。考虑如图 6.3-1 所示的几何分布，不失一般性，假设节点 j 位于原点。同样，不失一般性，令 $j=1$。于是

$$\boldsymbol{x}_j = 0, \quad R_j = 0, \quad r_j = R_T \tag{6.3-5}$$

利用勾股定理(Pythagorean Theorem)，有

$$(R_T + d_{ij})^2 = R_i^2 - 2\boldsymbol{x}_i^{\mathrm{T}}\boldsymbol{x}_T + R_T^2 \tag{6.3-6}$$

所以

$$R_i^2 - d_{ij}^2 - 2R_T d_{ij} - 2\boldsymbol{x}_i^{\mathrm{T}}\boldsymbol{x}_T = 0 \tag{6.3-7}$$

这样就可得到 $N-1$ 个有三个未知数 $\boldsymbol{x}_T$ 的方程。

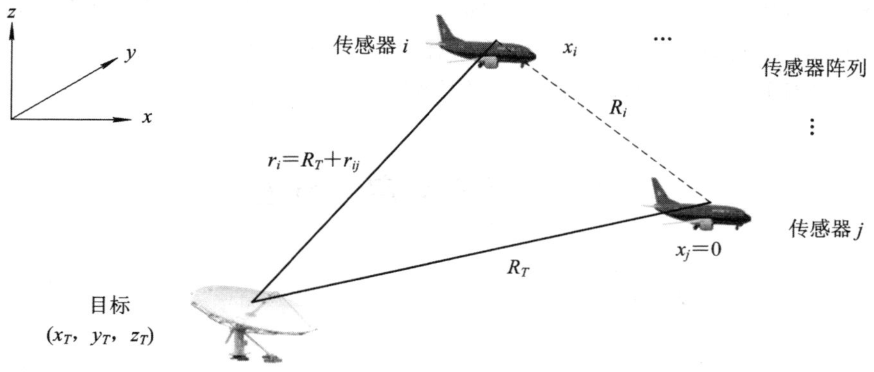

图 6.3-1　最小二乘距离差定位的几何描述

通常情况下，延迟是很难准确测量的，即在数据中的测量误差和噪声的作用下，式(6.3-7)不会恒等于零，而是有一定大小的残差，记为 ε_i。故在式(6.3-7)的右边引入所谓的方程误差[42]，在最小二乘意义下最小化，用来得到真实解的估计值。不失一般性，令 $j=1$。则上式可以改写为

$$R_i^2 - d_{ij}^2 - 2R_T d_{ij} - 2\boldsymbol{x}_i^{\mathrm{T}}\boldsymbol{x}_T = \varepsilon_i \qquad i = 1, 2, \cdots, N \tag{6.3-8}$$

其中 ε_i 就是方程误差，且被最小化。为了表示方便，$N-1$ 个方程采用矩阵表示为

$$\boldsymbol{\varepsilon} = \boldsymbol{\delta} - 2R_T\boldsymbol{d} - 2\boldsymbol{S}\boldsymbol{x}_T \tag{6.3-9}$$

其中

$$\boldsymbol{\delta} = \begin{bmatrix} R_2^2 - d_{21}^2 \\ R_3^2 - d_{31}^2 \\ \vdots \\ R_N^2 - d_{N1}^2 \end{bmatrix}, \quad \boldsymbol{D} = \begin{bmatrix} d_{21} \\ d_{31} \\ \vdots \\ d_{N1} \end{bmatrix}, \quad \boldsymbol{s} = \begin{bmatrix} x_2 & y_2 & z_2 \\ x_3 & y_3 & z_3 \\ \vdots & \vdots & \vdots \\ x_N & y_N & z_N \end{bmatrix} \tag{6.3-10}$$

显然，上面的方程误差矢量 ε 在 R_T 给定条件下为 $\boldsymbol{x}_T$ 的线性函数，同样在 $\boldsymbol{x}_T$ 给定时是 R_T 的线性函数。由于误差矢量对于未知参数呈现为线性特性，故可以获得封闭形式(closed-form)的最小二乘解(least-squares solutions)。

在 R_T 及方程误差值已知的条件下，$\boldsymbol{x}_T$ 的最小二乘解为

$$\boldsymbol{x}_T = \frac{1}{2}\boldsymbol{S}_W^{*}(\boldsymbol{\delta} - 2R_T\boldsymbol{d}) \tag{6.3-11}$$

其中，$\boldsymbol{S}_W^{*}$ 可通过式(5.2-14)求得

$$S_W^* = (S^T S)^{-1} S^T \tag{6.3-12}$$

此时得到最小 $\boldsymbol{\varepsilon}^T\boldsymbol{\varepsilon}$。如果具有相对距离差的先验信息，并用来加权相对距离，则在各个距离差的权值 $\boldsymbol{W}$ 也已预知的条件下，加权方程误差能量(weighted equation error energy)$\boldsymbol{\varepsilon}^T\boldsymbol{W}\boldsymbol{\varepsilon}$ 可以达到最小，其中

$$S_W^* = (S^T W S)^{-1} S^T W \tag{6.3-13}$$

式中的 $\boldsymbol{W}$ 必须为对称正定矩阵(symmetric positive define matrix)。

不幸的是，如果不知道目标的位置，R_T 也就无法求得，实际情况也正如此。另外，式(6.3－11)是非线性的，必须使用某种非线性最小化技术来求解。

Smith 和 Abel 提出了一种称为球面插值的算法来求解式(6.3－10)，并比较了三种基于距离差的定位算法：

(1) 球面插值(Spherical Interpolation，SI)法；

(2) 球面相交(Spherical Intersection，SX)法；

(3) 平面相交(Plane Intersection，PX)法。

SX 法由 Schau 和 Robinson 提出[45]，PX 法基于 Schmidt 的一项研究提出。

6.3.1.1　球面插值法

SI 法的基本思想是将式(6.3－11)代入式(6.3－9)，然后计算使 ε 最小的 R_T。这样将通过一个线性最小二乘问题来求解 R_T，该解不仅简单而且求解方便。

将上面的方程误差式(6.3－9)代入式(6.3－11)后消掉 $\boldsymbol{x}_T$，并重新表示，可得新的方程误差 ε'，而且它是 R_T 的线性函数，即

$$\begin{aligned} \varepsilon' &= \boldsymbol{\delta} - 2R_T\boldsymbol{d} - 2\boldsymbol{S}\boldsymbol{S}_W^*(\boldsymbol{\delta} - 2R_T\boldsymbol{d}) \\ &= (\boldsymbol{I} - \boldsymbol{S}\boldsymbol{S}_W^*)(\boldsymbol{\delta} - 2R_T\boldsymbol{d}) \end{aligned} \tag{6.3-14}$$

其中，$\boldsymbol{I}$ 为单位矩阵(identity matrix)。

定义以下两个$(N-1)\times(N-1)$矩阵：

$$\boldsymbol{P}_S \overset{\text{def}}{=} \boldsymbol{S}\boldsymbol{S}_W^* = \boldsymbol{S}(\boldsymbol{S}^T\boldsymbol{W}\boldsymbol{S})^{-1}\boldsymbol{S}^T\boldsymbol{W} \tag{6.3-15}$$

$$\boldsymbol{P}_S^{\perp} \overset{\text{def}}{=} \boldsymbol{I} - \boldsymbol{P}_S \tag{6.3-16}$$

其中 $\boldsymbol{P}_S$ 为秩等于 3 的投影矩阵(projection matrix)，去掉正交于由 $\boldsymbol{S}$ 列张成的子空间分量，故 $\boldsymbol{P}_S$ 为幂等的(idempotent)，即 $\boldsymbol{P}_S^2 = \boldsymbol{P}_S$。最后 $\boldsymbol{P}_S^{\perp}$ 也是一个幂等投影矩阵，它去掉了位于由 $\boldsymbol{S}$ 列张成的子空间中的分量。

对于四传感器场景，即只具有三个相对距离情况，$\boldsymbol{P}_S = \boldsymbol{1}$，而且对于所有 R_T 取值方程误差 ε'都等于零。对于这种情况，所提出的算法不能用于估计目标的距离，而且得出的目标位置估计将具有一个模糊度(one degree of ambiguity)。对于 N 个传感器的一般情况有

$$\varepsilon' = \boldsymbol{P}_S^{\perp}(\boldsymbol{\delta} - 2R_T\boldsymbol{d}) \tag{6.3-17}$$

所以相对于 R_T 最小化式(6.3－18)

$$\boldsymbol{\varepsilon}'^T\boldsymbol{V}\boldsymbol{\varepsilon}' = (\boldsymbol{\delta} - 2R_T\boldsymbol{d})^T\boldsymbol{P}_S^{\perp}\boldsymbol{V}\boldsymbol{P}_S^{\perp}(\boldsymbol{\delta} - 2R_T\boldsymbol{d}) \tag{6.3-18}$$

可得加权最小二乘形式的解，式中，加权矩阵 $\boldsymbol{P}_S^{\perp}\boldsymbol{V}\boldsymbol{P}_S^{\perp}$ 的秩为 $N-4$。其中损失的三个维数反映了由于在最小二乘解中代入了三个空间源坐标而消除掉的自由度，损失的自由度表明了式(6.3－9)的投影正交于 $\boldsymbol{S}_{x_T}$。而且其解为

$$\widetilde{R}_T = \frac{1}{2}\frac{\boldsymbol{d}^{\mathrm{T}}\boldsymbol{P}_S^{\perp}\boldsymbol{V}\boldsymbol{P}_S^{\perp}\boldsymbol{\delta}}{\boldsymbol{d}^{\mathrm{T}}\boldsymbol{P}_S^{\perp}\boldsymbol{V}\boldsymbol{P}_S^{\perp}\boldsymbol{d}} \tag{6.3-19}$$

其中 $\boldsymbol{V}$ 为对称正定加权矩阵。

最后求得的 $\boldsymbol{x}_T$ 的最小二乘估计为

$$\begin{aligned}\hat{\boldsymbol{x}}_T &= \frac{1}{2}\boldsymbol{S}_W^*(\boldsymbol{\delta}-2\widetilde{R}_T\boldsymbol{d})\\ &= \frac{1}{2}(\boldsymbol{S}^{\mathrm{T}}\boldsymbol{W}\boldsymbol{S})^{-1}\boldsymbol{S}^{\mathrm{T}}\boldsymbol{W}\left(\boldsymbol{I}-\frac{\boldsymbol{d}\boldsymbol{d}^{\mathrm{T}}\boldsymbol{P}_d^{\perp}\boldsymbol{V}\boldsymbol{P}_d^{\perp}}{\boldsymbol{d}^{\mathrm{T}}\boldsymbol{P}_d^{\perp}\boldsymbol{V}\boldsymbol{P}_d^{\perp}\boldsymbol{d}}\right)\boldsymbol{\delta}\end{aligned} \tag{6.3-20}$$

如果定义

$$\boldsymbol{P}_d^{\perp} \overset{\mathrm{def}}{=} \boldsymbol{I}-\frac{\boldsymbol{d}\boldsymbol{d}^{\mathrm{T}}}{\boldsymbol{d}^{\mathrm{T}}\boldsymbol{d}} \tag{6.3-21}$$

则当 $\boldsymbol{V}=\boldsymbol{W}$ 时，式(6.3-20)所示的估计器是下式的最小化[43,44]

$$J_{x_T} = \boldsymbol{\varepsilon}^{\mathrm{T}}\boldsymbol{P}_d^{\perp}\boldsymbol{W}\boldsymbol{P}_d^{\perp}\boldsymbol{\varepsilon} \tag{6.3-22}$$

即投影方程误差的加权模。最小化 J_{x_T} 可得与式(6.3-20)等价的表达式

$$\hat{\boldsymbol{x}}_T = \frac{1}{2}(\boldsymbol{S}^{\mathrm{T}}\boldsymbol{P}_d^{\perp}\boldsymbol{W}\boldsymbol{P}_d^{\perp}\boldsymbol{S})^{-1}\boldsymbol{S}^{\mathrm{T}}\boldsymbol{P}_d^{\perp}\boldsymbol{W}\boldsymbol{P}_d^{\perp}\boldsymbol{\delta} \tag{6.3-23}$$

显然，相比于迭代非线性最小化，式(6.3-20)的计算量非常小。为了获得可能的最低的方差和偏差，必须利用迭代非线性最小化，式(6.3-20)提供了用于一般下降算法的优良初始化值求解方法。

值得注意的是，通常情况下，利用式(6.3-19)计算的 R_T 并不一定必须等于利用式(6.3-20)计算的 $\|\hat{\boldsymbol{x}}_T\|$，除非相对距离噪声接近于零。为此，定义距离估计

$$\hat{R}_T = \|\hat{\boldsymbol{x}}_T\| \tag{6.3-24}$$

代替式(6.3-19)的计算结果。类似地，方位估计定义为从原点的传感器 1 到辐射源的方向余弦(direction cosine)矢量，即

$$\hat{\boldsymbol{\Omega}}_T = \frac{\hat{\boldsymbol{x}}_T}{\hat{R}_T} = \frac{\hat{\boldsymbol{x}}_T}{\|\hat{\boldsymbol{x}}_T\|} \tag{6.3-25}$$

6.3.1.2 球面相交法

在 R_T 给定时，利用最小二乘解的表达式(6.3-11)可得 SX 解[45]，将其代入二次方程(quadratic equation) $R_T^2=\boldsymbol{x}_i^T\boldsymbol{x}_T$，可得 $\boldsymbol{x}_T$ 的球面相交解，即

$$R_T^2 = \left[\frac{1}{2}\boldsymbol{S}_W^*(\boldsymbol{\delta}-2R_T\boldsymbol{d})\right]^{\mathrm{T}}\left[\frac{1}{2}\boldsymbol{S}_W^*(\boldsymbol{\delta}-2R_T\boldsymbol{d})\right] \tag{6.3-26}$$

对该式进行展开，整理可得

$$aR_T^2+bR_T+c=0 \tag{6.3-27}$$

其中

$$a = 4-4\boldsymbol{d}^{\mathrm{T}}\boldsymbol{S}_W^{*\mathrm{T}}\boldsymbol{S}_W^*\boldsymbol{d} \tag{6.3-28}$$

$$b = 4\boldsymbol{d}^{\mathrm{T}}\boldsymbol{S}_W^{*\mathrm{T}}\boldsymbol{S}_W^*\boldsymbol{\delta} \tag{6.3-29}$$

$$c = -\boldsymbol{\delta}^{\mathrm{T}}\boldsymbol{S}_W^{*\mathrm{T}}\boldsymbol{S}_W^*\boldsymbol{\delta} \tag{6.3-30}$$

这样，二次方程式(6.3-17)的两个解为

$$R_T = \frac{-b\pm\sqrt{b^2-4ac}}{2a} \tag{6.3-31}$$

取正根作为辐射源到传感器 1 之间的距离估计值 $\hat{R}_T$。将求得的 $\hat{R}_T$ 代入式(6.3-11)即可得到辐射源位置 $\boldsymbol{x}_T$。

6.3.1.3 平面相交法

平面相交法基于 Schmidt 的研究成果[46]。该方法主要基于形成的三个不同传感器之间的距离差来求解平面定位问题，其中通过对距离差进行重排以消除二次项(quadratic term)，仅剩下 $\boldsymbol{x}_T$ 的线性项。具体的推导过程可参考原文献，下面仅给出最终的结果。

经推导可得

$$\varepsilon_{ijk} = 2\Delta_{ijk}^{\mathrm{T}}\boldsymbol{S}_{ijk}\boldsymbol{x}_T - (d_{ji}d_{kj}d_{ik} + R_i^2 d_{kj} + R_j^2 d_{ik} + R_k^2 d_{ji}) \tag{6.3-32}$$

其中，ε_{ijk} 为方程误差，r_{jk} 为传感器 j 和传感器 k 测得的与目标的距离差，且

$$R_i^2 = x_i^2 + y_i^2 \tag{6.3-33}$$

其中 $\boldsymbol{x}_i = [x_i \quad y_i]^{\mathrm{T}}$，而 x_i 和 y_i 为传感器 S_i 的两个坐标值。式(6.3-32)中的 $\boldsymbol{\Delta}_{ijk}$、$\boldsymbol{S}_{ijk}$ 分别定义为

$$\boldsymbol{\Delta}_{ijk} = [d_{kj} \quad d_{ik} \quad d_{ji}]^{\mathrm{T}} \tag{6.3-34}$$

$$\boldsymbol{S}_{ijk} = [\boldsymbol{x}_i^T \quad \boldsymbol{x}_j^T \quad \boldsymbol{x}_k^T]^{\mathrm{T}} \tag{6.3-35}$$

由于式(6.3-32)中的方程误差 ε_{ijk} 为 $\boldsymbol{x}_T$ 的线性函数，因而可作为求最小二乘解的基础。该最小二乘解就被称为平面相交方法。

6.3.1.4 算法的几何解释

上述三种算法中，有的性能较好，有的相对较差，Smith 和 Abel 给出了一种有趣的几何方法来分析其中的物理原因[41]。

图 6.3-2 为 SI 法中传感器及目标的分布示意图。这里距离差的取值范围较大，这是合乎实际的。这使得该技术相对而言不易受因噪声引起的误差的影响。

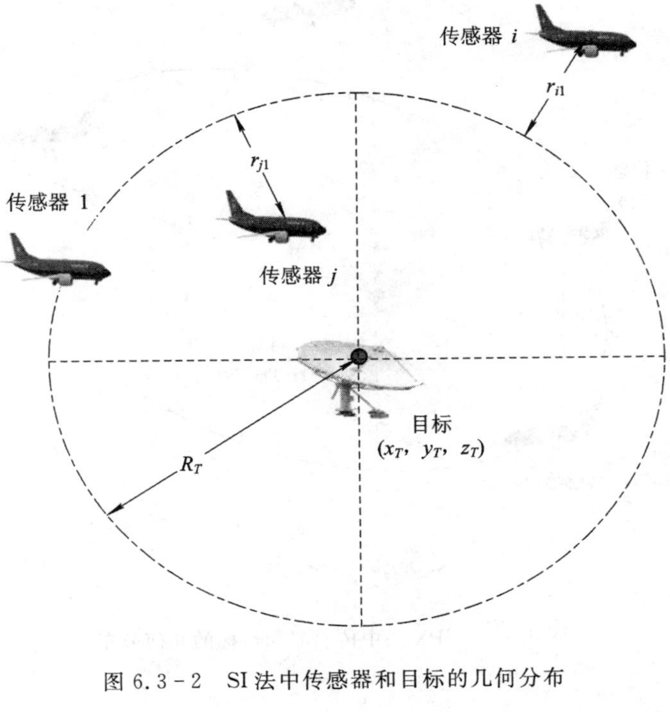

图 6.3-2 SI 法中传感器和目标的几何分布

图 6.3－3 为 SX 法的几何示意图。目标位于以各传感器为中心，半径为 $\hat{R}_T + r_{i1}$ 的球面的交点上。当目标与传感器阵列距离较远时，球面的半径很大，它们在交点处几乎平行，因此交点可能位于很长一段圆周上。这是导致该方法所固有的在信噪比下降时无法进行精确测量的原因。

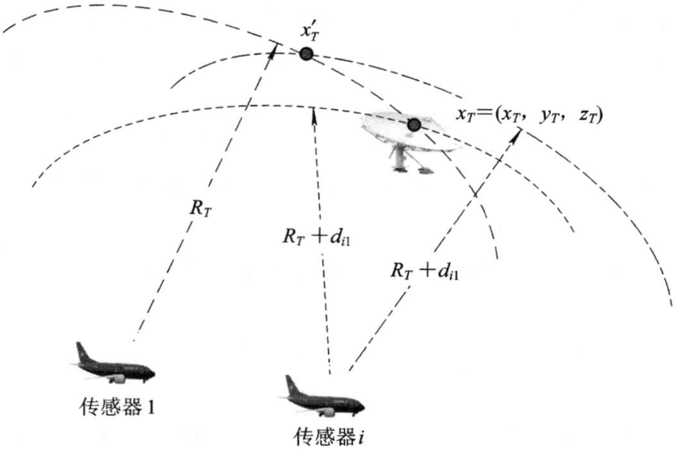

图 6.3－3　SX 法中传感器和目标的几何分布

对于 PX 法来说，目标位于某个二次曲线的主轴上。图 6.3－4 给出了两个椭圆。如果同时有三个传感器，则它们可确定一个平面。二次曲线位于该平面上，当然它的主轴也位于该平面上。

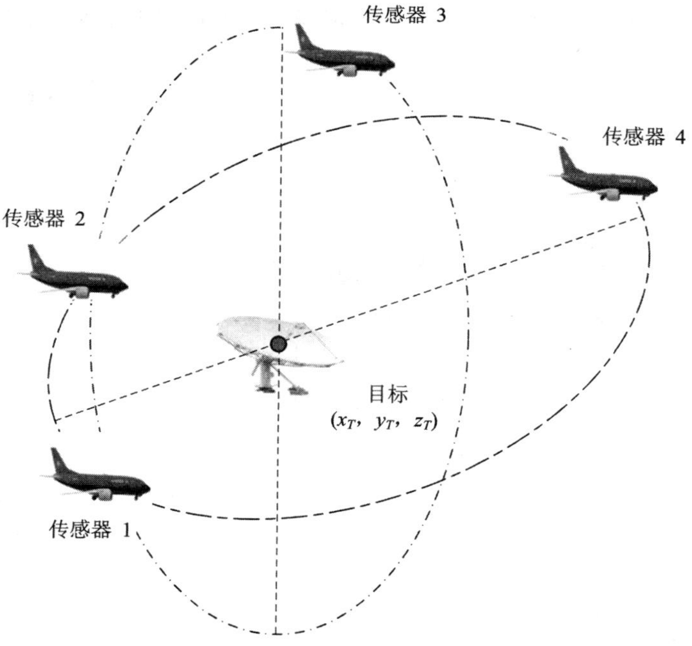

图 6.3－4　PX 法中传感器和目标的几何分布

在两个椭圆的情况下，主轴将交于一点，目标必然位于该交点上(在不考虑测量误差和噪声的情况下)。如果考虑测量误差和噪声的影响，在椭圆数量多于两个时，它们的主轴将不会交于同一点，因而需要使用最小二乘等处理技术。但是，这些指示目标位置的主轴相互间的夹角一般不会太小，因此自然具有较好的抗噪声性能。

6.3.2 基于可行二重向量的距离差定位法

Schmidt 提出了一种新颖的基于距离差的定位方法[46]。该方法应用了格拉斯曼代数(Grassmann algebra)，关于格拉斯曼代数的有关内容可参考文献[1]的附录。

该方法首先对来自三个传感器的 TDOA 集合进行处理，使它们的总和为 0，方法是将各 TDOA 值减掉 TDOA 均值。来自每个传感器的 TDOA 集合都会确定一个平面，目标位置可能位于该平面上，也可能不位于该平面上(大部分情况下如下)。由于噪声的存在，这些平面一般不会包含目标点，但目标一般与这些平面非常接近(理论上，两点平面相交可以确定一条直线，三个平面相交可以确定一个点)。在经过上述对 TDOA 的处理之后，采用最小二乘法计算与所有平面距离最近的点，该点就是目标位置的估计。

6.3.2.1 距离差二重向量

假设有 N 个已知传感器接收未知位置的辐射源信号，如果第 i 个传感器的位置坐标用 (x_i, y_i, z_i)表示，则

$$r_i = \sqrt{(x_T - x_i)^2 + (y_T - y_i)^2 + (z_T - z_i)^2} \tag{6.3-36}$$

为第 i 个传感器与目标之间的距离，其中(x_T, y_T, z_T)为目标辐射源的位置。通过比较 N 个传感器的接收信号，可得 C_N^2 个距离差(Range Difference，RD)量测。如果量测和传感器位置不存在误差，则辐射源的定位不存在误差和模糊。然而在实际应用中，量测中不可避免地存在噪声，而传感器的位置不可能准确已知，因此通常利用合适的最小二乘(Least Squares，LS)算法来实现辐射源的定位。如前所述，由于问题的非线性似乎将求解限制为迭代 LS 算法或非 LS 的有限算法。

多重线性代数(Multilinear Algebra)是一种有效求解非线性问题的方法。例如函数 $f(\boldsymbol{x}, \boldsymbol{y})$依赖于两个矢量空间的矢量 $\boldsymbol{x}$、$\boldsymbol{y}$，当两个矢量相互之间分别独立取值时，函数将是线性的，然而当两矢量空间变为同一空间时，即在 $f(\boldsymbol{x}, \boldsymbol{x})$中有 $\boldsymbol{x}=\boldsymbol{y}$，则非线性将变得非常明显。这样的双线性函数(Bilinear Function)通常呈现为二次的而非线性关系。至少在重要性方面，多重线性代数利用多下标表示方式提供了清晰的、全面的和更加一般的数学问题处理方法，线性代数(Linear Algebra)的处理目标是简单的下标表示，而距离差具有双下标。

因此，可行的距离差二重向量(bivector)和环形求和三重向量(trivector)就被首先引入并用于计算最小二乘意义上的“最近”距离差二重向量。其次，在圆锥轴定位(Location on the Conic Axis，LOCA)算法中，对于每一个距离差三元组提供了一个位置平面，用于计算最小二乘意义上的“最近”辐射源位置。因此，辐射源定位算法由如下两步组成：

(1) 修改量测的到达时间差(TDOA)使得任何 3 个对应于最近路径的 TDOA 的和等于零。每一个修改后的 TDOA 三元组对应于一个平面[47]，该平面至少近似包含辐射源位置。

(2) 将距离所有平面最近的点作为辐射源位置的估计值。

为了将 N 个距离组成的集合转化成 C_N^2 个距离差的完备集(complete set)，定义一个 $C_N^2 \times N$ 维的距离差矩阵 $\boldsymbol{D}_N$，其元素仅仅为 $\Delta_{ij} = r_j - r_i (i, j = 1, 2, \cdots, N)$。实际上在 N^2 项中，仅仅只有 C_N^2 项是有用的。即只需要如下定义的距离差

$$\Delta_{ij} = r_j - r_i \quad 1 \leqslant i < j \leqslant N \tag{6.3-37}$$

显然 $\Delta_{ji} = -\Delta_{ij}$，且有 $\Delta_{ii} = 0$。此外，还必须满足

$$\Delta_{ij} + \Delta_{jk} + \Delta_{ki} = 0 \tag{6.3-38}$$

例如，对 $N=4$，Δ_{ij} 的一个充分集合(sufficient set)可以表示为

$$\begin{bmatrix} \Delta_{12} \\ \Delta_{13} \\ \Delta_{14} \\ \Delta_{23} \\ \Delta_{24} \\ \Delta_{34} \end{bmatrix} = \begin{bmatrix} -1 & 1 & 0 & 0 \\ -1 & 0 & 1 & 0 \\ -1 & 0 & 0 & 1 \\ 0 & -1 & 1 & 0 \\ 0 & -1 & 0 & 1 \\ 0 & 0 & -1 & 1 \end{bmatrix} \begin{bmatrix} r_1 \\ r_2 \\ r_3 \\ r_4 \end{bmatrix} \tag{6.3-39}$$

或表示为

$$\boldsymbol{\Delta} = \boldsymbol{D}\boldsymbol{r} \tag{6.3-40}$$

式中，向量 $\boldsymbol{\Delta}$ 称为二重向量(bivector 或 2 - vector)，因为向量中的每个分量都有两个下标，而不是像线性向量一样只有一个下标。如文献[47]所述，$\boldsymbol{\Delta}$ 不是一个任意的二重向量，它必位于由 $\boldsymbol{D}$ 确定的距离空间(range space)之内，即由 $\boldsymbol{D}$ 的列矢量张成的空间。需要注意的是，$\boldsymbol{\Delta} \approx \boldsymbol{D}\boldsymbol{r}$ 的一个最小二乘解 $\boldsymbol{r}$ 不是唯一的，这是因为 $\boldsymbol{D}$ 是秩亏缺的(rank deficient)。事实上，非唯一性是相当明显的，这是因为对于距离矢量 $\boldsymbol{r}$ 的每一个元素增加一个常数并不改变距离差矢量 $\boldsymbol{\Delta}$。

如果任何特殊的二重向量 $\boldsymbol{\Delta}$ 对于某些距离向量 $\boldsymbol{r}$ 可以表示成形如 $\boldsymbol{\Delta} = \boldsymbol{D}\boldsymbol{r}$ 的表达式，则称 $\boldsymbol{\Delta}$ 为可行的(feasible)，否则称其为不可行的(infeasible)。

给定一个实测的二重向量 $\boldsymbol{\Delta}$，其最近可行二重向量 $\hat{\boldsymbol{\Delta}}$ 可通过求 $\boldsymbol{\Delta}$ 在 $\boldsymbol{D}$ 的距离空间上的投影得到，这里“最接近”是在最小二乘意义上获得的。投影公式为

$$\hat{\boldsymbol{\Delta}} = \boldsymbol{P}\boldsymbol{\Delta} \tag{6.3-41}$$

其中的投影矩阵(projector matrix)为

$$\boldsymbol{P} = \boldsymbol{D}(\boldsymbol{D}^{\mathrm{T}}\boldsymbol{D})^{+} \boldsymbol{D}^{\mathrm{T}} \tag{6.3-42}$$

其中$(\cdot)^{+}$为矩阵的广义逆运算符号。尽管根据上面给定的 $\boldsymbol{D}$，$\boldsymbol{D}^{\mathrm{T}}\boldsymbol{D}$ 不可逆，但是它存在广义逆(generalized inverse)。此外，如果有

$$\boldsymbol{D}^{\mathrm{T}}\boldsymbol{D} = N\left(\boldsymbol{I} - \frac{1}{N}\boldsymbol{1}\boldsymbol{1}^{\mathrm{T}}\right) \tag{6.3-43}$$

其中 $\boldsymbol{1}$ 为全 1 向量。式(6.3-43)中括号内的项 $\boldsymbol{I} - (1/N)\boldsymbol{1}\boldsymbol{1}^{\mathrm{T}}$ 为其自身的广义逆，故投影矩阵为

$$\begin{aligned} \boldsymbol{P} &= \boldsymbol{D}(\boldsymbol{D}^{\mathrm{T}}\boldsymbol{D})^{+} \boldsymbol{D}^{\mathrm{T}} = \boldsymbol{D}(N\boldsymbol{I} - \boldsymbol{1}\boldsymbol{1}^{\mathrm{T}})^{+} \boldsymbol{D}^{\mathrm{T}} \\ &= \frac{1}{N}\boldsymbol{D}\left(\boldsymbol{I} - \frac{1}{N}\boldsymbol{1}\boldsymbol{1}^{\mathrm{T}}\right)\boldsymbol{D}^{\mathrm{T}} \\ &= \frac{1}{N}\boldsymbol{D}\boldsymbol{D}^{\mathrm{T}} - \frac{1}{N^2}\boldsymbol{D}\boldsymbol{1}\boldsymbol{1}^{\mathrm{T}}\boldsymbol{D}^{\mathrm{T}} = \frac{1}{N}\boldsymbol{D}\boldsymbol{D}^{\mathrm{T}} \end{aligned} \tag{6.3-44}$$

因为式(6.3-44)的倒数第二个等式后的第二项等于0。

例如，对于 $N=4$，距离差矩阵和投影矩阵分别为

$$\boldsymbol{D}_4=\begin{bmatrix}-1&1&0&0\\-1&0&1&0\\-1&0&0&1\\0&-1&1&0\\0&-1&0&1\\0&0&-1&1\end{bmatrix},\quad \boldsymbol{P}_4=\begin{bmatrix}2&1&1&-1&-1&0\\1&2&1&1&0&-1\\1&1&2&0&1&1\\-1&1&0&2&1&-1\\-1&0&1&1&2&1\\0&-1&1&-1&1&2\end{bmatrix}\tag{6.3-45}$$

任何“代数学(algebra)”都具有一定运算规则的向量空间(vector space)，其中包含向量集合及向量集中的乘法运算，该运算应满足封闭性。在格拉斯曼代数(Grassmann algebra)中，这种乘积运算称为楔积(wedge product)，通常记为“∧”。“封闭性”的含义是，如果 $\boldsymbol{a}$ 和 $\boldsymbol{b}$ 为该代数中的向量，则 $\boldsymbol{a}\wedge\boldsymbol{b}$ 也是该代数中的向量。应该注意的是，由某向量的集合产生的二重向量与这些向量本身不在一个空间中，所以不构成代数。

方程 $\boldsymbol{1}\wedge\boldsymbol{r}=\boldsymbol{\Delta}$ 为一个多重向量方程(multivector equation)，它表示了由全部元素为1的向量 $\boldsymbol{1}$ 与距离向量 $\boldsymbol{r}$ 之间的楔积。两个普通向量(1-vector)之间的楔积将产生一个二重向量(2-vector)。因此，两个普通向量之间的楔积可以计算如下，如果 $\boldsymbol{x}\wedge\boldsymbol{y}=\boldsymbol{z}$，其中 $\boldsymbol{x}$、$\boldsymbol{y}$ 分别为四维矢量，则 $\boldsymbol{z}$ 为一个 $C_4^2=6$ 维二重向量，即如果 $N=4$，则向量 $\boldsymbol{x}=[x_1\quad x_2\quad x_3\quad x_4]^{\mathrm{T}}$ 与 $\boldsymbol{y}=[y_1\quad y_2\quad y_3\quad y_4]^{\mathrm{T}}$ 的楔积为

$$\boldsymbol{x}\wedge\boldsymbol{y}=\begin{vmatrix}x_1&y_1\\x_2&y_2\\x_3&y_3\\x_4&y_4\end{vmatrix}=\begin{bmatrix}x_1y_2-x_2y_1\\x_1y_3-x_3y_1\\x_1y_4-x_4y_1\\x_2y_3-x_3y_2\\x_2y_4-x_4y_2\\x_3y_4-x_4y_3\end{bmatrix}=\begin{bmatrix}z_{12}\\z_{13}\\z_{14}\\z_{23}\\z_{24}\\z_{34}\end{bmatrix}\tag{6.3-46}$$

显然该二重向量中的分量个数为6，即在四维中每次选两个，只有6种方式。

需要注意的是，任何矢量与其本身的楔积为零二重向量(null bivector)。此外，还有

$$\boldsymbol{x}\wedge\boldsymbol{y}=-\boldsymbol{y}\wedge\boldsymbol{x}\tag{6.3-47}$$

6.3.2.2 环形求和三重向量

由于方程 $\boldsymbol{\Delta}=\boldsymbol{1}\wedge\boldsymbol{r}$ 为一个二重向量方程(bivector equation)，即

$$\boldsymbol{\Delta}=\begin{bmatrix}\Delta_{21}\\\Delta_{31}\\\Delta_{41}\\\Delta_{32}\\\Delta_{42}\\\Delta_{43}\end{bmatrix}=\begin{bmatrix}r_2-r_1\\r_3-r_1\\r_4-r_1\\r_3-r_2\\r_4-r_2\\r_4-r_3\end{bmatrix}=\begin{vmatrix}1&r_1\\1&r_2\\1&r_3\\1&r_4\end{vmatrix}=\boldsymbol{1}\wedge\boldsymbol{r}\tag{6.3-48}$$

如果在式(6.3-48)的两边再加入一次与向量 $\boldsymbol{1}$ 的楔积，则将得到一个三重向量方程(trivector equation)，即

$$\mathbf{1} \wedge \boldsymbol{\Delta} = \mathbf{1} \wedge \mathbf{1} \wedge \boldsymbol{r} \equiv \mathbf{0} \qquad (6.3-49)$$

该表达式是正确的，因为任何二重向量与自身求积，其结果必为0，例如

$$\mathbf{1}_3 \wedge \mathbf{1}_3 = \begin{vmatrix} 1 & 1 \\ 1 & 1 \\ 1 & 1 \end{vmatrix} = \begin{bmatrix} 1-1 \\ 1-1 \\ 1-1 \end{bmatrix} = \mathbf{0}_3 \qquad (6.3-50)$$

这里 $\mathbf{1}_N$ 为 N 维的全1向量。称式(6.3-49)为三向量方程。当且仅当 $\boldsymbol{\Delta}$ 为可行二重向量时等式(6.3-49)成立。在考虑噪声及测量误差的情况下，式(6.3-49)将非恒等，所以需要计算最近可行二重向量。

在考虑测量误差和噪声的情况下，三重向量方程 $\mathbf{1} \wedge \boldsymbol{\Delta} = \boldsymbol{s}$ 可写成矩阵和向量的形式 $\boldsymbol{S\Delta} = \boldsymbol{s}$。例如，对 $N=3$ 有

$$\boldsymbol{S}_3\boldsymbol{\Delta} = [1 \quad -1 \quad 1]\begin{bmatrix} \Delta_{12} \\ \Delta_{13} \\ \Delta_{23} \end{bmatrix} = s_{123} \qquad (6.3-51)$$

然而，对于 $N=4$ 有

$$\boldsymbol{S}_4\boldsymbol{\Delta} = \begin{bmatrix} 1 & -1 & 0 & 1 & 0 & 0 \\ 1 & 0 & -1 & 0 & 1 & 0 \\ 0 & 1 & -1 & 0 & 0 & 1 \\ 0 & 0 & 0 & 1 & -1 & 1 \end{bmatrix}\begin{bmatrix} \Delta_{12} \\ \Delta_{13} \\ \Delta_{14} \\ \Delta_{23} \\ \Delta_{24} \\ \Delta_{34} \end{bmatrix} = \begin{bmatrix} s_{123} \\ s_{124} \\ s_{134} \\ s_{234} \end{bmatrix} \qquad (6.3-52)$$

式(6.3-52)等于零三重向量，当且仅当(if and only if，IFF)存在一个距离集合满足 $\boldsymbol{\Delta} = \mathbf{1} \wedge \boldsymbol{r} = \boldsymbol{Dr}$。此处需要注意的是矩阵 $\boldsymbol{S}_n$ 为 $C_N^3 \times C_N^2$，故当 $\boldsymbol{\Delta}$ 为可行向量时，向量 $\mathbf{1}$ 与距离差二重向量 $\boldsymbol{\Delta}$ 的楔积 $\boldsymbol{S}_n\boldsymbol{\Delta}$ 中的元素为零三重向量，即 $\boldsymbol{s} = \mathbf{0}$，否则当 $\boldsymbol{\Delta}$ 为不可行向量时，楔积 $\boldsymbol{S}_n\boldsymbol{\Delta}$ 中的元素等于残差三重向量。三重向量的元素下标为三元组，即元素 s_{ijk} 为第 ijk 个传感器三元组的残差。到此，已经定义了环形求和(circuital sum)三重向量 $\mathbf{1} \wedge \boldsymbol{\Delta}$ 或 $\boldsymbol{S\Delta}$。

为了观察所涉及矩阵的特性和结构，下面给出 $\boldsymbol{D}_n$ 和 $\boldsymbol{S}_n$ 的两个示例，以便进行推广。

$$\boldsymbol{D}_3 = \begin{bmatrix} -1 & 1 & 0 \\ -1 & 0 & 1 \\ 0 & -1 & 1 \end{bmatrix}, \quad \boldsymbol{D}_4 = \begin{bmatrix} -1 & 1 & 0 & 0 \\ -1 & 0 & 1 & 0 \\ -1 & 0 & 0 & 1 \\ 0 & -1 & 0 & 0 \\ 0 & -1 & 0 & 1 \\ 0 & 0 & -1 & 1 \end{bmatrix} \qquad (6.3-53)$$

$$\boldsymbol{S}_3 = [1 \quad -1 \quad 1], \quad \boldsymbol{S}_4 = \begin{bmatrix} 1 & -1 & 0 & 1 & 0 & 0 \\ 1 & 0 & -1 & 0 & 1 & 0 \\ 0 & 1 & -1 & 0 & 0 & 1 \\ 0 & 0 & 0 & 1 & -1 & 1 \end{bmatrix} \qquad (6.3-54)$$

以上所有矩阵都表示了楔积及其推广，对其进行归纳，$\boldsymbol{D}_n$ 和 $\boldsymbol{S}_n$ 可采用递归的方法计算

$$\boldsymbol{D}_{N+1} = \begin{bmatrix} -\mathbf{1}_N & \boldsymbol{I}_N \\ \mathbf{0} & \boldsymbol{D}_N \end{bmatrix}, \quad \boldsymbol{S}_{N+1} = \begin{bmatrix} -\boldsymbol{D}_N & \boldsymbol{I}_{C_N^2} \\ \mathbf{0} & \boldsymbol{S}_N \end{bmatrix} \qquad (6.3-55)$$

注意到，根据前面的结果有 $\boldsymbol{D}_N^{\mathrm{T}}\boldsymbol{D}_N=N\boldsymbol{I}_N-\boldsymbol{1}_N\boldsymbol{1}_N^{\mathrm{T}}$，在其左边乘以 $\boldsymbol{D}_N$，并利用结论 $\boldsymbol{D}_N\boldsymbol{I}_N=\boldsymbol{0}$，可得 $\boldsymbol{D}_N\boldsymbol{D}_N^{\mathrm{T}}\boldsymbol{D}_N=N\boldsymbol{D}_N$。同样在其右边乘以 $\boldsymbol{D}_N^{\mathrm{T}}$，将得到 $\boldsymbol{D}_N^{\mathrm{T}}\boldsymbol{D}_N\boldsymbol{D}_N^{\mathrm{T}}=N\boldsymbol{D}_N^{\mathrm{T}}$。由于 $\boldsymbol{D}_N\boldsymbol{D}_N^{\mathrm{T}}$ 和 $\boldsymbol{D}_N^{\mathrm{T}}\boldsymbol{D}_N$ 显然为对称矩阵，故对于 $\boldsymbol{D}_N$ 的 Moore-Penrose 伪逆 $\boldsymbol{D}_N$，所有要求都满足。

因此，利用这些特性，可得

（1）$\boldsymbol{D}_N=\frac{1}{N}\boldsymbol{D}_N^{\mathrm{T}}$ 为 $\boldsymbol{D}_N$ 的伪逆(pseudoinverse)。

（2）$\boldsymbol{D}_N\boldsymbol{D}_N=\frac{1}{N}\boldsymbol{D}_N^{\mathrm{T}}\boldsymbol{D}_N=\boldsymbol{I}_N-\boldsymbol{1}_N\boldsymbol{1}_N^{\mathrm{T}}$。

（3）$\boldsymbol{S}_N\boldsymbol{I}_N=\boldsymbol{0}$ 成立，这是因为

$$\left.\begin{aligned}\boldsymbol{S}_{N+1}\boldsymbol{D}_{N+1}&=\begin{bmatrix}\boldsymbol{0}&\boldsymbol{0}\\\boldsymbol{0}&\boldsymbol{S}_N\boldsymbol{D}_N\end{bmatrix}=\boldsymbol{0}\qquad N\geqslant 3\\\boldsymbol{S}_3\boldsymbol{D}_3&=0\end{aligned}\right\}\tag{6.3-56}$$

（4）$\boldsymbol{D}_N\boldsymbol{D}_N^{\mathrm{T}}+\boldsymbol{S}_N^{\mathrm{T}}\boldsymbol{S}_N=N\boldsymbol{I}_N$。

（5）$\boldsymbol{S}_N=\frac{1}{N}\boldsymbol{S}_N^{\mathrm{T}}$ 为伪逆。这是因为

$$\boldsymbol{S}_N\frac{\boldsymbol{S}_N^{\mathrm{T}}}{N}\boldsymbol{S}_N=\frac{1}{N}\boldsymbol{S}_N(N\boldsymbol{I}_N-\boldsymbol{D}_N\boldsymbol{D}_N^{\mathrm{T}})=\boldsymbol{S}_N\tag{6.3-57}$$

（6）估计 $\hat{\boldsymbol{\Delta}}=\frac{1}{N}\boldsymbol{D}_N\boldsymbol{D}_N^{\mathrm{T}}\boldsymbol{\Delta}$ 和 $\tilde{\boldsymbol{\Delta}}=\boldsymbol{\Delta}-\frac{1}{N}\boldsymbol{S}_N^{\mathrm{T}}\boldsymbol{S}_N\boldsymbol{\Delta}$ 提供了零环形求和(zero circuital sum)结果。这是因为

$$\boldsymbol{S}_N\hat{\boldsymbol{\Delta}}=\frac{1}{N}(\boldsymbol{S}_N\boldsymbol{D}_N)\boldsymbol{D}_N^{\mathrm{T}}\boldsymbol{\Delta}\equiv\boldsymbol{0}\tag{6.3-58}$$

$$\boldsymbol{S}_N\tilde{\boldsymbol{\Delta}}=\left(\boldsymbol{S}_N-\frac{1}{N}\boldsymbol{S}_N\boldsymbol{S}_N^{\mathrm{T}}\boldsymbol{S}_N\right)\boldsymbol{\Delta}\equiv\boldsymbol{0}\tag{6.3-59}$$

最后可得，任何直接利用最小二乘方法求解 $\boldsymbol{Dr}\approx\boldsymbol{\Delta}$ 的，都必将得到

$$\boldsymbol{r}=\boldsymbol{D\Delta}+(\boldsymbol{I}-\boldsymbol{DD})\boldsymbol{z}=\boldsymbol{D\Delta}+\frac{1}{N}\boldsymbol{11}^{\mathrm{T}}\boldsymbol{z}=\boldsymbol{D\Delta}+c\boldsymbol{1}\tag{6.3-60}$$

式(6.3-60)表明，求解 c 仍然需要得到距离向量 $\boldsymbol{r}$ 的真实元素。这样，辐射源的位置才能被确定。

6.3.2.3　平均 TDOA

在文献[47]中，首次对平均 TDOA(TDOA averaging)进行了描述，其中用于三接收机场景以改善非常规的较大定位误差。通常当测量的 TDOA 与实际的辐射源位置不一致时发生。其主要思想是强迫任何闭合环路的 TDOA 之和为零。尽管该方法不能保证对应于任何实际位置，但是它能够抑制较大的反常定位误差。

Schmidt 定义平均 TDOA(距离差)为

$$\tilde{\Delta}_{ij}=\Delta_{ij}-\frac{1}{N}\sum_{k\neq i,\,j}(\Delta_{ij}+\Delta_{jk}+\Delta_{ki})\qquad 1\leqslant i,\,j\leqslant N\tag{6.3-61}$$

它简单地将三个测量得到的距离差减掉所有距离差的均值。括号中的项称为环形求和，简称环和，如果 Δ_{ij} 是可行的(位于一个平面内)，则该环和等于 0。

对于 $N=3$，TDOA 校正比较简单，这是因为它是标量。如果

$$s_{123}=\Delta_{12}+\Delta_{23}+\Delta_{31}=\Delta_{12}-\Delta_{13}+\Delta_{23} \tag{6.3-62}$$

则有

$$\left.\begin{aligned}\widetilde{\Delta}_{12}&=\Delta_{12}-\frac{1}{3}s_{123}\\ \widetilde{\Delta}_{23}&=\Delta_{23}-\frac{1}{3}s_{123}\\ \widetilde{\Delta}_{31}&=\Delta_{31}-\frac{1}{3}s_{123}\end{aligned}\right\} \tag{6.3-63}$$

按照下标顺序排列有

$$\left.\begin{aligned}\widetilde{\Delta}_{12}&=\Delta_{12}-\frac{1}{3}s_{123}\\ \widetilde{\Delta}_{13}&=\Delta_{13}+\frac{1}{3}s_{123}\\ \widetilde{\Delta}_{23}&=\Delta_{23}-\frac{1}{3}s_{123}\end{aligned}\right\} \tag{6.3-64}$$

写成矩阵形式为

$$\begin{aligned}\widetilde{\boldsymbol{\Delta}}&=\boldsymbol{\Delta}-\frac{1}{3}\begin{bmatrix}1&-1&1\\-1&1&-1\\1&-1&1\end{bmatrix}\boldsymbol{\Delta}\\ &=\boldsymbol{\Delta}-\frac{1}{3}\begin{bmatrix}1\\-1\\1\end{bmatrix}\begin{bmatrix}1&-1&1\end{bmatrix}\boldsymbol{\Delta}\\ &=\boldsymbol{\Delta}-\frac{1}{3}\boldsymbol{S}_3^{\mathrm{T}}\boldsymbol{S}_3\boldsymbol{\Delta}\end{aligned} \tag{6.3-65}$$

为了说明环形求和三重矢量的作用，根据该形式，很容易发现环形求和实际上已经被置零，即

$$\mathbf{1}\wedge\widetilde{\boldsymbol{\Delta}}=\boldsymbol{S}_3\widetilde{\boldsymbol{\Delta}}=\boldsymbol{S}_3\boldsymbol{\Delta}-\frac{1}{3}\boldsymbol{S}_3\boldsymbol{S}_3^{\mathrm{T}}\boldsymbol{S}_3\boldsymbol{\Delta}\equiv\mathbf{0} \tag{6.3-66}$$

作为更加一般的示例，对于 $N=4$，有

$$\left.\begin{aligned}\widetilde{\Delta}_{12}&=\Delta_{12}-\frac{1}{4}[(\Delta_{12}+\Delta_{23}+\Delta_{31})+(\Delta_{12}+\Delta_{24}+\Delta_{41})]\\ \widetilde{\Delta}_{13}&=\Delta_{13}-\frac{1}{4}[(\Delta_{13}+\Delta_{32}+\Delta_{21})+(\Delta_{13}+\Delta_{34}+\Delta_{41})]\\ \widetilde{\Delta}_{14}&=\Delta_{14}-\frac{1}{4}[(\Delta_{14}+\Delta_{42}+\Delta_{21})+(\Delta_{14}+\Delta_{43}+\Delta_{31})]\\ \widetilde{\Delta}_{23}&=\Delta_{23}-\frac{1}{4}[(\Delta_{23}+\Delta_{31}+\Delta_{12})+(\Delta_{23}+\Delta_{34}+\Delta_{42})]\\ \widetilde{\Delta}_{24}&=\Delta_{24}-\frac{1}{4}[(\Delta_{24}+\Delta_{41}+\Delta_{12})+(\Delta_{24}+\Delta_{43}+\Delta_{32})]\\ \widetilde{\Delta}_{34}&=\Delta_{34}-\frac{1}{4}[(\Delta_{34}+\Delta_{41}+\Delta_{13})+(\Delta_{34}+\Delta_{42}+\Delta_{23})]\end{aligned}\right\} \tag{6.3-67}$$

进行符号变换并以矩阵形式表示，可得

$$\begin{bmatrix}\widetilde{\Delta}_{12}\\ \widetilde{\Delta}_{13}\\ \widetilde{\Delta}_{14}\\ \widetilde{\Delta}_{23}\\ \widetilde{\Delta}_{24}\\ \widetilde{\Delta}_{34}\end{bmatrix}=\begin{bmatrix}\Delta_{12}\\ \Delta_{13}\\ \Delta_{14}\\ \Delta_{23}\\ \Delta_{24}\\ \Delta_{34}\end{bmatrix}-\frac{1}{4}\begin{bmatrix}2&-1&-1&1&1&0\\ -1&2&-1&-1&0&1\\ -1&-1&2&0&-1&-1\\ 1&-1&0&2&-1&1\\ 1&0&-1&-1&2&-1\\ 0&1&-1&1&-1&2\end{bmatrix}\begin{bmatrix}\Delta_{12}\\ \Delta_{13}\\ \Delta_{14}\\ \Delta_{23}\\ \Delta_{24}\\ \Delta_{34}\end{bmatrix} \tag{6.3-68}$$

或

$$\widetilde{\boldsymbol{\Delta}}=\boldsymbol{\Delta}-\frac{1}{N}\boldsymbol{S}^{\mathrm{T}}\boldsymbol{S}\boldsymbol{\Delta} \tag{6.3-69}$$

注意到，对于 $N=4$ 有 $\boldsymbol{S}^{\mathrm{T}}\boldsymbol{S}+\boldsymbol{D}^{\mathrm{T}}\boldsymbol{D}=N\boldsymbol{I}$，以及 $\widetilde{\Delta}_{ij}+\widetilde{\Delta}_{jk}+\widetilde{\Delta}_{ki}=0$，则环形求和实际上已经被强迫置零，而且观察求和中的任何不等于 $1/N$ 的常数将不会强迫置零。

6.3.2.4　最小二乘理论

将量测二重向量 $\boldsymbol{\Delta}_{ij}\,(1\leqslant i<j\leqslant N)$ 投影到可行二重向量的子空间上，可得最小二乘意义上的解 $\hat{\boldsymbol{\Delta}}=\frac{1}{N}\boldsymbol{D}_N\boldsymbol{D}_N^{\mathrm{T}}\boldsymbol{\Delta}$。另一方面，平均 TDOA 定义为 $\widetilde{\boldsymbol{\Delta}}=\boldsymbol{\Delta}-\frac{1}{N}\boldsymbol{S}^{\mathrm{T}}\boldsymbol{S}\boldsymbol{\Delta}$，下面将证明两种方法是相同的，即平均 TDOA 也是最小二乘意义上的解。

首先将 $N+1$ 个传感器的 $\boldsymbol{D}_{N+1}$ 利用 N 个传感器的 $\boldsymbol{D}_N$ 进行表示，即

$$\boldsymbol{D}_{N+1}=\begin{bmatrix}-\boldsymbol{1}_N & \boldsymbol{I}_N\\ \boldsymbol{0} & \boldsymbol{D}_N\end{bmatrix} \tag{6.3-70}$$

故有

$$\boldsymbol{D}_{N+1}\boldsymbol{D}_{N+1}^{\mathrm{T}}=\begin{bmatrix}-\boldsymbol{1}_N\boldsymbol{1}_N^{\mathrm{T}}+\boldsymbol{I}_N & \boldsymbol{D}_N^{\mathrm{T}}\\ \boldsymbol{D}_N & \boldsymbol{D}_N\boldsymbol{D}_N^{\mathrm{T}}\end{bmatrix} \tag{6.3-71}$$

类似地，可以将 $\boldsymbol{S}_{N+1}$ 利用 $\boldsymbol{S}_N$ 表示为

$$\boldsymbol{S}_{N+1}=\begin{bmatrix}-\boldsymbol{D}_N & \boldsymbol{I}_{C_N^2}\\ \boldsymbol{0} & \boldsymbol{S}_N\end{bmatrix} \tag{6.3-72}$$

以及

$$\boldsymbol{S}_{N+1}^{\mathrm{T}}\boldsymbol{S}_{N+1}=\begin{bmatrix}\boldsymbol{D}_N^{\mathrm{T}}\boldsymbol{D}_N & -\boldsymbol{D}_N^{\mathrm{T}}\\ -\boldsymbol{D}_N & \boldsymbol{I}_{C_N^2}+\boldsymbol{S}_N^{\mathrm{T}}\boldsymbol{S}_N\end{bmatrix} \tag{6.3-73}$$

故可得

$$\boldsymbol{D}_{N+1}^{\mathrm{T}}\boldsymbol{D}_{N+1}+\boldsymbol{S}_{N+1}^{\mathrm{T}}\boldsymbol{S}_{N+1}=\begin{bmatrix}\boldsymbol{I}_N & \boldsymbol{0}\\ \boldsymbol{0} & \boldsymbol{I}_{C_N^2}+\boldsymbol{D}_N^{\mathrm{T}}\boldsymbol{D}_N+\boldsymbol{S}_N^{\mathrm{T}}\boldsymbol{S}_N\end{bmatrix}=(N+1)\boldsymbol{I}_{N+1} \tag{6.3-74}$$

式(6.3-74)如果对于 n 成立，则一定对 $n+1$ 成立。由于对于 $N=3$，4 在上面已经进行了验证，因此下式

$$\boldsymbol{D}_N^{\mathrm{T}}\boldsymbol{D}_N+\boldsymbol{S}_N^{\mathrm{T}}\boldsymbol{S}_N=N\boldsymbol{I}_N \tag{6.3-75}$$

对于所有 N 都是成立的。故 $\hat{\boldsymbol{\Delta}}=\frac{1}{N}\boldsymbol{D}_N\boldsymbol{D}_N^{\mathrm{T}}\boldsymbol{\Delta}$ 与 $\widetilde{\boldsymbol{\Delta}}=\boldsymbol{\Delta}-\frac{1}{N}\boldsymbol{S}^{\mathrm{T}}\boldsymbol{S}\boldsymbol{\Delta}$ 对于所有的 N 都是相同的，进而也就证明了定理 $\widetilde{\boldsymbol{\Delta}}=\hat{\boldsymbol{\Delta}}$。

上面结论表明，由平均距离差(或 TDOA)得到的可行二重向量最小二乘估计最接近量

测的 $\boldsymbol{\Delta}$。当然，求解了距离差二重向量 $\hat{\boldsymbol{\Delta}}$ 的最小二乘估计后，可以转化为相应的辐射源定位。有关最小二乘意义上的平面相交法辐射源定位算法可以参考文献[46]的附录。

文献[46]给出了两步最小二乘距离差定位算法，其具体实现如下：

(1) 给定观测的、被噪声污染的距离差二重向量 $\boldsymbol{\Delta}$，计算最近的可行距离差二重向量 $\hat{\boldsymbol{\Delta}}$。

(2) 计算与 C_N^3 个位置平面距离最近的点，每个位置平面由 $\hat{\boldsymbol{\Delta}}$ 的三个元素确定。

第一步可以利用二重向量投影到 C_N^2 维的二重向量空间上，或等价地利用平均 TDOA 结果，后者主要用于校正二重向量 $\boldsymbol{\Delta}$ 的元素使得环和减小为零。这两种方法在前面已经证明是完全相同的。第二步可采用文献[46]的附录 B 中提出的 LOCA(Location on the Conic Axis)算法计算。该算法是式(6.3-32)的基础，现概括介绍如下：

假设传感器 i 位于(x_i，y_i，z_i)，总共有 N 个传感器，传感器 1、2、3 的量测距离差分别为 Δ_{12}、Δ_{23}、Δ_{31}。则目标位于式(6.3-76)确定的平面内

$$Ax + By + Cz = D \tag{6.3-76}$$

其中

$$A = x_1\Delta_{23} + x_2\Delta_{31} + x_3\Delta_{12} \tag{6.3-77}$$

$$B = y_1\Delta_{23} + y_2\Delta_{31} + y_3\Delta_{12} \tag{6.3-78}$$

$$C = z_1\Delta_{23} + z_2\Delta_{31} + z_3\Delta_{12} \tag{6.3-79}$$

$$D = \frac{1}{2}(\Delta_{12}\Delta_{23}\Delta_{31} + d_1^2\Delta_{23} + d_2^2\Delta_{31} + d_3^2\Delta_{12}) \tag{6.3-80}$$

$$d_i = \sqrt{x_i^2 + y_i^2 + z_i^2} \tag{6.3-81}$$

对应 N 个传感器，有 C_N^3 个这样的平面。将所有的 C_N^3 个方程利用矩阵形式表示，可得

$$\begin{bmatrix} A_{123} & B_{123} & C_{ijk} \\ \vdots & \vdots & \vdots \\ A_{ijk} & B_{ijk} & C_{ijk} \\ \vdots & \vdots & \vdots \end{bmatrix} \begin{bmatrix} x \\ y \\ z \end{bmatrix} = \begin{bmatrix} D_{123} \\ \vdots \\ D_{ijk} \\ \vdots \end{bmatrix} \tag{6.3-82}$$

则加权最小二乘(Weighted Least Squared，WLS)平面相交法构成了这些方程组的传统最小二乘解。即与这些平面的交线距离最近的点为目标位置的最小二乘估计，而最后的残差向量分量为这些平面的垂直距离。该方法得到加权最小二乘，其中权值为 $\sqrt{A_{ijk}^2 + B_{ijk}^2 + C_{ijk}^2}$。

6.4 无源定位系统的统计特性分析

固定发射机或辐射源的位置可以利用多种无源测量结果进行估计，如多个测量站的电磁波到达时间、到达方向或多普勒频移等。双曲线定位系统(hyperbolic location system)，通常称为时差系统(TDOA system)，它是通过处理三个或更多观测站的信号到达时间进行辐射源定位的。图 6.4-1 给出了两对双曲线的定位示意图，由于每对双曲线各有两个分支曲线，故两对双曲线具有两个交点，其中的定位模糊可以通过辐射源的先验信息进行消除，如一个或多个站的方位测量，或者增加观测站获得辅助双曲线。图 6.4-2 给出了机载测向定位系统(direction-finding location system)的示意图，它通过沿航迹进行多次方位测

量实现辐射源的定位。D. J. Torrieri 针对时差和测向无源定位系统的统计特性进行了详细的理论分析，分别给出了有关密集椭圆(concentration ellipse)、圆径概率误差(circular error probability)、精度几何稀释(geometric dilution of precision)的定义及其与相关定位系统和接收信号参数之间的关系[26]。

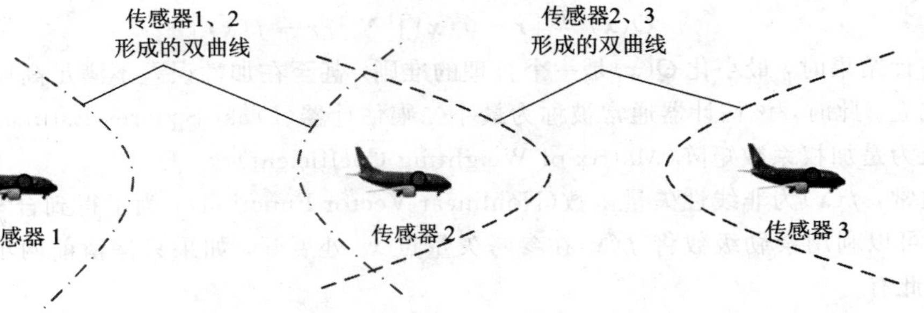

图 6.4-1　两对双曲线的定位示意图

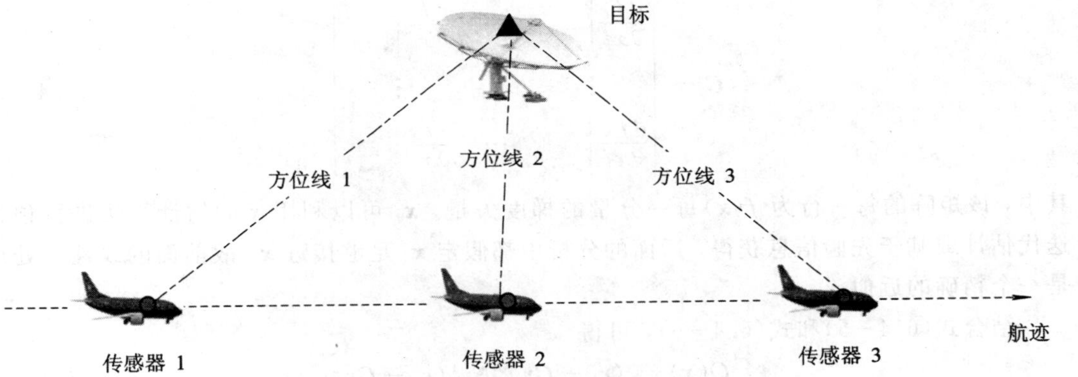

图 6.4-2　机载测向定位示意图

6.4.1　估计方法

假设 n 维矢量 $\boldsymbol{x}$ 用于估计辐射源的两维或三维位置坐标，在各个不同位置获得的 N 个测量 $\boldsymbol{r}_i$ 形成量测集合。当不存在量测误差时，r_i 可以利用一确知函数 $f_i(\boldsymbol{x})$ 表示。在加性误差存在时，有关系式：

$$r_i = f_i(\boldsymbol{x}) + n_i \qquad i = 1,\ 2,\ \cdots,\ N \tag{6.4-1}$$

这 N 个方程可以利用 N 维列矢量简写为一个方程：

$$\boldsymbol{r} = f(\boldsymbol{x}) + \boldsymbol{n} \tag{6.4-2}$$

假设量测误差 $\boldsymbol{n}$ 为一多元随机矢量(Multivariate Random Vector)，且具有如下所示的 $N\times N$ 维正定协方差矩阵(Positive-define Covariance Matrix)：

$$N = E\{[\boldsymbol{n} - E\{\boldsymbol{n}\}(\boldsymbol{n} - E\{\boldsymbol{n}\})^{\mathrm{T}}]\} \tag{6.4-3}$$

其中 $E\{\cdot\}$表示期望运算，而上标“T”表示转置运算。

如果假设 $\boldsymbol{x}$ 为一未知但非随机的矢量，而 $\boldsymbol{n}$ 服从均值为零的高斯分布，则在 $\boldsymbol{x}$ 给定时，$\boldsymbol{r}$ 的条件密度函数(Conditional Density Function)为

$$p(\boldsymbol{r} \mid \boldsymbol{n}) = \frac{1}{(2\pi)^{N/2} \mid \boldsymbol{N} \mid^{1/2}} \exp\left\{-\frac{1}{2}[\boldsymbol{r} - f(\boldsymbol{x})]^{\mathrm{T}} \boldsymbol{N}^{-1} [\boldsymbol{r} - f(\boldsymbol{x})]\right\} \tag{6.4-4}$$

其中$|\boldsymbol{N}|$表示矩阵$\boldsymbol{N}$的行列式，上标“-1”表示矩阵求逆运算。由于$\boldsymbol{N}$为对称正定矩阵，故其逆矩阵存在。最大似然估计(Maximum Likelihood Estimator)就是使得式(6.4-4)达到最大的$\boldsymbol{x}$值，因此，最大似然估计器可以最小化如下二次型(Quadratic Form)：

$$Q(\boldsymbol{x}) = [\boldsymbol{r} - f(\boldsymbol{x})]^{\mathrm{T}} \boldsymbol{N}^{-1} [\boldsymbol{r} - f(\boldsymbol{x})] \tag{6.4-5}$$

求解估计结果时，最小化$Q(\boldsymbol{x})$是一个合理的准则，甚至在加性误差不满足高斯分布的情况下也成立。此时，该估计器通常被称为最小二乘估计器(Least Squares Estimator)，而$\boldsymbol{N}^{-1}$可以认为是加权系数矩阵(Matrix of Weighting Coefficient)。

通常，$f(\boldsymbol{x})$为非线性矢量函数(Nonlinear Vector Function)，为了得到合理、简单的估计器，可以利用泰勒级数将$f(\boldsymbol{x})$在参考矢量点$\boldsymbol{x}_0$处展开，如果只保留前两项，则可线性化，因此有

$$f(\boldsymbol{x}) \cong f(\boldsymbol{x}_0) + \boldsymbol{G}(\boldsymbol{x} - \boldsymbol{x}_0) \tag{6.4-6}$$

其中，$\boldsymbol{x}$和$\boldsymbol{x}_0$分别为$n\times1$维的列矢量，而$\boldsymbol{G}$为在$\boldsymbol{x}_0$处取值的$N\times n$维导数矩阵：

$$\boldsymbol{G} = \begin{bmatrix} \left.\dfrac{\partial f_1}{\partial x_1}\right|_{x=x_0} & \cdots & \left.\dfrac{\partial f_1}{\partial x_n}\right|_{x=x_0} \\ \vdots & & \vdots \\ \left.\dfrac{\partial f_N}{\partial x_1}\right|_{x=x_0} & \cdots & \left.\dfrac{\partial f_N}{\partial x_n}\right|_{x=x_0} \end{bmatrix} \tag{6.4-7}$$

其中，该矩阵的每一行为$f(\boldsymbol{x})$每一分量的梯度矢量。$\boldsymbol{x}_0$可以利用$\boldsymbol{x}$的估计算法进行预先迭代估计或基于先验信息获得。后面的分析中都假定$\boldsymbol{x}_0$足够接近$\boldsymbol{x}$，故前面的线性化处理是一个精确的近似。

结合式(6.4-5)和式(6.4-6)，可得

$$Q(\boldsymbol{x}) = (\boldsymbol{r}_1 - \boldsymbol{G}\boldsymbol{x})^{\mathrm{T}} \boldsymbol{N}^{-1} (\boldsymbol{r}_1 - \boldsymbol{G}\boldsymbol{x}) \tag{6.4-8}$$

其中

$$\boldsymbol{r}_1 = \boldsymbol{r} - f(\boldsymbol{x}_0) + \boldsymbol{G}\boldsymbol{x}_0 \tag{6.4-9}$$

为了确定通过最小化$Q(\boldsymbol{x})$估计$\hat{\boldsymbol{x}}$的必要条件(Necessary Condition)，计算如下所述的$Q(\boldsymbol{x})$梯度：

$$\nabla_x Q(\boldsymbol{x}) = \left[\frac{\partial Q}{\partial x_1} \quad \frac{\partial Q}{\partial x_2} \quad \cdots \quad \frac{\partial Q}{\partial x_n}\right]^{\mathrm{T}} \tag{6.4-10}$$

求解满足$\nabla_x Q(\boldsymbol{x}) = \boldsymbol{0}$的$\boldsymbol{x}$。根据前面的定义，$\boldsymbol{N}$为对称正定矩阵，即$\boldsymbol{N}^{\mathrm{T}} = \boldsymbol{N}$，由于$(\boldsymbol{N}^{-1})^{\mathrm{T}} = (\boldsymbol{N}^{\mathrm{T}})^{-1}$，故有$(\boldsymbol{N}^{-1})^{\mathrm{T}} = \boldsymbol{N}^{-1}$，该式隐含着$\boldsymbol{N}^{-1}$也为对称矩阵。因此有

$$\nabla_x Q(\boldsymbol{x}) = 2\boldsymbol{G}^{\mathrm{T}} \boldsymbol{N}^{-1} \boldsymbol{G}\hat{\boldsymbol{x}} - 2\boldsymbol{G}^{\mathrm{T}} \boldsymbol{N}^{-1} \boldsymbol{r}_1 = \boldsymbol{0} \tag{6.4-11}$$

如果假设矩阵$\boldsymbol{G}^{\mathrm{T}} \boldsymbol{N}^{-1} \boldsymbol{G}$为非奇异矩阵，则式(6.4-11)的解为

$$\begin{aligned} \hat{\boldsymbol{x}} &= (\boldsymbol{G}^{\mathrm{T}} \boldsymbol{N}^{-1} \boldsymbol{G})^{-1} \boldsymbol{G}^{\mathrm{T}} \boldsymbol{N}^{-1} \boldsymbol{r}_1 \\ &= \boldsymbol{x}_0 + (\boldsymbol{G}^{\mathrm{T}} \boldsymbol{N}^{-1} \boldsymbol{G})^{-1} \boldsymbol{G}^{\mathrm{T}} \boldsymbol{N}^{-1} [\boldsymbol{r} - f(\boldsymbol{x}_0)] \end{aligned} \tag{6.4-12}$$

利用该式，则式(6.4-8)可重新表示为

$$Q(\boldsymbol{x}) = (\boldsymbol{x} - \hat{\boldsymbol{x}})^{\mathrm{T}} \boldsymbol{G}^{\mathrm{T}} \boldsymbol{N}^{-1} \boldsymbol{G} (\boldsymbol{x} - \hat{\boldsymbol{x}}) - \boldsymbol{r}_1^{\mathrm{T}} \boldsymbol{N}^{-1} \boldsymbol{G} (\boldsymbol{G}^{\mathrm{T}} \boldsymbol{N}^{-1} \boldsymbol{G}) \boldsymbol{r}_1 + \boldsymbol{r}_1^{\mathrm{T}} \boldsymbol{N}^{-1} \boldsymbol{r}_1 \tag{6.4-13}$$

显然，只有第一项与$\boldsymbol{x}$有关。由于$\boldsymbol{N}$为对称正定矩阵，故具有正的特征值(Positive

Eigenvalue)。如果 $\boldsymbol{Ne}=\lambda\boldsymbol{e}$，则 $\boldsymbol{N}^{-1}\boldsymbol{e}=\lambda^{-1}\boldsymbol{e}$。这样如果 $\boldsymbol{e}$ 为 $\boldsymbol{N}$ 的特征值 λ 所对应的特征矢量(Eigenvector)，则 $\boldsymbol{e}$ 也是 $\boldsymbol{N}^{-1}$ 的特征值 λ^{-1} 所对应的特征矢量。由于 $\boldsymbol{N}$ 为对称矩阵，且特征值全为正值，故 $\boldsymbol{N}^{-1}$ 也是正定矩阵。因此，当 $\boldsymbol{x}=\hat{\boldsymbol{x}}$ 时，$Q(\boldsymbol{x})$ 达到最小。式(6.4-12)所示的估计器称为线性最小二乘估计器(Linearized Least Squares Estimator)。

将式(6.4-2)代入式(6.4-12)并进行整理，可得 $\hat{\boldsymbol{x}}$ 的表达式为

$$\hat{\boldsymbol{x}} = \boldsymbol{x} + (\boldsymbol{G}^{\mathrm{T}}\boldsymbol{N}^{-1}\boldsymbol{G})^{-1}\boldsymbol{G}^{\mathrm{T}}\boldsymbol{N}^{-1}[f(\boldsymbol{x}) - f(\boldsymbol{x}_0) - \boldsymbol{G}(\boldsymbol{x}-\boldsymbol{x}_0) + \boldsymbol{n}] \tag{6.4-14}$$

从该式可以看出，估计误差受线性化误差和噪声的影响，如果估计值 $\hat{\boldsymbol{x}}$ 的偏差定义为 $\boldsymbol{b}=E\{\hat{\boldsymbol{x}}\}-\boldsymbol{x}$，则有

$$\boldsymbol{b} = (\boldsymbol{G}^{\mathrm{T}}\boldsymbol{N}^{-1}\boldsymbol{G})^{-1}\boldsymbol{G}^{\mathrm{T}}\boldsymbol{N}^{-1}\{f(\boldsymbol{x}) - f(\boldsymbol{x}_0) - \boldsymbol{G}(\boldsymbol{x}-\boldsymbol{x}_0) + E[\boldsymbol{n}]\} \tag{6.4-15}$$

如果 $f(\boldsymbol{x})$ 为线性函数，即如式(6.4-6)所示，且 $E[\boldsymbol{n}]=\boldsymbol{0}$，则最小二乘估计是无偏的。如果测量中存在系统误差(Systematic Error)，则 $E[\boldsymbol{n}]\neq 0$。为使因系统误差引起的估计偏差最小，应该通过系统校正(System Calibration)使每一个 $E[n_i]\neq\boldsymbol{0}$ 的幅度最小。如果某些 $E[n_i]$ 为已知参数的函数，且 N 足够大，则这些参数可以作为矢量 $\boldsymbol{x}$ 的分量，而且可以和 $\boldsymbol{x}$ 的其他分量一样进行估计。$f(\boldsymbol{x})$ 非线性引起的偏差可以通过将 $f(\boldsymbol{x})$ 在 $\boldsymbol{x}_0$ 处进行泰勒级数展开，并在保留二阶项(Second-order Term)的条件下进行估计。

如果 $\boldsymbol{P}$ 表示 $\hat{\boldsymbol{x}}$ 的协方差矩阵，则利用方程(6.4-14)可得

$$\boldsymbol{P} = E\{[\hat{\boldsymbol{x}} - E(\hat{\boldsymbol{x}})]\cdot[\hat{\boldsymbol{x}} - E(\hat{\boldsymbol{x}})]^{\mathrm{T}}\} = (\boldsymbol{G}^{\mathrm{T}}\boldsymbol{N}^{-1}\boldsymbol{G})^{-1} \tag{6.4-16}$$

$\boldsymbol{P}$ 的对角元素(Diagonal Element)给出了 $\boldsymbol{x}$ 估计分量中误差的方差。由于 $\boldsymbol{P}$ 为估计式(6.4-12)的一部分，故可以同时进行估计和协方差计算。如果 $\boldsymbol{n}$ 为零均值高斯随机过程，则最大似然或最小二乘估计对于线性模型是相同的，而且等价于最小方差无偏估计(Minimum Variance Unbiased Estimator)。

如果假设量测误差矢量 $\boldsymbol{n}$ 包括所有误差的贡献分量，也包括系统或物理参数的不确定性，如观测站坐标或电磁波传播速度。如果 $\boldsymbol{q}$ 表示参数矢量，则测量矢量 $\boldsymbol{r}$ 通常可以表示为

$$\boldsymbol{r} = f_1(\boldsymbol{x}, \boldsymbol{q}) + \boldsymbol{n}_1 \tag{6.4-17}$$

其中，$f_1(\cdot)$ 为一矢量函数，$\boldsymbol{n}_1$ 为与 $\boldsymbol{q}$ 中的不确定性无关的随机矢量。令 $\boldsymbol{q}_0$ 表示 $\boldsymbol{q}$ 的假定值。如果 $\boldsymbol{q}_0$ 足够接近 $\boldsymbol{q}$，则利用泰勒级数展开可得

$$f_1(\boldsymbol{x}, \boldsymbol{q}) \cong f_1(\boldsymbol{x}, \boldsymbol{q}_0) + \boldsymbol{G}_1(\boldsymbol{q} - \boldsymbol{q}_0) \tag{6.4-18}$$

其中，$\boldsymbol{G}_1$ 为关于 $\boldsymbol{q}$ 的导数矩阵在 $\boldsymbol{q}_0$ 处的梯度矩阵。因此，方程(6.4-2)可以看做进行如下的辨识：

$$f(\boldsymbol{x}) = f_1(\boldsymbol{x}, \boldsymbol{q}_0), \qquad \boldsymbol{n} = \boldsymbol{G}_1(\boldsymbol{q} - \boldsymbol{q}_0) + \boldsymbol{n}_1 \tag{6.4-19}$$

如果 $\boldsymbol{q}$ 为非随机的，则参数不确定性最终贡献到最小二乘估计的偏差；如果 $\boldsymbol{q}$ 为随机的，则方差和可能的偏差将会受到影响。

任何先验信息都可用于估计过程，如选择一个精确的参考点 $\boldsymbol{x}_0$ 用于最小二乘估计的第一次迭代。如果已知发射机位于某一区域，而估计的位置在该区域之外，则合理的处理为改变该区域中估计点使其最接近原始的估计。如果发射机位置的先验分布函数(Priori Distribution Function)是事先指定的，则可以利用 Bayesian 估计。然而，Bayesian 估计通常需要将复杂的数学函数进行简化，以得到简单的计算公式，除非利用先验分布信息简化假设[48]。

6.4.2 估计精度

如果 $\boldsymbol{r}$ 为高斯随机矢量，则利用式(6.4-12)可得 $\hat{\boldsymbol{x}}$ 也为高斯随机矢量，而且其概率密度函数为

$$f_{\hat{x}}(\xi)=\frac{1}{(2\pi)^{\pi/2}\mid \boldsymbol{P}\mid^{1/2}}\exp\left\{-\frac{1}{2}(\xi-\boldsymbol{m})^{\mathrm{T}}\boldsymbol{P}^{-1}(\xi-\boldsymbol{m})\right\} \tag{6.4-20}$$

其中，$\boldsymbol{m}=E\{\hat{\boldsymbol{x}}\}$ 为均值矢量，且

$$\boldsymbol{P}=E\{(\hat{\boldsymbol{x}}-\boldsymbol{m})\cdot(\hat{\boldsymbol{x}}-\boldsymbol{m})^{\mathrm{T}}\} \tag{6.4-21}$$

为式(6.4-16)所示的协方差矩阵。根据定义，$\boldsymbol{P}$ 为对称半正定矩阵(Positive Semidefinite Matrix)，故它具有非负特征值。方程(6.4-16)表示 $\boldsymbol{P}^{-1}$ 存在而且等于 $\boldsymbol{G}^{\mathrm{T}}\boldsymbol{N}^{-1}\boldsymbol{G}$，因此 $\boldsymbol{P}$ 的特征值不会为零，即 $\boldsymbol{P}$ 为正定的。

常数密度函数值的轨迹曲线可以表述为

$$(\xi-\boldsymbol{m})^{\mathrm{T}}\boldsymbol{P}^{-1}(\xi-\boldsymbol{m})=\kappa \tag{6.4-22}$$

其中，κ 为一常数，并用来确定由表面包围的 n 维区域的大小。对于二维区域，表面为一椭圆，对于三维区域，表面为一椭圆体，然而对于一般的 n 维区域，可以认为其表面为一超椭圆体。除非 $\boldsymbol{P}$ 为一对角矩阵，该超椭圆体的主轴(principal axes)一般不与坐标轴平行。

$\hat{\boldsymbol{x}}$ 位于式(6.4-22)所示的超椭圆体内部的概率为

$$p_e(\kappa)=\iint\limits_R\cdots\int f_{\hat{x}}(\xi)\mathrm{d}\xi_1\mathrm{d}\xi_2\cdots\mathrm{d}\xi_n \tag{6.4-23}$$

其中，积分区域为

$$R=\{\xi:(\xi-\boldsymbol{m})^{\mathrm{T}}\boldsymbol{P}^{-1}(\xi-\boldsymbol{m})\leqslant\kappa\} \tag{6.4-24}$$

为了将式(6.4-23)的多重积分简化为单重积分，可以通过一系列坐标转化(coordinate transformation)实现。首先，通过引入变量 $\gamma=\xi-\boldsymbol{m}$，转化坐标系统使其原点位于 $\boldsymbol{m}$。由于雅克比行列式为单位值，故可得

$$p_e(\kappa)=\alpha\iint\limits_{R_1}\cdots\int\exp\left(-\frac{1}{2}\gamma^{\mathrm{T}}\boldsymbol{P}^{-1}\gamma\right)\mathrm{d}\gamma_1\mathrm{d}\gamma_2\cdots\mathrm{d}\gamma_n \tag{6.4-25}$$

其中

$$R_1=\{\gamma:\gamma^{\mathrm{T}}\boldsymbol{P}^{-1}\gamma\leqslant\kappa\} \tag{6.4-26}$$

$$\alpha=\frac{1}{(2\pi)^{\pi/2}\mid\boldsymbol{P}\mid^{1/2}} \tag{6.4-27}$$

为了简化式(6.4-25)，旋转坐标轴使其与超椭圆体的主轴平行。由于 $\boldsymbol{P}$ 为对称正定矩阵，故 $\boldsymbol{P}^{-1}$ 也是对称正定矩阵。因此，存在正交矩阵(Orthogonal Matrix)$\boldsymbol{A}$ 并可将 $\boldsymbol{P}^{-1}$ 对角化。故有 $\boldsymbol{A}^{\mathrm{T}}=\boldsymbol{A}$ 以及

$$\boldsymbol{A}^{\mathrm{T}}\boldsymbol{P}^{-1}\boldsymbol{A}=\begin{bmatrix}\lambda_1^{-1} & & & \\ & \lambda_2^{-1} & & \\ & & \ddots & \\ & & & \lambda_n^{-1}\end{bmatrix}=[\boldsymbol{\lambda}^{-1}] \tag{6.4-28}$$

其中，λ_1，λ_2，…，λ_n 分别为 $\boldsymbol{P}$ 的特征值。通过坐标轴的旋转，得到了如下定义的新随机变量：

$$\boldsymbol{\xi} = \boldsymbol{A}^{\mathrm{T}}\boldsymbol{\gamma} \tag{6.4-29}$$

由于 $\boldsymbol{A}^{\mathrm{T}}\boldsymbol{A}=\boldsymbol{I}$，再根据“矩阵乘积的行列式等于矩阵行列式的乘积”可得，$\boldsymbol{A}^{\mathrm{T}}$ 的行列式，即坐标变换的雅克比行列式为单位值。将式(6.4-28)和式(6.4-29)代入式(6.4-25)和式(6.4-26)可得

$$\begin{aligned} p_e(\kappa) &= \alpha\iint_{R_2}\cdots\int\exp\left(-\frac{1}{2}\boldsymbol{\xi}^{\mathrm{T}}[\boldsymbol{\lambda}^{-1}]\boldsymbol{\xi}\right)\mathrm{d}\xi_1\,\mathrm{d}\xi_2\cdots\mathrm{d}\xi_n \\ &= \alpha\iint_{R_2}\cdots\int\exp\left(-\frac{1}{2}\sum_{i=1}^{n}\frac{\xi_i^2}{\lambda_i}\right)\mathrm{d}\xi_1\,\mathrm{d}\xi_2\cdots\mathrm{d}\xi_n \end{aligned} \tag{6.4-30}$$

其中

$$R_2 = \left\{\boldsymbol{\xi}:\sum_{i=1}^{n}\frac{\xi_i^2}{\lambda_i}\leqslant\kappa\right\} \tag{6.4-31}$$

式中，ξ_i 为 $\boldsymbol{\xi}$ 的分量。区域 R_2 为超椭圆体的内部，其主轴的长度为 $2\sqrt{\kappa\lambda_i}$，$i=1, 2, \cdots, n$。通过引入新的变量：

$$\eta_i = \frac{\xi_i}{\sqrt{\lambda_i}} \qquad i = 1, 2, \cdots, n \tag{6.4-32}$$

可将式(6.4-30)进一步简化。由于 $\boldsymbol{P}$ 的行列式等于 $\boldsymbol{P}$ 的特征值的乘积，故利用式(6.4-27)和式(6.4-30)～式(6.4-32)可得：

$$p_e(\kappa) = \frac{1}{(2\pi)^{n/2}}\iint_{\sum_{i=1}^{n}\eta_i^2\leqslant\kappa}\cdots\int\exp\left(-\frac{1}{2}\sum_{i=1}^{n}\eta_i^2\right)\mathrm{d}\eta_1\,\mathrm{d}\eta_2\cdots\mathrm{d}\eta_n \tag{6.4-33}$$

上式中的积分区域是由式中积分号下的表达式确定的，即为一超球面的内部。而 n 维超球面的半径和体积分别为

$$\rho = \sqrt{\sum_{i=1}^{n}\eta_i^2} \tag{6.4-34}$$

$$V_n(\rho) = \frac{\pi^{n/2}\rho^n}{\Gamma(n/2+1)} \tag{6.4-35}$$

其中 $\Gamma(\cdot)$ 为伽马函数(Gamma Function)。因此，位于 ρ 和 $\rho+\mathrm{d}\rho$ 之间的体积微分(Differential Volume)为

$$\mathrm{d}v = \frac{n\pi^{n/2}\rho^{n-1}}{\Gamma(n/2+1)}\mathrm{d}\rho \tag{6.4-36}$$

故式(6.4-33)可被简化为

$$p_e(\kappa) = \frac{1}{2^{n/2}\Gamma(n/2+1)}\int_0^{\sqrt{\kappa}}\rho^{n-1}\exp\left(-\frac{\rho^2}{2}\right)\mathrm{d}\rho \tag{6.4-37}$$

当 $n=1, 2, 3$ 时，该积分式可以分别被表示为如下更加简单的形式：

$$p_e(\kappa) = \mathrm{erf}\left(\frac{\sqrt{\kappa}}{2}\right) \qquad n = 1 \tag{6.4-38}$$

$$p_e(\kappa) = 1 - \exp\left(-\frac{\kappa}{2}\right) \qquad n = 2 \tag{6.4-39}$$

$$p_e(\kappa) = \mathrm{erf}\left(\frac{\sqrt{\kappa}}{2}\right) - \frac{\sqrt{2\kappa}}{\pi}\exp\left(-\frac{\kappa}{2}\right) \qquad n = 3 \tag{6.4-40}$$

其中 erf(·)为误差函数(Error Function)，其定义式为

$$\operatorname{erf}(x)=\frac{2}{\sqrt{\pi}}\int_0^x \exp(-t^2)\,dt \tag{6.4-41}$$

而方程式(6.4-40)可以通过分步积分公式得到。

为了验证式(6.4-35)，定义半径为 ρ 的超球面的体积为

$$V_n(\rho)=\underset{\sum_{i=1}^{n}x_i^2\leqslant\rho^2}{\iint\cdots\int} dx_1\,dx_2\cdots dx_n \tag{6.4-42}$$

通过坐标变换可得

$$V_n(\rho)=\rho^n V_n(1) \tag{6.4-43}$$

其中，$V_n(1)$为单位超球面的体积。故直接计算，可得：

$$V_1(1)=2,\qquad V_2(1)=\pi \tag{6.4-44}$$

显然，此处的"体积"分别为一长度和一面积。定义集合：

$$B=\{(x_1,\ x_2):\ x_1^2+x_2^2\leqslant 1\} \tag{6.4-45}$$

$$C=\left\{(x_3,\ \cdots,\ x_2):\ \sum_{i=3}^{n}x_i^2\leqslant 1-x_1^2-x_2^2\right\} \tag{6.4-46}$$

当 $n\geqslant 3$ 时，根据 Fubini 定理，交换积分次序，并对式(6.4-42)进行坐标变换，可得：

$$\begin{aligned}V_n(1)&=\iint_B dx_1\,dx_2\iint_C\cdots\int dx_3\cdots dx_n\\&=\iint_B V_{n-2}\left(\sqrt{1-x_1^2-x_2^2}\right)dx_1\,dx_2\end{aligned} \tag{6.4-47}$$

利用方程(6.4-43)，并继续进行坐标变换可得：

$$\begin{aligned}V_n(1)&=V_{n-2}(1)\iint_B(1-x_1^2-x_2^2)^{(n-2)/2}dx_1\,dx_2\\&=V_{n-2}(1)\int_0^{2\pi}\int_0^1(1-r^2)^{(n-2)/2}dr\,d\theta\\&=\pi V_{n-2}(1)\int_0^1 x^{(n-2)/2}dx=\frac{2\pi V_{n-2}(1)}{n}\end{aligned} \tag{6.4-48}$$

通过归纳可得，该递推关系式和式(6.4-44)隐含如下关系式：

$$\begin{aligned}V_{2m}(1)&=\frac{(2\pi)^m}{2\cdot 4\cdots(2m)}\\V_{2m-1}(1)&=\frac{2(2\pi)^{m-1}}{1\cdot 3\cdots(2m-1)}\qquad m=1,\ 2,\ \cdots\end{aligned} \tag{6.4-49}$$

利用伽马函数的性质：$\Gamma(t+1)=t\Gamma(t)$，$\Gamma(1)=1$，$\Gamma(1/2)=\sqrt{\pi}$，可将 $V_n(1)$表示为更加紧凑的形式，即

$$V_n(1)=\frac{\pi^{n/2}}{\Gamma(n/2+1)}\qquad n=1,\ 2,\ \cdots \tag{6.4-50}$$

结合式(6.4-43)和式(6.4-50)可得式(6.4-35)。

如果 p_e 给定，如 $p_e=1/2$，则式(6.4-37)～式(6.4-40)可以利用数值方法来确定 κ 的值，该值反过来也定义了式(6.4-22)所示的超椭圆体。对应于概率 p_e 的密集椭球(Concentration Ellipsoid)被定义为一个特殊的超椭圆体，其中 p_e 为 $\hat{x}$ 位于其中的概率。因

此，密集椭球为无偏估计精度的一个多维度量标准。

估计精度的一个标量度量标准为均方根误差(Root-mean-square Error)ε_r，该参数定义为

$$\varepsilon_r^2 = E\left\{\sum_{i=1}^{n}(\hat{x}_i - x_i)^2\right\} \tag{6.4-51}$$

将式(6.4-51)展开，并利用式(6.4-21)可得

$$\varepsilon_r^2 = \mathrm{tr}(\boldsymbol{P}) + \sum_{i=1}^{n} b_i^2 \tag{6.4-52}$$

其中 $\mathrm{tr}(\boldsymbol{P})$表示矩阵 $\boldsymbol{P}$ 的迹(Trace)，而 $b_i = E\{\hat{x}_i\} - x_i$ 表示偏差矢量 $\boldsymbol{b}$ 的第 i 个分量。

6.4.3 两维估计

对于两维矢量的估计，如地球表面的位置坐标，二元随机变量的协方差矩阵可以表示如下：

$$\boldsymbol{P} = \begin{bmatrix} \sigma_1^2 & \sigma_{12} \\ \sigma_{12} & \sigma_2^2 \end{bmatrix} \tag{6.4-53}$$

通过直接计算可得特征值：

$$\lambda_1 = \frac{1}{2}\left[\sigma_1^2 + \sigma_2^2 + \sqrt{(\sigma_1^2 - \sigma_2^2)^2 + 4\sigma_{12}^2}\right] \tag{6.4-54}$$

$$\lambda_2 = \frac{1}{2}\left[\sigma_1^2 + \sigma_2^2 - \sqrt{(\sigma_1^2 - \sigma_2^2)^2 + 4\sigma_{12}^2}\right] \tag{6.4-55}$$

其中利用了正的平方根。根据以上定义可知，$\lambda_1 \geqslant \lambda_2$。

假设新坐标是通过对旧坐标系统反时针方向旋转角度 θ 而得到的，即如图 6.4-3 所示，故旧坐标中的矢量 $\boldsymbol{\xi}$ 在新坐标中可以表示为$\boldsymbol{\xi} = \boldsymbol{A}^{\mathrm{T}}\boldsymbol{\gamma}$，其中 $\boldsymbol{A}$ 为正交矩阵，且

$$\boldsymbol{A} = \begin{bmatrix} \cos\theta & -\sin\theta \\ \sin\theta & \cos\theta \end{bmatrix} \tag{6.4-56}$$

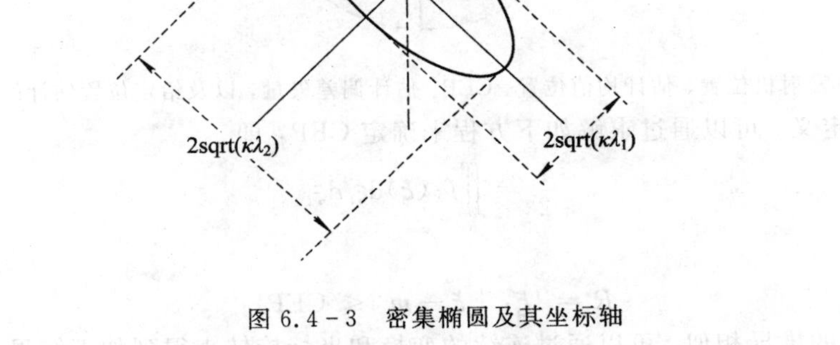

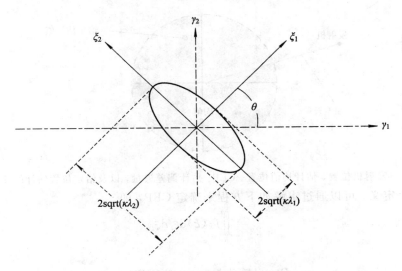

图 6.4-3 密集椭圆及其坐标轴

根据式(6.4-53)和式(6.4-56)，直接计算可得在下面的条件满足时，$\boldsymbol{A}^{\mathrm{T}}\boldsymbol{P}^{-1}\boldsymbol{A}$ 为对角矩阵，且 $\boldsymbol{A}$ 的列矢量为特征矢量，即

$$\theta = \frac{1}{2}\arctan\left(\frac{2\sigma_{12}}{\sigma_1^2-\sigma_2^2}\right) \qquad -\frac{\pi}{4}\leqslant\theta\leqslant\frac{\pi}{4} \tag{6.4-57}$$

如果 $\sigma_1^2=\sigma_2^2$，$\sigma_{12}=0$，则取 $\theta=0$。由于矩阵的行列式等于特征值的乘积，即 $\lambda_1\lambda_2=\sigma_1^2\sigma_2^2-\sigma_{12}^2$，利用该结论，对角矩阵可以表示为如下形式：

$$[\boldsymbol{\lambda}^{-1}]=\begin{bmatrix}\lambda_1^{-1} & 0\\ 0 & \lambda_2^{-1}\end{bmatrix} \qquad \sigma_1^2\geqslant\sigma_2^2 \tag{6.4-58}$$

$$[\boldsymbol{\lambda}^{-1}]=\begin{bmatrix}\lambda_2^{-1} & 0\\ 0 & \lambda_1^{-1}\end{bmatrix} \qquad \sigma_1^2<\sigma_2^2 \tag{6.4-59}$$

根据式(6.4-16)可知 $\boldsymbol{P}^{-1}$ 存在，故两个特征值都不等于零。

在旧坐标中由 $\boldsymbol{\gamma}^T\boldsymbol{P}^{-1}\gamma\leqslant\kappa$ 所定义的密集椭圆在新坐标中是由 $(\xi_1/\lambda_1)^2+(\xi_2/\lambda_2)^2=\kappa$ 或 $(\xi_1/\lambda_2)^2+(\xi_2/\lambda_1)^2=\kappa$ 所描述的，该关系隐含了如下的事实，即新坐标轴与椭圆的主轴相互重合，因此，式(6.4-57)描述了任意一个椭圆主轴相对于旧坐标轴的角度偏移。图 6.4-3 给出了密集椭圆及其坐标轴的相对旋转角度。由于 $\lambda_1\geqslant\lambda_2$，故主轴和副轴的长度分别为 $2\sqrt{\kappa\lambda_1}$ 和 $2\sqrt{\kappa\lambda_2}$。如果椭圆所围区域包括一个高斯随机矢量的概率为 p_e，则式(6.4-39)隐含着

$$\kappa=-2\ln(1-p_e) \tag{6.4-60}$$

假设发射机的估计位置由两维高斯随机矢量所描述，一种粗糙而又简单的精度度量标准为误差概率圆环(Circular Error Probable，CEP)。CEP 定义了一个圆，其中心位于估计值的均值处，而其半径的大小使其正好包含随机矢量实现的一半。CEP 是位置估计 $\hat{\boldsymbol{x}}$ 相对于其均值 $E[\hat{\boldsymbol{x}}]$ 不确定性的一种度量。如果位置估计是无偏的，则 CEP 为位置不确定性相对于其真实发射机位置的度量标准。如果偏差矢量的幅度由参数 B 约束，则给定的估计位于距真实位置 B+CEP 范围内的取值概率为二分之一，其几何关系如图 6.4-4 所示。

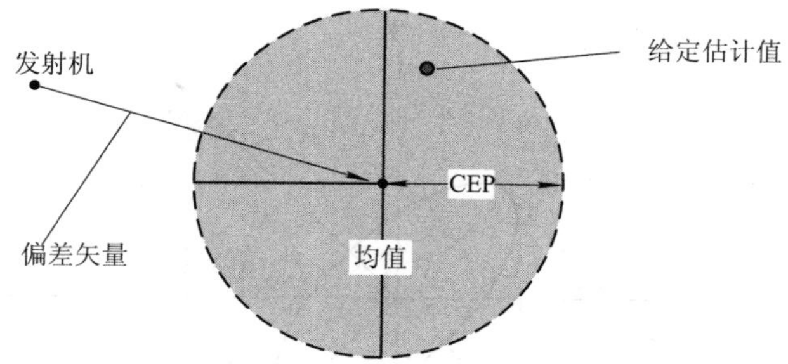

图 6.4-4　发射机位置、估计均值位置、CEP、估计偏差矢量，以及给定位置估计的几何关系

根据以上定义，可以通过求解如下方程来确定 CEP，即

$$\frac{1}{2}=\iint_R f_{\hat{x}}(\boldsymbol{\xi})\,\mathrm{d}\xi_1\,\mathrm{d}\xi_2 \tag{6.4-61}$$

其中

$$R=\{\boldsymbol{\xi}:\ |\boldsymbol{\xi}-\boldsymbol{m}|\leqslant \mathrm{CEP}\} \tag{6.4-62}$$

与式(6.4-30)的推导相似，可以通过连续的变换和坐标旋转来得到如下结果：

$$\frac{1}{2}=\frac{1}{2\pi\sqrt{\lambda_1\lambda_2}}\iint_{R_1}\exp\left(-\frac{1}{2}\sum_{i=1}^{2}\frac{\xi_i^2}{\lambda_i}\right)\mathrm{d}\xi_1\,\mathrm{d}\xi_2 \tag{6.4-63}$$

其中

$$R_1=\{(\xi_1,\xi_2):(\xi_1^2+\xi_2^2)^{1/2}\leqslant \mathrm{CEP}\} \tag{6.4-64}$$

而 λ_i 分别由式(6.4－54)和式(6.4－55)给出。通过变量代换 $\xi_1=r\cos\theta$，$\xi_2=r\sin\theta$ 可将直角坐标转化为极坐标，即可得

$$\pi\sqrt{\lambda_1\lambda_2}=\int_0^{2\pi}\int_0^{\mathrm{CEP}} r\exp\left[-\frac{r^2}{2}\left(\frac{\cos^2\theta}{\lambda_1}+\frac{\sin^2\theta}{\lambda_2}\right)\right]\mathrm{d}r\,\mathrm{d}\theta \tag{6.4-65}$$

为了简化该式，可以进行一些预处理。第一阶和第零阶修正贝赛尔函数(Modified Bessel Function)的表示式为

$$I_0(x)=\frac{1}{2\pi}\int_0^{2\pi}\exp(x\cos\theta)\mathrm{d}\theta \tag{6.4-66}$$

根据积分的周期性，对于任意的正整数 n，同样可得

$$I_0(x)=\frac{1}{2\pi}\int_{2\pi n}^{2\pi(n+1)}\exp(x\cos\theta)\mathrm{d}\theta \tag{6.4-67}$$

将该形式的 m 个 n 连续取值的方程累加，可得：

$$mI_0(x)=\frac{1}{2\pi}\int_0^{2\pi m}\exp(x\cos\theta)\mathrm{d}\theta \qquad m=1,2,\cdots \tag{6.4-68}$$

令 $\theta=m\phi$，并变换坐标可得

$$I_0(x)=\frac{1}{2\pi}\int_0^{2\pi}\exp(x\cos m\phi)\mathrm{d}\phi \qquad m=1,2,\cdots \tag{6.4-69}$$

根据三角恒等式(Trigonometric Identity)可得

$$\frac{\cos^2\theta}{\lambda_1}+\frac{\sin^2\theta}{\lambda_2}=\frac{1}{2\lambda_1}+\frac{1}{2\lambda_2}+\left(\frac{1}{2\lambda_1}-\frac{1}{2\lambda_2}\right)\cos2\theta \tag{6.4-70}$$

将式(6.4－70)代入式(6.4－65)，并利用式(6.4－69)可得

$$\frac{\sqrt{\lambda_1\lambda_2}}{2}=\int_0^{\mathrm{CEP}} r\exp\left[-\left(\frac{1}{4\lambda_1}-\frac{1}{4\lambda_2}\right)r^2\right]I_0\left[\left(\frac{1}{4\lambda_1}-\frac{1}{4\lambda_2}\right)r^2\right]\mathrm{d}r \tag{6.4-71}$$

通过最后的坐标转换可得

$$\frac{1}{4\gamma^2}(1+\gamma^2)=\int_0^{[(\mathrm{CEP})^2/4\lambda_2](1+\gamma^2)}\exp[-x]I_0\left(\frac{1-\gamma^2}{1+\gamma^2}x\right)\mathrm{d}x,\quad \gamma^2=\frac{\lambda_2}{\lambda_1} \tag{6.4-72}$$

该表达式隐含着对于某些函数 $f(\cdot)$，CEP 具有表达式 $\mathrm{CEP}=\sqrt{\lambda_2}\,f(\gamma)$。如果 $\sigma_{12}=0$，$\sigma_1=\sigma_2=\sigma$，则 $\lambda_1=\lambda_2=\sigma^2$，而且通过求解式(6.4－72)可得 $\mathrm{CEP}=1.177\sigma$。通常情况下 $\lambda_1\neq\lambda_2$，因此必须利用数值积分(Numerical Integration)来求解 CEP。与前面分析相一致的一个简单近似公式为

$$\mathrm{CEP}\approx0.563\sqrt{\lambda_1}+0.614\sqrt{\lambda_2} \tag{6.4-73}$$

该式对于 $\gamma\approx0.3$ 或更大时，估计的准确率大约为1%；对于 $0.1<\gamma<0.3$，过低估计 CEP 的概率小于10%；对于其他取值，过低估计的概率小于20%。尽管对于较小的 γ 取值，近似估计更加准确，而且比较容易得到，但是它们之间通常是不相关的。这是因为密集椭圆(Concentration Ellipse)的偏心率(Eccentricity)对于较小的 γ 取值很难成为一个充分的性能度量标准用于描述 CEP。然而下面的一种简单的近似式对于所有 γ 取值的准确率大约在

10%以内，即

$$\text{CEP} \approx 0.75\sqrt{\lambda_1+\lambda_2} = 0.75\sqrt{\sigma_1^2+\sigma_2^2} \tag{6.4-74}$$

其中最后的等式利用了矩阵迹的性质：矩阵的迹等于特征值的和。当 $\gamma \approx 0.4$ 时，该近似式将过低估计 CEP；当 γ 低于 0.4 时，该近似式将过高估计 CEP。对于任何一个无偏估计器(Unbiased Estimator)，式(6.4-52)意味着 $\text{CEP} \approx 0.75\varepsilon_r$。

6.4.4 双曲线定位系统

对于双曲线定位系统(Hyperbolic Location System)，假设 N 个观测站的位置可以利用列向量 $\boldsymbol{s}_1$，$\boldsymbol{s}_2$，…，$\boldsymbol{s}_N$ 表示，则在 $\boldsymbol{t}_0$ 时刻发射的信号在 N 个观测站处的到达时间为 t_1，t_2，…，t_N。具体的几何配置如图 6.4-5 所示。

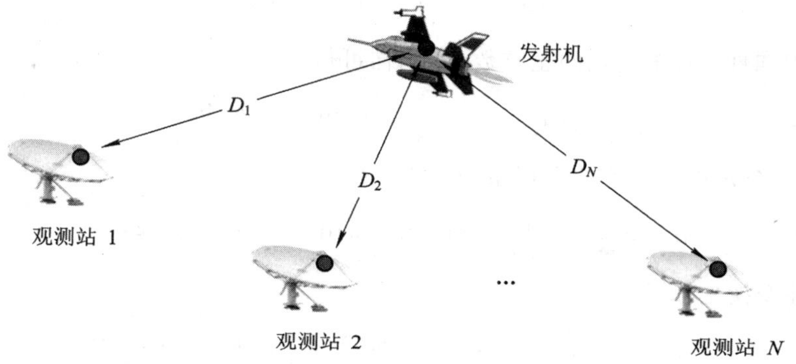

图 6.4-5　发射机和 N 个观测站的几何配置

如果信号的传播速度为 c，而 D_i 为发射机和观测站 i 之间的传播距离长度，则有

$$t_i = t_0 + \frac{D_i}{c} + \varepsilon_i \qquad i = 1, 2, \cdots, N \tag{6.4-75}$$

其中到达时间测量误差(Arrival-time Measurement Error)ε_i 已经考虑了传播异常、接收机噪声以及假设的观测站位置误差等因素。如果用矩阵形式表示，则式(6.4-75)可表示为

$$\boldsymbol{t} = t_0\boldsymbol{1} + \frac{\boldsymbol{D}}{c} + \boldsymbol{\varepsilon} \tag{6.4-76}$$

其中 $\boldsymbol{t}$、$\boldsymbol{D}$ 和 $\boldsymbol{\varepsilon}$ 都是 N 维的列向量，它们的元素分别是 t_i、D_i 和 $\varepsilon_i(i=1, 2, \cdots, N)$，而 $\boldsymbol{1}$ 为元素全为 1 的列矢量。

假设我们的目的是估计 t_0 和列矢量 $\boldsymbol{R}$，其元素为 x、y 和 z，并用来描述发射机的位置。方程(6.4-76)具有方程(6.4-2)的形式 $\boldsymbol{r}=\boldsymbol{t}$，$\boldsymbol{f}(\boldsymbol{x}) = t_0\boldsymbol{1}+\boldsymbol{D}/c$，$\boldsymbol{n}=\boldsymbol{\varepsilon}$ 且 $x=[t_0, x, y, z]^{\mathrm{T}}$。对于从发射机到基站的视向传播(line-of-sight propagation)，$D_i = \|\boldsymbol{R}-\boldsymbol{s}_i\|$，其中 $\|\ \|$ 表示欧几里得范数(Euclidean Norm)。令列向量 $\boldsymbol{R}_0$，其元素为 x_0、y_0 和 z_0，来表示靠近发射机位置的参考点。而令 $\boldsymbol{D}_{0i} = \|\boldsymbol{R}_0-\boldsymbol{s}_i\|$ 表示观测站 i 到参考点之间的距离，对式(6.4-7)利用 $\boldsymbol{x}=[0, x_0, y_0, z_0]^{\mathrm{T}}$，并根据其分量表示每一个 $\|\boldsymbol{R}-\boldsymbol{s}_i\|$，可以得到

$$\boldsymbol{G} = [\boldsymbol{1} \quad \boldsymbol{F}/c] \tag{6.4-77}$$

其中

$$\boldsymbol{F} = \begin{bmatrix} \dfrac{(\boldsymbol{R}_0 - \boldsymbol{s}_1)^{\mathrm{T}}}{D_{01}} \\ \vdots \\ \dfrac{(\boldsymbol{R}_0 - \boldsymbol{s}_N)^{\mathrm{T}}}{D_{0N}} \end{bmatrix} \tag{6.4-78}$$

$\boldsymbol{F}$ 中的每一行是其中的一个基站指向参考点的单位矢量。具有上述关系和变换的方程(6.4－12)给出了最小二乘(Least Squares)或最大似然估计值(Maximum Likelihood Estimator)，而且(6.4－16)给出了估计值的协方差矩阵。

在双曲线定位系统中，不能估计 t_0。但是可以通过测量相对到达时间(relative arrival time)来消除它，即

$$t_i - t_{i+1} = \frac{D_i - D_{i+1}}{c} + n_i, \quad i = 1, 2, \cdots, N-1 \tag{6.4-79}$$

其中，n_i 是测量误差。测量时间差不是消除 t_0 的唯一方法，但却是最简单的方法。如果相对到达时间是由减去测量的到达时间决定的，那么

$$n_i = \varepsilon_i - \varepsilon_{i+1} \qquad i = 1, 2, \cdots, N-1 \tag{6.4-80}$$

如果连续随机变量 ε_i 的均值相等，甚至它的均值不等于零，那么 n_i 将是零均值的。一个非零的 $E\{n_i\}$ 可能是由于时间延迟差没有校准或者两个接收站的时钟非同步而引起的。如果相对到达时间是由互相关(cross correlation)决定的，那么式(6.4－80)就没必要有效。

如果发射机产生了一连串脉冲，则在观测站 i 和 $i+1$ 处接收到的对应脉冲必须与测量的时间差 $t_i - t_{i+1}$ 正确联系起来。当时间差超出了连续脉冲发射时间时将会产生潜在的模糊，这种模糊可以通过利用方位角测量来解决，或者通过某些先验信息来消除可能使得定位估计失败的一些关联来解决。

利用矩阵形式表示，则式(6.4－79)可改写为

$$\boldsymbol{Ht} = \frac{\boldsymbol{HD}}{c} + \boldsymbol{n} \tag{6.4-81}$$

这里利用了如下的 $(N-1)\times N$ 阶矩阵，即

$$\boldsymbol{H} = \begin{bmatrix} 1 & -1 & 0 & \cdots & 0 & 0 \\ 0 & 1 & -1 & \cdots & 0 & 0 \\ \vdots & \vdots & \vdots & & \vdots & \vdots \\ 0 & 0 & 0 & \cdots & 1 & -1 \end{bmatrix} \tag{6.4-82}$$

如果(6.4－80)成立，那么

$$\boldsymbol{n} = \boldsymbol{H\varepsilon} \tag{6.4-83}$$

既然我们想要估计位置矢量 $\boldsymbol{R}$，而式(6.4－81)具有式(6.4－2)的形式，其中 $\boldsymbol{r} = \boldsymbol{Ht}$，$\boldsymbol{f}(\boldsymbol{x}) = \boldsymbol{HD}/c$，且 $\boldsymbol{x} = \boldsymbol{R}$，故可以直接计算 $\boldsymbol{G}$，且有

$$\boldsymbol{G} = \frac{\boldsymbol{HF}}{c} \tag{6.4-84}$$

其中，$\boldsymbol{F}$ 是由式(6.4－78)定义的。令 $\boldsymbol{N}_\varepsilon$ 表示到达时间误差的协方差矩阵。如果式(6.4－83)成立，那么由式(6.4－3)定义的量测误差的协方差矩阵就和 $\boldsymbol{N}_\varepsilon$ 有如下关系：

$$\boldsymbol{N} = \boldsymbol{HN}_\varepsilon \boldsymbol{H}^{\mathrm{T}} \tag{6.4-85}$$

利用式(6.4－84)，方程(6.4－12)意味着最小均方估计为

$$\hat{\boldsymbol{R}} = \boldsymbol{R}_0 + c(\boldsymbol{F}^{\mathrm{T}}\boldsymbol{H}^{\mathrm{T}}\boldsymbol{N}^{-1}\boldsymbol{HF})^{-1}\boldsymbol{F}^{\mathrm{T}}\boldsymbol{H}^{\mathrm{T}}\boldsymbol{N}^{-1}(\boldsymbol{Ht} - \boldsymbol{HD}_0/c) \tag{6.4-86}$$

其中，$\boldsymbol{D}_0$ 的元素为 $D_{0i}(i=1, 2, \cdots, N)$。如果 $\boldsymbol{n}$ 是零均值随机变量，并且线性误差可以被忽略，那么估计是无偏的。由式(6.4－16)给出的 $\hat{\boldsymbol{R}}$ 的方差矩阵为

$$\boldsymbol{P} = c^2(\boldsymbol{F}^{\mathrm{T}}\boldsymbol{H}^{\mathrm{T}}\boldsymbol{N}^{-1}\boldsymbol{H}\boldsymbol{F})^{-1} \tag{6.4-87}$$

等式(6.4－86)对于视向传播(line-of-sight propagation)是有效的。如果信号传播到基站过程中包括大气反射(atmospheric reflection)，D_i 的方程就会改变，因此估计量也会发生改变。

总体上，最小均方估计需要测量误差统计的知识，但是，如果应用式(6.4－85)，且 ε_i 的协方差(covariance)为零，而 ε_i 的方差(variance)具有相同值 σ_t^2，那么将式(6.4－86)化简就会得到一个与 σ_t^2 无关的估计值。对于彼此之间的距离比相距发射机近很多的相同的接收机来说，方差相等的假设是合理的。

令 σ_{ti}^2 表示在观测站 i 的测量到达时间 t_i 的方差，如果均方测距误差(mean-square ranging error)定义为 $c^2\sigma_s^2$，其中

$$\sigma_s^2 = \frac{1}{N}\sum_{i=1}^{N}\sigma_{ti}^2 \tag{6.4-88}$$

表示到达时间的平均方差。几何精度分布(Geometric Dilution of Precision，GDOP)定义为位置误差 ε_r 的均方根(root-mean-square)与测距误差均方差的比值。因此，利用式(6.4－52)可以得出，对于一个无偏估计量和双曲线系统的 GDOP 可以表示为

$$\mathrm{GDOP} = \frac{\sqrt{\mathrm{tr}[\boldsymbol{P}]}}{c\sigma_s} \tag{6.4-89}$$

GDOP 表明了基本测距误差的大小，而且是直观地由 $c\sigma_s$ 度量的，并通过发射机的位置与观测站地理位置的关系而放大。如果几何位置使得到达时间的方差近似相等，那么 GDOP 只是很微弱地依赖它们。然而对于二维定位问题(two-dimensional location problem)，利用式(6.4－74)和式(6.4－89)可得

$$\mathrm{CEP} \approx (0.75c\sigma_s)\mathrm{GDOP} \tag{6.4-90}$$

既然到达时间方差 σ_t^2 主要是由于热噪声和环境噪声产生的，因此常常把 ε_i 建模为一个常数偏差与零均值高斯白噪声相加的模型是合理的。故对于白高斯噪声环境下，到达时间估计的 Cramer-Rao 限可表示为[49]

$$\sigma_t \geqslant \left[\left(\frac{2E}{N_0}\right)\beta_r^2\right]^{-1} \tag{6.4-91}$$

式中：E 为接收信号的能量；$N_0/2$ 为双边噪声功率谱密度(two-sided noise power spectral density)，β_r^2 是信号带宽的函数。

如果用 $S(\omega)$ 表示信号的傅立叶变换，那么

$$\beta_r^2 = \frac{\int_{-\infty}^{\infty}\omega^2 \mid S(\omega) \mid^2 \mathrm{d}\omega}{\int_{-\infty}^{\infty} \mid S(\omega) \mid^2 \mathrm{d}\omega} \tag{6.4-92}$$

如果接收到的信号是由脉冲组成，那么 E 为各个脉冲能量的和。许多雷达信号模型可以近似为一系列的脉冲，它们中的每一个脉冲都是将截断的正弦函数通过理想矩形带通滤波器产生的，其中正弦函数是由持续时间 T_p 的理想矩形包络截断的，而理想矩形带通滤波器的带宽为 B，且其中心频率等于正弦信号频率。对于每一个脉冲和整个雷达信号，利用式(6.4－92)可得

$$\beta_r^2 \approx \frac{2B}{T_p} \qquad BT_p \gg 1 \tag{6.4-93}$$

相反，对于在带宽 B 上有相同傅里叶变换的信号，利用式(6.4－92)有

$$\beta_r^2 \approx \frac{\pi^2 B^2}{3} \tag{6.4-94}$$

这个模型可以用于近似一个通信信号。

如果令 T 表示整个信号的持续时间，$R_s = E/T$ 表示接收机的信号平均功率，D 表示发射机到接收机上的距离，则在 D 的一个较大取值范围内，通常可将 R_s 近似为[50]

$$R_s = K_E \frac{\exp(-\alpha D)}{D^n} \tag{6.4-95}$$

其中，α、n 和 K_E 相对于 D 都是独立的，但是可能是其他参数的函数，例如发射功率、天线增益、天线高度和信号频率。对于光波和毫米波频率，准确地建模需要 $\alpha > 0$，但是我们通常在其他频率上设置 $\alpha = 0$。而不等式(6.4－91)和式(6.4－95)把 σ_t^2 和 D 联系在一起。

作为一个非常重要的特殊例子，如考虑一个发射机和三个观测站位于同一平面上，这样只有两个位置坐标可以被估计。当发射机和观测站在地球表面上且相距很近时，在地球表面的曲率可以忽略的情况下，该平面模型是合理的。其中的一个观测站设为主站(master station)，其他的两个观测站设为辅站(slave station)。辅站测量的到达时间发送到主站，在主站计算时间差并进行位置估计。

假设 ε_i 是不相关的随机变量，所以有

$$\boldsymbol{N}_\varepsilon = \begin{bmatrix} \sigma_{t1}^2 & 0 & 0 \\ 0 & \sigma_{t2}^2 & 0 \\ 0 & 0 & \sigma_{t3}^2 \end{bmatrix} \tag{6.4-96}$$

这里，当 $N=3$ 时，矩阵 $\boldsymbol{H}$ 为

$$\boldsymbol{H} = \begin{bmatrix} 1 & -1 & 0 \\ 0 & 1 & -1 \end{bmatrix} \tag{6.4-97}$$

图 6.4－6 所示为参考点和三个观测站的角度定义的示意图。

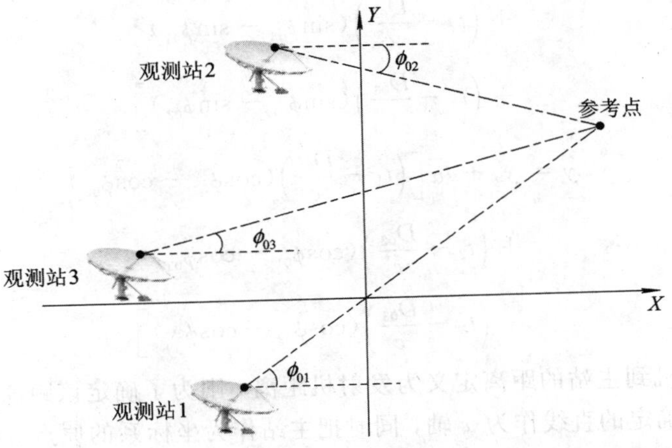

图 6.4－6　参考点和三个观测站的角度定义

如果令 ϕ_{0i} 表示在坐标 (x_i, y_i) 处的观测站 i 到坐标为 (x_0, y_0) 的参考点的方位角(bearing angle)，则有

$$\phi_{0i} = \arctan\left(\frac{y_0 - y_i}{x_0 - x_i}\right) \qquad i = 1, 2, 3 \tag{6.4-98}$$

式(6.4-78)可以表示为

$$\boldsymbol{F} = \begin{bmatrix} \cos\phi_{01} & \sin\phi_{01} \\ \cos\phi_{02} & \sin\phi_{02} \\ \cos\phi_{03} & \sin\phi_{03} \end{bmatrix} \tag{6.4-99}$$

协方差矩阵 $\boldsymbol{P}$ 可以通过将式(6.4-85)、式(6.4-96)、式(6.4-97)和式(6.4-99)代入式(6.4-87)中计算。$\boldsymbol{P}$ 的元素通过式(6.4-53)定义为

$$\sigma_1^2 = \alpha[\sigma_{t1}^2(\sin\phi_{02} - \sin\phi_{03})^2 + \sigma_{t2}^2(\sin\phi_{01} - \sin\phi_{03})^2 + \sigma_{t3}^2(\sin\phi_{01} - \sin\phi_{02})^2] \tag{6.4-100}$$

$$\sigma_2^2 = \alpha[\sigma_{t1}^2(\cos\phi_{02} - \cos\phi_{03})^2 + \sigma_{t2}^2(\cos\phi_{01} - \cos\phi_{03})^2 + \sigma_{t3}^2(\cos\phi_{01} - \cos\phi_{02})^2] \tag{6.4-101}$$

$$\begin{aligned} \sigma_{12} = \alpha[&\sigma_{t1}^2(\cos\phi_{03} - \cos\phi_{02})(\sin\phi_{02} - \sin\phi_{03}) \\ &+ \sigma_{t2}^2(\cos\phi_{03} - \cos\phi_{01})(\sin\phi_{01} - \sin\phi_{03}) \\ &+ \sigma_{t3}^2(\cos\phi_{02} - \cos\phi_{01})(\sin\phi_{01} - \sin\phi_{02})] \end{aligned} \tag{6.4-102}$$

其中

$$\alpha = c^2[(\cos\phi_{02} - \cos\phi_{01})(\sin\phi_{02} - \sin\phi_{03}) - (\cos\phi_{02} - \cos\phi_{03})(\sin\phi_{01} - \sin\phi_{02})]^{-2} \tag{6.4-103}$$

如果任意两个方位角相等，那么 σ_1^2、σ_2^2 和 σ_{12} 趋向于无穷大。这种情况对应于参考点位于经过两个观测站所在的直线上。

由式(6.4-86)所确定的最小二乘或者最大似然估计结果为

$$\begin{aligned} \hat{x} = x_0 + \sqrt{\alpha}\Big[&\left(t_1 - \frac{D_{01}}{c}\right)(\sin\phi_{02} - \sin\phi_{03}) \\ &+ \left(t_2 - \frac{D_{02}}{c}\right)(\sin\phi_{03} - \sin\phi_{01}) \\ &+ \left(t_3 - \frac{D_{03}}{c}\right)(\sin\phi_{01} - \sin\phi_{02})\Big] \end{aligned} \tag{6.4-104}$$

$$\begin{aligned} \hat{y} = y_0 + \sqrt{\alpha}\Big[&\left(t_1 - \frac{D_{01}}{c}\right)(\cos\phi_{03} - \cos\phi_{02}) \\ &+ \left(t_2 - \frac{D_{02}}{c}\right)(\cos\phi_{01} - \cos\phi_{03}) \\ &+ \left(t_3 - \frac{D_{03}}{c}\right)(\cos\phi_{02} - \cos\phi_{01})\Big] \end{aligned} \tag{6.4-105}$$

如果将发射机到主站的距离定义为发射机距离，则为了确定该距离，可以很方便地把主站和参考点所确定的直线作为 x 轴，同时把主站作为坐标系的原点。如果参考点离主站很近，那么 $\hat{x}$ 是合适的距离估计值，而 σ_1^2 可以近似为距离估计的方差。否则，距离可以用 $(\hat{x}^2 + \hat{y}^2)^{1/2}$ 来估计。相对于 x 轴的方位角估计值通常由式(6.4-106)给出

$$\hat{\phi} = \arctan\left(\frac{\hat{y}}{\hat{x}}\right) \tag{6.4-106}$$

估计偏差可以由式(6.4－15)来确定。在忽略线性化误差(linearization error)的情况下，利用(6.4－83)可以得到

$$b_1 = \sqrt{\alpha}\{E[\varepsilon_1](\sin\phi_{02} - \sin\phi_{03}) + E[\varepsilon_2](\sin\phi_{03} - \sin\phi_{01}) + E[\varepsilon_3](\sin\phi_{01} - \sin\phi_{02})\} \tag{6.4-107}$$

$$b_2 = \sqrt{\alpha}\{E[\varepsilon_1](\cos\phi_{03} - \cos\phi_{02}) + E[\varepsilon_2](\cos\phi_{01} - \cos\phi_{03}) + E[\varepsilon_3](\cos\phi_{02} - \cos\phi_{01})\} \tag{6.4-108}$$

$E\{\varepsilon_i\}$的非零值主要是由于观测站位置的不确定性、同步误差、接收机延时的温度依赖性和滤波器特性引起的。

如果假设 $\boldsymbol{n}=\boldsymbol{H\varepsilon}$ 服从高斯分布，式(6.4－54)、式(6.4－55)、式(6.4－73)和式(6.4－100)～式(6.4－103)分别以方位角和到达时间的方差形式给出了 CEP。对于固定的观测站配置，有恒定 CEP 值的发射机位置可以用数字表示。为此，这些方程可以利用式(6.4－98)以笛卡尔坐标系的形式表达出来，而且在忽略误差的情况下，可以假设参考点和发射点相互重合，因此有 $D_{0i}=DD_i$。

如果令 L 表示三个坐标分别为(0，$-L/2$)、(0，0)和(0，$L/2$)的观测站所组成的直线阵列长度，假设式(6.4－91)的下界(lower bound)可以达到，则由式(6.4－95)可得

$$\sigma_{ti}^2 \cong \sigma_{tL}^2\left(\frac{D_{0i}}{L}\right)^n \exp[\alpha(D_{0i}-L)] \qquad i=1,2,3 \tag{6.4-109}$$

$$\sigma_{tL}^2 = \frac{N_0 L^n \exp(\alpha L)}{2\beta_r^2 T K_E} \tag{6.4-110}$$

其中，σ_{tL} 表示当 $D_{0i}=L$ 时 σ_{ti} 的下边界。如果假设 α、n、K_E 已知，则 σ_{tL} 对于所有三个观测站是相同的。如果假设发射机和观测站都具有全向天线，则 K_E 并不依赖于相对于发射机的方位角。图 6.4－7 和图 6.4－8 分别给出了当 $\alpha=0$ 时具有恒定 CEP/$c\sigma_{tL}$ 值的目标位置示意图，因为位置的对称性，故图中只画出了四分之一象限。图 6.4－7 中假设 $n=2$，这对应于自由空间传播场景。图 6.4－8 中假设 $n=4$，这可以看做 VHF 在地球表面的传播模型。

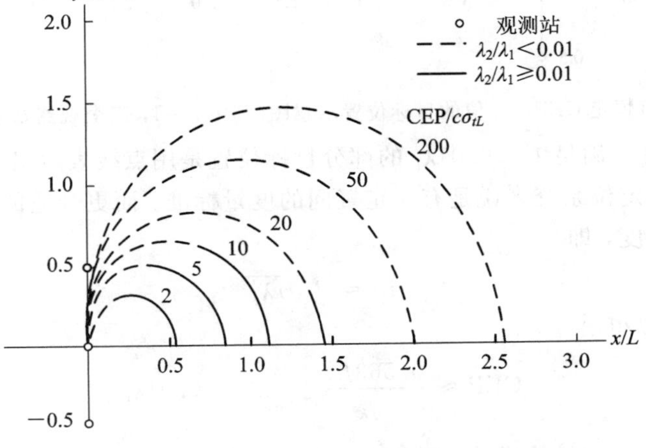

图 6.4－7　具有恒定 CEP/$c\sigma_{tL}$ 值的目标位置示意图(其中 $n=2$，三个观测站组成直线阵列)

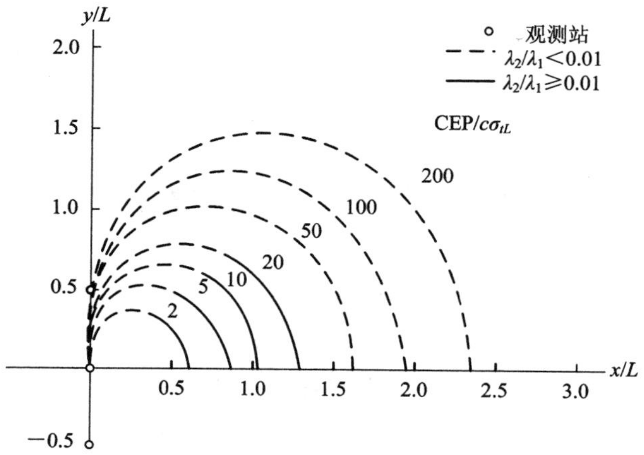

图 6.4－8　具有恒定 CEP/$c\sigma_{tL}$ 值的目标位置示意图(其中 $n=4$，三个观测站组成直线阵列)

在图 6.4－9 中，观测站组成非直线阵列，其坐标分别为(0，$-L/2$)、($-L/2$，0)和(0，$L/2$)。该结构的最重要特点是 CEP 取值中的奇点位于穿过两个基站的直线上。因此，如果需要一个很宽广的视野时，只有很小的空间非线性是允许的。但是，选择基站位置的其他重要因素是必须用来保持来自可能的发射机位置的可视路径，而且还要使得潜在的多径干扰最小化。

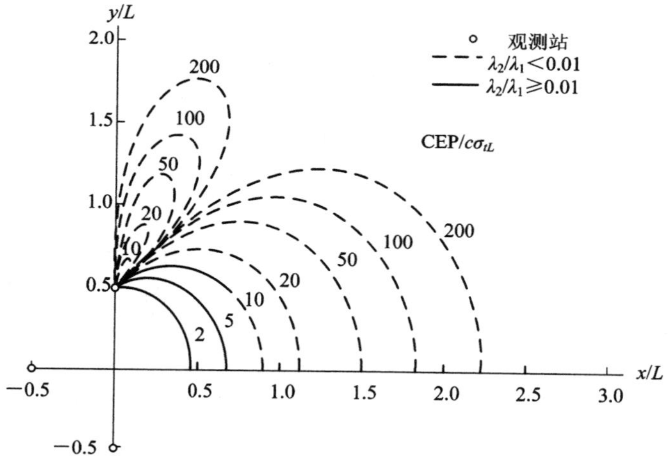

图 6.4－9　具有恒定 CEP/$c\sigma_{tL}$ 值的目标位置示意图(其中 $n=4$，三个观测站组成非直线阵列)

在图 6.4－9 中，满足 $\lambda_2<0.01\lambda_1$ 的部分目标位置是用点线表示出来的。当 λ_2/λ_1 很小时，CEP 对于无源定位系统来说是有一定疑问的度量标准。而更合适的度量标准可以选用同心椭圆的主轴长度，即

$$L_e = 2\sqrt{\kappa\lambda_1} \tag{6.4-111}$$

由式(6.4－73)可以得出

$$\mathrm{CEP} \approx \frac{0.563L_e}{2\sqrt{\kappa}} \qquad \lambda_2 < 0.01\lambda_1 \tag{6.4-112}$$

这里的 κ 是由式(6.4－60)给出的。因此点线近似为 $L_e/3.552\sqrt{\kappa}c\sigma_{tL}$ 恒定值的目标位置。

6.4.5　测向定位系统

无源测向系统沿着飞行航迹上两个或更多观测站或点可以实现目标方位测量，通过对方位测量结果进行有效组合可以形成测向定位系统并实现发射位置的有效估计。发射信号可以通过视线传播或经过已知高度的大气反射后被观测站接收到，其中单个方位角可能被定位系统的每一个观测站测量到，或者通过正交干涉仪分别实现方位角和仰角测量，以便用来确定发射机位置。在没有噪声和干扰的情况下，来自两个或更多基站的方位线会相交并确定唯一的目标位置点。然而，当噪声存在时，两条以上的方位线就不可能相交于一点，如图 6.4－10 所示的平面几何配置。因此，需要特殊的处理以确定最优的位置估计。

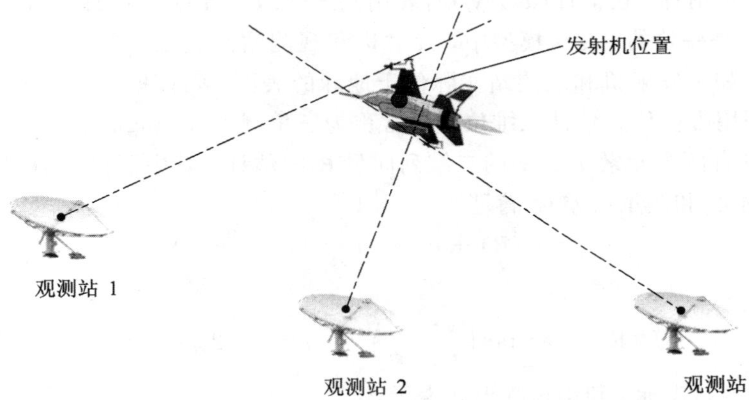

图 6.4－10　三个测向系统的方位线几何关系

如果令 θ_i 表示在第 i 个观测站测得的相对于基线的方位角，其中定义基线在三维坐标系中与 x 轴平行，如图 6.4－11 所示。如果观测站在坐标系中的坐标是$(x_i,\ y_i,\ z_i)$，而发射机的坐标是$(x_t,\ y_t,\ z_t)$，则在视线传播且没有测量误差的条件下，可得如下关系式：

$$\theta_i = \arccos\left[\frac{x_t - x_i}{\sqrt{(x_t - x_i)^2 + (y_t - y_i)^2 + (z_t - z_i)^2}}\right] \qquad 0 \leqslant \theta_i \leqslant \pi$$

(6.4－113)

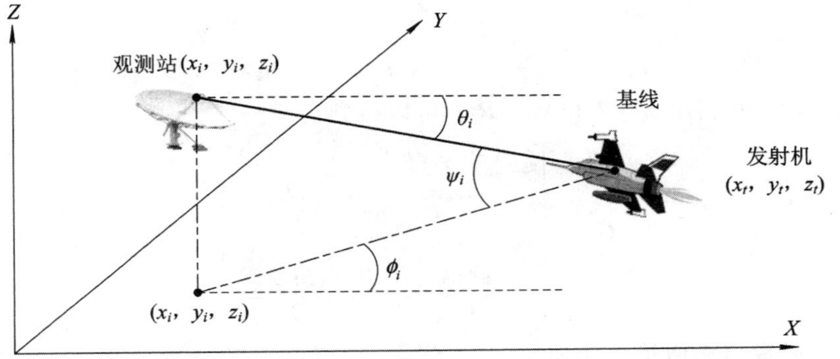

图 6.4－11　测向系统的角度定义示意图

在图 6.4－11 中，给出了平面中的方位角(azimuth angle)定义，其中该平面穿过发射机并且垂直于 z 轴，而方位角相对于 x 轴的正向并沿逆时针方向(counterclockwise direction)时取正值。如果相对于发射机的观测站仰角(elevation angle)ψ_i 是近似已知或者通过合适方式作出了估计，例如垂直干涉仪(vertical interferometer)，那么 ϕ_i 可以通过地理位置关系得出，即

$$\cos\theta_i = \cos\phi_i \cos\psi_i \tag{6.4-114}$$

该式可以通过图 6.4-11 很容易得到。如果 ψ_i 足够小，则测量的方位角可以用方位很好地近似，且有

$$\phi_i = \arctan\left(\frac{y_t - y_i}{x_t - x_i}\right) \tag{6.4-115}$$

在大多数的应用中，已知发射机位于地球表面，或者有固定的高度，这样 z_i 是已知的，就不需要作出估计。在估计(x_y, y_t)时要用到式(6.4-115)，应用该方程和把三维问题用二维模型代替是一致的。在该模型中，发射机和观测站假设位于同一个平面中，所以方位角是一致的。如果发射机和观测站实际位于地球的表面，则该模型就是忽略了地球曲率的理想模型。利用方位信息估计二维位置通常称为三角测量(triangulation)。

仔细分析具有两个元素 x 和 y 的二维列向量 $\boldsymbol{R}$ 的估计，其中假设了沿视线传播场景。而测量的方位角 ϕ_i 和测量误差 n_i 满足

$$\phi_i = f_i(\boldsymbol{R}) + n_i \qquad i = 1, 2, \cdots, N \tag{6.4-116}$$

其中

$$f_i(\boldsymbol{R}) = \arctan\left(\frac{y - y_i}{x - x_i}\right) \qquad i = 1, 2, \cdots, N \tag{6.4-117}$$

而 x_i 和 y_i 为观测站坐标。利用矩阵形式表示，有

$$\boldsymbol{\Phi} = f(\boldsymbol{R}) + \boldsymbol{n} \tag{6.4-118}$$

把具有元素 x_0 和 y_0 的列向量 $\boldsymbol{R}_0$ 指定一个参考点，该点可以作为多边形的中点，而多边形的边界就是测量的方位线(bearing lines)。令 ϕ_{0i} 表示从第 i 个观测站到参考点的方位角，那么

$$\left.\begin{aligned} \sin\phi_{0i} &= \frac{y_0 - y_i}{D_{0i}} \\ \cos\phi_{0i} &= \frac{x_0 - x_i}{D_{0i}} \end{aligned} \quad i = 1, 2, \cdots, N \right\} \tag{6.4-119}$$

其中

$$D_{0i} = [(x_0 - x_i)^2 + (y_0 - y_i)^2]^{1/2} \qquad i = 1, 2, \cdots, N \tag{6.4-120}$$

根据式(6.4-7)，并利用 $\boldsymbol{x}=\boldsymbol{R}$ 和 $\boldsymbol{x}_0=\boldsymbol{R}_0$，可以得到

$$\boldsymbol{G} = \begin{bmatrix} -\dfrac{(\sin\phi_{01})}{D_{01}} & -\dfrac{(\cos\phi_{01})}{D_{01}} \\ \vdots & \vdots \\ -\dfrac{(\sin\phi_{0N})}{D_{0N}} & -\dfrac{(\cos\phi_{0N})}{D_{0N}} \end{bmatrix} \tag{6.4-121}$$

最小二乘或者最大似然估计为

$$\hat{\boldsymbol{R}} = \boldsymbol{R}_0 + (\boldsymbol{G}^{\mathrm{T}} \varphi^{-1} \boldsymbol{G})^{-1} \boldsymbol{G}^{\mathrm{T}} \boldsymbol{N}^{-1} \boldsymbol{\Phi}_r \tag{6.4-122}$$

其中的 $\boldsymbol{N}$ 是方位角测量误差的协方差矩阵 $\hat{\boldsymbol{R}}$，且有

$$\Phi_r = \Phi - \boldsymbol{f}(\boldsymbol{R}_0) \tag{6.4-123}$$

而 Φ_r 的第 i 个元素为

$$\Phi_{ri} = \Phi_i - \Phi_{0i} = \Phi_i - \arctan\left(\frac{y-y_i}{x-x_i}\right) \qquad i=1, 2, \cdots, N \qquad (6.4-124)$$

这是相对于观测站 i 和参考点之间的直线的方位角，如图 6.4－12 所示。

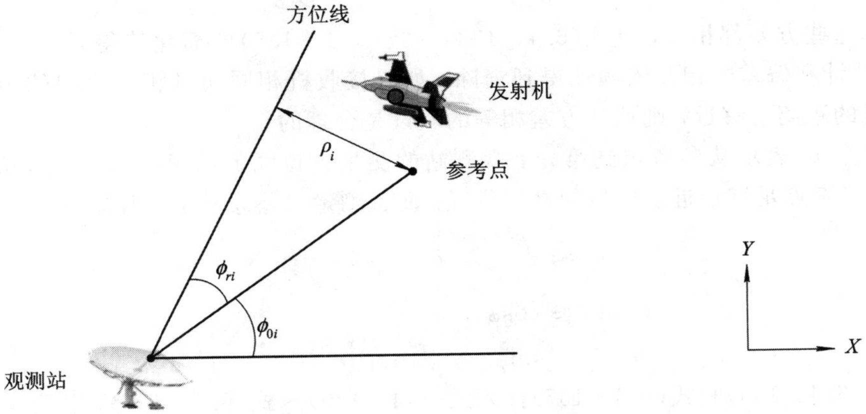

图 6.4－12　发射机、参考点和观测站的几何位置

如果方位测量误差为独立随机变量，且具有方差 $\sigma_{\Phi i}^2 (i=1, 2, \cdots, N)$，则

$$\boldsymbol{N} = \begin{bmatrix} \sigma_{\Phi 1}^2 & & 0 \\ & \ddots & \\ 0 & & \sigma_{\Phi N}^2 \end{bmatrix} \qquad (6.4-125)$$

利用式(6.4－16)、式(6.4－121)和式(6.4－125)直接计算，可得 $\hat{\boldsymbol{R}}$ 的协方差矩阵元素为

$$\sigma_1^2 = E[(\hat{x}-x)^2] = \frac{\mu}{\mu\lambda - v^2} \qquad (6.4-126)$$

$$\sigma_2^2 = E[(\hat{y}-y)^2] = \frac{\lambda}{\mu\lambda - v^2} \qquad (6.4-127)$$

$$\sigma_{12} = E[(\hat{y}-y)(\hat{x}-x)] = \frac{\mu}{\mu\lambda - v^2} \qquad (6.4-128)$$

其中

$$\mu = \sum_{i=1}^{N} \frac{\cos^2\phi_{0i}}{D_{0i}^2 \sigma_{\Phi i}^2} \qquad (6.4-129)$$

$$\lambda = \sum_{i=1}^{N} \frac{\sin^2\phi_{0i}}{D_{0i}^2 \sigma_{\Phi i}^2} \qquad (6.4-130)$$

$$v = \sum_{i=1}^{N} \frac{\cos\phi_{0i}\sin\phi_{0i}}{D_{0i}^2 \sigma_{\Phi i}^2} \qquad (6.4-131)$$

从式(6.4－121)、式(6.4－122)和式(6.4－125)中可以得到线性最小二乘估计的元素为

$$\hat{x} = x_0 + \frac{1}{\mu\lambda - v^2} \sum_{i=1}^{N} \phi_{ri} \frac{(v\cos\phi_{0i} - \mu\sin\phi_{0i})}{D_{0i}\sigma_{\phi i}^2} \qquad (6.4-132)$$

$$\hat{y} = y_0 + \frac{1}{\mu\lambda - v^2} \sum_{i=1}^{N} \phi_{ri} \frac{(\lambda\cos\phi_{0i} - v\sin\phi_{0i})}{D_{0i}\sigma_{\phi i}^2} \qquad (6.4-133)$$

类似地，如果线性误差可以忽略掉，则偏差分量为

$$b_1 = \frac{1}{\mu\lambda - v^2} \sum_{i=1}^{N} E[n_i] \frac{(v \cos\phi_{0i} - \mu \sin\phi_{0i})}{D_{0i}\sigma_{\phi i}^2} \tag{6.4-134}$$

$$b_2 = \frac{1}{\mu\lambda - v^2} \sum_{i=1}^{N} E[n_i] \frac{(\lambda \cos\phi_{0i} - v \sin\phi_{0i})}{D_{0i}\sigma_{\phi i}^2} \tag{6.4-135}$$

如果这些方差都相等，则式(6.4-132)～式(6.4-135)的简化使得 $\sigma_{\Phi i}^2(i=1, 2, \cdots, N)$中的估计和偏差的相互依赖性得到消除。如果接收机相同而且相互之间的距离相比于到发射机的距离足够近，则这种方差相等的假设是合理的。

如果令 p_i 表示从参考点到第 i 个观测站的测量方位线的最短距离，如图 6.4-12 所示，假设参考点足够接近发射机的真实位置，而且测量误差非常小，则有

$$\phi_{ri} \approx \frac{p_i}{D_{ri}} \qquad i = 1, 2, \cdots, N \tag{6.4-136}$$

$$\left.\begin{aligned} \cos\phi_{0i} &\approx \cos\phi_i \\ \sin\phi_{0i} &\approx \sin\phi_i \end{aligned}\right\} \qquad i = 1, 2, \cdots, N \tag{6.4-137}$$

把式(6.4-136)和式(6.4-137)代入式(6.4-129)～式(6.4-133)，就可得到和测量值 p_i 和 $\phi_i(i=1, 2, \cdots, N)$有关的估计量的分量。该估计量，称为斯坦菲尔德算法(Stansfield Algorithm)，最初是从启发式论点和假设小方位测量误差中推导出来的[51]。如果 $\boldsymbol{R}_0$ 很接近 $\boldsymbol{R}$，则线性最小二乘估计量比斯坦菲尔德算法更好，因为斯坦菲尔德算法具有较大的估计偏差，除非方位误差很小。然而，如果方位误差很大，就不可能得到接近 $\boldsymbol{R}$ 的 $\boldsymbol{R}_0$。在这种情况下，哪个估计量更好就不是很明显了。

测向系统的均方测距误差定义为方差 $D_{0i}\phi_{ri}$ 的平均值，即

$$\sigma_d^2 = \frac{1}{N} \sum_{i=1}^{N} D_{0i}\phi_{ri} \tag{6.4-138}$$

与式(6.4-89)类似，测向定位系统对应于无偏估计量的 GDOP 定义为

$$\text{GDOP} = \frac{\sqrt{\text{tr}[\boldsymbol{P}]}}{\sigma_d} \tag{6.4-139}$$

如果几何上的方位测量方差近似相等，那么 GDOP 很微弱地依赖它们。而且从式(6.4-74)可得

$$\text{CEP} \approx (0.75\sigma_d)\text{GDOP} \tag{6.4-140}$$

方位估计的方差 σ_ϕ^2 主要是由热噪声和环境噪声引起的。在高斯噪声环境中，σ_ϕ^2 的近似表达式对于不同的测向系统是已知的。对于大多数情况，如果 E/N_0 足够大，则 σ_ϕ^2 可以表示成如下形式：

$$\sigma_\phi^2 \approx \left(\frac{2E}{N_0}\beta_\phi^2\right)^{-1} \tag{6.4-141}$$

这里的 β_ϕ^2 是系统参数的函数而不是 E/N_0 的函数，信号能量随到发射机距离的变化可以利用式(6.4-95)进行推导。例如，对于平面几何配置，当相位干涉仪的天线指向 x 轴的正方向时，如果估计偏差可以忽略，则有[50]

$$\sigma_\phi^2 \geqslant \left(\frac{c}{2\pi f_0 d \cos\phi}\right)^2 \left(\frac{E}{N_0}\right)^{-1} \qquad |\phi| < \frac{\pi}{2} \tag{6.4-142}$$

式中：f_0 是接收信号的载波频率；d 是干涉仪天线之间的最大间距；ϕ 是真实方位角。

作为一个特例，假设相同的观测站相对参考点是对称分布的，因此有

$$\phi_{0i} = -\phi_{0(N-i-1)} \qquad i = 1, 2, \cdots, [N/2] \tag{6.4-143}$$

$$D_{0i}^2 \sigma_{\phi i}^2 = D_{0(N-i+1)}^2 \sigma_{\phi(N-i+1)}^2 \qquad i = 1, 2, \cdots, [N/2] \tag{6.4-144}$$

其中$[x]$表示 x 中的最大整数。如果 N 是奇数，则可以进一步假设

$$\phi_{0i} = 0 \qquad i = [N/2], N \text{ 是奇数} \tag{6.4-145}$$

图 6.4-13 中给出了对 $N=5$ 的一个可能配置示意图。如果 $N \geqslant 4$，该例子对地面上的观测站很可能是不现实的，但是可以通过一架飞机沿飞行轨迹上等间隔地采样方位数据来实现位置估计。把式(6.4-143)～式(6.4-145)代入式(6.4-131)可以得到 $v=0$，该结果隐含着 $\sigma_{12}=0$。因此可以概括出相对准确的位置参考，对称但不必线性分布的观测站将会得到不相关的位置坐标估计。对于一架飞机，可以把 σ_2^2 理解为横向距离(cross-range)估计误差的方差，而把 σ_1^2 理解为沿距离(down-range)方向估计误差的方差。

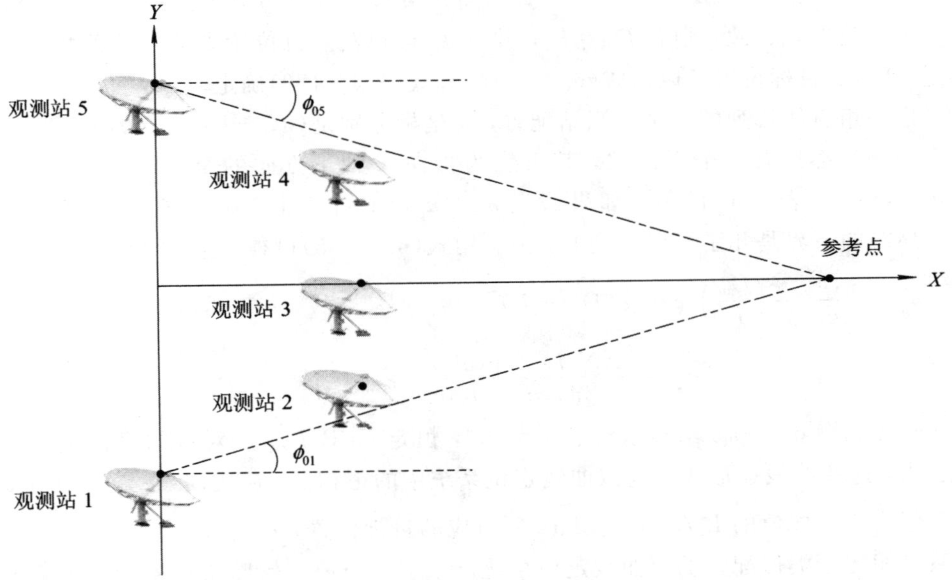

图 6.4-13　五个对称分布观测站的几何配置

如果 $N=2$，则利用式(6.4-126)～式(6.4-133)可得

$$\sigma_1^2 = \frac{D_{01}^2 \sigma_{\phi 1}^2}{2\sin^2\phi_{01}} \tag{6.4-146}$$

$$\sigma_2^2 = \frac{D_{01}^2 \sigma_{\phi 1}^2}{2\cos^2\phi_{01}} \tag{6.4-147}$$

$$\hat{x} = x_0 - \frac{D_{01}^2}{2\sin^2\phi_{01}}(\phi_{r1} - \phi_{r2}) \tag{6.4-148}$$

$$\hat{y} = y_0 + \frac{D_{01}^2}{2\cos^2\phi_{01}}(\phi_{r1} + \phi_{r2}) \tag{6.4-149}$$

如果参考点位于两个测量方位线的交点处，则 $\phi_{r1}=\phi_{r2}=0$。而且可以推导出$(\hat{x}, \hat{y}) = (x_0, y_0)$，该结果正如之前所期望的一样。从式(6.4-138)、式(6.4-139)、式(6.4-146)和式(6.4-147)，可得

$$\mathrm{GDOP} = \frac{\sqrt{2}}{\sin 2\phi_{01}} \tag{6.4-150}$$

当 $\phi_{01}=\pi/4$ 时，GDOP 的最小值等于$\sqrt{2}$。因为 $\sigma_{12}=0$，利用式(6.4-54)、式(6.4-55)和式(6.4-73)可得

$$\mathrm{CEP} = 0.563\max(\sigma_1, \sigma_2) + 0.614\max(\sigma_1, \sigma_2) \tag{6.4-151}$$

如果 $N=3$，$\hat{x}$ 的方差仍然不变，但是 $\hat{y}$ 的方差变为

$$\sigma_2^2 = \left(\frac{2\cos^2\phi_{01}}{D_{01}^2\sigma_{\phi 1}^2} + \frac{1}{D_{02}^2\sigma_{\phi 2}^2}\right)^{-1} \tag{6.4-152}$$

这说明附加的观测站只会改善发射机 y 坐标的估计结果，而且随着发射机距离的增加，ϕ_{01} 将下降，因此 σ_1^2/σ_2^2 将随之上升。

如果在式(6.4-118)中，$\boldsymbol{n}$ 服从高斯分布，那么式(6.4-54)、式(6.4-55)、式(6.4-73)和式(6.4-126)～式(6.4-131)将用方位角及其方差形式给出 CEP。假设参考点与发射机位置相一致，则有 $D_{0i}=D_i$，并且 ϕ_{0i} 与到发射机位置处的方位角相等，因而具有恒定 CEP 的目标位置可以由式(6.4-119)和式(6.4-120)确定。

考虑一组直线排列的 3 个观测站配置，其坐标分别是(0，$-L/2$)、(0，0)和(0，$L/2$)，每一个观测站都具有一个干涉仪，其天线为指向 x 轴正方向的全向天线。当 $D_{0i}=L$ 和 $\phi_{0i}=0$ 时，令 $\sigma_{\phi L}$ 表示 $\sigma_{\phi i}$ 的值，如果假设 $\sigma_{\phi L}$、n 和 α 对 3 个观测站都是相同的，并且式(6.4-142)的下界是几乎可以达到的，则利用式(6.4-95)可得

$$\sigma_{\phi i}^2 \approx \frac{\sigma_{\phi L}^2}{\cos^2\phi_{0i}}\left(\frac{D_{0i}}{L}\right)^n \exp[\alpha(D_{0i}-L)] \quad |\phi_i| < \frac{\pi}{2}, \quad i=1, 2, 3 \tag{6.4-153}$$

$$\sigma_{\phi L}^2 = \frac{c^2 N_0 L^n \exp(\alpha L)}{(2\pi f_0 d)^2 T K_E} \tag{6.4-154}$$

图 6.4-14 和图 6.4-15 给出了对于 $\alpha=0$ 时，恒定 $\mathrm{CEP}/L\sigma_{\phi L}$ 所对应的目标位置。从图中可以看出，这些曲线在形式上与双曲线定位系统中的很相似。从式(6.4-112)中可以得出，点线近似为恒定取值的 $L_e/3.552\sqrt{\kappa}L\sigma_{\phi L}$ 所对应的目标位置，在与阵列相等的距离上，测向定位系统相比于类似配置的双曲线定位系统产生了一个偏心的椭圆。这个特点可能在为特殊应用而选择近似定位系统时成为一个很重要的考虑因素。

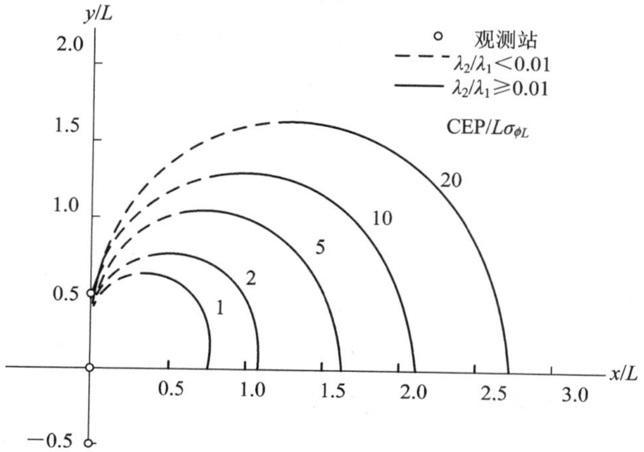

图 6.4-14　具有恒定 $\mathrm{CEP}/L\sigma_{\phi L}$ 值的目标位置示意图(其中 $n=2$，三个观测站组成直线阵列)

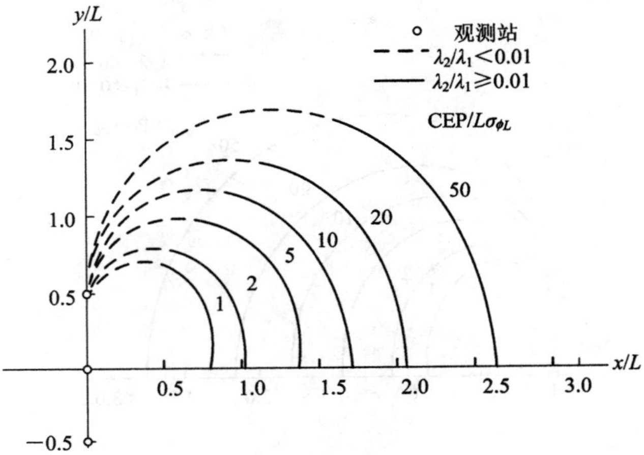

图 6.4-15 具有恒定 CEP/$L\sigma_{\phi L}$ 值的目标位置示意图(其中 $n=4$，三个观测站组成直线阵列)

在图 6.4-16 中，观测站构成了一个非直线阵列，其坐标分别为(0, $-L/2$)、($-L/2$, 0)和(0, $L/2$)，与图 6.4-9 对照可以看出，测向定位系统与双曲线定位系统相比，非直线配置的负面影响一般较小。

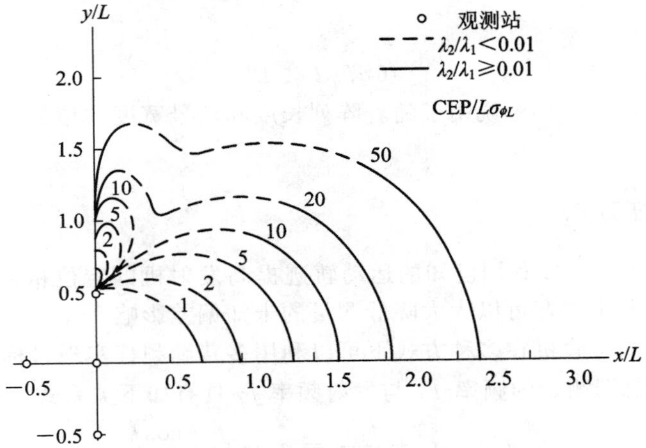

图 6.4-16 具有恒定 CEP/$L\sigma_{\phi L}$ 值的目标位置示意图(其中 $n=4$，三个观测站组成非直线阵列)

图 6.4-17 给出了五个基站直线排列时，恒定 CEP/$L\sigma_{\phi L}$ 值所对应的的目标位置，其坐标分别为(0, $-L/2$)、(0, $-L/4$)、(0, 0)、(0, $L/4$)和(0, $L/2$)。与图 6.4-15 对比，可以看出当保持固定基线长度是 L 时，增加两个观测站可以改善 CEP。总体上，CEP 大致与 $\sqrt{N}$ 成反比。

对于三个观测站的二维发射机定位，对比图 6.4-14～图 6.4-16 与图 6.4-7～图 6.4-9 可以看出，当 $\alpha=0$ 时，双曲线系统比测向定位系统具有更好的优越性，而且有

$$qc\sigma_{tL} < L\sigma_{\phi L} \tag{6.4-155}$$

这里 $q\approx5$。对于两种系统，利用(6.4-154)和(6.4-110)，并且假设具有相同的参数值，可得如下准则：

$$\sqrt{2}\pi qf_0 d < L\beta_r \tag{6.4-156}$$

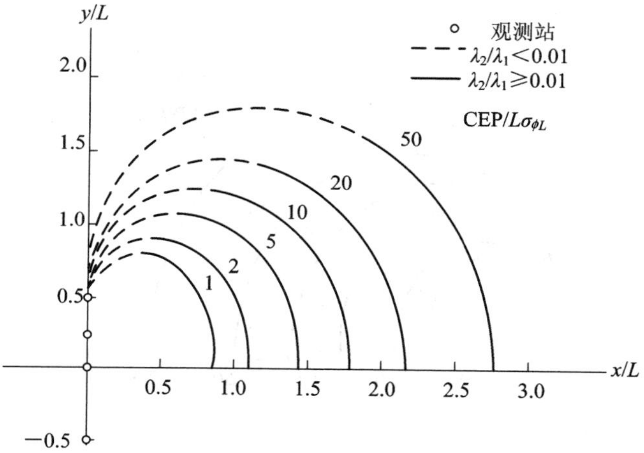

图 6.4-17　具有恒定 CEP/$L\sigma_{\phi L}$ 值的目标位置示意图(其中 $n=4$，五个观测站组成线性阵列)

因此，对于雷达信号将有式(6.4-93)。当且仅当

$$T_p(\pi q f_0 d)^2 < BL^2 \tag{6.4-157}$$

时，双曲线系统将具有潜在的优点。然而，对于通信信号将有式(6.4-94)，为了获得明显的优势，必须要求：

$$\sqrt{6}\, q f_0 d < BL \tag{6.4-158}$$

式(6.4-157)和式(6.4-158)说明了随着阵列长度和信号宽度的增加，双曲线系统的优势将随之增加。

6.4.6　其他定位方法

当接收机运动时，可以利用已知的运动轨迹提高发射机的定位精度。例如，利用飞机的三个方位测量和两个拐弯可以大大降低测量的未知偏差影响[52]。

具有相对运动的接收机在多种方式下可以利用多普勒频移实现目标定位。在没有噪声的条件下，在接收机端测量的频率 f_m 与发射频率 f_t 具有如下关系式：

$$f_m = f_t + \frac{f_t v_r}{c} = f_t + \frac{f_t v\ \cos\phi}{c} \tag{6.4-159}$$

其中，c 是信号的传播速度，v_r 是接收机面向发射机的运动速度分量，而 v 为接收机的运动速度，ϕ 是发射机相对于速度矢量的方位角，具体几何关系如图 6.4-18 所示。因此，如果 f_t、v、c 是已知的，而 f_m 可以测得时，方位角可以被估计出来，进而结合几个接收机的方位测量结果即可用来估计发射机的位置，即如前面所述的测向定位算法。另一种途径是，可能对 f_t 假设值的精度不敏感，而是测量多普勒频差(Doppler Difference)，即为

$$f_{m1} - f_{m2} = \left(\frac{f_t}{c}\right)(v_1\ \cos\phi_1 - v_2\ \cos\phi_2) \tag{6.4-160}$$

下标 1 和 2 分别表示接收机 1 和 2。差分多普勒(Differential Doppler)定义为 $f_{m1}-f_{m2}$ 在时间上的积分。如果 f_t 在整个积分时间上的变化不是很快，则差分多普勒为

$$\int_{t_1}^{t_2}(f_{m1} - f_{m2})\mathrm{d}t \approx \left(\frac{f_{ta}}{c}\right)[D_1(t_2) - D_1(t_1) - D_2(t_2) + D_2(t_1)]$$

(6.4-161)

式中：f_{ta} 是发射频率的平均值；$D_i(t_j)(i, j=1, 2)$ 是接收机 i 在时间 j 到达发射机的距离。式(6.4-160)和式(6.4-161)的右边表达式可以利用发射机的坐标表示。因此，在没有噪声的情况下，一个多普勒频差或差分多普勒测量就决定了一个面，而发射机就在该平面上。而目标的位置估计可以仿照前面的双曲线定位系统和测向定位系统进行推导和处理。由于需要对 f_t 和 f_{ta} 进行准确的估计，故多普勒定位系统广泛应用于窄带信号辐射源的定位中。

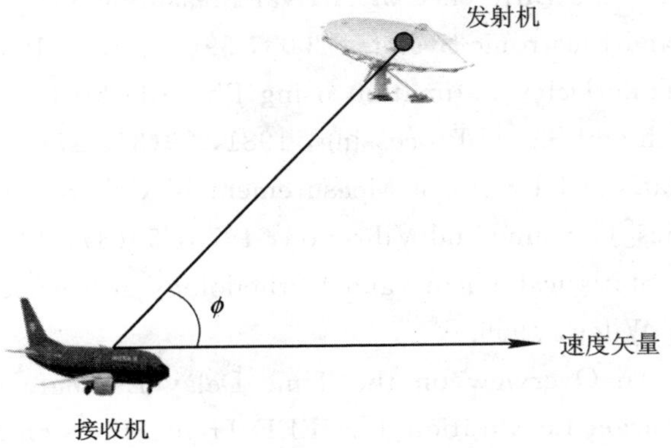

图 6.4-18　运动接收机的几何示意图

在相同或不同接收机处得到的多普勒、到达时间和方位角测量可以进行组合以形成混合定位系统(Hybrid Location System)。对于给定的定位精度，多种量测的组合可以降低接收机数量，同时可以改善目标的分辨率以及解决定位中的模糊问题。

为了适应对运动发射机的定位，可以通过缩短观察时间，使得辐射源在观察间隙近似为静止不动的，进而实现运动辐射源在运行轨迹上的点目标定位。但是，观察间隙的降低最终会导致不能接受的估计误差，因此，必须采取其他方法。如果运动轨迹可以通过低阶多项式用时间表示，而且有足够多的观测站和测量可以得到，那么可以通过扩充估计值 $\hat{x}$ 的维数来估计相关系数；如果目标运动的微分方程是已知的，则可以利用卡尔曼滤波器实现运动目标的跟踪。然而，对于具有卡尔曼滤波的无源定位系统，其实现的复杂性通常比用于静止辐射源的双曲线或测向定位系统大很多。

参考文献

[1] Richard A Poisel. Electronic Warfare Target Location Methods[M]. Artech House, 2005.

[2] Poisel R A. Introduction to Communication Electronic Systems[M]. Norwood, MA：Artech House，2002.

[3] Rusu P. The Equivalence of TOA and TDOA RF Transmitter Location, Applied research laboratories, the University of Texas at Austin.

[4] Shin D H, T K Sung. Comparison of Error Characteristics between TOA and TDOA

Positioning[J]. IEEE Transactions on Aerospace and Electronic System, 2002, 38 (1): 307-310.

[5] Bard J D, F M Ham, W L Jones. An Algebraic Solution to the Time Difference of Arrival Equations [C]// Proceedings of the IEEE SouthEastcom Conference, Tampa, 1996: 313-319.

[6] Mellen G, Pachter M, Raquet J. Closed-form Solution for Determining Emitter Location Using Time Difference of Arrival Measurements[J]. IEEE Transactions on Aerospace and Electronic System, 2003, 39(3): 1056-1058.

[7] Piersol A G. Time Delay Estimation using Phase Data[J]. IEEE Transactions on Acoustic, Speech and Signal Processing, 1981, 29(3): 471-477.

[8] Bendat J S. Statistical Errors in Measurement of Coherence Functions and Input/output Quantities[J] Sound and Vibration, 1978, 59(3): 405-421.

[9] Brownlee K A. Statistical Theory and Methodology in Science and Engineering, 2nd ed. New York: Wiley, 1965.

[10] Quazi A H. An Overview on the Time Delay Estimate in Active and Passive Systems for Target Localization[J]. IEEE Transactions on Acoustic, Speech, and Signal Processing, 1981, 29(3): 527-533.

[11] Stein S. Algorithms for Ambiguity Functions Processing[J]. IEEE Transactions on Acoustic, Speech, and Signal Processing, 1981, 29(3): 588-599.

[12] C H Knapp, G C Carter. The Generalized Correlation Method for Estimation of Time Delay[J]. IEEE Trans. Acoust. , Speech, Signal Processing, 1976, 24: 320-327.

[13] W R Hahn. Optimum Signal Processing for Passive Sonar Range and Bearing Estimation[J]. J. Acoust. Soc. Arner. , 1975, 58: 201-207.

[14] P M Schultheiss. Locating a Passive Source with Array Measurements-A Summary Result[C]// Proc. ICASSP'79, Washington, DC, 1979: 967-970.

[15] G Tomlinson, J Sorokowsky. Accuracy Prediction Report, Raploc Error Model [M]. IBM, Manassas, VA, 1977: B1-B7.

[16] V H MacDonald, P M Schultheiss. Optimum Passive Bearing Estimation in a Spatially Incoherent Noise Environment[J]. J. Acoust, Soc. Amer. , 1969, 46: 37-43.

[17] Gustafsson, F, F Gunnarsson. Positioning using Time-difference of Arrival Measurements[C]// Proceedings IEEE International Conference on Acoustics, Speech, and Signal Processing, ICASSP 03, Hong Kong, 2003, 6: 553-556.

[18] E Gustafsson, F Gunnarsson, N Bergman, et al. Particle Filters for Positioning, Navigation and Tracking[J]. IEEE Trasactions on Signal Processing, 2002, 50(2): 425-437.

[19] P J Nordlund, E Gunnarsson, E Gustafsson. Particle Filters for Positioning in Wireless Networks, in hired ro EUSIPCO, Toulouse, France, September 2002.

[20] N J Gordon, D J Salmond, A F M Smith. A Novel Approach to Nonlinearl/

non-Gaussian Bayesian State Estimation[C]// IEE Proceedings on Radar and Signal Processing, 1993, 140: 107-113.

[21] A Doucet, N de Freitas, N Gordon, et al. Sequential Monte Carlo Methods in Practice[M]. Springer Verlag, 2001.

[22] Arulampalam M S et al. A Tutorial on Particle Filters for Online Nonlinear/ono-Gaussian Baysian Tracking[J]. IEEE Transactions on Signal Processing, 2002, 50(2): 174-188.

[23] Bard J D, F M Ham. Time Difference of Arrive Dilution of Precision and Application[J]. IEEE Transactions on Signal Processing, 1999, 47(2): 521-523.

[24] Hofman Wellenhof B, H Lichtenegger, J Collins. GPS Theory and Practice[M]. NY: Springer-Verlag, 1994: 235-237, 249-253.

[25] Koorapaty H, H Grubeck, M Cedervall. Effect of Biased Measurement Errors on Accuracy of Position Location Methods[C]// IEEE GLOBECOM 98, 1998, 3: 1497-1502.

[26] D J Torrieri. Statistical Theory of Passive Location Systems[J]. IEEE Transactions on Aerospace and Electronic Systems, 1984, 20(2): 183-198.

[27] Chan Y T, K C Ho, TDOA-SDOA Estimation with Moving Source and Receivers [J]. IEEE Transactions ICASSP, 2003, 5: 153-156.

[28] L G Weiss. Wavelets and Wideband Correlation Processing[J]. IEEE Signal Processing Magazine, 1994, 11(1): 13 - 22.

[29] K Scarborough, R J Tremblay, G C Carter. Performance Predictions for Coherent and Incoherent Processing Techniques of Time Delay Estimation[J]. IEEE Trans. Signal Processing, 1983, 31: 1191 - 1196.

[30] E Weinstein, D Klatter. Delay and Doppler Estimation by Time-space' Partition of the Array Data[J]. IEEE Trans. Signal Pmcessing, 1983, 31: 1523-1535.

[31] C H Knapp, G C Carter. Estimation of Time Delay in the Presence of Source or Receiver Motion[J]. J. Acousr. Soc. Amer: , 1977, 61: 1545-1549.

[32] Levanon N. Interferometry against Differential Doppler: Performance Comparison of Two Emitter Location Airborne Systems[J]. IEEE Proceedings, 1989, 136(2): 70-74.

[33] Otnes R K. Frequency Difference of Arrive Accuracy, IEEE Transactions on Accoustic Speech, and Signal Processing, 1989, 37(2): 306-308.

[34] E J Williams, Regression Analysis. New York: Wiley, 1959.

[35] Ullman R J, E Geraniotis. Motion Detection using TDOA and FDOA Measurements, IEEE Transactions on Aerospace and Electronic Systems[J]. 2001, 37(2): 759-764.

[36] Weiss L. Wavelets and Wideband Correlation Processing[J]. IEEE Signal Processing Magazine, 1994, 11:13-32.

[37] Chestnut P C. Emitter Location Accuracy using TDOA and Differential Doppler

[J]. IEEE Transactions on Aerospace and Electronic Systems, 1982, 18: 214-218.

[38] Poor H V. An Introduction to Signal Detection and Estimation[M]. New York: Springer-Verlag, 1988.

[39] Rusu P I A TOA-FOA Solution for the Position and Velocity of RF Emitters[R]. Applied Research Laboratories Report #SGL-GR-99-15, The University of Texas at Austin.

[40] Ho K C, W Xu. An Accurate Algebraic Solution for Moving Source Location Using TDOA and FDOA Measurements, IEEE Transactions on Signal Processing, 2004, 52(9): 2453-2463.

[41] Smith J O, J S Abel. Closed-form Least-squares Source Location Estimation from Range-difference Measurements, IEEE Transactions on Acoustics, Speech, and Signal Processing, 1987, 35(2): 1661-1669.

[42] L Ljung, T Soderstrom. Theory and Practice of Recursive Identification[M]. Cambridge, MA: M. I. T. Press, 1984.

[43] J S Abel, J O Smith. The Spherical Interpolation Method for Closed-form Passive Source Localization using Range Difference Measurements[C]// Proc. IEEE Int. Conf. Acoust. Speech. Signal Processing, 1987.

[44] B Friedlander. A Passive Localization Algorithm and Its Accuracy Analysis[J]. IEEE J. Ocean. Eng., 1987, 12: 234-245.

[45] Schau H C, A Z Robinson. Passive Source Localization Employing Intersecting Spherical Surfaces from Time-of-arrival Difference[J]. IEEE Transactions on Acoustics, Speech, and Signal Processing, 1987, 35(8): 1223-1225.

[46] Schmidt R O. Least-squares Range Difference Location[J]. IEEE Transactions on Aerospace and Electronic Systems, 1996, 32(1): 234-242.

[47] Schmidt R O. A New Approach to Geometry of Range Difference Location[J]. IEEE Transactions on Aerospace and Electronic Systems, 1972, 8: 821-835.

[48] Butterly P J. Position Finding with Empirical Prior Knowledge[J]. IEEE Trans. Aerosp. Electron. Syst.. 1972, 8: 142.

[49] Whalen A D. Detection of Signals in Noise[M]. New York: Academic Press, 1971.

[50] Torrieri D J. Principles of Military Communication Svstems. Dedham, Mass.: Artech House, 1981.

[51] Ancker C J. Airborne Direction Finding—The Theory of Navigation Errors. IRE Trans. Aeronaut. Navig. Electron., ANE-5 (Dec. 1958).

[52] Mangel M. Three Bearing Method for Passive Triangulation in Systems with Unknown Deterministic Biases[J]. IEEE Trans. Aerosp. Electron. Syst., 1981, 17: 814.

第七章　单站无源定位与跟踪

7.1　飞越目标定位法

对辐射源的定位分为平面定位和空间定位。平面定位是指确定辐射源在某一特定平面上的位置，空间定位是指确定辐射源在某一空间中的位置。由于单站定位是通过单个位置的侦收来确定辐射源的位置，最简单的飞越目标定位法和方位/俯仰定位法还需要其他设备辅助(如导航定位设备、姿态控制设备等)，以便确定侦察站自身的位置和相对姿态[1]。

7.1.1　飞越目标定位法

飞越目标定位法主要用于空间或空中飞行器(如卫星、无人驾驶飞机等)上的辐射源侦察设备，利用垂直下视锐波束天线，对地面辐射源进行探测和定位。如图 7.1－1(a)所示，飞行器在运动过程中一旦发现辐射源信号，立即将该信号的测量参数、发现的起止时间与飞行器的导航数据、姿态数据等记录下来，供事后分析处理。对于地面上的固定辐射源，假设侦收到的 N 个脉冲记录整理成波束中心在地面的投影序列$\{A_i\}_{i=0}^{N-1}$，则每一个脉冲在地面上的定位模糊区是一个以 A_i 为中心、R_i 为半径的圆，模糊区面积 S_i 为

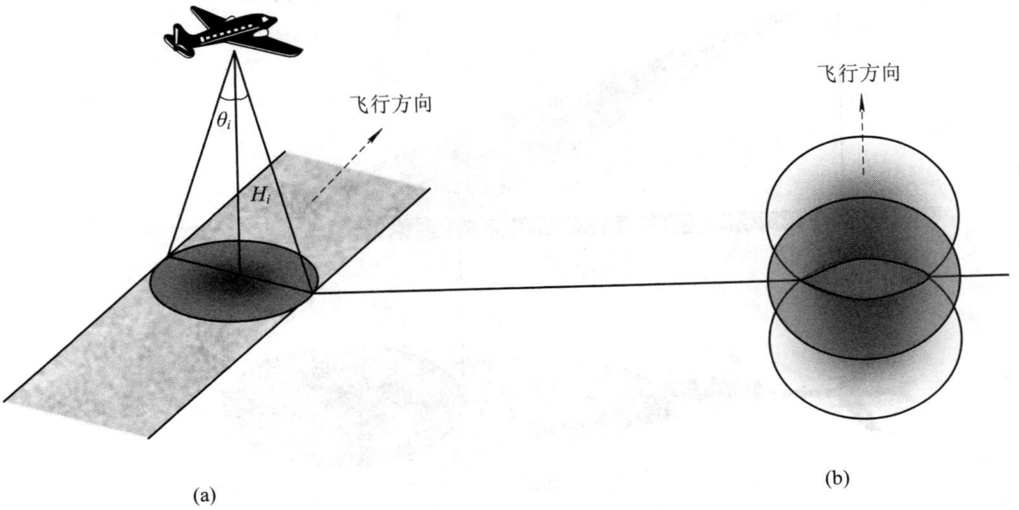

图 7.1－1　飞越目标定位法示意图

$$S_i = \pi R_i^2 = \pi\left(H_i \tan\frac{\theta_r}{2}\right)^2 \tag{7.1-1}$$

其中，H_i 为飞行器上侦收设备的高度，θ_r 为侦收波束宽度。N 个脉冲的定位模糊区则是此 N 个非同心圆的交叠区域，如图 7.1-1(b)所示。显然，收到同一辐射源的信号脉冲数越多，定位的模糊区就越小。

7.1.2 方位/俯仰定位法

方位/俯仰定位法是利用飞行器上的斜视锐波束对地面辐射源进行探测和定位。如图 7.1-2(a)所示。同飞越目标定位法一样，飞行器在运动过程中一旦发现辐射源信号，立即将该信号的测量参数、发现的起止时间与飞行器导航数据、姿态数据等记录下来，供侦察设备实时处理或作事后分析处理。对于地面上的固定辐射源，假设将侦收到的 N 个脉冲记录整理成波束中心在地面的投影序列 $\{A_i\}_{i=0}^{N-1}$，则每一个脉冲在地面上的定位模糊区是一个以 A_i 为中心、a_i 为短轴、b_i 为长轴的椭圆，它与飞行器高度 H_i、下视斜角 φ_i 以及两维波束宽度 θ_a、θ_e 的关系为

$$\left.\begin{aligned} a_i &= H_i \cos\varphi_i \tan\frac{\theta_a}{2} \\ b_i &= \frac{H_i}{2}\left[\cos\left(\varphi_i - \frac{\theta_e}{2}\right) - \cot\left(\varphi_i + \frac{\theta_e}{2}\right)\right] \end{aligned}\right\} \tag{7.1-2}$$

模糊区面积 S_i 为

$$S_i = \pi a_i b_i \tag{7.1-3}$$

显然，它受下视斜角 φ_i 的影响最大。当 φ_i 为 $\pi/2$ 时，方位/俯仰定位法与飞越目标定位法一致，且模糊区面积最小；当 φ_i 很小时，模糊区面积很大，甚至无法定位。N 个脉冲的定位模糊区是 N 个非同心椭圆的相交部分，多次测量也可以减小定位的模糊区。

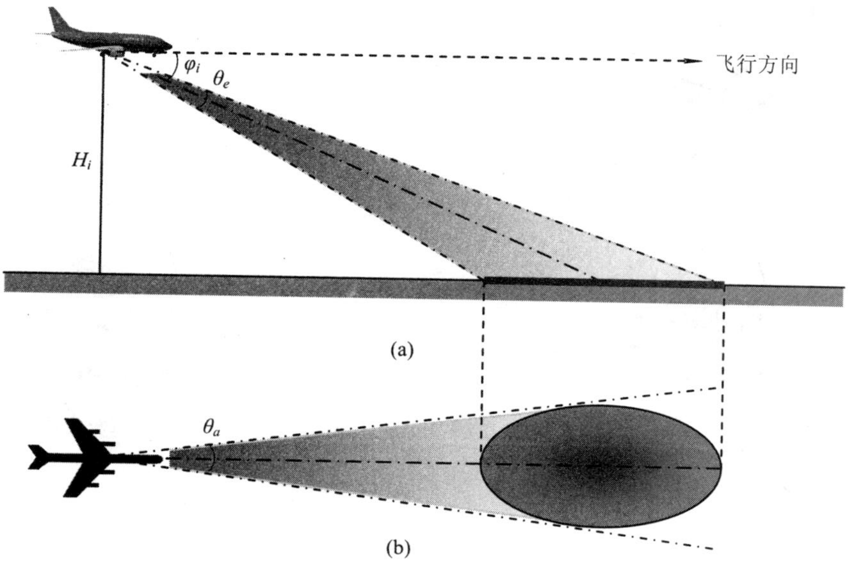

图 7.1-2　方位/俯仰定位法示意图

7.2　基于 DOA 和 TOA 测量的单站无源测距定位技术

有源雷达可以测量目标反射回波或目标辐射来波的方向角，也可以接收反射回波或辐射来波从而测出其到达时间，进而可以实现目标的位置确定。在文献[2]中探索了利用 DOA 和 TOA 来实现对空中辐射源目标的单站无源定位与跟踪技术。

7.2.1　实现单站无源定位的一种思路

7.2.1.1　位移增量估计法

以二维运动辐射源为例，如图 7.2－1 所示，若设定目标作匀速直线运动，速度为 v，以等重复周期 T_r 辐射脉冲信号，侦察接收观测站 S 可以测得来波方向方位角 $\theta_i(i=1, 2, \cdots)$ 以及 TOA，那么相邻两次测量($i=1, 2$)得出的观测量为

$$\left.\begin{aligned}\theta_1 &= \arctan\frac{x_1}{y_1} = \arctan\frac{x_0+v_xT_r}{y_0+v_yT_r} = f_{\theta_1}(x_0, y_0, v_x, v_y)\\ \theta_2 &= \arctan\frac{x_2}{y_2} = \arctan\frac{x_0+2v_xT_r}{y_0+2v_yT_r} = f_{\theta_2}(x_0, y_0, v_x, v_y)\end{aligned}\right\}\tag{7.2-1}$$

$$\left.\begin{aligned}\mathrm{TOA}_1 &= T_0+\frac{r_1}{c}+T_r\\ \mathrm{TOA}_2 &= T_0+\frac{r_2}{c}+2T_r\\ \Delta T_{2,1} &= \mathrm{TOA}_2-\mathrm{TOA}_1 = T_r+\frac{r_2-r_1}{c}\end{aligned}\right\}\tag{7.2-2}$$

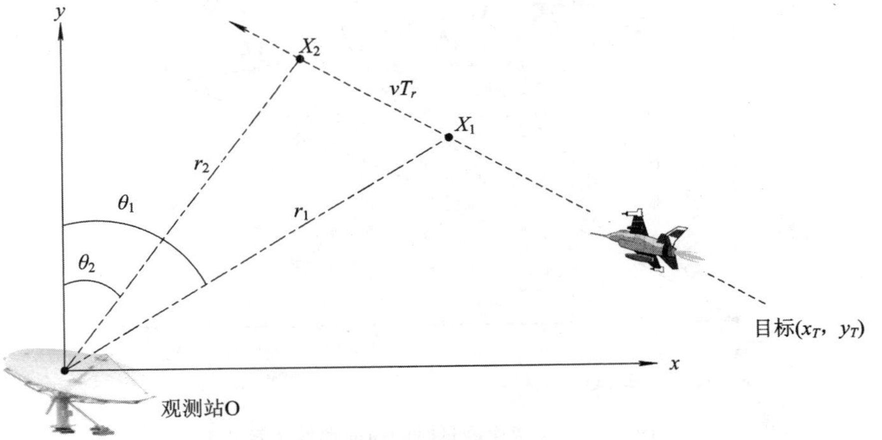

图 7.2－1　位移增量估计示意图

若测得时差 ΔT 并已知 T_r，则可得一新观察量为

$$
\begin{aligned}
c(\Delta T_{2,1}-T_r) &= \Delta r_{2,1} = r_2 - r_1 \\
&= \sqrt{x_2^2+y_2^2} - \sqrt{x_1^2+y_1^2} \\
&= \sqrt{(x_0+2v_xT_r)^2+(y_0+2v_yT_r)^2} - \sqrt{(x_0+v_xT_r)^2+(y_0+v_yT_r)^2} \\
&= f_{\Delta r}(x_0, y_0, v_x, v_y)
\end{aligned} \tag{7.2-3}
$$

利用测得的斜距差 $\Delta r_{2,1}$，一阶近似估计出位移增量 $\Delta\boldsymbol{X}_{2,1}=[x_2-x_1 \quad y_2-y_1]^{\mathrm{T}}$。这样可以根据下列两个条件，对目标做出定位，即

(1) 目标位于 θ_2 及 θ_1 两条方向线之间的平面内；

(2) 位移增量矢量 $\Delta\boldsymbol{X}_{2,1}$ 的起点位于 θ_1 方向线上，终点位于 θ_2 方向线上。

利用这种方法是可以对目标实现定位的，但是在这里位移增量是一阶近似估计出来的，精度不高，影响定位精度。

由各观测量 θ_i 及 Δr_{i+1} 可以看出，在目标假设为匀速直线运动的条件下，它们都是 x_0、y_0、v_x、v_y 的非线性函数。假如有足够多次测量，例如，三次测量 $\theta_i(i=1, 2, 3)$ 及 TOA 可以得出五个测量非线性方程

$$
\left.\begin{aligned}
\theta_i &= f_\theta(x_0, y_0, v_x, v_y) \qquad i=1, 2, 3 \\
\Delta r_{j,j-1} &= f_{\Delta r_j}(x_0, y_0, v_x, v_y) \qquad j=2, 3
\end{aligned}\right\} \tag{7.2-4}
$$

这样就有可能在不做位移增量近似的条件下解这个非线性方程组，求出 x_0、y_0、v_x、v_y，从而对目标做出定位。

7.2.1.2 逆向双曲线定位法

对于一个匀速直线运动的目标辐射源而言，观测站可以多次对它的辐射来波进行 DOA 和 TOA 的测量，如图 7.2-2 所示。

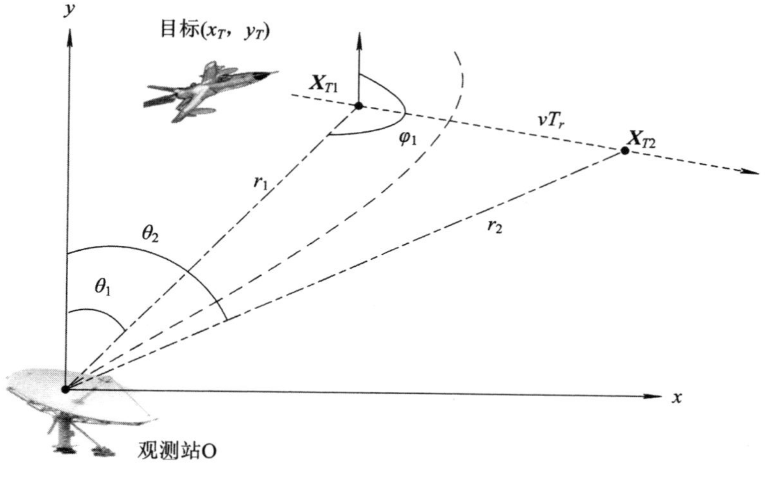

图 7.2-2　两次测量时的逆向曲线法示意图

在对目标进行两次 DOA 和 TOA 测量后，从观测站处可以获得两个方向角测量 θ_1、θ_2 及两次到达时间测量 TOA_1、TOA_2，从逆向角度看，运动速度为 $\boldsymbol{v}=[v_x \quad v_y]^{\mathrm{T}}$ 的目标位置在 $\boldsymbol{X}_{Ti}=[x_{Ti} \quad y_{Ti}]^{\mathrm{T}}$ 处收到观测站 O 处先后发出的来波，其 TOA_i 为

$$
\mathrm{TOA}_i = \tau_0 + \frac{r_i}{c} + iT_r \qquad i=1, 2 \tag{7.2-5}
$$

而其来波方向角为

$$\varphi_i = \theta_i + \pi \qquad i = 1, 2 \tag{7.2-6}$$

这里 $\boldsymbol{X}_{T1}$、$\boldsymbol{X}_{T2}$ 可以认为是双曲线定位系统中的两个焦点，其焦距为 vT_r，这条双曲线将穿过观测站 O，其距离差为

$$\Delta r = r_2 - r_1 = c(\mathrm{TOA}_2 - \mathrm{TOA}_1 - T_r) \tag{7.2-7}$$

式中，设 TOA_i 是测量获得的，T_r 是已知的。

图 7.2-3 示出了对匀速运动辐射源 $\boldsymbol{v}=[v_x \quad v_y]^{\mathrm{T}}$ 进行四次 DOA 及 TOA 测量，其测量间隔为重复周期 T_r。这时，$(\boldsymbol{X}_0, \boldsymbol{X}_{-1})$、$(\boldsymbol{X}_{-2}, \boldsymbol{X}_{-1})$、$(\boldsymbol{X}_{-3}, \boldsymbol{X}_{-2})$分别构成三条等焦距 vT_r 的双曲线，也可以由四个测量点任意组成三条双曲线(焦距不等)。所有这些双曲线都经过 O 的位置点。这样由目标获得 TOA 及 θ_i 可以对观测站 O 进行多条双曲线相交定位。而由于观测器多次测量目标的 DOA 及 TOA，也可以由此解出等速直线运动辐射源的位置及速度，故参考图 7.2-3 可以得出

$$\left.\begin{aligned}
\theta_{-3} &= \arctan\frac{x_0 - 3v_rT_r}{y_0 - 3v_rT_r} \\
\theta_{-2} &= \arctan\frac{x_0 - 2v_rT_r}{y_0 - 2v_rT_r} \\
\theta_{-1} &= \arctan\frac{x_0 - v_rT_r}{y_0 - v_rT_r} \\
\theta_0 &= \arctan\frac{x_0}{y_0}
\end{aligned}\right\} \tag{7.2-8}$$

$$\left.\begin{aligned}
\Delta r'_{-2} &= \sqrt{(x_0 - 2v_rT_r)^2 + (x_y - 2v_rT_r)^2} - \sqrt{(x_0 - 3v_rT_r)^2 + (x_y - 3v_rT_r)^2} + \Delta c_0 \\
\Delta r'_{-1} &= \sqrt{(x_0 - v_rT_r)^2 + (x_y - v_rT_r)^2} - \sqrt{(x_0 - 2v_rT_r)^2 + (x_y - 2v_rT_r)^2} + \Delta c_0 \\
\Delta r'_0 &= \sqrt{x_0^2 + y_0^2} - \sqrt{(x_0 - v_rT_r)^2 + (x_y - v_rT_r)^2} + \Delta c_0
\end{aligned}\right\} \tag{7.2-9}$$

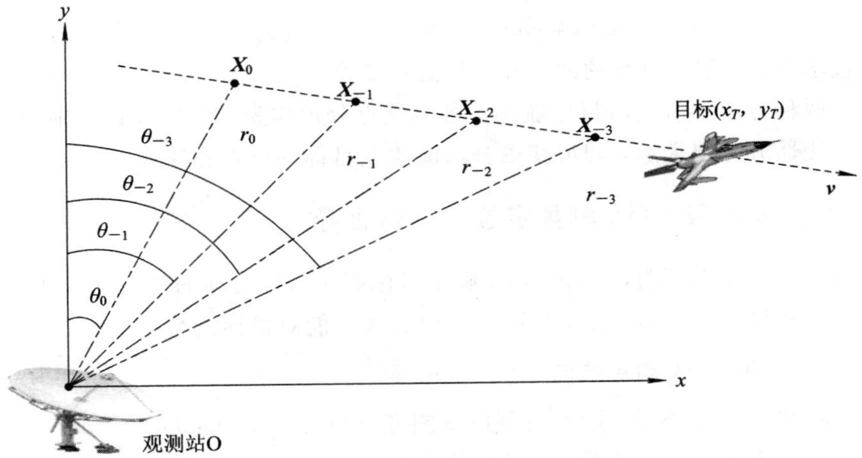

图 7.2-3　多次测量时的逆向曲线法

式中

$$\Delta r_0 = r_0 - r_1 = c[\mathrm{TOA}_0 - \mathrm{TOA}_{-1} - (\hat{T}_r + \Delta T_r)] \tag{7.2-10}$$

$$T_r = \hat{T}_r + \Delta T_r \tag{7.2-11}$$

其中，$\hat{T}_r$ 为重复周期估计值，ΔT_r 为估计偏差，而

$$\Delta c_0 \overset{\mathrm{def}}{=} c\Delta T_r \tag{7.2-12}$$

实际得到的距离差值为

$$\begin{aligned}\Delta r_0' &= c[\mathrm{TOA}_0 - \mathrm{TOA}_{-1} - \hat{T}_r] \\ &= c[\mathrm{TOA}_0 - \mathrm{TOA}_{-1} - (\hat{T}_r + \Delta T_r)] + c\Delta T_r \\ &= c\Delta r_0 + \Delta c_0\end{aligned} \tag{7.2-13}$$

对于这几个实际得到的距离差值 $\Delta r_i'$，已反映在上述方程组中。

方程组(7.2-8)和(7.2-9)中，x_0、y_0、v_x、v_y，Δc_0 为五个未知变量，解该方程组可得到一组位置及速度的初始值，即

$$\left.\begin{aligned}
x_0 &= \frac{(A - B\sin\theta_{-3})\sin\theta_0}{B + D - \sin\theta_{-2}\sin\theta_{-3}} \\
y_0 &= x_0\cot\theta_0 \\
v_x &= \frac{1}{2T_r}\left\{x_0 + \frac{(\Delta r_0' - \Delta r_{-1}')\sin\theta_0\sin\theta_{-1} - [x_0(\sin\theta_{-1} - \sin\theta_0)]\sin\theta_{-2}}{(\sin\theta_{-2} - \sin\theta_{-1})\sin\theta_0}\right\} \\
v_y &= \frac{1}{T_r}[y_0 - (x_0 - T_r v_x)\cot\theta_{-1}] \\
\Delta c_0 &= \frac{(\Delta r_{m,0}'\sin\theta_{-1} - T_r v_x)\sin\theta_0 + x_0(\sin\theta_0 - \sin\theta_{-1})}{\sin\theta_0\sin\theta_{-1}}
\end{aligned}\right\} \tag{7.2-14}$$

式中

$$\left.\begin{aligned}
A &= 3(\Delta r_0' - \Delta r_{-1}')(\sin\theta_{-3} - \sin\theta_{-1})\sin\theta_{-2} \\
A &= 2(2\Delta r_0' - \Delta r_{-1}' - \Delta r_{-2}')(\sin\theta_{-2} - \sin\theta_{-1}) \\
D &= \sin\theta_{-1}(4\sin\theta_{-3} - 3\sin\theta_{-2}) \\
E &= \sin\theta_0(4\sin\theta_{-2} - 3\sin\theta_{-3} - \sin\theta_{-1})
\end{aligned}\right\} \tag{7.2-15}$$

在这里通过求解，可解出重复周期未知的偏置量 ΔT_r。

用以上两种方法都可以将目标航迹上各测量点分批作为匀速直线运动航迹段，对每段航迹进行非线性方程组求解，即可获得分段航迹上目标的位置和速度。

7.2.2 利用 DOA 及 TOA 测量定位的数学推导

可以用数学推导来证明，利用 DOA 确定目标等速直线运动的航向，利用 TOA 确定目标的径向距离和目标运动的速度，将两者结合起来就能对目标进行定位。

7.2.2.1 利用 DOA 确定航向

假定观测站 O 固定不动，设 t_i 时刻的观测方位角为 $\theta_i(i=0, 1, 2)$，如图 7.2-4 所示。

目标匀速直线运动，在相同的时间间隔内依次通过 A、B、C、D 四个点，其中 $AB=BC=CD=d$。

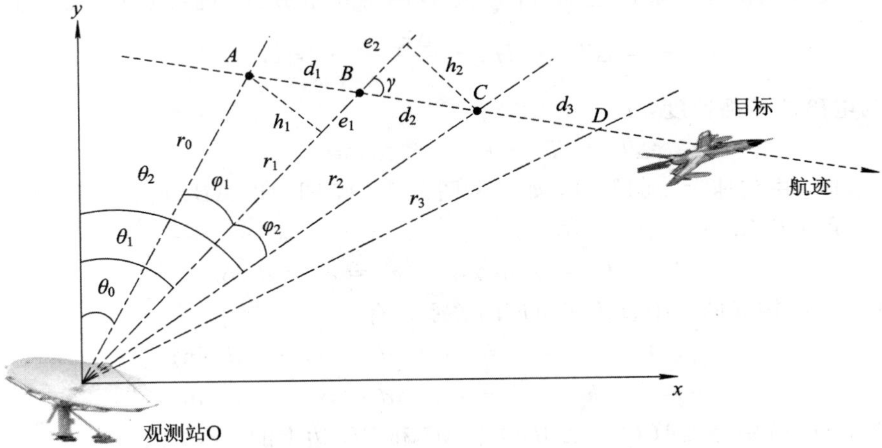

图 7.2-4　利用 DOA 对航迹的确定

令

$$\varphi_i \overset{\text{def}}{=} \Delta\theta_i = \theta_i - \theta_{i-1} \qquad i = 1, 2 \tag{7.2-16}$$

记

$$\Delta t_i \overset{\text{def}}{=} t_i - t_{i-1} \qquad i = 1, 2 \tag{7.2-17}$$

于是可得

$$\left.\begin{aligned} \tan\varphi_1 &= \frac{h_1}{r_1 - e_1} = \frac{v\Delta t_1 \sin\gamma}{r_1 - v\Delta t_1 \cos\gamma} \\ \tan\varphi_2 &= \frac{h_2}{r_1 + e_2} = \frac{v\Delta t_2 \sin\gamma}{r_1 + v\Delta t_2 \cos\gamma} \end{aligned}\right\} \tag{7.2-18}$$

由式(7.2-18)可解得

$$\tan\gamma = \frac{(\Delta t_1 + \Delta t_2)\tan\varphi_1 \tan\varphi_2}{\Delta t_2 \tan\varphi_1 - \Delta t_1 \tan\varphi_2} \tag{7.2-19}$$

若

$$\Delta t_2 \tan\varphi_1 - \Delta t_1 \tan\varphi_2 \neq 0 \tag{7.2-20}$$

则 γ 有解，即可以确定目标航向。航向角为

$$\phi = \theta_1 + \gamma \tag{7.2-21}$$

容易看出，当 $\Delta t_1 = \Delta t_2$ 时，式(7.2-20)等价于

$$\Delta\theta_1 \neq \Delta\theta_2 \tag{7.2-22}$$

也就是说对匀速直线运动目标，只要航迹不是径向，即 $\Delta\theta_i = 0$，则经过三次方位观察可以从式(7.2-18)和式(7.2-21)确定出航向角。

7.2.2.2　利用 TOA 无源测距

对于单站无源系统，定位的关键是测距。如果这个问题解决了，那么定位的全部解也就可以轻易获得。设对周期为 T_r 的全部脉冲列，每隔 M 个脉冲，测量的到达时间为 $T_i(i=0, 1, 2, 3, \cdots)$，$MT_r$ 时间内目标运动的距离为 d，则观测站 O 必定在航迹上以各段距离 d 为焦点的各个双曲线的交点上。并且容易知道，三次 TOA 观测的两组双曲线不能

唯一确定 d 及 O 的位置。当 T_r 已知时，四次 TOA 观测形成 ΔT 的数据服从如下关系，即

$$\tau_i \overset{\text{def}}{=} \Delta T_i - MT_r = \frac{\Delta\tau_i}{c} \qquad i=1,2,3 \tag{7.2-23}$$

式中，c 为电磁波传播速度，且

$$\Delta T_i = T_i - T_{i-1} \qquad \Delta r_i = r_i - r_{i-1} \tag{7.2-24}$$

进一步地，由匀速运动的假设，如参考图 7.2-4，图中以 AB、h_1、e_1 及 BC、h_2、e_2 三边构成的三角形中($d_1=d_2=d_3=d_4$)

$$h_1 = h_2 = d\sin\gamma, \qquad e_1 = e_2 = d\cos\gamma \tag{7.2-25}$$

而由 h_1、h_2 构成的两个直角三角形的关系式有

$$\left.\begin{aligned}(r_1-e_1)^2+h_1^2 = r_0^2 = (r_1-d\cos\gamma)^2+(d\sin\gamma)^2\\ (r_1+e_2)^2+h_2^2 = r_2^2 = (r_1+d\cos\gamma)^2+(d\sin\gamma)^2\end{aligned}\right\} \tag{7.2-26}$$

由于 r_1、r_2 分别是 ΔACO 和 ΔBDO 中 AC 和 BD 边上的中线，故可得

$$\left.\begin{aligned}2r_1^2 = r_0^2+r_2^2-2d^2\\ 2r_2^2 = r_1^2+r_3^2-2d^2\end{aligned}\right\} \tag{7.2-27}$$

由 $i=1$，2 时的式(7.2-23)可得

$$\left.\begin{aligned}r_0^2 = (r_1-c\tau_1)^2 = r_1^2+c^2\tau_1^2-2c\tau_1 r_1\\ r_2^2 = (r_1+c\tau_2)^2 = r_1^2+c^2\tau_2^2+2c\tau_2 r_1\end{aligned}\right\} \tag{7.2-28}$$

把式(7.2-28)代入式(7.2-27)，可得

$$2c(\tau_2-\tau_1)r_1 + c^2(\tau_1^2+\tau_2^2) - 2d^2 = 0 \tag{7.2-29}$$

同理，当 $i=2$，3 时，可得

$$2c(\tau_3-\tau_2)r_2 + c^2(\tau_3^2+\tau_2^2) - 2d^2 = 0 \tag{7.2-30}$$

式(7.2-23)关于 r_1、r_2 的关系式为

$$r_2 - r_1 - c = 0 \tag{7.2-31}$$

由式(7.2-29)～式(7.2-31)解出 r_1、r_2 和 d^2，并可得 r_3，表达式为

$$\left.\begin{aligned}r_1 &= c\,\frac{(\tau_3^2-\tau_1^2)+2\tau_2\Delta\tau_3}{2(\Delta\tau_2-\Delta\tau_3)}\\ r_2 &= c\,\frac{(\tau_3^2-\tau_1^2)+2\tau_2\Delta\tau_2}{2(\Delta\tau_2-\Delta\tau_3)}\\ r_3 &= c\,\frac{(2\tau_2^2-\tau_3^2-\tau_1^2)+2(2\tau_2\tau_3-\tau_2\tau_1-\tau_1\tau_3)}{2(\Delta\tau_2-\Delta\tau_3)}\\ d^2 &= c^2\,\frac{\Delta\tau_2(\tau_3^2+\tau_2^2)-\Delta\tau_3(\tau_1^2+\tau_2^2)+2\tau_2\Delta\tau_2\Delta\tau_3}{2(\Delta\tau_2-\Delta\tau_3)}\end{aligned}\right\} \tag{7.2-32}$$

式中 $\Delta\tau_i \overset{\text{def}}{=} \tau_i - \tau_{i-1}$。

至此，从三个 $\Delta\tau$ 数据解算出距离 r 和速度 d 的大小。

从这里可以看出，在定位解算中不仅使用了相继 TOA 观测量的一次差值 τ_i，还使用了 TOA 观测量的二次差值 $\Delta\tau_i$。

7.2.2.3 综合利用 DOA 和 TOA 测量获得定位解

当把 DOA 和 TOA 数据综合起来运用时，基于必须的最少观测数据，仍然可以获得距离的闭式解。仍然采用图 7.2-4 中的记号，由 $h_1=h_2$，$e_1=e_2$，可得

$$\left.\begin{aligned} r_0\sin\varphi_1 &= r_2\sin\varphi_2 \\ r_0\cos\varphi_1 + r_2\cos\varphi_2 &= 2r_1 \end{aligned}\right\} \tag{7.2-33}$$

若 T_r 已知，则由式(7.2-33)消去 r_0，并代入测量方程

$$\Delta T_2 = \frac{r_2 - r_1}{c} + MT_r \tag{7.2-34}$$

可得

$$r_1 = \frac{\sin(\varphi_1 + \varphi_2)}{2\sin\varphi_1 - \sin(\varphi_1 + \varphi_2)} c(\Delta T_2 - MT_r) \tag{7.2-35}$$

也就是用三次 DOA 和 TOA 就能解算出距离。

7.2.3　定位跟踪算法

在利用以上无源定位方法对运动目标进行定位跟踪时，测量获得的 DOA 及 TOA 数据都含有测量误差。在对目标进行定位过程中，利用多次含有噪声的观测数据对目标状态跟踪，其实质是最优滤波问题。对于利用 DOA 和 TOA 测量的运动辐射源定位与跟踪，可以采用多种跟踪滤波算法。对于不同算法的讨论和比较将有助于对算法适应性的认识，并为深入研究单站无源定位跟踪一类的问题打下基础，提供经验。

7.2.3.1　最小二乘估计与卡尔曼滤波跟踪(WLS+KF)

1. WLS+KF(I)——速度、位置级联滤波方法

在二维直角坐标系中，由于 k 时刻的径向距离增量 Δr_k 可分解成 x、y 方向的距离增量 Δx、Δy，因此参照时差测量方程

$$T_k - T_{k-1} - MT_r = \frac{r_k - r_{k-1}}{c} \tag{7.2-36}$$

可写出

$$c(\Delta T_k - MT_r) = \Delta x\sin\theta_{k-1} - \Delta y\cos\theta_{k-1} \tag{7.2-37}$$

式中：$\Delta T_k = T_k - T_{k-1}$。

式(7.2-37)将测量方程关于 Δx、Δy 线性化了。从这个方程解出目标的距离增量，等效为目标的速度，就可实现定位。若在式(7.2-37)中代入含有噪声的测量数据，则称为关于 Δx、Δy 的伪线性测量方程。把方位测量噪声 $\delta\theta_k$ 和时间差 ΔT_k 的测量噪声 $\delta\Delta r_k$ 部分归并成一等效噪声项 e_k，并考虑当仅粗略知道 T_r 时，只能用它的预计值或测量值 T_{rm} 代入。定义 T_r 偏差 ΔT_r 相应的距离差

$$\Delta C = cM(T_r - T_{rm}) = cM\Delta T_r \tag{7.2-38}$$

则式(7.2-37)成为 Δx、Δy 和 ΔC 的线性方程

$$z_k = (\Delta x\sin\theta_{m,k-1} - \Delta y\cos\theta_{m,k-1} + \Delta C) + e_k \tag{7.2-39}$$

其中

$$z_k = c(\Delta T_{m,k} - MT_{r,m}) \tag{7.2-40}$$

$$e_k = (\Delta x\sin\theta_{m,k-1} - \Delta y\cos\theta_{m,k-1})\delta\theta_{k-1} + c\delta\Delta r_k \tag{7.2-41}$$

式(7.2-39)中，符号下标 m 表示含有噪声的测量值，即 $\Delta T_{m,k}$ 是对时差 ΔT_k 的测量值，$\theta_{m,k}$ 是对 θ_k 的测量值。把式(7.2-39)写成矩阵形式

$$z_k = \boldsymbol{h}_k\Delta\boldsymbol{X} + e_k \tag{7.2-42}$$

式中

$$\boldsymbol{h}_k = [\sin\theta_{m,k-1} \quad \cos\theta_{m,k-1} \quad 1] \tag{7.2-43}$$

$$\Delta\boldsymbol{X} = [\Delta x \quad yx \quad \Delta C]^{\mathrm{T}} \tag{7.2-44}$$

若记等效噪声 e_k 的协方差为

$$W_k = E\{e_k^2\} \tag{7.2-45}$$

则关于 $\Delta\boldsymbol{X}$ 的加权最小二乘递推估计为

$$\left.\begin{aligned} \Delta\hat{\boldsymbol{X}}_{k+1} &= \Delta\hat{\boldsymbol{X}}_k + \boldsymbol{K}_{k+1}(z_{k+1} - \boldsymbol{h}_{k+1}\Delta\hat{\boldsymbol{X}}_k) \\ \boldsymbol{K}_{k+1} &= \boldsymbol{P}_k\boldsymbol{h}_{k+1}^{\mathrm{T}}(\boldsymbol{h}_{k+1}\boldsymbol{P}_{k+1}\boldsymbol{h}_{k+1}^{\mathrm{T}} + W_{k+1})^{-1} \\ \boldsymbol{P}_{k+1} &= (\boldsymbol{I} - \boldsymbol{K}_{k+1}\boldsymbol{h}_{k+1})\boldsymbol{P}_k \end{aligned}\right\} \tag{7.2-46}$$

把递推估计得到的 $\Delta\hat{x}$、$\Delta\hat{y}$ 转换为目标的位置坐标时，考虑到

$$\left.\begin{aligned} x_{k+1} &= x_k + \Delta x_{k+1} \\ y_{k+1} &= y_k + \Delta y_{k+1} \end{aligned}\right\} \tag{7.2-47}$$

$$\left.\begin{aligned} \tan\theta_k &= \frac{x_k}{y_k} \\ \tan\theta_{k+1} &= \frac{x_{k+1}}{y_{k+1}} \end{aligned}\right\} \tag{7.2-48}$$

计算整理后可得转换公式为

$$\left.\begin{aligned} x_{k+1} &= \frac{\Delta\hat{y}_{k+1} - \Delta\hat{x}_{k+1}\cot\theta_k}{\cot\theta_{k+1} - \cot\theta_k} \\ y_{k+1} &= \frac{\Delta\hat{x}_{k+1} - \Delta\hat{y}_{k+1}\tan\theta_k}{\tan\theta_{k+1} - \tan\theta_k} \end{aligned}\right\} \tag{7.2-49}$$

利用式(7.2-49)，在式(7.2-46)对 Δx、Δy 的 WLS 估计的基础上实现了定位。为了进一步平滑估计结果，可以用一线性滤波器(如卡尔曼滤波器)对状态矢量 $[x_k, y_k]^{\mathrm{T}}$ 滤波，取其观测矢量与状态矢量相同，观测协方差用 WLS 的估计协方差代替。

图 7.2-5 说明了该方法的处理过程。

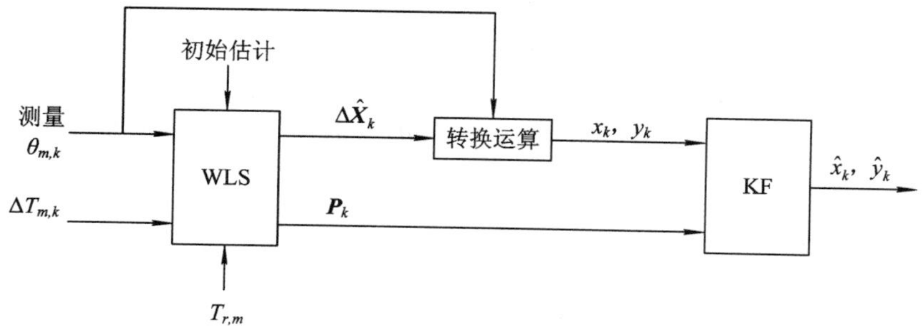

图 7.2-5　速度、位置级联滤波算法框图

2. WLS+KF(II)——非线性最小二乘算法

上面算法在 WLS 处理中，利用线性化模型只估计了目标的速度成分。这里通过对多次观测的一组非线性方程求得位置、速度及 T_r 偏差的 WLS 估计，再由线性卡尔曼滤波器对它们进行平滑。对于五维估计状态矢量 $\boldsymbol{X}_k = [x_k, y_k, v_x, v_y, \Delta C]^{\mathrm{T}}$，只要观测量的数目大于 5，就能够在可观测条件下取得 WLS 解。算法的测量方法是一次取四个观测点

$(k, k-L, k-I, k-J)$，得到四个相应的方位测量和三个时间差测量，即

$$\left.\begin{aligned}\theta_{m,k-(L+I+J)} &= \arctan\frac{x_k-(L+I+J)T_rv_x}{y_k-(L+I+J)T_rv_y}+\delta\theta_{m,k-(L+I+J)}\\ \theta_{m,k-(L+I)} &= \arctan\frac{x_k-(L+I)T_rv_x}{y_k-(L+I)T_rv_y}+\delta\theta_{m,k-(L+I)}\\ \theta_{m,k-L} &= \arctan\frac{x_k-LT_rv_x}{y_k-LT_rv_y}+\delta\theta_{m,k-L}\\ \theta_{m,k} &= \arctan\frac{x_k}{y_k}+\delta\theta_{m,k}\end{aligned}\right\}\tag{7.2-50}$$

$$\left.\begin{aligned}\Delta r_{m,k-(L+I)} = {} & \sqrt{[x_k-(L+I)T_rv_x]^2+[y_k-(L+I)T_rv_y]^2}\\ & -\sqrt{[x_k-(L+I+J)T_rv_x]^2+[y_k-(L+I+J)T_rv_y]^2}\\ & +J\Delta C-c\delta\Delta T_{k-(L+I)}\\ \Delta r_{m,k-L} = {} & \sqrt{[x_k-LT_rv_x]^2+[y_k-LT_rv_y]^2}\\ & -\sqrt{[x_k-(L+I)T_rv_x]^2+[y_k-(L+I)T_rv_y]^2}\\ & +I\Delta C-c\delta\Delta T_{k-L}\\ \Delta r_{m,k} = {} & \sqrt{x^2+y^2}-\sqrt{[x_k-LT_rv_x]^2+[y_k-LT_rv_y]^2}+L\Delta C-c\delta\Delta T_k\end{aligned}\right\}\tag{7.2-51}$$

式中

$$\Delta C=-cN\Delta T_r\tag{7.2-52}$$

$$\left.\begin{aligned}\Delta r_{m,k-(L+I)} &= c\Big(\sum_{j=0}^{J-1}\Delta T_{m,k-(L+I)-j}-JNT_{rm}\Big)\\ \Delta r_{m,k-L} &= c\Big(\sum_{j=0}^{I-1}\Delta T_{m,k-L-j}-INT_{rm}\Big)\\ \Delta r_{m,k} &= c\Big(\sum_{j=0}^{L-1}\Delta T_{m,k-j}-LNT_{rm}\Big)\end{aligned}\right\}\tag{7.2-53}$$

$$\left.\begin{aligned}\delta\Delta T_{k-(L+I)} &= \sum_{j=0}^{L-1}\delta\Delta T_{k-(L+I)-j}\\ \delta\Delta T_{k-L} &= \sum_{j=0}^{I-1}\delta\Delta T_{k-L-j}\\ \delta\Delta T_k &= \sum_{j=0}^{I-1}\delta\Delta T_{k-j}\end{aligned}\right\}\tag{7.2-54}$$

将式(7.2-51)写成矢量形式

$$\boldsymbol{Z}_k=f(\boldsymbol{Y}_k)+\boldsymbol{n}_k\tag{7.2-55}$$

式中

$$\boldsymbol{Z}_k=[\theta_{m,k-(L+I+J)}\quad \theta_{m,k-(L+I)}\quad \theta_{m,k-L}\quad \theta_{m,k}\quad \Delta r_{m,k-(L+I)}\quad \Delta r_{m,k-L}\quad \Delta r_{m,k}]^{\mathrm{T}}\tag{7.2-56}$$

$$\boldsymbol{Y}_k=[\Delta x_k\quad \Delta y_k\quad v_x\quad v_y\quad \Delta C]^{\mathrm{T}}=[\boldsymbol{X}_k^{\mathrm{T}}\quad \Delta C]^{\mathrm{T}}\tag{7.2-57}$$

式(7.2-55)是一个非线性的测量方程，用非线性最小二乘的高斯-牛顿(Gauss-Newton)法可得目标位置和速度的递推估计，即

$$\hat{\boldsymbol{Y}}_k=\hat{\boldsymbol{Y}}_{k/k-1}+(\boldsymbol{H}_k^{\mathrm{T}}\boldsymbol{W}^{-1}\boldsymbol{H}_k)^{-1}\boldsymbol{H}_k^{\mathrm{T}}\boldsymbol{W}^{-1}[\boldsymbol{Z}_k-f(\hat{\boldsymbol{Y}}_{k/k-1})]\tag{7.2-58}$$

估计误差方差阵为

$$\boldsymbol{P}_{L,k} = (\boldsymbol{H}_k^{\mathrm{T}} \boldsymbol{W}^{-1} \boldsymbol{H}_k)^{-1} \tag{7.2-59}$$

式中，$\hat{\boldsymbol{Y}}_{k/k-1}$为第 k 点的预测值，$\boldsymbol{W}$ 为测量误差方差阵，可表示为

$$\boldsymbol{W} = \mathrm{diag}[\sigma_\theta^2, \quad \sigma_\theta^2, \quad \sigma_\theta^2, \quad \sigma_\theta^2 \quad J\sigma T, \quad I\sigma T, \quad L\sigma T] \tag{7.2-60}$$

$\boldsymbol{H}_k$ 为雅克比矩阵，可表示为

$$\boldsymbol{H}_k = \left.\frac{\partial f}{\partial \boldsymbol{Y}}\right|_{\hat{\boldsymbol{Y}}_k = \hat{\boldsymbol{Y}}_{k/k-1}} \tag{7.2-61}$$

它是一个 7×5 的矩阵，各元素 h_{ij} 由式(7.2-61)可以求得

$$h_{11} = \frac{y_k - (L+I+J)T_r v_y}{r_k^2 - (L+I+J)}$$

$$h_{12} = -\frac{x_k - (L+I+J)T_r v_x}{r_k^2 - (L+I+J)}$$

$$h_{13} = -h_{11}(L+I+J)$$

$$h_{14} = -h_{12}(L+I+J)$$

$$h_{15} = 0$$

$$h_{21} = -\frac{y_k - (L+I)T_r v_y}{r_{k-(L+I)}^2}$$

$$h_{22} = -\frac{x_k - (L+I)T_r v_x}{r_{k-(L+I)}^2}$$

$$h_{23} = -h_{21}(L+I)$$

$$h_{24} = -h_{22}(L+I)$$

$$h_{25} = 0$$

$$h_{31} = -\frac{y_k - LT_r v_y}{r_{k-L}^2}$$

$$h_{32} = -\frac{x_k - LT_r v_x}{r_{k-L}^2}$$

$$h_{33} = -h_{31}LT_r$$

$$h_{34} = -h_{32}LT_r$$

$$h_{35} = 0$$

$$h_{41} = -\frac{y_k}{r_k^2}$$

$$h_{42} = -\frac{x_k}{r_k^2}$$

$$h_{43} = h_{44} = h_{45} = 0$$

$$h_{51} = -\frac{x_k - (L+I)T_r v_x}{r_{k-(L+I)}} - \frac{x_k - (L+I+J)T_r v_x}{r_{k-(L+I+J)}}$$

$$h_{52} = -\frac{y_k - (L+I)T_r v_y}{r_{k-(L+I)}} - \frac{y_k - (L+I+J)T_r v_y}{r_{k-(L+I+J)}}$$

$$h_{53} = -\frac{(L+I+J)[x_k - (L+I+J)T_r v_x]}{r_{k-(L+I+J)}} - \frac{(L+I)[x_k - (L+I)T_r v_x]}{r_{k-(L+I)}}$$

$$h_{54} = -\frac{(L+I+J)[y_k - (L+I+J)T_r v_y]}{r_{k-(L+I+J)}} - \frac{(L+I)[x_y - (L+I)T_r v_y]}{r_{k-(L+I)}}$$

$$h_{55}=J$$

$$h_{61}=\frac{x_k-LT_rv_x}{r_{k-L}}-\frac{x_k-(L+I)T_rv_x}{r_{k-(L+I)}}$$

$$h_{62}=\frac{y_k-LT_rv_y}{r_{k-L}}-\frac{y_k-(L+I)T_rv_y}{r_{k-(L+I)}}$$

$$h_{63}=-\frac{(L+I)[x_k-(L+I)T_rv_x]}{r_{k-(L+I)}}-\frac{L[x_k-LT_rv_x]}{r_{k-L}}$$

$$h_{64}=-\frac{(L+I)[y_k-(L+I)T_rv_y]}{r_{k-(L+I)}}-\frac{L[y_k-LT_rv_y]}{r_{k-L}}$$

$$h_{65}=I$$

$$h_{71}=\frac{x_k}{r_k}-\frac{x_k-LT_rv_x}{r_{k-L}}$$

$$h_{72}=\frac{y_k}{r_k}-\frac{y_k-LT_rv_x}{r_{k-L}}$$

$$h_{73}=\frac{L(x_k-LT_rv_x)}{r_{k-L}}$$

$$h_{74}=\frac{L(y_k-LT_rv_y)}{r_{k-L}}$$

$$h_{75}=L$$

式中，$r_i=\sqrt{x_i^2+y_i^2}$为目标距离观测站的斜距。

对 Gause-Newton 算法得到的估计 $\hat{\boldsymbol{Y}}_k=[x_k\quad y_k\quad v_x\quad v_y\quad \Delta C]$取前四个变量($x_k$，$y_k$，$v_x$，$v_y$)，把其作为卡尔曼滤波的测量值作进一步滤波。

卡尔曼滤波器的预测估计 $\hat{\boldsymbol{X}}_{k/k-1}$反馈回来作为 $k+1$ 时刻的最小二乘非线性测量方程线性化的起始展开点。算法启动的初始点可通过式(7.2-14)的闭式解或其他先验预测方法获得。这种算法的执行过程如图 7.2-6 所示。

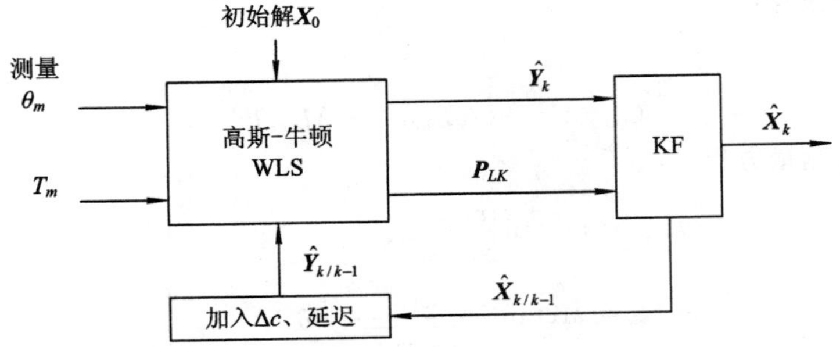

图 7.2-6　非线性最小二乘算法框图

7.2.3.2　EKF 型的直接递推估计算法

WLS+KF 算法把估计和滤波分割成两步，通常可能引入更多的近似计算和数值计算误差。如果这种分割没有带来非线性误差和系统矩阵条件数的改善，那么它的滤波精度将受到影响。

设在直角坐标系中匀速运动的辐射源 E 和观测站 O 的几何位置如图 7.2-7 所示。

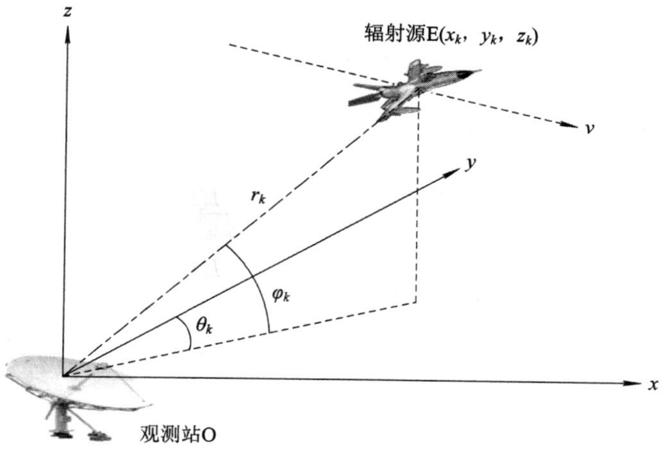

图 7.2-7 利用 DOA 对航迹的确定

假设发射周期 T_r 恒定的脉冲串。假定观测站每隔 M_k 个脉冲测量一次辐射源的方位角和俯仰角 θ_k、φ_k 以及脉冲到达时间 T_k，则第 k 次观测与第 $k-j$ 次观测的 TOA 差为

$$\Delta T_{k,j} \stackrel{\text{def}}{=} T_k - T_{k-j} = \frac{r_k - r_{k-j}}{c} + M_{k,j}T_r \tag{7.2-62}$$

式中，c 为电磁波的传播速度，而

$$M_{k,j} = \sum_{i=k-j+1}^{k} M_i \tag{7.2-63}$$

由于 T_r 是未知量，它的实际测量值 T_{rm} 是有偏的，记 $\Delta c \stackrel{\text{def}}{=} c(T_r - T_{rm})$，则可把相应的距离 Δc 作为被估计量来修正 T_{rm}。设 k 时刻方位角、俯仰角的实际测量值分别为 $\theta_{m,k}$、$\varphi_{m,k}$，它们是相互独立的白噪声。时差测量值为

$$\Delta T_{m,k,j} = \Delta T_{k,j} + \delta_{t,k,j} \tag{7.2-64}$$

式中，$\delta_{i,k,j}$ 为测量噪声。

若记

$$C_{m,k,j} \stackrel{\text{def}}{=} c(\Delta T_{m,k,j} - M_{k,j}T_{rm}) \tag{7.2-65}$$

则可构成非线性测量方程

$$\left.\begin{aligned} \theta_{m,k} &= \arctan\frac{x_k}{y_k} + \delta\theta_k \\ \varphi_{m,k} &= \arctan\frac{z_k}{\sqrt{x_k^2+y_k^2}} + \delta_{\varphi,k} \\ C_{m,k,j} &= r_k - r_{k-j} + M_{k,j}\Delta c + c\delta_{t,k,j} \end{aligned}\right\} \tag{7.2-66}$$

$$\left.\begin{aligned} x_{k-j} &= x_k - M_{k,j}d_x \\ y_{k-j} &= y_k - M_{k,j}d_y \\ z_{k-j} &= z_k - M_{k,j}d_z \\ r_{k-j} &= \sqrt{x_{k-j}^2 + y_{k-j}^2 + z_{k-j}^2} \end{aligned}\right\} \tag{7.2-67}$$

其中，d_x、d_y、d_z 分别为目标在 T_r 时间内在 x、y、z 方向上的位移。

于是式(7.2-66)是七维状态矢量 $\boldsymbol{X}_k = [x_k, y_k, z_k, d_x, d_y, d_z, \Delta c]^{\mathrm{T}}$ 的非线性方程，

写成矩阵形式

$$Z_k = h_k(X_k) + n_k \tag{7.2-68}$$

状态方程是线性的，记为

$$X_{k+1} = \Phi_{k+1,k} X_k + w_k \tag{7.2-69}$$

式中，w_k 为过程噪声，与测量噪声 n_k 独立。

$$\Phi_{k+1,k} = \begin{bmatrix} I_3 & M_{k+1} I_3 & 0 \\ 0 & I_3 & 0 \\ 0 & 0 & 1 \end{bmatrix} \tag{7.2-70}$$

其中 I_3 为 3×3 单位矩阵。

基于非线性测量方程(7.2-68)和线性动力学方程(7.2-69)，可以构造扩展卡尔曼滤波器(EKF)以及某些改进的直接递归算法。

若设

$$H_k = \left.\frac{\partial h_k(X_k)}{\partial X_k}\right|_{X_k=\hat{X}_{k/k-1}} \tag{7.2-71}$$

则一组 EKF 递推公式为

$$\left.\begin{aligned} \hat{X}_{k/k-1} &= \Phi_{k+1,k}\hat{X}_{k-1/k-1} \\ P_{k/k-1} &= \Phi_{k,k-1}P_{k-1/k-1}\Phi_{k,k-1}^{T} + Q_k \\ P_{k/k} &= [P_{k/k-1}^{-1} + H_k^{T}R_k^{-1}H_k]^{-1} \\ K_k &= P_{k/k}H_k^{T}R_k^{-1} \\ \hat{X}_{k/k} &= \hat{X}_{k/k-1} + K_k[Z_k - h_k(\hat{X}_{k/k-1})] \end{aligned}\right\} \tag{7.2-72}$$

式中，R_k 为测量噪声的协方差，Q_k 为系统噪声的协方差。

7.3 基于相位差变化率的单站无源定位

单站无源定位技术不仅是目标跟踪领域的研究热点，而且在现代电子战中也有着极其重要的意义。其中，仅利用测角信息的单站无源定位技术是比较经典的技术，而且所需的观测器种类少，符合一般应用情况。文献[3]提出了一种利用相位变化率信息进行快速定位的单站定位技术。基于相位差变化率的无源定位技术是利用干涉仪测量目标辐射源到达信号的相位差变化率，得到方位角的变化率，然后根据这个变化率计算出定位站与目标之间的距离，并结合目标的方位角，就可以解算出目标的位置。该方法应用的前提就是定位站与目标之间必须具有相对运动。目前，研究较多的是单架飞机对地面固定或慢速运动目标的单站无源定位。

7.3.1 定位原理

如图 7.3-1 所示，假设空中运动平台上的两个天线阵元 A、B 接收的来波信息相位差为 φ，则

$$\varphi(t) = \omega_c \Delta t = \frac{2\pi d}{c} f_c \cos\theta(t) \tag{7.3-1}$$

式中：ω_c 为来波角频率；Δt 为来波到达 A、B 两个阵元的时间差；d 为阵元间距；c 为光速；f_c 为来波频率；$\theta(t)$ 为来波方位角。这里假设 d 远远小于空中运动平台与地面威胁辐射源之间水平距离。

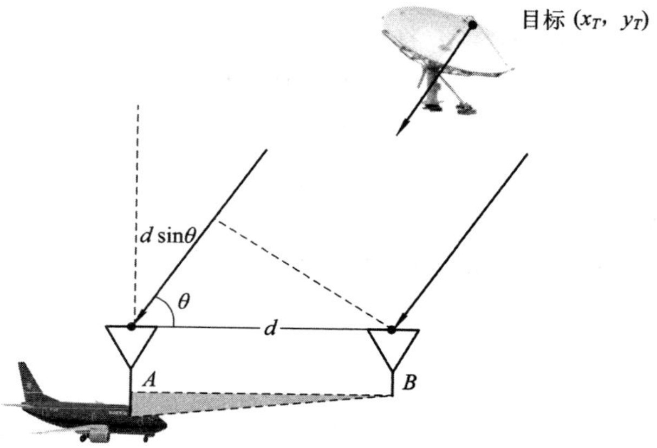

图 7.3-1　天线阵元来波信息相位差示意图

对式(7.3-1)求导，可得

$$\dot{\varphi}(t) = -\frac{2\pi d}{c} f_c \sin\theta(t) \cdot \dot{\theta}(t) \tag{7.3-2}$$

式中

$$\dot{\varphi}(t) = \frac{\mathrm{d}\varphi(t)}{\mathrm{d}t}, \qquad \dot{\theta}(t) = \frac{\mathrm{d}\theta(t)}{\mathrm{d}t} \tag{7.3-3}$$

若记 $k = -2\pi d/c$，则式(7.3-3)可简化为

$$\dot{\varphi}(t) = k f_c \sin\theta(t) \cdot \dot{\theta}(t) \tag{7.3-4}$$

显然有

$$\dot{\theta}(t) = \frac{1}{k f_c \sin\theta(t)} \dot{\varphi}(t) \tag{7.3-5}$$

另外，由几何知识可知在某时刻 i，有

$$\theta(t) = \arctan\frac{y_T - y_{oi}}{x_T - x_{oi}} = \theta_i \tag{7.3-6}$$

其中(x_T, y_T)为固定目标辐射源的位置坐标，(x_{oi}, y_{oi})为空中运动平台在 i 时刻的位置坐标。

对式(7.3-6)的两边求导，可得

$$\dot{\theta}(t) = \frac{-\dot{y}_{oi}(x_T - x_{oi}) + \dot{x}_{oi}(y_T - y_{oi})}{(x_T - x_{oi})^2 + (y_T - y_{oi})^2} \triangleq \dot{\theta}_i \tag{7.3-7}$$

其中

$$\dot{x}_{oi} = \frac{\mathrm{d}x_{oi}}{\mathrm{d}t}, \qquad \dot{y}_{oi} = \frac{\mathrm{d}y_{oi}}{\mathrm{d}t} \tag{7.3-8}$$

由式(7.3-7)可得

$$(x_T - x_{oi})^2 + (y_T - y_{oi})^2 = -\frac{\dot{y}_{oi}}{\dot{\theta}_i}(x_T - x_{oi}) + \frac{\dot{x}_{oi}}{\dot{\theta}_i}(y_T - y_{oi}) \tag{7.3-9}$$

对该式进行配方可得

$$\left[(x_T-x_{oi})^2+\frac{\dot{y}_{oi}}{\dot{\theta}_i}(x_T-x_{oi})+\left(\frac{\dot{y}_{oi}}{2\dot{\theta}_i}\right)^2\right]+\left[(y_T-y_{oi})^2-\frac{\dot{x}_{oi}}{\dot{\theta}_i}(y_T-y_{oi})+\left(\frac{\dot{x}_{oi}}{2\dot{\theta}_i}\right)^2\right]$$
$$=\left(\frac{\dot{y}_{oi}}{2\dot{\theta}_i}\right)^2+\left(\frac{\dot{x}_{oi}}{2\dot{\theta}_i}\right)^2 \tag{7.3-10}$$

整理式(7.3-10)可得

$$\left(x_T-x_{oi}+\frac{\dot{y}_{oi}}{2\dot{\theta}_i}\right)^2+\left(y_T-y_{oi}-\frac{\dot{x}_{oi}}{2\dot{\theta}_i}\right)^2=\frac{\dot{x}_{oi}^2+\dot{y}_{oi}^2}{4\dot{\theta}_i^2} \tag{7.3-11}$$

显然，该式为经过点(x_T, y_T)、(x_{oi}, y_{oi})，圆心为$\left(x_{oi}-\frac{\dot{y}_{oi}}{2\dot{\theta}_i}, y_{oi}+\frac{\dot{x}_{oi}}{2\dot{\theta}_i}\right)$，半径为$\sqrt{\frac{\dot{x}_{oi}^2+\dot{y}_{oi}^2}{4\dot{\theta}_i^2}}$的圆，这就是由$\dot{\varphi}_i$($i$时刻的$\frac{\mathrm{d}\varphi(t)}{\mathrm{d}t}$)决定的定位圆。

从几何上看，$\dot{\varphi}_i$定位圆和方位角θ_i决定的射线必然交于两点(x_T, y_T)和(x_{oi}, y_{oi})，而(x_{oi}, y_{oi})是已知的观测平台位置，(x_T, y_T)就是所要求的未知辐射源位置。这就是在已知观测平台的位置坐标和飞行速度V_{oi}的条件下，利用方位角和定位圆对未知地面固定辐射源进行交叉定位的定位原理，如图7.3-2所示。

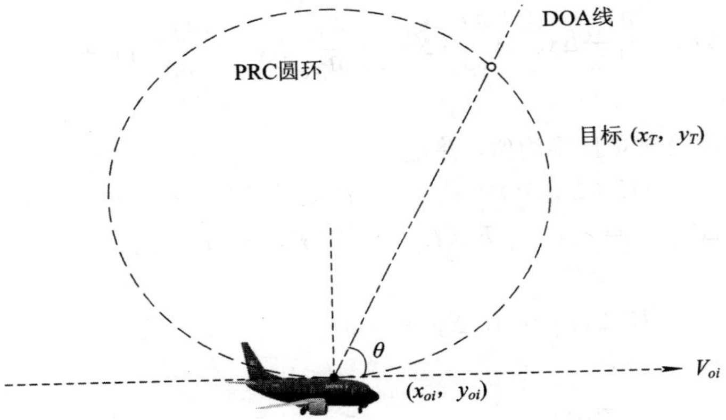

图7.3-2　辐射源交叉定位示意图

由式(7.3-6)可得

$$\frac{y_T-y_{oi}}{x_T-x_{oi}}=\tan\theta_i \quad\Rightarrow\quad y_T-y_{oi}=(x_T-x_{oi})\tan\theta_i \tag{7.3-12}$$

将式(7.3-12)代入式(7.3-7)可得

$$\frac{-\dot{y}_{oi}(x_T-x_{oi})+\dot{x}_{oi}(x_T-x_{oi})\tan\theta_i}{(x_T-x_{oi})^2+(x_T-x_{oi})^2\tan^2\theta_i}=\dot{\theta}_i \tag{7.3-13}$$

故可得

$$x_T-x_{oi}=\frac{1}{\dot{\theta}_i}\frac{-\dot{y}_{oi}+\dot{x}_{oi}\tan\theta_i}{1+\tan^2\theta_i}=\frac{1}{\dot{\theta}_i}(\dot{x}_{oi}\cos\theta_i\sin\theta_i-\dot{y}_{oi}\cos^2\theta_i) \tag{7.3-14}$$

同理，也可得出

$$y_T-y_{oi}=\frac{1}{\dot{\theta}_i}(\dot{x}_{oi}\sin^2\theta_i-\dot{y}_{oi}\sin\theta_i\cos\theta_i) \tag{7.3-15}$$

因此，通过联立方位角表达式方程(7.3-6)和其求导方程(7.3-7)，并求解可得

$$\left.\begin{aligned} x_T &= x_{oi} + \frac{\cos\theta_i(\dot{x}_{oi}\sin\theta_i - \dot{y}_{oi}\cos\theta_i)}{\dot{\theta}_i} \overset{\Delta}{=} f_{x_i} \\ y_T &= y_{oi} + \frac{\sin\theta_i(\dot{x}_{oi}\sin\theta_i - \dot{y}_{oi}\cos\theta_i)}{\dot{\theta}_i} \overset{\Delta}{=} f_{y_i} \end{aligned}\right\} \tag{7.3-16}$$

其中 $\dot{\theta}_i = \dot{\varphi}_i / k f_c \sin\theta_i$。

这样，就实现了由测量量 $\dot{\varphi}_i$ 和 θ_i 对地面固定辐射源的定位。显然，这是一种即时定位法。

7.3.2 定位误差分析

利用上面的算法分析结果可知，引起定位结果产生误差 Δx_T、Δy_T 的因素，有测量误差 Δx_{oi}、Δy_{oi}、$\Delta\beta_i$、$\Delta\dot{x}_{oi}$、$\Delta\dot{y}_{oi}$、$\Delta\dot{\varphi}_i$、Δf_o 等。

对式(7.3-16)分别进行 Taylor 级数展开，并取一次项整理，可得

$$\Delta x_T = \frac{\partial f_{x_i}}{\partial x_{oi}}\Delta x_{oi} + \frac{\partial f_{x_i}}{\partial y_{oi}}\Delta y_{oi} + \frac{\partial f_{x_i}}{\partial \dot{x}_{oi}}\Delta \dot{x}_{oi} + \frac{\partial f_{x_i}}{\partial \dot{y}_{oi}}\Delta \dot{y}_{oi} + \frac{\partial f_{x_i}}{\partial \theta_i}\Delta\theta_i + \frac{\partial f_{x_i}}{\partial \dot{\varphi}_i}\Delta\dot{\varphi}_i + \frac{\partial f_{x_i}}{\partial f_{oi}}\Delta f_{oi} \tag{7.3-17}$$

$$\Delta y_T = \frac{\partial f_{y_i}}{\partial x_{oi}}\Delta x_{oi} + \frac{\partial f_{y_i}}{\partial y_{oi}}\Delta y_{oi} + \frac{\partial f_{y_i}}{\partial \dot{x}_{oi}}\Delta \dot{x}_{oi} + \frac{\partial f_{y_i}}{\partial \dot{y}_{oi}}\Delta \dot{y}_{oi} + \frac{\partial f_{y_i}}{\partial \theta_i}\Delta\theta_i + \frac{\partial f_{y_i}}{\partial \dot{\varphi}_i}\Delta\dot{\varphi}_i + \frac{\partial f_{y_i}}{\partial f_{oi}}\Delta f_{oi} \tag{7.3-18}$$

假设各测量误差独立且零均值，并记

$$E\{(\Delta x_{oi})^2\} = E\{(\Delta y_{oi})^2\} = \sigma_{xy}^2, \qquad E\{(\Delta\dot{x}_{oi})^2\} = E\{(\Delta\dot{y}_{oi})^2\} = \sigma_v^2 \tag{7.3-19}$$

$$E\{(\Delta\beta_i)^2\} = \sigma_\beta^2, \qquad E\{(\Delta\dot{\varphi}_i)^2\} = \sigma_{\dot{\varphi}}^2, \qquad E\{(\Delta f_{oi})^2\} = \sigma_f^2 \tag{7.3-20}$$

则

$$E\{\Delta x_T\} = E\{\Delta y_T\} = 0 \tag{7.3-21}$$

$$\begin{aligned} E\{(\Delta x_T)^2\} &= \sigma_{x_T}^2 \\ &= \left[\left(\frac{\partial f_{x_i}}{\partial x_{oi}}\right)^2 + \left(\frac{\partial f_{x_i}}{\partial y_{oi}}\right)^2\right]\sigma_{xy}^2 + \left[\left(\frac{\partial f_{x_i}}{\partial \dot{x}_{oi}}\right)^2 + \left(\frac{\partial f_{x_i}}{\partial \dot{y}_{oi}}\right)^2\right]\sigma_v^2 \\ &\quad + \left(\frac{\partial f_{x_i}}{\partial \beta_i}\right)^2\sigma_\beta^2 + \left(\frac{\partial f_{x_i}}{\partial \dot{\varphi}_{oi}}\right)^2\sigma_{\dot{\varphi}}^2 + \left(\frac{\partial f_{x_i}}{\partial f_{oi}}\right)^2\sigma_f^2 \end{aligned} \tag{7.3-22}$$

$$\begin{aligned} E\{(\Delta y_T)^2\} &= \sigma_{y_T}^2 \\ &= \left[\left(\frac{\partial f_{y_i}}{\partial x_{oi}}\right)^2 + \left(\frac{\partial f_{y_i}}{\partial y_{oi}}\right)^2\right]\sigma_{xy}^2 + \left[\left(\frac{\partial f_{y_i}}{\partial \dot{x}_{oi}}\right)^2 + \left(\frac{\partial f_{y_i}}{\partial \dot{y}_{oi}}\right)^2\right]\sigma_v^2 \\ &\quad + \left(\frac{\partial f_{y_i}}{\partial \beta_i}\right)^2\sigma_\beta^2 + \left(\frac{\partial f_{y_i}}{\partial \dot{\varphi}_{oi}}\right)^2\sigma_{\dot{\varphi}}^2 + \left(\frac{\partial f_{y_i}}{\partial f_{oi}}\right)^2\sigma_f^2 \end{aligned} \tag{7.3-23}$$

$$\begin{aligned} E\{\Delta x_T \Delta y_T\} &= E\{\Delta y_T \Delta x_T\} = \sigma_{x_T y_T}^2 \\ &= \left[\frac{\partial f_{x_i}}{\partial x_{oi}}\frac{\partial f_{y_i}}{\partial x_{oi}} + \frac{\partial f_{x_i}}{\partial y_{oi}}\frac{\partial f_{y_i}}{\partial y_{oi}}\right]\sigma_{xy}^2 + \left[\frac{\partial f_{x_i}}{\partial \dot{x}_{oi}}\frac{\partial f_{y_i}}{\partial \dot{x}_{oi}} + \frac{\partial f_{x_i}}{\partial \dot{y}_{oi}}\frac{\partial f_{y_i}}{\partial \dot{y}_{oi}}\right]\sigma_v^2 \\ &\quad + \frac{\partial f_{x_i}}{\partial \beta_i}\frac{\partial f_{y_i}}{\partial \beta_i}\sigma_\beta^2 + \frac{\partial f_{x_i}}{\partial \dot{\varphi}_{oi}}\frac{\partial f_{y_i}}{\partial \dot{\varphi}_{oi}}\sigma_{\dot{\varphi}}^2 + \frac{\partial f_{x_i}}{\partial f_{oi}}\frac{\partial f_{y_i}}{\partial f_{oi}}\sigma_f^2 \end{aligned} \tag{7.3-24}$$

于是，可得定位误差为

$$\sigma_T = \sqrt{\sigma_{x_T}^2 + \sigma_{y_T}^2} \tag{7.3-25}$$

7.3.3 EKF 定位算法

考虑到实际测量量存在误差，故式(7.3-16)可以改写为

$$\left.\begin{aligned} x_T &= f_{x_{mi}} + e_{x_i} \\ y_T &= f_{y_{mi}} + e_{y_i} \end{aligned}\right\} \tag{7.3-26}$$

其中

$$\left.\begin{aligned} f_{x_{mi}} &= x_{omi} + \frac{\cos\beta_{mi}(\dot{x}_{omi}\sin\beta_{mi} - \dot{y}_{omi}\cos\beta_{mi})}{\beta_{mi}} \\ f_{y_{mi}} &= y_{omi} + \frac{\sin\beta_{mi}(\dot{x}_{omi}\sin\beta_{mi} - \dot{y}_{omi}\cos\beta_{mi})}{\beta_{mi}} \end{aligned}\right\} \tag{7.3-27}$$

式中，下标“i”被“mi”替换。下标“mi”的测量量表示含有误差的实际测量量。

将辐射源位置求解表达式用矩阵表示，得

$$\boldsymbol{M}_i = \boldsymbol{H}_i\boldsymbol{X}_i + \boldsymbol{e}_i \tag{7.3-28}$$

其中

$$\boldsymbol{X}_i = \begin{bmatrix} x_T \\ y_T \end{bmatrix},\quad \boldsymbol{H}_i = \begin{bmatrix} 1 & 0 \\ 0 & 1 \end{bmatrix},\quad \boldsymbol{M}_i = \begin{bmatrix} f_{x_{mi}} \\ f_{y_{mi}} \end{bmatrix},\quad \boldsymbol{e}_i = \begin{bmatrix} -e_{x_i} \\ -e_{y_i} \end{bmatrix} \tag{7.3-29}$$

$\boldsymbol{e}_i$ 表示等效的测量误差。

故可以考虑用 EKF 来处理这一定位问题。实际上，该矩阵方程(7.3-28)为一个测量方程。显然，此时的状态方程为

$$\boldsymbol{X}_{i+1} = \boldsymbol{\Phi}\boldsymbol{X}_i \tag{7.3-30}$$

其中 $\boldsymbol{\Phi}=\begin{bmatrix} 1 & 0 \\ 0 & 1 \end{bmatrix}$为一个单位矩阵。

于是可得以下 EKF 递推方程：

$$\left.\begin{aligned} \hat{\boldsymbol{X}}_i &= \hat{\boldsymbol{X}}_{i-1} + \boldsymbol{K}_i(\boldsymbol{M}_i - \boldsymbol{H}_i\hat{\boldsymbol{X}}_{i-1}) \\ \boldsymbol{K}_i &= \boldsymbol{P}_{i-1}\boldsymbol{H}_i^{\mathrm{T}}(\boldsymbol{H}_i\boldsymbol{P}_{i-1}\boldsymbol{H}_i^{\mathrm{T}} + \boldsymbol{R}_i)^{-1} \\ \boldsymbol{P}_i &= \boldsymbol{P}_{i-1} - \boldsymbol{K}_i\boldsymbol{H}_i\boldsymbol{P}_{i-1} \end{aligned}\right\} \tag{7.3-31}$$

其中 $\hat{\boldsymbol{X}}_i$ 为状态 $\boldsymbol{X}_i$ 的估计，并且有

$$\hat{\boldsymbol{X}}_i = \begin{bmatrix} \hat{x}_T \\ \hat{y}_T \end{bmatrix} \tag{7.3-32}$$

$$\boldsymbol{R}_i = E\{\boldsymbol{e}_i\boldsymbol{e}_i^{\mathrm{T}}\} = \begin{bmatrix} E\{e_{x_i}^2\} & E\{e_{x_i}e_{y_i}\} \\ E\{e_{y_i}e_{x_i}\} & E\{e_{y_i}^2\} \end{bmatrix} = \begin{bmatrix} \sigma_x^2 & \sigma_{xy}^2 \\ \sigma_{xy}^2 & \sigma_y^2 \end{bmatrix} \tag{7.3-33}$$

7.3.4 可观测性分析

由前面的分析可知，在某一时刻 i，方位角 $\theta(t)$和目标、观测站位置坐标之间的关系式为

$$\theta(t)=\arctan\frac{y_T-y_{oi}}{x_T-x_{oi}}\quad\Leftrightarrow\quad\frac{y_T-y_{oi}}{x_T-x_{oi}}=\tan\theta(t)\tag{7.3-34}$$

若记在 i 时刻 $\theta(t)=\theta_i$，$x_T-x_{oi}=x_i$，$y_T-y_{oi}=y_i$，则上式可简化为

$$x_i\tan\theta_i-y_i=0\tag{7.3-35}$$

该式的两边对 t 求导并整理，可得

$$x_i\dot{\theta}_i+y_i\dot{\theta}_i\tan\theta_i+\dot{x}_i\tan\theta_i-\dot{y}_i=0\tag{7.3-36}$$

式中

$$\dot{x}_i=\frac{\mathrm{d}x_i}{\mathrm{d}t},\qquad\dot{y}_i=\frac{\mathrm{d}y_i}{\mathrm{d}t}\tag{7.3-37}$$

取状态变量 $\boldsymbol{X}_i=[x_i\quad y_i\quad \dot{x}_i\quad \dot{y}_i]^{\mathrm{T}}$，则上面两式可整理为

$$\boldsymbol{C}_i\boldsymbol{X}_i\overset{\text{def}}{=}\boldsymbol{Z}_i=\boldsymbol{0}\tag{7.3-38}$$

该式即为测量方程，其中

$$\boldsymbol{C}_i=\begin{bmatrix}\tan\theta_i & -1 & 0 & 0\\ \dot{\theta}_i & \dot{\theta}_i\tan\theta_i & \tan\theta_i & -1\end{bmatrix}\tag{7.3-39}$$

假设辐射源作匀速直线运动，则状态方程为

$$\boldsymbol{X}_i=\boldsymbol{\Phi}(t_i,\ t_0)\boldsymbol{X}_0-\boldsymbol{U}_i\tag{7.3-40}$$

其中

$$\boldsymbol{\Phi}(t_i,\ t_0)=\begin{bmatrix}\boldsymbol{I}_2 & (t_i-t_0)\boldsymbol{I}_2\\ \boldsymbol{0}_2 & \boldsymbol{I}_2\end{bmatrix}\tag{7.3-41}$$

式中，$\boldsymbol{I}_2$、$\boldsymbol{0}_2$ 分别为 2×2 的单位矩阵和 2×2 的零矩阵，$\boldsymbol{X}_0$ 为初始状态，即 $t=t_0$ 时刻的状态，$\boldsymbol{U}_i=[u_i^{(1)}\quad u_i^{(2)}\quad u_i^{(3)}\quad u_i^{(4)}]$表示运动观测平台的运动机动量。

如果式(7.3-38)、式(7.3-40)所表示的系统在某种条件下是可观测的，则在该条件下获得两次以上的测量量后，即可根据式(7.3-38)、(7.3-40)得到未知运动辐射源的位置。

根据观测方程(7.3-38)，由 $i+1$ 时刻的观测数据可以得出如下方程

$$x_{i+1}\tan\theta_{i+1}-y_{i+1}=0\tag{7.3-42}$$

$$x_{i+1}\dot{\theta}_{i+1}+y_{i+1}\dot{\theta}_{i+1}\tan\theta_{i+1}+\dot{x}_{i+1}\tan\theta_{i+1}-\dot{y}_{i+1}=0\tag{7.3-43}$$

在辐射源作匀速直线运动的情况下，根据状态方程(7.3-40)可以得出

$$\left.\begin{aligned}x_{i+1}&=x_i+(t_{i+1}-t_i)\dot{x}_i-u_{i+1}^{(1)}\\ y_{i+1}&=y_i+(t_{i+1}-t_i)\dot{y}_i-u_{i+1}^{(2)}\\ \dot{x}_{i+1}&=\dot{x}_i-u_{i+1}^{(3)}\\ \dot{y}_{i+1}&=\dot{y}_i-u_{i+1}^{(4)}\end{aligned}\right\}\tag{7.3-44}$$

将式(7.3-44)代入式(7.3-42)、式(7.3-43)，并记 $t_{i+1}-t_i=T_i$，可以得到关于 i 时刻的状态变量方程

$$x_i\tan\theta_{i+1}-y_i+\dot{x}_iT_i\tan\theta_{i+1}-y_iT_i=\eta_{1i}\tag{7.3-45}$$

$$x_i\dot{\theta}_{i+1}+y_i\dot{\theta}_{i+1}\tan\theta_{i+1}+\dot{x}_i(T_i\dot{\theta}_{i+1}+\tan\theta_{i+1}-y_iT_i)+\dot{y}_i(T_i\dot{\theta}_{i+1}\tan\theta_{i+1}-1)=\eta_{2i}\tag{7.3-46}$$

其中，η_{1i}、η_{2i}为关于θ_{i+1}、$\dot{\theta}_{i+1}$和$\boldsymbol{U}_{i+1}$的函数。

故式(7.3-38)、式(7.3-40)所表示的系统的可观测性问题，等价于由式(7.3-35)、式(7.3-36)、式(7.3-45)和式(7.3-46)联立的方程组是否有唯一解，亦即该方程组的系数行列式的值是否非零。这就将问题转化为对该方程组的系数行列式的值进行判断。

显然，该方程组的系数行列式为

$$D_i = \begin{vmatrix} \tan\theta_i & -1 & 0 & 0 \\ \dot{\theta}_i & \dot{\theta}_i \tan\theta_i & \tan\theta_i & -1 \\ \tan\theta_{i+1} & -1 & T_i \tan\theta_{i+1} & -T_i \\ \dot{\theta}_i & \dot{\theta}_{i+1}\tan\theta_{i+1} & T_i\dot{\theta}_{i+1} + \tan\theta_{i+1} & T_i\dot{\theta}_{i+1}\tan\theta_{i+1} - 1 \end{vmatrix}$$
$$= T_i^2\dot{\theta}_i\dot{\theta}_{i+1}\sec^2\theta_i \sec^2\theta_{i+1} - (\tan\theta_{i+1} - \tan\theta_i)^2 \tag{7.3-47}$$

由式(7.3-35)、式(7.3-42)和式(7.3-44)可以得出

$$\dot{\theta}_i = \frac{(\dot{y}_i - \dot{x}_i \tan\theta_i)(\tan\theta_{i+1} - \tan\theta_i)}{[(T_i\dot{y}_i - u_{i+1}^{(2)}) - (T_i\dot{x}_i - u_{i+1}^{(1)})\tan\theta_{i+1}]\sec^2\theta_i} \tag{7.3-48}$$

$$\dot{\theta}_{i+1} = \frac{[(\dot{y}_i - u_{i+1}^{(4)}) - (\dot{x}_i - u_{i+1}^{(3)})\tan\theta_{i+1}](\tan\theta_{i+1} - \tan\theta_i)}{[(T_i\dot{y}_i - u_{i+1}^{(2)}) - (T_i\dot{x}_i - u_{i+1}^{(1)})\tan\theta_{i+1}]\sec^2\theta_{i+1}} \tag{7.3-49}$$

将式(7.3-48)和式(7.3-49)代入式(7.3-47)，可得

$$D_i = \frac{T_i^2(\dot{y}_i - \dot{x}_i \tan\theta_i)[(\dot{y}_i - u_{i+1}^{(4)}) - (\dot{x}_i - u_{i+1}^{(3)})\tan\theta_{i+1}](\tan\theta_{i+1} - \tan\theta_i)^2}{[(T_i\dot{y}_i - u_{i+1}^{(2)}) - (T_i\dot{x}_i - u_{i+1}^{(1)})\tan\theta_{i+1}][(T_i\dot{y}_i - u_{i+1}^{(2)}) - (T_i\dot{x}_i - u_{i+1}^{(1)})\tan\theta_{i+1}]}$$
$$- (\tan\theta_{i+1} - \tan\theta_i)^2 \tag{7.3-50}$$

如果假设运动观测平台的加速度为$a_x(t)$、$a_y(t)$，则有

$$\left.\begin{aligned} u_{i+1}^{(1)} &= \int_{t_i}^{t_{i+1}} a_x(\tau)\mathrm{d}\tau \\ u_{i+1}^{(2)} &= \int_{t_i}^{t_{i+1}} a_y(\tau)\mathrm{d}\tau \\ u_{i+1}^{(3)} &= \int_{t_i}^{t_{i+1}} (t_{i+1} - t_i)a_x(\tau)\mathrm{d}\tau \\ u_{i+1}^{(4)} &= \int_{t_i}^{t_{i+1}} (t_{i+1} - t_i)a_y(\tau)\mathrm{d}\tau \end{aligned}\right\} \tag{7.3-51}$$

由式(7.3-50)可以看出，只有当$\boldsymbol{U}_i = \boldsymbol{0}$，即观测平台无机动时，$D_i = 0$。故可以得出结论，只要观测平台有机动，而无论采取何种机动形式，该系统都是可观测的[4]。

7.4　基于多普勒变化率的单站无源定位

当目标和观测器之间存在径向速度时，会在观测器上产生多普勒频移，从而可以利用目标的多普勒变化率进行无源定位[5,6]。为了简单起见，不妨考虑二维平面定位问题。假定观测器和辐射源之间的相对速度为v，在以观测器为坐标原点的参考坐标系中，相对速度可以被分解成切向速度v_t和径向速度v_r，如图 7.4-1 所示。

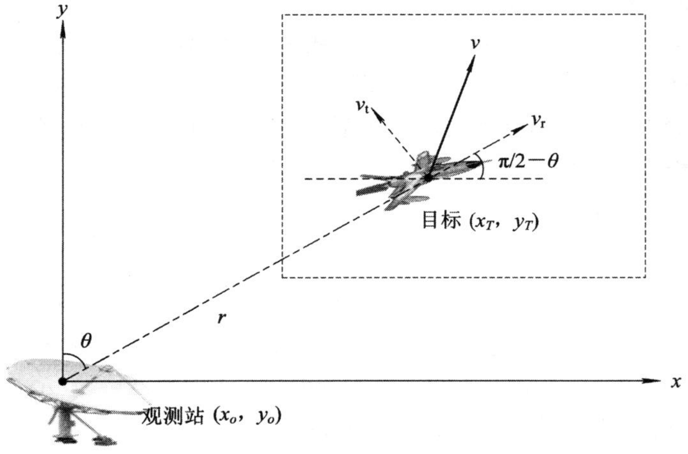

图 7.4-1　利用 DOA 对航迹的确定

根据目标和观测站之间的几何知识可知，在 t 时刻所测得的目标方位角满足

$$\theta(t) = \arctan\left(\frac{x_T - x_o}{y_T - y_o}\right) \tag{7.4-1}$$

其中，(x_T, y_T)和(x_o, y_o)分别为 t 时刻辐射源和传感器平台所在的位置。

对式(7.4-1)求导可得

$$\dot{\theta}(t) = \frac{(\dot{x}_T - \dot{x}_o)(y_T - y_o) - (x_T - x_o)(\dot{y}_T - \dot{y}_o)}{(x_T - x_o)^2 + (y_T - y_o)^2} \tag{7.4-2}$$

若记 $x = x_T - x_o$，$y = y_T - y_o$，并把传感器平台到辐射源的距离定义为

$$r(t) = \sqrt{(x_T - x_o)^2 + (y_T - y_o)^2} \tag{7.4-3}$$

则式(7.4-2)可表示为

$$\dot{\theta}(t) = \frac{\dot{x}\cos\theta(t) - \dot{y}\sin\theta(t)}{r(t)} \tag{7.4-4}$$

其中

$$\dot{x} = \dot{x}_T - \dot{x}_o, \qquad \dot{y} = \dot{y}_T - \dot{y}_o \tag{7.4-5}$$

如果假设 v_x 和 v_y 分别为观测器和辐射源之间相对速度的 x 轴和 y 轴分量，即

$$v_x = \dot{x} = \dot{x}_T - \dot{x}_o, \qquad v_y = \dot{y} = \dot{y}_T - \dot{y}_o \tag{7.4-6}$$

则式(7.4-4)可以改写为

$$\dot{\theta}(t) = \frac{v_x\cos\theta(t) - v_y\sin\theta(t)}{r(t)} \tag{7.4-7}$$

将图 7.4-1 中的虚线框内的子图放大为图 7.4-2 所示，则由图 7.4-2 可以看出

$$[v_y - v_x\cot\theta(t)]\sin\theta(t) = v_t(t) \tag{7.4-8}$$

将该式化简可得

$$v_y\sin\theta(t) - v_x\cos\theta(t) = v_t(t) \tag{7.4-9}$$

将式(7.4-9)代入式(7.4-7)中可得观测器和辐射源之间的距离 $r(t)$ 为

$$r(t) = -\frac{v_t(t)}{\dot{\theta}(t)} \tag{7.4-10}$$

其中，$\dot{\theta}(t)$为相对运动引起的角度变化率，t为时间。但是，通常辐射源(目标)的运动速度是未知的，因而，其相对于观测器的速度也就未知，$v_t(t)$也就无法获得，此时仅仅利用式(7.4-10)是无法测距的。另外，根据运动学原理，还有另外一个等式

$$\ddot{r}(t)=\frac{v_t^2(t)}{r(t)} \tag{7.4-11}$$

其中，离心加速度$\ddot{r}$为距离r标量的二次导数。

联立式(7.4-10)和式(7.4-11)，可得如下关系式

$$r(t)=\frac{\ddot{r}(t)}{\dot{\theta}^2(t)} \tag{7.4-12}$$

如果能够在某一时刻测量得到该时刻的离心加速度$\ddot{r}(t)$和角速度$\dot{\theta}(t)$，即可实现瞬时测距，通常观测器可以接收到辐射源辐射的信号，因此离心加速度信息即可以从信号的频域获得，其原理如下：根据多普勒效应，径向速度v_r和多普勒频率f_D之间的关系为

$$v_r(t)=\dot{r}(t)=-\lambda f_D(t) \tag{7.4-13}$$

对式(7.4-13)求导，可得离心加速度$\ddot{r}(t)$和多普勒频率变化率$\dot{f}_D(t)$的关系为

$$\ddot{r}(t)=-\lambda\dot{f}_D(t) \tag{7.4-14}$$

其中，$\dot{f}_D(t)$为多普勒频率变化率。

将式(7.4-14)代入式(7.4-12)可得

$$r(t)=-\lambda\frac{\dot{f}_D(t)}{\dot{\theta}^2(t)} \tag{7.4-15}$$

此式即为基于多普勒变化率的单站测距公式。再结合传感器所测得的目标方位角，可获得目标在直角坐标系下的坐标$[x_T(t),\ y_T(t)]$，即

$$\left.\begin{aligned}x_T(t)&=r(t)\sin\theta(t)\\ y_T(t)&=r(t)\cos\theta(t)\end{aligned}\right\} \tag{7.4-16}$$

此时可以利用卡尔曼等滤波方法随目标进行跟踪。

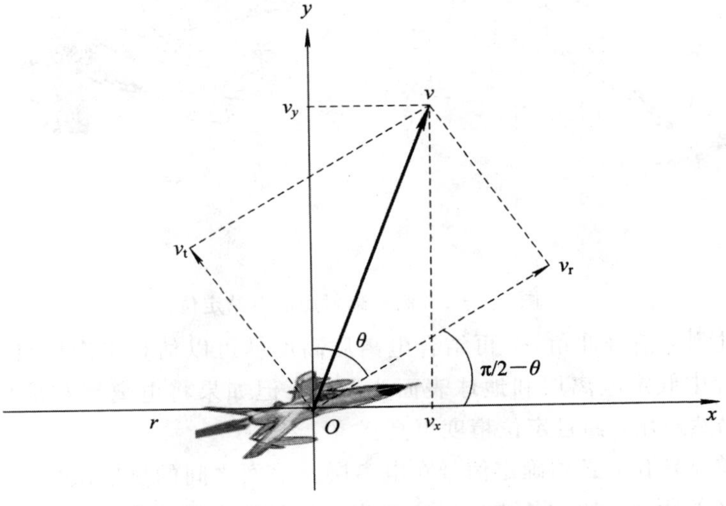

图 7.4-2　定位原理放大示意图

7.5　基于电离层反射的单站无源定位

由于远距离高频通信信号在电离层被反射回地面(实际为折射)，所以在已知反射点的高度后，就可以通过测量到达信号的三维角度来计算辐射源的坐标，因此，这种技术是可行的[7]。通常，电离层高度的信息是必不可少的，但到达传感器的电波传播路径有两条或两条以上，并且各条路径的信号到达角度能够被识别和测量时，定位中就不一定需要电离层的高度信息了。

天波传播的高频辐射源可以采用前面介绍的任何一种三角测量技术定位，但是在某些环境下也可以使用单站定位系统进行定位，如图 7.5－1 所示。如果折射高频信号的电离层位置，或者更准确地说是反射高频信号的电离层高度已知，则可求得与目标间的距离，进而就可以结合来波方位角确定辐射源的方位。定位中，假设电波反射点位于辐射源和定位系统两者的中点，仰角 φ 可根据距离 R 和电离层高度 h 求得

$$\tan\varphi = \frac{h}{R/2} \tag{7.5-1}$$

故

$$R = \frac{2h}{\tan\varphi} \tag{7.5-2}$$

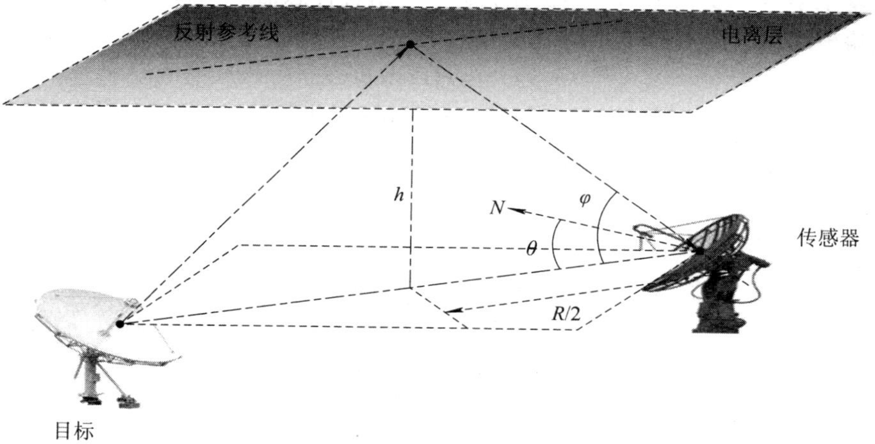

图 7.5－1　高频辐射源的单站定位

因而，通过测量信号仰角 φ，再结合电离层高度就可以估算出定位目标的距离。尽管上面的计算过程中假定电离层和地球表面为平面，但如果将电离层和地球表面建模为球面，这种算法仍然适用，而且定位精度更高。

为了实现单站定位，必须确定信号在电离层及地面之间的反射次数，否则就无法确定与定位目标之间的距离。通常从更远距离传来的信号将会以一个更低的仰角到达，据此即可确定电波反射跳数。另外，假定一些不同的跳数分别进行计算也是必要的(通常都假定为单跳)。

7.5.1　电离层反射无源单站定位技术

信号可能从两个或者更多的方向到达接收传感器，这就是所谓的多径传播模式。在这种情况下不需要测量电离层高度就能计算出目标的方位坐标，这种定位技术称为无源单站定位技术。

如图 7.5－2 所示，信号在电离层的两个不同高度处反射。根据 Briet 和 Tuve 的理论[8,9]，即便信号在电离层中是折射传播的，但还是可以找到一个等效的信号反射平面。假设地球是平坦的，等效反射面也是平坦的，这样就可以利用下面式子计算距离

$$\tan\varphi = \frac{h}{R/2},\qquad \tan\phi = \frac{h+\Delta h}{R/2} \tag{7.5-3}$$

$$h = \frac{R}{2}\tan\varphi = \frac{R}{2}\tan\phi - \Delta h \tag{7.5-4}$$

$$R = \frac{2\Delta h}{\tan\phi - \tan\varphi} \tag{7.5-5}$$

现在考虑如图 7.5－3 所示的信号和电离层之间相互作用的具体情况。

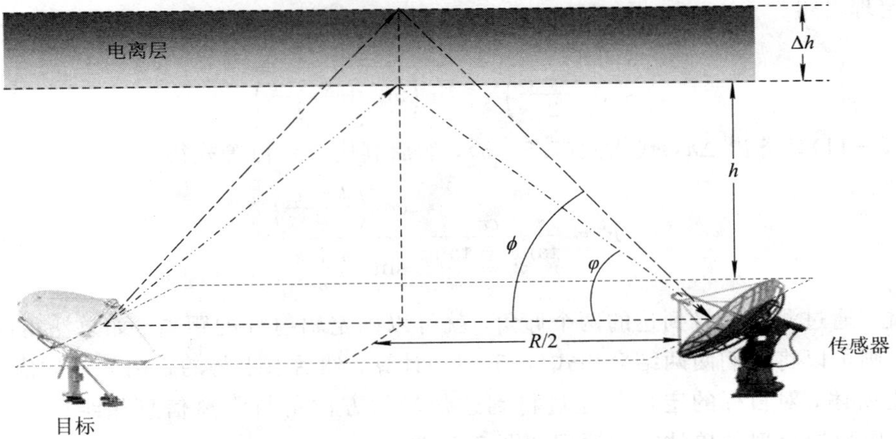

图 7.5－2　多径反射

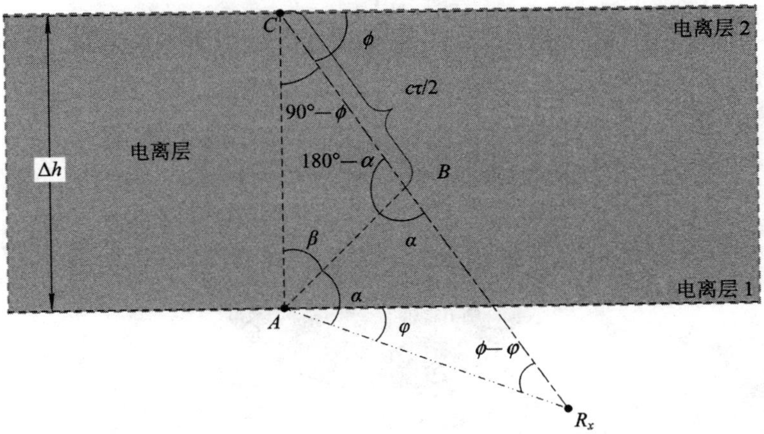

图 7.5－3　多径反射的详细几何示意图

两个信号到达接收机的时间差用 τ 表示，传播速度用 c 表示。A 点是信号在较低层的反射点，C 点是较高层的反射点。定义接收点为 R_x（根据图 7.5-2 中目标与接收点之间的镜像关系，发射点的情况与之相同），因为从 A 到 R_x 的时间和从 B 到 R_x 的时间相同，所以三角形 ABR_x 为一等腰三角形。根据三角形$\triangle ABC$ 内角的关系可得

$$\beta = \alpha + \phi - 90^\circ \tag{7.5-6}$$

根据三角形$\triangle ABR_x$ 的内角关系可得

$$2\alpha = 180^\circ - (\phi - \varphi) \tag{7.5-7}$$

$$\alpha = 90^\circ - \frac{\phi - \varphi}{2} \tag{7.5-8}$$

所以

$$\beta = 90^\circ - \frac{\phi - \varphi}{2} + \phi - 90^\circ = \frac{\phi + \varphi}{2} \tag{7.5-9}$$

以及

$$\angle ABC = 180^\circ - \alpha = 90^\circ + \frac{\phi - \varphi}{2} \tag{7.5-10}$$

由正弦定理可得

$$\frac{c\tau/2}{\sin\left(\frac{\phi + \varphi}{2}\right)} = \frac{\Delta h}{\sin\left(90^\circ + \frac{\phi - \varphi}{2}\right)} \tag{7.5-11}$$

从式(7.5-11)计算出 Δh，代入式(7.5-5)，然后利用三角恒等式得

$$R = \frac{c\tau}{\tan\phi - \tan\varphi} \frac{\cos\left(\frac{\phi - \varphi}{2}\right)}{\sin\left(\frac{\phi + \varphi}{2}\right)} \tag{7.5-12}$$

因此，通过测量信号到达的两个仰角，就可以确定辐射源的距离。如果测得的仰角多于两个，则可以将它们两两结合用式(7.5-12)计算，然后取求得的距离的平均值。

综上所述，对目标的定位是通过将到达信号的方位角与距离信息相结合实现的，因此，基于电离层反射的单站定位原理如图 7.5-4 所示。

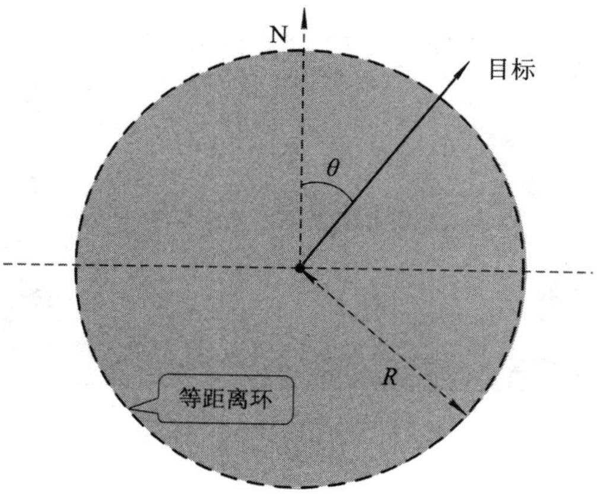

图 7.5-4　基于电离层反射的单站定位技术

7.5.2 地球曲率的影响

以上分析中均假定地球表面是一个平面。当目标距离达到或超过 500 km 时，目标定位中就不能忽略地球曲率的影响了，如图 7.5－5 所示。

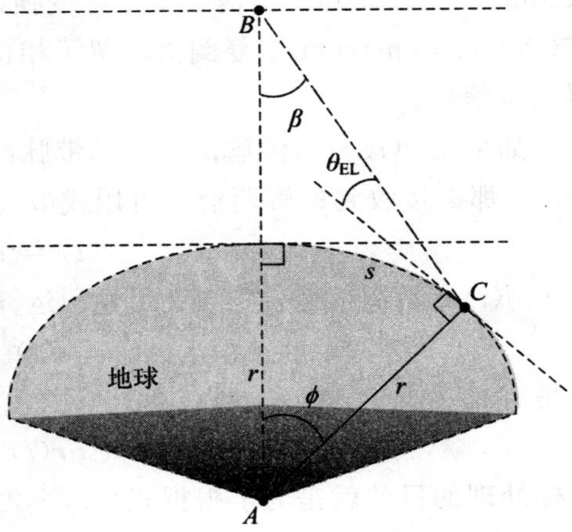

图 7.5－5　地球表面弧度对定位的影响

假设从接收传感器到路径中点的距离为弧长 s，且

$$s = r\phi \qquad (7.5-13)$$

其中 ϕ 为弧 s 的中心角，r 为地球半径(假定地球为球体)，根据三角形$\triangle ABC$ 的内角关系可得

$$\phi + \beta + \theta_{EL} = 90^\circ \qquad (7.5-14)$$

假设这里的角度单位为度(°)。最后，根据正弦定理有

$$\frac{r}{\sin(90^\circ - \phi - \theta_{EL})} = \frac{r+h}{\sin(90^\circ + \theta_{EL})} \qquad (7.5-15)$$

利用式(7.5－15)可得

$$\cos(\phi + \theta_{EL}) = \frac{r}{r+h}\cos\theta_{EL} \Rightarrow \phi = \arccos\left(\frac{r}{r+h}\cos\theta_{EL}\right) - \theta_{EL} \qquad (7.5-16)$$

故结合式(7.5－13)～式(7.5－16)可得

$$s = r\cdot\left[\arccos\left(\frac{r}{r+h}\cos\theta_{EL}\right) - \theta_{EL}\right] \qquad (7.5-17)$$

以及

$$R = 2s \qquad (7.5-18)$$

地球曲率的影响之一是降低了最高可用频率(Maximum Useful Frequency，MUF)。这是因为辐射源与接收机之间的有效距离降低了。

考虑到地球曲率的影响后，最大单跳传播距离为

$$d_{\max} = r\sqrt{8rh_0} \qquad (7.5-19)$$

MUF 为

$$f_{\max} \approx f_c\sqrt{\frac{r}{2h_0}} \qquad (7.5-20)$$

其中 h_0 为反射高度。

7.5.3 采用倒谱计算 TDOA

倒谱(Cepstrum)是一种常用的信号处理技术，主要用于计算同一信号两个不同状态之间的时间延迟，或者是发射信号与其回波信号之间的时间延迟。对于单站定位来说，时延信息对于测量到达信号的方位角和俯、仰角是必要的。除了下面介绍的方法以外，还提出了一些其他测量 TDOA 的方法，如广义相关法(Generalized Correlation Method，GCM)和

自适应特征分解(Adaptive Eigenvalue Decomposition)算法等[10,11]。

倒谱最初用于语音信号处理，但后来被广泛应用于其他领域。一般来说，复倒谱(Complex Cepstrum)指信号傅立叶变换对数的傅立叶反变换[12]，有时候也会用到功率倒谱(Power Cepstrum)。复倒谱保留了相位信息，因此需要相位展开，而功率倒谱中没有保留相位信息。

如果用 $c(t)$ 表示传输信道的基带脉冲响应，$g(t)$ 表示辐射源和接收机的联合基带脉冲响应，那么接收到的解调信号可用式(7.5-21)表示

$$r(t) = q(t) * c(t) * g(t) \tag{7.5-21}$$

其中 $q(t)$ 表示源信号，“$*$”表示卷积运算。因此接收机输出端的源信号可表示为

$$s(t) = g(t) * q(t) \tag{7.5-22}$$

于是有

$$r(t) = s(t) * c(t) \tag{7.5-23}$$

这样处理的目的就是为了根据式(7.5-23)确定 $c(t)$。$r(t)$ 的功率谱为

$$|G_r(f)| = |G_s(f)| \cdot |G_c(f)| \tag{7.5-24}$$

转换成自然对数的形式为

$$\ln|G_r(f)| = \ln|G_s(f)| + \ln|G_c(f)| \tag{7.5-25}$$

对式(7.5-25)进行傅立叶反变换(用 IFT 表示)可得 $r(t)$ 的功率倒谱为

$$\hat{r}(t) = \text{IFT}[\ln|G_r(f)|] = \hat{s}(t) + \hat{c}(t) \tag{7.5-26}$$

只要 $\hat{s}(t)$ 和 $\hat{c}(t)$ 在倒谱范围内不重叠，就可以通过滤波求得 $\hat{c}(t)$。

注意

$$\text{FT}\{\text{IFT}[\ln|G_r(f)|]\} = \ln|G_r(f)| \tag{7.5-27}$$

$$\exp\{\ln|G_r(f)|\} = |G_r(f)| \tag{7.5-28}$$

$$\text{FT}[|G_r(f)|] = \gamma(t) \tag{7.5-29}$$

其中 $\gamma(t)$ 为 $r(t)$ 的自相关函数。

为了阐明使用倒谱确定两个多径分量的到达时间差的方法，假定信号由一系列冲激信号(根据定义，冲激函数的持续时间极短)组成[13]，这些冲激信号逐个送入信道，每个冲激之间保持足够长的时间间隔，以确保信号和接收设备在下一个冲激发出之前已经稳定下来。在这种情况下，信道冲激响应可以被写为

$$r(t) = \delta(0) + A\delta(\tau) \tag{7.5-30}$$

在这里 A 是第二个多径分量的归一化信号强度，τ 为需要确定的到达时间差。$r(t)$ 的功率谱为

$$|G_r(f)| = 1 + A^2 + 2A\cos(2\pi f\tau) \tag{7.5-31}$$

上式可以写成如下形式

$$|G_r(f)| = (1 + A^2)\left[1 + \frac{2A}{1 + A^2}\cos(2\pi f\tau)\right] \tag{7.5-32}$$

根据 $\ln(1+x)$ 的级数展开式

$$\ln(1 + x) = x - \frac{x^2}{2} + \frac{x^3}{3} - \frac{x^4}{4} + \cdots \qquad x < 1 \tag{7.5-33}$$

因此，在忽略第一项后的所有项后，可得

$$\ln(1+x)\approx x \qquad x\ll 1 \tag{7.5-34}$$

对 $\ln[|G_r(f)|]$ 使用该近似表达式可得

$$\ln[|G_r(f)|]\approx \ln(1+A^2)+2A\cos(2\pi f\tau) \tag{7.5-35}$$

式(7.5-35)就是 $r(t)$ 的倒谱，该倒谱中包含了一个延迟时间与 TDOA 相同的脉冲。

倒谱是同态反卷积信号处理领域中的一个例子[14, 15]。系统的同态特性是线性时不变系统叠加原理的推广，同态反卷积是广义滤波的一种。

7.5.4 基于 MUSIC 倒谱的单站定位

使用式(7.5-12)来计算观测站与目标之间的距离时，需要知道接收机两个天线接收信号之间的到达时间差 τ，如果使用多个天线接收，则可以将结果进行综合处理，以降低测量误差。Johnson、Black 和 Sonsteby 提出了一种用于干扰环境下计算 TDOA 的新方法，这种方法使用了改进的 MUSIC 算法[16]。

算法的几何原理如图 7.5-6 所示。发射信号 $s(t)$ 被较低的电离层和较高的电离层分别反射回地面。接收天线阵列收到的信号分别记为 $r_1(t)$ 和 $r_2(t)$，$r_1(t)$ 为天线 1 接收到的信号，$r_2(t)$ 为天线 2 接收到的信号，它们都具有两个多径分量。这样，接收信号可表示为

$$r_1(t)=A_g s(t)+A_s s(t-\tau) \tag{7.5-36}$$

$$r_2(t)=A_g s(t-\tau_g)+A_s s(t-\tau_s-\tau) \tag{7.5-37}$$

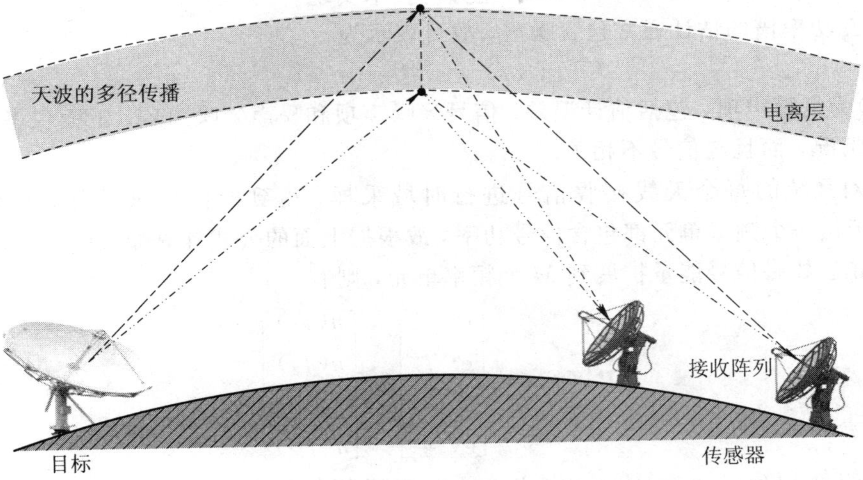

图 7.5-6　天波无源定位中的多径干涉信号

这里 τ_g 是较低电离层反射的两个多径信号的时延差(delay time)，τ_s 是较高电离层反射的两个多径信号的时延差。A_g 是较低电离层反射信号的路径衰减(path attenuation)，因为这里已经假定两个天线之间的距离比反射电离层的高度小得多，所以可以假设 A_g 对于两个接收天线都是一样的。同样，A_s 是较高电离层反射信号的路径衰减。计算式(7.5-36)和式(7.5-37)的傅立叶变换(Fourier Transform)可得

$$\mathrm{FT}\{r_1(t)\}=G_{r1}(f)=(A_g+A_s\mathrm{e}^{-\mathrm{j}2\pi f\tau})G_s(f) \tag{7.5-38}$$

$$\mathrm{FT}\{r_2(t)\}=G_{r2}(f)=(A_g\mathrm{e}^{-\mathrm{j}2\pi f\tau_g}+A_s\mathrm{e}^{-\mathrm{j}2\pi f(\tau_s+\tau)})G_s(f) \tag{7.5-39}$$

其中 $G_s(f)$ 为 $s(t)$ 的傅立叶变换。

$r_1(t)$和$r_2(t)$的归一化互功率谱(normalized cross power spectrum)可以计算如下

$$P_{12}(f)=\frac{G_{r1}(f)G_{r2}^*(f)}{\sqrt{|G_{r1}(f)|^2|G_{r2}(f)|^2}} \tag{7.5-40}$$

归一化处理是为了减小信号调制的影响。为了将互功率谱表示为极坐标形式(polar form),定义如下符号

$$A_1=A_g+A_s e^{-j2\pi f\tau} \tag{7.5-41}$$

$$A_2=A_g e^{-j2\pi f\tau_g}+A_s e^{-j2\pi f(\tau_s+\tau)} \tag{7.5-42}$$

因此,归一化互功率谱可以重新表示为

$$P_{12}(f)=\frac{|A_1A_2^*|\cdot \arg(A_1A_2^*)\cdot|G_s(f)|^2}{\sqrt{A_1A_1^*|G_s(f)|^2A_2A_2^*|G_s(f)|^2}} \tag{7.5-43a}$$

$$P_{12}(f)=\arg(A_1A_2^*)=e^{j\phi(f)} \tag{7.5-43b}$$

$$\phi(f)=\arctan\frac{A_g^2\sin2\pi f\tau_g+A_s^2\sin2\pi f\tau_s+2A_gA_s\cos[\pi f(2\tau+\tau_s-\tau_g)]\sin[\pi f(\tau_g+\tau_s)]}{A_g^2\cos2\pi f\tau_g+A_s^2\cos2\pi f\tau_s+2A_gA_s\cos[\pi f(2\tau+\tau_s-\tau_g)]\cos[\pi f(\tau_g+\tau_s)]} \tag{7.5-43c}$$

通过归一化处理后,互功率谱具有单位幅度(unity magnitude),而其幅角(argument)为周期函数,并由传感器间延迟和路径间延迟确定,而周期大小为两条传播路径相对长度的函数。为了估计传感器间和路径间的延迟时间,必须进行互功率谱的谱分解,下面利用MUSIC(Multiple Signal Classification)超分辨技术实现。

由于互功率谱的估计通常包含噪声,故可表示为

$$P_{12}(f)=e^{j\phi(f)}+n(f) \tag{7.5-44}$$

其中$n(f)$为复噪声项,包括估计误差、信号×噪声项和噪声×噪声项。下面仅考虑加性白高斯噪声情况,而且与信号不相关。

首先对系统的每个天线接收信号进行时域采样,得到时间序列信号,再对其进行FFT。由于每一个频率单元都包含信号功率,故根据上面的公式计算如式(7.5-44)的规一化互功率谱。如果信号能量扩展到M个频率单元,则有

$$\boldsymbol{P}_{12}(f)=\begin{bmatrix}e^{j\phi(f_1)}\\ e^{j\phi(f_2)}\\ \vdots\\ e^{j\phi(f_M)}\end{bmatrix}+\begin{bmatrix}n(f_1)\\ n(f_2)\\ \vdots\\ n(f_M)\end{bmatrix} \tag{7.5-45}$$

利用传统的外积(outer product)定义,可得谱互相关矩阵(Spectral Cross Correlation Matrix)为

$$\boldsymbol{C}(f)=E\{\boldsymbol{P}_{12}(f)\boldsymbol{P}_{12}^{H}(f)\} \tag{7.5-46}$$

其中$E\{\cdot\}$表示统计期望(statistical expectation)运算,上标“H”表示矩阵的共轭转置(conjugate transpose)。$\boldsymbol{C}(f)$的第ij个分量为

$$\begin{aligned}c_{ij}(f)&=E\{[e^{j\phi(f_i)}+n(f_i)][e^{j\phi(f_j)}+n(f_j)]^*\}\\&=e^{j[\phi(f_i)-\phi(f_j)]}+\sigma^2\delta(f_i-f_j)\end{aligned} \tag{7.5-47}$$

为了估计时间延迟,利用MUSIC超分辨技术对谱的互相关矩阵$\boldsymbol{C}$进行谱分解[17,18]。

为了利用MUSIC算法,必须构造谱互相关矩阵$\boldsymbol{C}$,并对其进行特征分解(eigen-decomposition),得到特征值(eigenvalue)和相应的特征值向量(eigenvector),若特

征值按照如下的降序排列

$$\lambda_M \geqslant \lambda_{M-1} \geqslant \cdots \geqslant \lambda_1 \tag{7.5-48}$$

则其相应的特征矢量矩阵为

$$\boldsymbol{C}_E = [\boldsymbol{E}_M \quad \boldsymbol{E}_{M-1} \quad \cdots \quad \boldsymbol{E}_1] \tag{7.5-49}$$

对于如上所述的一对相干信号来说，$\boldsymbol{C}_E$ 的秩为 1，故零空间(null-space)的维数为 $M-1$。而且一般情况下，$\boldsymbol{C}_E$ 的秩依赖于相干路径对的数量。考虑上面的四传播路径情况，如果路径 1—2 是互相关的，3—4 也是互相关的，而 1—2 和 3—4 之间是互不相关的，则 $\boldsymbol{C}_E$ 的秩将是 2，而且零空间的维数为 $M-2$。当存在三条或更多的互相关路径时，按照上述方法依次类推。若干扰路径只有一对的场景，零空间矩阵为

$$\boldsymbol{C}_N = [\boldsymbol{E}_{M-1} \quad \boldsymbol{E}_{M-2} \quad \cdots \quad \boldsymbol{E}_1] \tag{7.5-50}$$

则 MUSIC 谱为

$$P(f) = \frac{1}{\boldsymbol{b}^{\mathrm{H}} \boldsymbol{C}_N \boldsymbol{C}_N^{\mathrm{H}} \boldsymbol{b}} \tag{7.5-51}$$

其中 $\boldsymbol{b}$ 为导向矢量(steering vector)，而且定义如下

$$\boldsymbol{b} = [\mathrm{e}^{\mathrm{j}\phi(f_1)} \quad \mathrm{e}^{\mathrm{j}\phi(f_2)} \quad \cdots \quad \mathrm{e}^{\mathrm{j}\phi(f_M)}]^{\mathrm{T}} \tag{7.5-52}$$

其中的复幅角 $\phi(f_i)$ 由式(7.5-43c)定义。因此，计算延迟时间的具体过程就是搜索式(7.5-51)的谱峰。如果对幅度进行规一化，则搜索是在四维空间进行的，即 A_g/A_s、τ_g、τ_s、τ。

与上面讨论的两条路径相对应，当存在 p 条路径时，如果假设第 i 条路径的幅度为 V_i，而第 i 条路径的天线间延迟为 τ_i，任意选择路径 1 作为参考，则路径 i 和路径 j 之间的路径间延迟时间表示为 τ_{ij}，故可将式(7.5-41)和式(7.5-42)改写为

$$A_1 = \sum_{i=1}^{q} V_i \mathrm{e}^{-\mathrm{j}2\pi f \tau_{1i}} \tag{7.5-53}$$

$$A_2 = \sum_{i=1}^{q} V_i \mathrm{e}^{-\mathrm{j}2\pi f (\tau_{1i} + \tau_i)} \tag{7.5-54}$$

其中 $\tau_{ii}=0$。则对应于式(7.5-43c)的规一化互功率谱将变为

$$\phi(f) = \arctan \frac{\displaystyle\sum_{j=1}^{q} \sum_{i=1}^{q} k(i,j) V_i V_j \sin[\pi f(\tau_i + \tau_j)] \cos[\pi f(2\tau_{ij} - \tau_i + \tau_j)]}{\displaystyle\sum_{j=1}^{q} \sum_{i=1}^{q} k(i,j) V_i V_j \cos[\pi f(\tau_i + \tau_j)] \cos[\pi f(2\tau_{ij} - \tau_i + \tau_j)]} \tag{7.5-55}$$

$$k(i,j) = \begin{cases} 1 & i = j \\ 2 & i \neq j \end{cases} \tag{7.5-56}$$

$$\tau_{ij} = 0 \qquad i = j \tag{7.5-57}$$

式(7.5-55)用于产生时延估计中的阵列导向矢量。对于三路径场景，MUSIC 谱将在七维空间上进行搜索，即 A_2/A_1、A_3/A_1、τ_1、τ_2、τ_3、τ_{12}、τ_{13}。

7.5.5　电离层对定位结果的影响

电离层的倾斜可能明显增大单站定位误差，如果电离层与标准的平面模型不同，则测量的方位角就是错误的，因为电离层的倾斜将会导致测量的反射角与平面模型下测量的反

射角不一致。

电离层倾斜是由电离层折射率的水平梯度分布造成的，而这种梯度分布是由离子密度的不均匀性所致。当发生电离层行扰时，电离层倾斜对单站定位系统定位的影响更加明显。

目前提出了一些新的电离层数学模型，在这些模型中电离层不再被建模为平面。射线追踪就是利用这些模型进行定位的一种方法。从技术的角度来看，当电离层被看做一个平面时，这种技术也适用。从理论上说，如果知道了电离层结构的细节，则发射机与接收机之间信号经过的射线路径就可以重构，这样发射机的坐标就可以根据多条追踪路径的交叉点来确定。当然，测量中必然存在误差和噪声，同时电离层特性的测量精度也是有限的，这些都会对射线追踪法的精度产生影响。而且，在对目标辐射源进行定位时，电离层的高度通常在接收机处进行测量，并且电离层被假定为平坦的。当定位目标为敌方目标时，想要测得更多的电离层细节就更不可能了。因此，为了提高波达方位角的测量精度，建模往往是一种有用的工具。

参考文献

[1] 赵国庆. 雷达对抗原理[M]. 西安：西安电子科技大学出版社，1999.

[2] 孙仲康，郭福成，冯道旺，等. 单站无源定位跟踪技术[M]. 北京：国防工业出版社，2008.

[3] 许耀伟，孙仲康. 利用相位变化率对固定辐射源的无源被动定位[J]. 系统工程与电子技术，1999，21(3)：34 - 37.

[4] 许耀伟，孙仲康，周一宇. 利用相位变化率对运动辐射源无源定位的研究[J]. 系统工程与电子技术，1999，21(8)：7 - 8.

[5] 何友，修建娟，等. 雷达数据处理及应用[M]. 北京：电子工业出版社，2006.

[6] K Becker. Passive Localization of Frequency-agile Radars from Angle and Frequency Measurements，IEEE Trans. AES，1999，35(4)：1129-1144.

[7] Richard A Poisel. Electronic Warfare Target Location Methods[M]. Artech House，2005.

[8] Gething P J D. Radio Direction Finding and Superresolution[M]. 2nd ed. London：Peter Peregrinus Ltd.，1978：262-265.

[9] Davies K. Ionospheric Radio[M]. London：Peter Peregrinus Ltd.，1989：158.

[10] Knapp C H，G C Carter. The Generalized Correlation Method for Estimation of Time Delay[J]. IEEE Transactions on Acoustics，Speech，and Signal Processing，1976，24(4)：320-327.

[11] Benesty J. Adaptive Eigenvalue Decomposition Algorithm for Passive Acoustic Source Localization[J]. Journal of the Acoustic Society of America，2000，107

(1)：384-391.

[12] Childer D G, D P Skinner, R C Kemerait. The Cepstrum: A Guide to Processing [J]. Proceedings of the IEEE, 1977, 65(10): 1428-1443.

[13] Eken F, F Atmaca, E Hepsaydir. HF Multipath Dispersion Measurements Using Cepstral Signal Processing[J]. Radio Science, 1991, 26(1): 15-21.

[14] Roberts L R. Signal Processing Techniques[M]. Anaheim, CA: Interstate Electronics Corporation, 1981.

[15] Oppenheim A V, R W Schafer. Digital Signal Processing[M]. Englewood Cliffs, NJ: Prentice Hall, 1975, Section 10.5.

[16] Johnson R L, Q R Black, A G Sonsteby. HF Multipath Passibe Signal Site Radio Location[J]. IEEE Transactions on Aerospace and Electronic Systems, 1994, 30 (2): 462-470.

[17] Schmidt R O. Multiple Emitter Location and Signal Parameter Estimation[J]. IEEE Transactions on Antennas and Propagation, 1986, 34(3): 276-280.

[18] Zoltowski M, Haber F. A Vector Space Approach to Direction Finding in a Coherent Multipath Environment[J]. IEEE Transactions on Acoustics, Speech, and Signal Processing, 1986, 34(9): 1069-1072.